FLUID POWER SYSTEMS

김도태 · 유영태 지음

유공압시스템

도서출판 동화기술

머리말

유공압 기술은 압력이 가해진 유체를 사용하여 동력의 발생, 전달 및 제어를 다루는 학문 분야이자 실무분야이다. 이것은 유압기술과 공기압 기술로 나눌 수 있고, 큰 동력 전달이 가능하고 제어하기 쉬운 장점을 살려 공작기계, 토목·건설기계, 자동차, 철도차량, 선박, 항공기, 공장 자동화 등 전 산업분야에 응용되고 있다.

최근에는 컴퓨터와 제어 관련 주변기기의 발전과 더불어 유공압 기기나 시스템도 다른 기계와 마찬가지로 전자제어화가 급속하게 추진되고 있다. 특히 유공압+기계기술에서 유공압+전자제어기술이 융합된 유공압·메카트로닉스 기술로 발전하고 있으며, 이에 따라 유압기기나 시스템의 고기능화, 고성능성화, 고품질화를 달성하고 있다.

우리나라에 유공압 기술이 본격적으로 도입된 것은 1970년대 중·후반부터로 볼 수 있으며, 현재도 유공압 관련 산업의 기술적 수준은 기술 선진국에 비해 낙후되어 있는 실정이다. 그러나 산업현장에서는 유공압 관련 기기나 시스템을 많이 활용하고 있기 때문에 기술력과 설계능력을 가진 엔지니어가 많이 필요하지만, 대학에서는 유공압 분야에 대해 체계적으로 교육할 수 있는 교재나 실험·실습 프로그램이 거의 개발되어 있지 않다.

이러한 취지에서 저자는 대학과 전문대학 공학계열 학생의 교재로 사용할 목적으로, 유압의 기초와 응용에 대한 내용을 정리하여 가능한 간결하게 설명하려고 노력하였다. 따라서 복잡한 이론적인 수식 전개를 피하고 작동원리, 구조와 응용분야 및 유압회로를 중점적으로 설명하였기 때문에 초·중견 현장 엔지니어에게도 훌륭한 참고서가 될 것으로 생각된다.

이 책의 특징은

- 유공압공학의 내용을 체계적으로 정리하였다.
- 유공압 구성요소의 작동원리, 구조 및 기초사항을 이해하기 쉽도록 그림과 표를 많이 활용하였다.
- 문제해결 능력과 설계능력을 배양을 위해 예제와 문제를 많이 제시하였다.

- 세계적 추세에 맞추어 SI단위계를 사용하였다.
- 용어는 최대한 기계용어집(대한기계학회편)과 한국공업규격 KS B 0120의 유압, 공기압 용어해설을 사용하였다.
- 공학교육인증에 대비하여 유압회로의 구성과 유압회로 설계를 상세하게 다루었다.

집필과정에서 잘못된 것이 없도록 노력하였으나 혹시 잘못된 점이 있으면 독자들의 기탄없는 지적과 지도를 받아 고쳐나갈 것을 약속드리며, 끝으로 이 책의 출판에 물심양면으로 도와주신 도서출판 동화기술 관계자 여러분께 감사드린다.

저자

차 례

제 1 장 유공압의 개요

제 2 장 유공압의 기초

제 3 장 유압작동유

제 4 장 유압펌프

제 5 장 유압액추에이터

제 6 장 유압제어밸브

제 7 장 부속기기

제 8 장 유압회로 구성과 설계

제 9 장 전기·유압 시퀀스 제어

제 10 장 유압시스템의 응용

제 11 장 공기압시스템의 기초

제 12 장 공기압시스템의 구성

제 1 장

유공압의 개요

학습목표

1. 유공압이 무엇인지 설명할 수 있다.
2. 유압과 공기압의 차이점을 설명할 수 있다.
3. 유압과 공기압 기술의 응용분야를 열거할 수 있다.
4. 유공압의 장점과 단점을 이해하고, 다른 동력전달 메커니즘과 비교하여 논의할 수 있다.
5. 유공압시스템의 기본구성을 설명할 수 있다.
6. 유공압시스템의 요소 기기의 역할을 설명할 수 있다.

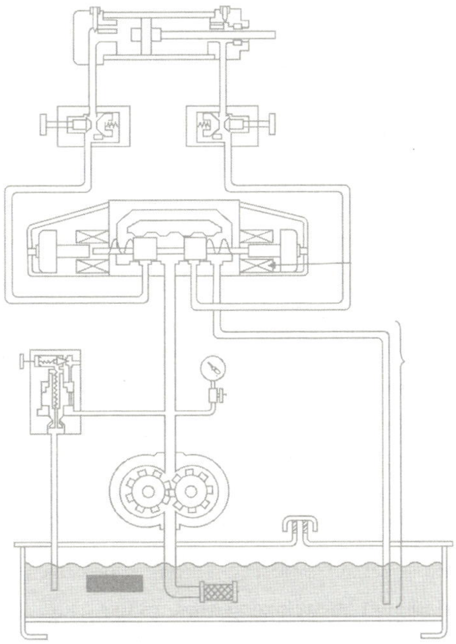

1.1 서론

그림 1.1은 우리가 건설공사 현장에서 흔히 보는 굴착기(excavator)이다. 이것은 운전자가 레버를 조작하면 사람보다 몇 십 배의 힘이 작용하고, 또 운전자의 의도대로 크고 딱딱한 돌을 깨거나 흙을 파서 다른 곳으로 옮긴다. 이러한 작업을 할 수 있는 것은 굴착기에 탑재된 엔진(주로 디젤엔진)의 동력을 유압장치에서 유압에너지로 바꾸고, 굴착기의 전진·후진·선회·굴착작업 등을 수행하는 붐 실린더, 암 실린더, 선회모터 등에 유압에너지를 전달하여, 운전자가 이러한 구동부를 자유롭게 조작할 수 있는 메커니즘으로 구성되어 있기 때문이다.

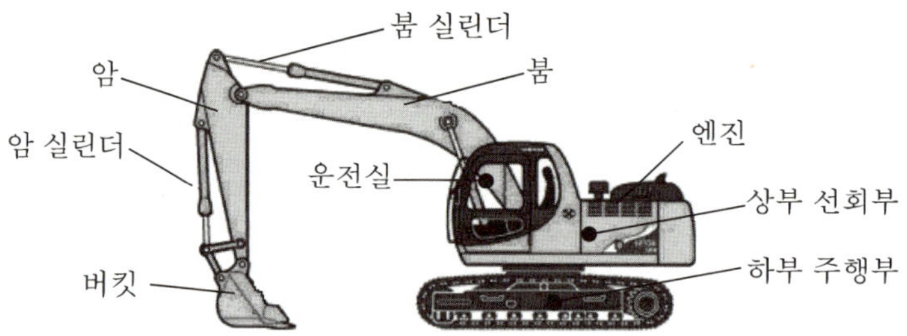

그림 1.1 굴착기

이와 같이 여러 가지 기계나 장치는 전동기나 엔진과 같은 원동기에서 발생된 동력을 그 기계의 사용목적에 따라 제어하고, 각각의 출력장치에서 일을 할 때 유압이나 공기압장치를 많이 사용한다.

자동차·항공기·선박·건설 중장비·광산기계·농업기계 등을 비롯한 기계나 장치는 동력을 전달하고 제어하는 부분이 있다. 동력전달 방법은 여러 가지가 있지만, 어떤 경우도 기능적인 측면과 경제성·안전성·내구성·유지 보수가 편리해야 한다. 유압과 공기압을 이용한 동력전달장치는 이러한 요구사양을 비교적 잘 만족하기 때문에 산업분야에 널리 사용된다. 최근 반도체 기술, 컴퓨터 기술 및 전기·전자제어 기술과 융합되어 거대한 힘의 발생에서 초정밀 제어분야까지 거의 모든 산업분야에서 활용한다.

유압기술(hydraulic technology)은 유압작동유(hydraulic fluid)라는 기름(油)을 매체로 하여 동력의 전달과 제어를 다루는 장치이고, 기름을 매체로 하여 동력을 전달하는 것이 기계식이나 전기식 동력전달장치와 다르다. 공기압 기술(pneumatic technology)은 기체 중에서 주로 공기를 작동유체로 하여 동력 전달과 제어를 다루는 기술이다. 유압과 공기압을 합쳐서 유공압(fluid power)이라 한다. 유공압시스템에서 액체는 주로 기름, 기체는 공기를 많이 사용하기 때문에 "유(油)"와 "공(空)"의 명칭을 쓰고, 에너지 전달매체인 유체에너지 중에서 주로 압력에너지 형태로 동력을 전달하기 때문에 "압(壓)"이 복합되어 유압(油壓), 공기압(空氣壓) 또는 유공압(油空壓)이라 한다.

유공압장치는 우선 동력원(power source)에서 기계적 에너지를 공급받아 유압작동유나 공기의 유체에너지(동력)로 바꾸고, 필요한 장소나 장치까지 관으로 전달하여 출력장치를 작동시킨다. 따라서 유공압장치는 유압작동유나 공기를 매체로 하여 유체에너지를 전달하는 동력전달장치이고, 유압기기 또는 공기압 기기로 구성한다.

[1] 유압시스템의 구성요소

유압시스템은 전동기나 엔진에서 발생된 기계적 회전에너지를 유압작동유의 유압에너지로 바꾸는 유압펌프(유압발생장치), 유압펌프에서 송출된 고압유를 유압제어밸브에서 압력·유량·방향을 제어하는 유압제어장치, 제어된 유압작동유의 유압에너지를 다시 기계적 에너지로 변환하는 유압액추에이터(유압구동장치)로 구성된다. 유압액추에이터는 사용목적에 적합하도록 부하를 구동하는 역할을 하며, 유압시스템은 다음 3가지를 제어하여 일을 수행한다.

① 압력제어(압력제어밸브) : 일의 크기(힘, 토크)를 결정한다.
② 유량제어(유량제어밸브) : 일의 속도를 결정한다.
③ 방향제어(방향제어밸브) : 일의 방향을 결정한다.

유압액추에이터에 공급된 유압작동유는 다시 제어밸브를 거쳐 오일탱크에 되돌아가 사이클을 종료한다. 이와 같이 유압장치는 유압작동유를 사용하기 때문에 제어가 용이하며, 윤활성이 우수하다.

위에서 설명하였듯이 유압시스템은 ① 유압펌프, ② 유압제어밸브, ③ 유압액추에이터, ④ 오일탱크, ⑤ 배관과 기타 부속기기와 같은 기본 요소로 구성된다.

그림 1.2는 이러한 구성요소의 관계를 나타낸다.

그림 1.3은 유압실린더를 왕복운동시키는 유압장치의 단면 회로도이다. 그림에서 유압장치는 ① 유압펌프에서 ⑤ 배관과 기타 부속기기로 구성된다.

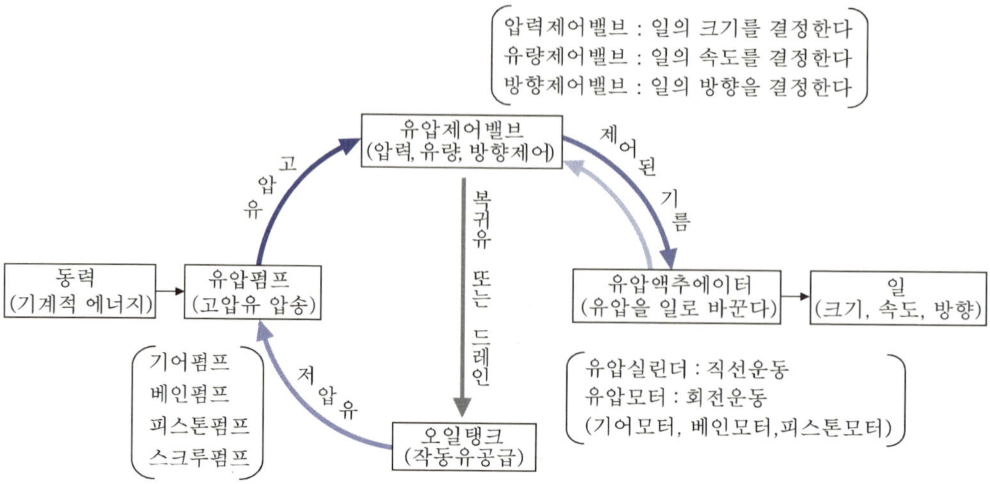

그림 1.2 유압시스템의 구성

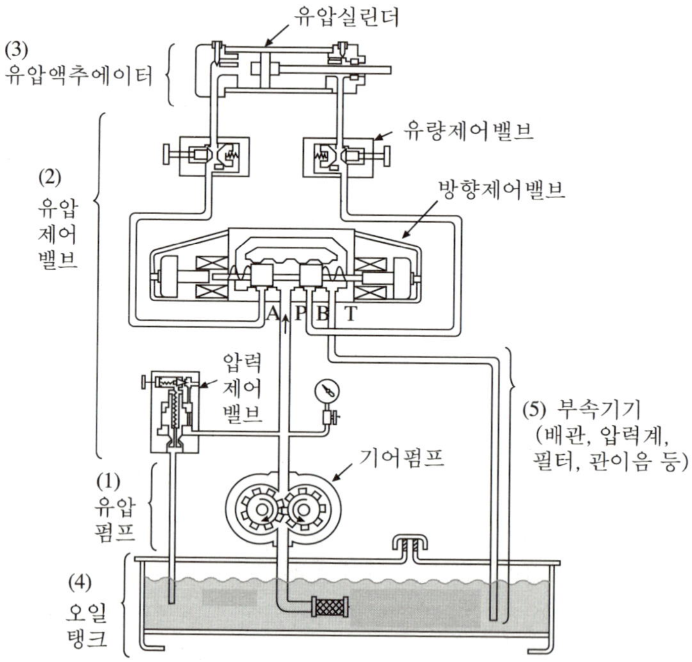

그림 1.3 유압시스템의 기본 구성 예시

그림 1.3의 단면 회로도는 유압기기의 단면과 유압작동유 흐름을 쉽게 이해할 수 있다. 그러나 복잡한 유압기기를 전부 단면으로 나타내는 것은 매우 복잡하고 어렵기 때문에, 그림 1.4와 같은 기호 회로도를 주로 사용한다. 유압회로에 사용하는 기호(KS B 0054)는 제어용 유체관계 기기 및 장치의 기능을 그림으로 표시하기 위해 사용하고, 우리나라는 국제표준화기구(ISO) 기호에 따라 1973년에 제정하였다. 유압기기의 기호와 기호 회로도는 제8장에서 상세하게 다룬다.

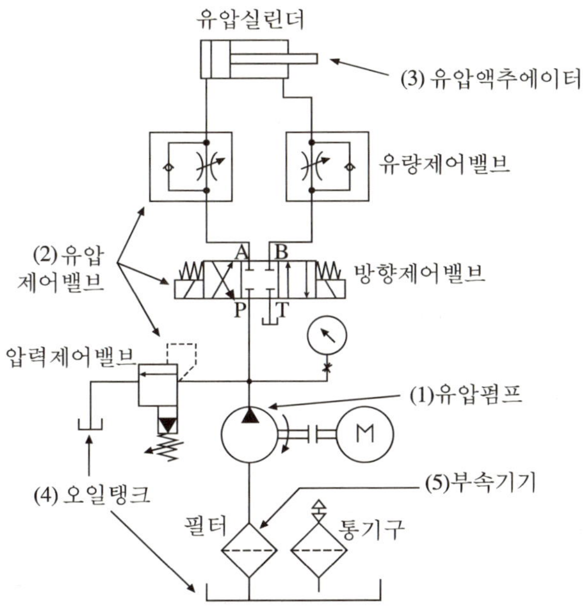

그림 1.4 유압시스템의 기호회로도 표시

[2] 요소 기기의 개요

(1) 유압펌프

유압펌프는 전동기나 엔진 등의 원동기(prime mover)에서 기계적 회전에너지를 공급받아 유압액추에이터(유압실린더, 유압모터 등)를 작동시키는 데 필요한 유압에너지(동력)로 변환시킨다. 유압장치의 심장부에 해당하며 기어펌프, 베인펌프, 피스톤펌프, 나사펌프 등이 있다.

(2) 유압제어밸브

유압제어밸브는 유압실린더나 유압모터에 공급되는 유압작동유의 압력 · 유량 · 방향을 조절하여, 힘(토크)의 크기 · 속도 · 방향을 목적에 따라 자유롭게 제어하는 것으로서 압력제어밸브, 유량제어밸브, 방향제어밸브가 있다.

(3) 유압액추에이터

유압액추에이터는 유압펌프에서 송출된 압력에너지를 기계적 에너지로 변환하는 것으로서, 운동형태에 따라 직선 왕복운동을 하는 유압실린더, 연속 회전운동을 하는 유압모터, 어떤 일정한 각도범위에서 요동운동을 하는 요동형 액추에이터로 구분한다. 유압모터는 기어모터, 베인모터, 피스톤모터가 있다.

(4) 오일탱크

유압장치에서 고압의 유압작동유가 때로는 열을 발생하기 때문에 그 열을 발산시킬 필요가 있고, 이 때 유압작동유를 저장해두는 탱크가 필요하다. 이 탱크는 작동유의 열 발산뿐만 아니라 누설 등으로 부족한 기름을 보충하거나 복귀유의 먼지나 녹, 찌꺼기 등을 침전시키는 역할을 한다.

(5) 배관 및 기타 부속기기

관, 고압호스, 스트레이너(strainer), 필터, 각종 실(seal), 유냉각기, 유면계, 유온계 등이 있다.

앞에서 설명하였듯이 유압시스템은 유압펌프에서 원동기로부터 공급된 기계적 에너지를 유압에너지로 변환하고, 이것을 각종 유압제어밸브로 압력 · 유량 · 방향을 제어하여, 유압실린더, 유압모터 또는 요동형 액추에이터에 보내어 직선운동, 연속회전운동, 요동운동의 기계적 에너지로 다시 변환하여 일을 하는 동력전달장치이다.

1.2 유압과 공기압 시스템의 비교

유압은 고출력이면서 정확한 운동특성을 얻을 수 있는 우수한 동력전달장치이지만, 공기압과 같이 값이 싸고 간편하게 시스템을 구축하기는 어렵다. 유압시스템을 도입하기 전에 보통 공기압시스템과 비교·검토하여 결정한다. 따라서 유압과 공기압의 차이점을 살펴보고, 유압의 특징과 장점에 대해 알아본다.

[1] 큰 힘과 큰 출력

공기압은 압축공기를 사용하며, 압력을 높이면 폭발 위험성이 있기 때문에 공기압 기기의 사용압력은 최대 1 MPa 정도까지이다. 공기압에서는 큰 힘과 큰 출력을 얻기 위해서는 공기압 실린더의 안지름을 크게 한다. 압력과 수압면적(압력을 받는 면적)과 힘의 관계는 식 (1.1)과 같다.

$$\text{힘}(F) = \text{압력}(p) \times \text{수압면적}(A) \tag{1.1}$$

그림 1.5는 안지름 D인 실린더에 압력 p가 작용하는 상태를 나타낸다. 공장 등에서 공기압기기는 보통 0.5 MPa 정도의 압력을 많이 사용한다. 이 공기압력을 안지름 100 mm인 공기압 실린더에 작용할 때, 식 (1.1)을 사용하여, 힘을 계산하면 약 3,925 N(400 kg_f)이 발생한다.

$$0.5\ \text{MPa} \times \frac{\pi \times 100\ \text{mm}^2}{4} = 3{,}925\ \text{N} \simeq 400\ \text{kg}_\text{f}$$

유압에서는 보통 3～25 MPa 정도의 압력을 많이 사용하며, 낮은 압력에서도 공기압의 6배, 고압에서는 50배 정도의 압력을 이용한다. 같은 안지름 100 mm인 실린더에서 저압에서는 15,680 N(1,600 kg_f), 고압에서는 196 kN(20,000 kg_f)의 힘이 발생한다. 지름 25 mm인 실린더를 사용할 때, 0.5 MPa의 공기압에서는 245 N(25 kg_f)이지만 3 MPa의 낮은 유압에서는 1,472 N(150 kg_f), 25 MPa의 높은 유압에서는 12.27 kN(1,252 kg_f)의 힘이 발생한다.

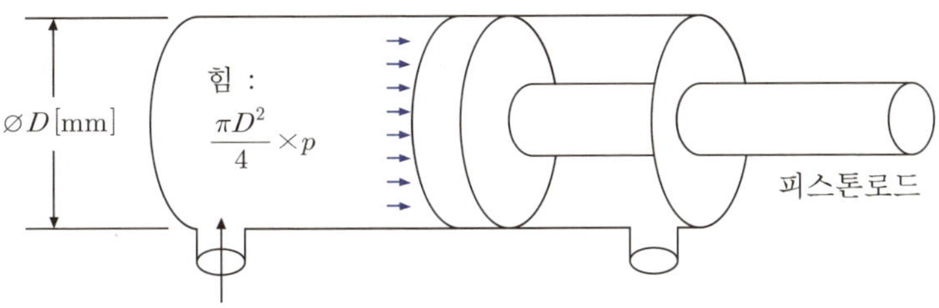

그림 1.5 실린더의 출력

[2] 우수한 중간정지 기능

유압장치는 실린더의 작동 도중에 작동유의 흐름을 차단하면 그 지점에서 순간적으로 피스톤 로드를 정지시킬 수 있다. 공기압 실린더에서는 압축공기의 흐름을 차단하여도 압력평형에 도달하기 전에는 정지시킬 수 없다. 공기압은 압축성(compressibility)이 높기 때문에 압축공기의 유입을 차단하여도 실린더의 피스톤 로드는 즉시 정지하지 않는다. 또한 방향제어밸브(제6장 표 6.4 참조)의 중립위치를 클로즈드센터(closed center)로 하여 압축공기의 흐름을 차단하여 피스톤을 중간위치에 정지시켜도 외부에서 힘이 작용하면 피스톤이 쉽게 움직인다.

유압에서 유압작동유를 비압축성으로 고려하면, 유압실린더의 기름은 입구와 출구에서 기름의 양이 변하지 않으면 실린더는 움직이지 않기 때문에 어느 한 쪽에라도 기름의 흐름을 막으면 바로 동작이 정지되고, 외부에서 힘이 작용하여도 움직이지 않는다.

[3] 저속에서 동작의 안정성

유압으로 실린더를 작동시킬 때의 운동특성은 공기압과 비교하여 안정적이다. 유압작동유는 압축성이 거의 없으므로 실린더에 유입된 작동유 분량만큼 정확하게 전진하기 때문에 유입되는 유압작동유 유량이나 실린더에서 배출되는 유압작동유의 유량을 제어하면 안정된 일정한 속도를 얻을 수 있다.

그러나 공기압에서는 유입되는 압축 공기량이 완전하게 일정하여도 공기의 압축성 때문에 피스톤의 속도가 안정되지 않는다. 특히 저속에서 부하(관성)나 마찰이 크면 불안정하게 된다. 공기압 실린더를 저속으로 작동시키면 압축공기가 서서히 실린더 내부로 들어간다. 처음에 피스톤 로드가 정지해 있다면 실린더의 마찰력보다 공기압에 의한 힘이 크질 때 피스톤 로드가 전진하지만, 피스톤 로드가 움직이기 시작하면 동마찰(dynamic friction)이 변하기 때문에 필요 이상으로 피스톤 로드가 돌출되거나 정지하는 동작이 반복된다. 이것을 스틱슬립(stick slip) 현상이라 한다.

이와 같이 공기의 압축성에 따른 불안정한 동작을 피하기 위해 압축성이 거의 없는 유압을 사용한다. 단지 공기압 실린더에서 스틱슬립 현상만을 피하려면, 유압의 압력은 높지 않아도 되므로 일반적인 유압펌프를 사용하는 유압시스템이 아니라 공기압을 유압의 압력원(pressure source)으로 이용한 공·유압변환 실린더를 사용할 수도 있다.

[4] 강한 압착력

공기압 실린더는 정지 기구(stopper) 등으로 피스톤 로드를 행정(stroke) 중간에서 강제적으로 정지시키거나 기계적으로 행정을 조절할 수 있다. 이렇게 사용하는 경우는 작업 대상물을 벽면에 압착시키거나 찌부러뜨리거나 대상물을 삽입한 채로 압착한 상태를 유지하는 용도 등에 사용한다.

유압실린더에서도 같은 용도로 피스톤 로드의 동작을 기계적인 정지기구로 멈출 수 있지만, 실린더가 정지하였을 때 작동유가 어디라도 빠져나가도록 유압회로를 구성해야 한다. 유압펌프는 항상 유압작동유를 송출하기 때문에 작동유의 흐름을 완전히 차단하는 것은 어렵고, 일반적으로 불필요한 작동유를 유압회로에서 빼내기 위해 제어밸브를 추가한다.

압착력을 얻는 것은 공기압 실린더에서는 간편하지만, 공기압에서는 유압만큼의 큰 힘으로 압착시킬 수 없다. 한편 전동기로 임의의 위치에서 출력축을 정지시켜 압착할 때 토크제어는 힘 센서나 제어이론이 필요하며 간단하지 않다.

[5] 안정된 출력 – 토크 특성

일반적으로 전동기는 속도나 인가전압에 따라 출력토크가 변하지만, 유압실린더는 저속영역에서 고속영역까지 거의 일정한 출력토크를 낸다. 한편 공기압 실린더는 공기의 압축성 때문에 작동 중에 힘이 안정되지 않는 경우가 있다.

[6] 서보기능의 응용성

유압은 정밀하게 위치제어가 가능하기 때문에 서보시스템(servo-system)을 구축할 수 있다. 공기압 실린더는 공기의 압축성 때문에 제어출력에 대해 응답성이 불안정하므로 서보시스템을 구성하는 것이 유압시스템보다 어렵다.

[7] 압력 공급원 사용 편리성 비교

공기압시스템에서 공기 압축기(compressor)는 항상 작동하는 것이 아니라 압력용기에 높은 압축공기를 저장하고, 설정압력보다 높아지면 압축기가 정지한다. 압력용기 내의 압축공기가 소비되어도 압력용기 속에 충분하게 여분이 남아 있으면, 압축기는 작동하지 않는다. 따라서 실린더를 정지시킬 때 공기 흐름을 완전히 멈추게 하여도 문제가 되지 않는다.

유압에서는 유압펌프가 정지하면 동작에 필요한 압력과 유량이 공급되지 않기 때문에 적어도 어떤 기기라도 동작시키기 위해서는 유압펌프가 구동되어야 한다. 따라서 작동유의 흐름을 정지시켜 사용할 때는 불필요한 작동유를 오일탱크로 복귀시키는 구조가 필요하다.

[8] 공기압과 유압의 가격 비교

유압으로만 실현할 수 있을 때는 망설임 없이 시스템을 유압으로 선정하지만, 유압을 사용하면 공기압과 비교하여 비용이 높아지는 경제적인 측면을 충분히 고려해야 한다.

지금까지 논의한 유압과 공기압 시스템의 비교에서 가장 근본적인 차이는 동력을 전달하는 매체, 즉 작동유체(working fluid)의 차이이다. 가장 큰 차이는 기름은 비압축성이고, 공기는 압축성 유체라는 것이다.

1.3 유압의 장점과 단점

유압시스템은 광범위한 분야에 사용되므로 그 특징을 파악하여 유압시스템의 설계, 개발 및 유압의 이용에 적극적으로 활용해야 한다. 유압시스템의 장점과 단점은 다음과 같다.

[1] 유압의 장점

① 소형으로 강력한 힘 또는 토크를 낸다.
② 공기압과 비교하여 소형·경량으로 출력이 크고 응답성이 양호하다.
③ 에너지 축적이 가능하며, 안전장치가 간단하다.
④ 고온이나 노동환경이 열악한 곳에서도 사용할 수 있다.
⑤ 전기·전자와 쉽게 조합되고, 제어성이 우수하다.
⑥ 속도범위가 넓고, 무단변속이 간단하며 원활하다.
⑦ 진동이 적다.

[2] 유압의 단점

① 기름누설의 위험이 있다.
② 기름의 온도변화로 액추에이터의 속도가 변한다.

③ 소음이 크다.
④ 화재의 위험이 있다.
⑤ 작동유의 오염관리가 필요하다.
⑥ 공기압 장치 등과 비교하여 배관작업이 어렵다.
⑦ 먼지나 녹에 대한 고려가 필요하다.

1.4 공기압의 장점과 단점

공기압의 장점과 단점을 요약하면 다음과 같다.

[1] 공기압의 장점

① 공기압은 0.3～0.7 MPa을 사용하며, 유압과 비교하여 출력은 작기 때문에 가벼운 부하에 사용한다.
② 정확한 속도조정은 곤란하지만, 폭넓게 무단변속이 가능하다.
③ 고속 작동이 가능하다. 공기는 점성이 거의 없기 때문에 배관에서 압력손실이 작다.
④ 작동유체인 공기는 어디서나 쉽게 얻을 수 있고, 공기탱크에 에너지를 축적할 수 있다.
⑤ 온도 등의 영향이 작고, 폭발이나 인화(引火)의 우려가 없다.
⑥ 충격력을 흡수할 수 있기 때문에 과부하에서도 비교적 안전하다.

[2] 공기압의 단점

① 정밀한 속도제어가 어렵다.
② 배기소음이 크다.
③ 구동부의 마찰면이나 기계적 운동부에 윤활이 필요하다.
④ 드레인(drain)이 발생한다.
⑤ 정밀한 위치제어가 어렵다.
⑥ 전기식, 기계식과 비교하여 효율이 나쁘다.

표 1.1은 유압과 공기압의 특징을 비교하여 나타낸 것이다.

표 1.1 유압과 공기압의 특징 비교

항 목 (구 분)		유 압	공기압
압축성		비압축성	압축성
압력		고압 발생이 용이	저압
조작력		매우 크다(수 100 kN까지 가능)	크다(수 10 kN까지 가능)
조작속도		빠르다(1 m/s 정도까지 가능)	매우 빠르다(10 m/s 정도까지 가능)
응답속도		빠르다	늦다
정밀제어		가능	불가능
응답성		대	소
부하에 따른 특성변화		조금 있다	특히 크다
이동성(위치결정)		양호	불량
구조		복잡	간단
배관		순환용 복귀관로가 필요	순환용 복귀관로가 불필요
환경	온도	보통 70℃까지	보통 100℃ 정도까지
	습도	보통	드레인에 주의
	부식성	보통	보통(산화에 주의)
	진동	보통	보통
보수		간단	간단
위험성		인화성에 주의	거의 없음
신호교환		곤란	비교적 곤란
원격조작		양호	양호
동력원 고장시		축압기가 있으면 약간 작동	약간 여유가 있음
설치의 자유도		있음	있음
무단변속		양호	거의 양호
속도조정		용이	거의 곤란
가격		고가	보통

1.5 유공압과 다른 구동방식의 비교

현재 동력전달방식이나 자동화에서 구동방식은 유압식, 공기압식, 기계식, 전기식, 전자식으로 구분할 수 있고, 각각의 장·단점을 가지고 있다. 따라서 각각의 주어진 설계 목적에 적합한 구동방식을 선정할 때는 여러 가지 동력전달방식을 조합하여 그 장점을 최대한 발휘하도록 해야 한다.

표 1.2는 각종 구동방식의 특징을 비교한 것이다.

표 1.2 각종 구동방식의 특징 비교

<table>
<tr><th colspan="3">구 분
항 목</th><th>유압방식</th><th>공기압방식</th><th>기계방식</th><th>전기방식</th><th>전자방식</th></tr>
<tr><td rowspan="18">구동계</td><td colspan="2">출력</td><td>매우 크다</td><td>크다</td><td>보통</td><td>보통</td><td>거의 없음</td></tr>
<tr><td colspan="2">출력 조정</td><td>쉽다</td><td>쉽다</td><td>약간 곤란</td><td>곤란</td><td>-</td></tr>
<tr><td colspan="2">구동속도</td><td>크다</td><td>매우 크다</td><td>매우 크다</td><td>크다</td><td>-</td></tr>
<tr><td colspan="2">구동속도 조정</td><td>쉽다</td><td>쉽다</td><td>약간 곤란</td><td>곤란</td><td>-</td></tr>
<tr><td colspan="2">무단변속</td><td>쉽다</td><td>쉽다</td><td>약간 곤란</td><td>곤란</td><td>-</td></tr>
<tr><td colspan="2">부하에 대한 속도변화</td><td>작다</td><td>크다</td><td>거의 없다</td><td>작다</td><td>-</td></tr>
<tr><td colspan="2">위치제어 정밀도</td><td>조금 양호</td><td>불량</td><td>양호</td><td>양호</td><td>-</td></tr>
<tr><td colspan="2">원격조작</td><td>양호</td><td>양호</td><td>약간 곤란</td><td>특히 양호</td><td>-</td></tr>
<tr><td colspan="2">위험성</td><td>화재 위험</td><td>문제 없음</td><td>문제 없음</td><td>누전 감전</td><td>-</td></tr>
<tr><td colspan="2">구조</td><td>약간 복잡</td><td>간단</td><td>보통</td><td>약간 복잡</td><td>-</td></tr>
<tr><td colspan="2">배관·배선</td><td>복잡</td><td>약간 복잡</td><td>-</td><td>비교적 간단</td><td>-</td></tr>
<tr><td colspan="2">전문지식</td><td>필요</td><td>거의 없음</td><td>보통</td><td>필요</td><td>-</td></tr>
<tr><td rowspan="4">내환경</td><td>온도</td><td>보통</td><td>보통</td><td>보통</td><td>주의 요망</td><td>-</td></tr>
<tr><td>습도</td><td>보통</td><td>드레인 주의</td><td>보통</td><td>주의 요망</td><td>-</td></tr>
<tr><td>부식</td><td>보통</td><td>보통</td><td>보통</td><td>주의 요망</td><td>-</td></tr>
<tr><td>진동</td><td>보통</td><td>보통</td><td>보통</td><td>주의 요망</td><td>-</td></tr>
<tr><td colspan="2">소음</td><td>펌프소음</td><td>배기소음</td><td>보통</td><td>보통</td><td>-</td></tr>
<tr><td colspan="2">구동원의 입수성</td><td>약간 곤란</td><td>비교적 용이</td><td>보통</td><td>용이</td><td>-</td></tr>
</table>

표 1.2 (계속)

항 목 \ 구 분			유압방식	공기압방식	기계방식	전기방식	전자방식
	구동원의 효율		약간 나쁨	약간 나쁨	양호	양호	-
	기기의 가격		고가	비교적 저렴	보통	비교적 고가	-
제어계	응답성		나쁨	보통	약간 양호	양호	아주 양호
	신호변환		곤란	비교적 용이	약간 곤란	용이	용이
	원격조작		약간 곤란	용이	약간 곤란	특히 양호	아주 양호
	위험성		화재 위험	문제없음	문제없음	누전 감전	문제없음
	구조		약간 복잡	비교적 간단	보통	약간 복잡	간단
	배선·배관		복잡	약간 복잡	-	비교적 간단	비교적 간단
	전문지식		필요	필요 없음	보통	필요	필요
	내환경	온도	보통	보통	보통	주의 요망	특히 주의 요망
		습도	보통	드레인주의	보통	주의 요망	특히 주의 요망
		부식	보통	보통	보통	주의 요망	특히 주의 요망
		진동	보통	보통	보통	주의 요망	특히 주의 요망
	보수		비교적 용이	용이	용이	기술 필요	특히 기술필요
	기기의 가격		고가	비교적 고가	약간 고가	보통	저렴

1.6 유압회로와 전기회로

사람의 인체 중에서 특히 순환기계통과 신경계통을 생각해보자. 우리 몸에 순환하는 혈액은 이산화탄소를 가진 정맥에 모여 있고, 심장의 우심방으로 되돌아온다. 그리고 우심실의 펌프로 양방향으로 허파로 보내 이산화탄소와 산소가 교환된 신선한 혈액은 좌심방을 거쳐 좌심실에서 맥동으로 송출된다. 노폐물은 신장에서 분리되어 배출한다. 또한 신경계통은 시각, 청각 및 촉각에서 얻어진 정보를 지각신경을 통하여 뇌로 보내고, 판단된 지령이 운동신경을 통하여 근육에 전달된다.

유압회로도 이것과 유사하게 작동하며, 액추에이터(근육)에서 일을 한 유압작동유는 복귀관로(정맥)에 모아서 필터(신장)에서 먼지나 오염물질 등을 제거하여 오일탱크에 되돌린다(그림 1.2 참조). 오일탱크(허파)는 기름 중에 포함된 기포를 방출하고 스트레이너(strainer)를 통하여 유압펌프(심장)에서 작동유에 압력에너지를 공급하여 고압관로(동맥)를 경유하여 유압제어밸브(운동신경계)로 보낸다. 유압제어밸브는 제어 지령(뇌)을 받아 작동한다. 액추에이터(머리, 인체, 손, 발등의 근육)는 이러한 유압에너지를 기계적 에너지로 변환하여 부하(피구동체)를 움직인다.

유압회로는 전기회로와 유사하며, 예를 들어 압력(수위차)과 전압(전위차), 유량과 전류, 압력강하와 저항 등이 상사(相似)된다. 이러한 상사관계를 정리하면 표 1.3과 같다.

표 1.3 인체와 유압회로, 전기회로의 비교

인 체		유압회로	전기회로
순환기계통	심장	유압펌프	발전기
	허파	오일탱크	-
	비장	보조탱크	-
	신장	필터	필터
	동맥	고압관로	전선
	정맥	복귀관로	전선
신경계통	뇌	제어지령, 연산기 등	제어지령, 연산기 등
	운동신경	유압제어밸브	트랜지스터, IC, 릴레이, 스위치 등
	지각신경	검출기 등	검출기
근육	머리, 손, 발, 등 인체의 근육	유압실린더, 유압모터, 요동형 액추에이터	전동기, 솔레노이드, 리니어 모터 등

1.7 유압의 응용분야

유압시스템은 기계공업을 비롯하여 많은 산업분야에서 활용한다. 여기서는 대표적인 산업분야에서 유압을 어떻게 이용하는지에 대해 간략하게 살펴본다.

[1] 자동차

최근 자동차는 주행성능, 쾌적성, 안전성을 개선하기 위해 컴퓨터제어에 의한 능동제어시스템(active control system)을 많이 탑재한다. 차량제어에는 고속 응답성과 소형·경량화가 요구되기 때문에 전자·유압제어를 많이 응용한다. 예를 들면 4륜 구동(4WD : 4 wheel driving), 4륜 조향(4WS : 4 wheel steering), 자동변속기, 무단변속기(CVT : continuous variable transmission), 브레이크(brake), 능동 현가장치(active suspension), 라디에이터 냉각 팬 구동 및 각종 편의장치에 활용되며, 작동압력을 20 MPa로 통일하여 집중 유압제어시스템도 실용화하고 있다. 앞으로 자동차 유압제어시스템은 전자제어와 더불어 발전 가능성이 매우 높으며, 전기신호를 유압출력으로 변환하는 고성능 밸브 개발, 소형·경량 및 센서 내장형 액추에이터 개발, 고효율 고압 펌프 개발, 신뢰성이 높은 컴퓨터와의 통신제어의 확립 등이 필요하다.

자동차용 유압시스템이 산업용 유압시스템과 다른 점을 유압펌프의 사양에서 살펴보면 다음과 같다.

- 소형·경량일 것
- 저속 회전(약 700 rpm)에서도 효율이 좋을 것
- 고속 회전(약 8000 rpm)에서도 내구성이 좋을 것
- 작동압력(승용차 : 13 MPa, 상용차 : 17.5 MPa) 변동에 강인할 것
- 온도범위(−40∼130℃), 짧은 시간에는 180℃에 견딜 것
- 저소음
- 엔진오일, 변속기 오일(ATF, −40∼180℃)의 내구성과 유동성 보증
- 가격이 저렴할 것

[2] 건설기계

건설기계는 유압을 가장 많이 이용하는 분야로 500기종 이상의 다양한 제품과 가장 큰 시장을 형성하고 있고, 굴착기(excavator), 휠 로더(wheel loader), 불도저(bulldozer) 등이 대표적이다. 굴착기는 주로 디젤엔진을 구동력으로 하여 유압펌프에서 전부 유압에너지로 변환하고, 유압제어밸브를 통하여 유압액추에이터를 작동시킨다. 액추에이터는 작업기를 작동시키는 유압실린더와 주행하기 위한 유압용 주행모터 및 차체 상부를 선회시키는 선회모터가 있다. 휠 로더와 불도저의 유압시스템이 굴착기 회로와 다른 점은 엔진의 동력을 액추에이터를

작동시키는 유압에너지와 주행을 위한 기계적 에너지로 분할하는 것이다. 주행을 하지 않을 때는 엔진의 동력이 전부 유압에너지로 변환되지만, 휠 로더와 불도저는 주행하면서 작업기를 사용하여 운전하는 경우가 많고, 작업 중에는 에너지를 분할하여 사용한다.

[3] 공작기계

공작기계의 유압구동은 절삭이송 등의 구동용으로 사용되었지만, 최근 에너지 절약형 시스템의 구축에 따라 일부 공작기계를 제외하고는 보조 기능을 하는 곳에 많이 활용한다. 유압을 이용하는 공작기계는 머시닝센터, 평면연삭기, 밀링, 선반, 보링머신, 브로칭머신 등이며, 사용압력은 7～14 MPa 정도이다. 공작기계에서 주요 기능과 유압기술의 응용을 요약하면 다음과 같다.

- 강한 추력(thrust)으로 공작물 이송 : 브로칭머신(broaching machine), 밀링(milling), 드릴(drill), 프레스(press), 전조(form rolling)가공 등
- 고속 왕복운동 : 호닝머신(honing machine), 슬로터(slotter), 평면 연삭기
- 주축 구동 : 선반 밀링머신, 보링머신, 머시닝센터 등
- 이송, 급속이송운동 : 자동선반, 보링머신, 밀링머신, 트랜스퍼머신 등
- 모방 조작 : 선반, 터릿선반(turret lathe), 밀링머신, 호빙머신 등
- 수치제어 서보 : 머시닝센터, 선반, 터릿선반, 밀링머신, 드릴링머신, 보링머신 등

[4] 프레스기계

18세기 말 영국에서 발명된 수압프레스가 19세기 중반에 열간 단조작업에 활용된 이래 수압 또는 유압 프레스는 소성가공 분야에 급속하게 확산되었다. 유압프레스의 유압장치는 강한 부하 지지력이 요구되며, 작동압력이 높고 작동 사이클 동안 압력변화도 심하다. 또한 프레스가 고속화, 고압화에 따른 큰 출력의 유압장치와 더불어 가공물의 공급을 포함한 작업 사이클을 프로그램 제어함으로써 생산성을 높이고, 제어 정밀도를 향상시키기 위해 전기-유압 서보제어나 디지털제어를 활용한다. 현재 판금 성형용 프레스, 열간 가공용 프레스, 냉간 성형용 프레스, 분말야금용 프레스 및 교정 프레스에 활용되고 있다.

[5] 철강 생산설비

철강 생산설비의 유압은 고로용의 선회, 경사, 충전용 유압설비, 연속 주조설비의 핀치 롤

러 구동장치, 용해로의 노 뚜껑 상승 선회장치, 노체 경사장치, 제련로의 전극유지 및 전극 승강장치, 유압 압연기의 롤 벤딩장치 등에 사용되며, 제품의 품질향상, 치수 정밀도의 향상을 위해 서보제어를 많이 사용한다. 철강 설비는 고온, 고열 환경에서 사용되므로, 일반 석유계 작동유는 사용할 수 없으며, 주로 인산 에스테르와 같은 난연성 작동유를 사용한다.

[6] 성형기계

성형기는 소요의 형상 제품을 성형하는 기계로서, 대형 플라스틱 성형기와 용해 금속을 성형하는 다이캐스팅기가 있고, 어느 것이나 재료를 가공할 때 가열과 가압(加壓)이 필요하고, 가압속도와 시간이 제품의 품질과 성능을 좌우하는 중요한 요소이다. 이러한 가압력과 가압속도의 조정이 용이하고, 또한 제어가 자유롭기 때문에 기계식이나 공기압에 비교하여 큰 가압력을 얻을 수 있는 유압구동 성형기가 대부분을 차지한다. 플라스틱 성형기는 사출성형기, 중공성형기, 압축성형기, 압연성형기, 트랜스퍼(transfer) 성형기에 유압을 이용하며, 밸브제어(valve control)보다는 펌프제어(pump control) 방식을 채택하여, 20~40%의 에너지 절약을 실현하고 있다.

[7] 선박

선박에 처음 유압장치를 장착한 것은 조타장치를 함교에서 원격조작하기 위해 원격제어장치로써 이용하기 시작하면서부터이고, 현재는 조타장치를 비롯하여 로프(rope) 등을 감아올리는 윈치(winch), 해치(hatch) 개폐장치 등의 갑판기계, 저인망어선, 트롤선(trawler) 등의 어로기계, 20~30만톤급 대형 유조선, 대형 여객선, 대형 화물선의 원격 밸브 개폐장치, 프로펠러의 가변피치제어 등에 활용된다.

선박에서 유압을 사용하는 이유는 다음과 같다.

- 작동이 원활하고 진동이 적다.
- 밸브 조작 등을 위해 증기(steam)를 사용하면 고온, 다습하여 재료 부식의 문제점이 있으나 유압에서는 이러한 문제가 해결되고, 방청(防錆) 효과도 있다.
- 전기를 사용하면 불꽃이 생길 위험이 있으나 유압에서는 이러한 현상이 없다.
- 속도, 힘의 제어가 쉽고, 선박의 보수 및 안전측면에서 사용하기 쉽기 때문에 각종 보조기계의 동력원으로 사용되며, 자동화가 필요한 제어장치의 일부분으로써 광범위하게 이용된다.

[8] 항공기

항공기에는 착륙할 때 사용하는 제동장치에 처음으로 유압을 사용한 이래 조종계통, 착륙장치 등에 많이 활용된다. 항공기 조종계통에는 승강키(elevator), 방향키(rudder), 수평꼬리날개(horizontal stabilizer), 보조날개(aileron), 공기브레이크(spoiler), 고양력장치(flap slat), 착륙장치(착륙장치 다리의 격납 및 전개, 앞·뒤 바퀴 브레이크, 지상 주행장치) 및 엔진 역분사장치 등에 사용한다. 항공기의 동력원은 유압 이외에 전기, 공기압을 사용한다. 항공기용 유압작동유는 일반 산업용 작동유의 요구조건에 추가하여, 사용 환경이 지상에서 고도 10,000 m를 넘는 상공이고, 사용 온도범위가 아주 넓은 점(미국 보잉사 규정에서, 동점도 2000 cSt / −54℃ 이하, 3.00∼4.00 cSt / 99℃), 안전성 관점에서 난연성의 요구가 엄격한 점(미국 보잉사 규정으로 인화점 160℃ 이상, 연소점 170℃ 이상) 등으로 난연성이 우수하고, 사용 온도범위가 넓고, 열안정성이 우수한 유기인산에스테르계의 합성 작동유를 사용한다.

[9] 하역운반기계

포크 리프트 트럭(fork lift truck, 보통 지게차라 함)과 같이 하역, 운반 대상물의 다양성을 고려할 때, 취급하는 물건이나 재료의 종류, 모양, 취급량 및 작업 공간, 운반거리 등에 따라 다양한 하역운반기계가 있다. 하역운반기계에 유압을 이용하면 다음과 같은 장점이 있다.

- 조작하기 쉽고 원활한 작동을 얻을 수 있다.
- 속도제어가 용이하고, 가장 적절한 작업속도를 쉽게 조정할 수 있다.
- 충격이 작고, 기계의 내구성이 좋다.
- 장치의 배치 및 배열의 자유도가 높다.

이러한 장점을 활용하여, 덤프트럭(dump truck), 트럭믹서(truck mixer), 포크 리프트 트럭, 셔블 로더(shovel loader), 크레인(crane), 엘리베이터 등에 유압을 이용하고 있다.

[10] 기타

지금까지 설명한 이외의 산업분야에서도 다양하게 유압을 이용하고 있다. 트랙터나 콤바인을 비롯한 농업기계, 발전설비의 조속장치, 철도차량의 공·유압 브레이크 장치, 전차나 잠수함을 비롯한 군용장비, 화학 플랜트를 비롯한 프로세스제어의 액추에이터, 유원시설에 있는 각종 놀이기구 구동용, MRI를 비롯한 첨단 의료기기에서 간병용 보조기기 및 차량용 리프트 장치 등 매우 다양하다.

연습문제

1.1 유공압시스템과 다른 동력전달시스템을 비교 설명하라.

1.2 유압과 공기압 시스템의 차이점을 설명하라.

1.3 유압시스템의 기본 구성요소를 설명하라.

1.4 유공압시스템에서 세 가지 제어밸브의 역할을 설명하라.

1.5 자동차 유압장치의 특징을 설명하라.

1.6 자동차산업에서 유공압시스템을 적용한 예를 세 가지 이상 열거하고 설명하라.

1.7 건설 중장비분야에서 유압시스템의 응용 사례를 조사하라.

1.8 항공기 분야에서 유압시스템의 응용 사례를 조사하라.

1.9 유압과 공기압 시스템의 적용분야를 설명하라.

1.10 웹사이트에서 국내외 유압 및 공기압부품 제조회사를 조사하라.

제 2 장

유공압의 기초

▎학습목표 ▎

1. 압력과 압력의 단위를 계산할 수 있다.
2. 파스칼의 원리를 적용하여 문제를 풀 수 있다.
3. 유공압시스템에서 압력에너지의 이용방법을 설명할 수 있다.
4. 유압작동유와 공기흐름에 관련된 보존법칙을 설명할 수 있다.
5. 연속방정식과 베르누이 방정식을 유압회로에 적용하여 문제를 풀 수 있다.
6. 유압회로와 공기압회로에서 손실수두의 발생 원인을 파악하여 손실수두를 계산할 수 있다.
7. 유량제어 요소인 오리피스와 초크의 차이점을 설명할 수 있다.

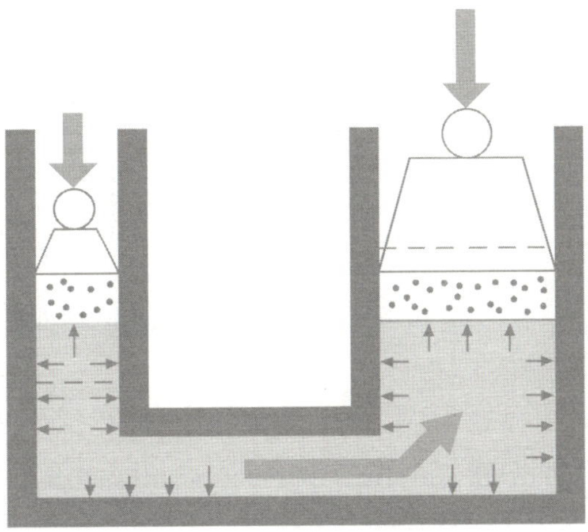

유압시스템은 유압펌프에서 유압작동유에 압력에너지를 부여하고, 제어밸브에서 압력·유량·방향을 제어하여, 유압실린더나 유압모터에서 기계적인 일을 한다. 유압시스템이나 유압회로의 기능을 이해하기 위해서는 각종 구성요소 부품의 구조뿐만 아니라 기기 내부나 관 속을 흐르는 유압작동유의 흐름 특성을 이해해야 한다. 이 장에서는 주로 유압회로를 이해하는데 필요한 유체의 성질과 흐름에 관계된 기초적인 내용을 다룬다.

2.1 압력

그림 2.1과 같이 액체로 채워진 밀폐용기에서, 단면적 A [m^2]인 위쪽 마개에 압축력 F [N]로 누르면 액체의 모든 부분에서 압축력에 대응하는 힘이 발생하며, 이 힘은 용기 안쪽 면에 수직하게 작용한다. 이 때 단위면적에 작용하는 유체의 압축력, 즉 압축응력을 압력의 세기(pressure intensity) 또는 압력(pressure)이라고 한다.

지금 마개의 단면적을 A [m^2], 수직방향으로 작용하는 압축력을 F [N]라 하면, 유체에서 발생되는 압력 p는 다음과 같이 정의된다.

$$p = \frac{F}{A} \quad [\mathrm{N/m^2}] \tag{2.1}$$

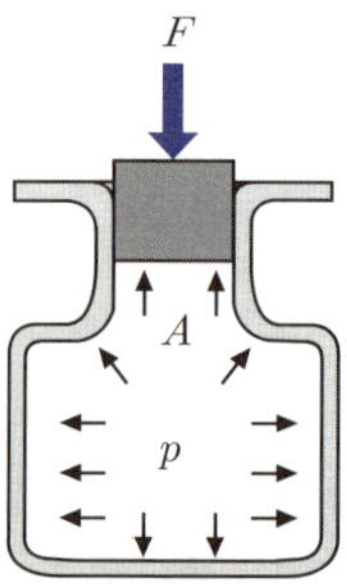

그림 2.1 액체에 작용하는 압력

또한 그림 2.2와 같이 액체가 정지하고 있을 때, 액면에서 깊이 h [m] 만큼 떨어진 밑면에 작용하는 힘 F [N]는 액체의 밀도 ρ [kg/m^3], 단면적 A [m^2], 중력가속도 g [m/s^2]라 하면 다음 식이 성립한다.

$$F = \rho g h A \quad [\mathrm{N}] \tag{2.2}$$

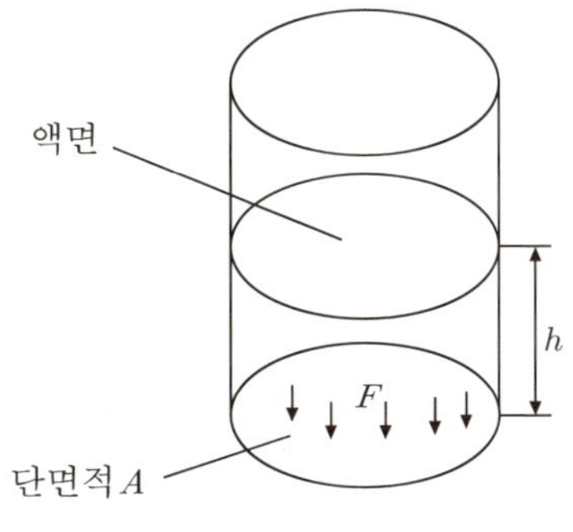

그림 2.2 압력의 세기

이러한 유체에 의해 작용하는 총 힘을 F라 하고, 이 때 단위면적에 작용하는 힘, 즉 압력은 다음 식으로 표시할 수 있다.

$$p = \frac{F}{A} = \rho g h = \gamma h \quad [\mathrm{N/m^2}] \tag{2.3}$$

식에서, γ [$\mathrm{N/m^3}$]는 액체의 비중량이며, SI 단위계에서 압력의 단위는 파스칼(Pascal, 기호 Pa)을 사용하며, 1 Pa = 1 $\mathrm{N/m^2}$이다.

압력의 단위는 공학과 다른 학문분야에서 가장 편리한 것을 사용해 왔기 때문에 여러 가지가 있다. 유공압분야에서는 [$\mathrm{kg_f/cm^2}$]을 사용하였지만, 현재는 SI 단위인 파스칼(Pa)을 사용한다. 역학에서 사용하는 단위는 중력단위계(공학단위)와 절대단위계가 있고, 이전에는 중력단위계를 채용한 공학단위를 사용했으나, 국제적으로 단위를 통일할 필요성이 대두되어 국제표준단위를 사용한다. 식 (2.1)에서 압력 단위인 Pa을 사용할 때, 힘의 SI 단위는 [N](뉴턴), 수압면적의 단위 [$\mathrm{m^2}$]로 하면,

$$p\,[\mathrm{Pa}] = \frac{F\,[\mathrm{N}]}{A\,[\mathrm{m^2}]} \tag{2.4}$$

가 된다.

여기서, 1 N은 질량 1 kg인 물체를 가속도 1 $\mathrm{m/s^2}$로 움직이는 데 필요한 힘을 나타낸다.

$$1\,\mathrm{N} = 1\,\mathrm{kg} \times 1\,\mathrm{m/s^2} = 1\,\mathrm{kg \cdot m/s^2}$$

중력단위계(공학단위)에서 사용하는 힘 1 kg_f는 질량 1 kg인 물체에 중력가속도 g [m/s^2]가 작용할 때의 힘이며, 다음 관계가 성립한다.

$$1\,\mathrm{kg_f} = 1\,\mathrm{kg} \times 9.8\,\mathrm{m/s^2} = 9.8\,\mathrm{kg \cdot m/s^2} = 9.8\,\mathrm{N}$$

중력단위계에서 압력은 [kg_f/cm^2]로 표시하고, 단위면적 1 cm^2에 1 kg_f의 힘이 작용할 때 압력이 1 kg_f/cm^2이다.

SI 단위에서 압력은 [Pa]을 사용하며, 식 (2.4)와 같이 단위면적 1 m^2에 1 N의 힘이 작용할 때 압력을 1 Pa로 정의한다.

현재도 산업현장에서는 종래부터 사용한 공학단위 [kg_f/cm^2]를 많이 사용하고 있기 때문에 SI 단위로 환산해 보면,

$$1\,\mathrm{kg_f/cm^2} = 9.8 \times 10^4\,\mathrm{N/m^2} = 9.8 \times 10^4\,\mathrm{Pa} = 0.098\,\mathrm{MPa} \simeq 0.1\,\mathrm{MPa}$$

과 같다.

또한 대기압(atmospheric pressure)은 대기가 단위면적에 작용하는 힘이며, 지표상의 위치와 고도 또는 기상조건에 따라 다르기 때문에 표준값이 필요하다. 표준대기압(atm)은 위도 40°에서 평균온도 감소율을 연간 평균한 대기압이다.

압력을 수은주의 높이로 나타낼 때는 [mmHg]로 표시하고, 물기둥(수주)의 높이로 나타낼 때는 [mAq] 또는 [mH_2O]의 기호를 사용한다. SI 단위는 아니지만, 압력의 단위로 bar(1 bar = 10^5 Pa)도 많이 사용한다. 또 진공압력은 수은주 1 mm를 1토르(Torr : Torricelli의 약자)라 하며, 이들 관계를 정리하면 다음과 같다.

표준대기압 1 atm	= 760 mmHg	공학기압 1 at	= 1 kg_f/cm^2
	= 1.0332 kg_f/cm^2		= 735.5 mmHg
	= 101.325 kPa		= 98.0 kPa
	= 10.332 mAq		= 10 mAq
	= 1.01325 bar		= 0.98 bar

표 2.1은 여러 가지 압력 단위의 환산표이다.

표 2.1 압력의 단위 환산표

단 위	kg_f/cm^2	atm	Pa	bar	mmHg	lb/in^2
1 kg_f/cm^2	1	0.97	0.98×10^5	0.98	735.56	14.223
1 atm	1.0332	1	1.01325×10^5	1.01325	760	14.696
1 Pa	1.02×10^{-5}	0.98×10^{-5}	1	10^{-5}	1.02×10^{-1}	14.5×10^{-5}
1 bar	1.02	0.98	10^5	1	0.75×10^2	14.5

(주) 1 psi = 1 lb/in^2

압력은 측정기준에 따라 절대압력, 게이지압력, 진공압력으로 구분한다. 절대압력(absolute pressure)은 완전진공(absolute vacuum)을 압력 영(零) 기준으로 측정한 것이다. 대기압을 압력 영(0) 기준으로 하여 대기압보다 높은 압력은 게이지 압력(gage pressure) 또는 정압(positive pressure), 대기압보다 낮은 압력은 진공압력(vacuum pressure) 또는 부압(negative pressure)이라 하며, 다음 관계가 성립한다.

$$\begin{aligned} p_{abs} &= p_0 + p_g \\ &= p_0 - p_v \end{aligned} \tag{2.5}$$

식에서 p_{abs}는 절대압력, p_0는 대기압, p_g는 게이지 압력, p_v는 진공압력을 나타낸다. 그림 2.3은 이 관계를 도식적으로 나타낸 것이다.

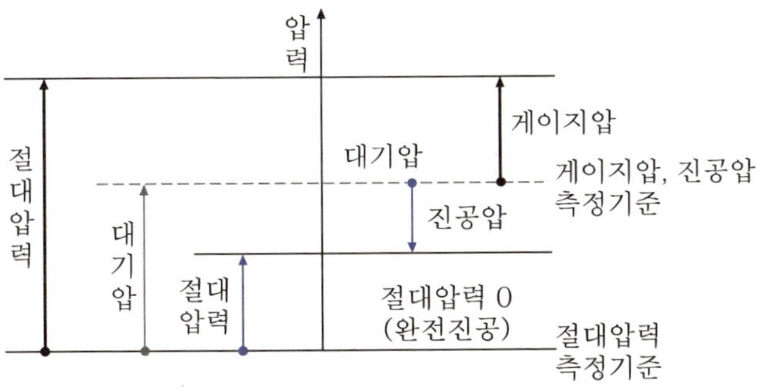

그림 2.3 절대압력과 게이지 압력·진공압력의 관계

(주) 1) 1×10^3 Pa = 1 kPa, 1×10^6 Pa = 1 MPa
2) 이 책에서 중력가속 g = 9.81 m/s^2로 한다.
3) [mH_2O]를 [mAq]로 표기하기도 한다.

유압시스템이나 공기압시스템에서 압력은 대부분 게이지압력으로 표시하며, 진공압력은 진공을 이용하는 특수한 경우에 사용한다.

[예제 2.1] 한 변의 길이가 30 cm인 정사각형 판 위에 하중 600 N의 물건을 얹었을 때 압력은 얼마인가?

[풀이] $F = 600$ N, $A = 30 \times 30 = 900 \times 10^{-4}$ m^{2}이므로, 식 (2.4)에서

$$p = \frac{F}{A} = \frac{600}{900 \times 10^{-4}} = 0.667 \times 10^4 \text{ Pa} = 6.67 \text{ kPa}$$

[예제 2.2] 그림 2.4와 같이 유압실린더의 안지름 50 mm, 피스톤 로드 지름 22 mm이고, 유압펌프에서 송출된 고압유가 압력 21 MPa로 피스톤 양쪽 면에 작용한다. 피스톤 양쪽 면에 작용하는 힘과 피스톤의 운동방향에 작용하는 힘을 구하라.

[풀이] 그림 2.4에서 유압실린더의 피스톤 양쪽 면(피스톤 캡측과 로드측)에 작용하는 압력은 21 MPa로 같고, 피스톤 캡측에 작용하는 힘 $F_1(\rightarrow)$은

$$F_1 = pA_1 = 21 \times 10^3 \times \frac{\pi}{4}(0.05)^2 = 41.23 \text{ kN} = 4{,}207.5 \text{ kg}_\text{f}$$

이고, 피스톤 로드측에 작용하는 힘 $F_2(\leftarrow)$는

$$F_2 = p(A_1 - A_2) = 21 \times 10^3 \times \frac{\pi}{4}\left[(0.05)^2 - (0.022)^2\right] = 33.23 \text{ kN} = 3{,}390.8 \text{ kg}_\text{f}$$

이다. 따라서 피스톤은 왼쪽에서 오른쪽으로 움직이며, 작용하는 힘 $F(\rightarrow)$는 $F = F_1 - F_2 = 4{,}207.5 - 3{,}390.8 = 816.7 \text{ kg}_\text{f}$이다.

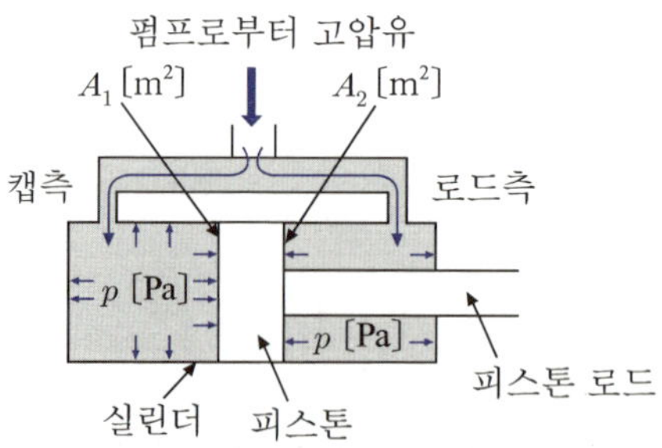

그림 2.4 피스톤 캡측과 로드측에 작용하는 압력과 힘

[예제 2.3] 수심 8 m 아래에 가로 × 세로가 10 m × 5 m인 평판에 작용하는 게이지 압력과 절대압력, 힘을 구하라. 단 수면에는 대기압 101.3 kPa abs이 작용하며, 중력가속도 g = 9.81 m/s^2, 물의 밀도 ρ = 1000 kg/m^{3}으로 한다.

[풀이] 식 (2.3)을 사용하여 게이지 압력을 구하면

$p_g = \rho g h = 1000 \times 9.8 \times 8 = 78.40$ kPa이고,

절대압력은 식 (2.5)를 사용하여 구하면

$p_{abs} = 101.3 + 78.40 = 179.70$ kPa

평판에 작용하는 힘은

$F = pA = 179.70 \times (10 \times 5) = 8{,}985$ kN $= 916.84$ kg$_f$이다.

또 압력을 특별히 구분하여 명시할 필요가 있을 때, 게이지 압력은 MPaG, 절대압력은 MPa abs와 같이 표기한다.

[예제 2.4] 게이지 압력 100 kPa에 상당하는 수심은 몇 m인가?

[풀이] 식 (2.3)에서

$$h = \frac{p}{\rho g} = \frac{100 \times 10^3}{1000 \times 9.81} = 10.2 \text{ m}$$

[예제 2.5] 우리나라 해구의 최대 수심이 10,374 m, 해수의 비중을 1.035라 할 때, 해저의 압력은 얼마인가? 해면상의 대기압은 101.3 kPa, 중력가속도는 9.81 m/s^{2}이다.

[풀이] 대기압 $p_0 = 101.3 \times 10^3$ Pa, $\rho = 1.035 \times 10^3$ kg/m^3

g = 9.81 m/s^2, h = 10,374 m이므로, 식 (2.5)에서

$p_{abs} = p_0 + \rho g h = 101.3$ kPa $+ 1.035 \times 10^3 \times 9.81 \times 10{,}374$ / 1000

= 105432 kPa abs = 105.4 MPa abs

[예제 2.6] 표준 대기압은 0℃의 수은주 760 mmHg에 상당하는 압력으로 규정한다. 0℃ 수은의 비중이 13.595, 중력가속도 9.80665 m/s^{2}일 때 압력을 구하라. 또한 수두(head)는 몇 미터에 상당하는가?

[풀이] $\rho = 13.595 \times 10^3$ kg/m^3, g = 9.80665 m/s^2, $h = 760 \times 10^{-3}$ m이므로, 식 (2.3)에서

$p = \rho g h = 13.595 \times 10^3 \times 9.80665 \times 760 \times 10^{-3}$

= 101324 Pa = 0.1013 MPa

단, 1표준대기압 1 atm = 760 mmHg = 101325 Pa = 101.325 kPa = 0.101325 MPa

일반적으로 공학에서는 소수점 3자리까지 계산으로 충분하므로
1 atm = 101.3 kPa = 0.1013 MPa로 한다.
지금 0℃ 수은의 밀도 $\rho = 13.6 \times 10^3$ kg/m^3, g = 9.81 m/s^{2}로 하면,
$p = \rho g h = 13.6 \times 10^3 \times 9.81 \times 760 \times 10^{-3}$ = 101.4 kPa = 0.1014 MPa로 되며,
오차는 0.1% 정도이다.
표준대기압을 수두로 나타내면, 물의 밀도 ρ = 1000 kg/m^{3}이므로

$$h = \frac{p}{\rho g} = \frac{101.3 \times 10^3}{10^3 \times 9.81} = 10.326 \text{ m} \fallingdotseq 10.33 \text{ m}$$

이다.

2.2 파스칼의 원리

파스칼의 원리(Pascal's principle, 1623～1662)는 유공압시스템에서 동력 전달에 관한 기본원리를 제공한다. 여기서는 파스칼의 원리를 사용하여, 유압의 가장 큰 장점인 작은 힘으로 큰 힘을 얻는 원리에 대해 살펴본다.

그림 2.5와 같이 밀폐된 용기 속에 액체를 채우고, 위에서 힘 F로 누르고, 액체를 비압축성으로 가정하면 용기 속에 액체 체적은 거의 변하지 않고 내부에서 압력이 발생한다. 이 때 단면적 1 cm^{2}인 마개에 힘 10 N이 작용하면, 식 (2.4)에서 $10/1 = 10\left[\frac{\text{N}}{\text{cm}^2}\right] = 10 \times 10^4 \left[\frac{\text{N}}{\text{m}^2}\right] =$ 10^5 Pa = 100 kPa의 압력이 용기 내부 벽면에 수직하게 작용한다.

정지된 유체는 다음과 같은 성질을 가진다.

① 정지된 유체에 작용하는 압력은 항상 그 면에 수직하게 작용한다.
② 정지된 유체의 한 지점에 작용하는 압력은 모든 방향에 같은 크기로 전달된다.
③ 정지된 유체는 그 중량에 따라 용기의 밑면에 작용하는 힘은 액면의 높이에 따라 결정되며, 용기의 형상에는 관계없다.
④ 밀폐된 용기 속에 정지된 유체의 일부에 가해진 압력은 유체 내의 모든 방향에 같은 크기로 전달된다(파스칼의 원리).

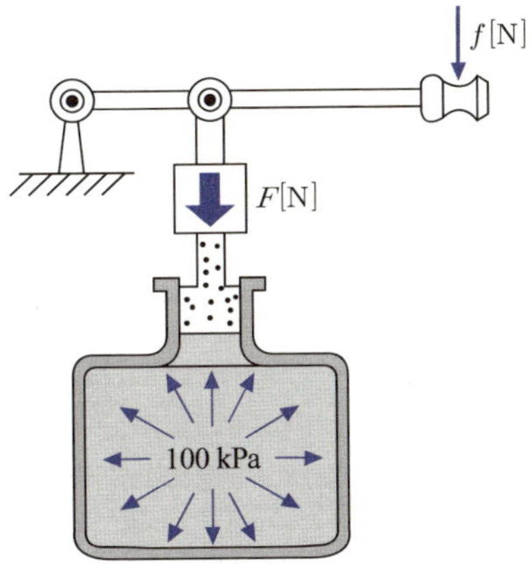

그림 2.5 파스칼의 원리

2.3 압력에너지의 이용

그림 2.6과 같이 단면적이 서로 다른 2개의 피스톤-실린더를 관으로 연결한 장치를 생각해 보자. 피스톤 ①, ②를 누르는 힘을 각각 F_1 [N], F_2 [N], 피스톤의 단면적을 A_1 [m^2], A_2 [m^2]라 하고, 피스톤 ①에 힘 F_1 [N]을 가하면 피스톤 ①의 단면적 A_1 [m^2]에는 압력 p가 발생한다. 이 압력 p는 파스칼의 원리에 따라 모든 방향에 같은 크기로 전달되기 때문에 단면적 A_2 [m^2]인 피스톤 ②에도 같은 압력으로 전달된다.

$$p = \frac{F_1}{A_1} = \frac{F_2}{A_2} \quad [\mathrm{N/m^2}] \tag{2.6}$$

즉, 피스톤 ①을 힘 F_1 [N]으로 누르면, 이 때 발생된 압력 p가 단면적이 큰 피스톤 ②를 힘 F_2 [N]를 밀어 올리게 되고, 피스톤에 작용하는 힘은 다음 관계가 성립한다.

$$F_2 = pA_2 = \frac{A_2}{A_1}F_1 \quad [\mathrm{N}] \tag{2.7}$$

식 (2.7)에서 보듯이, 힘 F_2 [N]는 단면적 비 A_2/A_1배로 증폭되며, 힘이 증폭되는 의미에서 이것을 유압지렛대라고도 한다. 힘의 지렛대는 레버의 길이 비에 비례하여 힘이 증폭된다.

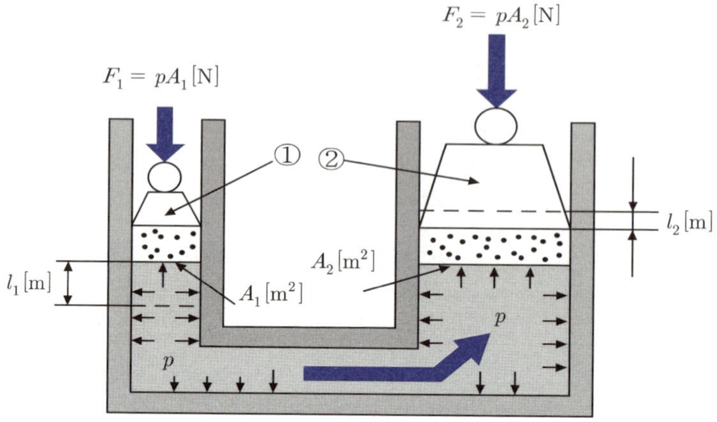

그림 2.6 압력에너지의 이용 (힘의 확대)

다음은 피스톤 이동거리와 피스톤이 하는 일에 대해 살펴보자. 그림 2.6에서 밀폐된 용기 속에 압력이 증가하여도 액체를 비압축성으로 가정하면, 작은 피스톤과 큰 피스톤으로 구성된 유압지렛대 내부의 체적은 변하지 않는다. 피스톤 ①에 힘 F_1 [N]이 작용하여 l_1 [m]만큼 이동하면 액체가 밀어내는 체적(배제체적)은 $A_1\ l_1$이다. 액체가 비압축성이고 누설이 없으면, 피스톤 ②는 $A_1\ l_1$의 체적 변화량만큼 위로 상승한다. 피스톤 ②의 이동량을 l_2 [m]라 하면, 피스톤 ①과 피스톤 ②의 이동에 따른 체적변화가 없으므로 다음 관계식이 성립한다.

$$A_1\ l_1 = A_2\ l_2$$
$$l_2 = \frac{A_1}{A_2}\ l_1 \tag{2.8}$$

식 (2.8)에서, 피스톤 ②의 이동거리 l_2 [m]는 단면적 비 A_1/A_2배로 된다.

피스톤 ①, ②가 하는 일 W을 비교하기 위해 식 (2.7)과 식 (2.8)을 식 (2.9)에 대입하면,

$$W_2 = F_2\ l_2 = \frac{A_2}{A_1}F_1 \times \frac{A_1}{A_2}l_1 = F_1\ l_1 = W_1 \tag{2.9}$$

이다. 즉, 피스톤 ①과 피스톤 ②가 하는 일은 같으며, 에너지보존 법칙을 만족한다. 일의 SI 단위는 J (Joule)이며, 1 J = 1 N · m이다.

또 피스톤 ①이 l_1 [m]만큼 이동하는 데 걸리는 시간을 t라 하면, 피스톤 ①의 이동속도 $v_1 = l_1/t$ [m / s]이다. 피스톤 ②가 l_2 [m]만큼 상승하는 데 걸리는 시간 t는 같으므로 피스톤 ②의 상승속도는 $v_2 = l_2/t$ [m / s]가 된다. 피스톤 ①, ②의 이동에 따른 체적유량은 연속방정식을 적용하면,

$$v_2 = \frac{A_1}{A_2} v_1 \tag{2.10}$$

로 된다. 이 식에서 큰 피스톤 ②의 속도 v_2 [m / s]는 피스톤의 면적비 A_1/A_2배 만큼 작은 피스톤 ①을 누르는 속도보다 작아진다.

따라서 유압지렛대에서 밀폐 용기 속에 압력의 크기는 모두 같기 때문에 피스톤 면적비 A_2/A_1배로 힘이 증폭되며, 피스톤의 이동거리나 속도는 면적비 A_1/A_2배 만큼 감소한다.

[예제 2.7] 그림 2.6에서 피스톤의 단면적 $A_1 = 1\ \text{cm}^2$, 큰 피스톤의 단면적 $A_2 = 50\ \text{cm}^2$, 피스톤 ①에 $F_1 = 20$ N의 힘이 작용할 때, 다음을 구하라. (1) 실린더 ①, ②의 압력과 피스톤 ②에서 밀어 올리는 힘, (2) 피스톤 ①이 50 cm 이동하였을 때, 피스톤 ②의 이동거리, (3) 피스톤에서 한 일 비교

[풀이] (1) $A_1 = 1\ \text{cm}^2 = 1 \times 10^{-4}\ \text{m}^2$, $F_1 = 20$ N을 식 (2.4)에 대입하면,

$$p = \frac{F_1}{A_1} = \frac{20}{1 \times 10^{-4}} = 200{,}000\ \text{Pa} = 200\ \text{kPa}$$

$A_2 = 50\ \text{cm}^2 = 50 \times 10^{-4}\ \text{m}^2$이고, 식 (2.7)에 대입하면,

$$F_2 = pA_2 = 200{,}000 \times 50 \times 10^{-4} = 1{,}000\ \text{N} = 1\ \text{kN}$$

(2) 피스톤 ②의 이동거리 l_2m는 식 (2.8)에서,

$$l_2 = \frac{A_1}{A_2} l_1,\ l_2 = \frac{A_1}{A_2} l_1 = \frac{1 \times 10^{-4}}{50 \times 10^{-4}} \times 50 \times 10^{-2} = 0.01\ \text{m} = 1\ \text{cm}$$

(3) 피스톤 ①이 한 일

$$W_1 = F_1\, l_1 = 20 \times 50 \times 10^{-2} = 10\ \text{Nm} = 10\ \text{J}$$

$$W_2 = F_2\, l_2 = 1{,}000 \times 0.01 = 10\ \text{Nm} = 10\ \text{J}$$

[예제 2.8] 그림 2.7에서 작은 피스톤의 면적 $A_1 = 1\text{ cm}^2$, 큰 피스톤의 단면적 $A_2 = 50\text{ cm}^2$이고, 하중 $F_2 = 10\text{ kN}$을 들어 올릴 때 압력은 얼마가 필요한가?

[풀이] 식 (2.7)에 대입하면

$$F_1 = \frac{A_1}{A_2} \times F_2 = \frac{1}{50} \times 10 \times 10^3 = 200\text{ N}$$

식 (2.4)에서

$$p = \frac{F_1}{A_1} = \frac{200}{1} = 200\text{ N/cm}^2 = 200 \times 10^4\text{ Pa} = 2\text{ MPa}$$

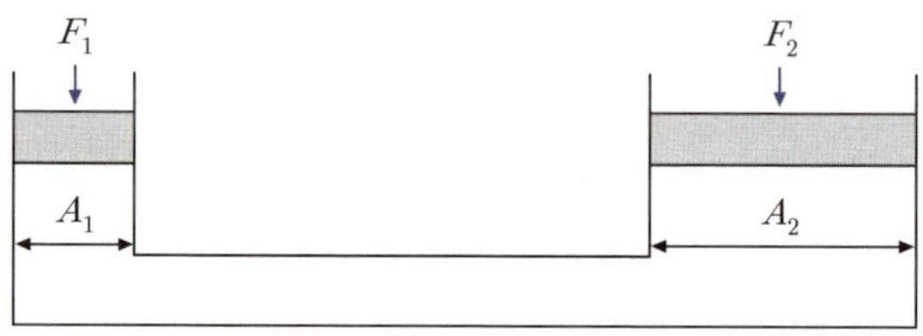

그림 2.7 유압 지렛대

[예제 2.9] 그림 2.7에서, $A_1 = 5\text{ cm}^2$, $A_2 = 100\text{ cm}^2$, $F_2 = 10\text{ kN}$일 때, 하중의 상승속도 $v_2 = 1$ cm/s로 하려고 한다. 하강속도는 얼마인가?

[풀이] $v_2 = 1\text{ cm/s}$ · $A_1 = 5\text{ cm}^2$ · $A_2 = 100\text{ cm}^2$을 식 (2.10)에 대입하면

$$v_1 = \frac{A_2}{A_1} \cdot v_2 = \frac{100}{5} \cdot 1 = 20\text{ cm/s}$$

또 작동유의 이동량 (유량)을 구하면,

(피스톤 ①의 단면적) × (하강속도) $= 5 \times 20 = 100\text{ cm}^3/\text{s} = 100$ cc/s로 된다.

[예제 2.10] 그림 2.8은 자동차용 휴대용 유압 잭(jack)을 나타낸다. 피스톤 ①을 $F = 4800$ N으로 누르고, 피스톤 ②에서 하중 $W = 30$ kN을 들어 올리려고 한다. 압력을 43 MPa로 하여 다음을 구하라.

(1) 피스톤 ②의 지름은 얼마인가?

(2) 피스톤 ①의 지름은 얼마인가?

(3) 레버 길이는 얼마인가? $f = 250$ N, $a = 26$ mm로 한다.

(4) 레버를 ①회 누를 때 피스톤 ①은 5 cm 이동한다. 하중을 20 cm 들어 올릴 때 조작횟수와 일을 구하라.

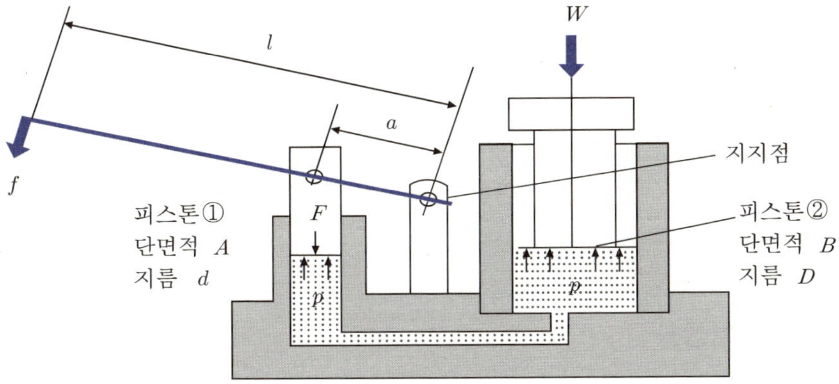

그림 2.8 유압 잭의 원리

[풀이] (1) $p = \dfrac{W}{B} = \dfrac{W}{\dfrac{\pi}{4}D^2}$

$$D = \sqrt{\frac{4\,W}{\pi\,p}} = \sqrt{\frac{4 \times 30 \times 10^3}{\pi \times 43 \times 10^6}} = 0.03\text{ m} = 30\text{ mm}$$

(2) $F = A\,p = \dfrac{\pi}{4}d^2 \cdot p$

$$\therefore\ d = \sqrt{\frac{4\,F}{\pi\,p}} = \sqrt{\frac{4 \times 4800}{\pi \times 43 \times 10^6}} = 0.012\text{ m} = 12\text{ mm}$$

(3) 지지점에 대한 모멘트를 고려하면

$$f \cdot l = F \cdot a$$

$$\therefore\ l = \frac{F \cdot a}{f} = \frac{4800 \times 26}{250} = 499.2\text{ mm}$$

레버의 손잡이를 100 mm로 하면, 실제 길이는 $l' = 600$ mm로 된다.

(4) 식 (2.8)에서 레버의 조작횟수를 n이라 하면

$$A \cdot S \cdot n = B \cdot L$$

$$n = \frac{B \cdot L}{A \cdot S} = \frac{D^2 \cdot L}{d^2 \cdot S} = \frac{30^2 \times 20}{12^2 \times 5} = 25\text{회}$$

또 일은 식 (2.9)에서,

$$F \cdot S \cdot n = 4800 \times 5 \times 10^{-2} \times 25 = 6000\text{ J}$$

2.4 유공압 배관에서 유체흐름 해석

유공압시스템은 에너지 전달매체인 유압작동유나 공기가 배관(piping)을 통해 동력을 전달하기 때문에 유체유동과 관련된 기본법칙을 이해하고, 에너지 손실을 줄이도록 배관을 설계하여야 한다. 여기서는 유체운동과 유동해석 중에서 유공압시스템에 필요한 내용을 살펴본다.

[1] 정상류와 비정상류

유체유동은 정상류(steady flow)와 비정상류(unsteady flow)로 나눌 수 있다. 정상류는 유속, 압력, 밀도, 온도, 유량 등의 유동 변수가 시간에 따라 변하지 않는 흐름이다. 정상류에서 시간을 t라 하면,

$$\frac{\partial v}{\partial t} = 0, \quad \frac{\partial p}{\partial t} = 0, \quad \frac{\partial \rho}{\partial t} = 0, \quad \frac{\partial T}{\partial t} = 0, \quad \frac{\partial Q}{\partial t} = 0 \tag{2.11}$$

로 표시된다.

비정상류는 유동상태가 시간에 따라 변하는 흐름이며, 식 (2.12)와 같이 표시할 수 있다.

$$\frac{\partial v}{\partial t} \neq 0, \quad \frac{\partial p}{\partial t} \neq 0, \quad \frac{\partial \rho}{\partial t} \neq 0, \quad \frac{\partial T}{\partial t} \neq 0, \quad \frac{\partial Q}{\partial t} \neq 0 \tag{2.12}$$

실제 유공압 배관에서는 압력이나 유량의 맥동(pulsation), 방향제어밸브의 작동, 액추에이터의 구동 등으로 인해 엄밀하게 정상유동은 아니지만, 대부분 운전조건이나 유동조건이 일정하면 정상유동으로 취급하여 해석한다.

[2] 비압축성과 압축성

모든 유체는 압력을 받으면 정도의 차이는 있지만 압축되어 체적이 감소하며, 유체 내부에 탄성에너지(elastic energy)로 저장된다. 이 때 유체에 가하진 압력을 제거하면 압축된 유체는 저장된 탄성에너지가 팽창하여 원래 상태로 되돌아간다. 이와 같이 유체의 체적은 작용하는 압력에 따라 변하고, 이러한 성질을 압축성이라 한다. 유체의 압축성은 압축률(compressibility) 또는 그 역수인 체적탄성계수(bulk modulus)로 나타낸다(체적탄성계수는 제3장에서 상세하게 다룬다).

일반적으로 기체는 압축하기 쉽기 때문에 압축성이 가장 크고, 유압작동유와 같은 액체는 압축성이 아주 낮아 압축하기 어렵다. 보통 유압작동유는 압축되지 않는 비압축성 유체로 취급하지만, 유압시스템이 고압화 됨에 따라 압축성을 무시할 수 없는 경우도 있다.

유체가 유동할 때 압력변화에 따른 체적변화, 즉 밀도변화 정도에 따라 압축성 유동(compressible flow)과 비압축성 유동(incompressible flow)으로 구별한다. 비압축성 유동은 유체의 밀도가 전체적으로 거의 일정하게 유지되며, 유체의 체적은 운동하는 과정에서 변하지 않는다. 일반적으로 유압시스템은 액체인 유압작동유를 사용하므로 대부분 비압축성 유동으로 해석하지만, 공기압시스템은 압력변화에 따라 공기의 체적이 크게 변하여 밀도변화가 크기 때문에 압축성 유동으로 해석한다.

[3] 유속과 유량

그림 2.9와 같이 유체가 원관 속을 층류상태로 흐를 때, 유체의 속도는 유체의 점성의 영향과 유체입자와 관 안쪽 벽면 사이의 마찰력 등에 의한 유체마찰 때문에 관 벽면에서는 속도가 0이고, 관 중심선에서 속도가 최대로 되는 속도분포(velocity distribution)를 나타낸다. 일반적으로 유속은 관의 임의의 단면 각 지점에서 유속을 평균하여 구한 평균유속(mean velocity) v [m/s]를 말한다.

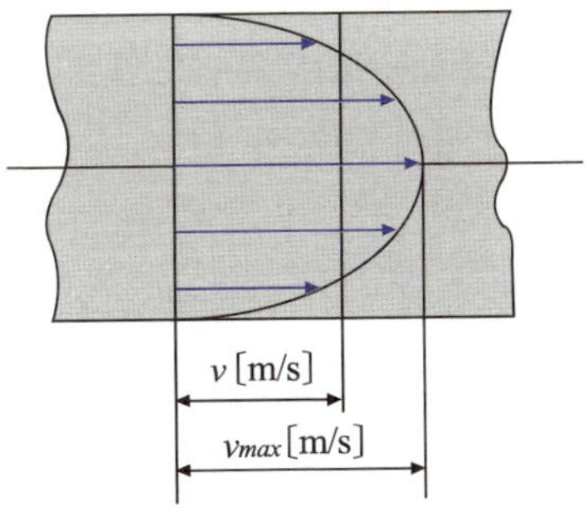

그림 2.9 속도분포와 평균유속

유량(flow rate)은 단위시간당 통과하는 유체의 체적 또는 질량을 나타내며, 체적유량 또는 질량유량의 용어를 사용한다.

[4] 층류와 난류

유체의 유동상태는 앞에서 설명하였듯이 정상류와 비정상류로 대별되는 데 다른 측면에서 유체의 흐름상태를 분류하면, 그림 2.10 (a)와 같이 유체입자가 규칙적으로 층을 이루듯이 흐르는 층류(laminar flow)와 그림 2.10 (b)와 같이 유체입자가 불규칙적으로 혼합하면서 흐르는 난류(turbulent flow)로 대별할 수 있다.

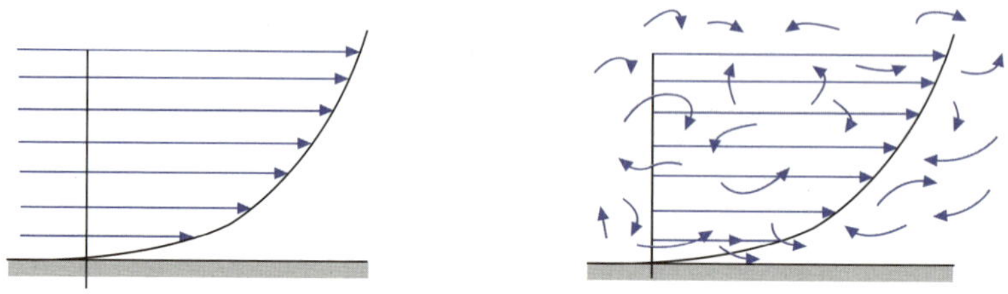

(a) 층류 (b) 난류

그림 2.10 유체의 흐름상태

이와 같이 층류와 난류는 전혀 다른 유동양상을 나타내며, 층류와 난류의 중간의 안정된 흐름상태는 존재하지 않는다. 층류는 유체의 점도가 높고, 유속이 비교적 느린 좁은 틈새나 모세관 등에 작동유가 흐를 때 층류로 되기 쉽다. 층류 흐름은 유체의 점성저항이 압력손실의 원인이 된다. 유압시스템에서 유압작동유는 동점도가 크고, 좁은 틈새유동이 많기 때문에 층류로 해석할 때가 많다. 난류는 유체의 점도가 낮고, 유속이 크고, 지름이 큰 관로를 흐르는 경우에 해당된다. 층류는 각 부분의 흐름이 유선(streamline)을 따라 평행하기 때문에 에너지 손실이 작지만, 난류가 되면 유체 입자간 운동량 교환이 활발하여 마찰저항이 급격하게 커지게 된다. 흐름 상태가 층류인가 난류인가는 무차원수인 레이놀즈수(Reynolds' number) Re를 구해보면 알 수 있다.

$$\mathrm{Re} = \frac{v\,d}{\nu} \tag{2.13}$$

식 (2.13)에서, v [m/s]는 관 속을 흐르는 유체의 평균속도, d [m]는 관 지름, ν [m^2/s]는 유체의 동점도이다.

이것은 Osborne Reynolds(1842～1912)가 처음 실험적으로 확인하였고, 무차원 레이놀즈수는 유체에 작용하는 관성력과 점성력의 비를 나타낸다. 유압작동유와 같이 점성이 큰 유체가 지름이 아주 작은 관 속을 천천히 흐르면 관성력에 비교하여 점성력이 아주 크고, 레이놀즈수는 아주 낮다. 유체의 속도가 빨라지면 레이놀즈수는 커지고 흐름 상태는 층류에서 난류로 천이(transition)한다. 흐름이 층류에서 난류로 천이할 때를 상임계 레이놀즈수, 난류에서 층류로 천이할 때를 하임계 레이놀즈수라 하며, 보통 하임계 레이놀즈수를 임계 레이놀즈수(critical Reynolds' number)로 정한다.

원관 속의 유체 흐름에서, 레이놀즈수 $Re < 2300$이면 층류영역, 임계 레이놀즈수는 $Rec = 2300$이고, 층류에서 난류로 천이하게 된다. 이 때 속도를 임계속도라 한다. 또 $Re > 2300$이면 난류영역이 된다.

[예제 2.11] 안지름 20 cm인 관에 비중 0.97인 유압작동유를 매초 25 L 수송할 때 레이놀즈수를 구하라. 작동유의 동점도는 $9.15 \times 10^{-4}\ m^2/s$이다.

[풀이] $Q = 25\ L/s = 0.025\ m^3/s,\ d = 20\times10^{-2}\ m$이므로

$$v = \frac{Q}{A} = \frac{Q}{\frac{\pi}{4}d^2} = \frac{0.025}{\frac{\pi}{4}(20\times10^{-2})^2} = 0.796\ m/s$$

식 (2.13)에서

$$Re = \frac{v\,d}{\nu} = \frac{0.796\times20\times10^{-2}}{9.15\times10^{-4}} = 174 < 2300 \quad (\text{층류})$$

[예제 2.12] 안지름 1 cm인 관 속을 물 또는 공기가 흐를 때, 층류에서 난류로 천이하는 임계 레이놀즈수가 2300이다. 층류로 되는 최대 유속을 구하라. 단 물의 동점도 $1.42\times10^{-6}\ m^2/s$, 공기의 동점도 $15\times10^{-6}\ m^2/s$이다.

[풀이] (1) 물인 경우,

$$Re = \frac{v\,d}{\nu},\ v = \frac{Re\,\nu}{d} = \frac{2300\times1.42\times10^{-6}}{0.01} = 0.33\ m/s$$

(2) 공기인 경우

$$Re = \frac{v\,d}{\nu},\ v = \frac{Re\,\nu}{d} = \frac{2300\times15\times10^{-6}}{0.01} = 3.45\ m/s$$

[5] 연속방정식

연속방정식(continuity equation)은 유체유동에 질량보존의 법칙(conservation of mass)을 적용한 것이다. 그림 2.11에서 관 내부를 흐르는 유체의 유속과 수직한 임의의 단면 I, II와 관

벽면으로 형성된 공간을 검사체적(control volume)으로 설정하고, 검사체적 입구와 출구 단면에서 단면적 A_1, A_2, 유속 v_1, v_2, 밀도 ρ_1, ρ_2라 한다. 어떤 시각 t에서 단면 I, II를 포함한 검사체적의 유체질량을 m_t, 시각 $t+\Delta t$에서 질량을 $m_{t+\Delta t}$라 하면, 질량보존법칙에서

$$m_{t+\Delta t} = m_t + \rho_2 A_2 v_2 \Delta t - \rho_1 A_1 v_1 \Delta t \tag{2.14}$$

가 성립한다.

여기서, 유체의 유동특성이 시간에 따라 변하지 않는 정상류를 고려하면, 입구와 출구 단면 I, II 사이의 유체질량은 일정하기 때문에 $m_{t+\Delta t} = m_t$로 되며, 식 (2.14)는 다음과 같다.

$$\rho_1 A_1 v_1 = \rho_2 A_2 v_2 \tag{2.15}$$

또한 단면 I, II는 임의로 설정한 위치이므로 모든 관 단면에서

$$\dot{m} = \rho A v = \text{const.} \tag{2.16}$$

로 되고, $\dot{m}$ [kg/s]를 질량유량(mass flow rate)이라 한다.

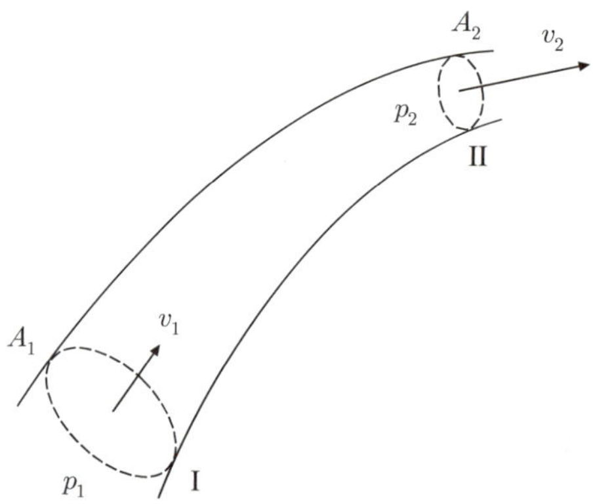

그림 2.11 관 내부 유체 흐름

만약 유체가 비압축성이면 밀도 ρ가 일정하기 때문에 식 (2.15), (2.16)에서

$$Q = A_1 v_1 = A_2 v_2 = A v = \text{const.} \tag{2.17}$$

이며, Q [m^3/s, L/min]를 체적유량(volumetric flow rate)이라 한다.

표 2.2 유압회로 내부의 최고속도 예시

사용 장소 또는 위치		유 속
펌프 흡입측	관 안지름 15~25 mm 관 안지름 32 mm 이상	0.6~1.2 m/s 1.7 m/s 이하
펌프 송출측	관 안지름 10~50 mm 관 안지름 50 mm 이상	3 m/s 이하 4 m/s 이하
제어밸브	-	6 m/s 이하
압력라인(고압유 공급관)	-	1.5~5 m/s
복귀라인(탱크로 복귀관)		1.5~3 m/s
릴리프밸브 안전밸브	-	15 m/s 이하 30 m/s 이하

따라서 관 내부의 흐름상태가 정상유동이고, 비압축성 유체인 경우, 관로 임의의 단면을 통과하는 체적유량 Q는 어느 단면에서나 일정하다. 이것에서 흐름 단면적이 큰 부분에서 유속이 낮아지고, 단면적이 작은 곳에서 유속이 빨라지는 것을 알 수 있다.

식 (2.17)은 유압회로를 설계할 때, 회로 내부의 최대속도를 기준으로 하여 관 안지름을 구할 때 많이 사용한다. 관 안지름을 d [m]라 하면,

$$Q = Av = \frac{\pi}{4}d^2 v, \qquad d = \sqrt{\frac{4Q}{\pi v}} \tag{2.18}$$

로 된다. 식 (2.18)을 사용하여, 유압회로의 관 지름을 결정하면 가끔 유속이 너무 빨라 좋지 못한 결과를 초래하기도 한다. 표 2.2는 유압회로에서 대표적인 구성요소에서 유속범위를 나타내며, 이것에 적합하도록 관 지름을 결정할 때 주의해야 한다.

[예제 2.13] 호칭지름 3/8 B = 10 A(바깥지름 17.3 mm, 두께 2.3 mm)인 원관에 7.5 L/min의 작동유가 흐를 때 평균유속(유속)은 얼마인가?

[풀이] 관 안지름 $d = 17.3 - 2 \times 2.3 = 12.7$ mm

단면적 $A = \frac{\pi}{4}d^2 = \frac{\pi}{4} \times (12.7 \times 10^{-3})^2 = 1.27 \times 10^{-4}\ \mathrm{m}^2$

유량 $Q = \frac{7.5 \times 10^{-3}}{60} = 1.25 \times 10^{-4}\ \mathrm{m}^3/\mathrm{s}$

식 (2.17)에서 $v = \frac{Q}{A} = \frac{1.25 \times 10^{-4}}{1.27 \times 10^{-4}} = 0.984\ \mathrm{m/s}$

[예제 2.14] 예제 2.13에서, 유속이 1.2 m/s일 때 유량은 얼마인가?

$$Q = Av = 1.27 \times 10^{-4} \times 1.2 = 1.524 \times 10^{-4}\ \mathrm{m^3/s} = 9.14\ \mathrm{L/min}$$

[6] 베르누이 방정식

베르누이 방정식(Bernoulli's equation)은 유체 유동장의 운동에너지, 위치에너지, 유동에너지 보존과 이들 에너지 상호간의 변환에 관한 방정식으로써, 유체유동에 에너지 보존의 법칙(conservation of energy)을 적용한 것이다.

그림 2.12에서 비압축성, 비점성 유체의 정상유동에서, 임의의 관 단면에서 유체의 압력 p, 속도 v, 위치를 Z라 하고, 유체에너지를 살펴보자. 그림에서 보듯이 운동하는 유체는 운동에너지, 압력에너지 및 위치에너지의 3가지 다른 형태의 에너지를 갖는다. 그림 2.12의 정상유동에서 에너지 손실이 없는 경우, 단면 ①, 단면 ②에서 에너지 보존법칙을 적용하면 단면 ①을 통과하는 유체에너지 합은 단면 ②를 통과할 때 유체가 가지는 에너지 합과 같고, 일정한 값을 가진다. 즉, 다음 식이 성립한다.

$$\frac{p_1}{\rho_1} + \frac{v_1^2}{2} + gZ_1 = \frac{p_2}{\rho_2} + \frac{v_2^2}{2} + gZ_2 \tag{2.19}$$

또는

$$\frac{p}{\rho} + \frac{v^2}{2} + gZ = E = \mathrm{const.} \tag{2.20}$$

식 (2.19), (2.20)을 베르누이 방정식(Bernoulli's equation, 1700～1782)이라 하고, 각각의 항은 단위질량당 에너지를 나타내고, 단위는 [J/kg]이다. p/ρ는 비압력에너지(specific pressure energy), $v^2/2$는 비운동에너지(specific kinetic energy), gZ는 비위치에너지(specific potential energy), E를 전비에너지(total specific energy)라 한다.

식 (2.19), (2.20)을 중력가속도 g로 나누면 다음과 같다.

$$\frac{p_1}{\rho_1 g} + \frac{v_1^2}{2g} + Z_1 = \frac{p_2}{\rho_2 g} + \frac{v_2^2}{2g} + Z_2 \tag{2.21}$$

또는

$$\frac{p}{\gamma} + \frac{v^2}{2g} + Z = H = \mathrm{const.} \tag{2.22}$$

식 (2.21), (2.22)의 각 항의 단위는 [J/N] = [m]로 되며, 에너지 단위를 길이 단위로 표시한 것으로써 수두(head)라 한다. p/γ [m]는 압력수두(pressure head), $v^2/2g$ [m]는 속도수두(velocity head), Z [m]는 위치수두(potential head), E [m]는 전수두(total head)라 한다. γ [N/m^3]는 유체의 비중량이다.

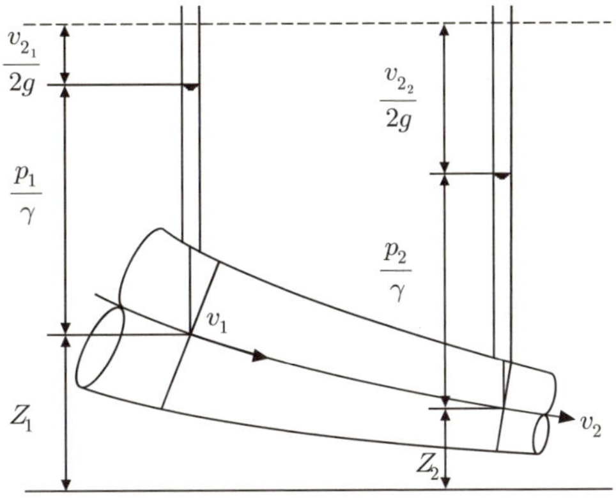

그림 2.12 에너지 손실이 없는 경우

유압작동유와 같은 실제 유체는 점성(viscosity)을 가지고 있기 때문에 관 속을 흐를 때 마찰응력이 발생한다. 유체가 이 마찰응력을 이겨내면서 흐를 때, 유체에너지 일부가 열에너지로 바뀌어 외부로 소산(dissipation)되어 기계적 에너지로 이용할 수 없다. 이와 같이 점성유체가 흐를 때, 유체의 단위중량당 열에너지로 소산되는 유체에너지를 손실수두(head loss)라 하고, 압력에너지 형태로 손실되기 때문에 압력손실(pressure loss)이라고도 한다.

그림 2.13에서 점성유체가 관의 상류에서 하류로 흐를 때 발생하는 손실수두를 h라 하면, 베르누이 방정식은 다음과 같다.

$$\frac{p_1}{\gamma_1} + \frac{v_1^2}{2g} + Z_1 = \frac{p_2}{\gamma_2} + \frac{v_2^2}{2g} + Z_2 + h \qquad (2.23)$$

또한 유압펌프나 유압모터가 설치된 경우, 베르누이 방정식은 다음과 같이 확장할 수 있다.

$$\frac{p_1}{\gamma_1} + \frac{v_1^2}{2g} + Z_1 + H_p = \frac{p_2}{\gamma_2} + \frac{v_2^2}{2g} + Z_2 + H_m + h \qquad (2.24)$$

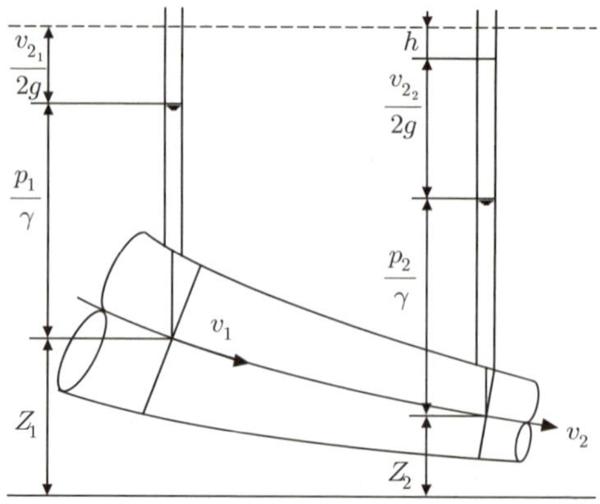

그림 2.13 에너지 손실이 있는 경우

식 (2.24)에서 H_p는 펌프수두, H_m은 유압모터 수두이며, 다음 식으로 표시된다.

$$H = \frac{\dot{W}}{\gamma Q} \quad [\mathrm{m}] \tag{2.25}$$

식 (2.25)에서 $\dot{W}$ [W]는 펌프 또는 유압모터(유체기계인 경우 수차)의 동력이며, $p = \gamma H$를 고려하면 쉽게 이해할 수 있다.

[예제 2.15] 그림 2.14와 같이 수평으로 설치된 이경관로에 0.04 $\mathrm{m^3/s}$의 물이 흐른다. 관 안지름이 20 cm인 ①지점 압력이 0.5 MPa일 때, 안지름 8 cm인 ②지점의 압력은 얼마인가?

[풀이] 관 ①, ②지점의 유속 v_1, v_2를 구하면, 연속방정식에서

$$v_1 = \frac{Q}{\frac{\pi}{4}d_1^2} = \frac{0.04}{\frac{\pi}{4}\times(20\times10^{-2})^2} = 1.27\ \mathrm{m/s}$$

$$v_2 = \frac{Q}{\frac{\pi}{4}d_2^2} = \frac{0.04}{\frac{\pi}{4}\times(8\times10^{-2})^2} = 7.96\ \mathrm{m/s}$$

베르누이 방정식에서, 관이 수평이므로 $Z_1 = Z_2$, $p_1 = 0.5 \times 10^6$ Pa, $\rho = 1000\ \mathrm{kg/m^3}$, $g = 9.81\ \mathrm{m/s^2}$로 하면 $\frac{p_1}{\rho g} + \frac{{v_1}^2}{2g} = \frac{p_2}{\rho g} + \frac{{v_2}^2}{2g}$에서

$$p_2 = \rho g\left(\frac{p_1}{\rho g} + \frac{v_1^2}{2g} - \frac{v_2^2}{2g}\right) = \rho\left(\frac{p_1}{\rho} + \frac{v_1^2}{2} - \frac{v_2^2}{2}\right) = 1000\times\left(\frac{0.5\times10^6}{1000} + \frac{1.27^2}{2} - \frac{7.96^2}{2}\right)$$

$$= 4.67\times10^5\ \mathrm{Pa} = 0.47\ \mathrm{MPa}$$

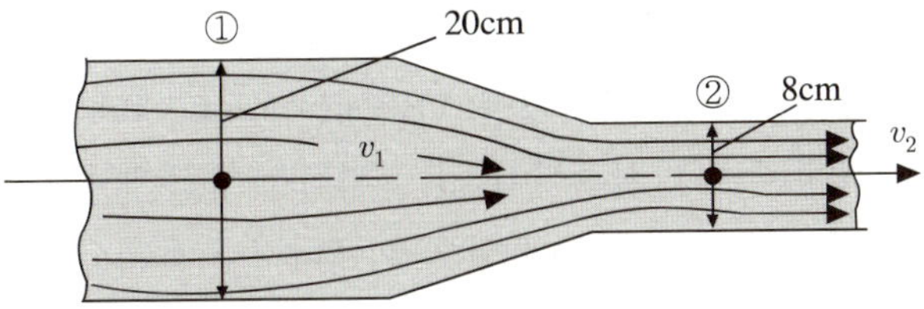

그림 2.14 이경관로

[예제 2.16] 수력발전소용 도수관의 저수면에서 높이 50 m인 단면의 수압을 700 kPa, 유속을 10 m/s로 하면, 저수면에서 전수두는 얼마인가?

[풀이] $p=700\times10^3$ Pa, $v=10$ m/s, $Z=50$ m을 식 (2.21)에 대입하면,

$$H=\frac{p}{\gamma}+\frac{v^2}{2g}+Z=\frac{700\times10^3}{1000\times9.8}+\frac{10^2}{2\times9.8}+50=126.4\text{ m}$$

2.5 관로의 에너지 손실

유압작동유와 같은 실제 유체는 점성이 있고, 점성유체가 흐르면 저항이 생긴다. 이러한 유동저항을 유체마찰(fluid friction)이라 한다. 유체마찰은 유체 입자 상호간의 운동에서 발생하는 내부마찰과 유체와 접촉하는 관 벽면 사이에서 생기는 외부마찰로 나눌 수 있다. 유체마찰은 에너지 손실을 초래하며, 이러한 에너지 손실을 수두(head) 형태로 표시하여 손실수두(head loss)라 한다. 이것은 직선관로의 관 마찰에 의한 에너지 손실과 관 단면적이 급격하게 변하거나, 관로가 굽거나, 관로 도중에 밸브와 같은 장애물 등이 설치되어 있을 때 발생한다.

[1] 관 마찰에 의한 에너지 손실

그림 2.15와 같이 단면이 일정한 관이 수평으로 놓여있고, 관로 ①, ②지점에 액주계(manometer)를 수직으로 설치하면, 관로 속의 유체마찰 때문에 상류 ①에서 하류 ②로 액주계 수주의 높이가 점차 낮아진다. 액주계의 높이는 각 단면에 흐르는 유체의 압력에너지를 나타내고, 위치수두 Z와 압력수두 p/γ를 더한 $Z+p/\gamma$에 상당하는 높이를 수력기울기선

(hydraulic grade line)이라 한다. 또한 베르누이 방정식인 식 (2.22)에서 압력수두, 속도수두, 위치수두를 합한 총 에너지, 즉 전수두 H를 나타내는 선을 에너지 기울기선(energy grade line)이라 한다. 식 (2.22)와 같이 마찰손실이 없는 비점성 유동에서는 에너지 기울기선이 일정(H)하지만, 식 (2.23)과 같이 마찰손실이 있으면 에너지 기울기선은 낮아지고, h_f를 관 마찰손실수두라 하면, 다음 식으로 나타낼 수 있다.

$$h_f = \frac{\Delta p}{\gamma} = \lambda \frac{l}{d} \frac{v^2}{2g} \tag{2.26}$$

이 식을 Darcy-Weisbach식이라 하며, $\Delta p (= p_1 - p_2)$는 압력강하(손실), λ는 관 마찰계수, d는 관 지름, l은 관 길이, v는 유속을 나타낸다.

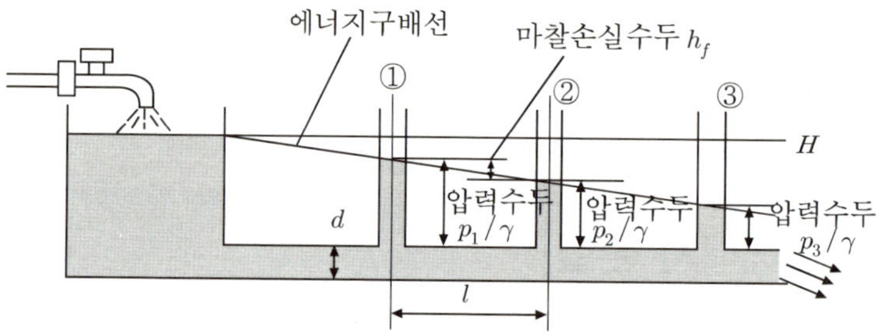

그림 2.15 관로의 에너지 손실

또한 관 마찰계수 λ는 관 벽면의 조도(roughness)와 관 속의 흐름상태가 층류와 난류에 따라 달라지므로 레이놀즈수(Re)와 관계가 있다.

층류인 경우, 관 마찰계수 λ는 다음과 같이 구할 수 있다.

그림 2.16에 나타낸 반지름 R인 원관 속을 점성유체가 정상류, 층류상태로 흐를 때, 임의의 반지름 r, 미소길이 dl인 원통형 자유물체(free body)를 취하고, 자유물체에 작용하는 힘의 평형을 고려한다. 이 원통형 자유물체는 왼쪽과 오른쪽 단면에 작용하는 압력에 의한 힘과 원통 표면에서 유체마찰에 의한 전단응력 τ에 의한 힘이 평형을 이루고 있고, 원통 표면의 속도를 u라 하면,

$$\pi r^2 dp = -2\pi r\, dl\, \tau = -2\pi r\, dl\, \mu\, du/dr \tag{2.27}$$

이 성립한다.

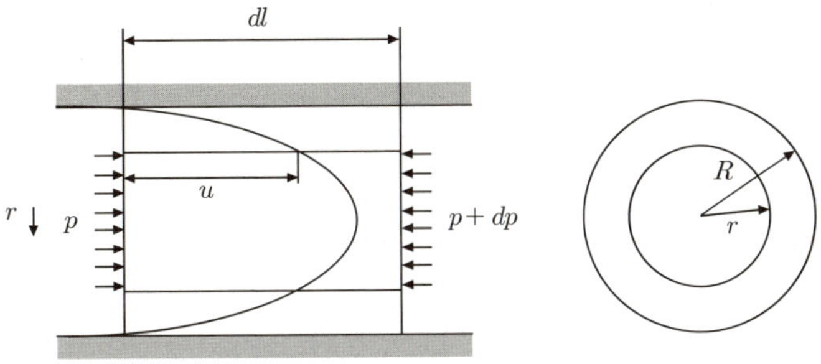

그림 2.16 원관 속의 층류 흐름

식 (2.27)을 정리하면,

$$du = -\frac{1}{2\mu}\frac{dp}{dl}r\,dr$$

이고, 관 길이 l 사이의 압력손실을 Δp라 하면, $dp/dl = \Delta p/l$을 대입하면,

$$du = -\frac{1}{2\mu}\frac{\Delta p}{l}r\,dr \tag{2.28}$$

이 식을 적분하고, 경계조건으로 $r = R$에서 $u = 0$을 적용하면,

$$u(r) = \frac{R^2\Delta p}{4\mu l}\left\{1-\left(\frac{r}{R}\right)^2\right\} \tag{2.29}$$

따라서 유량 Q는

$$Q = \int_0^R 2\pi u(r)r\,dr = \frac{\pi\Delta p}{2\mu l}\int_0^R (R^2-r^2)r\,dr = \frac{\pi\Delta p\,R^4}{8\mu l} \tag{2.30}$$

로 된다. 평균속도를 v라 하고, 연속방정식을 적용하면,

$$v = \frac{Q}{\pi R^2} = \frac{\Delta p\,R^2}{8\mu l} \tag{2.31}$$

여기서 $d = 2R$, $\gamma/g = \rho$, $\mathrm{Re} = \rho d v/\mu$로 하여, 손실수두 h_f를 계산하면,

$$h_f = \frac{\Delta p}{\gamma} = \frac{8\mu l}{R^2} = \frac{64 l v^2}{\mathrm{Re}\, d 2g} \tag{2.32}$$

식 (2.26)과 식 (2.32)를 비교하면, 관 마찰계수 λ는 다음과 같다.

$$\lambda = \frac{64}{\mathrm{Re}} \tag{2.33}$$

식 (2.33)에서 구한 관 마찰계수 λ의 이론값은 실험결과와 잘 일치한다.

난류인 경우는 Blasius가 제안한 실험식을 많이 사용한다.

$$\lambda = 0.3164 \times \mathrm{Re}^{-1/4} \quad (3 \times 10^3 < \mathrm{Re} < 10^5) \tag{2.34}$$

$$\lambda = 0.0032 + 0.221 \times \mathrm{Re}^{-0.237} \quad (1 \times 10^5 < \mathrm{Re} < 10^8) \tag{2.35}$$

관 속의 흐름이 난류가 되면 압력손실이 현저하게 커지기 때문에 유압관로의 흐름은 층류로 하는 것이 바람직하다.

[2] 밸브, 관 형상 변화 등에 의한 에너지 손실

유공압회로는 관 이외에 각종 관이음(fitting), 제어밸브 또는 유공압기기가 설치되기 때문에 유체의 흐름 단면적이 변하거나 흐름 방향이 많이 변한다. 따라서 유체마찰에 의한 압력손실뿐만 아니라 흐름의 형상변화에 의해 생기는 충돌이나 와류 때문에도 에너지 손실이 발생한다. 이러한 에너지 손실은 속도수두에 거의 비례하기 때문에 밸브나 관 단면적 변화에 따른 손실수두 h_p는 다음 식을 구한다.

$$h_p = \frac{\Delta p}{\gamma} = \zeta \frac{v^2}{2g} \tag{2.36}$$

식에서 ζ는 손실계수 또는 저항계수라 하며, 관 단면이나 형상 등에 따라 변한다.

표 2.3은 유압회로에서 많이 사용하는 대표적인 관 형상과 밸브의 손실계수를 나타낸다.

표 2.3 관 형상과 손실계수

관로의 형상			손실계수	관로의 형상		손실계수
유입구	날카로운 모서리	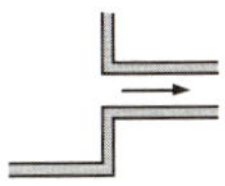	0.5	유출구		1.0
유입구	둥근 모서리	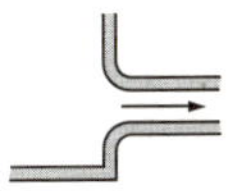	0.06(r소) ~0.005 (r대)	급 확대관	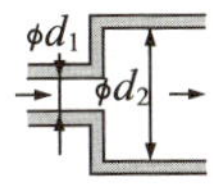	$\left\{1-\left(\frac{d_1}{d_2}\right)^2\right\}^2$
유입구	면따기	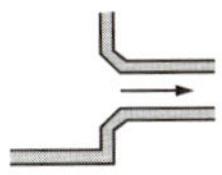	0.25	점차 확대관	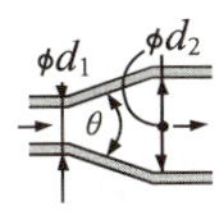	원관에서 $\theta = 5°30'$일 때, $0.135 \times \left\{1-\left(\frac{d_1}{d_2}\right)^2\right\}^2$
유입구	돌출관	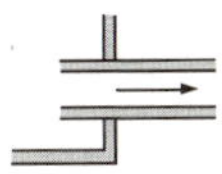	1.0*	급 축소관	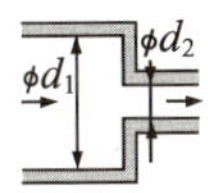	$\left(\frac{d_1}{d_2}\right)^2 = 0.1 \sim 0.9$일 때, 0.41~0.036
90° 곡관	엘 보	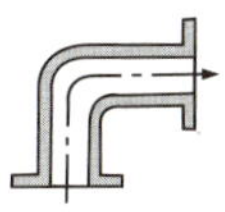	1.0	점차 축소관	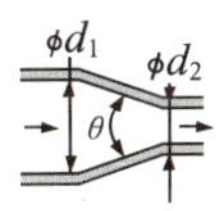	$\theta < 30°$일 때, 0에 가깝다.
90° 곡관	벤 드		0.2~0.3	방 류	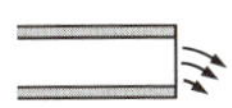	1.0
90° 곡관	T	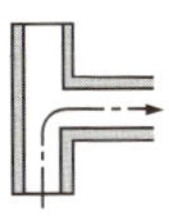	0.88	풋밸브	스트레이너 부 착	1.5(대)~2.0(소)
				체크 밸브	전개시	0.6(대)~1.5(소)
				슬루스 밸브	전개시	0.05(대)~0.17(소)

(주) 단면적이 변하여, 유속 v가 다를 때는 큰 쪽 값으로 손실을 구한다.
※ 관 입구단의 형상에 따라 0.5~3.0 정도 변화가 있다.

[예제 2.17] 안지름 30 mm인 원관에 온도 10℃인 물이 매분 3 L 흐를 때, 관 길이 10 m에서 관 마찰 손실수두는 얼마인가? 단, 10℃ 물의 동점도는 $1.307 \times 10^{-6}\ m^2/s$이다.

[풀이]

$$Q = 3\ \mathrm{L/min} = \frac{3 \times 10^{-3}}{60} = 5 \times 10^{-5}\ \mathrm{m^3/s}$$

$A = \frac{\pi}{4}d^2 = \frac{\pi}{4} \times (30 \times 10^{-3})^2$을 식 (2.17)에 대입하면

$$v = \frac{Q}{A} = \frac{5\times10^{-5}}{\frac{\pi}{4}\times(30\times10^{-3})^2} = 0.07\ \mathrm{m/s}$$

식 (2.13)에서

$$\mathrm{Re} = \frac{v\cdot d}{\nu} = \frac{0.07\times 30\times10^{-3}}{1.307\times10^{-6}} = 1606.7 < 2300 \quad (\text{층류})$$

따라서, 식 (2.33)에서

$$\lambda = \frac{64}{\mathrm{Re}} = \frac{64}{1606.7} = 0.04$$

관 마찰손실수두는 식 (2.26)에서

$$h_f = \lambda\frac{l}{d}\frac{v^2}{2g} = 0.04\times\frac{10}{30\times10^{-3}}\times\frac{0.07^2}{2\times9.81} = 3.33\times10^{-3}\ \mathrm{m} = 3.33\ \mathrm{mm}$$

압력강하로 나타내면 $\Delta p = \rho\cdot g\cdot h_f$이므로

$$\Delta p = 1000\times9.81\times3.33\times10^{-3} = 32.67\ \mathrm{Pa}$$

[예제 2.18] 안지름이 30 cm에서 60 cm로 급확대 되는 관에 유량 250 L/s가 흐를 때 손실수두를 구하라.

[풀이] 표 2.3에서

$$\zeta = \left\{1-\left(\frac{d_1}{d_2}\right)^2\right\}^2 = \left\{1-\left(\frac{30}{60}\right)^2\right\}^2 = (1-0.25)^2 = 0.5625$$

$$v = \frac{Q}{A} = \frac{250\times10^{-3}}{\frac{\pi}{4}\times(30\times10^{-2})^2} = 3.52\ \mathrm{m/s}$$

따라서, 식 (2.36)에서

$$h_p = \zeta\frac{v^2}{2g} = 0.5625\times\frac{3.52^2}{2\times9.81} = 0.36\ \mathrm{m}$$

[예제 2.19] 안지름 5 cm, 길이 80 m인 강관을 수평으로 설치하고, 펌프에서 시간당 10,800 L의 기름을 보낸다. 출구가 대기에 개방되어 있을 때, 펌프에서 어느 정도 압력을 공급하면 좋을까? 단, 기름의 비중은 0.8, 관 마찰계수는 0.03으로 한다.

[풀이] 연속방정식에서,

$$v = \frac{Q}{A} = \frac{10{,}800\times10^{-3}/3600}{\frac{\pi}{4}\times(5\times10^{-2})^2} = 1.53\ \mathrm{m/s}$$

$\lambda=0.03$, $l=80\ \mathrm{m}$, $d=5\times10^{-2}\ \mathrm{m}$, $v=1.53\ \mathrm{m/s}$, $\rho=SG\times\rho_w=0.8\times1000=800$ $\mathrm{kg/m^3}$을 식 (2.26)에 대입하면,

$$\begin{aligned}\Delta p &= p_1-p_2=\gamma h_f=\gamma\lambda\frac{l}{d}\frac{v^2}{2g}\\ &= 800\times9.81\times0.03\times\frac{80}{5\times10^{-2}}\times\frac{1.53^2}{2\times9.81}\\ &= 44{,}945.3\ \mathrm{Pa}=44.95\ \mathrm{kPa}\end{aligned}$$

출구압력은 대기압이므로 $p_2=0$이고, 펌프에서 공급압력 $p_1=44.95\ \mathrm{kPa}$이다.

2.6 틈새 흐름

유압펌프나 유압모터 등의 체적효율(주로 누설에 관계됨)을 고려할 때, 펌프나 모터 내부의 고정된 부분과 운동부 사이의 틈새를 통해 흐르는 고압유의 누설이 큰 영향을 준다. 점성유체가 틈새 사이를 흐를 때 유량은 각각의 형상마다 유체유동 관련 제법칙을 적용하여 구하지만, 여기서는 대표적인 기하학적 형상에 대해 살펴본다.

[1] 평행 평판 사이의 틈새 흐름

그림 2.17 (a)와 같이 미소 틈새 δ만큼 떨어져 고정되어 있는 두 평판 사이의 층류 흐름을 살펴본다. 평판의 길이방향으로 길이 l만큼 떨어진 두 지점 사이의 압력차를 Δp라 하고, 벽면에서 y만큼 떨어진 지점에서 속도 u는

$$u=\frac{\Delta p}{2\mu l}\,y(\delta-y) \tag{2.37}$$

이고, 최대속도 U는 $y=\delta/2$ 인 지점이며,

$$U=\frac{\Delta p}{8\mu l}\,\delta^2 \tag{2.38}$$

이 된다. 또한 평판 폭(width)을 b, 유량 Q, 평균유속 v는 각각 다음과 같다.

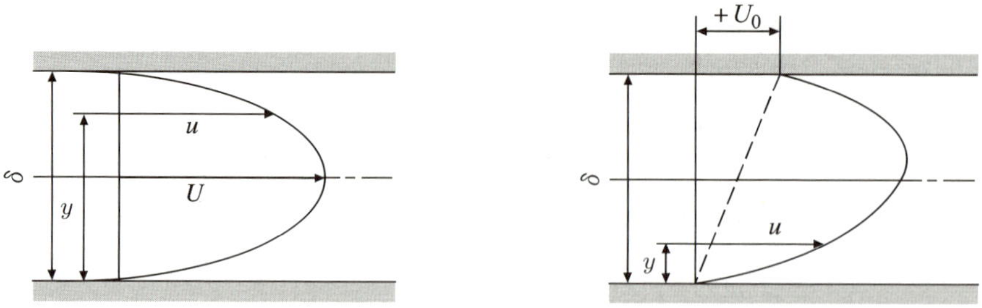

(a) 두 평판이 고정된 경우 (b) 한쪽은 고정, 다른 면은 이동할 경우

그림 2.17 평행 평판 사이의 층류 흐름

$$Q = \frac{b\,\Delta p}{12\mu l}\,\delta^3 \tag{2.39}$$

$$v = \frac{2}{3}U \tag{2.40}$$

평행 평판 사이의 틈새 흐름에서, 한쪽 평판이 움직이는 경우를 살펴보자. 그림 2.17 (b)에서 아래쪽 평판($y=0$)은 고정하고, 위쪽 평판($y=\delta$)이 x방향으로 $\pm U_0$로 움직인다. 유속 u는

$$u = \frac{\Delta p}{2\mu l}\,y(\delta - y) \pm U_0\,\frac{y}{\delta} \tag{2.41}$$

이고, 최대속도 U는

$$y = \frac{\delta}{2} \pm \frac{U_0}{\delta}\,\frac{\mu l}{\Delta p} \tag{2.42}$$

인 지점에서 생기며,

$$U = \frac{\Delta p}{8\mu l}\delta^2 \pm \frac{1}{2}\,\frac{\mu l}{\Delta p}\,\frac{U_0^2}{\delta^2} \pm \frac{U_0}{2} \tag{2.43}$$

로 된다. 또한 유량과 평균유속은 다음과 같다.

$$Q = \left(\frac{\Delta p}{12\mu l}\,\delta^3 \pm \frac{U_0\,\delta}{2}\right)b \tag{2.44}$$

$$v = \frac{\Delta p}{12\mu l}\delta^2 \pm \frac{U_0}{2} \tag{2.45}$$

식에서, ±기호는 펌프와 같이 U_0가 압력차와 반대방향인 경우는 부호가 −, 유압모터는 부호가 +로 된다.

[2] 원형 틈새 사이의 흐름

그림 2.18 (a)와 같이 동심 원형 틈새 δ 사이를 점성유체가 층류로 흐르는 경우, 평행 평판 사이의 식 (2.39)에서 폭 $b=\pi d$이므로 유량은

$$Q=\frac{\pi\, d\, \Delta p}{12\mu l}\,\delta^3 \tag{2.46}$$

로 된다.

유압용 피스톤펌프에서 피스톤과 실린더 사이의 원형 틈새는 8∼15 μm 정도이고, 스풀밸브에서 스풀과 슬리브 사이의 틈새는 5∼30 μm 정도이다. 그림 2.18 (a)에서 지름 $d=2$ cm, $l=4$ cm, $\delta=10$ μm, $\Delta p=9.8$ MPa, $\mu=3.92\times10^{-2}$ Pa·s일 때, 식 (2.46)에서 유량을 구하면 $Q=0.033$ cm³/s이다.

또 그림 2.18 (b)와 같이 원의 중심에서 e만큼 편심된 원형 틈새에서 유량은

$$Q=\frac{\pi\, d\, \Delta p}{12\mu l}\,\delta^3\left\{1+\frac{3}{2}\left(\frac{e}{\delta}\right)^2\right\} \tag{2.47}$$

이 된다. 이 결과에서 $e=\delta$(최대 편심량)일 때 유량은 $e=0$(동심 원형 틈새)인 경우보다 유량이 2.5배로 된다.

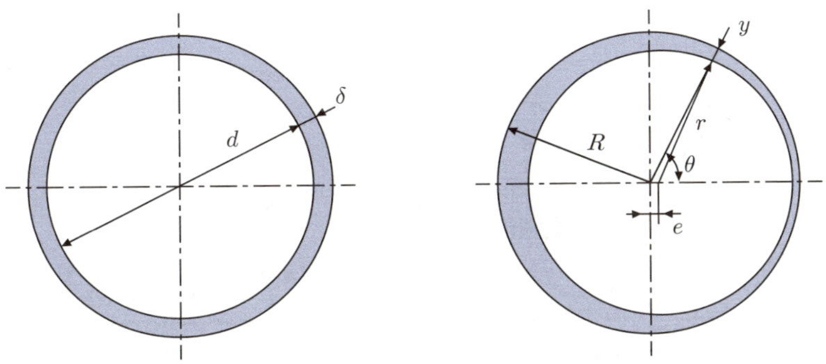

그림 2.18 원형 틈새 사이의 층류 흐름

2.7 조리개와 유량제어 요소

유공압장치는 압력과 유량을 제어할 때 밸브를 사용한다. 밸브는 유압작동유나 압축공기의 흐름 단면적을 변화시켜 그 목적을 달성한다. 그 중에서 흐름의 단면적을 수축 또는 교축(throttling)시켜 유압작동유의 유로 속에 저항을 주어 유량을 제어하는 요소를 조리개(restrictor)라 한다. 조리개는 오리피스(orifice)와 초크(choke)가 있다.

[1] 오리피스

오리피스(orifice)는 그림 2.19와 같이 비교적 얇은 판에 원형 구멍을 뚫어 유체가 흐르는 면적을 축소시킨 것이며, 지름에 비교하여 두께가 아주 얇다. 오리피스의 두께가 얇을수록 통과유량에 대한 유압작동유의 점도의 영향이 작기 때문에 온도의 영향을 줄여 정밀하게 유량을 제어할 때는 오리피스의 교축부를 최대한 얇고 날카롭게 가공하여 사용한다. 이러한 오리피스를 칼날오리피스(sharp-edged orifice)라 한다.

오리피스를 통과하는 유량은 연속방정식과 베르누이 방정식에서 다음과 같다.

$$Q_o = CA\sqrt{\frac{2(p_1 - p_2)}{\rho}} = C\frac{\pi}{4}d^2\sqrt{\frac{2\,\Delta p}{\rho}} \tag{2.48}$$

Q_o : 오리피스 통과 유량[m^3/s]
A : 오리피스 단면적[m^2]
p_1, p_2 : 오리피스 전후의 압력[Pa] = [N/m^2]
d : 오리피스 구멍 지름[m]
ρ : 유체 밀도[kg/m^3]
C : 오리피스의 유량계수

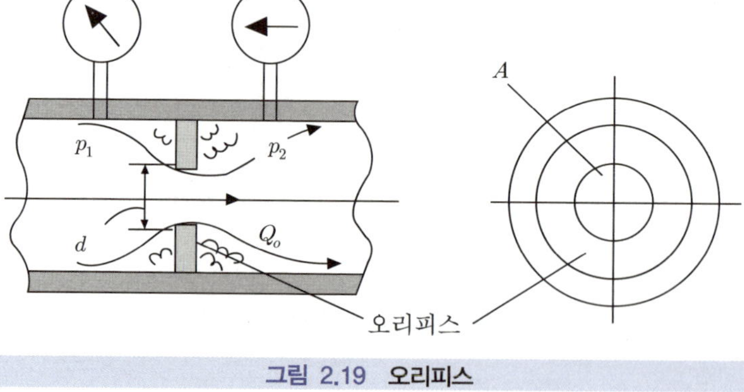

그림 2.19 오리피스

[2] 초크

초크(choke)는 그림 2.20과 같이 오리피스보다 흐름이 수축(또는 교축)되는 유로가 단면적에 비하여 비교적 긴 경우이다. 초크에서 압력에너지 손실은 유체 점도의 영향을 크게 받는다. 초크를 통과하는 유량은 층류로 가정하여 다음 식으로 나타낼 수 있다.

$$Q_c = \frac{(p_1 - p_2)A^2}{8\pi\nu\rho l} = \frac{\pi d^4 (p_1 - p_2)}{128\mu l} \tag{2.49}$$

Q_c : 초크 통과 유량[m³/s]
A : 초크 구멍의 단면적[m²]
d : 초크의 구멍의 지름[m]
ν : 유체의 동점도[m²/s]
μ : 유체의 점도[Pa·s]
ρ : 유체의 밀도[kg/m³]
p_1, p_2 : 초크 전후의 압력[Pa]
l : 초크 길이[m]

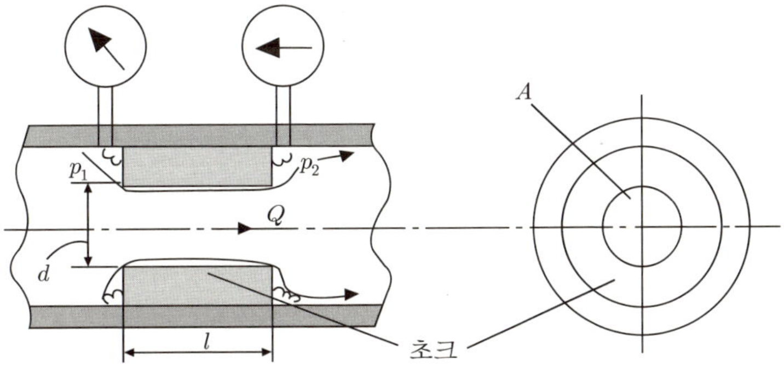

그림 2.20 초크

[예제 2.20] 지름 2.2 mm인 오리피스에 입구압력 2.2 MPa, 출구압력 0.2 MPa이고, 비중 0.88인 작동유가 흐른다. 오리피스를 통과하는 유량을 구하라. 유량계수는 0.58이다.

[풀이] $p_1 = 2.2\times10^6$ Pa, $p_2 = 0.2\times10^6$ Pa, $\rho = 0.88\times1000$ kg/m³, $d = 2.2\times10^{-3}$ m, $C = 0.58$을 식 (2.48)에 대입하면

$$Q_o = C\frac{\pi}{4}d^2\sqrt{\frac{2(p_1 - p_2)}{\rho}}$$

$$= 0.58\times\frac{\pi}{4}\times(2.2\times10^{-3})^2\times\sqrt{\frac{2\times(2.2\times10^6 - 0.2\times10^6)}{0.88\times10^3}}$$

$$= 1.48\times10^{-4}\ \mathrm{m^3/s} = 8.94\ \mathrm{L/min}$$

[예제 2.21] 초크 지름 1 mm, 초크 길이 10 mm, 작동유의 동점도 0.32×10^{-4} m²/s (32cSt), 밀도 880 kg/m³, 입구압력 2 MPa, 출구압력 1.7 MPa일 때, 초크를 통과하는 유량을 구하라.

[풀이] $d = 1\times10^{-3}$ m, $l = 10\times10^{-3}$ m, $\nu = 0.32\times10^{-4}$ m²/s, $\rho = 880$ kg/m³,

$p_1 = 2\times10^6$ Pa, $p_2 = 1.7\times10^6$ Pa을 식 (2.49)에 대입하면

$$Q_c = \frac{\pi d^4(p_1 - p_2)}{128\nu\rho l} = \frac{\pi\times(1\times10^{-3})^4\times(2\times10^6 - 1.7\times10^6)}{128\times0.32\times10^{-4}\times880\times10\times10^{-3}}$$

$$= 2.62\times10^{-5}\ \text{m}^3/\text{s} = 1.57\ \text{L/min}$$

연습문제

2.1 접지 길이 2.2 m, 캐터필러(caterpillar) 폭 0.4 m, 중량 144 kN인 불도저의 접지 압력은 얼마인가?

[답] 163.64 kPa

2.2 그림 2.21과 같이 액체가 들어있는 용기의 액체 표면에 압력 $p_1 = 0.15$ MPa이 작용할 때 액면에서 5 m인 A지점의 압력을 구하라. 액체의 비중은 0.9, 중력가속도 $g = 9.81$ m/s^{2}로 한다.

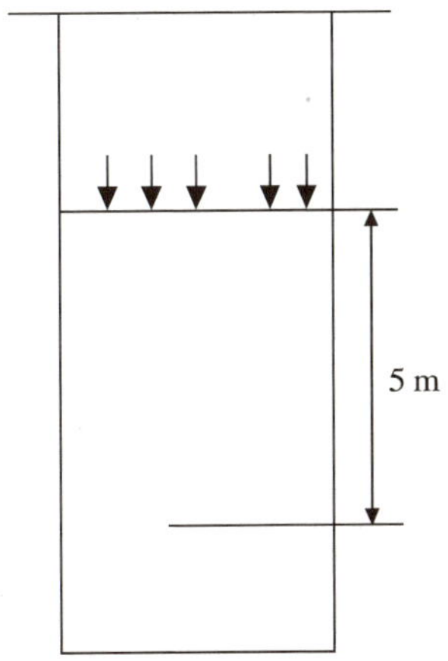

그림 2.21 용기 내부 압력

[답] 0.194 MPa

2.3 그림 2.7에서 $A_1 = 5$ cm^2, $A_2 = 100$ cm^2, $F_2 = 10{,}000$ N일 때 (1) 힘 F_1, (2) 압력의 크기를 구하라.

[답] (1) 500 N, (2) 1 MPa

2.4 그림 2.22와 같은 유압브레이크에서 레버 끝에 f = 400 N의 힘을 가할 때, 다음 값을 구하라. 단, l/a = 7.5로 가정한다.

(1) 피스톤 M에 작용하는 힘

(2) 발생하는 압력

(3) 피스톤 A, B, C에 작용하는 힘

(4) 피스톤 M을 12.5 mm만큼 움직일 때 피스톤 A, B, C의 변위는 같음

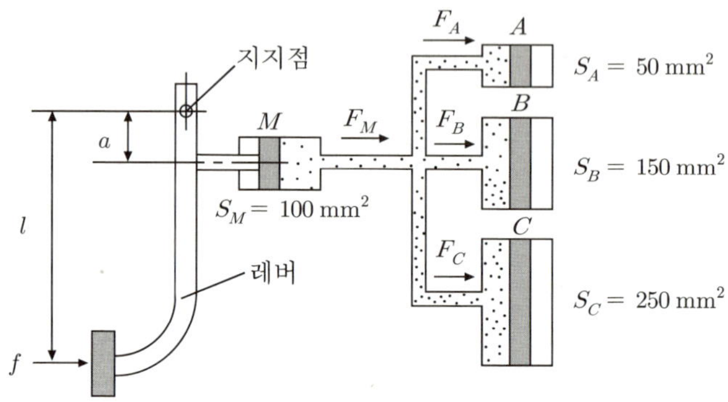

그림 2.22 유압브레이크

[답] (1) 3 kN, (2) 30 MPa

(3) F_A = 1.5 kN, F_B = 4.5 kN, F_C = 7.5 kN

(4) X_A = 25 mm, X_B = 8.3 mm, X_C = 5 mm

2.5 그림 2.23은 유압잭의 원리를 나타낸다. 하중 W = 50 kN, 실린더 압력 p = 40 MPa, l = 26 mm, L = 600 mm의 레버 끝에서 힘 f = 260 N으로 누를 때, 다음을 구하라.

(1) 유압펌프에 작용하는 힘 F

(2) 램(ram) 실린더의 안지름

(3) 유압펌프 실린더 피스톤이 레버 조작 1회당 2 cm 이동할 때 하중 W를 20 cm 상승시킬 때 레버 조작 횟수

(4) 램 실린더 피스톤이 한 일

(5) 레버 끝단이 수직으로 움직인 거리

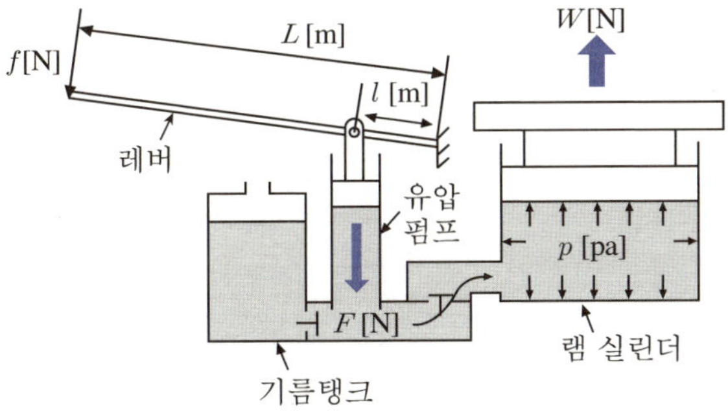

그림 2.23

[답] (1) 6 kN, (2) 40 mm, (3) 82, (4) 9.84 kJ, (5) 460 mm

2.6 그림 2.24와 같은 유압기계에서 $p_1 = 1{,}000$ kPa의 유압을 공급하여 지름 36 cm인 주 피스톤에서 160 kN의 물체를 지지한다. 이 때 작은 실린더의 피스톤 지름 d_1과 피스톤 로드 지름 d_2의 비 d_2/d_1을 얼마로 하는 것이 타당할까?

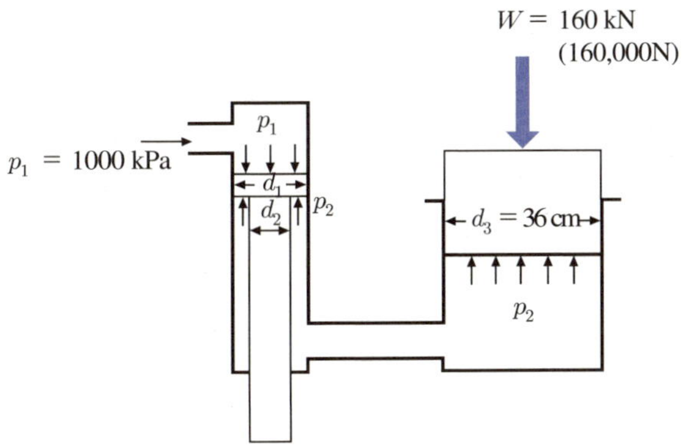

그림 2.24

[답] 0.603

2.7 그림 2.25와 같은 급확대관에 유량 $Q = 3$ L/min의 작동유가 흐른다. 단면 ①, 단면 ②의 면적이 각각 $A_1 = 1$ cm^2, $A_2 = 5$ cm^{2}일 때 유속 v_1, v_2는 얼마인가?

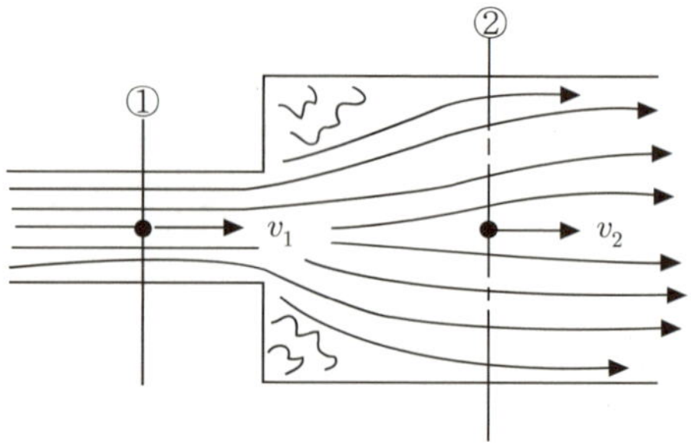

그림 2.25 급확대관

[답] $v_1 = 50$ cm/s, $v_2 = 10$ cm/s

2.8 그림 2.26과 같이 수평으로 설치된 관로에서, ①지점 단면적이 80 cm^2, 유속 3 m/s, 압력 0.1 MPa일 때, ②지점의 유속, 압력, 유량을 구하라. ②지점의 단면적은 160 cm^{2}이며, 에너지 손실은 없는 것으로 한다.

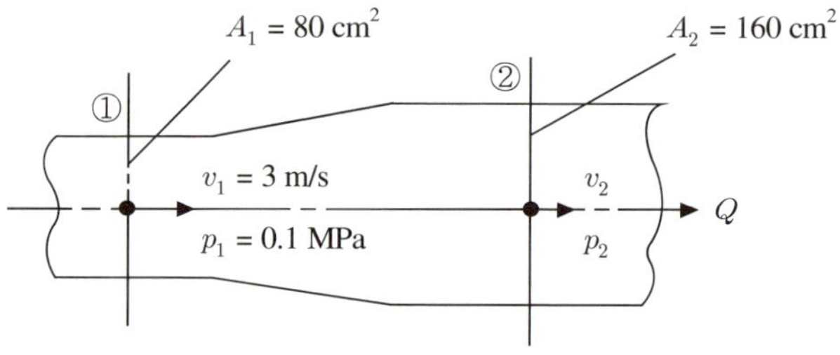

그림 2.26 점차확대관

[답] $v_2 = 1.5$ m/s, $p_2 = 0.1033$ MPa, $Q = 0.024$ m^3/s

2.9 높이 100 m인 곳에 압력 0.8 MPa의 물이 유속 10.5 m/s로 흐른다. 에너지 손실이 없다고 가정하여 물의 압력수두, 속도수두, 위치수두, 전수두를 계산하라.

[답] 81.5 m, 5.6 m, 100 m, 187.26 m

2.10 호칭구경 1 1/2 B = 40 *A*(바깥지름 48.6 mm, 안지름 41.6 mm)인 강관(steel tube)에 동점도 15 $\times 10^{-6}$ m^2/s인 스핀들유를 층류상태로 수송하려고 한다. 유량의 상한선을 구하라. 임계 레이놀즈수 Rec = 2300으로 한다.

[답] 67.6 L/min

2.11 안지름 600 mm인 강관에 평균유속 2.5 m/s로 물이 흐를 때, 관 길이 50 m에 대한 관 마찰손실수두를 구하라. 단 관 마찰계수 $\lambda = 0.0208$로 한다.

[답] 0.553 m

2.12 예제 2.18에서 $\theta \fallingdotseq 5°30'$의 점차확대관일 때 마찰손실수두는 얼마인가?

[답] 0.0485 m

2.13 안지름 30 mm인 관에 개구부 지름 4.5 mm인 오리피스를 설치하였다. 작동유의 밀도 900 kg/m^3, 오리피스 전후의 압력차가 0.5 kPa일 때 유량은 얼마인가? 단 오리피스의 유량계수는 0.6이다.

[답] 0.603 L/min

2.14 지름 1 mm, 길이 15 mm인 초크에 점도 0.028 Pa·s인 작동유가 입구압력 2 MPa에서 23.5 cm^3/s로 흐른다. 출구압력은 얼마인가? 또, 층류로 가정한다.

[답] 1.59 MPa

제 3 장

유압작동유

❙ 학습목표 ❙

1. 유압작동유의 기능과 역할을 설명할 수 있다.
2. 유압작동유의 구비조건을 설명할 수 있다.
3. 유압작동유의 물리적, 화학적 물성을 설명할 수 있다.
4. 점도와 동점도의 차이점을 이해하고, 계산할 수 있다.
5. 점도가 유압시스템에 미치는 영향을 설명할 수 있다.
6. 유압작동유의 압축성 효과를 설명할 수 있다.
7. 유압작동유 속에 공기가 혼입 되었을 때 시스템에 미치는 영향을 설명할 수 있다.
8. 유압작동유의 오염관리를 논의할 수 있다.

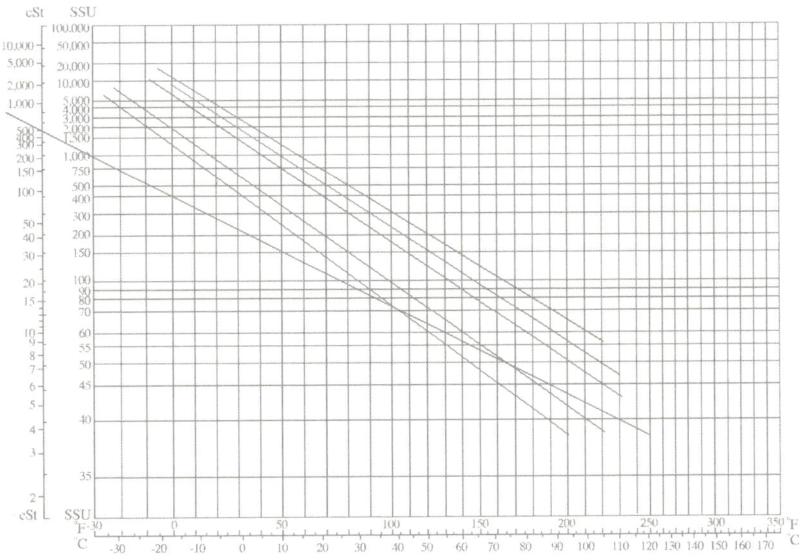

유압작동유는 유압시스템에서 동력(= 압력 × 유량)을 전달할 뿐만 아니라 장치 각 부분의 윤활, 방청, 밀봉, 냉각작용 등 중요한 역할을 한다. 유압작동유는 유압장치 전체의 성능, 효율, 수명에 큰 영향을 주기 때문에 작동유의 선정과 관리는 유압기기의 선정만큼 중요하다.

최근에는 종래의 유압작동유의 역할에 부가하여 내마모성, 기름과 물의 분리성, 점도-온도특성, 기체 방청성, 내화성, 공해, 누설대책 및 이러한 복합 특성을 가진 작동유를 개발하여 사용하고 있다.

3.1 유압작동유의 기능과 구비조건

[1] 유압작동유의 기능

유압작동유가 유압시스템에서 수행하는 중요한 역할은 다음과 같다.

(1) 동력 전달

파스칼의 원리에 따라 힘(압력)의 전달 및 작동유의 압력과 유량의 곱인 유동력(油動力)을 전달한다.

(2) 윤활작용

유압기기 부품 사이의 마찰과 마모를 방지한다.

(3) 밀봉작용

유압작동유의 점성효과로 부품 사이의 좁은 틈새(간극)에서 누설을 방지한다.

(4) 냉각

유압기기 부품 사이의 마모나 압력에너지 손실 및 내부누설에 따른 열 발생이나 과열을 방지한다.

[2] 유압작동유의 구비조건

유압작동유가 유압장치에서 적절한 기능을 발휘하기 위해 다음과 같은 성질을 가져야 한다.

(1) 적당한 점도를 가지며, 온도가 변하여도 점도가 크게 변하지 않을 것

유압작동유의 적정 점도는 사용하는 유압펌프나 압력에 따라 다르다. 일반적인 작동유로써 90～140 터빈유에 상당하는 것을 많이 사용한다. 유압작동유의 점도를 잘못 선정하면 유압펌프의 효율 저하, 소음 발생, 압력손실 증가 또는 작동유의 누설에 큰 영향을 준다.

표 3.1은 각종 유압펌프의 적정 점도범위를 나타낸다.

표 3.1 유압펌프의 적정 점도범위

점도 / 펌프 종류	적정 점도 cSt	최저점도 cSt	최고점도 cSt
기어펌프	25～150	15	500
베인펌프	20～80	10	500
피스톤펌프	25～100	15	500

물은 온도가 변하여도 점도가 거의 변하지 않지만, 유압작동유는 온도에 따라 점도가 변한다. 온도가 변하여도 유압작동유의 점도가 쉽게 변하지 않는 것이 좋으며, 온도변화에 따른 점도특성은 점도지수(viscosity index)로 나타낸다.

(2) 소포성이 양호할 것

유압회로에서 기포가 발생하는 것을 피할 수 없다. 이러한 기포를 어떻게 빨리 제거하는가가 유압작동유에서 아주 중요하다. 만약 기포가 그대로 유압펌프로 흡입·압축되어 송출되면 펌프에서 소음과 캐비테이션에 의한 침식(erosion)이 발생하고, 유압실린더에 기포가 들어가면 작동불량과 오작동 또는 스틱슬립(stick slip) 등이 발생한다. 또한 압축성에도 악영향을 준다.

(3) 윤활성이 좋을 것

유압기기는 대부분 상대운동을 하는 부품으로 구성되어 있고, 이러한 기계적 마찰저항을 줄이는데 유압작동유가 윤활유 역할을 한다. 이 윤활성은 유압기기의 수명이나 펌프나 모터의 전효율에 큰 영향을 준다.

(4) 물 분리성이 좋을 것

일반적으로 유압작동유와 물은 잘 분리되는 것으로 생각하지만, 정제도(精製度)가 높은 작동유일수록 물과 혼합하여 흰색으로 되기 쉽고, 이것을 유화(乳化 : emulsion)라 한다. 유화된 작동유를 방치해 두면, 물과 작동유 어느 쪽이나 분리되지만 분리되는 시간이 빠를수록 작동유의 물 분리성은 양호하다. 작동유 속에 물 혼입허용비율은 0.1% 정도이다. 만약 물 혼입비율이 높아지면, 유화된 작동유를 방치해 두어도 물과 작동유는 분리되지 않는다. 유화된 작동유를 사용하면, 윤활성이 아주 나쁘기 때문에 마모 촉진, 펌프에서 녹아 붙음(seizure) 또는 침식(erosion)의 원인이 된다. 또 물이 혼입되어 고온에서 사용하면 온도변화에 따른 물의 포화량 변화에 의해 오일탱크에서 물방울이 생기는 경우도 있다. 작동유의 열화를 촉진시키는 것은 물 분리성이 나쁘고, 유화하기 쉬운 것이기 때문에 이 점을 주의해야 한다.

(5) 산화 안정성이 좋을 것

현재 작동유의 수명을 판정하는 유력한 방법으로써 전산가(全酸価)를 사용한다. 작동유에 산화가 촉진되면 산화 생성물이 만들어지고, 또 이것이 불용성 물질인 슬러지(sludge)로도 되기 때문에 작동유의 색깔도 바뀐다. 이러한 슬러지는 유압기기에서 가장 좋지 않으며, 여러 가지 고장의 원인이 된다. 작동유는 온도가 높고, 공기의 비율이 높을 때 금속(Pb, Cu, Mn)이나 먼지, 물 등이 촉매로 작용하여 산화를 촉진시킨다.

(6) 열 안정성이 좋을 것

작동유는 고온에서 산화하기 쉽고, 또 열분해하여 탄소분의 슬러지를 생성한다. 유압회로에서 펌프나 모터의 마찰-운동부에서 기계적 에너지 손실이 열에너지로 바뀌고, 또 릴리프밸브에서 릴리프되는 기름이 가지는 에너지가 열에너지로 바뀌기 때문에 온도가 상승한다. 또한 작동유 중에 기포가 고압으로 될 때, 순간적이지만 단열압축되어 고온으로 된다. 이러한 이유로 유압작동유는 내열성이 요구된다.

(7) 전단 안정성이 좋을 것

릴리프밸브의 평형 피스톤과 밸브 시트(valve seat) 사이의 틈새나 유량제어밸브의 보상기와 같이 아주 좁은 틈새를 유압작동유가 고속으로 흐르는 경우, 또는 펌프의 미끄럼 운동부에서는 작동유가 전단작용을 받는다. 이러한 전단작용에서 작동유 속에 점도지수향상제인 폴리-알킬메타크리레이트나 폴리-이소브틸렌 등의 고분자 첨가제가 파괴되어 점도가 낮아진다.

(8) 저온 유동성이 좋을 것

동절기에 기온이 내려가고, −10℃ 이하인 지역에서는 작동유의 유동점을 고려하여야 한다. 작동유의 온도를 낮추어 가면 유동성을 잃기 시작하여 완전히 고체 상태(고화)로 된다. 이렇게 고화되는 온도를 응고점(freezing point)이라 하고, 응고점보다 2.5℃ 높은 온도를 유동점(pour point)이라 한다. 일반적으로 유압작동유의 최저 사용 가능 온도는 유동점 +10℃를 기준으로 한다. 그러나 실제 사용할 때는 그 온도에서 점도를 확인하고, 유압기기의 사용 점도범위에 들어가는지를 확인해야 한다.

(9) 방청성이 좋을 것

유압작동유에는 녹(rust) 발생을 방지하기 위해 방청제를 첨가한다. 그러나 일반 작동유는 작동유가 묻은 부분은 녹이 슬지 않지만, 작동유가 도포되어도 건조되면 방청효과가 없어진다. 최근에 기체방청제가 첨가된 작동유도 사용한다. 기체방청제는 Vapor Phase Inhibitor 또는 Volatile Corrosion Inhibitor(VCI)라고 하며, 상온에서 승화성이 있는 방청제로서, 승화(sublimation)로 기화된 기체가 금속 표면을 둘러싸서 녹 발생을 방지한다.

(10) 비압축성 유체일 것

유압시스템은 작동유를 매체로 하여 유체동력을 제어하고 전달하는 장치이다. 유체(유압) 동력은 압력과 유량의 곱으로 표시되며, 유체동력을 정확하게 전달하기 위해서는 작동유에 고압이 작용하여도 체적변화가 작아야 동력을 정밀하게 전달할 수 있다. 이러한 관점에서 비압축성 유체가 유체동력의 제어와 전달에 유리하다.

(11) 체적탄성계수가 클 것

최근 유압시스템은 고압화, 고속화, 전자-유압제어 등 지능화되는 추세에 따라 유압시스템의 응답성 향상이 요구되며, 충격(shock) 발생, 작동 지연 등이 해결해야 할 문제점이다. 유압시스템은 응답성은 압력에너지의 전파속도, 즉 음속과 관계가 밀접하기 때문에 체적탄성계수가 큰 작동유를 사용하는 것이 유리하다.

3.2 유압작동유의 분류

유압장치는 일반 산업기계뿐만 아니라 항공기, 선박, 차량, 토목·건설기계 및 각종 플랜트의 제어장치에 많이 사용한다. 따라서 유압작동유는 일반용, 고온용, 저온용 등 응용분야에 따라 다양한 사용조건과 환경에 적합한 것을 개발하고 있다.

석유계 작동유는 터빈유(KS M 2120, JIS K 2213)에 상당하는 점도를 가진 것을 사용한다. 터빈유는 1종(무첨가 터빈유)와 2종(첨가 터빈유)가 있고, 2종은 방청제, 산화방지제 등이 첨가되어 있다. 유압작동유는 2종(첨가 터빈유 ISO VG 32, VG 46, VG 68)과 같은 점도로써 전용 유압작동유를 제조하여 시판하고 있다.

유압회로에서 작동유가 누설되거나 분출되어 화재위험이 있을 때는 합성계(合成系)나 함수계(含水系) 등의 난연성(難燃性) 작동유를 사용한다. 이러한 난연성 작동유는 석유계 작동유와 다른 성질을 가지기 때문에 사용할 때 주의해야 한다.

또한 염소화탄화수소계 작동유는 분해되면 독성이 강하고 부식성이 있기 때문에 국내에서는 공업용 작동유로 거의 사용하지 않는다.

일반 산업용 작동유는 표 3.2와 같이 분류할 수 있다.

표 3.2 작동유의 분류

- 유압작동유
  - 석유계 작동유
    - 일반 작동유
    - 첨가 터빈유
    - 특수 작동유
      - 내마모성 작동유
      - 고점도지수 작동유
      - 고온용 작동유
  - 합성계 작동유 (난연성 작동유)
    - 인산에스테르계 작동유
    - 지방산에스테르계 작동유
    - 염소화탄화수소계 작동유
  - 함수계 작동유 (난연성 작동유)
    - 물·글리콜계 작동유
    - 유중수적형 유화액(W/O형 에멀션)
    - 수중유적형 유화액(O/W형 에멀션)

[1] 석유계 작동유

석유계 작동유는 일반 유압작동유로써 대부분 유압장치에 사용하며, 윤활성과 방청성이 우수하고, 터빈유계 산업기계용 작동유를 많이 사용한다. 최근 산업기계용은 내마모성 작동유를 많이 사용한다. 또한 차량용, 건설기계용은 터빈유 이외에 가솔린 엔진오일이나 디젤 엔진오일 등을 사용한다.

[2] 난연성 작동유

합성계나 함수계 난연성 작동유는 화재위험이 있는 유압장치에 사용되며, 조성에 따라 작동 매체에 수분이 포함된 함수계(含水系), 그 외의 화합물로 제조된 것을 합성계(合成系)라 한다.

함수계 작동유 중에서 물·글리콜계는 에틸렌 글리콜(ethylene glycol) 또는 프로필렌 글리콜(propylene glycol) 35～45%에 점도향상제로 폴리 글리콜 10～20% 그리고 물 35～50%를 주성분으로 하고, 윤활성과 내부식성을 높이기 위해 글리콜 중합물을 첨가한다. 점도와 내화성은 함유된 수분량에 따라 결정된다. 높은 온도에서 화기에 의해 수분이 증발하여 냉각작용과 이 수증기가 공기 중의 산소를 차단하여 연소를 막는다. 이것의 이점은 항착화성(抗着火性)이 우수하고, 유동점이 낮으며, 온도-점도특성이 양호하다. 단점은 윤활성이 다른 유압작동유에 비교하여 나쁘고, 일부 패킹(packing)이나 금속을 침해한다. 다이캐스팅 기계, 각종 프레스 기계, 제철소 관련 장치에 많이 사용한다.

함수형 작동유 중 O/W형 에멀션(emulsion)은 물 90～95%에 기름 5～10%로 한 유화액이며, 계면활성제, 마모방지제, 부식방지제, 살균제 등을 첨가한다. 대부분이 물이기 때문에 점도가 낮고(37.8℃에서 0.8～0.9 cSt), 유압장치에서는 부적합 경우가 많다. 제철·제강소와 같이 화기가 존재하고 고온인 환경에서 사용하는 유압장치에 저렴한 작동유로 사용하는 경우도 있지만, 윤활성, 방청성, 미생물 발생 등의 문제가 있다. O/W 에멀션은 주로 절삭유, 연삭유, 압연유 용도로 사용한다.

W/O형 에멀션은 O/W형의 결점을 개선하여 석탄 광산의 화재, 폭발 등의 사고 방지를 목적으로 비교적 저렴한 가격의 내화성 작동유로 개발한 것이다. 이것은 기름 중에 지름 2 μm 전후의 물 입자를 약 40% 정도 첨가한 것이다. 첨가제는 계면활성제, 산화방지제, 방청제, 마모방지제, 방부제 등을 첨가하여 유압작동유의 특성을 갖도록 한다.

합성계 작동유 중에서 인산에스테르(phosphate ester)계는 인산에스테르, 인산에스테르+염소화탄화수소, 첨가 인산에스테르가 있고, 가연성이지만 내화성 작동유로 사용한다. 석유계 작동유와 비교하면 비중이 높고, 점도지수가 낮아 사용 온도범위가 좁지만, 압축률이 낮고 증기압도 낮은 특징이 있다. 인산에스테르계 작동유의 인화점은 석유계 작동유와 비슷하고 가연성이지만, 증기의 비중이 공기보다 무겁고, 증기압이 낮기 때문에 연소에 필요한 증기 발생이 적기 때문에 점화가 잘 되지 않는다. 또한 이 작동유는 종래 물·글리콜계 작동유에서는 그다지 바람직하지 못한 14 MPa 이상 또는 서보밸브(servo valve)를 사용하는 장치의 작동유로 사용하였다. 그러나 가격이 비싸고, 유독성을 제거하는 것이 어렵다.

지방산에스테르계(fatty acid ester) 작동유는 각종 지방산과 네오펜티폴리올과의 폴리에스테르이며, 1963년 이후 석유계 윤활유로는 불가능한 초음속기의 엔진오일로써 많이 사용하였고, 선박과 자동차용의 터빈 엔진용 오일로도 사용하기도 한다. 이것은 점도지수가 높고, 석유계 작동유와 같은 실(seal) 재질과 금속재료에 사용할 수 있고, 인산에스테르 작동유처럼 유독가스 발생의 우려가 없다.

또한 난연성 작동유와 석유계 작동유를 비교하면,

① 윤활성이 미흡한 경우가 많다.
② 금속재료나 실(seal)재에 부적합한 것이 많다.
③ 각종 혼합물질에 따라 슬러지(sludge : 금속 수산화물을 주체로 한 오염물질로서 액체 중에 침강한 것)를 발생하거나 작동유의 분리, 변질이 일어나기 쉽다.

표 3.3 난연성 작동유의 사용 재료와 적합성

<table>
<tr><th colspan="2">분류 / 항목</th><th>인산 에스테르계</th><th>지방산 에스테르계</th><th>물·글리콜계</th><th>W/O형 에멀션</th><th>O/W형 에멀션</th></tr>
<tr><td rowspan="2">실 재 료</td><td>적용 가능</td><td>불소고무
실리콘고무
부틸고무
에틸렌프로필렌고무
불소계수지
피혁</td><td>니트릴고무
불소고무
실리콘 고무
에틸렌프로필렌고무
우레탄고무
불소계수지
피혁</td><td>니트릴고무
불소고무
부틸고무
에틸렌프로필렌고무
불소계수지
클로로프렌</td><td colspan="2">니트릴 고무
불소고무
불소계수지
클로로프렌</td></tr>
<tr><td>적용 불가</td><td>니트릴고무
우레탄고무
클로로프렌</td><td>부틸고무</td><td>실리콘고무
우레탄고무
피혁</td><td colspan="2">실리콘 고무
부틸고무
에틸렌프로필렌고무
우레탄고무
피혁</td></tr>
<tr><td colspan="2">부적합 금속</td><td>알루미늄</td><td></td><td>아연
카드뮴
알루미늄
마그네슘</td><td>아연
카드뮴
구리</td><td>알루미늄</td></tr>
</table>

함수계 작동유는 물의 비등(boiling)에 따른 캐비테이션이 발생하기 쉽고, 전기분해로 금속의 부식을 일으키기 쉬운 결점이 있다.

표 3.3은 난연성 작동유의 사용재료와의 적합성을 나타낸다.

3.3 유압작동유의 물성

유압작동유의 물리적·화학적 성질은 유압시스템의 효율, 펌프 등의 마모, 작동유의 내구성 등을 파악하기 위해 중요하다. 물리적 성질은 유압시스템이 정상적으로 작동하는데 필요한 성질로써 밀도, 비중, 점도, 체적탄성계수(압축률), 비열, 공기함유량, 증기압 등이 있다. 화학적 성질은 유압시스템을 장시간 운전하는데 필요한 성질로서 열 안정성, 산화 안정성, 전단 안정성, 방청성, 가수분해 안정성, 실(seal) 재료 및 도료의 영향 등이 있다.

3.3.1 물리적 성질

[1] 밀도, 비중량, 비중

유체는 일정한 형상을 가지지 못하기 때문에 무거운 정도를 나타내는데 밀도, 비중량, 비중 등을 사용한다.

단위체적당 유체의 질량을 밀도(density)라 하고, 질량을 m [kg], 체적을 V [m^3]이라 하면, 밀도 ρ [kg/m^3]는 다음과 같다.

$$\rho = \frac{m}{V} \quad [\mathrm{kg/m^3}] \tag{3.1}$$

또 단위질량당 유체의 체적을 비체적(specific volume)이라 하고, SI 단위에서 밀도의 역수가 된다.

$$v_s = \frac{1}{\rho} = \frac{V}{m} \quad [\mathrm{m^3/kg}] \tag{3.2}$$

단위체적당 중량을 비중량(specific weight)이라 하고, 중량을 G [N]라 하면, 비중량 γ [N/m^3]는

$$\gamma = \frac{G}{V} \quad [\mathrm{N/m^3}] \tag{3.3}$$

이다. 한다.

식 (3.1)에서 양변에 중력가속도 g [m/s^2]를 곱하고, 중량 $G = mg$이므로, 밀도와 비중량의 관계는

$$\gamma = \rho g \tag{3.4}$$

가 된다.

또 어떤 유체의 밀도 ρ, 비중량 γ와 4℃에서 물의 밀도 ρ_w [= 1000 kg/m^3], 물의 비중량 γ_w [= 9800 N/m^3]이라 하면, 비중(specific gravity) S은 다음과 같이 정의된다.

$$S = \frac{\rho}{\rho_w} = \frac{\gamma}{\gamma_w} \tag{3.5}$$

비중은 작동유의 종류나 점도에 따라서도 다르지만, 정제도(精製度)에 따라 다르다. 일반 석유계 작동유의 비중은 0.85～0.95 정도이고, 물·글리콜계나 인산에스테르계 작동유는 1 이상이다. 비중은 펌프의 흡입저항, 압력손실 등에서 중요하다. 비중이 작으면 물 분리성이 양호하고, 크면 같은 유량에서 운동에너지가 크게 되어 밸브를 닫을 때 서지압력(surge pressure)을 발생시키기 쉽다.

[2] 점도와 동점도

점도(viscosity)는 유압작동유 선정에서 가장 중요한 요소이다. 점도가 높고 낮음에 따라 유압펌프의 체적효율, 기계효율, 배관에서 저항, 밸브에서 열 발생, 누설, 조작성 등에 영향을 준다.

그림 3.1과 같이, 미소거리 Δy 만큼 떨어진 평판 사이에 유체를 채우고, 위 평판을 속도 Δv로 잡아당기면, 위 평판 밑면에 부착된 유체는 평판과 같은 속도로 움직이고, 정지된 아래 평판에 붙어 있는 유체는 점성 때문에 정지되어 있다(no-slip 조건). 이것은 유체 중의 인접한 층과 층 사이의 경계에서 미끄럼 상대운동이 일어나며 층 사이에서 운동량 교환이 일어난다. 한 층에서 다른 층 사이로 운동량 교환이 일어날 때 유체입자의 상대운동을 방해하려는 마찰력(저항력)이 발생하며, 이것을 점성(viscosity)이라 한다.

이와 같이 유체 내부에서 마찰 때문에 발생하는 저항력(전단응력) τ는 인접한 층 사이의 속도기울기(velocity gradient) $\Delta v / \Delta y$에 비례하며, 다음 식으로 표시된다.

$$\tau = \mu \frac{\Delta v}{\Delta y} = \mu \frac{v}{h} \tag{3.6}$$

식 (3.6)은 Newton의 점성법칙이라 한다. 식에서 비례상수 μ는 유체의 점성의 정도를 나타내는 값으로써 점도, 점성계수 또는 절대점도(absolute viscosity)라 하며, 온도와 압력에 따라 변한다. μ의 SI 단위는 $[\mathrm{N \cdot s/m^2}]$ 또는 $[\mathrm{Pa \cdot s}]$이다. 또한 1 g/cm · s = 1 poise(포아즈 : P)라 하고, 실용적으로 1/100 포아즈 cP(centi poise)를 많이 사용한다. 즉,

$$1\ \mathrm{P} = 1\ \mathrm{g/cm\ s} = 1\ \mathrm{dyne\ s/cm^2} = 0.1\ \mathrm{N\ s/m^2} = 1/98\ \mathrm{kg_f\ s/m^2}$$

의 관계가 있다.

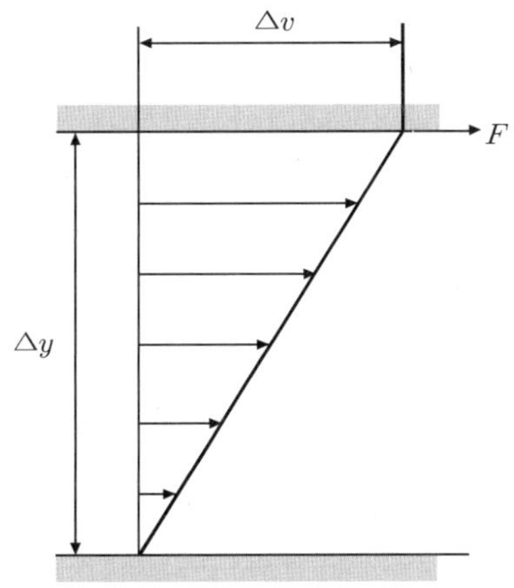

그림 3.1 유체의 점성

점도 μ를 밀도 ρ로 나눈 것을 동점도(kinematic viscosity) 또는 동점성계수라 하며, ν로 표기한다.

$$\nu = \frac{\mu}{\rho} \tag{3.7}$$

ν의 SI 단위는 $[\mathrm{m^2/s}]$이다.

유압작동유나 공업용 윤활유에서는 점도보다 동점도를 많이 사용한다. 동점도의 단위 1 $\mathrm{cm^2/s}$ = 1 St (Stoke)라 하며, 실용적으로는 이것의 1/100값(cSt : centi Stoke=$[\mathrm{mm^2/s}]$)을 많이 사용한다. 점도 측정은 KS M 2014, JIS K 2280(동점도 시험방법) 규정에 있듯이 모세관

에 의한 측정법을 활용하며 동점도(cSt)를 사용하는 것을 규정하고 있다.

유압작동유의 온도는 점도변화에 가장 큰 영향을 준다. 유압작동유에서 온도가 높아지면 점도는 어느 정도 낮아지며, 그 변화의 정도는 작동유의 구성 성분에 따라 다르다.

그림 3.2는 석유계 작동유의 점도-온도 특성을 나타낸다.

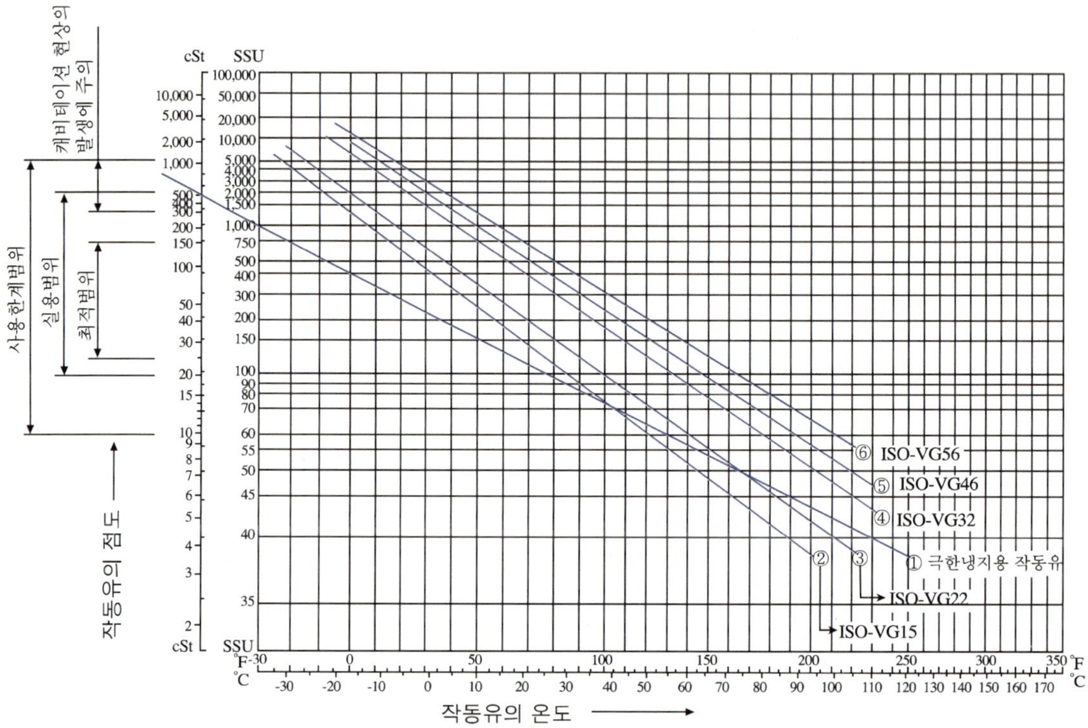

그림 3.2 석유계 작동유의 점도-온도 특성

유압작동유의 점도-온도 특성은 여러 가지 실험식이 제안되어 있지만, Walther의 식을 많이 사용한다.

$$\log\{\log(\nu + C)\} = A - B\log T \quad [\text{cSt}] \tag{3.8}$$

식에서 T는 절대온도[K], A, B는 유압작동유에 따라 결정되는 상수, C는 보통 0.8이고, ASTM(American Society for Testing Materials)에서 점도-온도표의 기초식으로 사용한다.

식 (3.8)은 유압작동유의 점도-온도 특성을 잘 나타내지만, 수학적으로 취급하기가 불편하여 다음 식도 많이 사용한다.

$$\mu = \mu_0 e^{-\lambda \Delta T} \tag{3.9}$$

식에서 μ_0는 어떤 온도에서 점도, μ는 작동유의 온도가 ΔT만큼 상승했을 때 점도, λ는 상수로써 석유계 작동유는 $\lambda = 1.8 \sim 3.6 \times 10^{-2}$ [1/℃]이다.

유압작동유의 점도는 압력의 영향도 받으며, 보통 압력이 증가하면 점도도 증가하고, 그 관계는 다음 식과 같다.

$$\mu = \mu_0 \ e^{kp} \tag{3.10}$$

식에서 μ_0는 대기압에서 점도, 석유계 작동에서 $k = (2 \sim 3) \times 10^{-3}$ [cm^2/kg_f]이고, 온도와 압력에 따라 변한다.

[예제 3.1] 20℃에서 비중 0.88인 유압작동유의 동점도가 30 cSt이다. 점도(점성계수)는 얼마인가?

[풀이] 30 cSt = 30 mm^2/s = 30 × 10^{-6} m^2/s, ρ = 0.88 × 10^3 kg/m^3을 식 (3.7)에 대입하면

$\mu = \rho\nu = 0.88 \times 10^3 \times 30 \times 10^{-6} = 0.0264$ Pa · s

[예제 3.2] 동점도 32 cSt, 유온 40℃, 비중 0.85인 유압작동유가 관 안지름 25 mm, 관 길이 1 m에 유량 20 L/min로 흐를 때, 단위길이당 압력에너지 손실(압력강하)를 구하라.

[풀이] ν = 32 cSt = 32 × 10^{-6} m^2/s, Q = 20 L/min = 20 × 10^{-3}/60 = 3.33 × 10^{-4} m^3/s

$$V = \frac{Q}{A} = \frac{Q}{\frac{\pi}{4}d^2} = \frac{3.33 \times 10^{-4}}{\frac{\pi}{4} \times (25 \times 10^{-3})^2} = 0.678 \text{ m/s}$$

$$\text{Re} = \frac{v \cdot d}{\nu} = \frac{0.678 \times 25 \times 10^{-3}}{32 \times 10^{-6}} = 530 < 2300 \quad (\text{층류})$$

따라서, $\lambda = \frac{64}{\text{Re}} = \frac{64}{530} = 0.12$

또 l = 1 m, g = 9.81 m/s^2을 식 (2.26)에 대입하면

$$h_f = \lambda \frac{l}{d} \cdot \frac{v^2}{2g} = 0.12 \times \frac{1}{25 \times 10^{-3}} \times \frac{0.678^2}{2 \times 9.81} = 0.112 \text{ m}$$

이것을 압력단위 [Pa]로 고치면, ρ = 0.85 × 1000 = 850 kg/m^3

$p = \rho g h_f$ = 850 × 9.81 × 0.112 = 937.75 Pa

[3] 공업용 점도계, 점도지수

점도 측정법은 여러 가지가 있는데, 그 중에 많이 사용하는 것은 일정한 양의 시료유가 모세관을 통과하여 유출하는데 걸리는 시간을 측정하여 점도를 알아내는 모세관법이 있고, 이 원리로 점도를 측정하는 모세관점도계와 공업용 점도계가 있다.

유압에서는 점도 측정이 쉬운 공업용 점도계를 많이 사용하며, 세이볼트점도계(미국), 레드우드점도계(영국), 엥글러점도계(독일)가 있다. 점도 측정원리는 모세관법이며, 그림 3.3과 같이 일정한 체적의 용기 속에 규정된 높이까지 시료유를 채우고 용기 하단의 모세관을 통하여 60 cc 기름을 유출시키는 데 필요한 시간(초)을 측정하여 동점도로 나타낸 것이며(KS M 2013 세이볼트 점도 시험방법), 유니버설초(Saybolt Universal Second; SUS), 레드우드초(Redwood Second; RSS), 엥글러초(Englar Second; °E)를 사용한다. 공업용 점도계의 유출시간과 동점도의 관계는 다음과 같다.

$$\nu = A\,t - \frac{B}{t} \quad [\mathrm{cSt}] \tag{3.11}$$

식에서 ν는 동점도[cSt], A, B는 공업용 점도계별 상수(표 3.4 참조), t는 각각의 공업용 점도계에서 측정된 시간[s]이다. 특히 세이볼트 점도계는 보통 37.78℃(100 °F)와 98.89℃(210 °F)에서 측정한다.

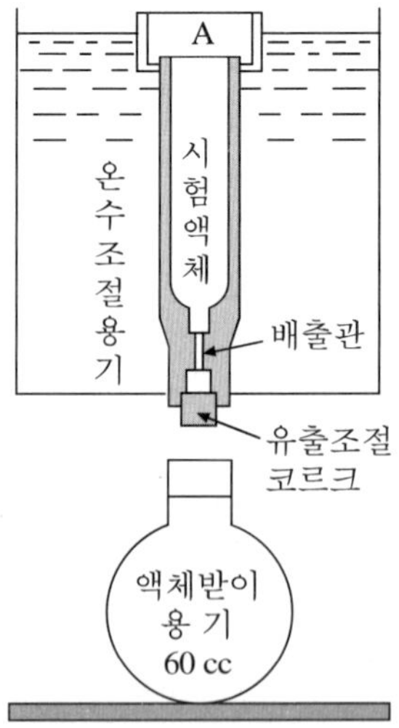

그림 3.3 세이볼트 점도계

표 3.4 공업용 점도계별 환산정수

점도계 \ 상수	A	B
Saybolt Universal	0.22	180
Redwood	0.26	171
Englar	0.14	374

점도는 온도에 따라 변한다. 점도지수(viscosity index; VI)는 점도가 온도에 따라 변하는 정도를 수치로 나타낸 것이다. 보통 VI 값이 크면 온도변화에 대한 점도변화가 작다는 것을 의미한다. VI는 온도변화에 따라 점도변화가 비교적 큰 나프탄계 작동유를 VI=0, 온도변화에 따라 점도변화가 작은 파라핀계 작동유를 VI=100으로 하여 VI ≤ 100에 대해 다음 식으로 구할 수 있다.

$$\mathrm{VI} = \frac{L-U}{L-H} \times 100 = \frac{L-U}{D} \times 100 \tag{3.12}$$

식에서, L은 98.9℃에서 시료유와 같은 점도를 가진 VI=0인 기름의 37.8℃에서 동점도[cSt, SUS], H는 98.9℃에서 시료유와 같은 점도를 가진 VI=100인 기름의 37.8℃에서 동점도[cSt, SUS], U는 VI를 구하려는 시료유의 37.8℃에서 동점도[cSt, SUS], $D = L - H$ $[\mathrm{cSt, SUS}]$이다. 세이볼트 점도인 경우, 식 (3.12)를 사용하여 점도지수를 구한다.

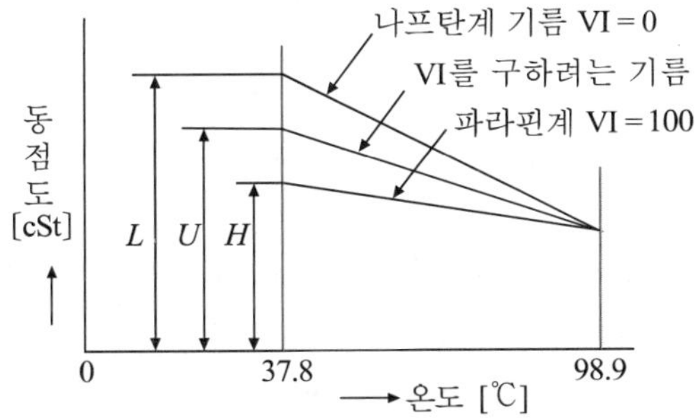

그림 3.4 점도지수

일반 석유계 작동유의 점도지수는 100 전후이고, 고점도지수 작동유나 물·글리콜 작동유는 150~200, 인산에스테르 작동유는 −20~20 정도의 값을 가진다.

유압작동유를 선정할 때, 점도지수는 중요하다. 점도지수가 낮은 작동유는 저온에서 점도가 증가하기 때문에 펌프 시동이 곤란하거나, 마찰손실이 크고, 펌프 흡입측에서 캐비테이션이 발생하거나, 압력손실 증가로 동력손실이 증가한다. 또한 유압작동도 원활하지 못하여 정상운전에 도달할 때까지 시간이 걸리고 정상운전에 도달하여도 온도변화로 작동이 불안정하기 쉽다.

유압작동유의 점도는 유압시스템에 다음과 같은 영향을 준다.

(1) 점도가 너무 높을 때

① 유압펌프의 흡입저항이 증가하여 캐비테이션을 일으키기 쉽다.
② 유압펌프의 동력손실 증가로 기계효율이 낮아진다.
③ 유동에 따른 마찰손실 증가로 동력손실이 많으며 전체 효율이 저하한다.
④ 밸브나 액추에이터의 응답성이 떨어지고 작동이 원활하지 못하다.

(2) 점도가 너무 낮을 때

① 유압펌프의 누설 증가로 체적효율이 저하된다.
② 운동부의 윤활성이 열악하여 이상마모나 녹아 붙음(seizure) 현상이 발생한다.
③ 작동유의 누설이 증가한다.
④ 제어밸브의 누설도 증가하여 제어 성능이 나쁘게 된다.

[예제 3.3] 시료유의 98.9℃와 37.8℃에서 동점도가 각각 5.12 cSt, 32.46 cSt일 때 점도지수를 구하라.

[풀이] 표 3.5에서 98.9℃에서 $\nu = 5.1$ cSt일 때, $L = 44.68$ cSt, $L - H = D = 13.52$ cSt,
또 98.9℃에서 $\nu = 5.2$ cSt일 때 $L = 46.64$ cSt, $L - H = D = 14.42$ cSt이다.
따라서 $\nu = 5.12$ cSt에서 L, D 값은 비례 계산식을 활용하면

$$L = 44.68 + (46.64 - 44.68) \times 0.2 = 45.07 \text{ cSt}$$

$$D = 13.52 + (14.42 - 13.52) \times 0.2 = 13.70 \text{ cSt}$$

이 값과 시료유 37.8℃에서 동점도 32.46 cSt에서, VI를 구하면

$$\text{VI} = \frac{L - U}{D} \times 100 = \frac{45.07 - 32.46}{13.70} \times 100 = 92$$

표 3.5 동점도에서 점도지수 산출방법(예시)

98.9℃에서 동점도[cSt]	L [cSt]	$D=L-H$ [cSt]	H [cSt]
5.0	42.74	12.63	30.11
5.1	44.68	13.52	31.16
5.2	46.64	14.42	32.22

[예제 3.4] 어떤 유압작동유가 37.8℃와 98.9℃에서 세이볼트 점도가 각각 350과 55일 때, 점도지수는 얼마인가?

[풀이] 표 3.6에서 $L = 596.0$ SUS, $D = 256.8$ SUS, $H = 596 - 256.8 = 339.3$ SUS이므로 식 (3.12)에서

$$\mathrm{VI} = \frac{L-U}{D} \times 100 = \frac{596.0-350}{256.8} \times 100 = 95.8$$

표 3.6 세이볼트 점도에서 점도지수 산출방법(예시)

98.9℃에서 SUS	L [SUS]	$D=L-H$ [SUS]
50	402.2	166.9
55	596.0	256.8
60	780.6	355.0

[4] 점도등급

유압작동유의 온도가 37.8℃(요즘은 40℃)에서 동점도[cSt]를 점도범위(점도등급) VG(viscosity grade)로 정한다. 점도범위는 KS M 2113, JIS K 2001(공업용 윤활유 점도분류)에 따라 그림 3.5와 같이 정한다.

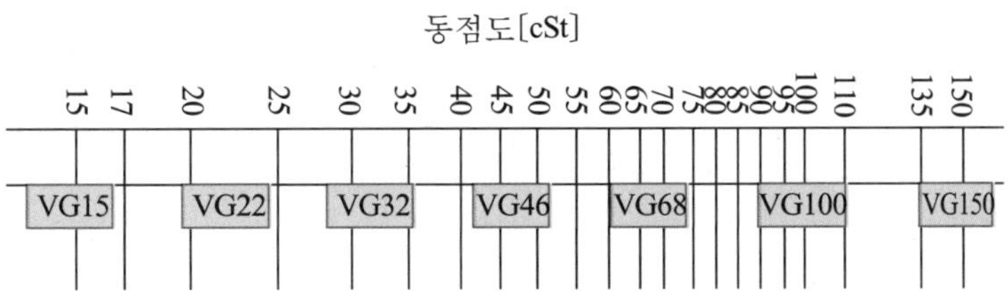

주) KS M 2120, JIS K 2213 2종(첨가터빈유)은 ISO VG32, 46, 68의 3종류가 규정되어 있다.

그림 3.5 작동유의 점도범위 (ISO 점도등급)

최근 공장 자동화와 더불어 공작기계의 수치제어화, 머시닝센터화와 함께 유압으로 조작되는 것이 증가하였다. 공작기계의 유압장치는 정밀도가 높은 동작이 필요하기 때문에 작동유는 특히 마찰이 적고, 가능한 슬러지가 생기지 않아야 하며, 또 추울 때도 효율이 낮아지지 않도록 저온 유동성이 좋은 것이 요구된다. 유압장치에서는 ISO VG 32～VG68의 점도등급이 양호하다.

표 3.7은 ISO 점도등급을 나타낸다.

표 3.7 ISO 점도등급(40℃에서 점도로 분류한다)

ISO 점도등급	동점도의 중심값 [cSt, 40℃]	동점도범위 [cSt, 40℃]	ISO 점도등급	동점도의 중심값 [cSt, 40℃]	동점도범위 [cSt, 40℃]
VG 2	2.2	1.98～2.42	VG 68	68	61.2～74.8
VG 3	3.2	2.88～3.52	VG 100	100	90.0～110
VG 5	4.6	4.14～5.06	VG 150	150	135～165
VG 7	8.8	6.12～7.48	VG 220	220	198～242
VG 10	10	9.0～11.0	VG 320	320	288～352
VG 15	15	13.5～16.5	VG 460	460	414～506
VG 22	22	19.8～24.2	VG 680	680	612～748
VG 32	32	28.8～35.2	VG 1000	1000	900～1100
VG 46	46	41.4～50.6	VG 1500	1500	1350～1650

저온에서 시동할 때는 작동유의 동결이나 유동점의 영향을 받는다. 또한 화기 등에 대해서는 인화점과 난연성을 고려할 필요가 있다. 표 3.8은 각종 유압작동유의 특징을 비교한 것이다.

표 3.8 각종 작동유의 특징 비교

특성 \ 종류		석유계 2종 ISOVG32상당	인산 에스테르계	지방산 에스테르계	물·글리콜계	W/O형 에멀션	O/W형 에멀션
비중[15/4℃]		0.87	1.13	0.93	1.04～1.07	0.93	1.00
동점도	37.8℃	34.0	30.8	42.4	42.4	99.8	0.7
	98.9℃	5.4	7.7	8.2	6.9	15.8	0.3
점도지수[VI]		70～110	30～180	높음	140～170	130～170	아주 높음
고온사용한계[℃]		70	100	100	50	50	50
저온사용한계[℃]		−10	−20	−5	−30	0	0
석유계와 혼합		·	3%	가능	3%	가능	불가
독성		없음	가벼움	없음	없음	없음	없음

[5] 유압작동유의 압축성과 체적탄성계수

보통 유압장치의 사용조건에서 유압작동유는 비압축성 유체로 간주하지만, 고압, 고온에서 작동하는 장치는 압력변화에 따른 밀도변화를 무시할 수 없다. 유체의 체적은 유체에 작용하는 압력에 따라 변한다. 이러한 유체의 성질을 압축성이라 하고, 압력변화에 따른 유체의 체적변화 정도를 압축률(compressibility)과 그 역수인 체적탄성계수(bulk modulus)로 표시한다. 압축 전의 초기 체적 V_0 [m^3], 압력변화 dp [Pa]에 따른 체적 변화 dV [m^3]라 하면, 압축률 β [Pa^{-1}]와 체적탄성계수 K [Pa]는 다음과 같다.

$$\beta = -\frac{1}{V_0}\frac{dV}{dp} \tag{3.13}$$

$$K = \frac{1}{\beta} = -V_0\frac{dp}{dV} \tag{3.14}$$

식에서, 음의 부호는 압력증가에 따른 체적감소를 뜻한다. 보통 상온, 대기압에서 석유계 작동유의 체적탄성계수 $K_0 \simeq 1.6 \times 10^3$ MPa이며, 압력변화 $p = 0 \sim 70$ MPa에 대한 등온 조건에서 체적탄성계수는 다음 실험식으로 주어진다.

$$K = K_0 + 5.3 \times p \quad [\mathrm{MPa}] \tag{3.15}$$

그러나 구동 중인 유압시스템의 작동유는 탄성변형을 받는 관이나 밀폐된 용기 속에서 작용하고, 또 작동유 속에 기포가 들어 있기 때문에 작동유만의 체적탄성계수 값과 다르다. 따라서 실질적인 체적탄성계수인 유효체적탄성계수 K_e(effective bulk modulus)를 사용하는 것이 바람직하며, 일반적으로 압력 21 MPa 이하에서 $K_e \simeq (0.5 \sim 1.0) \times 10^3$ MPa 정도이다. 작동유 속에 공기가 혼입되면 그 값이 크게 변한다. 또한 캐비테이션이 일어나면, 혼입공기, 용해공기량, 작동유의 기포분리압력, 저온시 점도증가에 따른 압력손실의 증대 등의 영향을 받는다.

표 3.9는 유압작동유별 압축률과 체적탄성계수 값을 나타낸 것이다.

유압작동유의 압축률과 체적탄성계수는 작동유의 종류, 압력, 온도에 따라 변하며, 유압장치의 고압화, 고속화와 더불어 제어기기의 응답성과 정밀도에 영향을 주기 때문에 최근에 매우 중요시되고 있다.

표 3.9 유압작동유의 압축률 β와 체적탄성계수 K

종 류	$\beta \times 10^{-4}$ MPa^{-1}	$K \times 10^{3}$ MPa
석유계	5.32～7.35	1.36～1.88
물·글리콜계	2.96	3.38
인산에스테르계	3.40	2.94
W/O에멀션계	4.44	2.25

유압시스템의 작동유 속에 압력파의 전파속도, 즉 음속(sonic velocity) a는

$$a = \sqrt{\frac{K}{\rho}} \quad [\mathrm{m/s}] \tag{3.16}$$

이다. 유압시스템에서 높은 제어 응답성을 얻기 위해서는 음속이 커야 하기 때문에 체적탄성계수가 큰 작동유가 바람직하다.

[예제 3.5] 20℃, 대기압 상태에서 물의 체적탄성계수는 2.193 GPa이다. 물의 체적을 0.2% 감소시키는데 필요한 압력과 압축률을 구하라.

[풀이] 식 (3.14)를 변형하면

$$dp = -K\frac{dV}{V_0} = -2193 \times \frac{-0.2}{100} = 4.38\ \mathrm{MPa}$$

$$\beta = \frac{1}{K} = \frac{1}{2193} = 4.56 \times 10^{-4}\ \mathrm{mm^2/N} = 4.56 \times 10^{-10}\ \mathrm{Pa^{-1}}$$

[예제 3.6] 온도 20℃, 대기압 상대인 물에 압력 0.1 MPa을 가하면 체적은 몇 % 감소하는가? 체적탄성계수는 2200 N/mm^{2}이다.

[풀이] 식 (3.14)에서 $K = -V_0 \cdot \frac{dp}{dV}$

$$\therefore \frac{dV}{V_0} = \frac{dp}{-K}$$

$K = 2200$ N/mm^2, $dp = 0.1$ MPa을 대입하면

$$\frac{dV}{V_0} = \frac{0.1}{-2200} = -4.55 \times 10^{-5} = -\frac{0.00455}{100} = -0.00455\ \% \ (-\text{는 감소를 의미})$$

[6] 비열, 열전도율

유압작동유의 비열(specific heat)과 열전도율(thermal conductivity)은 유냉각기(oil cooler)의 용량을 결정뿐만 아니라 회로내의 열유동 해석에서 필요하다. 일반적으로 액체의 비열은 온도가 상승함에 따라 커지고, 압력이 증가하면 감소한다. 열전도율은 물질의 구조에 관계가 깊고, 대략 기체, 액체, 비금속 고체, 고체 순으로 크게 되며, 온도에 따라 변한다. 액체의 열전도(heat conduction)는 기체와 비슷하지만 액체 분자들은 기체 분자보다 더욱 조밀하게 위치하고 있고 분자들이 서로 충돌할 때 분자력장이 에너지 교환에 큰 영향을 주기 때문에 기체보다 복잡하다.

표 3.10은 각종 작동유의 열적 특성을 나타낸 것이다.

표 3.10 유압작동유의 열적 특성

특성 / 종류	비열[kJ/kg K]	열전도율[W/m K]
석유계	1.88	0.0872
물·글리콜계	3.35	0.442
인산에스테르계	1.34	0.114
W/O형 에멀션	2.81	-

[7] 증기압

유압작동유의 증기압은 고온 환경이나 캐비테이션 문제와 관계가 있다. 일반적으로 유체의 압력이 포화증기압 이하로 낮아지면 증발하여 기포가 발생한다. 그 정도는 온도가 높을수록 증기압이 높아지고, 펌프의 흡입측과 같은 진공압력부, 밸브 등의 압력강하가 생기는 곳에서 캐비테이션이 일어나기 쉽다.

그림 3.6은 각종 유압작동유의 증기압을 비교하여 나타낸 것이다. 석유계와 인산에스테르계 작동유의 증기압은 아주 낮지만, 물·글리콜계나 W/O형 에멀션계 작동유와 같이 수분을 많이 포함하는 것은 증기압이 높다. 예를 들면, 물·글리콜계 작동유를 사용하여, 시스템 압력이 $-0.3\ \mathrm{kg_f/cm^2}(\simeq -0.3\ \mathrm{bar})$가 되는 경우, 90℃ 이하에서 사용하여야 한다. 그러나 실제는 오일탱크 속의 작동유 표면에서 수분 증발을 방지하기 때문에 50℃ 이하에서 사용하는 것이 바람직하다.

여기서 작동유 속에 공기가 용해되어 있으면 증기압보다 높은 압력에서도 기포가 발생하는 것을 기억해야 한다. 이것은 작동유 속에 용해된 공기가 압력이 낮아지면 분리하여 기포로 되기 때문이다. 이 때 압력을 공기분리압 또는 기포분리압이 하고, 이러한 현상을 에어레이션(aeration)이라 한다.

따라서 실제 유압회로에서 진공압력의 한계는 기포를 발생시키지 않기 위한 공기분리압에 따라 제한을 받는다. 각 유압펌프 제조회사에서 규정하는 유압펌프의 흡입측 압력(예를 들면 − 0.1 bar∼ − 0.3 bar)은 이 공기분리압과의 관계로 정해진다. 그러나 기기 내부, 배관 내부의 국부적인 부압 발생부는 일반적으로 정해지는 펌프 흡입측 압력보다도 압력이 낮은 경우가 있고, 이때는 증기압의 영향이 현저하게 나타난다.

작동유의 증기압은 캐비테이션, 에어레이션과 더불어 유압시스템의 소음과 진동을 증가시켜 기기를 파손시키기 때문에 작동유의 선정과 회로설계에 중요한 역할을 한다.

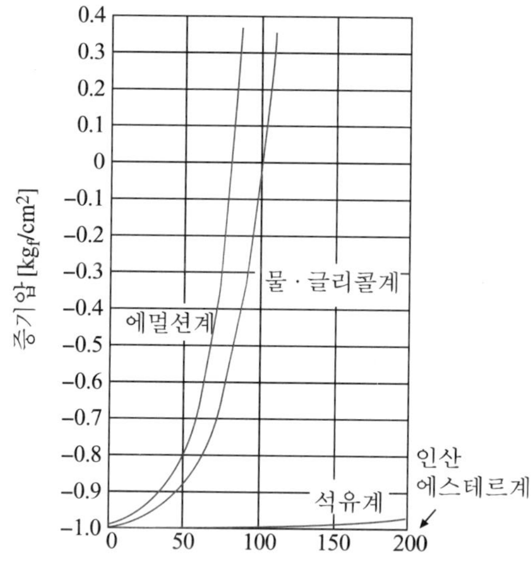

그림 3.6 작동유의 증기압 곡선

[8] 소포성

유압작동유에서 기포를 제거하는 성질을 소포성(消泡性)이라 하고, 실리콘계나 알코올계의 소포제를 사용한다. 과거에는 실리콘계를 많이 사용하였지만, 현재는 소포성이 보다 높은 알코올계를 많이 사용한다.

작동유 속의 기포는 펌프의 흡입측에서 혼입, 배관이나 밸브류 등의 압력강하가 생기는 곳에서 용해공기로 분리, 오일탱크의 복귀측에서 공기가 빨려 들어가거나, 작동유 온도관리의 부적합, 다른 작동유의 혼입 등에 의해 발생된다. 이러한 기포는 다음과 같은 문제를 일으키는 원인이 된다.

① 펌프의 캐비테이션으로 송출량 저하, 침식(erosion) 발생, 이상 소음 발생
② 작동 불량, 오작동 발생
③ 유면 위치 판정의 곤란, 오일탱크에서 작동유의 흘러넘침
④ 작동유의 열화와 흑화(黑化) 촉진

따라서 작동유 속에 있는 기포를 신속하게 제거하는 것은 작동유에서 필요한 조건이며, 소포성은 좋은 작동유 선택의 중요한 선정 기준이 된다.

[9] 작동유에 포함된 공기의 영향

유압작동유에는 상온에서 체적비 5~8%의 공기가 녹아 있다. 용해되는 공기양은 절대온도에 거의 비례한다. 용해공기는 캐비테이션을 발생시키는 중요한 원인이 된다. 작동유에 혼입된 기포는 작동유의 압축성과 압력의 전파속도에 큰 영향을 주기 때문에 기기의 효율이나 동특성에 큰 영향을 준다. 공기혼입(aeration)에 따른 여러 가지 문제점은 다음과 같다.

(1) 유압실린더 작동의 문제점

유압실린더로 구동되는 부하의 접촉부, 실린더 내벽과 피스톤의 미끄럼 운동부, 실과 접촉된 금속의 마찰부 등에서는 정마찰(static friction) 값이 동마찰(dynamic friction)보다 크다. 따라서 작동유 속에 공기가 혼입되면, 기동할 때에 부하저항을 이겨낼 때까지 압력이 상승하여 공기가 압축되지만 피스톤이 움직이기 시작하면 저항이 작게 되어 부하의 운전저항까지 공기가 팽창하고 압력이 낮아져 피스톤이 정지한다. 작동유는 항상 고압으로 유입되므로 다시 압력이 상승하여 같은 동작이 반복된다. 이와 같이 공기혼입 때문에 피스톤의 작동이 불안정하게 되고 시간지연(time delay)이 생긴다. 이 현상은 압력이 낮을수록 작동유의 공급량이 작을수록 심하게 일어난다.

(2) 유압작동유의 열화 촉진

유압작동유 속에 공기가 기포상태로 존재할 때, 공기가 급격하게 압축되면 열을 발생하여 온도가 상승한다. 또 압력상승과 더불어 작동유 속의 공기 흡수율도 증가한다. 작동유의 온

도가 상승하면 산화작용이 촉진되어 중합(重合)과 분해(分解)가 일어나고 고무와 같은 산화물이 생겨 펌프, 밸브, 액추에이터 등의 작동을 불량하게 한다.

(3) 캐비테이션 발생

유압작동유 속에 공기가 혼입되면 펌프나 밸브를 통과할 때 큰 압력변화가 생기기 때문에 저압부에서 기포가 과포화상태로 되어 작동유 속에서 분리되어 기포 덩어리(cavity)를 형성한다. 다음 순간 압력이 상승하면 기포에 충격력이 작용하여 체적이 감소한다. 이 때 아주 큰 충격력이 발생하여 진동과 소음이 발생한다. 캐비테이션이 발생하면 펌프의 체적효율이 감소할 뿐만 아니라 소음, 침식, 부식 등의 원인이 되므로 주의하여야 한다.

(4) 압축성의 영향

유압작동유는 보통 비압축성 유체로 취급한다. 그러나 유압시스템이 고압이거나 동특성(dynamic characteristics)을 고려하여야 할 경우에는 압축성을 고려하여야 한다. 보통 석유계 작동유의 체적탄성계수는 상온, 대기압에서 대략 1.6 GPa 정도이지만 작동유 속에 공기가 혼입되면 체적탄성계수 값이 크게 변한다. 식 (3.16)에서 보듯이 유압시스템에서 압력파의 전파속도인 음속(sonic velocity)이 낮아져 시간지연이 생기거나 응답성이 늦어지는 현상이 발생한다.

표 3.11은 석유계 작동유에 공기혼입량이 0.1%와 5.0%일 때 압축률의 변화를 나타낸다.

표 3.11 석유계 작동유의 공기혼입에 따른 압축률 변화

압력 \ 공기혼입량	0.1%	5.0%
1.0 MPa	33.33×10^{-5}	142.86×10^{-5}
10.0 MPa	6.25×10^{-5}	16.67×10^{-5}

3.3.2 화학적 성질

[1] 색상

색상(color)은 유압작동유의 외관상 열화 판정의 척도로 사용하며, 석유제품 유니온 색(union color) 시험방법과 석유제품 ASTM 시험방법으로 작동유의 색상을 측정한다. 유압작

동유의 색상은 기유(基油)의 정제도 이외에 첨가제의 영향도 있기 때문에 신품의 품질과는 관계없다. 그러나 사용 중에 산화 열화나 열 열화로 변색되기 때문에 작동유의 열화 상태를 직관적으로 파악하는데 유용하다.

일반 작동유 신품의 색상은 유니온 색상으로 $1 \sim 1\frac{1}{2}$ 범위이고, 숫자가 작을수록 엷은 색을 띄고, 정제도가 높은 것이다.

그림 3.7은 ASTM 색과 유니온 색의 관계를 나타내며, 그림 3.8은 석유제품 유니온 색을 나타낸다. 그림 3.8에서 석유계 작동유의 사용한계는 유니온 색 2 이하이다.

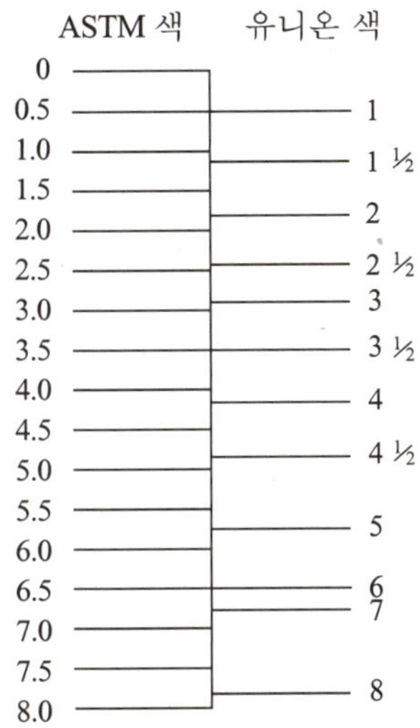

그림 3.7 ASTM 색과 유니온 색 관계

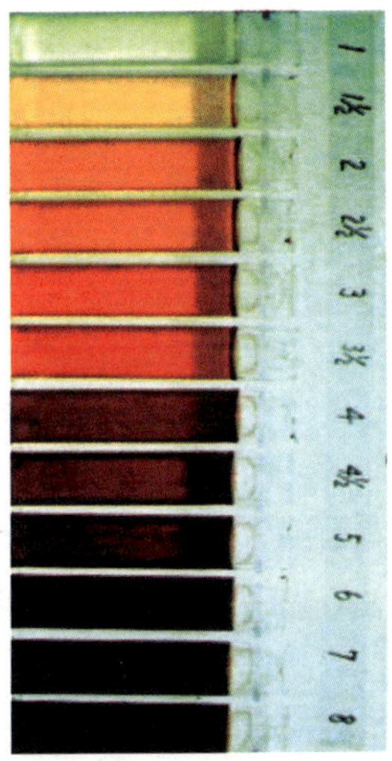

그림 3.8 석유제품 유니온 색

[2] 인화점

인화성을 나타내는 인화점(flash point)은 작동유 취급에서 화재 예방과 증발성의 척도가 된다. 인화점은 유압작동유의 시료유를 서서히 가열하면서 화염을 가까이 가져가면, 유면에서 발생한 유증기(油蒸氣)와 공기의 혼합기가 일시적으로 연소하는 최저유온을 말하고, 가열 속도, 유면과 화염의 거리 등은 규격으로 정해져 있다. 비슷한 용어로 연소점 또는 발화점(firing point)은 인화점에 도달한 후에도 계속하여 인화된 후에 화염을 유면에서 멀리하여도 연소가 5초 이상 계속되는 최저온도이다. 유압작동유의 인화점은 제품의 품질을 좌우하는 직접적인 것은 아니지만 소방 관련법의 제규정과 관련하여 중요하다.

[3] 유동점

유동성을 나타내는 유동점(pour point)은 작동유를 교반하지 않고 규정된 방법으로 냉각시킬 때 작동유가 유동하는 최저온도이며, 작동유가 유동하지 않게 되는 온도보다 2.5℃ 높은 온도를 유동점으로 한다.

유압작동유의 저온 사용한계는 저온에서 점도, 배관의 형상, 펌프 흡입구의 스트레이너(strainer) 능력을 좌우한다.

[4] 산화 안정성

산화 안정성은 작동유의 수명을 파악하는데 가장 중요한 요소이다. 작동유를 장시간 사용하면 산화되어 나빠지며, 과산화물, 알데히드, 에스테르, 유기산 등의 산화 생성물이 생기고 이것이 중합되어 기름에 불용성 슬러지를 생성한다. 산화 생성물은 금속부식이나 녹 발생의 원인이 되고, 물 분리성이나 소포성에 악영향을 주며, 슬러지는 스트레이너와 필터의 눈 막힘, 펌프의 이상마모, 밸브 고착, 실(seal)의 파손, 유 냉각기 능력 저하 등 여러 가지 문제를 발생시킨다. 산화 열화의 원인은 온도, 산소, 금속(촉매작용), 물이고, 이 중에서 온도의 영향이 가장 크다.

산화, 열화상태의 판정기준은 중화가(中和價)를 측정하는 것이다. 중화가는 산가(酸價)와 염기가(鹽基價)를 통합하여 나타낸 것이며, 산가는 작동유 중에 산성성분을 표시하고, 염기가는 염기성분을 표시한다.

중화액은 전산가(全酸價), 강산가(强酸價), 전염기가(全鹽基價), 강염기가(强鹽基價)로 표시하지만, 주로 전산가 값을 사용한다. 전산가는 시료유 1 g 중의 산성성분을 중화하는 데 필요한 수산화칼륨의 mg 수를 뜻한다. 전산가의 값은 무첨가 터빈유의 신품은 0.01～0.02 mg KOH/g, 첨가제가 들어간 일반 작동유는 0.1～0.2 mg KOH/g, 또 내마모성 작동유는 0.5～1.8 mg KOH/g 정도이다.

일반적으로 석유계 작동유의 전산가 상승은 신품에 대해 0.1～0.5 mg KOH/g을 관리기준으로 정하면 타당할 것으로 본다.

[5] 열 안정성

작동유는 고온에서 산화되면 열분해가 일어나고, 그 결과 탄화작용이 생긴다. 이 탄화작용에 주목하여 작동유의 상태를 파악하는 지표로 활용한다. 작동유 속에 잔류탄소는 작동유를 증발이나 열분해시킨 후에 생기는 탄화 잔류물질이고, 잔류탄소는 정제도가 좋은 것일수록 작고, 또 점도가 낮은 작동유일수록 작다.

그림 3.9는 열안정성 시험 결과이며, 120℃에서 슬러지 발생량을 비교한 것이다. 일반 작동유와 비교하여 내마모성 작동유는 열안정성이 나쁘고, 슬러지 발생량이 많다. 이 결과에서 내마모성 작동유의 수명이 짧아지지만, 최근에는 슬러지 분산효과를 가진 열안정성을 개선하여 수명을 연장한 것도 시판되고 있다.

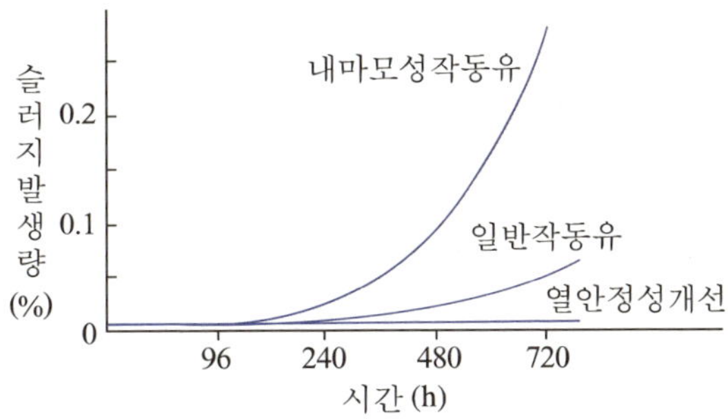

그림 3.9 열안정성 시험에 의한 슬러지 발생량

[6] 방청성

유압작동유가 접촉하는 금속이 녹슬지 않고, 변색되지 않도록 하는 것은 필수불가결한 조건이므로 방청제를 첨가한다. 방청성 시험방법은 시료유 300 mL에 증류수 또는 인공해수 30 mL을 혼합하여 교반하고, 구리 환봉의 시험편을 60℃로 규정된 시간(원칙적으로 24시간)만큼 담가서 녹 발생 유무를 판단한다.

방청제가 첨가된 유압작동유는 이 방법으로 시험하면 녹 발생이 작지만 무첨가제 작동유는 확실하게 녹이 발생한다.

[7] 전단 안정성

항공기용 작동유, 수치제어 공작기계용 작동유, 한냉지용 작동유는 사용 온도범위나 높은 제어 정밀도가 중요하기 때문에 점도지수 향상, 유동점 강하 또는 점도 증가를 목적으로 고분자 화합물을 첨가한다. 이러한 고분자 화합물은 펌프나 밸브의 높은 전단작용으로 일시적이나 영구적인 점도 저하를 일으킨다. 일시적인 점도 저하는 전단이 가해지는 방향으로 고분자 화합물이 배열하여 유동저항을 감소시키는 것이고, 영구적인 점도 저하는 전단작용으로 고분자 화합물의 분자가 끊어져 갈라짐으로써 분자량이 줄어지기 때문에 생긴다. 전단에 따른 점도 저하는 고분자 화합물의 형식, 분자량, 첨가제에 따라 달라지고, 두드러진 것은 기유(基油)의 점도에 가까워지는 것도 있다. 유압작동유에서 전단 안정성은 펌프나 모터의 체적효율이나 윤활성에 영향을 주기 때문에 중요하다.

[8] 물 분리성

보통 유압작동유는 물과 혼합하여도 유화(乳化)되지 않는다. 또 유화되어도 방치해 두면 신속하게 분리한다. 이러한 성질을 항유화성이라 하고, 작동유는 항유화성이 좋을수록 양호한 제품이다.

항유화성 시험 결과는 다음과 같이 표시한다.

기름 층(mL) — 물 층(mL) — 유화 층(mL) [경과시간(min)]

예를 들면, 20분 후에 완전히 분리되면, 40 - 40 - 0 (20), 20분 후에 완전히 분리되지 않고 유화 층이 3 mL 남아 있는 경우는 40 - 37 - 3 (20)으로 표시한다. 즉, 단시간에 40 - 40 - 0이 되는 작동유일수록 물 분리성이 좋다.

3.4 유압작동유의 오염관리

유압작동유의 교환기준은 유압시스템을 사용하는 조건에 따라 다르고, 대부분 산업현장에서 사용조건에 맞추어 표준화되어 있다. 또 작동유는 수명에 도달하지 않아도 누유를 보충해야 하고, 연간 보충지수가 1～3(오일탱크 용량의 1～3배)이면 작동유의 수명에 문제가 되지 않는다.

작동유를 교환하는 경우는 작동유 자체가 열화 또는 변질되었을 때, 작동유에 고체상태의 이물질이 혼입되었을 때, 작동유에 수분이 혼입되었을 때이다. 유압작동유 자체가 열화 또는 변질되는 경우, 실제는 이물질 혼입이나 수분이 혼입되는 경우도 많다.

표 3.12는 유압작동유가 사용한계를 나타낸 것이다.

표 3.12 유압작동유의 사용한계(예시)

항목 \ 종류	석유계	인산에스테르	물·글리콜계	W/O형 에멀션
동점도 변화 % (40℃, SSU)	±10	±10	±10	±20
전산가 변화량 (mg KOH/g)	0.5 이하	-	-	--
불용해 이물질 %(용량)	-	-	0.1	0.1
수분 변화 %(용량)	-	-	±5	±5
PH 변화 %(용량)	-	-	−15	−15
일반 작동유 혼입 %(용량)	-	2	2	-
침전물 %(용량)	-	0.1	-	-
수분 %(용량)	0.1	0.05	-	37～43

작동유 속에 고체상태의 이물질이 혼입되면 펌프의 마모나 밸브에서 작동불량이 생긴다. 특히 전기·유압 서보밸브와 같은 정밀한 밸브나 액추에이터를 사용하는 장치에서는 오염물질 입자 크기가 수 [μm]에서 수십 [μm] 정도의 미세한 입자도 악영향을 주기 때문에 오염물질이나 먼지의 크기나 질량 등을 측정하여 오염도 기준안에서 작동유의 청정도를 관리해야 한다.

오염 측정은 계수법과 질량법이 있고, 측정된 오염 입자는 표 3.13에서 제시한 NAS(National Aerospace Standard) - 1638 규격에 따라 등급을 판명한다. 보통 작동유 신품은 NAS - 6～8 등급이고, 일반적으로 사용하는 작동유는 NAS - 11～12등급이고, 12등급을 초과해서 사용하는 경우도 많지만, 가능하면 11～12등급 이내에서 사용하는 것이 바람직하다. 특히 서보밸브는 NAS - 8등급이 사용한계이고, 6등급 이내에서 사용하는 것이 바람직하다.

질량법은 SAE(Society of Automotive Engineers) 규격 ARP - 785가 있다. 이것도 작동유 100 mL 중에 오염물질의 질량을 측정하는 것이며, 표 3.14와 같다. 등급 108은 NAS - 12등급이고, 일반적인 사용한계라 할 수 있다.

작동유는 신품인 상태에도 수분이 50～80 ppm(0.005～0.008%) 포함되어 있지만, 액추에이터에서 빨려 들어가거나 오일탱크의 통기구(air breather)로 공기 중의 수분이 혼입되어 수분 함량이 늘어난다. 수분은 유압기기를 녹슬게 하거나 윤활 불량 또는 작동유의 열화를 촉진한다.

표 3.13 작동유 중의 허용 입자수 NAS-1638 SAE ARP-598 계수법(100 mL 중)

입자 크기 [μm]	등급 00	0	1	2	3	4	5	6	7	8	9	10	11	12
5～15	125	250	500	1,000	2,000	4,000	8,000	16,000	32,000	64,000	128,000	256,000	512,000	1,024,000
15～25	22	44	88	178	356	712	1,425	2,850	5,700	11,400	22,800	45,000	91,000	182,000
25～50	4	8	16	32	63	126	253	506	1,012	2,025	4,050	8,100	16,200	32,400
50～100	1	2	3	6	11	22	45	90	180	360	720	1,440	2,880	5,760
100 이상	0	0	1	1	2	4	8	16	32	64	128	256	512	1,024

표 3.14 작동유 중의 오염물 질량 NAS—1638 SAE ARP - 785 질량법(100 mL 중)

등급	100	101	102	103	104	105	106	107	108
질량[mg]	0.02	0.05	0.10	0.30	0.50	0.70	1.0	2.0	4.0

작동유 속의 오염입자 혼입한계는 표 3.15와 같다.

표 3.15 작동유 중의 오염입자 혼입한계

사용조건	희망 작동유 오염관리 기준		
	계수법(NAS급)	질량법	ISO 4406
서보밸브를 이용한 장치	7	-	16/14/11
피스톤펌프·모터를 이용한 장치	9	NAS 107	18/16/13
비례전자밸브를 이용한 장치	9	NAS 107	18/16/13
압력 21 MPa 이상의 장치	9	NAS 107	18/16/13
압력 14～21 MPa의 장치	10	NAS 108	19/17/14
일반 저압용 유압장치	11	MIL E	20/18/15

주) MIL : Military Specification and Standard

연습문제

3.1 20℃에서 수은의 비중이 13.6이고, 점도가 1.55 mPa·s일 때 동점도를 구하라.

[답] 0.114 cSt

3.2 그림 3.1에서 한 변의 길이가 0.7 m인 정사각형 평판이 4 mm 두께의 유막과 접촉하고 있다. 위 평판을 속도 1 m/s로 움직이는데 6 N의 힘이 필요하다. 기름의 비중이 0.9 일 때 점도와 동점도를 구하라.

[답] 0.0489 Pa·s, 54.42 cSt

3.3 점도 0.784 Pa·s인 유압작동유가 평판 위를 속도분포가 $u = 30y - 100y^2$ m/s이다. 평판과 유체 경계면, 평판에서 10 cm 떨어진 지점에서 전단응력을 각각 구하라.

[답] 23.52 Pa, 7.84 Pa

3.4 호칭지름 $\frac{3}{4}B$, Sch 60인 압력 배관용 탄소강 강관(바깥지름 27.2 mm, 두께 3.4 mm)에 20℃ 물이 평균유속 0.1 m/s로 흐를 때,

(1) 레이놀즈수는 얼마인가? 물의 동점도는 1.0 cSt이다.

(2) 이 관로에 20℃ 공기를 흘려 물의 흐름과 상사된 흐름을 얻기 위해 필요한 공기의 평균유속은 얼마인가? 공기의 동점도는 15 cSt이다.

[답] (1) 2,040 층류, (2) 1.5 m/s

3.5 안지름 25 mm인 원관 속을 동점도 30 mm^2/s, 비중 0.9인 유압작동유가 유량 0.3 L/min로 흐른다. 단위길이당 압력에너지 손실(압력강하)을 구하라.

[답] 0.0958 m, 843.8 Pa

3.6 온도 37.8℃에서 206.8 세이볼트초(206.8 SUS)의 점도를 갖는 작동유의 동점도는 얼마인가?

[답] 44.6 cSt

3.7 20℃, 대기압 상태에서 작동유의 체적탄성계수가 1.58 GPa이다. 작동유의 체적을 0.2% 감소시키는데 필요한 압력과 압축률을 구하라.

[답] 3.16 MPa, 6.33×10^{-10} m^2/N

3.8 20℃ 물을 대기압 상태에서 압축하여, 체적을 4% 감소시키는데 필요한 압력은 얼마인가? 압축률은 4.03×10^{-10} m^2/N이다.

[답] 99.2 MPa

3.9 유압작동유의 물리적, 화학적 성질이 시스템에 미치는 영향을 설명하라.

3.10 유압작동유에 공기가 혼입되었을 때 일어나는 현상에 대해 설명하라.

제 4 장

유압펌프

▎학습목표 ▎

1. 용적형 펌프와 터보형 펌프의 작동원리를 설명할 수 있다.
2. 용적형 펌프를 유압펌프로 사용하는 이유를 설명할 수 있다.
3. 유압펌프의 배제용적, 효율, 동력을 계산할 수 있다.
4. 일정 용량형과 가변 용량형 펌프의 차이점을 설명할 수 있다.
5. 기어펌프, 베인펌프, 피스톤펌프의 작동원리와 구조를 설명할 수 있다.
6. 유압펌프의 폐입현상과 그 방지대책을 논의할 수 있다.
7. 유압펌프의 캐비테이션 발생원인과 방지대책을 논의할 수 있다.
8. 유압펌프의 소음 발생원인과 방지대책을 논의할 수 있다.
9. 유압펌프의 성능곡선을 이해하고, 설계사양에 적합한 펌프를 선정할 수 있다.

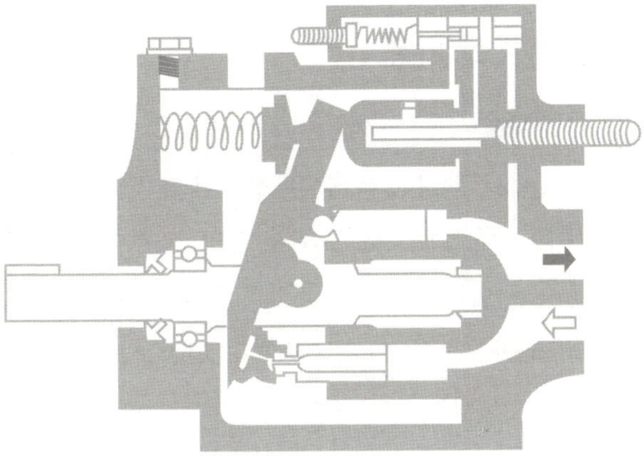

4.1 유압펌프의 개요

펌프(pump)는 전동기나 엔진과 같은 원동기로부터 기계적 회전에너지를 공급받아 유체를 기계 내부로 흡입한 후 유체에너지로 변환하여 송출하는 유체기계이고, 터보형과 용적형으로 나눈다.

터보형(turbo type) 펌프는 원심펌프와 같이 펌프 케이싱(casing) 내부에 회전차(impeller)가 연속적으로 회전하면서 유체동력학적(hydrodynamic)으로 유체에 각운동량을 증가시키는 형태로 에너지를 전달하며, 원심펌프, 사류펌프, 축류펌프가 있다. 이것은 비교적 송출압력이 낮고 유량이 많이 필요한 곳에 사용하며, 주로 물과 같은 액체 수송용으로 이용한다.

용적형(positive displacement type) 펌프는 펌프 케이싱 내부에 베인과 피스톤 같은 것이 이동함에 따라 펌프실 내부의 체적변화를 이용하여, 펌프실 공간 내부에 갇혀 있는 유체를 압력에 대항하여 밀어내도록 하여 유체정역학적(hydrostatic)으로 유체에너지를 전달한다. 용적형 펌프는 구조와 작동원리상 송출유량에서 주기적으로 맥동이 발생하는 결점이 있지만, 소형이고, 효율이 높으며, 부하(압력)가 변하여도 송출유량이 거의 변하지 않기 때문에 액추에이터의 제어에 활용한다. 따라서 유압펌프는 용적형 펌프이고, 기어펌프, 베인펌프, 피스톤 펌프, 나사펌프가 있다.

유압펌프는 유압시스템에 유량을 공급하는 역할을 하며, 오일탱크에 저장된 작동유를 흡입하여 송출시킨다. 유압펌프 자체는 작동유를 송출하는 것이며 압력을 발생시키는 것은 아니다. 압력은 작동유의 흐름을 방해하려는 저항(부하)에 따라 발생하기 때문에 유압펌프와 같은 용적형 펌프는 저항(부하)이 없으면 압력이 발생하지 않는다.

[1] 유압펌프의 기능

(1) 흡입작용

그림 4.1에서 밸브 C를 닫은 상태에서 피스톤을 오른쪽으로 움직이면 피스톤실 A는 대기와 차단되기 때문에, 그림 4.2와 같이 공기량은 변하지 않은 채로 피스톤실의 체적이 V_1에서 V_2로 증가한다. 따라서 공기의 밀도가 낮게 되어 압력이 낮아진다. 즉 진공상태로 되고, 피스톤을 오른쪽으로 이동시킬수록 진공도는 크게 된다.

이 상태에서 밸브 C를 열고 피스톤실 A와 오일탱크에 저장된 작동유를 연결하면, 작동유에는 대기압 p_0가 작용하기 때문에 압력차 $p_0 - p$의 크기에 따라 오일탱크에서 피스톤실 A

로 작동유가 빨려 들어간다. 이것이 펌프의 흡입작용(suction action)이다. 실제 펌프를 운전할 때는 V_1의 공기는 제거되고 작동유가 가득 차 있고 피스톤 행정(stroke)에 따라 진공도가 높아져 연속적으로 흡입작용이 일어난다.

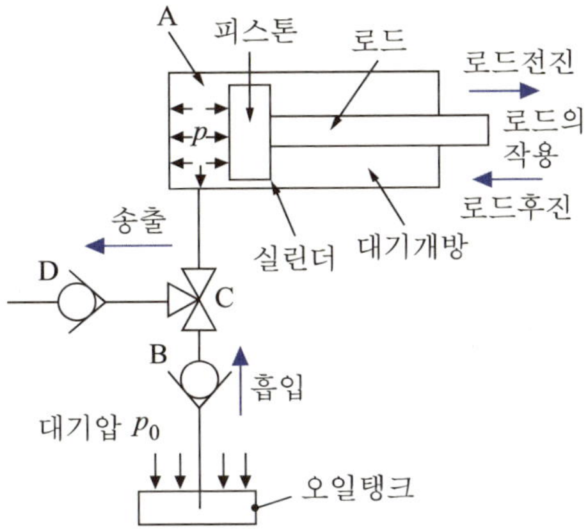

그림 4.1 펌핑 원리

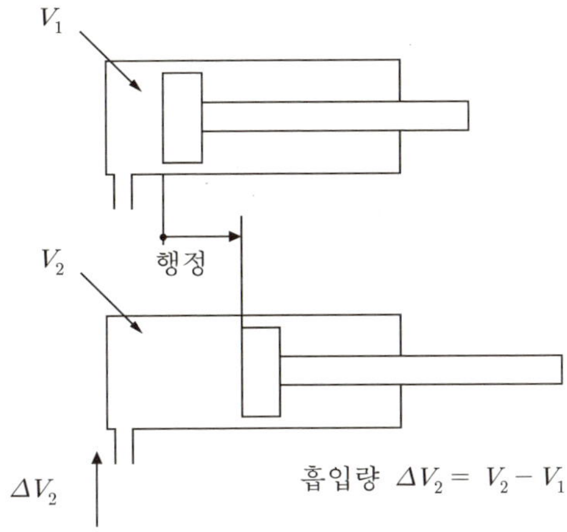

그림 4.2 펌프 흡입작용

(2) 송출작용

그림 4.1의 피스톤실 A에 흡입이 완료한 상태, 즉 그림 4.3에서 $V = V_3$ 상태에서 피스톤을 왼쪽으로 밀면, 그림 4.1에서 C가 닫힌 상태이면 A실내의 작동유는 폐입(閉入)된 상태에서 피스톤이 밀어붙이기 때문에 A실내의 압력이 급격하게 상승한다. 이 때 C를 열면 압축된 작동유는 A실에서 외부로 송출된다. 피스톤 행정에 비례하여 작동유량이 송출되며, 전체량은 $V_3 - V_1$이다. 밸브 C를 조금 열면 작동유가 C를 통과할 때 저항이 크고, 피스톤을 누르는 힘이 C의 저항보다 크게 되지 않으면 A실에서 작동유를 내보낼 수 없다. 즉, A실의 압력이 높아지며, 이 압력을 펌프의 송출압력이라 한다.

이와 같이 유압펌프는 흡입·송출작용이 체적변화에 따라 일어나기 때문에 용적형 펌프(positive displacement pump)라 하고, 피스톤실을 일반적으로 펌프실(pumping chamber)이라 한다. 이 펌프실의 체적증감(增減)이 연속적으로 일어나기 때문에 펌프로서 기능을 발휘한다.

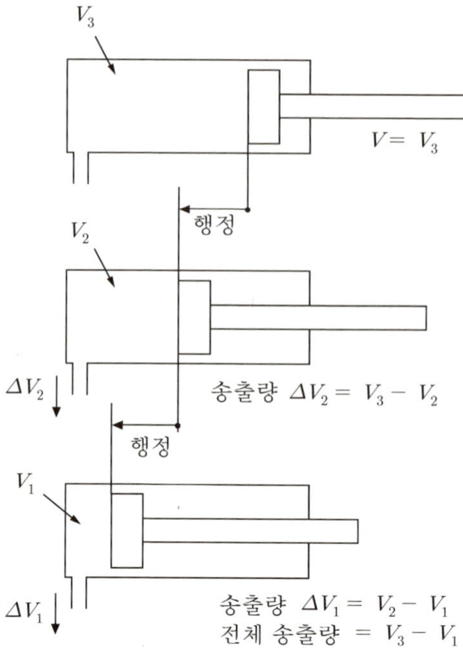

그림 4.3 펌프 송출작용

4.2 유압펌프의 성능

유압펌프의 성능을 표시하는 것으로는 유량, 구동토크, 축동력, 펌프(油)동력 및 효율과 같은 기본적인 특성값이 있고, 이외에 흡입성능, 소음특성, 내구성, 운전 및 유지보수 등도 유압장치의 계획 단계에서 고려해야 한다.

[1] 체적(용적)효율

누설이 없는 이상적인 상태에서 유압펌프 구동축이 1회전하였을 때 송출되는 유량을 배제체적(displacement) V_p [cm^3/rev, cc/rev]이라 하고, 유압펌프의 용량(크기)을 표시하는 중요한 인자이다. 또 배제체적으로 $D_p = V_p/(2\pi)$ [cm^3/rad, cc/rad]도 수식에서 많이 사용한다. 지금 펌프 회전수를 N [rpm] = [min^{-1}], 또는 각속도 ω [rad/s], $\omega = 2\pi N/60$이라 하면, 유압펌프의 이론유량 또는 이론 송출유량 Q_{th} [cm^3/min, cm^3/s]은 다음과 같다.

$$Q_{th} = V_p \cdot N = D_p \cdot \omega \tag{4.1}$$

그러나 펌프 송출측에 저항(부하)이 있어 내부압력이 상승하면 펌프 내부의 틈새에서 송출유량의 일부가 누설된다. 이 누설유량은 압력차 Δp에 비례하여 증가하고, 작동유의 점도 μ에는 반비례한다. 따라서 펌프 송출포트에서 송출되는 실제 송출유량 Q_a [cm^3/min]는 누설유량만큼 감소한다. 누설유량을 ΔQ라 하면

$$Q_a = Q_{th} - \Delta Q \tag{4.2}$$

로 된다. 누설유량 ΔQ는 펌프 틈새에서 누설되는 유량의 전체 합이다. 유압펌프 틈새에서 누설을 틈새 δ인 평행 평판 사이의 층류 흐름으로 가정하면, 누설유량은 식 (2.39)에서

$$\Delta Q = \frac{b\,\Delta p}{12\,\mu\, l}\delta^3 \tag{2.39}$$

이고, 펌프 치수 제원과 배제체적 $V_p = 2\pi \cdot D_p$ 의 상사성(相似性)을 가정하여 $b\,\delta^3/l \propto D_p$를 고려하면,

$$\Delta Q = C_s \frac{\Delta p\, V_p}{2\pi\,\mu} = C_s \frac{\Delta p\, D_p}{\mu} \tag{4.3}$$

이다. 식에서 C_s는 무차원 누설계수이며, 펌프의 종류에 따라 다르다.

이론 송출유량 Q_{th}와 실제 송출유량 Q_a와의 비를 체적(용적)효율 η_V (volumetric efficiency)라 하며, 다음 식으로 정의한다.

$$\eta_V = \frac{Q_a}{Q_{th}} = 1 - \frac{\Delta Q}{Q_{th}} = 1 - C_s \frac{\Delta p}{2\pi\,\mu\, N} = 1 - C_s \frac{\Delta p}{\mu\,\omega} \tag{4.4}$$

이론 송출유량 Q_{th}는 펌프의 기하학적 형상에서 계산한 값이고, 실제 펌프 치수는 공차(tolerance)가 있기 때문에 이론 송출유량과 실제 측정값은 반드시 일치하지 않는다. 실제 펌프를 운전하였을 때, 이론 송출유량은 송출압력이 대략 0.3~0.5 MPa 정도의 무부하 상태에서 송출유량 Q_0로 고려하면, 체적효율은

$$\eta_V = \frac{Q_a}{Q_0} \times 100\ \% \tag{4.5}$$

로 구한다.

[2] 토크(기계)효율

유압펌프에서 마찰이 없는 이상적인 상태의 구동토크, 즉 펌프에서 1회전당 $\Delta p \cdot V_p$의 일을 하기 위해 구동축에서 가해야 할 토크를 이론 토크 T_{th}라 하고, 펌프 흡입구와 송출구에서 압력차 Δp라 하면,

$$T_{th} = \frac{\Delta p\, V_p}{2\pi} = \Delta p \cdot D_p \tag{4.6}$$

이다.

유압펌프를 구동하는데 필요한 실제 토크 T_a는 이론 토크 T_{th}와 손실토크 ΔT와의 합이고, 손실토크 ΔT는 펌프 내부의 운동부에서 회전속도에 비례하는 점성 마찰토크 T_μ와 실(seal), 베어링 등에서 유체 압력에 비례하는 기계적 마찰토크 T_f, 회전속도나 압력에 관계없이 일정한 마찰토크 T_c를 고려하면, 실제 구동토크 T_a는

$$T_a = T_{th} + \Delta T = T_{th} + T_\mu + T_f + T_c \tag{4.7}$$

이다.

우선 유압펌프에서 유체 마찰토크 T_D를 고려한다. 유압펌프 내부에 운동부의 틈새를 그림 4.4와 같이 고려하고, 면적 bL, 회전 반지름 r, 운동부의 속도를 벽면 이동속도 $U = r\omega$로 모델링 한다. 또 식 (3.6)의 뉴턴의 점성법칙을 적용하여 유체 마찰토크 T_D를 구하면,

$$T_D = r \cdot (bL) \cdot \mu \left(\frac{du}{dy} \right)_{y=\delta} \tag{4.8}$$

이다.

또 평행 평판에서 사이의 층류흐름 식 (2.41)을 y에 대해 미분하고, 식 (4.8)에 대입하면,

$$T_D = \mu r \cdot (bL) \cdot \left(\frac{U}{\delta} \right) + \frac{rbL\delta}{2} \frac{\Delta p}{L} \tag{4.9}$$

이다. 즉, 식 (4.7)과 식 (4.9)를 비교해 보면 유체 마찰토크 T_D는 펌프의 회전속도 $U = r\omega$에 비례하는 점성 마찰토크 T_μ와 실이나 베어링에서와 같이 압력차 Δp에 비례하는 기계적 마찰토크 T_f와의 합으로 표시되는 것을 알 수 있다.

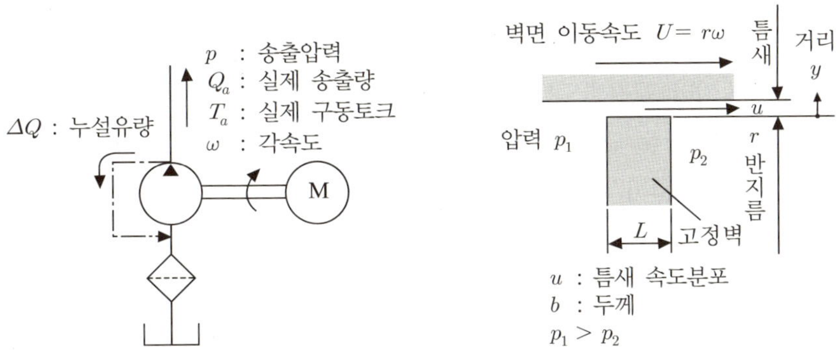

그림 4.4 유압펌프 틈새에서 유체 마찰토크 해석

누설유량에서와 같이, 유압펌프 운동부의 치수 제원과 배제체적 $V_p = 2\pi \cdot D_p$의 상사성을 고려하면,

$$T_\mu = \mu r \cdot (bL) \cdot \left(\frac{U}{\delta}\right) = C_\mu \, \mu \, N \, V_p = C_\mu \, \mu \, \omega \, D_p \tag{4.10}$$

$$T_f = \frac{rbL\delta}{2} \frac{\Delta p}{L} = C_f \frac{\Delta p \, V_p}{2\pi} = C_f \, \Delta p \, D_p \tag{4.11}$$

이다.

따라서 실제 구동토크 T_a는 식 (4.7)에서

$$T_a = \frac{\Delta p \, V_p}{2\pi} + C_\mu \mu N \, V_p + C_f \frac{\Delta p \, V_p}{2\pi} + T_c \tag{4.12}$$

이다.

이론 토크 T_{th}와 실제 구동토크 T_a와의 비를 토크효율(torque efficiency)이라 하고, 식 (4.13)과 같이 정의한다.

$$\eta_T = \frac{T_{th}}{T_a} = \frac{1}{1 + C_\mu(2\pi\mu N/\Delta p) + C_f + 2\pi T_c/\Delta p V_p} = \frac{1}{1 + C_\mu(\mu\omega/\Delta p) + C_f + T_c/\Delta p D_p} \tag{4.13}$$

[3] 전효율

그림 4.4에서 전동기나 엔진의 구동축을 통하여 유압펌프를 구동하는 데 들어가는 동력을 축동력 L_s (shaft work) 또는 펌프 입력동력이라 하고, 펌프의 구동토크 T_a [N·m], 각속도 ω [rad/s], 회전수를 N [rpm]이라 하면,

$$L_s = T_a \times \omega = T_a \times \left(\frac{2\pi N}{60}\right) \quad [\mathrm{W}] \tag{4.14}$$

이다.

유압펌프는 식 (4.14)와 같이 기계적 회전동력인 축동력을 공급받아 펌프 내부에서 유압작동유의 유압(유체)동력으로 변환한다. 이것을 펌프동력 L_p(pump power) 또는 유동력(oil power)이라 하며, 압력 p [Pa], 실제 송출유량 Q_a [m³/s]라 하면 다음과 같다.

$$L_p = p \times Q_a \quad [\mathrm{W}] \tag{4.15}$$

전효율 η(total efficiency)는 유압펌프의 입력동력(축동력)에 대한 출력동력(펌프동력, 유동력)과의 비로 정의하며, 다음 식과 같다.

$$\eta = \frac{L_p}{L_s} = \frac{p Q_a}{T_a \omega} = \left(\frac{Q_a}{Q_{th}}\right) \cdot \left(\frac{T_{th}}{T_a}\right) = \eta_V \cdot \eta_T = \eta_V \cdot \eta_m \tag{4.16}$$

식 (4.16)에서, η_m은 유압펌프에서 이론 동력 L_{th}과 실제 동력 L_a와의 비로 정의되는 기계효율(mechanical efficiency)이며, 토크효율과 같다.

식 (4.16)의 유압펌프의 전효율 η에 식 (4.4)와 식 (4.13)을 대입하면,

$$\eta = \eta_V \cdot \eta_T = \frac{1 - C_s(\Delta p/2\pi\mu N)}{1 + C_\mu(2\pi\mu N/\Delta p) + C_f + 2\pi T_c/\Delta p V_p} = \frac{1 - C_s(\Delta p/\mu\omega)}{1 + C_\mu(\mu\omega/\Delta p) + C_f + T_c/\Delta p D_p} \tag{4.17}$$

식 (4.17)에서 펌프의 기하학적 형상에 따라 결정되는 무차원계수 C_s, C_μ, C_f 값은 이론적으로 구하는 것은 매우 어렵기 때문에 보통 실험으로 구한다. 즉 다양한 압력차 Δp에 대해 회전수 N과 유량 Q_a와의 관계, 회전수 N과 구동토크 T_a와의 관계를 측정하여 이러한 계수를 구할 수 있다.

표 4.1은 이러한 방법으로 구한 각종 유압펌프의 손실계수와 T_c값을 나타낸다.

표 4.1 각종 유압펌프의 손실계수

손실계수 \ 종류	기어펌프(가동측판형) 베인펌프(압력평형형)	액시얼 피스톤펌프
C_s	$(2 \sim 15) \times 10^{-8}$	$(0.8 \sim 1.3) \times 10^{-8}$
C_μ	$(2.3 \sim 9.5) \times 10^{4}$	$(5 \sim 18) \times 10^{4}$
C_f	$0.04 \sim 0.14$	$0.01 \sim 0.037$
$2\pi T_c / \Delta p\, V_{\max}$	$0 \sim 0.026$	$0.011 \sim 0.015$

[예제 4.1] 배제체적 30 cm^3/rev인 유압펌프를 1200 rpm으로 운전할 때, 송출압력이 14 MPa이다. 체적효율 97%, 전효율 90%일 때 다음을 구하라.

(1) 이론 송출량 (2) 실제 송출량 (3) 펌프동력
(4) 축동력 (5) 구동토크 (6) 토크(기계)효율

[풀이]

(1) $Q_{th} = V_p \cdot N = 30 \times 1200 = 36{,}000 \text{ cm}^3/\text{min} = 36 \text{ L/min}$

(2) $Q_a = \eta_V \times Q_{th} = 0.97 \times 36 = 34.92 \text{ L/min}$

(3) $L_p = \dfrac{p \times Q_a}{60} = \dfrac{14 \times 34.92}{60} = 8.15 \text{ kW}$

(4) $L_s = \dfrac{L_p}{\eta} = \dfrac{8.15}{0.9} = 9.06 \text{ kW}$

(5) $T_a = \dfrac{60\, L_s}{2\pi N} = \dfrac{60 \times 9.06}{2\pi \times 1200} = 0.0720 \text{ kN} \cdot \text{m} = 72.0 \text{ N} \cdot \text{m}$

(6) $\eta_T = \eta_m = \dfrac{\eta}{\eta_V} = \dfrac{0.9}{0.97} = 0.93 = 93\ \%$

[예제 4.2] 유압펌프의 회전수 1500 rpm, 송출압력 6.8 MPa, 송출유량 53 L/min, 입력 축동력 7.4 kW이다. 이 펌프가 무부하 운전일 때 유량이 56 L/min일 때 다음을 구하라.

(1) 체적효율 (2) 펌프동력 (3) 전효율
(4) 토크효율 (5) 입력 축토크 (6) 이론 토크
(7) 배제체적 (8) 손실토크 (9) 누설량

[풀이]

(1) 식 (4.5)에서, $\eta_V = \dfrac{Q_a}{Q_0} = \dfrac{53}{56} = 0.95 = 95\ \%$

(2) 식 (4.15)에서, $L_p = p \times Q_a = \dfrac{6.8 \times 10^3 \times 53 \times 10^{-3}}{60} = 6\ \text{kW}$

(3) 식 (4.16)에서, $\eta = \dfrac{L_p}{L_s} = \dfrac{6}{7.4} \times 100 = 81.1\ \%$

(4) 식 (4.16)에서, $\eta_T = \dfrac{\eta}{\eta_V} = \dfrac{81.1}{94.6} \times 100 = 85.7\ \%$

(5) 식 (4.14)에서, $T_a = \dfrac{60 \times 1000 \times L_s}{2\pi\ N} = \dfrac{60 \times 1000 \times 7.4}{2\pi \times 1500} = 47.1\ \text{N} \cdot \text{m}$

(6) 식 (4.13)에서, $T_{th} = \eta_T \cdot T_a = 0.857 \times 47.1 = 40.4\ \text{N} \cdot \text{m}$

(7) 식 (4.6)에서, $V_p = \dfrac{2\pi \cdot T_{th}}{\Delta p} = \dfrac{2\pi \times 40.4}{6.8} = 37.3\ \text{cm}^3/\text{rev}$

(8) 식 (4.7)에서, $\Delta T = T_a - T_{th} = 47.1 - 40.4 = 6.7\ \text{N} \cdot \text{m}$

(9) 식 (4.2)에서, $\Delta Q = Q_{th} - Q_a = 56 - 53 = 3\ \text{L/min}$

4.3 유압펌프의 분류

유압펌프는 사용조건에 따라 종류가 다양하지만, 펌프 송출량으로 분류하면 일정 용량형 펌프와 가변 용량형 펌프로 나눈다.

일정 용량형 펌프(fixed displacement pump)는 펌프 1회전당 송출유량, 즉 배제체적이 일정하며, 기어펌프, 베인펌프, 피스톤펌프, 나사펌프가 있다. 가변 용량형 펌프(variable displacement pump)는 펌프 1회전당 송출유량을 변화시킬 수 있으며, 압력불평형 베인펌프와 피스톤펌프가 있다.

보통 산업용 유압펌프는 3상 유도전동기로 구동되기 때문에 펌프의 입력 회전수는 거의 일정하다. 일정 용량형 펌프는 회전수가 일정하면 펌프에서 송출되는 유량도 항상 일정하고, 유압회로가 차단되어도 고압유를 계속 송출하여 유압시스템이 나쁜 상황이 되기 때문에 릴리프밸브(relief valve)를 설치하여 회로 내의 최고압력을 제어한다. 또 회로내의 유량을 변경할 때는 유량제어밸브가 필요하다.

가변 용량형 펌프는 입력 회전수가 일정하여도 펌프 자체에서 송출유량을 자동적으로 조절하는 기능이 있어 회로내의 유량을 바꿀 수 있다. 또 펌프에 내장된 압력보상기능으로 펌프의 최고 송출압력을 설정할 수 있기 때문에 릴리프밸브를 생략할 수 있다.

[1] 일정 용량형 펌프

일정 용량형 펌프의 KS 기호는 그림 4.5와 같다. 펌프의 내부 드레인(internal drain) 기능을 가진 것도 있지만, KS 기호에서는 표시하지 않는다. 펌프의 입력축이 회전하면, 흡입측에서 작동유를 흡입하여 송출측에 고압의 작동유를 공급한다. 기본적으로 흡입측에서 유입된 작동유는 전부 송출측으로 보내고, 작동유의 누설은 없다.

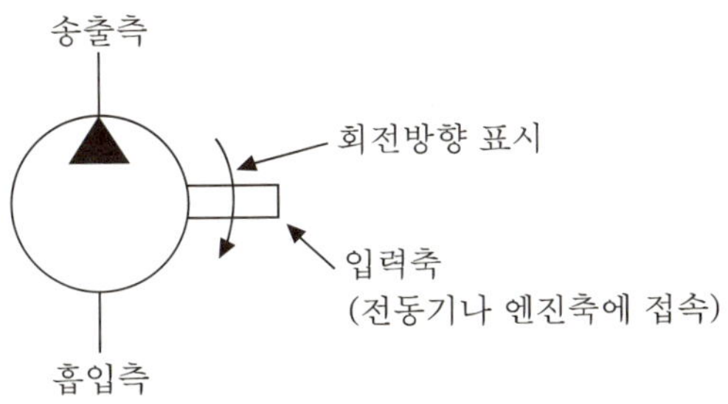

그림 4.5 일정 용량형 유압펌프의 KS 기호

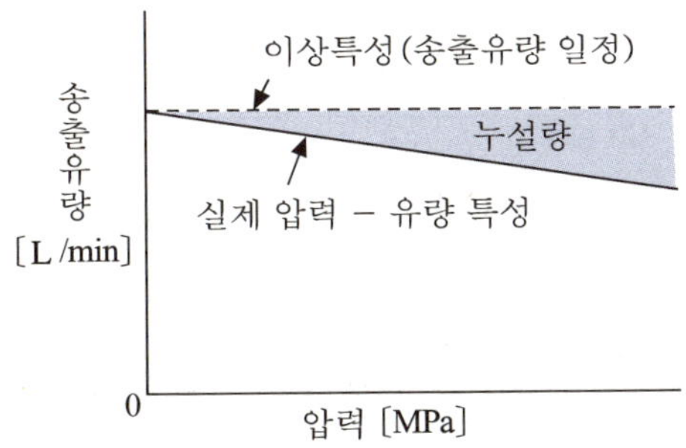

그림 4.6 일정 용량형 유압펌프의 압력-유량특성

일정 용량형 펌프의 이상적인 특성은 송출유량이 사용압력에 관계없이 일정한 것이다. 그러나 실제로는 그림 4.6과 같이 사용압력이 높아지면 펌프 운동부의 틈새에서 누설, 즉 작동유의 누설 때문에 이상적인 상태보다도 송출량이 약간 적어진다. 일정 용량형 펌프는 작동유의 공급측 회로가 차단되어도 일정 유량을 계속 공급하여 압력이 상승하기 때문에 위험하다. 따라서 일정한 압력 이상이 되지 않도록 릴리프밸브를 사용한 안전회로를 둔다.

[2] 가변 용량형 펌프

그림 4.7은 가변 용량형 펌프(압력보상제어)의 KS 기호이다. 펌프의 입력축이 회전하면 흡입측에서 작동유가 흡입되어 송출측으로 고압유를 공급하는 것은 일정 용량형 펌프와 같다. 가변 용량형 펌프에서는 송출압력이 높아지면, 제어 실린더(control cylinder) 등으로 송출량을 줄이도록 펌프 동작을 조절하여 압력상승을 억제한다. 이렇게 하여 제어 실린더가 눌리면 제어 실린더 포트에서 나온 고압유는 외부 드레인으로 오일탱크로 돌아간다.

가변 용량형 펌프는 펌프의 송출량을 펌프 자체의 송출량 조절나사로 자유롭게 바꿀 수 있다. 대부분은 펌프 최고압력을 펌프 자체의 압력조정나사로 설정할 수 있는 압력보상기능을 가진다.

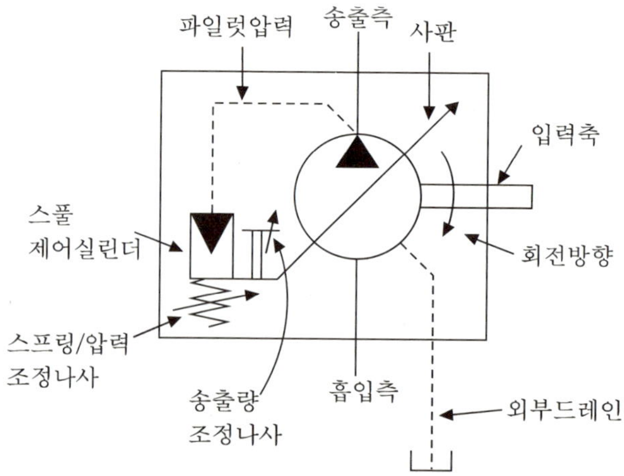

그림 4.7 가변 용량형 유압펌프(압력보상제어)의 KS 기호

그림 4.8은 가변 용량형 펌프의 압력-유량특성이다. 회로압력인 펌프 송출압력이 펌프 설정압력에 근접하면 펌프 자체가 송출유량을 줄이기 시작하고, 이 점을 차단점(cut-off)이라

한다. 예를 들면 유압실린더를 구동하면 전진 행정 끝단(stroke end)이나 후진 행정 끝단에서 정지할 때 회로는 차단된 상태가 되고, 회로 중에 작동유는 흐르지 않게 된다. 그러면 펌프 자체의 송출유량이 영에 근접해가고, 펌프 송출압력을 펌프 설정압력이 되도록 조정한다. 이 상태를 완전 차단(full cut-off) 상태라 한다. 이와 같이 가변 용량형 펌프를 사용하면, 통상 회로압력의 설정을 펌프 자체가 하기 때문에 릴리프밸브가 필요 없다.

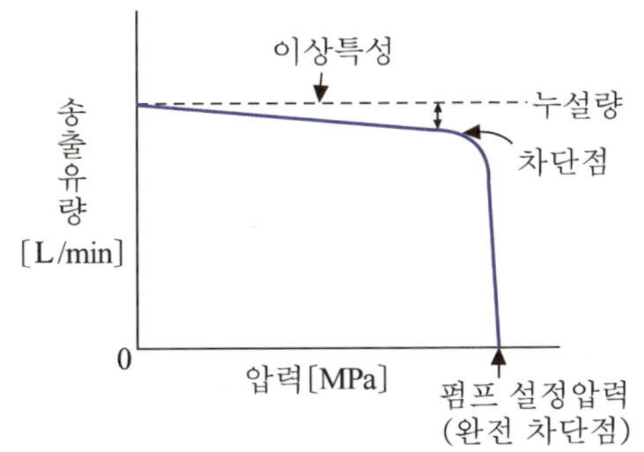

그림 4.8 가변 용량형 펌프의 압력-유량특성

[3] 일정 용량형과 가변 용량형 펌프의 비교

일정 용량형과 가변 용량형 펌프 중 어느 것을 사용하는 것이 적절한가? 위에서 설명한 내용에서 보면, 가변 용량형 펌프가 아주 우수한 것으로 생각된다. 그러나 실제로는 가변 용량형 펌프는 비싸기 때문에 선정 단계에서 신중하게 고려해야 한다. 한편 기어펌프나 베인펌프와 같은 일정 용량형 펌프를 사용할 때는 반드시 릴리프밸브를 사용한다.

가변 용량형 펌프는 펌프 자체에서 송출압력 설정과 송출유량을 설정할 수 있기 때문에 회로 압력설정용 릴리프밸브가 필요 없는 만큼 가격도 저렴하게 되고 배관도 생략할 수 있다. 또 유압회로가 차단되었을 때나 회로 중에 작동유가 거의 흐르지 않는 상태에서 동력은 일정 용량형 펌프에서 크게 된다. 동력이 커지면 전동기를 구동하는 전력도 커지고, 가동비용이 높게 된다.

이상의 내용을 정리하면 다음과 같다.

가변 용량형 펌프의 장점은 동력이 절약되고, 작동유의 온도 상승도 억제할 수 있고, 릴리프밸브가 필요 없다. 또 펌프의 송출유량을 실린더 속도에 맞출 수 있으면 유량제어밸브도 필요 없게 된다.

단점은 일정 용량형 펌프와 비교하여 가격이 비싸다. 또 작동유 속에 먼지나 이물질에 대해 일정 용량형보다 취약하기 때문에 작동유의 관리를 철저히 해야 한다.

특히 가변 용량형 펌프는 고가이기 때문에 초기 비용은 많이 들지만, 작동유의 흐름이 정지되는 클램프회로(clamp circuit)나 정지시간이 긴 시스템 등의 용도는 가동비용을 일정 용량형보다 많이 낮출 수 있다. 이와 같이 사용하는 조건이나 용도에 따라 전체적인 비용을 고려하면, 가변 용량형 펌프로 선정하는 것이 가격이 저렴한 경우도 있기 때문에 적용하는 시스템과 사용방법까지 고려해야 한다.

최근에는 펌프를 구동하는 전동기를 인버터(inverter)나 서보시스템으로 회전수를 제어하고, 이것과 일정 용량형 펌프를 조합하여 회로 압력이나 유량을 제어하는 방법도 활용하고 있다.

[4] 유압펌프의 구조상 분류

유압펌프를 구조에 따라 나누면 기어펌프, 베인펌프, 피스톤펌프, 나사펌프가 있고, 세부적으로 분류하면 표 4.2와 같다.

표 4.2 유압펌프의 분류

- 유압펌프
  - 기어펌프
    - 외접형
    - 내접형
  - 베인펌프
    - 일정 용량형(압력평형형형)
    - 가변 용량형(압력불평형형형)
  - 피스톤펌프
    - 액시얼형
      - 사축형
      - 사판형
    - 레이디얼형
      - 회전실린더형
      - 고정실린더형
    - 왕복형
      - 크랭크형
      - 램형
  - 나사펌프
    - 2축형
    - 3축형

4.4 기어펌프

[1] 기어펌프의 종류

기어펌프(gear pump)는 맞물린 두 기어와 케이싱에서 기어 홈과의 밀폐공간에 유입된 작동유가 기어의 회전과 더불어 송출측으로 이동하며, 기어 물림부는 송출측과 흡입측을 구분하며 송출측에서 흡입측으로 고압유의 역류를 방지하여 펌프작용을 한다. 기어펌프는 다른 유압펌프와 비교하여 성능은 약간 낮지만, 최근 성능이 급속도로 향상되고 있다. 최근 측판(side plate)은 가동형의 유압평형방식을 채용하며, 재질면에서도 케이싱에 알루미늄 합금을 사용하여 경량화 시켜 생산성 향상을 도모하고 있다.

일반적으로 기어펌프는 내부 구조가 간단하고, 가혹한 운전조건에도 견디며, 소형·경량이고, 가격이 저렴하기 때문에 건설기계나 차량을 비롯한 일반 산업용기계에 많이 사용한다.

기어펌프는 여러 종류가 있지만, 현재 가장 많이 사용되는 것은 외접형으로서, 저압용은 고정측판형, 고압용은 가동측판형이 많다.

표 4.3 기어펌프의 종류

구조에 따라	기어의 물림방식	외접형
		내접형
	측판조정방식	고정측판형
		가동측판형
	베어링방식	구름베어링형
		미끄럼베어링형

(1) 외접형 기어펌프

그림 4.9와 같이 외접형 기어펌프(external gear pump)는 전동기와 같은 원동기 축에 연결된 구동기어(drive gear)와 종동기어(driven gear), 케이싱(casing), 측판(side plate)으로 구성되어 있다. 기어 이(tooth) 수가 같은 두 기어가 케이싱 속에서 맞물려 회전한다. 흡입포트(suction port)에 유입된 작동유는 기어 홈과 케이싱 사이의 밀폐공간으로 들어가 기어와 함

께 회전하면서 송출포트(delivery port)로 밀려나간다. 송출포트에서 흡입포트로 작동유가 역류하려고 해도 두 기어가 피치점(pitch point)에서 맞물려 있기 때문에 흡입포트로 되돌아갈 수 없다. 따라서 구동기어와 종동기어가 회전하면서 흡입포트에서 유입된 작동유를 계속 송출포트로 밀어내고, 송출유량은 기어의 회전수에 따라 증가한다. 송출포트로 송출되는 작동유는 유로에 저항이 없으면 압력이 상승하지 않고 작동유만 밀어내지만, 유압실린더와 같이 부하가 있으면 압력이 상승한다.

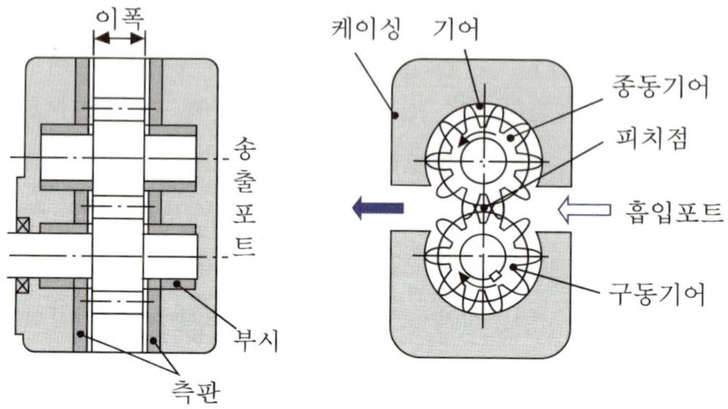

그림 4.9 외접형 기어펌프의 작동원리

(2) 내접형 기어펌프

그림 4.10은 초승달 모양의 분리판(crescent seal)을 가진 내접형 기어펌프이다. 안기어 이끝원 지름은 바깥기어 이끝원 지름보다 크고, 중심위치는 편심되어 맞물려 있다. 이 공간을 바깥기어(outer gear)와 안기어(inner gear)에 접하는 초승달 모양의 분리판으로 막아 고압측과 저압측을 분리시킨다. 기어 이와 이가 맞물림에 따라 작동유는 흡입포트(저압측)에서 송출포트(고압측)로 보내고, 맞물린 기어 이가 떨어지면서 흡입하는 것은 외접형 기어펌프의 펌핑 원리와 같지만 초승달 모양의 분리판이 있는 것, 흡입포트와 송출포트가 구조상 측판에 있는 것이 다르다.

그림 4.11은 초승달 모양의 분리판이 없는 내접형 기어펌프이고, 트로코이드 치형곡선을 사용하기 때문에 트로코이드 펌프(trochoid pump)라 한다. 바깥 트로코이드 기어와 안쪽 트로코이드 기어는 항상 접촉하면서 회전하는 펌프이고, 안쪽 트로코이드 기어는 바깥 트로코이드 기어보다 잇수가 한 개가 적고, 각 기어의 중심은 편심되어 있다. 안쪽 트로코이드 기어가 구동축에 연결되어 회전하며, 이에 따라 바깥 트로코이드 기어도 같은 방향으로 회전한다.

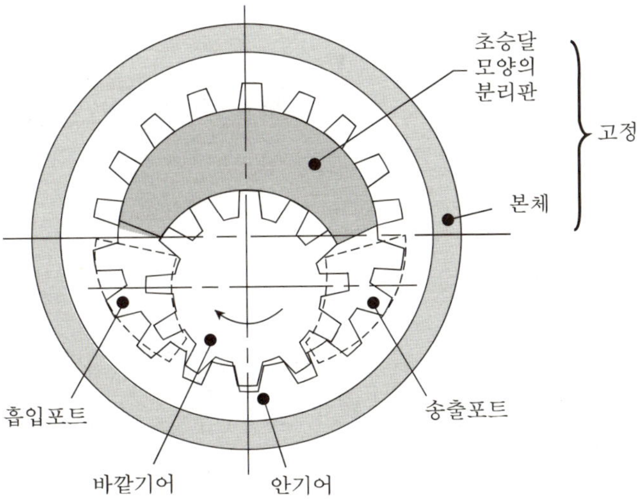

그림 4.10 내접형 기어펌프 (분리판이 있는 경우)

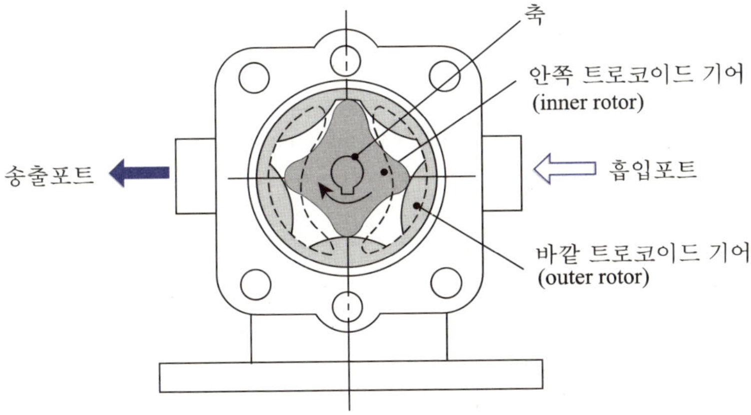

그림 4.11 내접형 기어펌프 (분리판이 없는 경우)

그림 4.12는 트로코이드 펌프가 회전함에 따라 두 기어 사이에 기름 체적이 어떻게 변하는가를 나타낸다. 흡입포트에서 흡입된 작동유는 체적 V_1에서 V_4까지 체적 팽창구간에서 흡입작용을 수행하고, V_4에서 V_7의 체적 수축구간에서 송출작용이 일어난다.

트로코이드 펌프는 최대 송출압력 2 MPa, 체적효율 80~90%이고, 구조가 간단하고, 저렴하며, 맥동이나 소음이 적은 장점이 있다. 주로 저압용 유압펌프나 보조펌프로 사용한다.

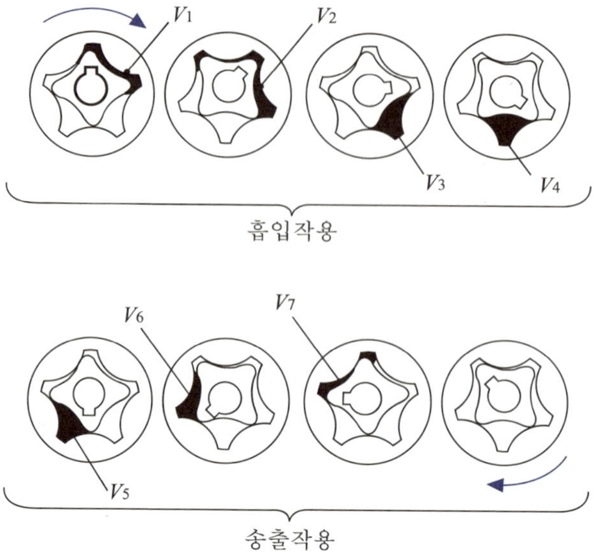

그림 4.12 트로코이드 펌프의 흡입·송출작용

[2] 배제체적과 송출유량의 맥동률

기어펌프에서 치형(tooth profile)은 인벌류트(involute)형을 가장 많이 사용한다. 인벌류트 치형의 기어펌프인 경우, 펌프 1회전당 배제체적은 다음과 같다.

$$V_p = \frac{\pi b}{2}\left(\frac{D_2^2 + i\,D_2'^2}{2} - \frac{2i}{1+i}l^2 - \frac{1+i}{6}t_n^2 - \frac{1+i}{6}b^2\tan^2\beta_g\right) \tag{4.18}$$

식 (4.18)에서, b는 이 폭(width), D_2는 구동기어의 바깥지름, D_2'는 종동기어의 바깥지름, $i = Z/Z'$(내접인 경우, Z'는 음$(-)$), Z는 구동기어의 잇수, Z'는 종동기어의 잇수, l은 기어 중심거리, t_n은 축직각 단면 치형의 법선피치, β_g는 기초원 위의 헬리컬 각이다.

두 기어가 서로 같으면, $D_2 = D_2'$, $i = 1$이므로, 식 (4.18)은

$$V_p = \frac{\pi b}{2}\left(D_2^2 - l^2 - \frac{1}{3}t_n^2 - \frac{1}{3}b^2\tan^2\beta_g\right) \tag{4.19}$$

로 된다.

또 표준 평기어(spur gear)인 경우, 모듈(module) m, 공구 압력각을 α_n이라 하면,

$$
\begin{aligned}
&D_2 = m(Z+2), && D_2' = m(Z'+2) \\
&l = m(Z+Z')/2, && t_n = \pi m \cos \alpha_n \\
&\beta_g = 0
\end{aligned}
\tag{4.20}
$$

이므로 식 (4.19)는 다음과 같다.

$$
V_p = 2\pi b m^2 \left\{ Z + \frac{1+i}{2} \left(1 - \frac{\pi^2}{12} \cos^2 \alpha_n \right) \right\} \tag{4.21}
$$

위 식에서 { }의 제2항은 제1항에 비교하여 아주 작기 때문에 두 기어가 외접($i > 0$)과 내접($i < 0$)에서 배제체적 V_p의 차이가 적다. 따라서 { }의 제2항을 무시하면, 외접과 내접형 기어펌프의 배제체적은 다음과 같은 근사식으로 표시할 수 있다.

$$
V_p \simeq 2\pi b m^2 Z \tag{4.22}
$$

기어펌프에서 순간 송출유량은 구동축이 1회전하는 동안 기어 잇수 Z회 만큼 맥동이 일어난다. 구동기어와 종동기어가 피치점에서 맞물려 있을 때부터 회전각을 θ라 하면, 순간 송출유량 Q는 그림 4.13과 같다.

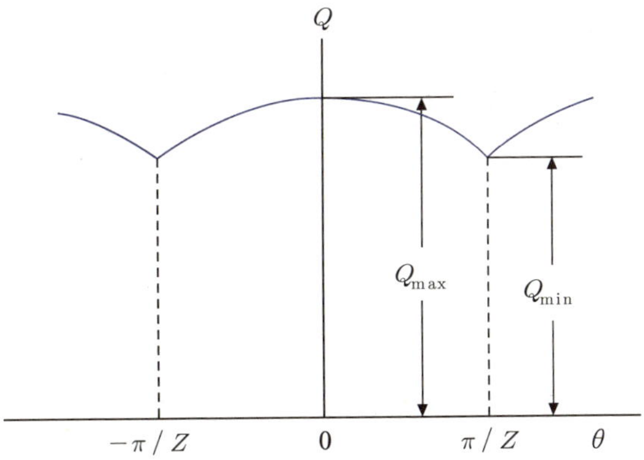

그림 4.13 순간 송출유량의 맥동

그림 4.13에서 보듯이 회전각 $\theta = 0$에서 순간 송출유량 Q는 최대, $\theta = \pm\pi/Z$일 때 Q는 최소가 되고, 유량 맥동률 ϵ을 다음과 같이 정의하면,

$$\epsilon = \frac{Q_{\max} - Q_{\min}}{Q_{mean}} = \frac{\pi b (1+i) t_n^2}{4 V_p} \tag{4.23}$$

이다.

표준 평기어인 경우, 식 (4.20)과 식 (4.21)을 식 (4.23)에 대입하면,

$$\epsilon = \frac{\pi^2 (1+i) \cos^2 \alpha_n}{8 \left\{ Z + \frac{1+i}{2} \left(1 - \frac{\pi^2}{12} \cos^2 \alpha_n \right) \right\}} \tag{4.24}$$

이다.

위 식에서 분모의 { } 속의 제2항은 제1항에 비교하여 아주 작기 때문에 무시하면 다음의 근사식을 얻는다.

$$\epsilon = \frac{\pi^2 (1+i) \cos^2 \alpha_n}{8 Z} \tag{4.25}$$

식 (4.25)에서 알 수 있듯이 잇수 Z가 적을수록 맥동률 ϵ은 커지고, 내접형 펌프($i < 0$)에서는 맥동률 ϵ이 아주 작아진다.

그림 4.14는 유량 맥동률 ϵ과 기어 잇수 Z와의 관계를 계산한 예시이다. 기어 잇수가 적을수록 송출유량의 맥동률은 커지지만, 소형 기어펌프에서는 가능하면 큰 배제체적을 얻기 위해 잇수가 적은 기어를 사용하고, 외접형 펌프의 잇수는 보통 9~14개이다.

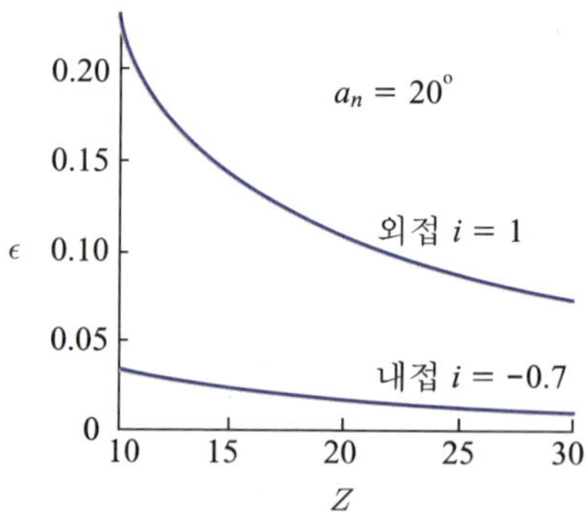

그림 4.14 송출유량의 맥동률

[3] 폐입현상

인벌류트 치형의 기어는 물림률(contact ratio)이 1보다 크기 때문에 반드시 2개 기어의 이가 맞물리는 구간이 있다. 그림 4.15에서 2개 기어 이가 동시에 맞물릴 때 기어 홈 사이에 갇힌 작동유는 앞뒤로 출구가 막혀 갇히게 되고(음영 부분), 이 현상을 기어펌프의 폐입(trapping)이라 한다. 또 폐입체적은 기어 회전과 더불어 그림 4.16과 같이 변한다. 폐입 개시에서 중앙까지 체적이 점차 감소하면 비압축성 유체인 작동유는 압축되어 압력이 급격하게 상승한다. 폐입체적 내부의 압력이 높아지면 축동력과 축하중이 증가하고, 진동과 소음이 발생한다. 또 폐입 중앙부분에서 종료까지 구간은 체적이 팽창하여 부압(負壓)이 되며, 압력이 낮아져 기포가 발생하여 악영향을 준다. 이것을 방지하기 위해 그림 4.15와 같이 기어의 맞물림 부분의 측판에 도망 홈 또는 릴리프 홈(relief groove)을 판다. 폐입 개시에서 압축 구간 동안은 작동유를 송출측 홈으로 빠져 나가도록 하여 압력 상승을 막고, 팽창에서 폐입 종료까지는 흡입측에서 폐입체적으로 작동유를 공급하여 진공이 발생하지 않도록 한다.

그림 4.15의 평기어(spur gear)에서 릴리프 홈의 위치는

$$B = 0.5\, t_n \cos\alpha \tag{4.26}$$

가 적당하며, α는 물림 압력각이다.

이외에 전위치차(profile shifted gear)를 사용하여 물림률을 1이 되도록 하여, 두 기어의 맞물림이 항상 1점에서 일어나도록 하는 방법도 있다. 또한 정현파 곡선 기어펌프와 같이 특수치형을 사용하여 기어 이의 접촉점이 항상 1점으로 하여 폐입현상이 일어나지 않도록 한 것도 있다.

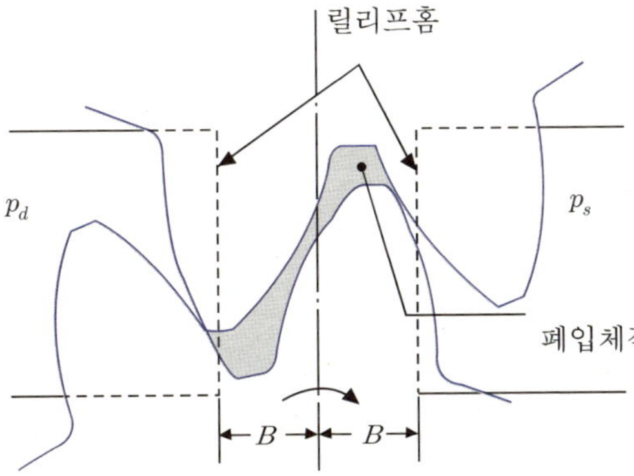

그림 4.15 폐입상태

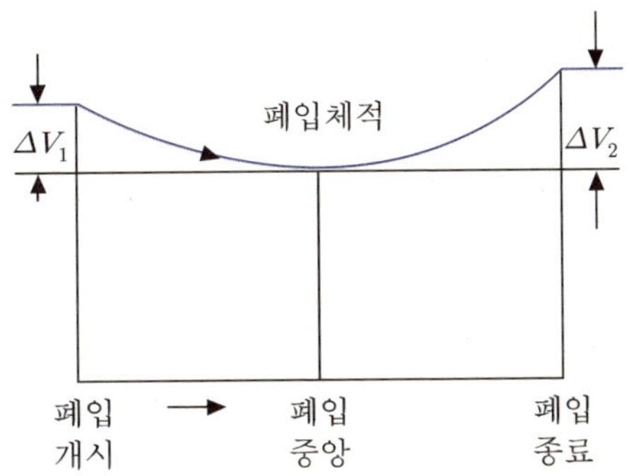

그림 4.16 폐입체적의 변화

[4] 기어에 작용하는 힘

기어는 바깥 원주를 따라 작용하는 유압 때문에 축 중심으로 하중이 작용한다. 이 압력은 송출측은 송출압력이 작용하므로 높고, 흡입측은 흡입압력이 걸리므로 낮다. 그 중간에는 송출측에서 흡입측으로 압력이 서서히 낮아진다.

그 외에 기어는 맞물린 이와 이에서 압착력도 작용한다. 이러한 힘 때문에 기어는 흡입측으로 미는 불평형 하중이 작용하고, 이것을 베어링이 지지한다. 이 불평형 하중 때문에 기어는 흡입측으로 밀려 평형을 잃게 되므로 케이싱 흡입측에서는 이끝과의 틈새가 작게 되어 펌프의 종류에 따라 가볍게 접촉하는 경우도 발생한다.

그림 4.17과 같이 기어 주위에 압력에 의한 힘과 물림부의 작용하는 축하중은 다음과 같은 근사식으로 주어진다.

$$F \fallingdotseq 0.8\,\Delta p\,D_2\,b \tag{4.27}$$

예를 들면, 기어펌프의 기어 바깥지름 $D_2 = 5$ cm, 이 폭 $b = 3$ cm, 압력차 $\Delta p = 14$ MPa 일 때, 축하중 $F \fallingdotseq 16.8$ kN이 되고, 베어링에 큰 하중이 작용하게 된다. 따라서 기어펌프의 수명은 보통 베어링의 수명에 따라 결정된다.

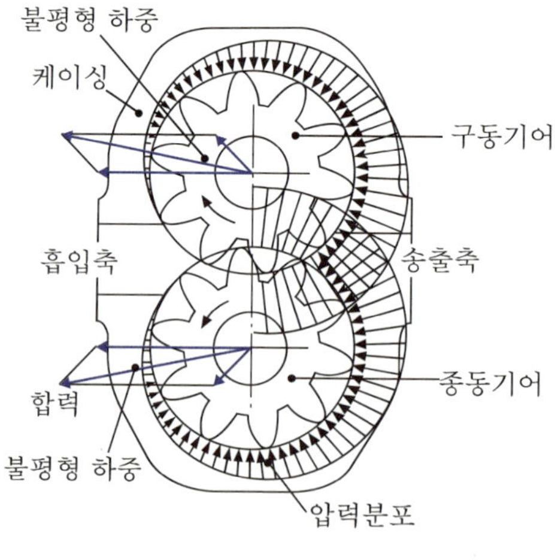

그림 4.17 기어에 작용하는 하중

[예제 4.3] 외접기어펌프에서 모듈 3 mm, 기어 잇수 11, 이 폭 28 mm, 공구 압력각 20°인 인벌류트 치형을 사용하여, 송출압력 21 MPa, 회전수 1750 rpm으로 구동할 때, 배제체적, 이론 송

출유량, 이론 축토크를 구하라.

[풀이] (1) 배제체적은 식 (4.22)에서

$$V_p = 2\pi m^2 Z b = 2\pi \times (0.3)^2 \times 11 \times 2.8 = 17.4 \text{ cm}^3/\text{rev}$$

(2) $Q_{th} = V_p \times N = 17.4 \times 1750 = 30{,}464 \text{ cm}^3/\text{min} = 30.46 \text{ L/min}$

(3) $T_{th} = \dfrac{p \times V_p}{2\pi} = \dfrac{21 \times 10^6 \times 17.4 \times 10^{-6}}{2\pi} = 58.18 \text{ N·m}$

4.5 베인펌프

베인펌프(vane pump)는 그림 4.18과 같이 구동축과 결합되어 회전하는 로터(rotor)에 반지름 방향으로 홈을 파고, 이 홈에 베인(vane)을 삽입하여 원활하게 미끄럼 운동을 하는 구조이고, 베인 수는 8~12매가 일반적이다.

베인 상단부는 타원형의 안쪽 면을 가진 캠링(cam ring)에 압착된 상태에서 로터와 베인이 함께 회전하며, 베인은 캠링의 형상에 따라 로터 홈에서 미끄러져 나오거나 밀려들어가면서 미끄럼 운동을 한다. 로터 홈에 삽입된 베인과 베인 사이의 공간 체적은 로터가 회전하면 증가하거나 감소하여 흡입과 송출작용이 일어난다. 베인펌프는 일정 용량형(압력평형형)과 가변 용량형(압력불평형형)이 있다.

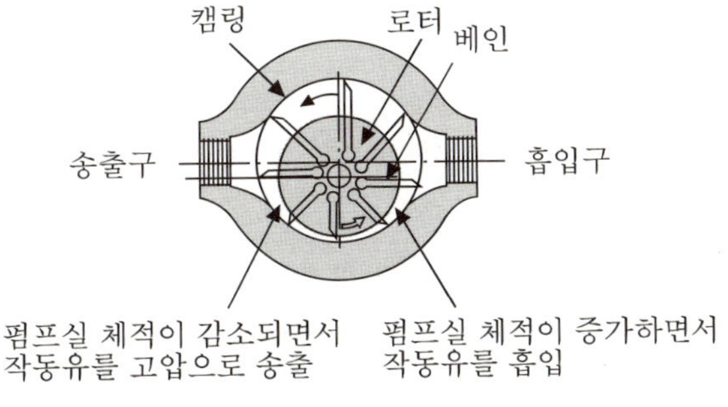

그림 4.18 베인펌프의 작동원리

[1] 일정 용량형 베인펌프의 구조와 작동

그림 4.19는 압력평형형 베인펌프(pressure balanced vane pump)의 구조이다. 로터가 회전하면 로터 홈에 들어 있는 베인이 원심력을 받아 캠링 안쪽 면까지 밀려나오고, 베인은 캠링의 안쪽 면을 따라 회전하면서 미끄럼운동을 한다. 로터와 캠링은 중심축이 같지만 캠링의 안쪽 면이 타원 형상이므로 로터 - 캠링 - 베인으로 형성된 공간(펌프실 체적)은 로터의 회전에 따라 체적이 변하기 때문에 펌프작용을 한다. 펌프에서 고압유를 송출하기 시작하면 송출된 고압유의 일부가 베인 밑부분으로 유입되는 구조이고, 원심력뿐만 아니라 고압유가 베인을 바깥쪽으로 밀어내도록 설계되어 있기 때문에 캠링 안쪽 면에 접촉하는 힘이 증가하여 펌프실에서 작동유가 누설되지 않도록 한다. 또한 그림에서 화살표로 표시된 방향과 같이 흡입포트 2개와 송출포트 2개가 축 대칭 위치에 있기 때문에 반지름 방향으로 작용하는 힘은 평형을 이루기 때문에 베어링 하중이 작게 된다. 이것을 압력평형형 베인펌프라 한다.

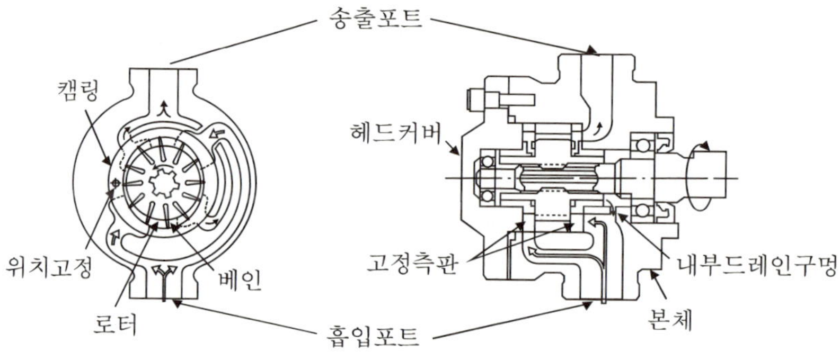

그림 4.19 압력평형형 베인펌프

그림 4.20은 실제 베인펌프를 분해한 사진이다. 이 베인펌프는 펌프실의 공간이 넓은 부분은 흡입부이고 공간이 좁아진 부분은 송출부이며, 축을 중심으로 2개씩 대칭으로 되어 있다.

베인펌프는 다른 유압펌프와 비교하여 맥동과 진동과 소음이 작기 때문에 공작기계 등 산업용 기계에 많이 사용한다. 또 자동차의 동력조향용 브레이크 시스템에 유압 공급용 펌프로도 많이 사용한다.

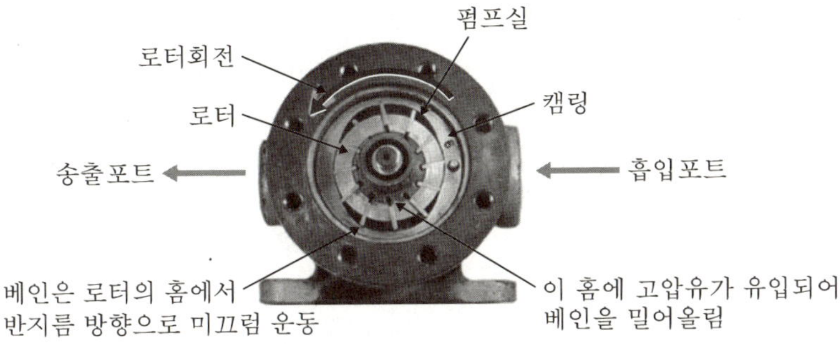

그림 4.20 압력평형형 베인펌프의 사진

[2] 가변 용량형 베인펌프의 구조와 작동

압력불평형형 베인펌프는 그림 4.18과 같이 캠링의 안쪽 면을 원형으로 가공하여, 로터 중심축과 캠링의 중심축을 편심시켜, 흡입포트와 송출포트를 좌우의 반원부로 나누어 배치한 구조이다. 이것은 흡입측은 저압, 송출측은 고압이므로 펌프 구동축에서 압력분포가 평형을 이루지 못하기 때문에 압력불평형형 베인펌프라 하고, 편심량 조절기구를 사용하여 1회전당 송출량(배제체적)을 변화시키는 것이 가능하므로 가변 용량형 펌프이다.

그림 4.21에서 캠링은 압력조정 스프링으로 송출량 조정나사까지 강하게 누르고, 로터 중심과 캠링의 중심은 편심량 e로 편심되어 있다. 편심량이 커지면 송출량은 증가하고 편심량이 0이면 작동유는 송출되지 않는다.

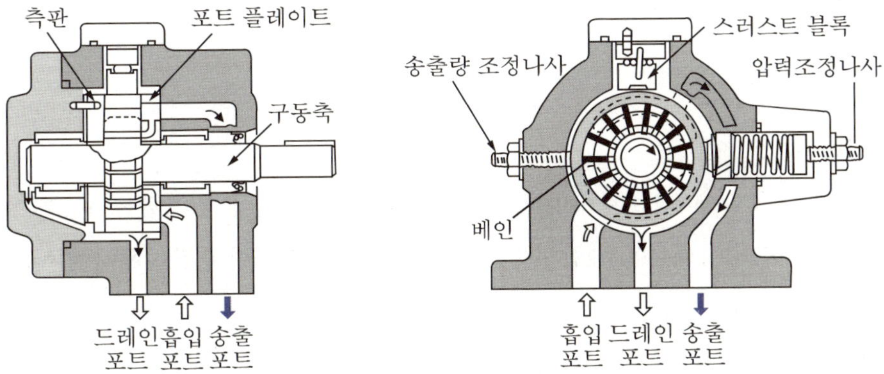

그림 4.21 가변 용량형 베인펌프

그림 4.22에서 캠링은 압력조정 스프링에 의해 압착되고, 포트 플레이트(port plate)가 있는 송출포트는 스프링 방향과 경사지기 때문에 캠링 안쪽 면에 압력에 의한 힘 F_p는 스프링 방향과 기울어져 작용한다. 힘 F_p의 스프링 방향 힘의 성분 F_s가 스프링 힘에 저항한다. 송출압력이 높아지면 압력에 비례하여 F_p도 커지고, F_s도 커진다. 따라서 초기 스프링의 설정 힘 보다 커지면 캠링은 스프링 방향으로 작용하여 편심량이 작아진다. 이것이 송출량을 자동적으로 조절하여 일정 압력에서 송출량을 0이 되도록 한다. 일정 용량형은 압력평형형이기 때문에 베어링에 반지름 방향으로 하중이 작용하지 않지만, 가변 용량형은 압력불평형형이기 때문에 베어링 하중 F_p'는 송출압력에 비례하여 증가한다.

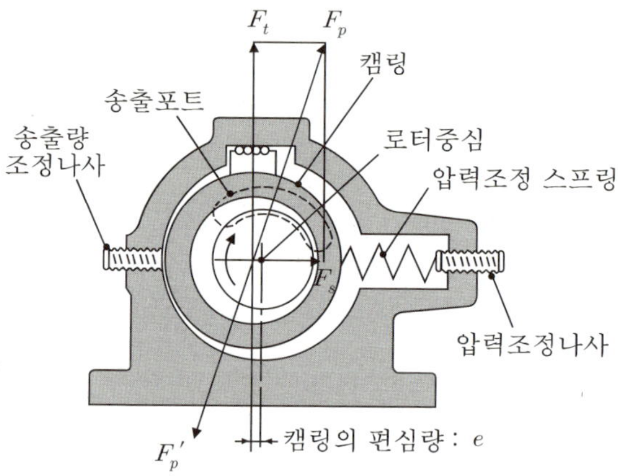

그림 4.22 가변 용량형 베인펌프의 작동

[3] 배제체적

(1) 압력평형형

그림 4.23과 같은 압력평형형 베인펌프는 2개의 베인 사이의 최대체적 V_A와 최소체적 V_B의 차이가 송출되기 때문에 베인 수를 z라 하면, 1회전당 2회 송출작용이 일어나기 때문에 배제체적은

$$V_p = 2z(V_A - V_B) \tag{4.28}$$

이다. 그런데 캠링의 V_A부분은 반지름 R_2인 원호이고, V_B부분은 반지름 R_1의 원호이므로

로터 반지름 R_0, 로터 폭 b라 하면 V_A, V_B는

$$V_A = b\left\{\frac{1}{2}(R_2^2 - R_0^2)\frac{2\pi}{z} - (R_2 - R_0)t\sec\alpha\right\}$$

$$V_B = b\left\{\frac{1}{2}(R_1^2 - R_0^2)\frac{2\pi}{z} - (R_1 - R_0)t\sec\alpha\right\} \tag{4.29}$$

이다. 식에서 t는 베인의 두께, α는 베인과 반지름과의 경사각도이다.

식 (4.29)를 식 (4.28)에 대입하면

$$V_p = 2\pi b\left\{R_2^2 - R_1^2 - \frac{z}{\pi}(R_2 - R_1)t\sec\alpha\right\} \tag{4.30}$$

이다.

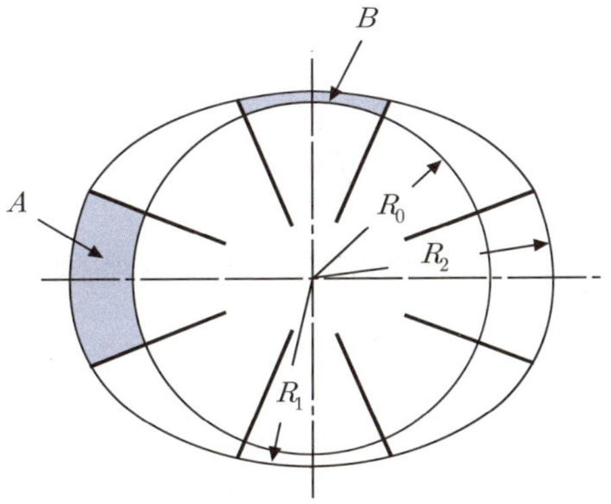

그림 4.23 압력평형형 베인펌프의 배제체적

(2) 압력불평형형

그림 4.24에서 압력불평형형 베인펌프는 2개의 베인 사이의 최대체적 V_A와 최소체적 V_B의 차이가 송출되기 때문에 1회전당 배제체적은 다음과 같다.

$$V_p = z(V_A - V_B) \tag{4.31}$$

그런데 캠링의 안쪽 반지름 R, 로터 반지름 R_0, 로터 폭 b, 편심량 e라 하면,

$$V_A \fallingdotseq b\left[\frac{1}{2}\{(R+e)^2 - R_0^2\}\frac{2\pi}{z} - (R+e-R_0)t\right]$$

$$V_A \fallingdotseq b\left[\frac{1}{2}\{(R-e)^2 - R_0^2\}\frac{2\pi}{z} - (R-e-R_0)t\right] \tag{4.32}$$

이다. 식 (4.32)를 식 (4.31)에 대입하면

$$V_p \fallingdotseq 2be(2\pi R - zt) \tag{4.33}$$

이다.

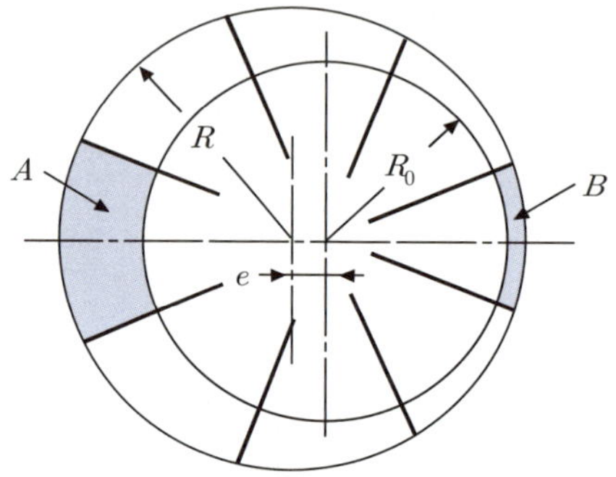

그림 4.24 압력불평형형 베인펌프의 배제체적

[4] 캠곡선

압력평형형 베인펌프의 캠링 형상은 그림 4.25와 같이 2개 베인 사이의 중심각 $\Theta(=2\pi/z)$ 만큼인 대원호(반지름 R_2)와 소원호(반지름 R_1), 그리고 두 원호를 연결하는 캠곡선(cam curve)으로 되어 있다. 이 캠곡선에서 반지름 r이 각도 θ에 대해 1차식(아르키메데스 나선)이면, 이론 송출량은 맥동이 없지만, 대원호와 소원호와의 접속부에서 베인 운동에 상당한 무리가 발생한다. 이 캠곡선이 2차식이면, 일반적으로

$$r = a\theta^2 + b\theta + c \tag{4.34}$$

로 표시할 수 있고, 베인의 반지름 방향 속도는

$$v = \frac{dr}{dt} = \frac{d\theta}{dt}\frac{dr}{d\theta} = \omega\frac{dr}{d\theta} = \omega(2a\theta + b) \tag{4.35}$$

이고, 가속도는

$$\alpha = \frac{dv}{dt} = 2a\omega^2 \tag{4.36}$$

이다.

그림 4.26은 식 (4.34)~(4.36)의 캠곡선, 베인의 속도와 가속도를 각도 θ에 대해 나타낸 것이다. 대원호, 소원호와 캠곡선의 접속부, 즉 $\theta = 0$, Θ, 2Θ인 점에서 가속도가 급격하게 변하여 베인의 관성력이 순간적으로 변하기 때문에 바람직하지 않다. 따라서 원호부와 캠곡선의 접속부에 매끈한 곡선을 사용하거나, 캠곡선을 3차식 이상 고차식이나 삼각함수 등을 적용한다. 또 2개의 베인 사이의 중심각 $\Theta(=2\pi/z$, z는 베인 수)에 대해 실제 대원호의 중심각은 1.1Θ 정도로 한다.

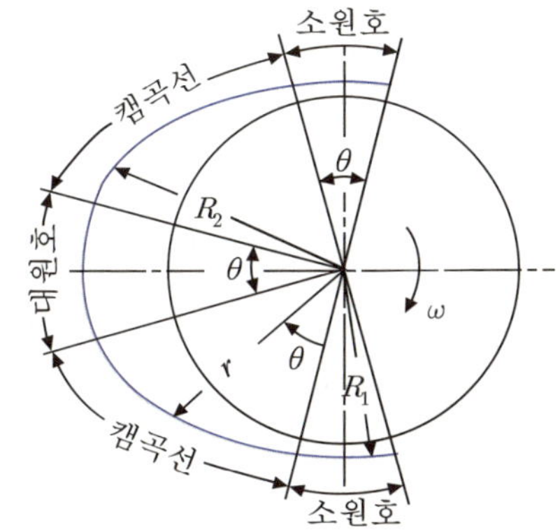

그림 4.25 캠링의 형상

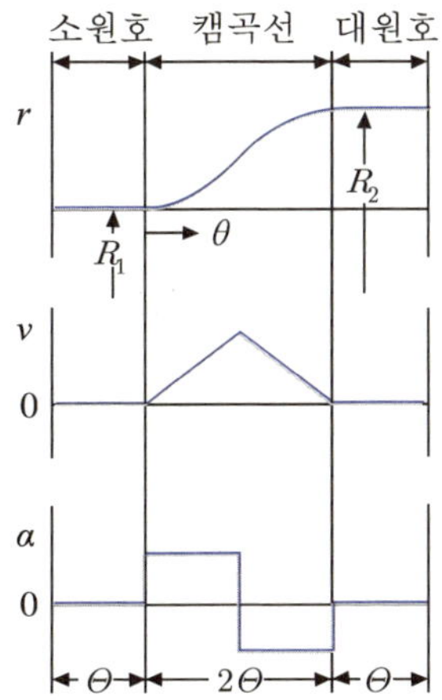

그림 4.26 캠곡선과 베인의 속도, 가속도

그림 4.27에서 베인실이 대원호부에서 캠곡선으로 이동하여 송출포트와 접속하려고 할 때, 베인실의 압력은 아직 흡입압력 상태에 있기 때문에 송출측 고압유의 역류 등에 의해 서지압력(surge pressure)이 발생하여 진동과 소음이 원인이 된다. 이것을 피하기 위해서는 베인실의 압력이 과도하게 급상승하는 것을 방지해야 한다.

일반적으로 많이 사용하는 방법은 그림 4.27과 같이 송출포트의 개구부 앞부분에 작은 릴리프 홈(relief groove, notch)을 파서 송출측 고압유가 릴리프 홈을 통하여 베인실로 서서히 유입되도록 하여 베인실의 압력상승을 완화시키는 것이다. 홈의 길이와 단면적을 변화시키면 압력상승곡선을 조절할 수 있다.

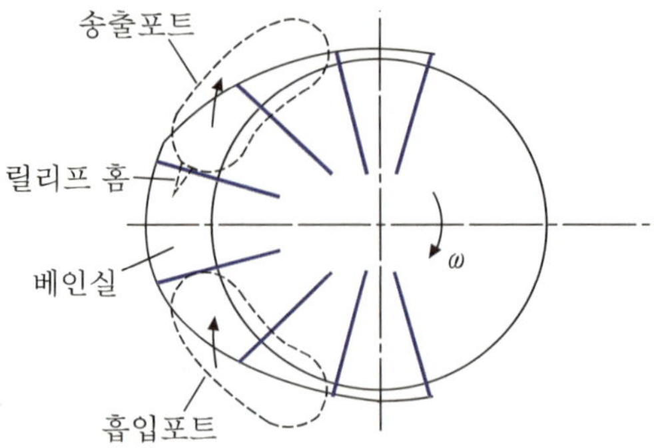

그림 4.27 송출포트의 릴리프 홈

[5] 베인의 평형

펌프 구동축이 회전하면, 베인에 원심력이 작용하여 로터 홈에서 반지름 방향으로 밀려나가 캠링 안쪽 면에 밀착되어 회전하며, 로터 홈에 스프링을 삽입하여 베인을 강제적으로 밀어내거나, 송출압력을 베인 밑면으로 유도하여 베인 선단과 캠링 안쪽 면을 강하게 밀착시켜 누설을 방지하기도 한다.

송출압력을 이용하여 베인을 밀어낼 때, 베인이 송출부에 있을 때는 베인 선단의 압력도 송출압력 p_d이기 때문에 베인에 작용하는 반지름 방향의 힘이 평형을 이룬다. 그러나 베인이 흡입포트부에 있을 때는 베인 선단의 압력이 흡입압력 p_s이기 때문에 베인을 캠링 안쪽 면에 밀어붙이는 힘은

$$F = (p_d - p_s)\,b\,t \tag{4.37}$$

이고, 고압에서는 베인과 캠링 사이의 접촉압력이 너무 크게 된다. 그 결과 마찰력이 크게 증가하여 마모가 촉진된다.

따라서 고압용 베인펌프는 이 접촉압력을 줄이기 위해 여러 가지 방법을 사용한다. 그림 4.28은 하나의 예시이며, 베인의 아래쪽 단면에는 항상 베인 선단과 같은 압력 p(송출압력 p_d 또는 흡입압력 p_s가 작용한다. 그러나 베인의 스텝(step) 부분 t_s에는 항상 송출압력 p_d가 작용하기 때문에 베인을 바깥쪽으로 밀어 붙이는 힘은 $(p_d - p)\,b\,t_s$이고, 베인이 흡입포트에 있을 때는

$$F = (p_d - p_s)\,b\,t_s \tag{4.38}$$

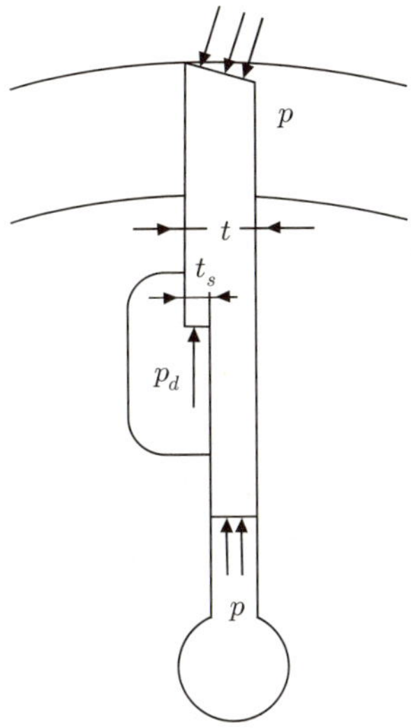

그림 4.28 스텝 베인방식

로 된다. 따라서 t_s를 적당히 작게 하여 F의 크기를 제한한다. 이 방법을 스텝 베인(step vane)방식이라 한다. 그림 4.29는 듀얼 베인(dual vane)방식이고, 2개의 얇은 베인을 구성하여 베인의 반지름 방향의 압력평형을 도모한다.

실제는 베인에 작용하는 이러한 정적인 힘을 평형시키는 방법 이외에 베인의 반지름 방향의 관성력도 고려해야 한다. 고속회전에서는 이 관성력 때문에 베인이 캠링 안쪽 면에서 순간적으로 이탈하는 경우도 있다.

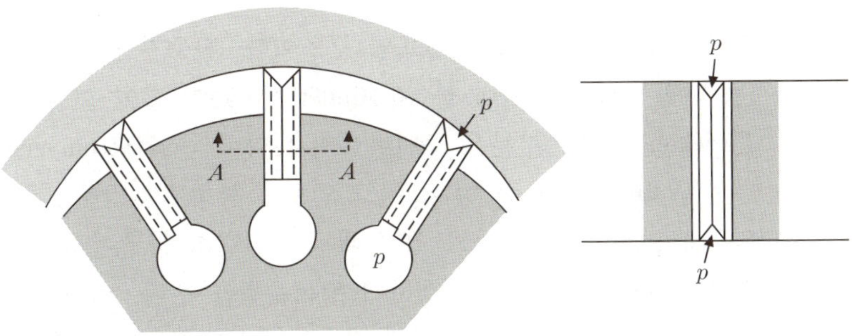

그림 4.29 듀얼 베인방식

4.6 피스톤펌프

피스톤펌프(piston pump)는 피스톤이 왕복운동을 하여 펌핑작용을 하며, 플런저펌프(plunger pump)라고도 한다. 소형이며 맥동도 작고 고속회전이 필요하면, 다(多) 피스톤형식으로 피스톤 수는 5개, 7개, 9개, 11개 등 홀수 개를 사용한다. 피스톤펌프는 피스톤의 배열에 따라 액시얼형(경사축식, 경사판식), 레이디얼형, 왕복형으로 나눈다.

액시얼형(axial type)은 피스톤이 실린더 블록(cylinder block) 축과 평행하게 축 주위의 원통면상으로 배열하며, 레이디얼형(radial type)은 피스톤이 축과 직각인 단면에 반지름 방향에 방사형으로 배치한 구조이다. 또 왕복형은 피스톤이 피스톤 축을 포함한 평면 내에 축에 직각으로 배치된다. 액시얼형, 레이디얼형은 모두 실린더 블록이 축과 함께 회전하는 회전 실린더형과 실린더 블록이 회전하지 않는 고정 실린더형이 있다. 회전 실린더형은 가변 용량형이 가능하고, 같은 구조에서 유압모터로도 사용할 수 있기 때문에 피스톤펌프 중에서 가장 많이 사용된다.

피스톤펌프는 다음과 같은 특징을 가진다.

① 송출압력이 매우 높고, 20～45 MPa까지 가능하다.
② 전효율, 신뢰성, 수명이 유압펌프 중에서 가장 우수하다.
③ 송출량 가변기구를 다양하게 장착하여 가변 용량형 펌프, 가역펌프(2방향펌프)로서 이용범위가 넓다.
④ 구조가 복잡하고 고가이며, 작동유의 오염관리에 주의하여야 한다.

[1] 경사판식 액시얼 피스톤펌프

그림 4.30은 경사판식(swash plate type) 펌프의 구조이다. 전동기 등으로 펌프 구동축을 회전시키면, 펌프 구동축에 직결된 실린더 블록(cylinder block)이 같이 회전한다. 실린더 블록에 들어있는 피스톤(piston)의 왼쪽부분은 구면형상의 유니버설조인트(universal joint)로 되어 슬리퍼(slipper, 또는 슈(shoe))에 붙어 있다. 이 조인트를 통하여 피스톤의 왼쪽부분의 슬리퍼는 항상 경사판(swash plate)에 접촉하고 있기 때문에 실린더 블록이 회전하면 피스톤은 경사판의 경사각 θ에 비례하여 구동축과 평행하게 왕복운동을 한다. 피스톤의 행정(stroke)에 의해 실린더 내부의 행정체적이 변하기 때문에 펌프작용을 한다. 경사판의 경사각 θ는 송출량조정나사로 바꿀 수 있다. 이 경사각을 바꾸면 펌프 1회전당 송출유량을 자유롭게 바꿀 수 있기 때문에 이 형식은 가변 용량형이 된다.

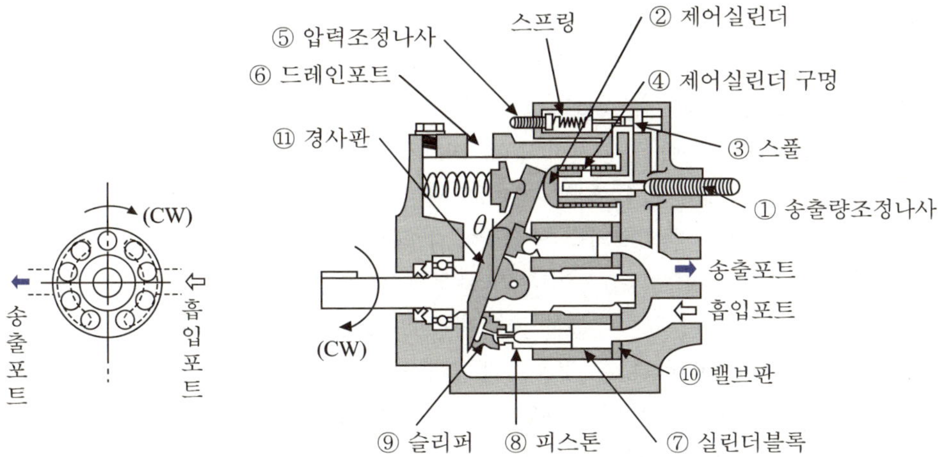

그림 4.30 경사판식 액시얼 피스톤펌프의 작동

그림 4.30의 펌프 구성요소의 역할을 정리하면 다음과 같다.

① 송출량 조정나사는 경사판의 경사각 θ를 조절하여 송출량을 변화시킨다.

② 제어 실린더(control cylinder)는 제어 실린더에 붙어있는 송출량 조정나사를 죄면 나사에 의해 실린더가 왼쪽방향으로 밀려들어가 경사판을 누르고, 경사판 각도 θ를 작게 하여 송출량을 줄인다. 송출포트의 압력이 높아져 설정압력이 되면 스풀(spool)이 왼쪽으로 이동하여 송출된 고압유가 제어 실린더로 흘러들어온다. 그러면 제어 실린더는 왼쪽방향으로 밀리기 때문에 경사판을 누르는 각도 θ가 영(zero)에 근접하게 되어 송출유량이 거의 영(zero)으로 된다. 이와 같이 펌프에서 설정압력 이상의 압력이 걸리지 않도록 유지할 수 있고, 이것을 압력보상제어(pressure compensated control)라 한다.

③ 스풀(spool)은 압력조정나사의 스프링과 송출된 고압유를 평형시키기 위해 사용하는 가동밸브 역할을 한다. 송출압력이 설정압력에 가까워지면 왼쪽으로 작용하는 제어 실린더 내부로 고압유를 유도한다. 스풀의 왼쪽에는 압력조정나사에서 설정된 스프링 힘이 작용하고, 오른쪽에는 송출압력이 작용한다. 스풀의 왼쪽과 오른쪽에 작용하는 힘의 평형으로 스풀이 움직인다. 펌프의 송출압력이 설정압력보다 작을 때는 압력조정나사의 스프링 힘이 송출압력보다도 크기 때문에 그림과 같이 스풀은 오른쪽으로 이동해 있다.

④ 제어 실린더(control cylinder)의 구멍(hole)은 송출압력이 설정압력에 가까워지면 송출된 고압유가 제어 실린더 안쪽으로 흘러들어오고, 실린더가 밀려 경사판을 누르지만 너무 많이 밀리면 경사판이 반전(각도 θ가 음이 된다)하게 된다. 이렇게 되면 흡입과

송출이 반대로 되어 위험하기 때문에 경사판의 반전을 방지하기 위해 이 구멍에서 송출된 고압유를 펌프 내부로 빠지도록 하여 제어 실린더가 밀리는 것을 정해진 위치에서 정지하도록 한다. 즉, 설정압력이 되었을 때 제어 실린더를 정해진 위치에 안정하게 유지시키기 위해 송출량을 완전히 영(zero)으로 하지 않고 조금만 송출시켜, 이것을 제어 실린더의 구멍에서 항상 펌프 내부로 빠지도록 한다.

⑤ 압력조정나사는 펌프의 최고압력을 설정하기 때문에 나사를 죄면 최고압력이 높아진다.

⑥ 드레인 포트(drain port)는 펌프 내부의 운동부 등에서 누설이나 설정압력에서 제어 실린더의 구멍에서 누설되는 기름을 오일탱크로 보내는 역할을 한다.

⑦ 실린더 블록(cylinder block)은 구동축과 결합되어 있고, 구동축과 같이 회전한다. 펌프 작용을 하는 실린더를 여러 개 배열한 블록으로 되어 있다.

⑧ 피스톤(piston)은 실린더 블록에 삽입되어 있고, 피스톤의 동작에 따라 실린더 내부의 체적이 변하여 펌프작용을 한다. 진동이나 소음을 억제하기 위해 중공(中空)으로 하여 관성력을 작게 한다. 피스톤의 한쪽 끝단은 작은 구멍을 뚫어 슬리퍼(slipper)와 경사판 사이에 유막을 형성하여 윤활을 도모한다.

⑨ 슬리퍼(slipper) 또는 슈(shoe)는 경사판에 밀착하여 피스톤의 미끄럼운동을 시키는 부품이다. 피스톤과 경사판 사이의 윤활을 위해 중심에 작은 구멍을 뚫어 피스톤에서 경사판으로 고압유를 유도한다.

⑩ 밸브판(valve plate)에는 폐입현상(trapping)을 방지하기 위한 V자형 홈(relief groove)이 파져 있고, 흡입(저압)에서 송출(고압), 또는 송출(고압)에서 흡입(저압)으로 변할 때 실린더 내부 압력이 급격하게 변하는 것을 방지하여 진동과 소음을 줄이는 역할을 한다.

⑪ 경사판(swash plate)은 경사진 원판으로 각도를 조정하여 송출유량을 조정한다. 최대 경사는 송출량 조정나사로 설정한다. 송출압력이 설정압력에 가까워지면 스풀에서 유도된 고압유가 경사 각도를 작게 되도록 작용하여 송출량을 자동적으로 줄인다.

그림 4.30과 그림 4.31의 경사판식 피스톤펌프에서 구동축은 축이 나온 방향에서 보았을 때 시계방향(CW)에 전동기 등으로 회전시킨다. 그림 4.32는 실린더 블록과 피스톤 및 슬리퍼 부분을 나타낸다. 실린더 블록의 상사점에서 하사점까지(윗부분의 절반)는 행정체적이 증가하기 때문에 흡입행정이며, 작동유를 흡입포트에서 펌프 본체에 고정된 밸브판을 통과하여 흡입한다. 실린더 블록의 하사점에서 상사점까지(아래쪽 절반)는 행정체적이 감소하기 때문에 송출행정이며, 작동유는 밸브판을 통과하여 송출포트로 송출된다. 펌프의 마모가 진전되어 체적효율이 낮아질 때, 실린더 블록과 관련된 부품을 교환하여 체적효율을 높인다.

이러한 액시얼 피스톤펌프의 특징은 다른 유압펌프와 비교하여 구조상 내부누설이 적어 체적효율과 전효율이 양호하다. 또 내부누설이 적기 때문에 고압, 대용량에 사용한다. 송출유량의 조정범위가 넓고, 압력보상 제어를 하면 손실동력을 줄일 수 있기 때문에 산업용 기계에 널리 사용한다.

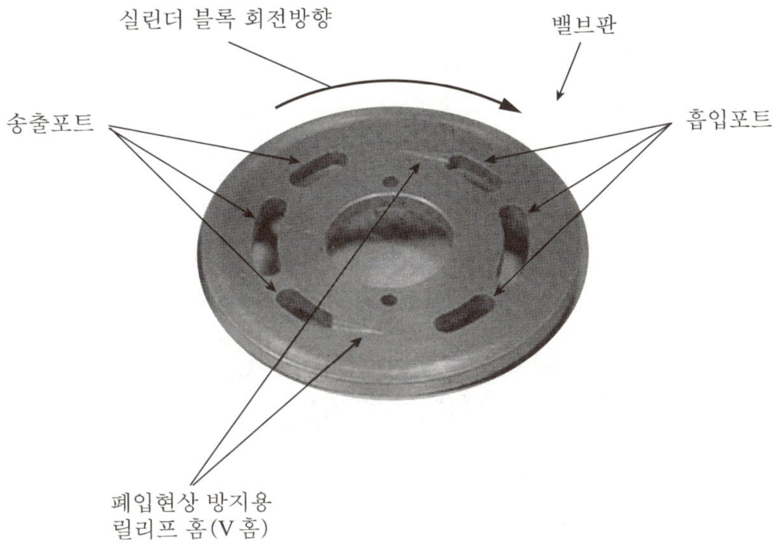

그림 4.31 경사판식 액시얼 피스톤펌프의 단면 구조와 밸브판

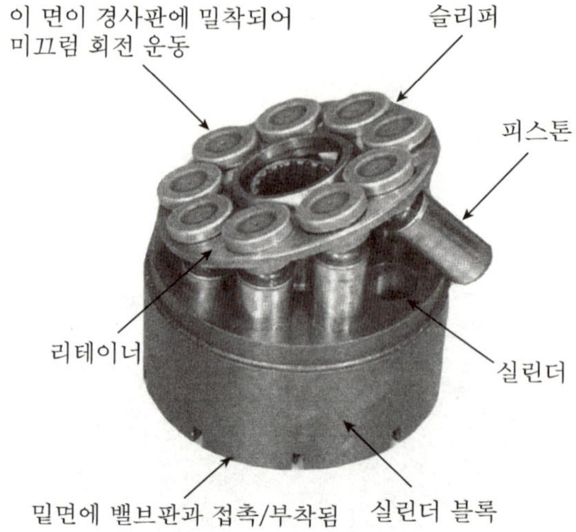

그림 4.32 실린더 블록과 피스톤

[2] 경사축식 액시얼 피스톤펌프

그림 4.33과 같이 경사축식은 구동축과 경사진 실린더 블록이 구동축과 함께 회전하며, 피스톤이 실린더에 대해 상대적으로 왕복운동을 하여 펌프작용을 한다. 가변 용량형은 실린더 블록의 경사각 α를 변화시키면 피스톤 행정 S가 변하기 때문에 같은 회전속도에서도 송출량은 최대에서 0까지 임의로 변화시킬 수 있다.

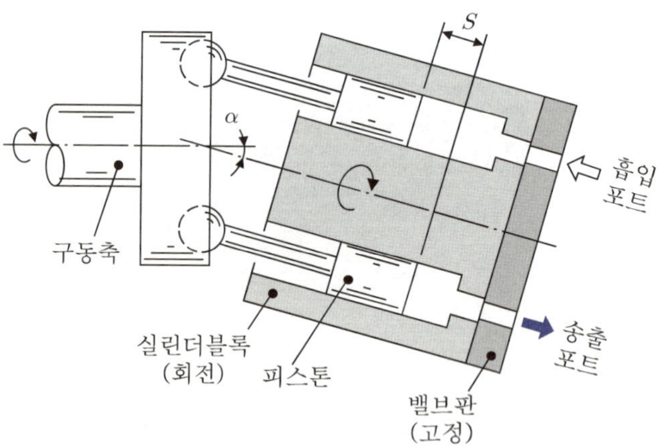

그림 4.33 경사축식 액시얼 피스톤펌프의 작동

[3] 배제체적

(1) 경사판식

그림 4.34에서 실린더 중심선의 반지름 R, 경사판의 경사각을 α라 하면, 피스톤의 행정 L은

$$L = 2R\tan\alpha \tag{4.39}$$

이고, 피스톤의 단면적 A, 피스톤 수를 z라 하면 배제체적은 다음과 같다.

$$V_p = z \cdot A \cdot L = 2zAR\tan\alpha \tag{4.40}$$

그림 4.34에서 피스톤이 하사점에서 각도 θ만큼 회전하는 사이에 피스톤이 축방향으로 x만큼 이동하면,

$$x = \frac{L}{2} - R\cos\theta\tan\alpha = \frac{L}{2}(1-\cos\theta) \tag{4.41}$$

이 된다. 실린더 블록의 각속도를 ω라 하면 식 (4.41)에서 피스톤 속도 v는 다음과 같다.

$$v = \frac{dx}{dt} = \frac{d\theta}{dt}\frac{dx}{d\theta} = \omega\frac{L}{2}\sin\theta \tag{4.42}$$

송출행정을 하는 피스톤 수를 z_0라 하면 펌프의 순간송출유량 Q_t는 식 (4.42)에서

$$Q_t = \sum_{i=1}^{z_0} A v_i = \frac{AL\omega}{2}\sum_{i=1}^{z_0}\sin\theta_i \tag{4.43}$$

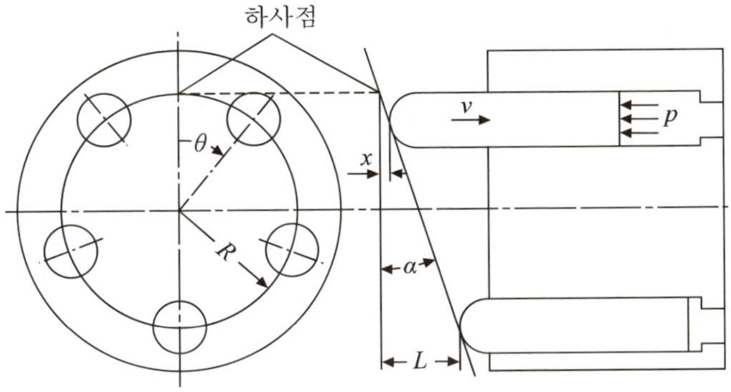

그림 4.34 경사판식 액시얼 피스톤펌프

이다. 이 식은 일반적으로 다음과 같이 바꿀 수 있다.

$$Q_t = \frac{AL\omega}{2}\sin\left(\frac{z_0\pi}{z}\right)\sin\left(\theta+\frac{z_0-1}{z}\pi\right)\bigg/\sin\frac{\pi}{z} \tag{4.44}$$

피스톤 수가 짝수일 때는 $z_0 = z/2$이므로 식 (4.44)는

$$Q_t = \frac{AL\omega}{2}\cos\left(\theta-\frac{\pi}{z}\right)\bigg/\sin\frac{\pi}{z} \tag{4.45}$$

로 된다. 또 피스톤 수가 홀수일 때는 $z_0 = (z\pm 1)/2$이기 때문에 다음과 같다.

$$Q_t = \frac{AL\omega}{4}\cos\left(\theta-\frac{\pi}{2z}\right)\bigg/\sin\frac{\pi}{2z} \tag{4.46}$$

식 (4.45)와 식 (4.46)에서 피스톤 수 z가 짝수일 때는 1회전 중에 z회 맥동이 발생하고, 피스톤 수 z가 홀수일 때는 1회전 중에 $2z$회 맥동이 발생한다. 순간 송출유량의 맥동률 ϵ을 다음과 같이 정의하면, 피스톤 수 z가 짝수일 때는

$$\epsilon = \frac{Q_{t\max}-Q_{t\min}}{Q_{t\,mean}} = \frac{\pi}{z}\tan\frac{\pi}{2z} \tag{4.47}$$

로 되고, 피스톤 수 z가 홀수일 때는 다음 식과 같다.

$$\epsilon = \frac{Q_{t\max}-Q_{t\min}}{Q_{t\,mean}} = \frac{\pi}{2z}\tan\frac{\pi}{4z} \tag{4.48}$$

식 (4.47)과 식 (4.48)에서 보듯이 피스톤 수 z가 클수록 맥동률 ϵ은 작아진다. 또한 피스톤 수 z가 홀수일 때는 짝수 때보다 맥동률이 아주 작아지므로 피스톤펌프에서 피스톤 수는 5, 7, 9, 11 등과 같이 홀수를 채용한다.

(2) 경사축식

그림 4.33의 경사축식 피스톤펌프에서 피스톤의 행정은

$$L = 2R\sin\alpha \tag{4.49}$$

이기 때문에 배제체적은 다음과 같다.

$$V_p = z \cdot A \cdot L = 2zAR\sin\alpha \tag{4.50}$$

순간 송출유량의 맥동상태는 경사판식의 경우와 같다.

[4] 밸브판의 압력평형

그림 4.35에서, 회전하는 실린더 블록과 펌프 본체에 고정된 밸브판은 항상 적당한 접촉면 압력으로 접촉하고, 둘 사이에는 적절한 유막을 형성해야 한다. 또 실린더 블록과 밸브판 사이의 유막 압력에 따라 실린더 블록과 밸브판을 분리하려는 힘 F가 존재한다. 이것에 대해 송출행정 중에 있는 실린더 내부 압력은 실린더 블록을 밸브판에 밀어붙이려는 힘 W를 발생시킨다. $F > W$가 되면 양쪽 접촉면은 분리되지만, F가 W에 비교하여 작으면 밸브판 접촉면의 접촉압력이 크게 되어 눌어붙을 우려가 있다. 그림 4.35에서 송출포트부에서 압력 p_d에 의한 분리력 F_0는

$$F_0 = \frac{1}{2}(r_3^2 - r_2^2)\psi p_d \tag{4.51}$$

이고, 송출포트 안쪽 랜드부($r_1 \sim r_2$)의 유막의 압력에 의한 분리력 F_1은 랜드의 유막 평균압력을 $p_d/2$로 하여

$$F_1 = \frac{1}{2}(r_2^2 - r_1^2)\psi \frac{p_d}{2} \tag{4.52}$$

이다. 같은 방법으로 송출포트 바깥쪽 랜드부($r_3 \sim r_4$)에서 유막의 압력에 의한 분리력 F_2는 다음과 같다.

$$F_2 = \frac{1}{2}(r_4^2 - r_3^2)\psi \frac{p_d}{2} \tag{4.53}$$

따라서 흡입압력 $p_s \fallingdotseq 0$인 경우, 실린더 블록과 밸브판을 분리하려는 힘의 합력 F는 다음과 같고, 실제로는 $\psi = \pi$로 하여 계산할 때가 많다.

$$F = F_0 + F_1 + F_2 = \frac{\psi}{4}(r_4^2 + r_3^2 - r_2^2 - r_1^2)p_d \tag{4.54}$$

또 송출행정 중에 있는 피스톤 수는 평균적으로 $z/2$이기 때문에 실린더 내부압력에 따라 실린더 블록을 밸브판에 누르는 힘의 평균값은

$$W = p_d A \frac{z}{2} \tag{4.55}$$

이다. 실린더 블록이 밸브판 표면에서 분리되지 않도록 일반적으로 F보다도 W의 힘을 약간 크게 한다. $W-F$는 랜드부의 금속면에 의해 지지되는 하중이고, 랜드부의 면압(surface pressure) 허용값은 금속의 종류에 따라 다르다. 랜드부에 정압베어링을 도입하여, 밸브판 접촉면의 틈새를 적절한 값으로 제어하는 구조도 고려해 볼 필요가 있다.

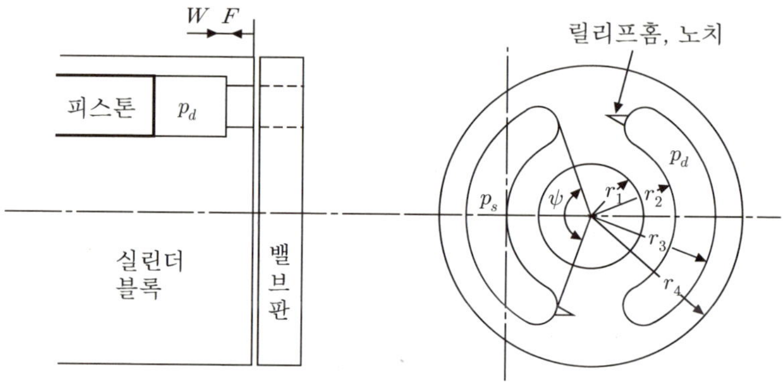

그림 4.35 밸브판 접촉면의 압력평형

[5] 경사판과 피스톤 슈

피스톤 끝단에는 그림 4.36과 같이 슈(shoe)가 부착되어 있다. 슈의 내부는 실린더 내부에서 고압유가 공급되어, 정압베어링 작용을 하여 슈가 경사판 표면에서 분리되어 실린더 블록의 회전에 따라 경사판 표면에서 미끄럼 회전운동을 한다. 슈와 경사판 사이의 틈새 크기는 슈로 고압유를 공급하는 초크(choke) 구멍 크기와 길이에 따라 결정된다.

정압베어링의 이론해석은 참고문헌을 참조하기 바라며, 이 경우의 공급압력은 송출압력 p_d이기 때문에 다음 관계식이 성립한다.

$$\frac{p_0}{p_d} = \frac{1}{1 + kh^3/R_c} \tag{4.56}$$

식에서 $k = \dfrac{\pi}{6\mu \ln(r_2/r_1)}$, $R_c = \dfrac{\pi r_0^4}{8\mu l c_m}$, c_m은 초크에서 층류 흐름에 대한 Poiseuille 식의 수정계수, h는 경사판과 슈 사이의 틈새, l은 초크 길이, r_0는 초크 반지름, μ는 작동유의 점성계수이다.

경사판과 슈 사이의 작동유의 압력에 따라 슈를 사판에서 분리하려는 힘 F와 실린더 내부압력 p_d에 의해 슈를 경사판에 밀어붙이는 힘 W가 평형을 이룬다. 피스톤의 단면적을 A라 하면,

$$W = p_d A \sec\alpha \tag{4.57}$$

로 된다. 실제는 이외에 피스톤과 실린더 사이의 마찰력도 작용한다.

그림 4.36에서 $F = A_e\, p_0$이기 때문에 $F = W$로 두면 다음 식을 얻는다.

$$\frac{p_0}{p_d} = \frac{A}{A_e}\sec\alpha \tag{4.58}$$

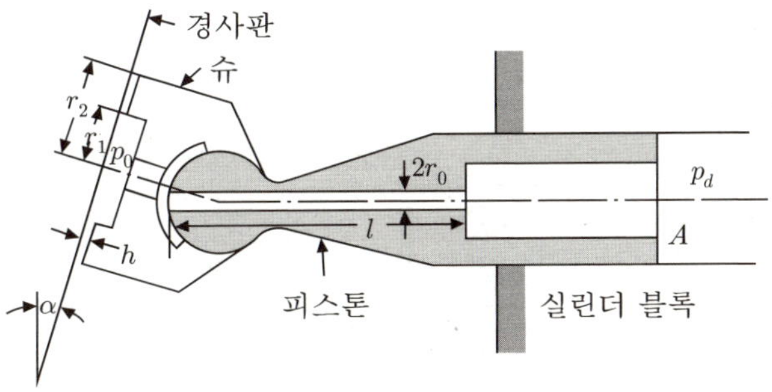

그림 4.36 경사판과 피스톤 슈

식 (4.56)과 식 (4.58)에서 다음 식을 얻는다.

$$\frac{h^3}{R_c} = \frac{1}{k}\left(\frac{A_e}{A}\cos\alpha - 1\right) \tag{4.59}$$

식에서 A_e는 유효 베어링 면적이다. 따라서 초크의 저항 R_c가 주어지면 경사판과 슈 사이의 틈새 h가 결정된다. 역으로 틈새 h가 주어지면 그 경우에 필요한 초크 저항 R_c가 결정된다. 틈새 h가 크면 누설량이 증가하고, h가 작아지면 사판과 슈 사이의 마찰손실이 증가한

다. 누설에 따른 손실동력과 마찰에 따른 손실동력을 합계가 최소로 되도록 틈새 h를 결정하는 것이 중요하다. 만약 틈새 h가 너무 커서 누설량이 많으면 유압펌프나 유압모터로서 정상적으로 작동할 수 없기 때문에 실제 설계에서는 누르는 힘 W보다도 분리력 F를 약간 작게 하고, 누르는 힘 W의 일부를 슈의 미끄럼 면 금속 접촉부의 면압(面壓)으로 부담하도록 한다.

[6] 폐입현상

그림 4.37에서, 피스톤이 하사점에서 흡입행정에서 송출행정으로 바꾸는 순간, 즉 실린더 블록이 회전하여 실린더의 입구포트가 밸브판의 흡입포트에서 송출포트로 이동하는 순간, 실린더 내부 압력은 흡입압력 p_s에서 송출압력 p_d로 급격하게 상승하려고 한다. 그러나 그 순간에는 아직 밸브판의 송출포트부에 있는 고압유(p_d)가 흡입압력 상태에 있는 실린더 내부로 역류하여 서지압력(surge pressure)이 발생한다.

또 피스톤이 상사점에서는 실린더 내부 압력이 송출압력에서 흡입압력으로 전환될 때도 실린더 내부의 고압유가 밸브판의 흡입포트로 분출하여 실린더 내부 압력이 순간적으로 흡입압력 이하로 낮아진다.

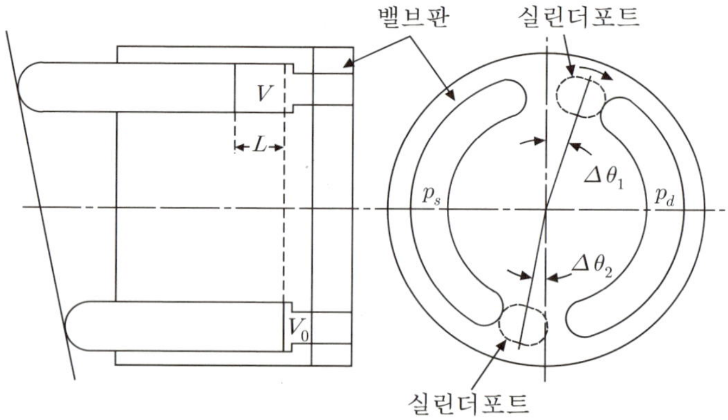

그림 4.37 흡입행정과 송출행정의 전환

그림 4.38은 이와 같은 실린더 내부 압력변화를 측정한 예시이다. 그림에서 보듯이 피크압력(peak pressure)이 발생하면, 펌프의 진동과 소음을 발생시키므로 바람직하지 못하다.

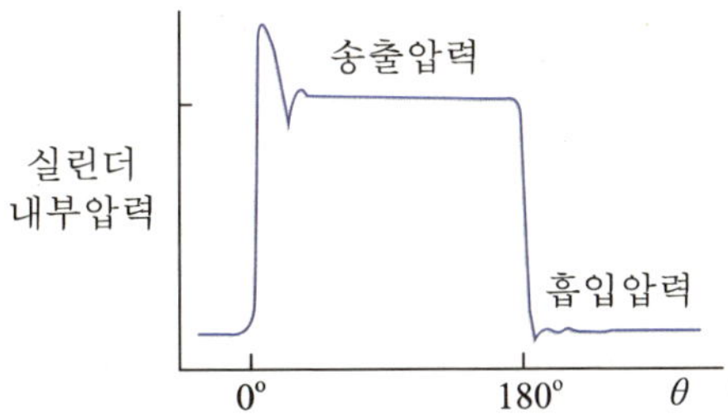

그림 4.38 실린더 내부의 압력변화

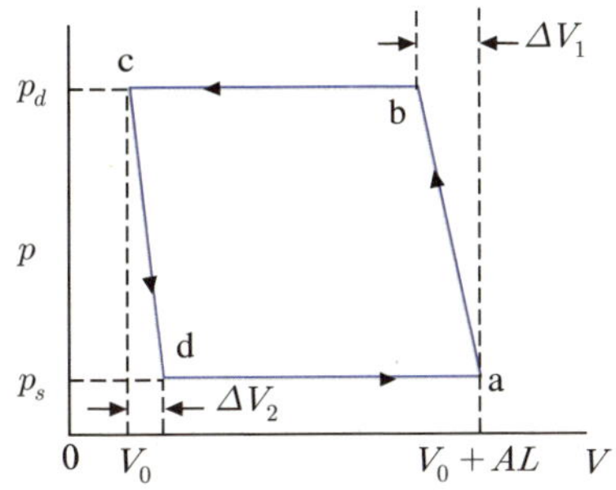

그림 4.39 실린더 내부 체적과 압력변화

그림 4.39는 실린더 내부 체적과 압력변화를 나타낸다. 피스톤의 하사점, 즉 송출행정 시작점 a에서 즉각 실린더 포트가 밸브판의 송출포트에 열리는 것이 아니고, 잠시 실린더 포트가 닫힌 상태에서 피스톤이 전진하고 실린더 내부 체적이 ΔV_1만큼 예압축(pre-compression) 되고, 그 결과 $\Delta p(=p_d - p_s)$만큼 실린더 내부 압력이 상승하는 순간에 실린더 포트가 밸브판의 송출포트에서 열리는 것을 생각할 수 있다. 이 경우 실린더 내부 압력은 그림 4.39와 같이 흡입압력에서 송출압력까지 매끄럽게 상승하게 된다.

하사점에서도 이러한 예압축을 하기 위해, 그림 4.37과 같이 하사점을 지나 $\Delta\theta_1$만큼 실린더 블록이 회전한 후에 실린더 포트를 송출포트에 열리도록 한다. 실린더 회전각 $\Delta\theta_1$에 해당하는 피스톤 변위 Δx_1은 식 (4.41)에서

$$\Delta x_1 = \frac{L}{2}(1 - \cos\Delta\theta_1) \tag{4.60}$$

이고, 이 때 예압축량 ΔV_1은 다음 식과 같다.

$$\Delta V_1 = A\,\Delta x_1 = \frac{AL}{2}(1 - \cos\Delta\theta_1) \tag{4.61}$$

상사점에서 실린더 내부에 있는 작동유의 체적을 V_0라 하면, 하사점에서 실린더 내부의 작동유 체적은 $V_0 + AL$이다. 작동유의 압축률을 β라 하면, 체적 $V_0 + AL$의 작동유 압력을 Δp만큼 높이는데 필요한 예압축량은 다음과 같다.

$$\Delta V_1 = \beta(V_0 + AL)\Delta p \tag{4.62}$$

식 (4.62)의 ΔV_1은 식 (4.61)의 ΔV_1과 같으므로 다음 식이 얻어진다.

$$\cos \Delta\theta_1 = 1 - 2\left(1 + \frac{V_0}{AL}\right)\beta \Delta p \tag{4.63}$$

위 식에서 $\Delta\theta_1$만큼 밸브판의 송출포트를 지연시키면 실린더 내부압력이 흡입압력에서 송출압력으로 원활하게 상승하게 된다. $V_0 \ll AL$, 작동유의 압축률 $\beta = 7\times10^{-5}\ \mathrm{cm^2/kg_f}$일 때, $\Delta\theta_1$을 계산하면 다음과 같다.

Δp (bar)	100	200	300
$\Delta\theta_1$	9°36'	13°35'	16°40'

피스톤의 하사점, 즉 그림 4.39의 흡입행정 시작점 c에서도 실린더 포트를 닫은 상태에서 피스톤이 이동하여 실린더 내부 작동유의 압력을 낮추어 압력이 p_d에서 p_s로 낮아진 후에 흡입포트를 열면 좋다. 이 때 그림 4.37과 같이 흡입포트의 열림 위치를 다음 식과 같이 $\Delta\theta_2$만큼 지연시키면 된다.

$$\cos \Delta\theta_2 = 1 - 2\frac{V_0}{AL}\beta \Delta p \tag{4.64}$$

그러나 식 (4.63)과 식 (4.64)에서 알 수 있듯이 $\Delta\theta_1$, $\Delta\theta_2$는 Δp의 함수이기 때문에 정격압력 이외의 압력에서 운전할 때는 압력변화가 원활하지 못하여 소음이 크게 된다. 따라서 일반적으로 밸브판 포트의 개구위치를 늦출 뿐만 아니라 그림 4.35와 같이 흡입 / 송출 포트에 V자형 홈(notch라고도 함)을 파고, 이 홈을 통하여 작동유가 흐르도록 하여 실린더 내부의 압력변화를 매끄럽게 한다. 이 경우에 V자형 홈의 크기(길이와 단면적 등)도 계산할 수 있다.

[7] 피스톤과 실린더 사이의 틈새

피스톤과 실린더 사이의 틈새는 온도상승에 따른 팽창, 부하에 의한 변형, 마찰력, 누설량 등을 고려하여 결정한다. 일반적으로 작은 피스톤에서 지름의 틈새는 8～10 μm, 큰 피스톤에서는 13～15 μm 정도이다. 경사판식의 지름 틈새에 대해, 지름의 0.07～0.1% 정도가 좋고, 이 범위에서 피스톤 속도가 작을 때는 낮은 값, 피스톤 속도가 클 때는 높을 값을 취한다. 또 피스톤의 행정은 보통 지름의 1.3～2.2배 정도의 범위이다.

[8] 레이디얼 피스톤펌프

그림 4.40은 회전 실린더형 레이디얼 피스톤펌프이며, 피스톤이 실린더 블록에 반지름 방향으로 삽입되어 있다. 피스톤은 구동축이 회전하면 원심력을 받아 바깥방향으로 돌출하며, 편심된 스러스트 링(thrust ring)에 압착되어 1회전에 1회 왕복운동을 한다. 중심에는 핀틀(고정 분배축)이 있고, 그 속에 축방향으로 관통하는 2개의 구멍이 각각 흡입포트와 송출포트로 연결되고, 다른 끝은 실린더 구멍위치에 열려 피스톤의 왕복운동에 따라 펌핑작용을 한다. 또 스러스트 링의 편심량을 조정하여 유량과 흡입·송출방향을 변화시킨다.

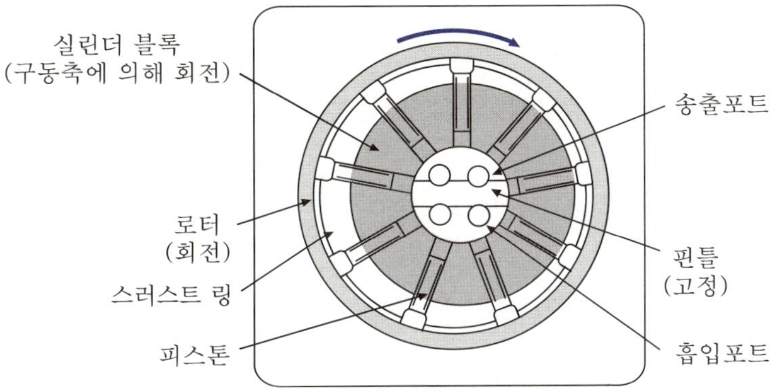

그림 4.40 레이디얼 피스톤펌프의 작동

그림 4.41에서 실린더 블록의 편심량을 e라 하면, 피스톤의 행정은

$$L = 2e \tag{4.65}$$

이고, 피스톤의 단면적을 A, 피스톤 수를 z라 하면 배제체적은 다음 식과 같다.

$$V_p = zAL = 2zAe \tag{4.66}$$

그림 4.21의 삼각형 MOO'에서 링의 반지름을 R로 하면 다음 관계가 성립한다.

$$\sin\alpha = \frac{e}{R}\sin\theta \tag{4.67}$$

$$\therefore \cos\alpha = \sqrt{1-\sin^2\alpha} = \sqrt{1-\left(\frac{e}{R}\right)^2\sin^2\theta} \tag{4.68}$$

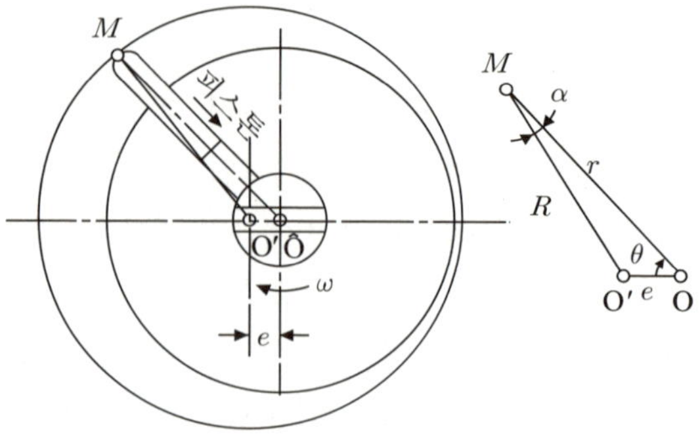

그림 4.41 레이디얼 피스톤펌프

일반적으로 $e/R \ll 1$이기 때문에 식 (4.68)은 다음 식으로 근사할 수 있다.

$$\cos\alpha \fallingdotseq 1 - \frac{1}{4}\left(\frac{e}{R}\right)^2 (1-\cos 2\theta) \tag{4.69}$$

따라서 그림 4.41에서 다음 식을 얻는다.

$$r = e\cos\theta + R\cos\alpha \fallingdotseq e\cos\theta + R\left\{1 - \frac{1}{4}\left(\frac{e}{R}\right)^2 (1-\cos 2\theta)\right\} \tag{4.70}$$

여기서 피스톤이 안쪽방향으로 향하는 속도는

$$v = -\frac{dr}{dt} \fallingdotseq \frac{Lw}{2}\sin\theta\left\{1 + \frac{L}{2R}\cos 2\theta\right\} \tag{4.71}$$

이고, 송출행정에 있는 피스톤 수를 z_0라 하면 순간 송출유량은 다음과 같다.

$$Q_t = \sum_{i=1}^{z_0} A\,v_i \tag{4.72}$$

따라서 $L/2R \ll 1$이면, 위 식은 액시얼 피스톤펌프의 순간 송출유량 식 (4.44)와 같은 결과를 가진다.

[9] 왕복형 피스톤펌프

그림 4.42는 3연 왕복형 피스톤펌프이며, 크랭크축이 회전하면 실린더 블록에 삽입된 피스톤이 120° 위상각을 가지고 왕복운동을 하여 펌핑 작용을 한다.

왕복형은 구조가 복잡하고 대형이며, 체크밸브(check valve)를 사용하므로 유압모터로는 사용하지 않는다. 고압(50 MPa 정도)을 발생시키지만, 피스톤 수가 적기 때문에 맥동이 크다.

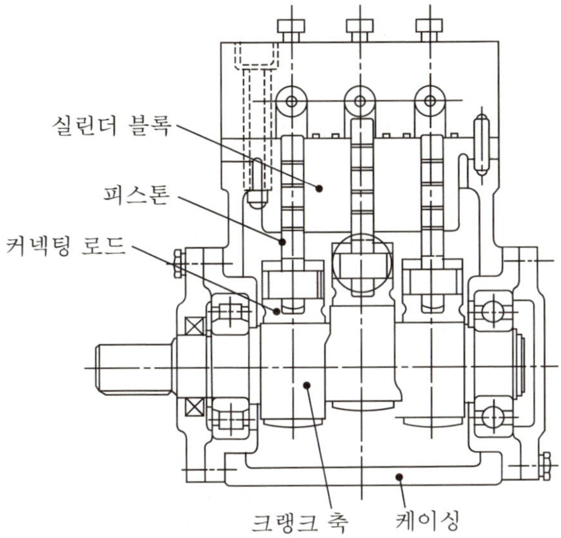

그림 4.42 왕복형 피스톤펌프의 작동

4.7 나사펌프

나사펌프(screw pump)는 그림 4.43과 같이 축방향으로 작동유가 흘러 흡입과 송출을 행하며, 외접기어펌프의 기어가 비틀려 축방향으로 길게 된 것으로 생각할 수 있다. 유압펌프 중에서 가장 작동유의 흐름에 무리가 없고 저맥동·저소음의 특징이 있다.

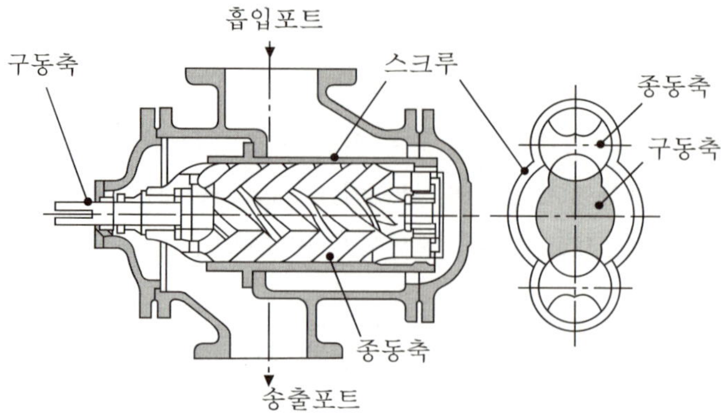

그림 4.43 나사펌프 (3축형)

4.8 캐비테이션과 흡입성능

자흡식(自吸式)의 유압펌프는 흡입 높이나 입구 관로저항의 크기에 따라 펌프 내부에서 압력이 공기 분리압력 이하로 떨어지면 캐비테이션(cavitation)이 발생한다. 유압펌프에서 캐비테이션이 발생하면, 송출유량이 감소하고, 진동과 소음이 발생할 뿐만 아니라 그 상태로 어느 기간 운전을 계속하면 캐비테이션 기포가 터질 때 발생하는 큰 충격압력 때문에 펌프 부재의 표면이 침식되어 펌프가 사용할 수 없는 상태로 된다.

캐비테이션 발생 유무를 예측하는 기준으로써 NPSH(유효흡입수두 : net positive suction head) Δh를 사용한다. 펌프 내부의 흡입구 직전에서 관 속의 압력과 유속을 p_s, v_s, 공기 분리압력을 p_g라 하면, Δh는 다음 식으로 주어진다.

$$\Delta h = \frac{p_s}{\rho g} + \frac{v_s^2}{2g} - \frac{p_g}{\rho g} \tag{4.73}$$

캐비테이션이 최초로 발생하였을 때 Δh를 Δh_c라 하면, $\Delta h < \Delta h_c$로 되어 캐비테이션이 발생한다. Δh_c는 로터의 주속도 U, 작동유의 동점도 ν 이외에 펌프의 형상과 치수에도 의존하며 다음 식으로 나타낼 수 있다.

$$\Delta h_c = (k_1 U + k_2)\nu^m \tag{4.74}$$

식에서 m, k_1, k_2는 유압펌프의 종류와 구조에 따라 정해지는 상수이고, 형상이 비교적 닮은 기어펌프와 베인펌프는 이 값들이 거의 같다. 사용하는 유압펌프의 Δh_c를 알면 이것에 여유를 고려하여 Δh를 결정하고, 유면에서 펌프 설치위치의 높이나 흡입 배관을 결정한다.

최근 유압펌프는 고압화·고속화되는 추세이고, 고속화의 한계는 주로 캐비테이션의 발생 유무에 따라 결정된다. 같은 흡입조건에서, 즉 같은 NPSH의 경우, 각 펌프의 흡입성능 평가 기준으로써 Δh_c 대신에 운전 가능한 최고 회전속도 N_{max} [rpm]로 나타내는 방법이 있다. 단, 캐비테이션 발생에 직접 영향을 주는 것은 로터의 주속도이기 때문에 회전속도에 대해서는 배제체적 V_p [cm^3/rev]와의 관계를 고려할 필요가 있고, 보통 다음 식으로 표시되는 속도계수 C_p로 나타낸다.

$$C_p = N_{max} V_p^{1/3} \tag{4.75}$$

이 C_p값은 물리적으로 캐비테이션 발생의 한계일 때, 로터의 한계 주속도를 나타낸다. C_p값은 일반적으로 저속은 5,000 미만, 중속은 5,000～10,000, 10,000 이상을 고속이라고 한다. 경사축식은 주로 10,000～16,000 cm/min, 경사판식은 10,000～14,000 cm/min이며, 항공기용 경사판식은 25,000 cm/min로 매우 높다.

유압펌프에서 발생되는 캐비테이션을 방지하기 위한 방안은 다음과 같다.

① 펌프 흡입관로의 유속을 약 1.5 m/s 이하로 유지한다.
② 펌프 흡입구와 오일탱크의 유면과의 높이를 1 m 이하로 하며, 흡입관로를 가능한 짧게 배관한다.
③ 흡입관로의 배관에 관이음을 최소화한다.
④ 유압펌프를 가능한 오일탱크에 가깝게 배치한다.
⑤ 압력강하가 작은 흡입필터(suction filter)나 스트레이너(strainer)를 사용한다.
⑥ 오일탱크 속에 작동유의 점도는 시동 시 800 cSt(40,000 SSU)를 넘지 않도록 한다. 또한 펌프 제조회사에서 추천하는 적당한 유압작동유를 사용한다.
⑦ 펌프의 운전속도는 규정 속도 이상이 되지 않도록 한다.

4.9 유압펌프의 진동·소음

유압펌프는 유압시스템에서 진동과 소음을 발생시키는 근원(source)이 된다. 유압펌프는 펌프에서 직접 방사되는 소음인 공기전파소음(air borne noise)과 유압펌프의 송출유량 맥동(ripple) 때문에 발생되는 관 속의 압력맥동인 유체전파소음(fluid borne noise) 및 펌프 구조물의 진동에 의한 구조전파소음(structure borne noise)의 3가지 형태의 진동과 소음을 발생시킨다. 이 중에서 유체전파소음은 관 속의 작동유를, 구조전파소음은 관, 축이음, 지지대 등의 고체 중에 전달되어, 부속기기에서 진동과 소음을 발생시킨다.

[1] 소음 발생원인

유압펌프의 소음은 정상운전 상태에서 5~6 kHz의 높은 주파수 영역까지 로터의 회전주파수 N (rps)과 피스톤, 베인, 기어 등 펌핑작용을 하는 요소의 수 Z와의 곱 $Z\times N$ 및 그 정수배(整數倍)의 주파수 성분이 탁월하게 나타난다. 이 때 $Z\times N$을 기본주파수로 하는 가진력이 펌프 부재에 작용한다. 이 가진력은 피스톤, 베인, 기어펌프 모두에서 주로 흡입행정에서 송출행정 및 송출행정에서 흡입행정으로 변하는 지점에서 급격한 압력변동 때문에 발생하며, 순수하게 유체역학적인 원인에 의한 힘이다. 이 외에 유체역학적 원인에 의한 소음으로써, 캐비테이션의 붕괴, 유로내의 난류흐름이나 와류에 의한 고주파 소음이 발생하는 경우도 있다. 또한 회전체의 불평형, 베어링, 설치 불량, 배관 지지의 불량, 기어펌프의 맞물림부에서 기어 소음 등은 기계적인 원인 때문에 발생되는 소음이다. 일반적으로 기계적인 원인 때문에 발생되는 소음은 유체역학적 원인에 의해 발생되는 유체전파소음에 비교하면 별로 문제가 되지 않는다.

[2] 소음레벨 현황

그림 4.44는 각종 유압펌프(유압모터 포함)의 정격 회전수에서 소음레벨[dB(A)]을 측정한 결과이다. 그림에서 소음 I [dB(A)]는 펌프동력 L_p [kW]에 따라 증가하며, 다음 식으로 표시할 수 있다.

$$I = I_0 + 15\log L_p \quad [\mathrm{dB(A)}] \tag{4.76}$$

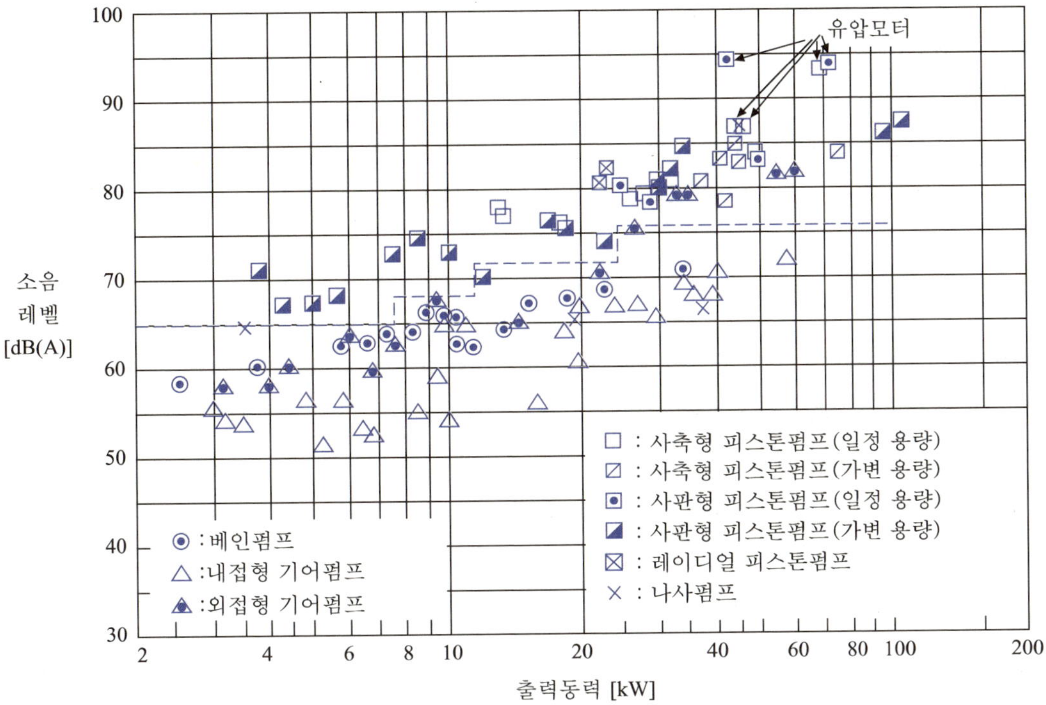

그림 4.44 유압펌프(유압모터 포함)의 소음레벨

식에서, I_0는 펌프의 종류에 따라 정해지는 상수이고, 내접형 기어펌프, 나사펌프, 베인펌프, 외접형 기어펌프, 피스톤펌프 순서로 큰 값을 가지며, 그 범위는 45~60 dB(A) 정도이다. 그림에서 파선은 참고적으로 특정기계정보산업임시조치법(일본)에서 지정하는 소음레벨의 최댓값을 나타낸다.

또 식 (4.76)에서 펌프동력 $L_p \propto N \cdot V_p \cdot \Delta p$이므로 실험결과에서 배제용적 V_p 또는 압력차 Δp가 2배로 되면 소음은 약 3 dB(A)만 증가하지만, 회전수 N이 2배로 되면 소음은 약 6 dB(A) 증가한다는 연구결과가 있다. 따라서 같은 펌프동력에서는 배제용적 V_p나 압력차 Δp보다도 회전수 N을 낮추는 것이 소음을 저감시키는 데는 가장 효과적이다.

유압펌프의 소음을 저감하기 위하여 다음과 같은 점을 고려하여야 한다.

① 펌프 내부에서 작동유의 급격한 압력변동을 줄인다.

② 펌프 송출유량의 맥동에 따른 압력맥동을 줄이기 위해, 유압펌프 출구단에 유압필터(hydraulic filter)를 설치한다.

③ 펌프 등의 진동이 마운팅(mounting)부에서 설치대 등으로 전달되지 않도록 방진고무를 사용한다.

④ 펌프의 진동이 관로를 따라 전파되지 않도록 송출관로의 일부에 고무호스를 사용한다.

⑤ 펌프, 밸브 등에서 캐비테이션이 발생하지 않도록 한다.

⑥ 펌프 유닛을 차폐한다. 차폐에는 고밀도 재료를 사용하고, 그 내면에 흡음재를 부착한다.

4.10 유압펌프의 성능곡선

유압펌프 제조회사에서는 유압펌프를 설계·제작한 후 성능실험을 수행하여 그 특성을 그래프 형태로 사용자에게 제공한다. 그림 4.45는 회전수 3,500 rpm, 흡입압력 0.25 MPa, 작동유 MIL-H-5606C, 작동유 온도 70℃에서 측정한 항공기용 일정 용량형 유압펌프의 성능곡선이다. 그림에서 유압펌프의 특성은 횡축에 송출압력, 종축에는 송출유량, 입력·출력 동력, 토크, 효율 등을 나타낸다. 또한 유압펌프의 체적효율, 토크효율, 전효율은 $\mu\omega/p$의 함수이므로 펌프 성능곡선의 횡축에 무차원인 $\mu\omega/p$를 사용하기도 한다.

그림 4.45의 유압펌프 성능곡선에서 회전속도나 압력에 관계없이 일정한 마찰토크 T_c를 무시하면, 유압펌프의 전효율 식 (4.17)에서 각각의 계수 C_s, C_f, C_μ를 구할 수 있다.

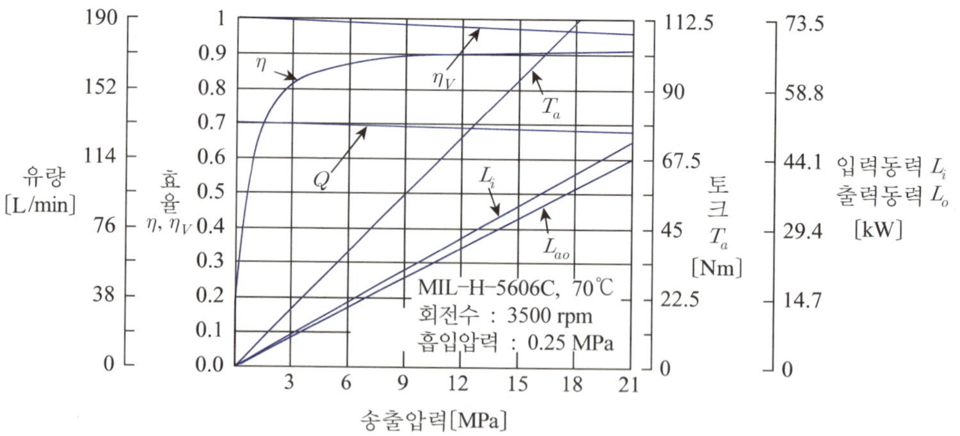

그림 4.45 유압펌프의 성능곡선 (Sperry Vickers Model PF3918)

표 4.4 유압펌프의 각각 계수 산출

압력 p_o [MPa]	21	3.5
η	0.91	0.825
η_V	0.965	0.9945
η_T	0.943	0.83
$\mu\omega/p=\mu\omega/(p_o-p_i)$	1.18×10^{-7}	7.53×10^{-7}

고압영역과 저압영역에서 적당한 2점에서 송출압력 $p_o=p_{o1}$, p_{o2}를 선정한다. 예를 들면 $p_{o1}=21$ MPa, $p_{o2}=3.5$ MPa일 때, 전효율 η와 체적효율 η_V를 그림 4.45에서 읽는다. 다음은 유압펌프 성능실험 조건에 해당하는 점도 $\mu=0.00668$ Pa·s, 각속도 $\omega=366.3$ rad / s를 사용하여 토크효율 η_T, $\mu\omega/(p_o-p_i)$의 값을 구하면, 표 4.4와 같다.

식 (4.4)에서, $p_{o1}=21$ MPa, $p_{o2}=3.5$ MPa에 대응하는 $p/(\mu\omega)$, η_V의 값을 대입하면,

$$C_s \fallingdotseq 0.41\times10^{-9} \tag{4.77}$$

을 얻는다. 또 압력 $p_{o1}=21$ MPa, $p_{o2}=3.5$ MPa에 대응하는 $p/(\mu\omega)$, η_T의 값을 식 (4.17)에 대입하면,

$$0.943\,C_f+0.111\times10^{-6}\,C_\mu=0.057 \tag{4.78}$$

$$0.83\,C_f+0.625\times10^{-6}\,C_\mu=0.17 \tag{4.79}$$

이고, 식 (4.78)과 식(4.79)를 풀면

$$C_f=0.0336,\ \ C_\mu=0.227\times10^{6} \tag{4.80}$$

이다. 여기서 구한 계수 C_s, C_f, C_μ를 사용하여, 유압펌프의 체적효율 식 (4.4), 토크효율 식 (4.13), 전효율 식 (4.17)에서 펌프의 효율과 $\mu\omega/p$관계를 그림 4.46과 같이 구하고, 성능실험 조건에 다른 각속도, 작동유의 점도 등에 대응하는 유압펌프의 성능곡선을 얻을 수 있다.

일정 용량형 펌프의 송출유량은 부하에 관계없이 거의 일정하다. 따라서 부하가 커지면 펌프 송출압력이 릴리프밸브 설정압력에 가까워지고 고압에서 작동유가 대부분 릴리프밸브를 통하여 오일탱크로 되돌아가 에너지 손실이 커진다. 펌프의 송출압력은 부하에 따라 발생하기 때문에 부하변화에 적절하게 펌프 유량을 변화시키면 좋다. 이것을 실현하기 위해, 부하

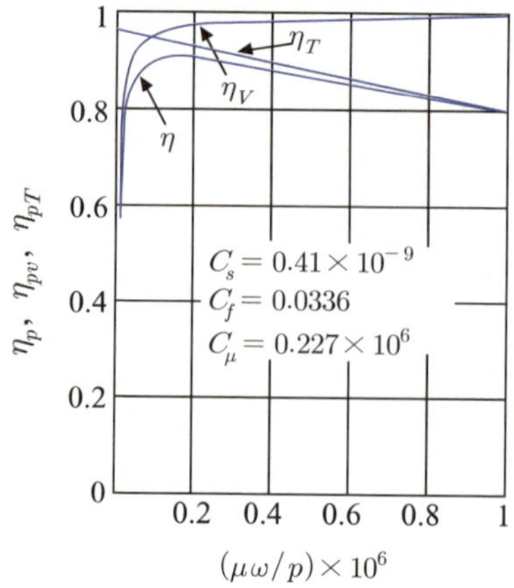

그림 4.46 유압펌프의 효율

압력을 검출하여, 전자제어시스템을 구성하고, 피스톤펌프의 경사판 각도를 조절하여 펌프 송출유량을 제어하는 압력보상·가변 용량형 펌프도 실용화되고 있다.

그림 4.47은 가변 용량형 펌프의 성능곡선이다. 그림에서 (a)는 펌프 최고압력에 접근할 때까지 거의 일정한 유량이 송출된다. 그러나 그림 (b)는 최대압력보다 아주 낮은 압력상태에서 유량이 점차 감소하도록 설계되어 있기 때문에 그림 4.21과 같은 가변 용량형 베인펌프에서는 압력조정 스프링의 초기 변형량 작게 하고, 스프링 상수를 크게 한다. 압력조정 스프링의 최대 스프링 힘과 송출압력에 의한 최대 추력(thrust)이 평형상태가 되어 캠링의 미소 편심에 의해 펌프의 누설유량을 송출하고 있는 상태를 완전 차단(full cut-off)라 하며, 이때 동력을 차단 동력(cut-off power)이라 한다.

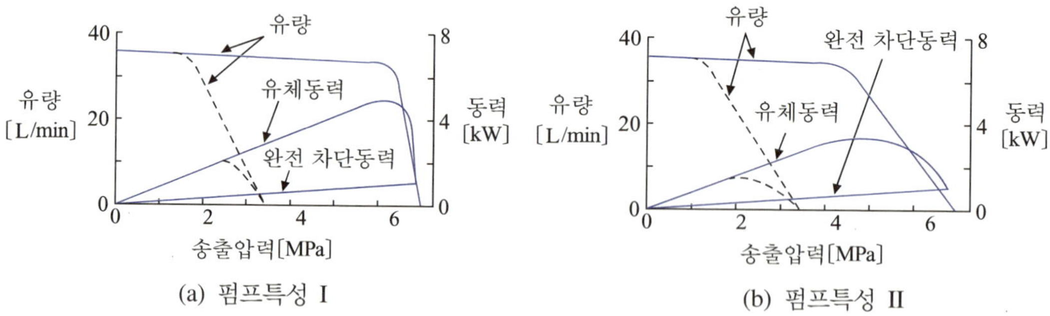

그림 4.47 압력보상·가변 용량형 유압펌프의 성능곡선

표 4.5 유압펌프의 성능비교

펌프형식	정격압력 (bar)	정격속도 (rpm)	전효율 (%)	마력/무게 (HP/lb)	유량 (L/min)	비용 ($/HP)
외접기어	140~210	1200~2500	80~90	2	4~570	4~8
내접기어	35~140	1200~2500	70~85	2	4~760	4~8
베인	70~140	1200~1800	80~95	2	4~300	6~30
액시얼 피스톤	140~840	1200~3000	90~98	4	4~760	6~50
레이디얼 피스톤	210~840	1200~1800	85~95	3	4~760	5~35

표 4.5는 유압펌프의 성능인자의 비교이다. 일반적으로 기어펌프는 가격은 저렴하지만, 펌프 효율이 마모와 더불어 급격하게 저하하고, 유지비용이 많은 단점이 있다. 기어펌프는 기어 바깥 주위로의 누설, 기어면을 통한 누설, 기어 이(tooth)가 접촉하는 부분의 누설 등에 의해 체적효율이 큰 영향을 받으며, 마모에 의해 효율 저하가 급증한다. 그러나 기어펌프는 소형이며, 설계하기 쉬우므로 유압시스템에 많이 사용된다.

베인펌프의 효율과 비용은 기어펌프와 피스톤펌프의 사이에 있다. 베인펌프는 효율도 높고 내구성도 양호하다. 그러나 베인이 로터 홈 사이에서 미끄럼운동을 하기 때문에 작동유 관리에 주의하여야 하며, 고속회전에서 문제점이 발생할 수도 있다.

피스톤펌프는 고가이나 성능이 가장 우수하다. 피스톤펌프는 5,000 rpm 정도의 고속 운전이 가능하며, 무게/마력비도 가장 높고, 가장 높은 압력에서 작동할 수 있다. 그리고 다른 펌프에 비교하여 누설유량도 적어 효율도 높지만, 설계, 제작이 복잡하다.

4.11 유압펌프의 선정기준

유압펌프를 선정할 때는 유량, 액추에이터의 작동속도, 정격압력, 성능, 신뢰성, 유지 관리, 비용, 소음 등을 고려한다. 일반적으로 유압펌프 선정 절차는 다음과 같다.

① 부하에 적합한 유압액추에이터(유압실린더, 유압모터 등)를 선정한다.
② 설계 사양에 필요한 유량을 결정한다.
③ 펌프 회전수를 결정하고 원동기(prime mover)를 결정한다. 유량 계산과 더불어 펌프의

크기(배제용적)를 결정한다.

④ 용도에 맞는 펌프 형식(기어, 베인, 피스톤 펌프 및 일정 용량형과 가변 용량형 등)을 결정한다.

⑤ 시스템의 압력을 결정한다. 이것은 액추에이터의 크기와 외부 부하에 따라 시스템에 걸리는 저항력의 크기에 따라 달라진다. 펌프 구동력이 여기서 결정된다.

⑥ 오일탱크와 관련 배관을 선정한다. 관련 배관에는 관, 밸브, 유압액추에이터, 기타 부속기기 등이 포함된다.

⑦ 시스템의 전체 비용을 계산한다.

⑧ 소음레벨, 동력손실, 열 발생에 따른 열교환기의 필요성, 펌프 마모, 그리고 전체 시스템의 유지보수 일정 등을 고려한다.

연습문제

4.1 유압펌프의 토크효율과 기계효율이 같다($\eta_T = \eta_m$)는 것을 유도하라.

4.2 유압펌프의 전효율 $\eta = \eta_V \cdot \eta_T$임을 유도하라.

4.3 송출압력 7 MPa, 실제 송출량 50 L/min, 전효율 82%인 유압펌프의 펌프동력과 축동력을 구하라.

[답] L_p = 5.83 kW, L_s = 7.11 kW

4.4 송출압력 7 MPa, 송출량 0.07 m^3/min인 유압펌프를 사용할 때 펌프동력, 축동력, 토크효율을 구하라. 펌프 전효율 70%, 체적효율은 82%이다.

[답] L_p = 8.2 kW, L_s = 11.7 kW, η_T = 0.85

4.5 유압펌프의 배제체적 10 cc/rev이고, 회전수 1000 rpm, 송출압력 10 MPa로 운전할 때 누설유량이 1 L/min이다. 다음을 구하라.

(1) 이론송출량　　(2) 펌프동력
(3) 체적효율　　(4) 이론 축토크

[답] Q_{th} = 10 L/min, L_p = 1.5 kW, η_V = 0.9, T_{th} = 15.9 N · m

4.6 예제 4.3에서 체적효율 90%, 전효율 87%일 때

(1) 실제 송출유량　　(2) 누설유량, 토크효율
(3) 축토크　　(4) 축동력
(5) 펌프동력

[답] (1) 27.41 L/min, (2) 3.04 L/min, 97%, (3) 59.98 N · m (4) 10.98 kW, (5) 9.56 kW

4.7 송출압력 13.7 MPa, 유량 15 L/min, 전효율 80%인 유압펌프의 축동력과 펌프 동력을 구하라.

[답] L_s = 4.28 kW, L_p = 3.42 kW

4.8 잇수 16, 모듈 4 mm인 인벌류트 치형을 가진 평기어에서 배제체적이 30 cc/rev로 설계하려고 한다. 이 폭은 얼마인가?

[답] 18.6 mm → 20 mm

4.9 압력평형형 베인펌프의 캠곡선을 다음의 3차식으로 설계할 때 $r = a\theta^3 + b\theta^2 + c\theta + d$, $\theta = 0$에서 $r = R_1$, $v(= dr/dt) = 0$, $\theta = \Theta(= 2\pi/z)$에서 $r = R_2$, $v = 0$로 하여 a, b, c, d를 구하고, 캠곡선의 문제점을 고찰하라.

[답] ($a = \dfrac{2(R_1 - R_2)}{\Theta^3}$, $b = \dfrac{3(R_2 - R_1)}{\Theta^2}$, $c = 0$, $d = R_1$, $\theta = 0$, Θ에서 가속도 $\alpha = dv/dt$을 생각해보자.)

4.10 국내외 유압펌프 제조회사에서 생산하는 유압펌프 성능곡선을 조사하고 그 특성을 비교하라.

제 5 장

유압액추에이터

학습목표

1. 유압시스템에서 유압액추에이터의 역할을 논의할 수 있다.
2. 유압모터와 유압펌프의 작동 특성의 차이점을 논의할 수 있다.
3. 기어모터, 베인모터, 피스톤모터의 구조와 작동원리를 설명할 수 있다.
4. 유압모터의 동력, 효율을 계산할 수 있다.
5. 유압실린더의 추력, 속도, 동력을 계산할 수 있다.
6. 유압실린더의 구성 부품을 설계할 수 있다.
7. 유압실린더에 사용되는 실(seal)의 종류와 특성을 논의할 수 있다.
8. 유압실린더의 완충장치의 역할과 작동원리를 설명할 수 있다.
9. 유압실린더의 피스톤 로드에 다양한 링크기구를 부착하여 사용할 때 작용하는 힘을 해석할 수 있다.

유압액추에이터(hydraulic actuator)는 유압펌프에서 송출된 유압에너지(= 압력 × 유량)를 기계적인 일로 바꾸는 기기(機器)이다. 유압액추에이터는 연속적인 회전운동을 하는 유압모터(hydraulic motor), 직선 왕복운동을 하는 유압실린더(hydraulic cylinder) 및 왕복운동과 회전운동을 동시에 할 수 있는 요동형 액추에이터(rotary actuator)가 있다.

5.1 유압모터

유압모터(hydraulic motor)는 고압유의 유압에너지를 연속적인 회전운동으로 바꾸는 기기이고, 유압모터에 공급되는 고압유의 압력을 조정하여 출력토크를 제어하고, 또 공급되는 유량을 조절하여 회전속도를 제어한다. 기본 구조는 유압모터와 유압펌프는 거의 같지만, 작동원리는 기계적 회전에너지를 유압에너지로 변환하는 유압펌프와 역(逆)으로 작동한다.

유압모터는 유압펌프와 같이 일정 용량형과 가변 용량형이 있다. 일정 용량형 유압모터는 1회전당 모터의 배제체적이 변하지 않지만, 가변 용량형은 1회전당 배제체적이 회전속도에 관계없이 변하게 할 수 있는 형식이며, 압력불평형 베인모터, 피스톤모터 등이 있다. 가변 용량형 유압모터는 배제체적을 조절하여 출력축의 토크나 회전속도를 제어한다.

유압모터는 작동유의 입구와 출구포트 이외에 드레인 포트(drain port)가 있어 유압모터에서 누설된 작동유를 오일탱크로 보낸다. 이 드레인 포트는 축의 실(seal)부에 고압이 작용하는 것을 방지하고, 축에 압력에 의한 축방향의 추력(thrust)이 작용하는 것을 방지한다.

유압모터는 소형·경향이면서 큰 토크와 동력을 낼 수 있기 때문에 토크/관성비가 크고, 응답성과 제어성이 양호하다. 또 10 : 1～100 : 1 정도의 비교적 큰 변속범위를 정/역전 양방향에 얻을 수 있고, 유압펌프로 작동시키면 부하측에서 동력을 흡수하는 유압브레이크로도 사용할 수 있는 장점이 있다.

[1] 유압모터의 성능

(1) 체적효율

유압모터의 1회전당 배제체적을 V_m [cm³/rev], 회전수를 n [rps]이라 하고, 누설이 없는 이상적인 경우에 유압모터로 유입되는 이론유량 Q_{th}는 다음과 같다.

$$Q_{th} = V_m \cdot n \tag{5.1}$$

실제는 유압모터 내부에 운동부의 틈새를 통하여 누설되는 유량이 있다. 따라서 유압모터에 실제 공급되는 유량 Q는 식 (5.1)의 이론유량보다도 누설유량 ΔQ만큼 커진다.

$$Q = Q_{th} + \Delta Q \tag{5.2}$$

유압모터에서 누설되는 양의 정도를 표시하기 위해 체적효율(volumetric efficiency) η_V를 사용한다.

$$\eta_V = \frac{Q_{th}}{Q} = \frac{1}{1 + \Delta Q / Q_{th}} \tag{5.3}$$

유압모터 운동부의 틈새에서 누설유량 ΔQ는 유압펌프와 같이 다음 식으로 표시할 수 있다.

$$\Delta Q = C_s V_m \frac{\Delta p}{\mu} \tag{5.4}$$

위 식에서 C_s는 무차원 누설계수이다. 위 식을 식 (5.3)에 대입하여 정리하면,

$$\eta_V = \frac{Q_{th}}{Q} = \frac{1}{1 + C_s \Delta p / \mu n} \tag{5.5}$$

누설계수 C_s의 값은 아주 작고, 일반적으로 체적효율 η_V는 90% 이상이고, 95% 이상인 것도 있다. 또 C_s의 값은 압력, 회전수, 작동유의 점도 등의 운전조건에 따라 거의 변하지 않는다. 그러나 운동부의 미끄럼 면에 정압베어링을 사용하는 유압모터는 운전조건에 따라 C_s 값이 약간 변하는 경우도 있다.

(2) 토크효율

유압모터의 내부에서 마찰 손실토크나 누설에 따른 손실 유량이 없을 때, 유압모터가 1회전 중에 고압유가 유압모터에 하는 일 $\Delta p\, V_m$과 유압모터 출력축에서 일 $2\pi\, T_{th}$는 같으므로 이론 토크 T_{th}는 유압펌프와 같이 다음과 같다.

$$T_{th} = \frac{\Delta p\, V_m}{2\pi} \tag{5.6}$$

그러나 유압모터의 운동부에서 미끄럼 면에는 마찰이 작용하기 때문에 실제 출력축에서 토크 T는 이론 토크 T_{th}보다도 손실토크 ΔT만큼 작아진다.

$$T = T_{th} - \Delta T \tag{5.7}$$

유압모터의 마찰에 의한 손실의 정도를 나타내는 양으로써, 토크효율(torque efficiency) η_T를 사용한다.

$$\eta_T = \frac{T}{T_{th}} = 1 - \frac{\Delta T}{T_{th}} \tag{5.8}$$

정격 회전수 부근의 비교적 고속영역에서 손실토크 ΔT는 유압펌프와 같이 다음 식으로 표시된다.

$$\Delta T = \frac{V_m}{2\pi}(C_d \, \mu n + C_f \, \Delta p) \tag{5.9}$$

식 (5.9)의 손실토크 ΔT에서, C_d는 유압모터 내부의 운동부에서 회전속도에 비례하는 점성 마찰토크를 나타내는 손실계수, C_f는 실(seal), 베어링 등에서 유체 압력에 비례하는 기계적 마찰토크를 표시하는 손실계수이다.

식 (5.9)을 식 (5.8)에 대입하면 다음과 같다.

$$\eta_T = \frac{T}{T_{th}} = 1 - C_f - C_d \frac{\mu n}{\Delta p} \tag{5.10}$$

(3) 전효율

유압모터의 출력축이 각속도 $\omega (= 2\pi n)$로 회전할 때, 출력동력 L_s은 다음과 같다.

$$L_s = T \cdot \omega \tag{5.11}$$

한편 유압모터에 공급되는 고압유가 갖는 입력동력 L_m은 다음과 같다.

$$L_m = \Delta p \cdot Q \tag{5.12}$$

따라서 유압모터의 동력변환 효율인 전효율(total efficiency) η은 다음 식과 같다.

$$\eta = \frac{L_s}{L_m} = \frac{T \cdot \omega}{\Delta p \cdot Q} = \frac{T \cdot \omega \cdot V_m}{\Delta p \cdot Q \cdot V_m} = \frac{Q_{th}}{Q} \times \frac{T}{T_{th}} = \eta_V \times \eta_T \tag{5.13}$$

위 식에서 전효율 η는 유압펌프와 같이 체적효율 η_V와 토크효율 η_T의 곱으로 표시되며, 식 (5.5)와 식 (5.10)을 대입하면 다음과 같다.

$$\eta = \frac{1 - C_f - C_d \mu n / \Delta p}{1 + C_s \Delta p / \mu n} \tag{5.14}$$

[예제 5.1] 유압모터 1회전당 배제체적이 100 cm^3/rev, 입구와 출구의 압력차가 30 MPa일 때 출력 토크는 얼마인가? 토크효율은 85%이다.

[풀이] 식 (5.6), (5.8)에서 Δp = 30 MPa, V_m = 100 cm^3/rev, η_T = 0.85를 대입하면

$$T = \frac{\Delta p \cdot V_m}{2\pi} \times \eta_T = \frac{30 \times 100}{2\pi} \times 0.85 = 406.1 \text{ Nm}$$

[예제 5.2] 토크효율 90%, 체적효율 89%인 유압모터가 압력 20.6 MPa, 축토크 245 N·m, 회전수 1,500 rpm으로 작동할 때, 다음을 구하라.

(1) 전효율 (2) 배제체적
(3) 이론 공급유량 (4) 실제 유량과 누설유량
(5) 이론 토크 (6) 손실토크
(7) 출력동력 (8) 입력동력

[풀이] (1) 식 (5.13)에서 $\eta = \eta_V \times \eta_T$ 이므로

$\eta = 0.89 \times 0.9 = 0.8$, 80%

(2) 식 (5.6)와 식 (5.8)에서,

$$T = \frac{\Delta p \cdot V_m}{2\pi} \times \eta_T, \quad V_m = \frac{2\pi T}{\Delta p \eta_T} = \frac{2\pi \times 0.245 \times 1000}{20.6 \times 0.9} = 83 \text{ cm}^3/\text{rev}$$

(3) 식 (5.1)에서, $Q_{th} = V_m \times n = \dfrac{83 \times 1500}{1000} = 124.5 \text{ L/min}$

(4) 식 (5.1), (5.2), (5.3)에서

$$Q = \frac{Q_{th}}{\eta_V} = \frac{124.5}{0.89} = 140 \text{ L/min}$$

$$\Delta Q = Q - Q_{th} = 140 - 124.5 = 15.5 \text{ L/min}$$

(5) 식 (5.8)에서, $T_{th} = \dfrac{T}{\eta_T} = \dfrac{245}{0.9} = 272\ \mathrm{N \cdot m}$

(6) 식 (5.7)에서, $\Delta T = T_{th} - T = 272 - 245 = 27\ \mathrm{N \cdot m}$

(7) 식 (5.11)에서, $L_s = T \cdot \omega = 0.245 \times \dfrac{2\pi \times 1500}{60} = 38.5\ \mathrm{kW}$

(8) 식 (5.13)에서, $L_m = \dfrac{L_s}{\eta} = \dfrac{38.5}{0.8} = 48.1\ \mathrm{kW}$

[2] 유압모터의 분류

유압모터는 유압펌프와 역기능을 하며, 기본구조는 유압펌프와 같다. 표 5.1은 유압모터의 분류이다.

표 5.1 유압모터의 분류

- 유압모터
  - 기어모터
    - 외접형
    - 내접형
  - 베인모터
  - 피스톤모터
    - 액시얼형
      - 경사축식
      - 경사판식
    - 레이디얼형
  - 요동모터
  - 나사모터

[3] 유압모터의 작동 특성

유압펌프와 유압모터의 작동특성을 표 5.2에 비교하여 나타내었다.

표 5.2 유압펌프와 유압모터의 작동 특성

항 목	유압펌프	유압모터
기능	• 기계적 회전동력을 유압동력으로 변환한다. • 부하저항에 대해 작동유를 송출해야 하므로 체적효율이 중요하다. • 클로즈드센터형 가변 용량형 펌프를 제외하고 유압모터로 작동시키는 경우는 거의 없다.	• 유압동력을 기계적 회전동력으로 변환한다. • 부하토크에 대해 회전해야 하므로 토크효율이 중요하다. • 펌프작동을 하는 경우가 있다(브레이크 작동시 등).
회전방향	• 작동 중에 회전방향이 바뀌지 않는다. • 송출방향도 클로즈드센터형 가변용량 펌프를 제외하고는 변하지 않는다.	• 특수한 경우를 제외하고, 양방향 회전이 요구된다. • 회전방향에 따라 고·저압포트가 교체된다.
회전속도	• 보통 일정속도로 운전 • 정지상태에서는 고압이 작용하지 않는다.	• 광범위 회전속도로 운전 • 정지 또는 저속상태에서 고압이 작용한다.
운전유온	• 기동시를 포함하여 펌프 온도와 작동유 온도는 큰 차이가 없다. • 작동유의 온도변화가 완만하다.	• 모터 온도와 작동유 온도에 큰 차이가 있는 상태로 운전되는 경우도 있다. • 열적 충격(thermal shock) 문제가 있다.
축에 작용하는 외력	• 외력이 거의 작용하지 않다.	• 풀리, 스프로킷, 기어 등에서 간접적인 외력을 받는다.

[4] 기어모터

(1) 기어모터의 종류와 구조

기어펌프와 같이 기어모터(gear motor)는 외접형 기어모터(그림 5.1)와 내접형 기어모터(그림 5.2)가 있고, 인벌류트 치형(involute tooth profile)을 많이 사용한다. 정·역 양방향 회전에 사용되기 때문에 외부 드레인을 하며, 일반적으로 가동측판형은 그 배압을 정·역 회전에 대응하여 자동적으로 변환시키는 기구가 필요하다. 기동시의 마찰을 줄이기 위해 니들베어링(needle bearing)을 많이 사용한다.

그림 5.2와 같은 소형 내접형 기어모터는 안기어와 이것보다 잇수가 1개가 많은 바깥기어와의 물림에 의해 발생되는 차동운동을 이용하여 감속시키며, 저속·고토크용으로 소형기계에 사용한다.

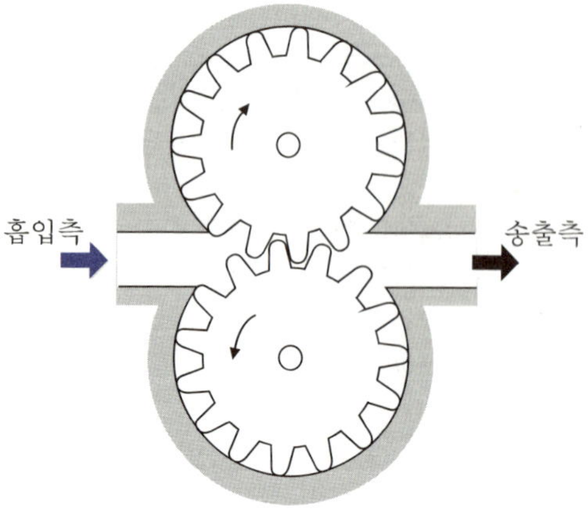

그림 5.1 외접형 기어모터의 작동

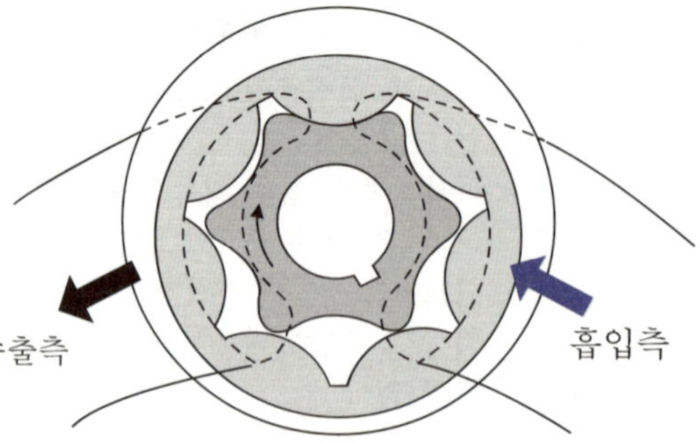

그림 5.2 내접형 기어모터의 작동

그림 5.3은 유압펌프에서 송출된 작동유로 기어모터를 구동하는 장치로서, 기어모터는 수차(water turbine)와 매우 유사한 역할을 한다.

그림 5.4는 기어모터의 구조이며, 모터에서는 내부누설이 증가하면 그 만큼 회전수가 낮아지기 때문에 이것을 방지하기 위해 가동측판형(pressure plate type)으로 한다. 본체는 보통 알루미늄 합금이고, 본체 내부와 이끝 사이의 틈새는 일정하다. 잇수는 다양한 토크에 견딜 수 있도록 기어펌프보다 많다.

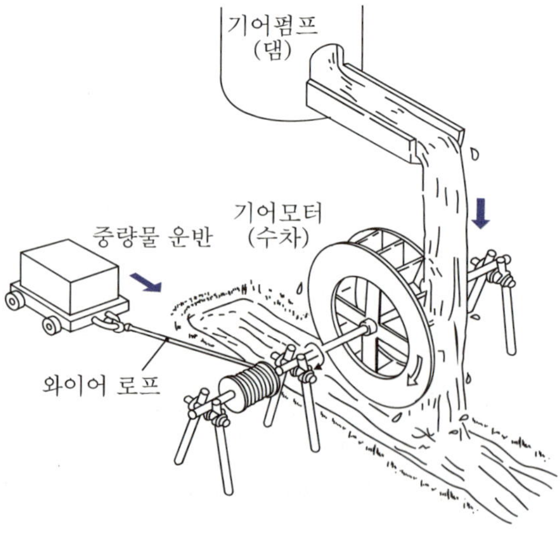

그림 5.3 기어모터와 수차

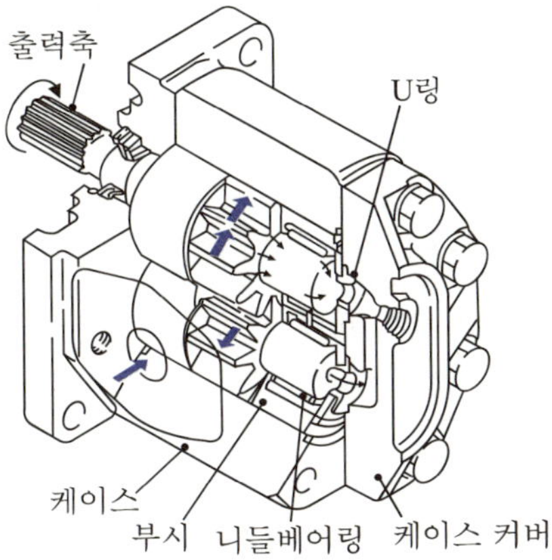

그림 5.4 기어모터

(2) 기어모터의 작동원리와 특징

그림 5.5 (a)에서 위쪽 기어 A만 보면, 기어모터에 유입된 고압유의 압력은 p_1, p_1', p_2, p_2'면에 같은 크기로 수직하게 작용한다. 치면(tooth surface)에 작용하는 힘은 p_1, p_1'면에서는 서로 평형상태이므로 기어를 회전시키려는 힘(토크)이 발생하지 않는다. p_2, p_2'면도 서로 평형을 유지하고 있지만, Q와 Q'면을 비교하면 접점을 경계로 하여 Q'면에는 송출측의 저압유가 작용하지만 Q면에는 유입된 고압유가 작용한다. 이 힘의 차이 때문에 회전력(토크)이 발생한다. 다음에 그림 5.5 (b)의 아래쪽 기어 B에서는 p_1, p_1'면의 기어에 작용하는 힘이 서로 평형을 유지하여 기어를 회전시키려는 힘이 발생하지 않는다. p_2, p_2'면도 같은 상태로 평형을 유지하고 있지만, Q 면과 Q'면을 비교하면 기어 A와 같이 접점을 경계로 하여 Q 면에는 유입측의 고압유분만큼 큰 힘이 작용한다. 이것에 의해 그림 5.5 (c)에서 보듯이 기어 A와 B의 치면에 힘이 작용하는 화살표 부분에서 회전력이 발생하여 기어가 회전한다. 기어모터는 펌프에서 송출된 작동유의 흐름방향에 따라 정·역의 회전방향이 결정되고, 이 때문에 흡입측과 송출측도 그때마다 바뀐다.

기어모터의 장점은 구조가 간단하고 가격이 저렴하며, 작동유 속에 이물질에 의한 고장이 적고, 가혹한 운전조건에도 비교적 잘 견딘다는 것이다. 단점은 누설유량이 많고, 토크변동이 크다는 것이다. 또한 베어링에 작용하는 하중이 크기 때문에 수명이 약간 짧다.

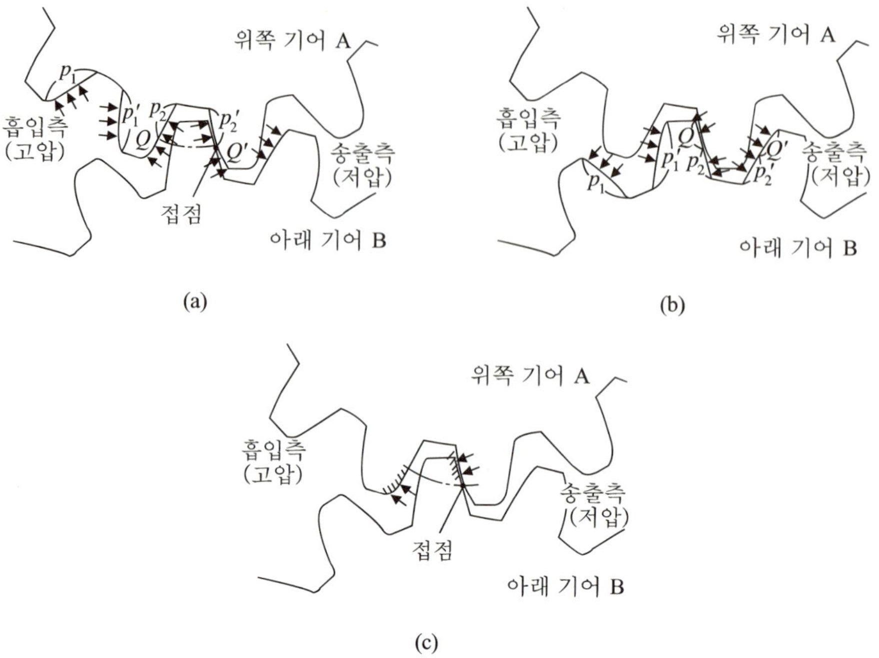

그림 5.5 기어모터의 작동원리

[5] 베인모터

베인모터(vane motor)는 베인펌프와 구조가 비슷하지만, 유압이 작용하지 않는 초기상태에도 항상 베인을 캠링 안쪽 표면으로 밀어내어 밀착시켜야 하기 때문에 그림 5.6과 같이 코일 스프링(coil spring)을 베인 아래 부분에 넣어 밀어 올리는 코일 스프링방식, 그림 5.7은 베인 아래 부분에 로커 암(rocker arm)으로 베인을 들어 올리는 로커 암방식, 미리 유압을 베인 밑 부분에 유도하여 베인을 밀어 올리는 파일럿 유압방식이 있다.

베인모터의 작동원리는 그림 5.6을 사용하여 설명한다. 베인모터 축에 대칭인 ①과 ③ 포트에서 고압유가 들어오면, 로터와 베인과 캠링으로 형성된 밀폐 공간의 안쪽 면에 작동유의 압력은 균등하게 작용한다. 그러나 베인이 밀려 나간 것은 좌우의 베인에서 다르기 때문에 (캠링의 내측의 형상에 따른다) 좌우의 베인에 걸리는 힘이 다르다. 그림 5.6에서는 $F_1 > F_1'$, $F_2 > F_2'$, $F_3 > F_3'$, $F_4 > F_4'$이고, 그 차이 $F_1 - F_1'$, $F_2 - F_2'$, $F_3 - F_3'$, $F_4 - F_4'$의 힘에 따라 모터 축(로터)은 반시계방향(화살표 방향)으로 회전한다. ②, ④ 포트는 작동유가 배출되는 포트이고 ①, ③ 포트보다 저압이다. 이 베인모터를 그림 5.6과 반대방향(시계방향)

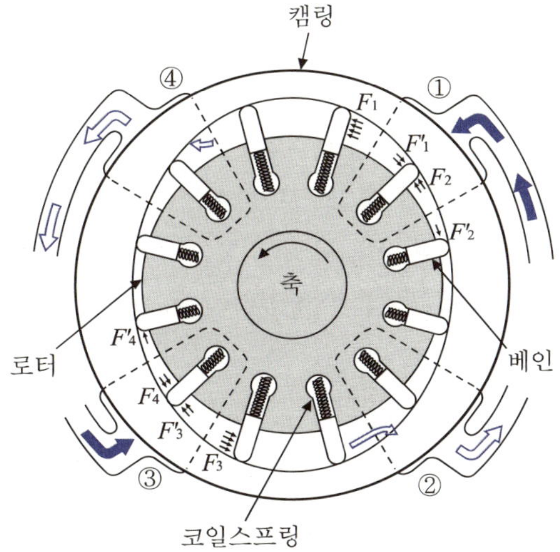

그림 5.6 코일 스프링방식 베인모터

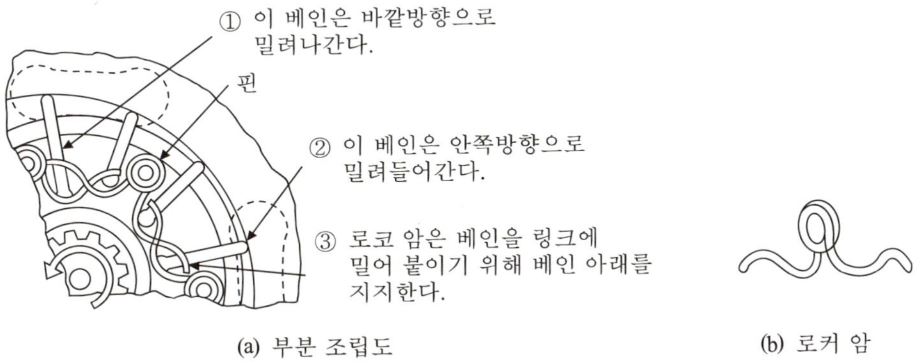

그림 5.7 로커 암방식 베인모터

으로 회전시키려면 ②, ④ 포트로 고압유를 유입시켜 ①, ③ 포트로 배출시키면 된다.

베인모터의 장점은 구조가 비교적 간단하며, 토크변동이 작고, 로터에 작용하는 압력이 평형을 이루기 때문에 베어링 하중이 작고, 또 베인 선단이나 캠링 안쪽 표면이 마모되어도 베인과 캠링의 접촉이 유지되므로 누설이 그다지 증가하지 않는다. 단점은 누설유량이 비교적 많고, 베인과 캠링과의 마찰이 크고, 기동 시나 저속에서 토크효율이 낮다.

[6] 피스톤모터

(1) 액시얼 피스톤모터

액시얼 피스톤모터(axial piston motor)의 구조는 액시얼 피스톤펌프와 거의 같다. 그림 5.8에서 작동원리를 설명한다. 유압모터 유입구로 들어온 압력 p의 고압유는 피스톤에 작용한다. 피스톤의 수압면적을 A라 하면, 고압유에 의해 피스톤에 작용하는 힘 F는 $p \times A$이고, 그림 5.8과 같이 피스톤의 진행방향으로 작용한다.

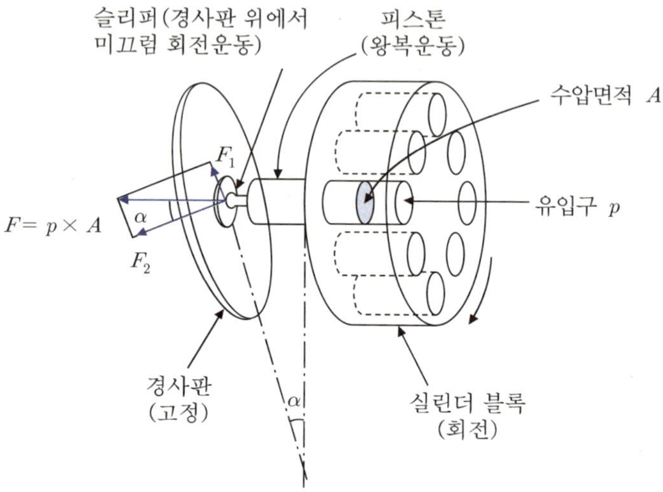

그림 5.8 경사판식 액시얼 피스톤모터

그런데 경사판이 각도 α만큼 기울어져 있기 때문에 힘 F는 경사판에 평행한 힘의 성분 F_1과 경사판에 수직한 힘의 성분 F_2로 분해된다. 이 힘 F_1이 출력축을 회전시키는 힘의 성분이다. 경사판은 유압모터 본체에 고정되어 있고, 피스톤과 슬리퍼는 고정되어 있지 않기 때문에 피스톤과 슬리퍼는 힘 F_1 방향으로 경사판 위에서 미끄러지도록 작용한다. 이러한 작동이 여러 개의 피스톤에서 순서대로 반복해서 일어나 실린더 블록에 회전토크를 발생시키고, 실린더 블록에 스플라인(spline) 축으로 연결된 출력축이 회전한다.

그림 5.9는 실제 액시얼 피스톤모터의 구조를 나타낸다. 여기서 고압유의 압력이나 공급유량이 일정하면, 경사판의 경사각도 α가 크게 되어 F_1이 커지고 출력토크도 증가한다. 그러나 피스톤 수평방향(축과 평행)의 행정(stroke)이 커지고, 모터를 1회전시키기 위해 필요한

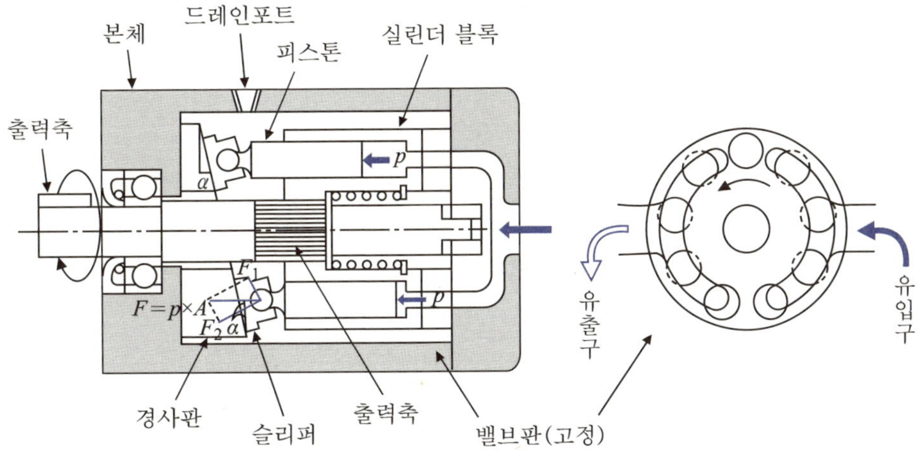

그림 5.9 경사판식 액시얼 피스톤모터의 구조

유량이 증가하기 때문에 모터의 회전수는 낮아진다. 역으로 경사판의 각도 α가 작아지면 F_1도 작아지고 출력토크도 작아지지만, 피스톤의 행정이 작아지기 때문에 모터의 회전수는 높아진다.

또 경사판식과 경사축식 피스톤모터의 장점과 단점을 비교하면 다음과 같다.

① 경사판식 피스톤모터의 장점
- 경사축식과 비교하여 구조가 간단하고 가격이 싸다.
- 소형, 경량이다.
- 고압, 고속에서 연속운전에 적합하다.
- 출력축을 관통시키는 것이 가능하기 때문에 보급용의 펌프 등을 설치하기 쉽다.

② 경사판식 피스톤모터의 단점
- 피스톤과 실린더 사이의 접촉면 압력이 크고, 기동특성이 좋지 않다. 특히 출력축에 압력이 작용하면 더욱 나쁘다.
- 작동유 속의 이물질에 의한 고장이 일어나기 쉽다.
- 경사축식보다 효율이 조금 낮다.

③ 경사축식 피스톤모터의 장점
- 경사판식보다도 밸브판에서 유압평형이 용이하므로 신뢰성이 높다.

- 작동유 속의 이물질에 의한 고장이 잘 일어나지 않는다.
- 기동특성이 양호하다.

④ 경사축식 피스톤모터의 단점

- 구조적으로 대형이고, 특히 가변 용량형이 되면 크기가 커진다.
- 제조 단가가 비싸다.
- 출력축을 관통시키는 것이 어렵다.

(2) 레이디얼 피스톤모터

그림 5.10은 레이디얼 피스톤모터의 구조이다. 일반적으로 피스톤 수는 5개를 많이 사용하며, 유입구로 들어온 고압유는 회전밸브(pintle)를 통과하여 피스톤 윗부분을 누른다. 이 때 고압유의 압력을 p, 피스톤 윗부분의 면적을 A라 하면, 고압유가 피스톤 윗부분을 누르는 힘 F는 $F = p \times A$이다. 이 힘 F는 연결봉을 통하여 편심 캠에 작용한다. 편심 캠 위에서는 이 힘 F는 F_1과 F_2로 분해되고, F_2가 편심 캠(출력축)을 회전시킨다.

피스톤이 내려오는 행정(피스톤이 중심으로 이동하는 과정)에서는 회전밸브가 유입구로 연결되어 있기 때문에 고압유가 흘러들어와 피스톤 윗부분을 누른다. 역으로 피스톤이 올라가는 행정(피스톤이 외측으로 이동하는 과정)에서는 회전밸브가 유출구로 연결되기 때문에 실린더 내부에 작동유는 유출구로 배출된다. 유입구와 유출구를 역으로 하면 출력축의 회전 방향도 반대로 되고, 정회전과 역회전을 얻는다. 이 모터는 저속·고토크 모터로 많이 사용한다.

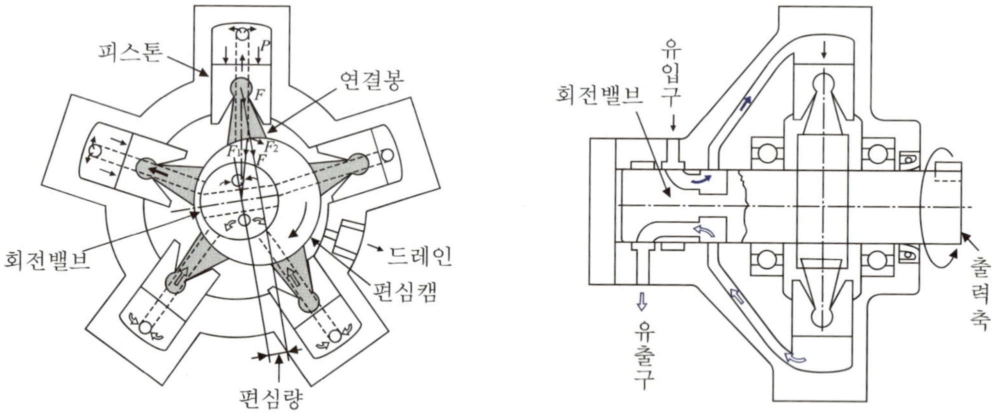

그림 5.10 레이디얼 피스톤모터의 구조

저속·고토크형 레이디얼 피스톤모터는 부착 자세, 부하와 결합, 배관 등의 적합성이 양호하고, 고속 회전부분이 없기 때문에 소음이 작고, 수명도 길며, 부품 수가 적기 때문에 고장도 적다.

또 감속기 부착형 고속 레이디얼 피스톤모터는 저속·고토크 모터와 비교하여 소형·경량이고, 고속모터는 유압펌프와 공통 부품이 많기 때문에 양산화로 가격이 싸고, 부품 교환도 용이하며, 감속비를 자유롭게 선택할 수 있기 때문에 관성과의 적합성이 우수하고, 저속에서 운전이 저속·고토크 모터보다 원활한 장점이 있다.

[7] 요동형 액추에이터

(1) 종류

요동형 액추에이터(rotary actuator)는 요동 모터, 요동 실린더 또는 로터리 액추에이터라고도 하며, 유압에너지를 회전·요동운동으로 바꾼다. 요동형 액추에이터는 베인형과 피스톤형이 있고, 베인형은 0∼280° 범위의 정·역(正逆) 회전운동을 하며, 피스톤형은 정·역으로 몇 회전 한정된 왕복 회전운동을 한다. 특히 베인형 요동 액추에이터는 유압모터보다 출력토크가 크고, 구조가 간단하고, 가격도 저렴하기 때문에 많이 사용한다.

(2) 베인형 요동 액추에이터

베인형 요동 액추에이터는 회전 베인이 1개인 단일 베인형(single vane type), 2개인 이중 베인형(double vane type), 3개인 삼중 베인형(triple vane type)이 있다. 요동 각도는 액추에이터의 크기나 베인 구조에 따라 다르지만, 일반적으로 단일 베인형은 280° 이내, 이중 베인형은 100° 이내, 삼중 베인형은 60° 이내이다.

그림 5.11은 단일 베인형 요동 액추에이터의 구조이다. 밀폐된 케이싱 안에 고정된 고정 베인, 회전 베인과 일체로 된 출력축이 있다. 유입구로 고압유가 I 챔버(chamber)로 들어오면, 회전 베인에 고압유가 작용하기 때문에 I 챔버는 고압유가 증가하지만, II 챔버 내부의 작동유는 감소하여 유출구로 배출되기 때문에 출력축은 시계방향(정방향)으로 회전한다. 또 유입구와 유출구를 반대로 하면 출력축은 반시계방향(역방향)으로 회전한다. 출력축은 유입량에 비례한 각속도와 회전 베인의 전후면에 작용하는 압력차에 비례하는 토크를 얻는다. 단일 베인형은 이중형, 삼중형과 비교하여 요동 각도는 커지만 출력축에 편심하중이 작용하므로 주의해야 한다.

그림 5.11에서, 출력축에서 이론 토크 T_{th}는 다음과 같다.

$$T_{th} = b\int_{R_1}^{R_2} \Delta p \; R \; dR = \frac{b}{2}\left(R_2^2 - R_1^2\right)\Delta p \tag{5.15}$$

식에서 b는 베인 폭, R_1, R_2는 회전 베인의 출력축 반지름과 베인 선단까지의 반지름, R은 회전 베인의 임의 점까지 반지름, Δp는 베인 전후면의 압력차이다.

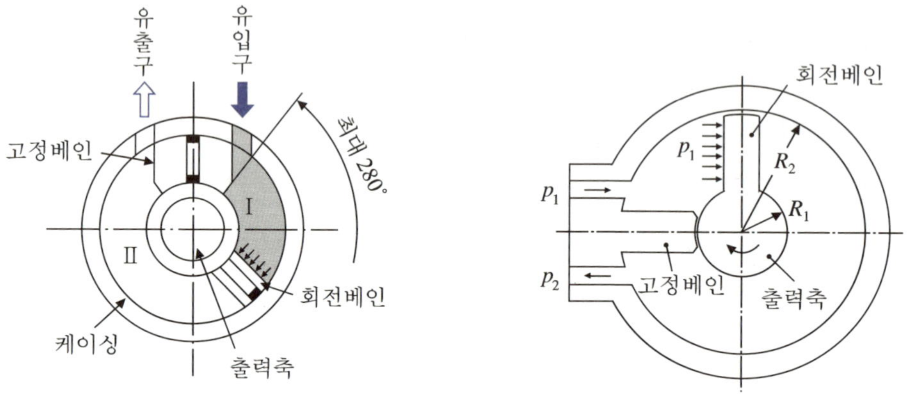

그림 5.11 단일 베인형 요동 액추에이터의 구조와 작동원리

그림 5.12는 이중 베인형 요동 액추에이터의 구조와 작동원리이다. 케이싱 안쪽에 고정 베인 2개가 대칭으로 고정되어 있고, 출력축에도 2개의 회전 베인이 대칭으로 일체화되어 있다. 단일 베인형과 비교하여, 요동 각도는 작아지지만, 고압유가 유입되는 챔버(I, I′)가 항상

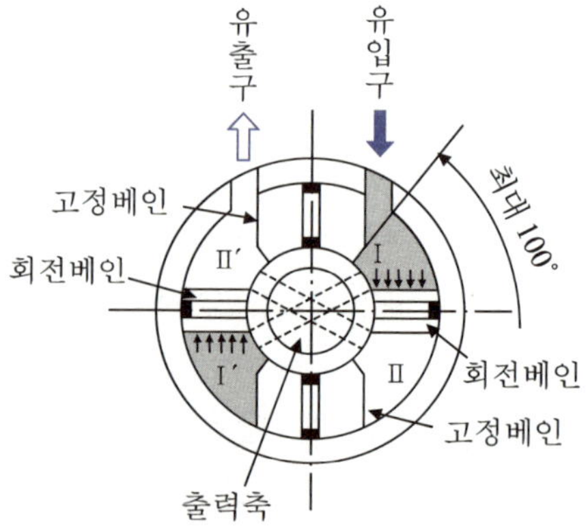

그림 5.12 이중 베인형 요동 액추에이터의 구조

출력축에 대해 서로 대칭이므로 출력축에 편심하중이 작용하지 않는다. 또 회전 베인의 전후면에 압력차와 수압면적이 단일 베인형과 같으면 고압유가 작용하는 회전 베인의 면적이 2배로 되기 때문에 출력축의 토크도 2배로 된다.

삼중 베인형도 이중 베인형과 같이 출력축에 편심하중이 작용하지 않는 구조이다. 같은 조건이면, 출력축의 토크는 단일 베인형의 3배로 된다.

(3) 피스톤형 요동 액추에이터

그림 5.13은 피스톤형 요동 액추에이터의 구조이다. 실린더 내부의 랙(rack)의 양단에 각각 피스톤이 붙어 있고, 랙은 피니언(pinon)과 맞물려 피니언 축이 출력축으로 작용한다. 실린더의 양측에 작동유의 유입구/유출구가 있고, 어느 한 쪽에서 고압유가 유입되면 출력축을 시계방향이나 반시계방향으로 회전시킬 수 있다.

피스톤형은 베인형과 비교하여 랙과 피니언의 가공 등 제조 단가가 비싸고, 설치 공간이 길어지는 단점이 있지만, 랙의 길이를 자유롭게 선정할 수 있기 때문에 출력축의 회전 각도를 몇 수 회전까지 크게 할 수 있다는 장점이 있다.

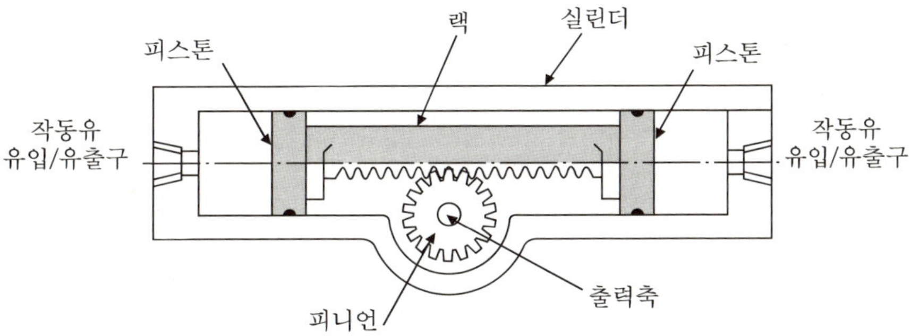

그림 5.13 피스톤형 요동 액추에이터의 구조

5.2 유압실린더

유압실린더는 유압펌프에서 발생된 유압동력(= 압력 × 유량)을 직선 왕복운동으로 변환하여 일을 한다.

[1] 유압실린더의 분류

유압실린더를 기능상 분류하면 그림 5.14와 같다. 복동형(double acting)은 실린더 양측에 고압유의 유입·유출 포트가 있고, 단동형(single acting)은 실린더 한쪽에만 고압유를 유입하여 추력을 발생시키고, 복귀는 스프링이나 중력 등으로 이루어진다. 단동형은 피스톤뿐만 아니라 피스톤과 로드 지름이 같은 램형(ram)도 있으며, 리프트(lift), 엘리베이터, 잭(jack) 등에 사용한다.

피스톤형은 편로드형(single rod), 양로드형(double rod), 이중피스톤형, 텔레스코프형(다단형, telescopic type) 등이 있다.

그림 5.15는 유압실린더의 부착·지지 방법에 따른 분류이다.

① 플랜지형(flange) : 부착 플랜지로 고정하여 지지한다(FA, FB).

② 다리형(foot) : 부착용 다리(foot)로 피스톤 로드의 중심선과 평행한 부착면이 있는 지지부를 가진다(LA, LB).

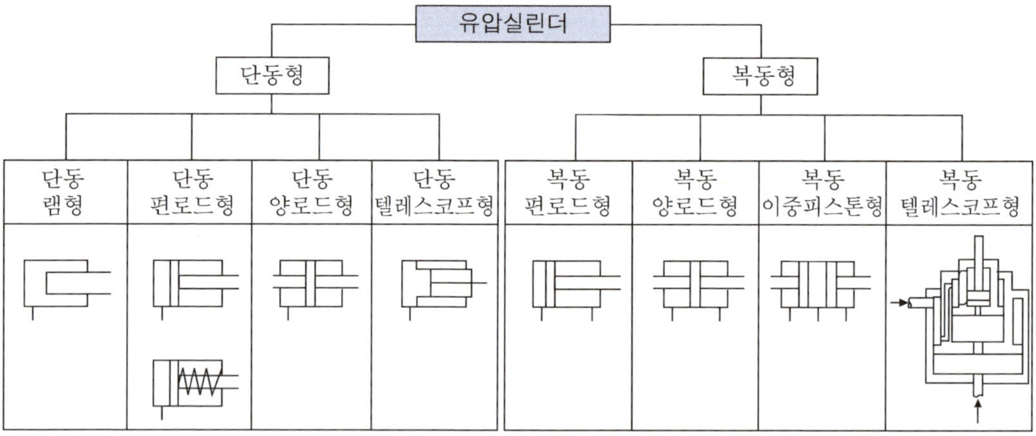

그림 5.14 유압실린더의 기능상 분류

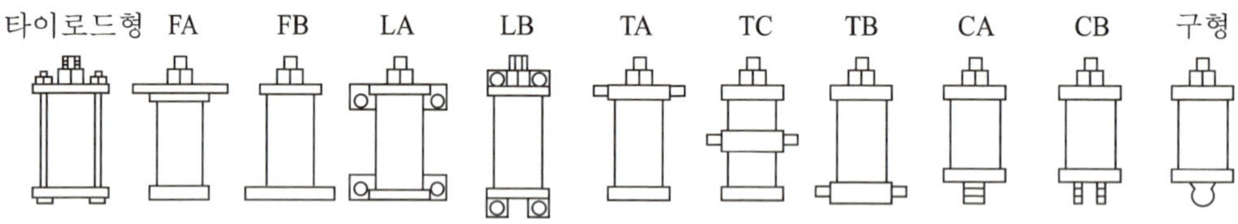

그림 5.15 유압실린더의 부착·지지 방법

③ 트러니언형(trunnion) : 피스톤 로드의 중심선에 대해 직각으로 실린더 양측에 원통형의 피봇(pivot)으로 지지한다(TA, TB, TC).

④ 클레비스형(clevis) : 피스톤 로드의 중심선에 대해 직각방향으로 고정하는 핀 구멍의 U형 지지부를 가지며, 건설중장비에 많이 사용한다(CA, CB).

그림 5.16은 유압실린더의 실린더 튜브와 커버 조립 방법으로서 타이로드 방식, 플랜지 방식, 용접 방식, 나사조립 방식이고, 표 5.3은 조립 방식의 특징을 나타낸다.

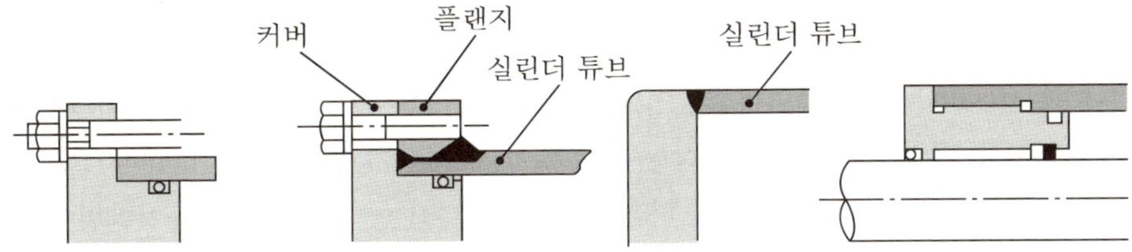

(a) 타이로드 방식 (b) 플랜지 방식 (c) 용접 방식 (d) 나사조립 방식

그림 5.16 유압실린더의 조립 형식에 따른 분류

표 5.3 조립 방식에 따른 유압실린더의 특징

조립 방식		내 용	용 도	장 점	단 점
헤드측	캡측				
타이로드 방식		헤드·캡 양 커버를 나사(타이로드)로 체결	산업기계 공작기계	• 제작, 조립 용이 • 보수용이	• 행정이 길거나 최고 사용압력이 높으면 타이로드가 늘어나 작동유가 누설되기 쉽다. • 실린더가 비틀린다.
나사 조립 방식	용접 방식	헤드측은 실린더 튜브에 나사를 내어 커버에 나사조립. 캡측은 용접으로 고정	건설기계 차량 농업기계 선박	• 경량 • 저렴	• 보수가 곤란
플랜지 방식	용접 방식	헤드측은 플랜지식, 캡측은 실린더 튜브와 커버를 용접하여 고정	중기계(重機械)	• 누설곤란	• 고가
플랜지 방식		실린더 튜브에 고정된 플랜지와 커버를 나사로 체결	중기계	• 누설곤란 • 보수용이 • 튜브가 보강되므로 팽창곤란	• 고가

(주) 헤드측 : 피스톤 로드가 나와 있는 부분. 종래 로드측
캡측 : 피스톤 로드가 나와 있지 않은 부분. 종래 헤드측

[2] 유압실린더의 구조

유압실린더의 기본구조는 기능, 부착·지지, 조립 형식에 따라 다르다. 그림 5.17은 현재 가장 많이 사용하는 복동형 편로드 타이로드 방식이다. 기본 구조는 실린더 튜브(cylinder tube), 피스톤(piston), 피스톤 로드(piston rod), 패킹(packing)으로 구성되며, 이것을 타이로드(tie rod)로 체결한다. 여기에 추가하여 완충기구(cushion), 공기빼기, 먼지 제거기 등이 부착되어 있다.

(1) 실린더 튜브

실린더 튜브(cylinder tube)는 피스톤이 미끄럼 왕복운동을 하는 강관(steel pipe)이다. 안쪽 면은 피스톤이나 패킹 등의 마모나 작동유 누설을 방지하기 위해 호닝(honing)으로 마무리 가공하며, 너무 매끄럽게 되면 유막이 파괴되거나 미소 진동이나 패킹의 자기발열에 의한 이상마모가 일어난다. 중기계용 실린더는 안쪽 면에 경질 크롬도금을 하여 패킹의 마모를 줄인다.

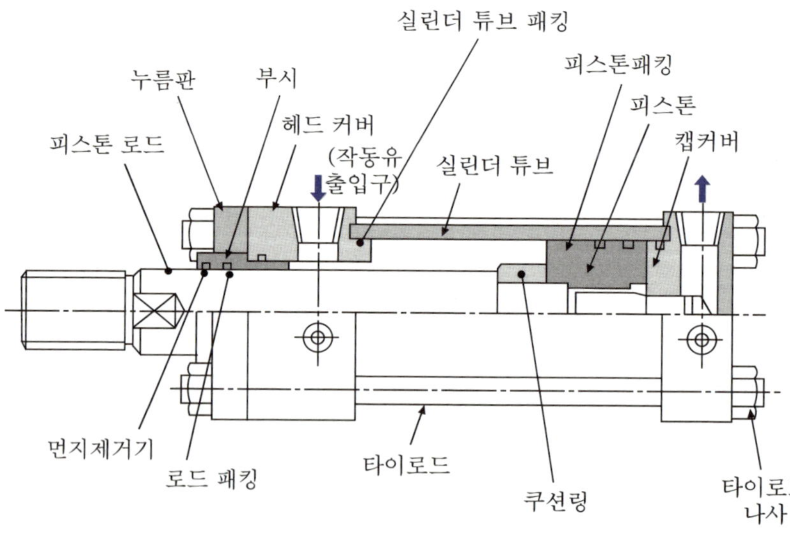

그림 5.17 복동형 편로드 유압실린더 (타이로드식)

(2) 피스톤

그림 5.18과 같이 피스톤은 실린더 튜브 안쪽 면에서 미끄럼 왕복운동을 하여, 유압에너지를 기계적인 직선 운동에너지로 바꾼다. 베어링 성능이 좋고, 변형되지 않으며, 또 실린더 추

력의 1/200 정도 횡하중을 견디는 구조와 강도를 가진 재료를 사용한다.

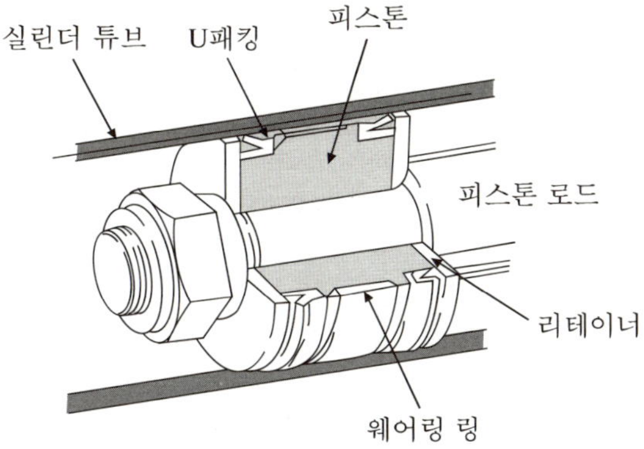

그림 5.18 피스톤

(3) 피스톤 로드

피스톤 로드(piston rod)는 피스톤에서 직선 왕복운동으로 바꾼 운동에너지를 부하로 전달한다. 따라서 압축, 인장, 굽힘에 견디며 마모·부식에 견딜 수 있는 재료를 사용한다. 재료 표면은 내마모성과 내식성을 향상시키기 위해 경질 크롬도금을 한다.

(4) 커버

커버(cover)는 실린더 튜브 양쪽 끝단의 덮개 역할과 피스톤 로드를 지지하는 부시(bush)를 고정하기 위해 실린더 추력에 대해 충분한 강성을 가져야 한다. 일반적인 타이로드 방식은 커버에 작동유의 유입/유출구 배관 구멍이 있고, 두께가 충분하기 때문에 강도상 문제는 없다. 커버는 피스톤 로드가 나와 있는 헤드 커버(head cover)와 피스톤 로드가 나와 있지 않은 캡 커버(cap cover)가 있다.

(5) 부시

부시(bush)는 피스톤 로드를 지지하며, 피스톤 로드가 원활하게 왕복운동을 하도록 한다. 또한 1/100 정도의 횡하중을 견디는 강도와 베어링 성능이 좋은 재료를 사용한다.

(6) 실

실(seal)은 표 5.4와 같이 여러 종류가 있다.

표 5.4 실의 분류

- 실
  - 패킹(운동용 실)
    - 셀프 실 패킹
      - 립형 패킹
        - J패킹
        - U패킹
        - L패킹
        - V패킹
        - 기타
      - 스퀴즈형 패킹
        - O링
        - 각링
        - D링
        - T링
        - 기타
    - 오일 실
    - 피스톤 링
    - 기계식 실
    - 기타
  - 개스킷(고정용 실)
    - 비금속
      - O링
      - 판형 천 봉입 고무시트
      - 금속+고무성형 링
    - 금속
      - 동판
      - 환상 링
    - 액체 – 액상 개스킷

① 사용 장소에 따라 : 로드 패킹, 피스톤 패킹

② 단면 형상에 따라 : U패킹, V패킹, O링 등

③ 실 작용에 따라 : 립형(유압에 의해 립이 열려 실 작용을 한다) – U패킹
스퀴즈형(압착되면서 실 작용을 한다) – O링

일반적으로 립형(lip type)은 미끄럼 운동 부분에, 스퀴즈형(squeeze type)은 고정되는 부분에 사용한다. 그림 5.19는 실의 단면 형상이다. U패킹은 피스톤이 50~60 m/min까지 고속에 사용되며, 니트릴 고무재료 패킹과 나일론재료 백업 링(backup ring)으로 되어 있다. 패킹이 삽입되는 홈 부분에 고압이 작용하면 패킹은 늘어나고 립이 튜브나 피스톤에 압착되어 작동유의 누설을 막는다. 반대측에서 유압이 작용하면 립과 실린더 사이에 틈새가 생겨 기름 누설을 막지 못하기 때문에 복동실린더에서는 맞대어 2개를 사용한다.

피스톤에 U패킹을 사용할 때, 패킹이 찌그러져 피스톤과 튜브가 직접 접촉하여 손상되는 것을 방지하기 위해 피스톤에 웨어링 링(wearing ring)을 삽입한다.

그림 5.20과 같이 U패킹에 작용하는 유압이 높아져 패킹 뒷면에 틈새가 마멸될 우려가 있을 때는 패킹 뒷면에 백업 링(backup ring)을 넣어 이것을 방지한다.

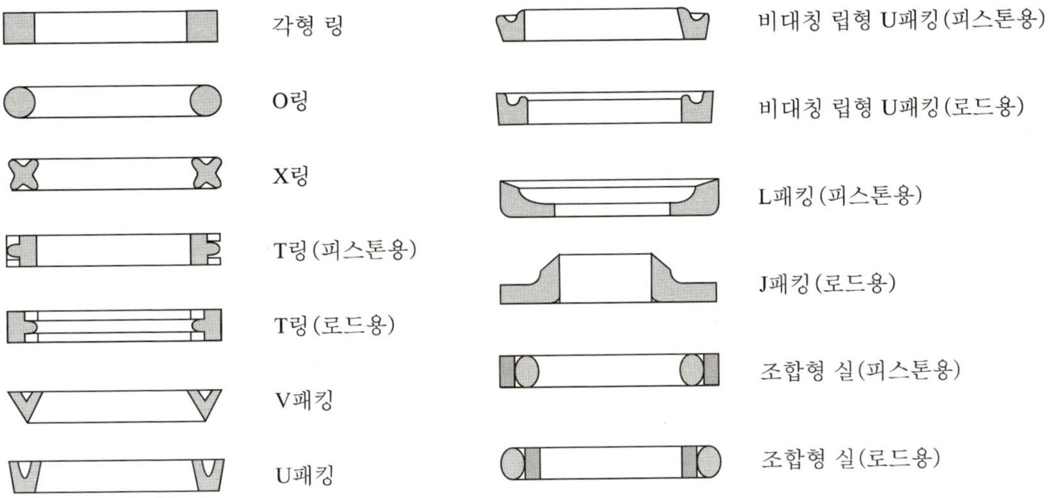

그림 5.19 각종 실의 형상

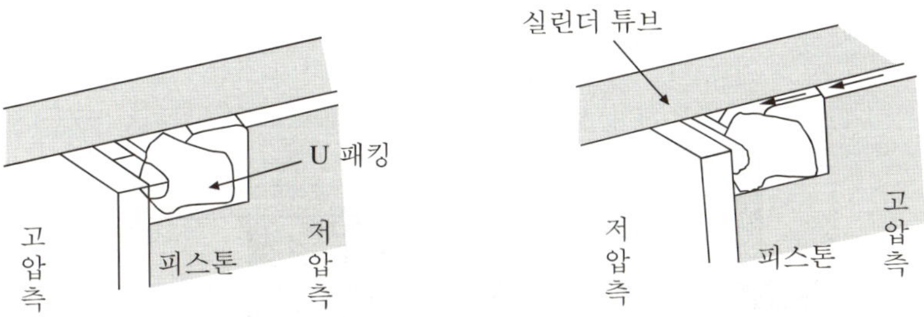

그림 5.20 U패킹

또 피스톤 속도가 60 m/min 이상이 되면 피스톤 링(그림 5.21) 또는 V패킹을 사용한다. 피스톤 링은 고압측, 저압측 어디에서나 압력을 유지시킬 수 있으므로 로드측에 1개 붙어 있다.

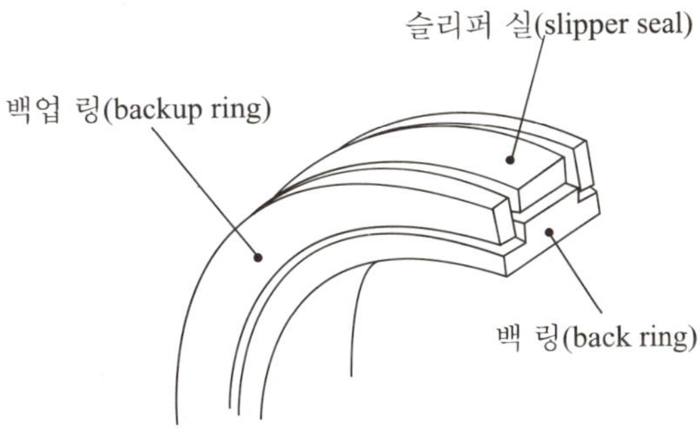

그림 5.21 피스톤 링

[3] 완충기구

피스톤 속도가 클 때 감속하지 않고 정지시키면 큰 충격이 발생하여 실린더를 파괴할 우려가 있다. 피스톤의 속도범위가 6~15 m/min 정도는 실린더에 내장된 완충기구(cushion mechanism)로 충격을 완화시킨다. 일반적인 완충기구는 그림 5.22와 같이 쿠션 실린더, 교축밸브(쿠션밸브), 체크밸브로 되어 있다. 피스톤 로드가 전진하여 쿠션 링(cushion ring)이 구멍 A로 들어오면 유로 B는 닫히고 작동유는 교축부(니들) C로 배출되므로 유량이 적어지고, 배압이 높아져 피스톤이 감속되어 충격 없이 정지한다. 피스톤 속도는 교축부 C의 개구면적을 조정하여 조절한다. 피스톤 로드가 후진할 때 작동유는 체크밸브를 통하여 공급된다. 표준형 실린더에 내장된 쿠션은 작동유와 피스톤 어셈블리, 로드의 가동부에서 관성력을 흡수하며, 외부 부하의 관성력이 클 때는 별도로 부착된 교축밸브나 완충기(shock absorber)로 흡수한다. 쿠션 링은 구멍 A속을 미끄럼 왕복운동을 하기 때문에 윤활 성능이 좋은 재료를 사용한다.

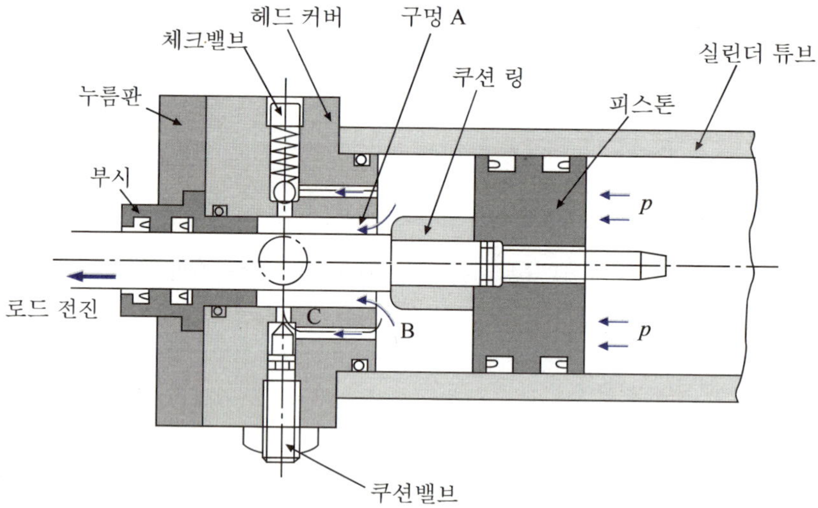

그림 5.22 완충기구

[4] 위치검출기 내장형 실린더

표준형 실린더 이외에 최근 실린더에는 위치검출기를 부착하여 정밀한 위치제어가 가능하다. 실린더 자체에 검출기를 내장하여 피스톤 로드 끝단과 기계와의 설치가 용이하다.

(1) 근접스위치 부착형 실린더

근접스위치(proximity switch)는 실린더 튜브의 바깥 원주에 부착하고, 피스톤에는 자석이 들어있다. 자석이 근접스위치에 접근하여 스위치의 기준점까지 가까워지면 자석에서 생긴 자계(磁界)에 의해 스위치가 작동하고 전기신호를 발생시켜 실린더를 정지시킨다. 실린더의 위치제어는 근접스위치로 위치를 검출하여 명령에 따라 마이크로 릴레이가 작동하여 전자전환 밸브에서 작동유의 흐름방향을 바꾸어 실린더가 정지 또는 운동방향을 바꾼다. 위치검출에서 고압유의 흐름방향이 전환될 때까지 시간지연(time delay)은 부하의 관성이나 유온 변화 등을 고려하여 정밀도는 ±0.5 mm 정도로 간주한다.

(2) 로터리 인코더 부착형 실린더

피스톤 로드의 동작을 롤러(roller)에서 회전운동으로 바꾸고, 이것을 로터리 인코더(rotary encoder)로 검출한다. 피스톤 로드와 롤러에서 미끄럼이 있으면 오차(error)가 발생하기 때문에 미끄럼이 일어나지 않도록 한다. 위치제어의 정밀도는 근접스위치와 같은 정도이다.

[5] 유압실린더의 기초 계산 및 설계

(1) 실린더 추력

그림 5.23의 복동형 편로드 실린더에서 피스톤 로드의 전진과 후진에서 발생하는 추력(thrust)은 다음과 같다.

$$F_1 = (p_1 A_1 - p_2{}' A_2) \times \eta \tag{5.16}$$

$$F_2 = (p_2 A_2 - p_1{}' A_1) \times \eta \tag{5.17}$$

F_1 : 피스톤 로드 전진행정에서 추력[N]

F_2 : 피스톤 로드 후진행정에서 추력[N]

A_1 : 캡측 피스톤의 유효 단면적[mm²] $= \dfrac{\pi}{4}D^2$

D : 실린더 지름[mm]

A_2 : 헤드측 피스톤의 유효 단면적[mm²] $= \dfrac{\pi}{4}(D^2 - d^2)$

d : 로드 지름[mm]

p_1 : A 포트측 유입압력[MPa]

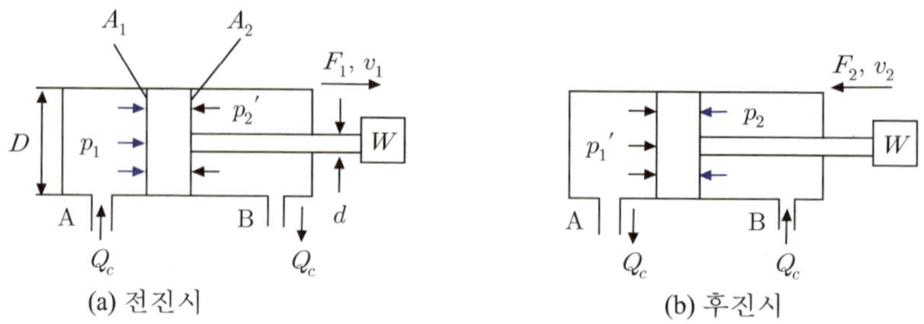

그림 5.23 실린더 추력

p_2 : B 포트측 유입압력[MPa]

p_1' : A 포트측 유출압력(배압)[MPa]

p_2' : B 포트측 유출압력(배압)[MPa]

η : 부하율(하중압력계수)

하중압력계수 η는 하중이 걸리는 방향, 패킹 저항, 배관과 기기의 압력손실을 고려하여 결정하는 값으로서 관성력이 작은 경우 0.6~0.8, 관성력이 큰 경우 0.25~0.35이다.

[예제 5.3] 실린더 안지름 50 mm, 피스톤 로드 지름 22 mm, 설정압력 3.5 MPa, 배압 0.1 MPa일 때, 로드 전진과 후진 시 추력을 구하라. 단, 부하율은 80%이다.

[풀이]

$$F_1 = (A_1 p_1 - A_2 p_2') \cdot \eta = \left\{\frac{\pi}{4}D^2 p_1 - \frac{\pi}{4}(D^2 - d^2)\, p_2'\right\} \cdot \eta$$

$$= \left\{\frac{\pi}{4} \times 50^2 \times 3.5 - \frac{\pi}{4}(50^2 - 22^2) \times 0.1\right\} \times 0.8 = 5370 \text{ N} = 5.37 \text{ kN}$$

$$F_2 = (A_2\, p_2 - A_1\, p_1') \cdot \eta = \left\{\frac{\pi}{4}(D^2 - d^2)\, p_2 - \frac{\pi}{4}D^2\, p_1'\right\} \cdot \eta$$

$$= \left\{\frac{\pi}{4} \times (50^2 - 22^2) \times 3.5 - \frac{\pi}{4}50^2 \times 0.1\right\} \times 0.8 = 4270 \text{ N} = 4.27 \text{ kN}$$

[예제 5.4] 설정압력 7 MPa에서 로드 전진 시 50 kN의 추력이 필요하다. 실린더 지름은 얼마인가? 단, 부하율은 80%이다.

[풀이] $F_1 = A_1 p_1 \times \eta$

$$\therefore\ A_1 = \frac{F_1}{p_1 \eta} = \frac{50 \times 10^3}{7 \times 0.8} = 8928.6 \text{ mm} = \frac{\pi}{4}D^2$$

$$D = \sqrt{\frac{4A_1}{\pi}} = \sqrt{\frac{4 \times 8928.6}{\pi}} = 106.6\ \mathrm{mm}$$

KS 표준 실린더에서 실린더지름 125 mm, 로드지름 70 mm로 설정한다. 배압 0.1 MPa로 하여 식 (5.16)에서 추력을 구하면

$$F_1 = \left\{\frac{\pi}{4} \times 125^2 \times 7 - \frac{\pi}{4}(125^2 - 70^2) \times 0.1\right\} \times 0.8 = 68\ \mathrm{kN} > 50\ \mathrm{kN}$$

(2) 피스톤 로드의 속도와 공급유량

그림 5.12에서 피스톤 로드의 전진과 후진에서 속도는 다음 식으로 구할 수 있다.

$$v_1 = Q_c / A_1 \tag{5.18}$$

$$v_2 = Q_c / A_2 \tag{5.19}$$

v_1 : 피스톤 로드 전진 속도[m/s]
v_2 : 피스톤 로드 후진 속도[m/s]
Q_c : 실린더 공급유량[m^3/s]

[예제 5.5] 실린더 지름 80 mm, 로드 지름 45 mm, 로드 전진 속도 300 mm/s일 때 (1) 실린더에 공급유량, (2) 공급 포트 지름 $\frac{3}{4}$B (Sch 80)일 때, 배관내의 유속은 얼마인가? 단, Sch는 관의 스케줄 번호이며, 7.5절의 관, 관이음 내용을 참조한다.

[풀이] (1) $Q_c = A_1 \times v_1 = \frac{\pi}{4} \times \left(\frac{80}{1000}\right)^2 \times 300 \times 10^{-3} \times 60 = 90.43\ \mathrm{L/m^3}$

(2) $\frac{3}{4}$B (Sch 80, 두께 3.9mm) 안지름은 $d_p = 27.2 - 2 \times 3.9 = 19.4$ mm

$$\therefore\ v_p = \frac{Q_c}{\frac{\pi}{4} d_p^2} = \frac{90.43 \times 10^{-3} \times \frac{1}{60}}{\frac{\pi}{4} \times (19.4 \times 10^{-3})^2} = 5.1\ \mathrm{m/s} < 7\ \mathrm{m/s}$$

일반적으로 실린더에 공급되는 배관에서 유속 v_p가 7 m/s 이상이 되면, 배관저항이 높고, 압력손실이 크게 되어 출력이 감소하기 때문에 피스톤 로드 속도가 꽤 늦어진다.

(3) 실린더 출력

실린더 출력은 다음 식으로 표시한다.

$$L = F \times v \tag{5.20}$$

L : 실린더 출력[W]
F : 실린더 추력[N]
v : 실린더 속도[m/s]

[예제 5.6] 예제 5.3에서 전진행정에서 출력을 구하라. 실린더 속도는 200 mm/s이다.

[풀이] $F_1 = 5.37$ kN, $v_1 = 200$ mm/s이므로

$$L_1 = F_1 \times v_1 = 5.37 \times 200 \times 10^{-3} = 1.07 \text{ kW}$$

(4) 피스톤 로드의 좌굴

유압실린더의 피스톤 로드 설계에서는 압축응력과 좌굴(buckling)을 검토하여야 한다. 피스톤 로드를 기둥(column)으로 고려할 때 강도, 즉 좌굴강도는 고항력강을 사용하거나 열처리하여도 부족할 때가 있다. 좌굴강도를 높이려면 피스톤 로드 지름을 크게 하는 것이 효과적이다. 그림 5.24는 오일러 식(Euler's formula)을 바탕으로 하여, 각 피스톤 로드 지름에서 일반적인 수직 압축하중에 사용할 때 안전한 최대 행정을 나타낸다. 피스톤 로드의 좌굴하중은 다음 식으로 계산한다.

$$W = \frac{n\pi^2 EI}{l^2} \tag{5.21}$$

W : 좌굴하중[N]
E : 피스톤 로드의 종탄성계수[MPa] = [N/mm^2], 강의 경우 $E = 2.05 \times 10^5$ MPa
I : 피스톤 로드의 최소 단면2차 모멘트[mm^4], 원형 단면인 경우 $I = \frac{\pi}{64} d^4$
d : 피스톤 로드 지름[mm]
n : 피스톤 로드 지지부의 끝단 조건에 따른 계수(단말계수) (그림 5.24 참조)
L : 좌굴 길이[mm]
l : 최대 부착길이[mm]

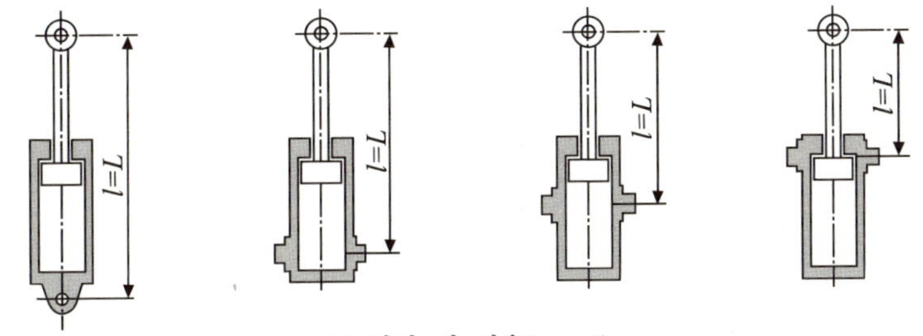

(a) 양단 핀 이음($n = 1$)

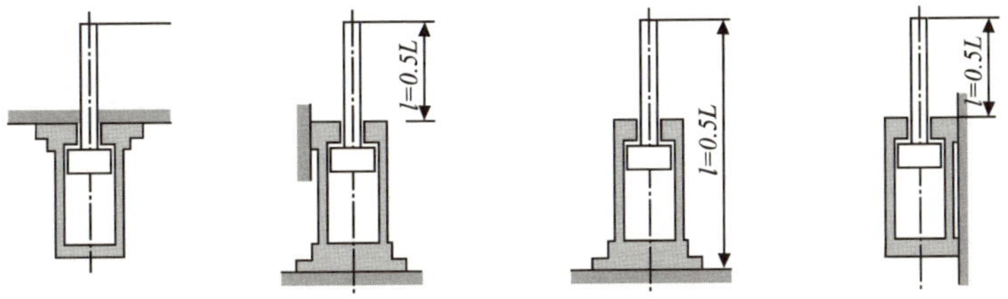

(b) 실린더 고정, 로드 끝단 자유($n = 1/4$)

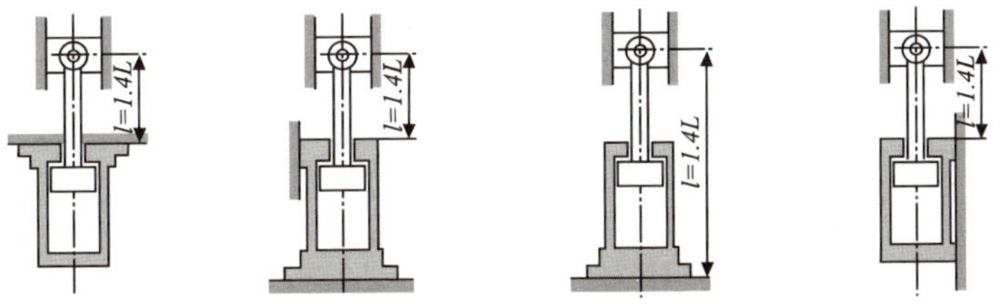

(c) 실린더 고정, 로드 끝단 가이드 부착(핀 이음)($n = 2$)

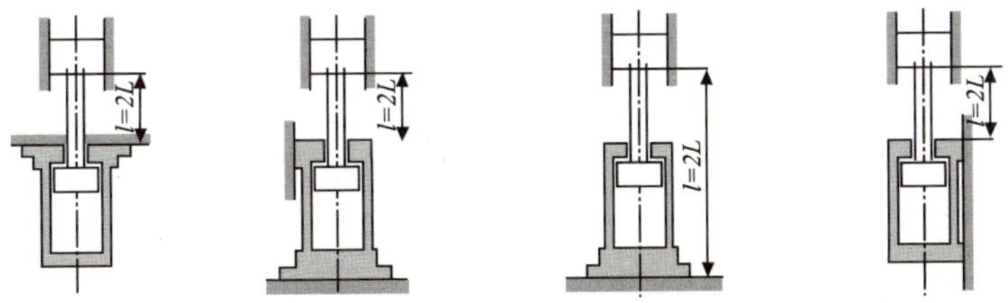

(d) 실린더 고정, 로드 끝단 가이드 부착($n = 4$)

그림 5.24 피스톤 로드 지지방법과 단말계수

유압실린더(공기압실린더도 같다)를 설계할 때, 좌굴강도는 반드시 검토하지만, 실제 피스톤 로드의 지름은 진동, 편심, 관성력 등을 고려하여 계산값보다 여유를 가진 큰 값으로 선정하는 것이 좋다.

[예제 5.7] 그림 5.25에서 다음 값을 구하라.
피스톤 로드 재료의 종탄성계수는 2.05×10^5 MPa이다.
(1) 로드 지름, (2) 좌굴 길이

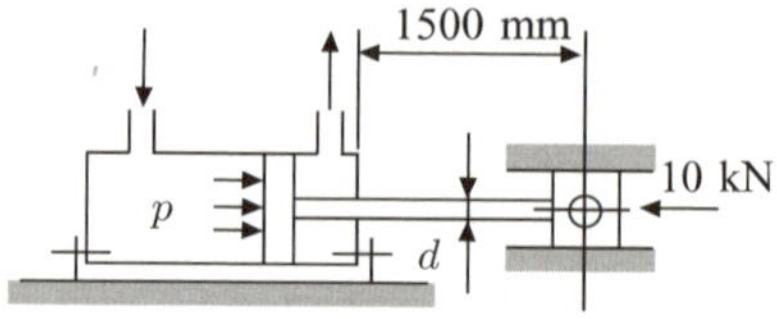

그림 5.25 유압실린더 설치

[풀이] (1) $W = 10\text{ kN} = 10000\text{ N}$,
$E = 2.05 \times 10^5\text{ MPa}$, $l = 1{,}500\text{ mm}$,

$n = 2$(그림 5.24)이므로, 식 (5.21)에서 $I = \dfrac{l^2 W}{n\pi^2 E} = \dfrac{1500^2 \times 10000}{2 \times \pi^2 \times 2.05 \times 10^5} = 5566\text{ mm}^4$

$I = \dfrac{\pi d^4}{64}$ 이므로 $d = \sqrt[4]{\dfrac{64I}{\pi}} = \sqrt[4]{\dfrac{64 \times 5566}{\pi}} = 18.3\text{ mm}$

표준 실린더에서, $d = 22$ mm로 선정한다.

(2) $l = 1.4 \cdot L$

$\therefore\ L = \dfrac{l}{1.4} = \dfrac{1500}{1.4} = 1071\text{ mm}$

(5) 피스톤 로드의 처짐

피스톤 로드가 수평으로 길게 돌출되어 피스톤 로드 길이에 등분포 하중이 작용한다고 생각하면, 피스톤 로드 끝단의 처짐(deflection)은 다음 식으로 계산된다.

$$\delta = \frac{wl^4}{8EI} \tag{5.22}$$

δ : 로드 처짐량[mm]
w : 로드 1 mm당 하중[N/mm],
　강의 경우 $w = 0.122$ N/mm
E : 로드 재료의 종탄성계수[MPa] = [N/mm^2]
I : 로드의 최소 단면 2차모멘트[mm^4],
　원형 단면일 때, $I = \dfrac{\pi d^2}{64}$
l : 실린더에서 로드 길이[mm]

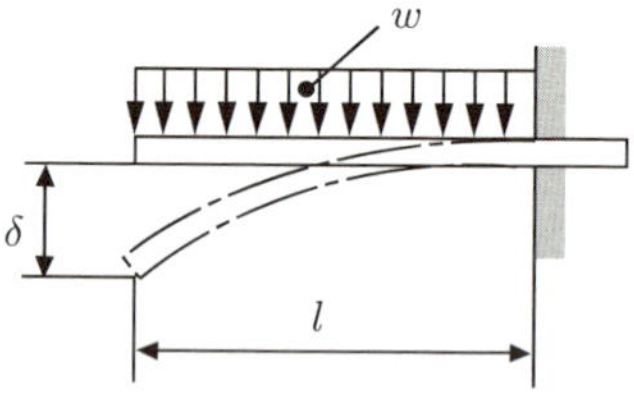

그림 5.26 로드 처짐

d : 로드 지름[mm]

실제 처짐량은 다음 식과 같다.

$$\delta' = \delta + \alpha \tag{5.23}$$

α : 피스톤 로드와 부시 및 기타 실린더 부분과의 틈새에 의한 로드 처짐[mm]

[예제 5.8] 피스톤 로드 지름 45 mm, 수평으로 돌출한 길이가 1 m일 때 피스톤 로드 끝단의 처짐량은 얼마인가? $E = 2.05 \times 10^5$ MPa, $w = 0.122$ N/mm이다.

[풀이]

$$I = \frac{\pi d^2}{64} = \frac{\pi}{64} 45^4 = 20.1 \times 10^4 \text{ mm}^4$$

$$\delta = \frac{wl^4}{8EI} = \frac{0.122 \times 1000^4}{8 \times 2.05 \times 10^5 \times 20.1 \times 10^4} = 0.37 \text{ mm}$$

(6) 실린더 튜브의 두께

실린더 튜브의 두께는 내부압력을 받는 얇은 원통의 두께 계산 식을 사용한다.

$$t = \frac{pD}{2\sigma_a} \tag{5.24}$$

$$\sigma_a = \frac{\sigma_B}{S}$$

t : 실린더 튜브의 두께[mm]

σ_a : 허용인장응력[MPa]

p : 사용압력[MPa]

σ_B : 재료의 인장강도의 최저값[MPa]

D : 실린더 지름[mm]

S : 안전율(보통 5 이상으로 한다)

[예제 5.9] 실린더 안지름 50 mm, 압력 14 MPa, 튜브 재료의 인장강도 380 MPa일 때, 실린더 튜브의 두께를 구하라. 단, 안전율은 5로 한다.

[풀이]

$$\sigma_a = \frac{\sigma_B}{S} = \frac{380}{5} = 76\ \text{MPa}$$

$$t = \frac{PD}{2\sigma_a} = \frac{14 \times 50}{2 \times 76} = 4.6\ \text{mm}$$

(7) 내부압력에 의한 실린더 튜브 지름의 팽창

실린더 내부압력 p 작용으로 실린더 튜브 지름의 팽창은 다음 식으로 구할 수 있다.

$$\Delta d = \frac{pr^2\left(1 - \frac{\nu}{2}\right)}{Et} \tag{5.25}$$

$$\Delta d' = 2\Delta d$$

Δd : 실린더 튜브 반지름 방향의 팽창량[mm]

$\Delta d'$: 튜브의 지름 팽창량[mm]

E : 튜브의 종탄성계수[MPa]

t : 튜브 두께[mm]

r : 튜브 반지름[mm]

ν : 재료의 푸아송(Poisson) 비

[예제 5.10] 예제 5.9에서 튜브의 지름 팽창량을 구하라. $E = 2.05 \times 10^5$ MPa, $\nu = 1/3$이다.

[풀이]

$$\Delta d = \frac{pr^2\left(1 - \frac{\nu}{2}\right)}{Et} = \frac{14 \times \left(\frac{50}{2}\right)^2 \times \left(1 - \frac{1}{2 \times 3}\right)}{2.05 \times 10^5 \times 4.6} = 0.0077\ \text{mm}$$

따라서 지름 팽창량 $\Delta d' = 2\Delta d = 2 \times 0.0077 = 0.0154$ mm이다.

(8) 실린더 커버의 두께

실린더 커버의 두께는 보일러 구조 규격 식을 참고하여 다음 식으로 구한다.

$$t' = k \cdot d' \sqrt{\frac{Cp}{\sigma_a}} \tag{5.26}$$

$$\sigma_a = \frac{\sigma_B}{S}$$

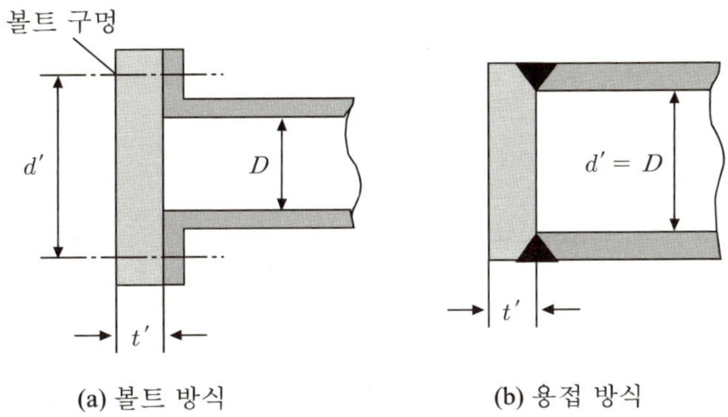

그림 5.27 실린더 커버의 두께

t' : 실린더 커버 두께[mm]

d' : 나사구멍의 피치원 지름[mm]

p : 내부압력[MPa]

σ_a : 허용 인장응력[MPa]

σ_B : 재료의 최저 인장강도[MPa]

S : 안전율

C : 형상계수(나사방식 $C = 0.30$, 용접방식 $C = 0.33$)

k : 상수

(9) 커버 조립용 나사 크기

조립용 나사 크기는 다음 식으로 구한다.

$$d_1 = \sqrt{\frac{4W}{\pi\sigma_a}} \tag{5.27}$$

W : 나사에 작용하는 힘[N]

σ_a : 커버 체결나사의 허용 인장응력[MPa]

d_1 : 암나사 지름[mm]

[예제 5.11] 그림 5.27의 나사방식에서 $d' = 75$ mm, $D = 50$ mm, $p = 14$ MPa, $\sigma_B = 400$ MPa, $S = 5$, $C = 0.3$, $k = \sqrt{3}$ 일 때 커버두께와 체결나사 4개의 크기를 구하라.

[풀이] $\sigma_B = 400$ MPa, $S = 5$이므로

$$\sigma_a = \frac{\sigma_B}{S} = \frac{400}{5} = 80\ \mathrm{MPa}$$

따라서 $t' = kd'\sqrt{\dfrac{C \cdot p}{\sigma_a}} = \sqrt{3} \times 75 \times \sqrt{\dfrac{0.3 \times 14}{80}} = 29.8\ \mathrm{mm} \rightarrow 30\ \mathrm{mm}$

다음, 실린더 지름 $D = 50$ mm, 내부압력 $p = 14$ MPa, 나사 수 $n = 4$로 할 때,

나사 1개당 하중 $W = \dfrac{\dfrac{\pi}{4}D^2 \cdot p}{n} = \dfrac{\dfrac{\pi}{4} \times 50^2 \times 14}{4} = 6872.2\ \mathrm{N}$

안전율 $S = 5$, 인장강도 $\sigma_B = 400$ MPa이라 하면,

$$\sigma_a = \frac{\sigma_B}{S} = \frac{400}{5} = 80\ \mathrm{MPa}$$

따라서 $d_1 = \sqrt{\dfrac{4W}{\pi\sigma_a}} = \sqrt{\dfrac{4 \times 6872.2}{\pi \times 80}} = 10.46\ \mathrm{mm}$

M14 × 1.5로 선정한다.

연습문제

5.1 압력 21 MPa, 배제체적 50 cm^3/rev, 회전속도 2000 rpm으로 작동하는 유압모터가 있다. 토크효율 90%, 전효율 85%일 때 다음을 구하라.

(1) 출력토크
(2) 모터의 출력동력
(3) 모터의 입력동력
(4) 체적효율
(5) 모터의 유입유량

[답] (1) 0.15 kN · m, (2) 31.4 kW, (3) 37 kW, (4) 94.4 %, (5) 106 L/min

5.2 압력 17 MPa로 매분 12 L를 유압모터에 공급할 때, 출력축 토크 40 Nm, 회전수가 700 rpm이다. (1) 입력동력, (2) 출력동력, (3) 전효율을 구하라.

[답] (1) 3.4 kW, (2) 2.93 kW, (3) 86.2%

5.3 모듈 4 mm, 잇수 15, 이폭 50 mm, 공구 압력각 20°인 인벌류트 치형의 외접 기어모터에 공급압력이 21 MPa일 때 배제체적, 이론 축토크는 얼마인가?

[답] (1) 75.36 cc/rev, (2) 252 Nm

5.4 실린더 지름 100 mm, 피스톤 로드 지름 56 mm, 설정압력 7 MPa, 배압 0.1 MPa인 상태에서 전진과 후진 행정에서 실린더 추력은 얼마인가? 단, 부하율은 80 %이다.

[답] F_1 = 43.5 kN, F_2 = 29.5 kN

5.5 예제 5.3에서 전진행정에서 피스톤 로드 속도를 200 mm/s로 할 때, (1) 실린더 공급유량, (2) 공급포트지름을 $\frac{1}{2}$ B (Sch 80), 바깥지름 21.7 mm, 두께 3.7 mm인 경우 배관 내의 유속을 구하라.

[답] (1) Q_c = 23.5 L/min, (2) v_p = 2.44 m/s

5.6 예제 5.4에서 실린더 전진행정에서 속도를 300 mm/s로 하여 출력을 구하라.

[답] 15 kW

5.7 예제 5.7에서 피스톤 로드 끝단의 부착을 자유롭게 할 때 로드지름과 좌굴길이는 얼마인가?

[답] (1) d = 30.8 mm → 38 mm, (2) L = 3000 mm

5.8 그림 5.28에서 다음을 구하라. 종탄성계수 $E = 2.05 \times 10^5$ MPa이다.
(1) 로드지름, (2) 좌굴길이, (3) 작동압력

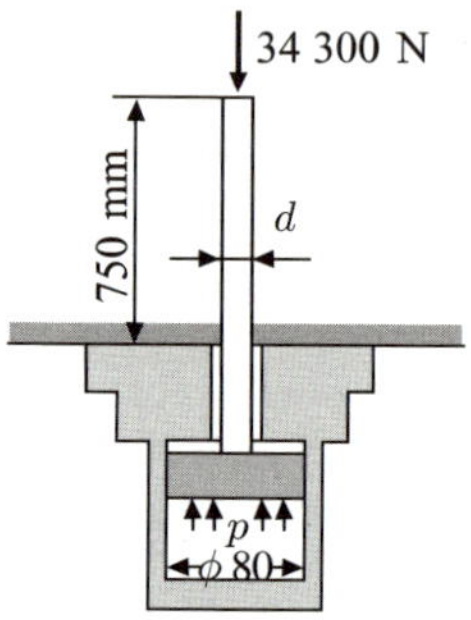

그림 5.28

[답] (1) d = 29.7 mm → 36 mm, (2) L = 1500 mm, p = 6.83 MPa

5.9 종탄성계수 $E = 2.05 \times 10^5$ N/mm^2, 최소 단면 2차모멘트 1.14×10^4 mm^{4}의 피스톤 로드가 수평으로 370 mm 돌출되었을 때 처짐량을 구하라. 또 피스톤 로드 지름은 얼마인가? w = 0.122 N/mm로 한다.

[답] 0.122 mm, 22 mm

5.10 실린더 지름 80 mm, 사용압력 7 MPa, 실린더 튜브 재료의 인장강도 400 MPa일 때 다음을 구하라. 안전율은 5, 재료의 종탄성계수 2.05×10^5 MPa, 푸아송 비는 1/3이다.
(1) 실린더 튜브 두께, (2) 실린더 튜브의 지름 팽창량

[답] (1) t = 3.5 mm (2) δ' = 0.026 mm

제 6 장

유압제어밸브

▌학습목표▐

1. 유압제어밸브의 주요 기능을 논의할 수 있다.
2. 압력제어밸브의 구조, 작동원리를 설명할 수 있다.
3. 유량제어밸브의 구조, 작동원리를 설명할 수 있다.
4. 방향제어밸브의 구조, 작동원리, 조작방법을 설명할 수 있다.
5. 모듈밸브의 구조, 작동원리를 설명할 수 있다.
6. 로직밸브의 구조, 작동원리를 설명할 수 있다.
7. 비례전자식 압력제어밸브와 비례전자식 유량제어밸브에 대해 논의할 수 있다.
8. 전기·유압 서보밸브의 구조, 작동원리를 설명할 수 있다.

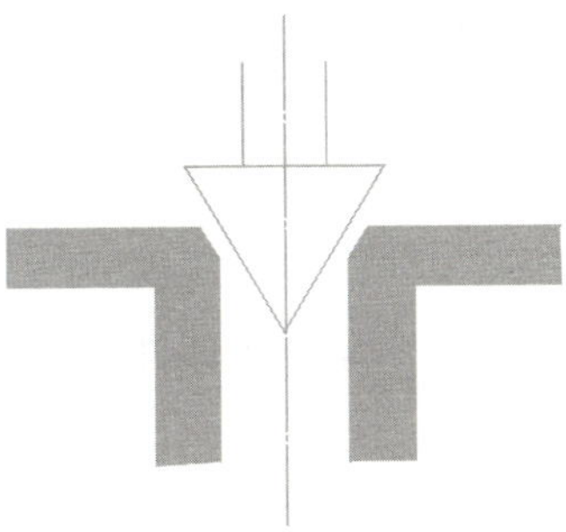

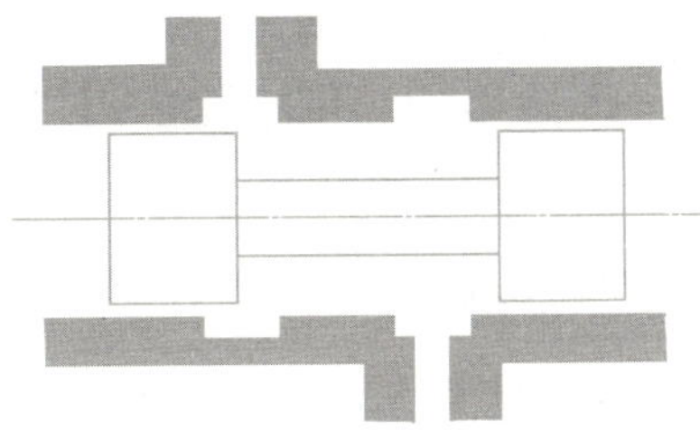

유압제어밸브는 유압펌프에서 송출된 고압유의 압력·유량·흐름 방향을 제어하여 유압액추에이터에서 요구에 맞게 일을 하도록 하며, 사용목적에 따라 압력제어밸브(pressure control valve)·유량제어밸브(flow control valve)·방향제어밸브(directional control valve)로 나눈다. 그 외에 모듈밸브, 로직밸브뿐만 아니라 전기신호에 따라 압력이나 유량을 제어하는 비례제어밸브(proportional valve)나 전기·유압 서보밸브(electro-hydraulic servo valve) 등이 있다.

6.1 유압제어밸브의 기능

[1] 압력제어밸브(일의 크기를 제어한다)

액추에이터에서 일의 크기는 작동유의 압력을 높게 하거나 낮게 하여 결정하면 좋다. 그 압력을 조정하는 것이 압력제어밸브이다.

[2] 유량제어밸브(일의 속도를 제어한다)

액추에이터의 속도는 작동유의 유량을 증감시킴에 따라 결정된다. 이것을 조정하는 밸브가 유량제어밸브이다.

[3] 방향제어밸브(일의 방향을 제어한다)

액추에이터의 입구 또는 출구로 유입되는 작동유의 흐름을 바꾸면 액추에이터의 작동방향을 전환시킨다. 이 역할을 방향제어밸브에서 한다.

6.2 유압제어밸브의 특성

유압제어밸브는 제어밸브를 구성하는 밸브 요소의 형상에 따라 그림 6.1과 같이 포핏밸브(poppet valve)와 스풀밸브(spool valve)로 나눈다.

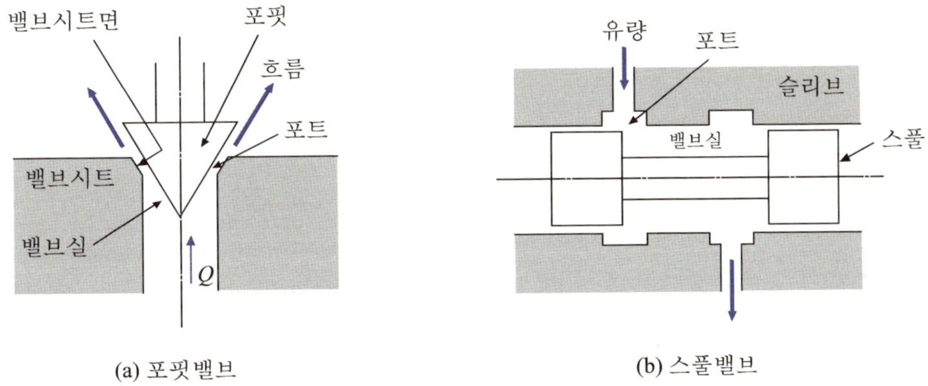

그림 6.1 포핏밸브와 스풀밸브의 형상

[1] 포핏밸브와 스풀밸브

그림 6.1에서 포핏밸브(poppet valve)는 포핏의 원추면과 밸브 본체 시트(valve seat)의 시트 표면(seat surface)에서 작동유를 밀봉하고, 위·아래방향으로 포핏을 이동시켜 포트를 개폐한다. 대부분 온/오프(on/off) 밸브로 사용하고, 디지털 제어에 적합하며, 밀봉성이 좋고, 작동유의 오염에 강인하다. 큰 조작력을 필요로 하며, 시트 표면은 마모가 일어나기 쉬운 단점이 있다. 주로 압력제어밸브에 많이 사용한다.

스풀밸브(spool valve)는 밸브 본체에 해당하는 원통형 슬리브(sleeve)에 스풀(지름이 다른 단이 있는 축)을 삽입하여 스풀 이동에 따라 밸브 포트(port)를 개폐한다. 하나의 스풀로 동시에 여러 개의 포트를 개폐하여 복잡한 유로로 구성할 수 있다. 포트부의 개구면적(opening area)을 연속적으로 변화시킬 수 있지만, 높은 가공 정밀도가 요구되고, 작동유의 오염에 취약하며, 스풀과 슬리브 사이의 틈새에서 누설이 발생하는 단점이 있다. 주로 방향제어밸브에 많이 사용한다.

[2] 포핏밸브

그림 6.1 (a), 그림 6.2의 포핏밸브는 유압제어밸브에서 많이 사용한다. 밸브 입구압력을 p_1, 출구압력을 p_2, 압력차 $\Delta p = p_1 - p_2$라 하면 밸브 개구부에서 작동유가 유출될 때, 밸브 입구에서 속도는 개구부에서 유출 속도 v보다 작기 때문에 무시하고, 위치에너지 변화도 무시하면 베르누이 방정식에서 다음 식을 얻는다.

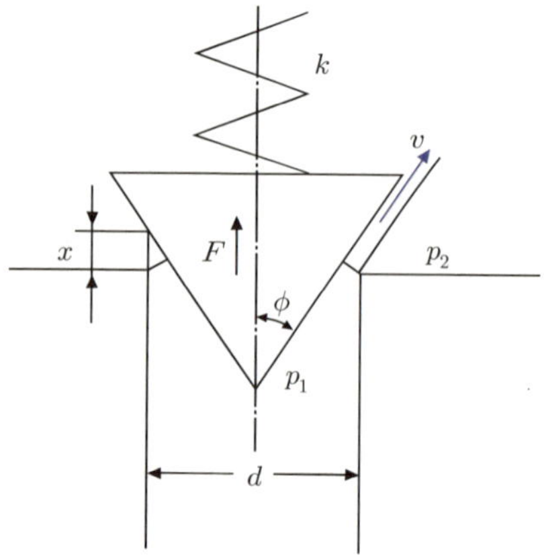

그림 6.2 포핏밸브 (밸브에서 외부로 유동)

$$v = \sqrt{\frac{2}{\rho}\Delta p} \tag{6.1}$$

또 밸브시트의 지름을 d, 포핏 원추각의 $\frac{1}{2}$을 ϕ, 밸브 변위(lift)를 x라 하면 밸브 개구부에서 최소면적 A는

$$A = \pi x \sin\phi (d - x \sin\phi \cos\phi) \tag{6.2}$$

이다. 그러나 일반적으로 $x \ll d$이기 때문에 식 (6.2)는 다음과 같이 근사식을 사용한다.

$$A = \pi d x \sin\phi \tag{6.3}$$

유량계수를 C_d라 하면 밸브를 통과하는 유량 Q는 다음과 같다.

$$Q = C_d \pi d x \sin\phi \sqrt{\frac{2}{\rho}\Delta p} \tag{6.4}$$

그림 6.2와 같이 밸브시트 부분에 모따기가 없는 경우, 유량계수는 레이놀즈수(Reynolds number)에 따라 크게 변하지 않는다. 그러나 그림 6.3과 같이 밸브시트 부분에 모따기가 있는 경우는 모따기한 부분과 포핏 사이에 평행한 틈새간극 h를 흐를 때, 유체마찰 영향으로 레이놀즈수가 작을 때는 유량계수가 아주 작아진다. 레이놀즈수를

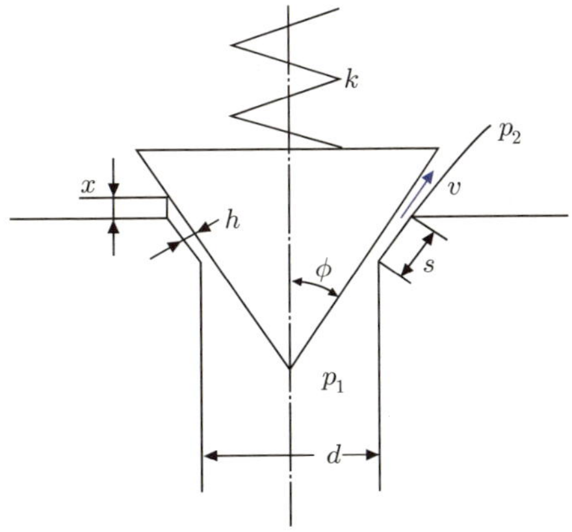

그림 6.3 포핏밸브 (밸브시트에 모따기가 있는 경우)

$$\mathrm{Re} = \frac{Q}{\pi d \nu} = \frac{vh}{\nu} \quad \left(v = \frac{Q}{\pi d h} \right) \tag{6.5}$$

로 정의하고, 유량계수를 레이놀즈수의 함수로 나타내면 그림 6.4와 같다. 그림에서 보듯이 모따기 길이 s가 증가하면 유량계수가 낮아지는 경향을 나타낸다.

고압유가 밸브에 작용하는 힘을 F라 하면 밸브가 닫힌 상태에서는 그림 6.5 (a)와 같이 포핏의 꼭지점 B에서 밸브시트와의 접촉점 C까지 일정한 압력 p_1이 작용하기 때문에 힘은

$$F_0 = A\,\Delta p \tag{6.6}$$

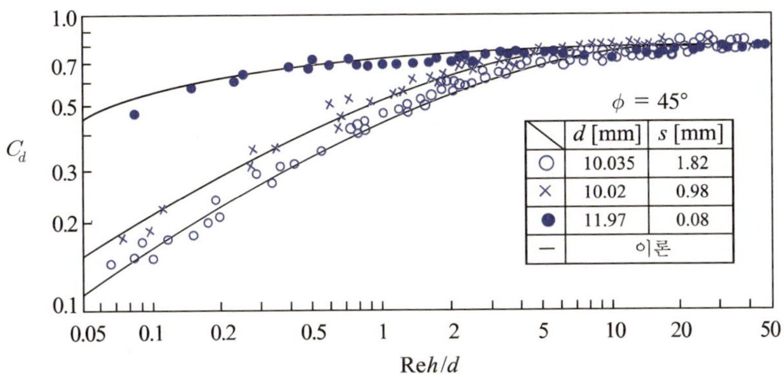

그림 6.4 포핏밸브의 유량계수

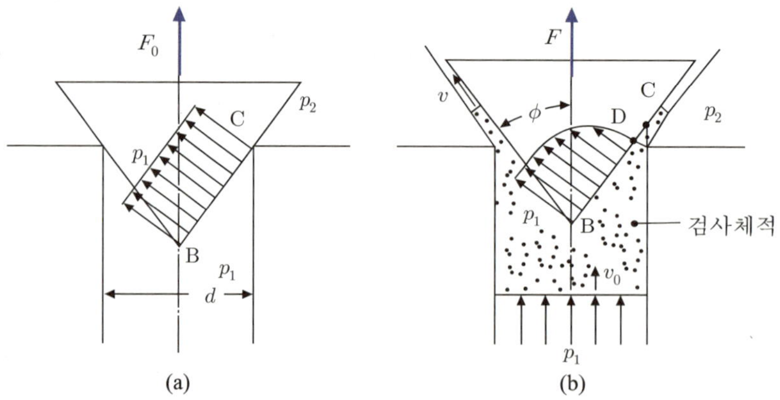

그림 6.5 포핏밸브에 작용하는 압력 (밸브 내부에서 외부로 흘러나갈 때)

이다. 단 $A = \dfrac{\pi d^2}{4}$, $p_2 \fallingdotseq 0$로 한다.

그림 6.5 (b)와 같이 포핏이 열린 때는 포핏 표면에 작용하는 압력은 B점에서 밸브 교축부 D점까지만 작용한다. 더구나 B에서 D로 가까워지면 유속이 증가하기 때문에 베르누이방정식에서 압력은 점점 낮아진다. 그림 6.5 (a), (b)를 비교해 보면 알 수 있듯이 포핏이 열리는 것에 따라 작동유가 미는 힘이 작아진다. 그러나 포핏 표면의 압력분포는 복잡하기 때문에 이것을 적분하여 힘을 구하는 것은 어렵다.

그림 6.5 (b)와 같이 검사체적(control volume)을 설정하고, 밸브시트 입구에서 유속을 v_0로 하여 운동량법칙을 적용하면 다음 식을 얻는다.

$$A\,\Delta p - F = \rho\, Q\,(v\cos\phi - v_0) \tag{6.7}$$

일반으로 $v_0 \ll v$ 이므로 힘 F는 다음과 같다.

$$F = A\,\Delta p - \rho\, Q\, v\cos\phi \tag{6.8}$$

식 (6.8)에서 오른쪽의 제2항은 포핏이 열림에 따라 작동유의 흐름 때문에 발생하는 힘이기 때문에 유체력(flow force)이라 하고, 이 힘은 밸브를 닫는 방향으로 작용한다.

식 (6.8)에 식 (6.1), 식 (6.4)를 대입하면,

$$F = A\,\Delta p - \pi\, C_d\, d\, x\, \Delta p\, \sin 2\phi \tag{6.9}$$

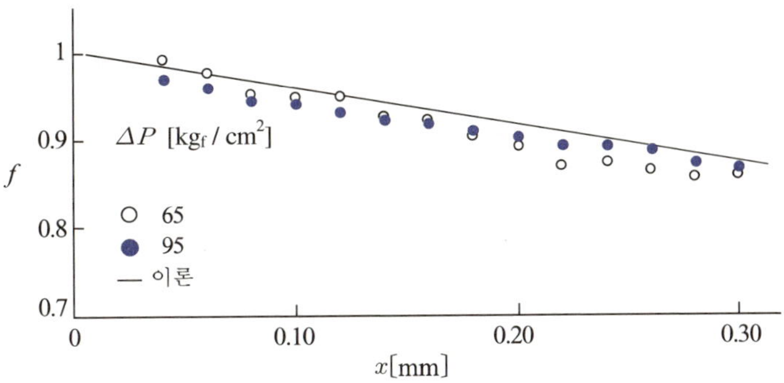

그림 6.6 포핏밸브의 추력계수

로 된다. 이 식에서 힘 F를 $A\,\Delta p$로 나누어 무차원으로 나타내면 추력계수 f는 다음과 같다.

$$f = \frac{F}{A\,\Delta p} = 1 - 4\,C_d\,\frac{x}{d}\,\sin 2\phi \tag{6.10}$$

그림 6.3과 같이 포핏 밸브시트 부분에 모따기를 할 때는 모따기부의 틈새에서 압력 때문에 힘이 약간 크게 된다.

그림 6.6은 추력계수를 측정한 결과이며, 실험과 이론값이 거의 일치한다.

그림 6.7은 포핏밸브로 작동유가 유입되는 경우이며, 밸브가 닫힌 상태는 그림 6.7 (a)와 같이 B에서 C까지 일정한 압력 p_1이 작용하기 때문에 힘은

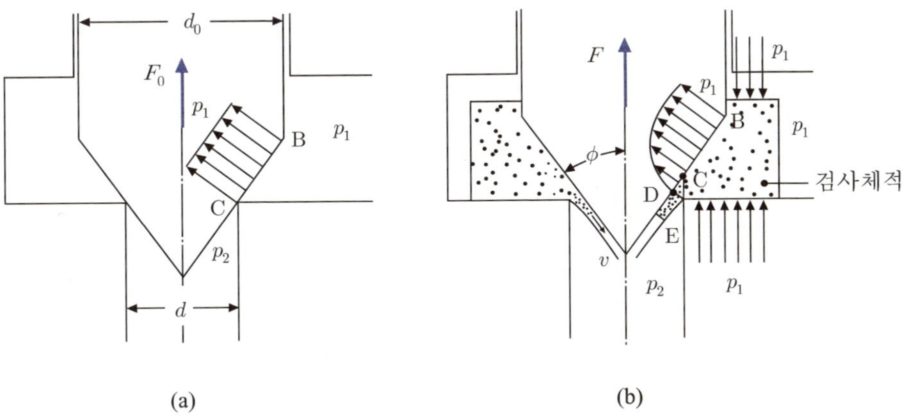

그림 6.7 포핏밸브에 작용하는 압력 (외부에서 밸브 내부로 흘러들어 올 때)

$$F_0 = A_e \Delta p \tag{6.11}$$

이다. 단 $A_e = \pi(d_0^2 - d^2)/4$, $p_2 \fallingdotseq 0$로 한다.

그림 6.7 (b)와 같이 외부에서 밸브 내부로 고압유가 흘러들어 오는 경우에 포핏이 열리면, 포핏에는 B에서 D까지 압력이 작용하기 때문에 (a)보다도 수압면적(압력을 받는 면적)이 커진다. 그러나 D에 가까워지면 압력이 낮아지기 때문에 힘의 변화를 간단하게 계산할 수 없다. 그림 6.7 (b)에 나타낸 검사체적에 운동량법칙을 적용하면 힘 F는 다음과 같다(단 $p_2 \fallingdotseq 0$일 때). 그림에서 E는 흐름의 수축이 종료되는 지점이다.

$$F = A_e \Delta p + \rho Q v \cos\phi \tag{6.12}$$

위 식에 식 (6.1), 식 (6.4)를 대입하면, 다음 식을 얻는다.

$$F = A_e \Delta p + \pi C_d d x \Delta p \sin 2\phi \tag{6.13}$$

따라서 유체력 $\rho Q v \cos\phi$는 밸브를 여는 방향으로 작용하고, 또 밸브 변위 x에 비례하여 커진다.

또 추력계수 f는 다음과 같다.

$$f = \frac{F}{A_e \Delta p} = 1 + \frac{4 C_d}{\left(\dfrac{d_0}{d}\right)^2 - 1} \frac{x}{d} \sin 2\phi \tag{6.14}$$

실제 밸브에서는 그림 6.7 (b)의 밸브시트 표면 E～F에서 압력은 일정한 압력 p_1이 되지 않고, E점 근방에서는 압력이 낮아져 E점에서는 거의 $p_1/2$ 정도의 압력으로 된다. 따라서 힘 F는 위 식에서 구한 계산값보다 약간 작아진다.

[3] 스풀밸브

그림 6.8 (a)는 스풀밸브에서 고압유가 유출될 때, (b)는 고압유가 밸브로 유입될 때를 나타낸다. 밸브 개구부에서 유속 v는 식 (6.1)과 같이 표시된다.

$$v = \sqrt{\frac{2}{\rho}(p_1 - p_2)} = \sqrt{\frac{2}{\rho}\Delta p} \tag{6.15}$$

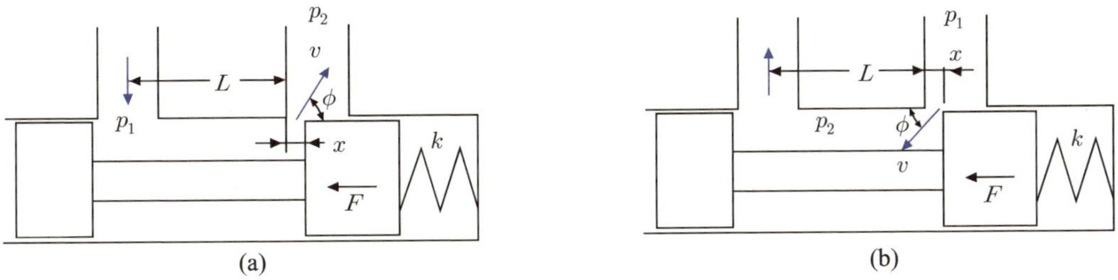

그림 6.8 스풀밸브의 작동

밸브의 스풀이 열리는 위치에서 스풀이 변위 x만큼 이동하였을 때 밸브 포트부 개구면적 (opening area)을 $A(x)$라 하면, 밸브를 통과하는 유량은 다음과 같다.

$$Q = C_d\, A(x) \sqrt{\frac{2}{\rho} \Delta p} \tag{6.16}$$

밸브 포트 형상이 사각형인 경우, 사각형의 폭을 w라 하면,

$$A(x) = w\, x \tag{6.17}$$

이다.

밸브의 스풀에 작용하는 축방향의 힘 F는 운동량법칙에서

$$F = \rho\, Q\, v \cos\phi \tag{6.18}$$

이다. 위 식에서 ϕ는 고압유의 분류(jet) 흐름 방향 각도이다. 그림 6.8 (a), (b)의 어느 경우도 스풀에 작용하는 힘은 밸브를 닫는 방향으로 작용한다. 이러한 분류에 의해 밸브에 작용하는 힘을 유체력(flow force)이라 한다.

식 (6.18)에 식 (6.15)~식 (6.17)을 대입하면($p_2 \fallingdotseq 0$일 때),

$$F = 2\, C_d\, w\, x\, \Delta p \cos\phi \tag{6.19}$$

이다. 위 식에서 ϕ는 그림 6.9와 같이 스풀과 슬리브 사이의 반지름 방향 틈새 간극 c_r과 레이놀즈수 $\mathrm{Re}(=2\,v\,x/\nu)$의 함수이지만, $c_r \fallingdotseq 0$에서 Re가 클 때는 $\phi \fallingdotseq$ 69°이다.

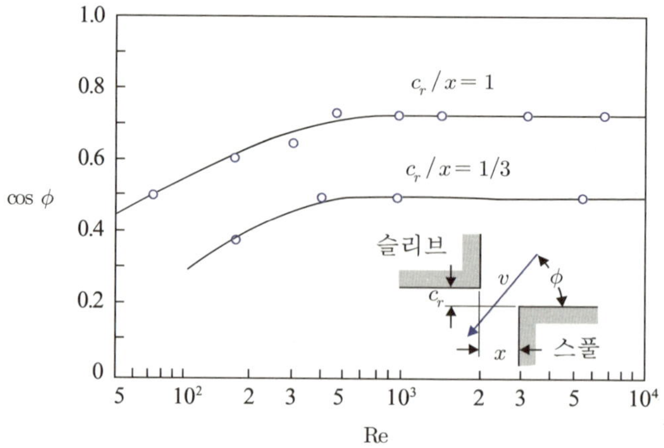

그림 6.9 스풀밸브 포트에서 고압유의 흐름방향

스풀밸브에서, 유량계수 $C_d = 0.7$, 사각형 포트 폭 $w = 1$ cm, 분류 유출각 $\phi = 69°$, 압력차 $\Delta p = 10$ MPa, 밸브 변위 $x = 0.1$ cm일 때, 식 (6.19)로 유체력을 계산하면 $F \fallingdotseq 50$ N이다. 이 힘은 스풀밸브에서 무시할 수 없다. 특히 고압에서 대유량을 제어할 때는 축방향의 유체력이 아주 커지기 때문에 밸브를 제어하는 데 지장을 준다.

이러한 유체력을 줄이기 위해 여러 가지 방법을 사용한다. 그림 6.10 (a), (b)는 밸브실(valve chamber)로 고압유가 유입할 때와 유출될 때 분류의 운동량(momentum)으로 스풀에 작용하는 유체력을 서로 상쇄시키는 것이며, (c)는 밸브실을 좁게 하여 밸브실 내부 압력강하를 발생시켜 밸브실 양쪽 벽면에 작용하는 압력에 의한 힘이 유체력과 평형을 이루도록 고안한 것이다.

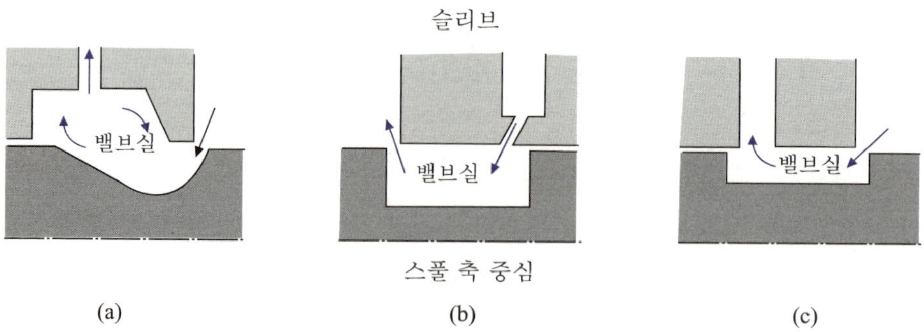

그림 6.10 스풀밸브의 유체력 경감방법

6.3 압력제어밸브

[1] 압력제어밸브의 종류

압력제어밸브는 제어목적에 따라 릴리프밸브, 감압밸브, 시퀀스밸브, 카운터밸런스밸브(배압유지밸브), 무부하밸브, 브레이크밸브, 압력스위치 등으로 나눈다.

[2] 릴리프밸브

릴리프밸브(relief valve)는 유압펌프, 제어밸브, 액추에이터 등에서 발생되는 과도한 압력으로부터 시스템을 보호하는 안전밸브(safety valve) 역할과 유압시스템의 최고압력을 항상 일정하게 유지시켜 주는 역할을 한다.

(1) 직동형 릴리프밸브

그림 6.11은 직동형 릴리프밸브(direct-acting relief valve)의 구조이다. 유압펌프에서 송출된 고압유가 밸브의 압력포트로 유입되고, 스프링이 강하게 밀어붙이고 있는 상태에서는 포핏(poppet)이 유로를 막아 작동유는 포핏을 통과하여 흐르지 않는다. 그러나 입구압력이 높아져 포핏을 미는 힘이 스프링이 누르는 힘보다 커지면 포핏은 밀려 올라가고 압력포트(입구)에서 복귀포트(출구)로 고압유가 빠져나가 고압 발생을 방지한다. 직동형 릴리프밸브는 구조가 간단하고 비교적 소형이지만, 밸브가 작동할 때 포핏이 밸브시트를 때려서 비교적 높은 진동과 소음을 발생시키는 자려진동(self-excited vibration) 현상, 즉 채터링(chattering) 현상이 일어나기 쉽기 때문에 소유량, 저압용 제어, 특히 파일럿 압력(pilot pressure) 제어에 많이 사용한다.

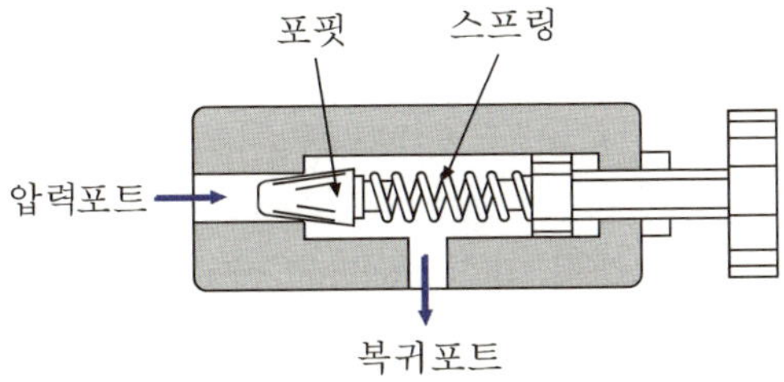

그림 6.11 직동형 릴리이프밸브

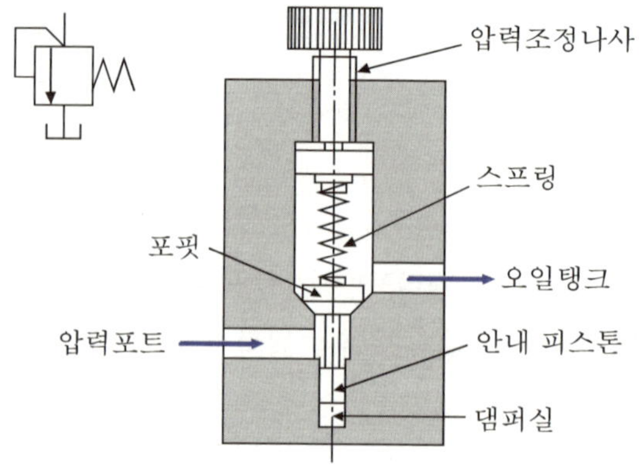

그림 6.12 안내 피스톤식 릴리프밸브

그림 6.12는 채터링 현상을 방지하기 위해 밸브의 아래쪽 끝단에 안내 피스톤(guide piston)과 댐퍼실(damper chamber)이 있는 안내 피스톤식(guide piston type) 직동형 릴리프밸브이다.

그림 6.12에서 포핏의 수압면적 A, 지름 d, 포핏 원추각의 $\frac{1}{2}$을 ϕ, 밸브 변위 x, 스프링의 초기 변위 x_0, 스프링 상수 k, 릴리프밸브의 설정압력을 p_s라 하고, 릴리프밸브에서 힘의 평형과 밸브를 통과하는 정상유동에서 유체력을 고려하여 운동량법칙을 적용하면,

$$A p_s - k(x + x_0) = \rho Q v \cos\phi \tag{6.20}$$

위 식에서 밸브 개구부를 통과하는 유속 v는 밸브 출구압력을 무시하면 식 (6.1)에서

$$v = \sqrt{\frac{2}{\rho} p_s} \tag{6.1}$$

이다. 이 식을 식 (6.20)에 대입하여 정리하면,

$$A p_s - k(x + x_0) = \sqrt{2 \rho p_s}\, Q \cos\phi \tag{6.21}$$

이다. 포핏이 열리는 압력, 즉 크래킹 압력(cracking pressure) p_c는

$$p_c = \frac{k x_0}{A} \tag{6.22}$$

이다. 포핏을 통과하는 유량은 식 (6.4)에서 출구압력을 무시하면,

$$Q = C_d \pi d x \sin\phi \sqrt{\frac{2}{\rho} p_s} \tag{6.23}$$

이고, 식 (6.23)을 식 (6.21)에 대입하면 설정압력은

$$p_s = \frac{k(x + x_0)}{A - C_d \pi d x \sin 2\phi} \tag{6.24}$$

로 된다. 식 (6.24)에서,

$$\begin{aligned} & x \ll x_0 \\ & C_d \pi d x \sin 2\phi \ll A \end{aligned} \tag{6.25}$$

가 성립하면 릴리프밸브의 설정압력은 식 (6.22)에 나타낸 크래킹 압력과 거의 같고, 압력 오버라이드(pressure override)는 무시할 수 있다(그림 6.14, 6.15 참조). 보통 직동형 릴리프밸브의 구조는 크래킹 힘 $A p_s = k x_0$가 크기 때문에 초기에 큰 변위 x_0를 주어 식 (6.25)의 조건 $x \ll x_0$를 만족시키는 것이 스프링 설치 공간의 제약으로 곤란하다. 또 수압면적 A를 작게 하여 크래킹 힘 $A p_c$를 낮추어도 릴리프밸브 설정압력 p_s에서 전유량 Q를 오일탱크로 되돌릴 때 밸브 변위 x가 크게 되어 식 (6.25)가 성립하지 않는다.

그림 6.13은 차동 피스톤식 직동형 릴리프밸브이고, 밸브시트의 지름 d를 크게 하고, 수압면적 A를 작게 하여, 크래킹 압력을 낮추어 식 (6.25)가 성립하도록 한 구조이다.

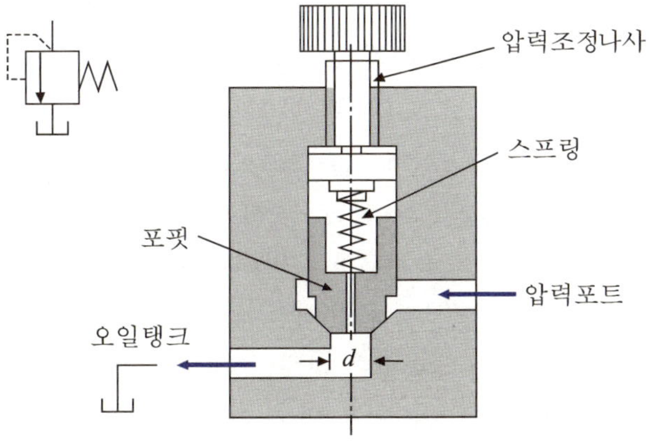

그림 6.13 차동 피스톤식 직동형 릴리프밸브

그림 6.14는 릴리프밸브의 특성이다. 그림에서 직동형 릴리프밸브는 설정압력(또는 전유량 압력) 1보다 낮은 압력 0.5 근방에서 포핏이 열려 유량의 일부가 밸브를 통해 흐르기 시작하며, 설정압력에서는 유압펌프에서 송출된 유량 전부가 오일탱크로 흐른다(전유량이라 한다). 포핏 또는 밸브가 열리기 시작할 때 압력을 크래킹압력(cracking pressure), 설정압력과 크래킹 압력의 차이를 압력 오버라이드(pressure override)라 한다. 직동형 릴리프밸브는 구조상 압력 오버라이드가 큰 결점이 있고, 압력 오버라이드가 작을수록 밸브 특성이 양호하며, 유체동력 손실도 작다.

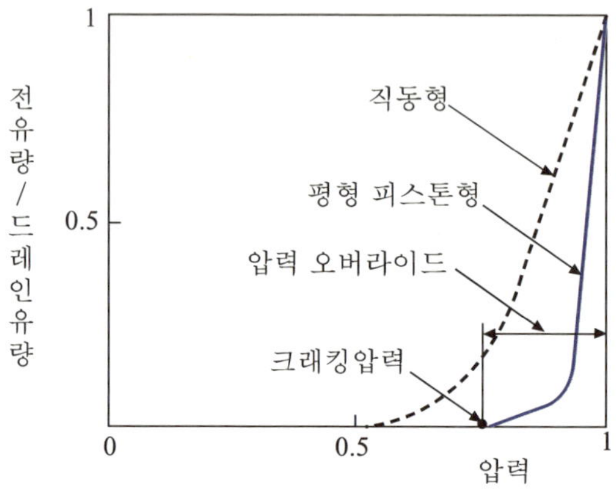

그림 6.14 릴리프밸브의 특성

그림 6.15는 직동형 릴리프밸브를 사용할 때 압력과 릴리프유량과의 관계이다. 앞에서 설명하였듯이 크래킹압력에서 설정압력까지의 범위는 압력 오버라이드이고, 이 범위에서는 유압펌프에서 송출된 유량은 회로 속을 흐르는 유량과 오일탱크로 되돌아가는 유량으로 나누어진다. 유압펌프에서 송출유량을 전부 유효하게 사용하는 압력범위는 0에서 크래킹압력까지이다. 즉 압력이 올라가도 크래킹압력까지는 릴리프밸브가 작동하지 않기 때문에 유압펌프 송출량의 100%가 유압회로로 흐른다. 이 압력-릴리프유량 특성에서 보듯이 직동형 릴리프밸브는 유압펌프의 송출량을 유효하게 사용하는 압력범위가 그다지 넓지 않다. 그러나 릴리프밸브로써 작동속도가 빠르고, 응답성이 좋기 때문에 회로 압력설정용보다도 오히려 서지압력(surge pressure) 등의 비정상적인 압력상승 대책으로써 안전밸브(safety valve)나 파일럿 조작형 릴리프밸브의 파일럿밸브(pilot valve)로 많이 사용한다.

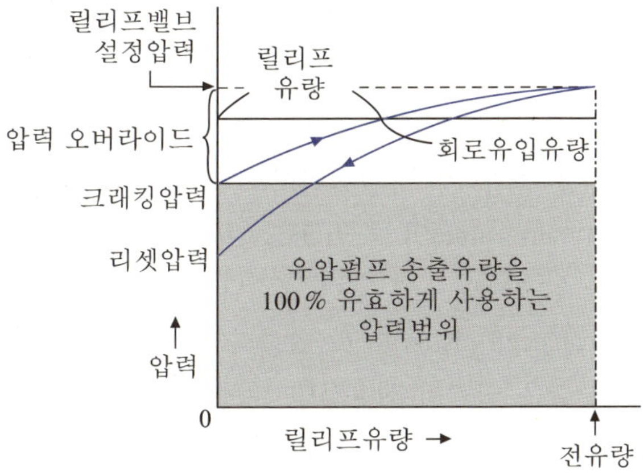

그림 6.15 직동형 릴리프밸브의 압력-릴리프유량 특성

(2) 평형 피스톤형 릴리프밸브

이 밸브는 파일럿 작동형(pilot-operated type) 릴리프밸브이며, 밸브 성능이 우수하여 현재 가장 많이 사용한다. 회로 속에 잉여기름을 빼내는 평형 피스톤부, 작동을 제어하여 압력을 조정하는 파일럿부로 구성되고, 벤트회로(vent circuit)를 사용하면 원격조작, 무부하 제어, 고압과 저압의 2중 압력제어가 가능하다.

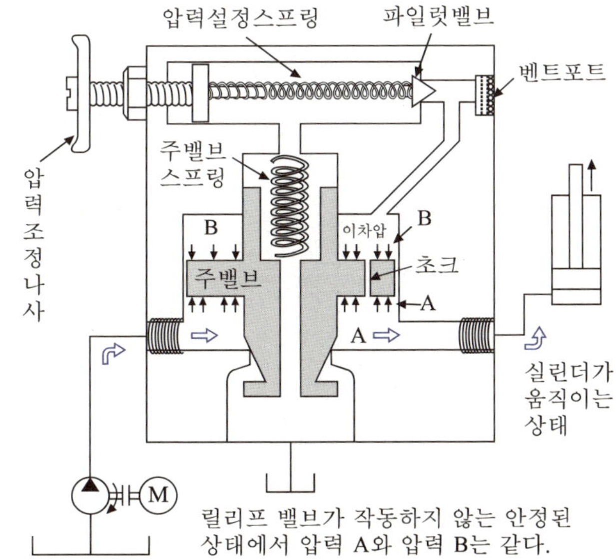

그림 6.16 평형 피스톤형 릴리프밸브 (작동 전 상태)

그림 6.16은 평형 피스톤형 릴리프밸브가 작동하기 전의 안정된 상태를 나타낸다. 그림에서 보듯이 유압실린더와 같은 액추에이터가 작동하여 회로에 작동유가 정상적으로 흐르는 상태에서는 평형 피스톤형 릴리프밸브가 작동하기 않기 때문에 유압펌프에서 송출된 고압유는 릴리프밸브의 압력라인을 통과하여 유압실린더 쪽의 유압회로로 흐른다. 이 때 릴리프밸브의 2차압실에는 주밸브(main valve)의 초크(choke)를 통과하여 고압유가 흘러들어가기 때문에 2차압실의 압력 B와 압력라인 A의 압력은 같다.

주밸브는 평형 피스톤(balanced piston)이고, 압력라인과 2차압실의 수압면적이 같다. 따라서 압력라인과 2차압실에 같은 압력이 작용하면 주밸브의 피스톤에 작용하는 힘은 평형을 이루지만 주밸브의 스프링 힘만큼 위에서 누르는 힘이 크기 때문에 주밸브는 닫힌 상태이다.

유압실린더가 상승하여 행정 끝단에 도달하면, 회로 속에 흐르는 고압유는 더 이상 흐르지 않고 유압펌프의 송출압력은 릴리프밸브의 설정압력에 가까이 상승한다. 그러면 그림 6.17과 같이 파일럿밸브가 열려 처음에는 아주 적은 고압유가 주밸브 중앙의 구멍을 통하여 오일탱크로 흘러 나간다. 그 결과 주밸브의 피스톤이 받는 압력 A쪽이 압력 B보다 높아진다. 그러나 압력차가 주밸브 스프링이 미는 힘에 도달하지 않으면 주밸브는 닫힌 상태를 유지한다. 이 때 파일럿밸브에서 오일탱크로 흐르는 고압유는 아주 적고, 유압펌프의 송출유량을 회로에서 100% 유효하게 사용하는 압력범위로 간주해도 좋다.

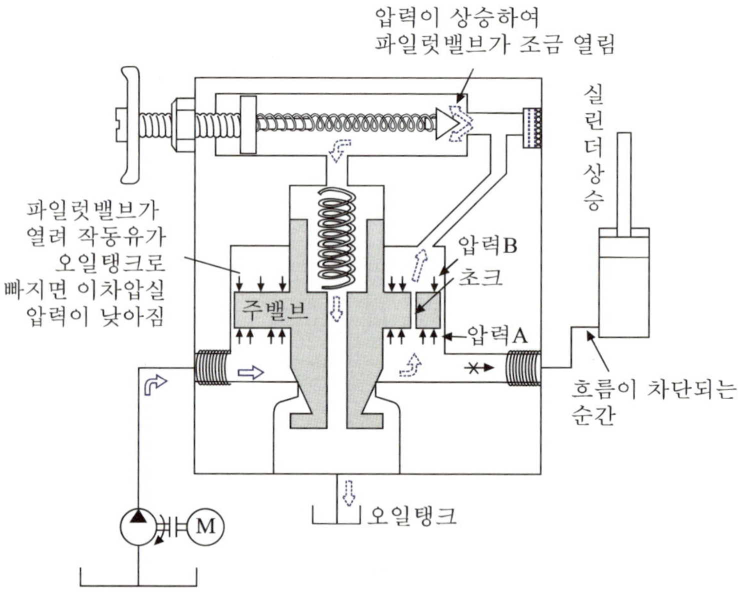

그림 6.17 평형 피스톤형 릴리프밸브 (작동하기 직전 상태)

실제는 파일럿밸브가 조금 열려 아주 소량의 고압유가 오일탱크로 흐르기 시작하면 주밸브의 초크를 통과하여 압력라인에서 2차압실로 고압유가 흐르기 시작하지만, 초크에서 흐름이 제한되기 때문에 압력라인과 2차압실에서 압력차가 생긴다. 그러나 파일럿밸브가 조끔 열려 있기 때문에 고압유가 아주 적게 흘러 압력차도 작고, 주밸브의 스프링이 미는 힘에 도달하지도 못해 주밸브를 밀어 올리지 못하기 때문에 주밸브는 아직 닫힌 상태이다.

그러나 그림 6.18과 같이 유압펌프의 송출압력이 릴리프밸브의 설정압력에 근접하여 거의 설정압력에 도달하면, 다음 순서에 따라 남은 고압유가 오일탱크로 되돌아간다.

① 파일럿밸브가 더 많이 열린다.
② 파일럿밸브를 통과하여 오일탱크로 흐르는 고압유의 양이 많아진다.
③ 따라서 압력라인과 2차압실의 압력차가 커진다.
④ 주밸브의 상하면에 받는 압력평형이 크게 깨진다.
⑤ 압력 A와 압력 B의 압력차에 의한 힘이 주밸브용 스프링이 미는 힘 이상으로 된다.
⑥ 주밸브가 열려 압력라인 유량이 오일탱크로 빠진다.

이와 같은 동작에 따라 파일럿밸브가 열리고 주밸브가 열릴 때까지의 압력범위만큼 직동형 릴리프밸브와 비교하여 유압펌프의 송출유량을 회로에서 100% 유효하게 사용할 수 있는 압력범위가 넓어진다. 그러나 평형 피스톤형 릴리프밸브의 작동 응답시간은 직동형 릴리프

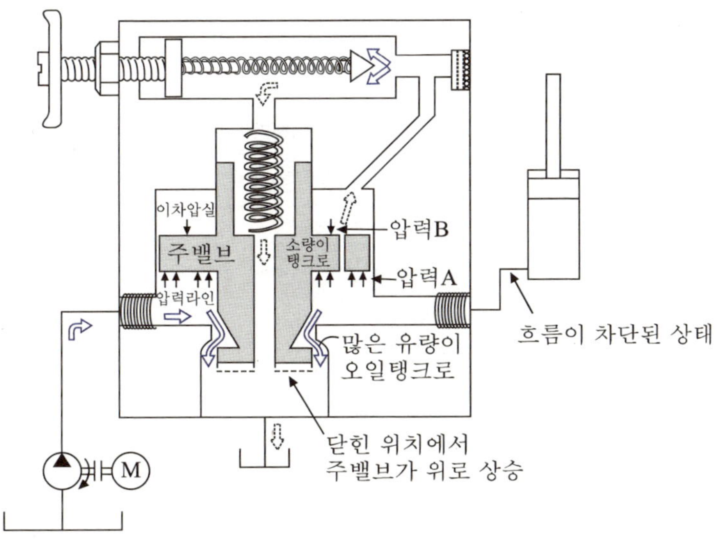

그림 6.18 평형 피스톤형 릴리프밸브 (작동 상태)

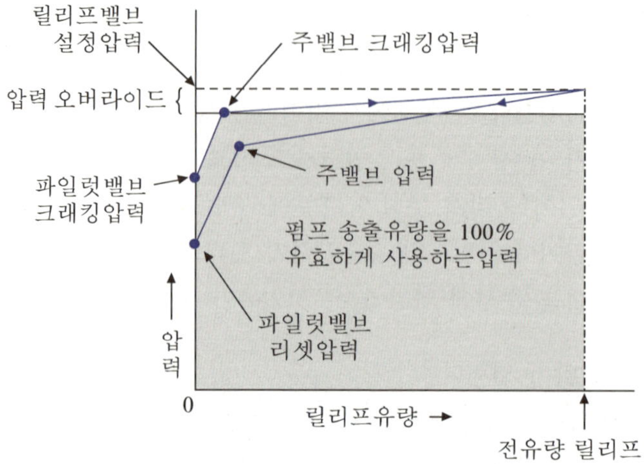

그림 6.19 평형 피스톤형 릴리프밸브의 압력-릴리프유량 특성

밸브보다는 늦다.

그림 6.19는 평형 피스톤형 릴리프밸브의 압력-릴리프유량 특성을 나타낸다. 그림 6.15의 직동형 릴리프밸브와 비교하여, 유압펌프에서 송출유량을 유효하게 사용하는 압력범위가 넓은 것을 알 수 있다.

(3) 전자전환밸브 내장형 릴리프밸브

그림 6.20에서 평형 피스톤형 릴리프밸브는 소형 전자전환밸브와 조합하여 전기신호로

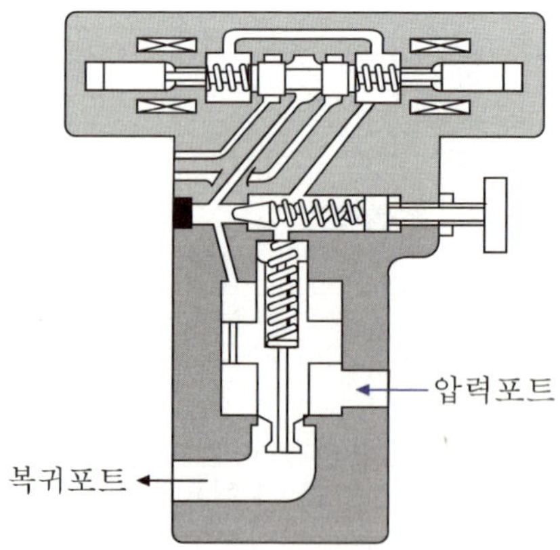

그림 6.20 전자전환밸브 내장형 릴리프밸브

유압펌프를 무부하 운전하거나 1개 또는 2개의 직동형 릴리프밸브를 겸용하여 유압계통에 2압 또는 3압제어가 가능하다. 이와 같이 평형 피스톤형 릴리프밸브와 소형 전자전환밸브를 일체로 조립한 밸브가 전자전환밸브 내장형 릴리프밸브이다.

[3] 감압밸브

감압밸브(pressure reducing valve)는 유압회로 내의 일부 압력을 릴리프밸브 설정압력보다 낮게 제어하며, 평형 피스톤형 스풀밸브를 사용한다. 감압밸브는 1차측(입구압력)에 고압유가 들어오면, 2차측(출구)은 1차측보다 낮은 일정한 압력의 고압유를 공급한다. 이 때 1차측 압력이 변동하여도 2차측 압력은 설정한 일정한 압력으로 유지되는 구조이다.

그림 6.21은 릴리프밸브와 감압밸브의 차이를 모델링한 것이다. 릴리프밸브는 회로가 차단되거나 이상압력에 대해 안전밸브의 용도로 많이 사용한다. 즉, 설정된 최대압력을 초과하는 압력이 릴리프밸브의 압력포트에 작용하면 오일탱크로 고압유를 되돌려 보내 유량이나 압력을 배출시키는 구조이다. 그리고 2차측 압력변동을 제거하여 압력을 일정하게 유지하는 기능을 하지 않는다.

감압밸브는 회로에서 1차측의 높은 압력을 낮추어 회로의 2차측에 안정된 일정한 압력을 제공한다. 감압밸브와 릴리프밸브는 구조가 유사하지만, 릴리프밸브는 일정 용량형 펌프의 송출압력과 같이 회로압력의 최댓값을 설정하고, 그 설정값 이상으로 회로압력이 상승하면 릴리프밸브가 열려 고압유를 오일탱크로 배출한다. 감압밸브는 회로의 2차측에 감압된 일정한

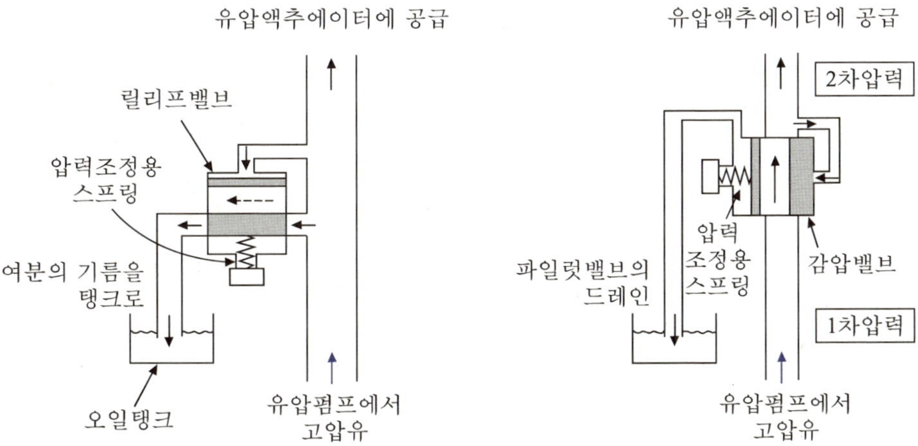

그림 6.21 릴리프밸브와 감압밸브의 차이

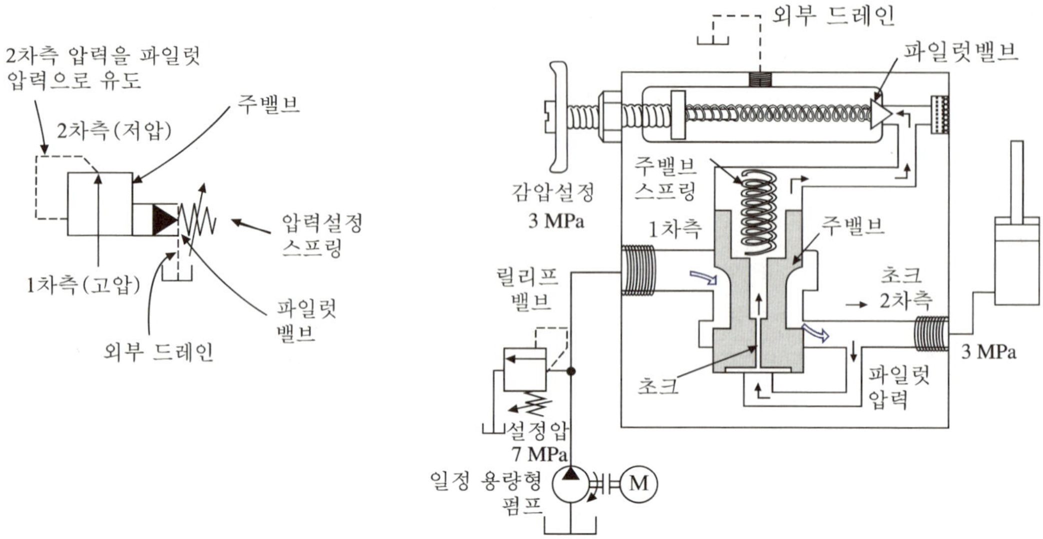

그림 6.22 감압밸브의 구조

압력을 제공한다. 감압밸브에서 설정한 압력보다도 높은 압력범위에서 1차측 압력이 변동하여도 2차측 압력은 항상 설정된 일정한 압력의 고압유를 공급한다.

감압밸브는 2차측 압력을 파일럿 압력으로서 주밸브로 유도하기 때문에 이 밸브의 작동은 1차측 압력에는 관계없이 2차측 압력에 의해 제어된다.

그림 6.22에서 2차측 압력은 감압설정 나사로 설정한다. 감압 설정값만큼 파일럿밸브의 스프링이 압축되고, 파일럿밸브가 외부 드레인과의 유로를 막는 힘을 조절한다. 2차측 압력은 파일럿 압력으로서 주밸브의 아래쪽으로 유도되고, 초크를 통과하여 파일럿밸브에 작용한다. 주밸브는 평형피스톤(balanced piston)으로 윗면과 아랫면의 수압면적이 같기 때문에 파일럿밸브가 닫혀 작동유가 흐르지 않을 때는 주밸브에 걸리는 압력이 상하면에서 같다. 파일럿 압력이 설정압력보다 낮으면 주밸브의 스프링 힘만큼 위에서 누르는 힘이 크고, 주밸브는 아래쪽으로 밀려 눌러진 상태이기 때문에 1차측과 2차측의 유로가 열려 1차측에서 직접 2차측으로 고압유가 흐른다.

2차측 압력이 상승하여 파일럿 압력이 설정압력을 넘으면 파일럿밸브가 열려 외부 드레인으로 고압유가 오일탱크로 흐른다. 한편 주밸브를 흐르는 고압유는 초크를 통과하기 때문에 유름이 제한되어 초크 전후에 압력차가 생기고, 주밸브의 윗면은 드레인에 직결되어 있기 때문에 압력이 낮아져 주밸브가 위로 밀려올라간다. 그 결과 1차측과 2차측의 유로가 차단되고, 2차측 압력은 그대로 유지된다.

2차측 압력이 설정압력보다 낮아지면 파일럿밸브는 닫히고, 주밸브의 윗면과 아랫면의 압력이 같아지고, 주밸브는 주밸브용 스프링이 아래로 누르기 때문에 1차측과 2차측의 유로가 열려 고압유가 흐르기 시작한다.

이와 같이 감압밸브는 2차측 압력을 파일럿 압력으로 사용하여 2차측 압력의 변동으로부터 작동유의 흐름을 제어한다. 또 감압하기 위한 드레인을 확실하게 오일탱크로 보내기 위해 외부 드레인을 사용한 외부 배관이 필요하다. 외부 드레인 배관의 안지름이 너무 작으면 필요 이상의 배압이 걸리거나 이물질 등으로 막혀 감압이 되지 않거나 불안정하게 되기 때문에 주의해야 한다.

[4] 시퀀스밸브, 카운터밸런스밸브, 무부하밸브

시퀀스밸브(sequence valve)는 회로압력에 따라 액추에이터의 작동순서를 순차적으로 제어하며, 카운터밸런스밸브(counterbalance valve, 배압유지밸브)는 액추에이터 복귀측에 저항을 주어 액추에이터 자중 등에 따른 급격한 복귀를 방지하는 역할을 한다. 무부하밸브(unloading valve)는 회로압력이 설정압력 이상으로 되면 작동유를 오일탱크로 보내 회로압력을 낮추어 유압펌프를 무부하 운전시키는데 사용하며, 이들 밸브 구조는 거의 같다.

(1) 시퀀스밸브

시퀀스밸브는 유압실린더 등의 액추에이터 작동순서를 전기를 사용하지 않고 제어하는 밸브이고, 스풀(주밸브)을 개폐하여 1차측에서 2차측으로 고압유를 보내거나 차단하여 액추에이터 등을 제어한다.

그림 6.23과 같이 스풀을 개폐하기 위해 스풀의 위쪽은 스프링이 누르고, 아래쪽은 밸브 외부에서 유압(외부 파일럿)이 작용한다. 외부 파일럿 압력이 스풀을 밀어 올리는 힘보다도 스프링이 스풀을 누르는 힘이 커면 스풀은 닫혀 있다. 파일럿 압력이 높아져 외부 파일럿에 의해 스풀을 미는 힘이 스프링 힘보다 커지면 스풀이 열린다. 스풀이 열릴 때 파일럿 압력을 크래킹 압력(cracking pressure)이라 한다. 이와 같이 시퀀스밸브는 스풀에 스프링 힘과 외부 파일럿 압력에 의한 힘이 서로 대항하는 직동형으로 되어 있다.

그림 6.23의 밸브 절단 사진을 보면, 외부 파일럿은 주밸브인 스풀에 직접 작용하지 않고 파일럿 피스톤을 통하여 스풀을 누른다. 이것은 외부 파일럿이 작용하는 수압면적을 작게 하여 외부 파일럿이 스풀을 미는 힘을 줄이기 위해서이다. 이렇게 하면 대항하는 스프링 힘을

그림 6.23 체크밸브 내장형 카운터밸런스밸브 구조 (형식 4)

작게 할 수 있다. 또 외부 파일럿을 파일럿 피스톤의 가로방향으로 유입시키고 파일럿 피스톤의 아래쪽에 유실(油室)을 만들어 댐퍼(damper) 역할을 하도록 하면 스프링 힘에 대항하는 힘을 제한하여 채터링(chattering)을 방지할 수 있다. 이러한 이유로 이 밸브는 유압쿠션(hydro-cushion)형 밸브라고도 한다.

(2) 시퀀스밸브의 구조 변경과 분류

그림 6.24와 같이 시퀀스밸브는 본체, 상부커버, 하부커버로 되어 있고, 각각의 조립방법을 바꾸면 밸브의 기능 변경도 가능하다. 구체적으로 하부커버를 조립하는 방향에 따라 내부 파일럿과 외부 파일럿 선택이 가능하고, 상부커버의 조립하는 방향에 따라 외부 드레인과 내부 드레인을 선택할 수 있다. 같은 시퀀스밸브라도 파일럿과 드레인의 조합에 따라 기능이 다른 형식 1에서 형식 4의 밸브로 분류한다. 또 체크밸브(check valve)가 없는 것과 체크밸브 내장형의 2종류가 있고, 각각 다른 기능과 명칭(릴리프밸브, 시퀀스밸브, 무부하밸브, 카운터밸런스밸브)으로 부른다.

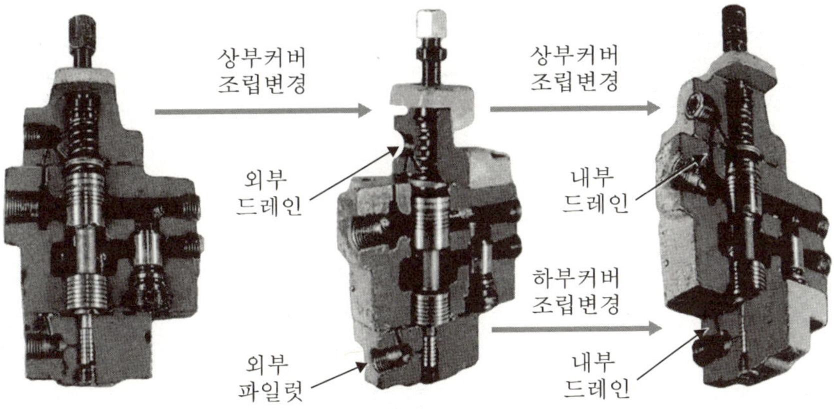

그림 6.24 상부커버와 하부커버 조립변경으로 기능 변경

(3) 체크밸브가 없는 시퀀스밸브

표 6.1과 같이 체크밸브가 없는 시퀀스밸브는 상부커버와 하부커버의 조립방법에 따라 기능이 다른 4종류의 밸브로 분류한다. 예를 들면, 시퀀스밸브 형식 1은 1차측을 펌프라인, 2차측을 오일탱크로 연결하면 직동형 릴리프밸브로 작동한다. 단, 스풀이 위로 미끄러져 밸브가 열리기 때문에 미끄러지는 만큼 직동형 릴리프밸브와 비교하여 응답성이 늦다.

(4) 체크밸브 내장형 시퀀스밸브

표 6.2와 같이 체크밸브가 내장형 시퀀스밸브도 상부커버와 하부커버의 조립방법에 따라 기능이 다른 4종류의 밸브로 변경할 수 있다.

(5) 시퀀스밸브에 의한 순서제어

전자밸브나 전기신호를 사용하지 않고, 유압기기만 사용하여 여러 개의 액추에이터를 순차적으로 제어할 때 시퀀스밸브를 사용한다. 순서제어에 유압을 이용하면 동작에 필요한 신호를 전기신호로 변환할 필요가 없고, 검출스위치나 제어기가 필요 없으므로 작동이나 비용적인 측면이 유리하다. 예를 들면, 실린더가 작동할 때 피스톤이 동작하는 동안 압력보다도 스트로크 끝에 도달할 때 압력이 높다. 이와 같이 고압유가 흐를 때와 정지될 때의 압력차를 이용하여 순서제어를 하는 압력제어밸브가 시퀀스밸브이다.

표 6.1 체크밸브가 없는 시퀀스밸브의 분류

형식	명칭	파일럿 압력	드레인	구조	유압기호
1	릴리프밸브	내부	내부	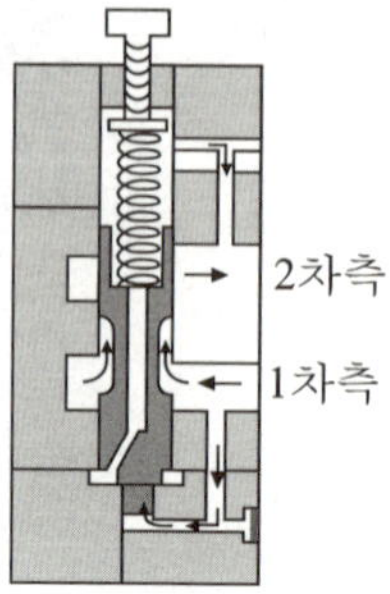	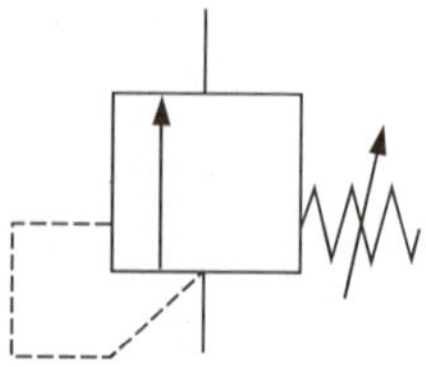
2	시퀀스밸브 (내부 파일럿)	내부	외부	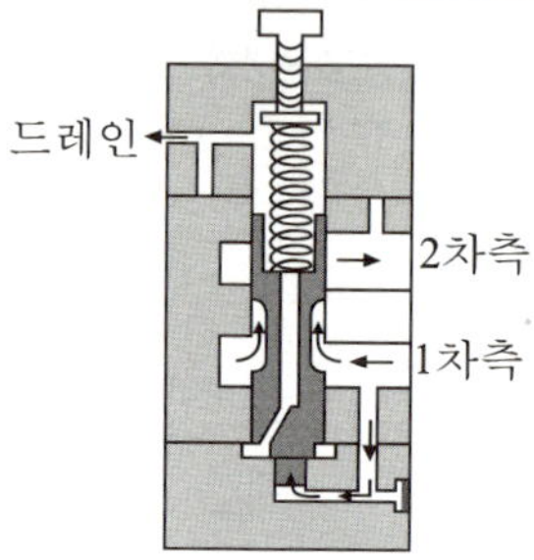	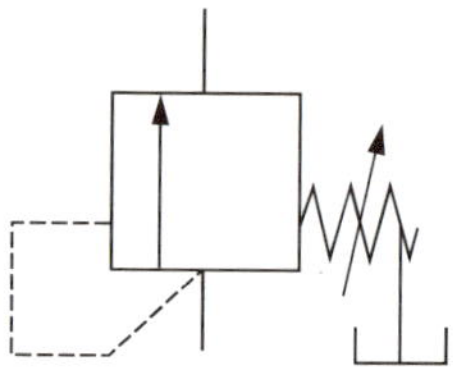
3	시퀀스밸브 (외부 파일럿)	외부	외부	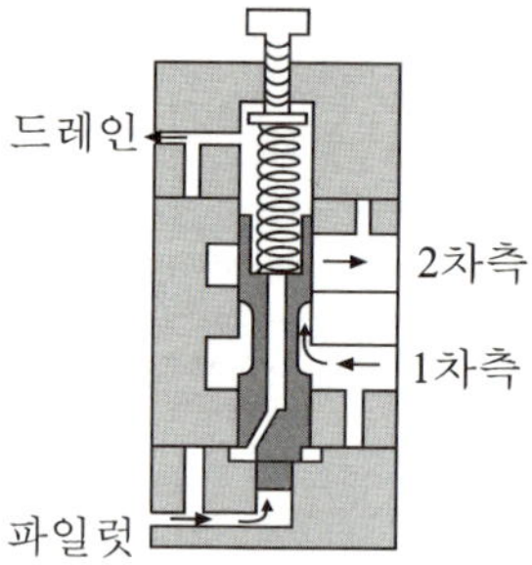	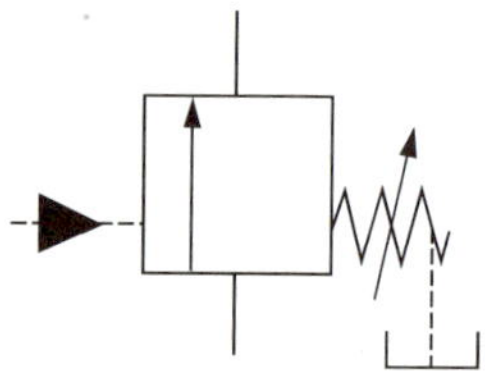
4	무부하밸브	외부	내부	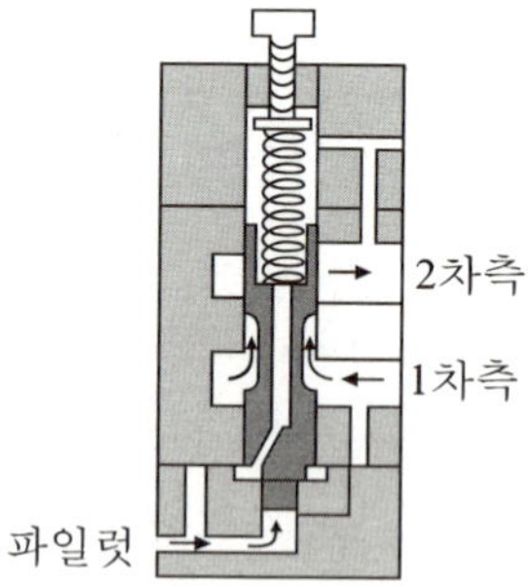	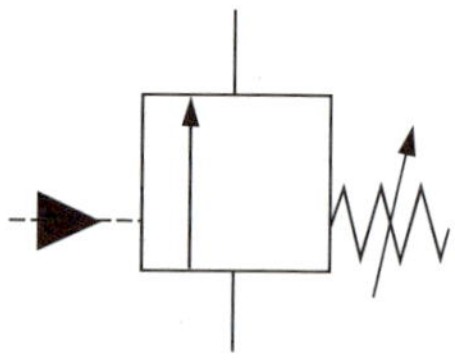

표 6.2 체크밸브 내장형 시퀀스밸브의 분류

형식	명칭	파일럿 압력	드레인	구조	유압기호
1	카운터 밸런스 밸브	내부	내부	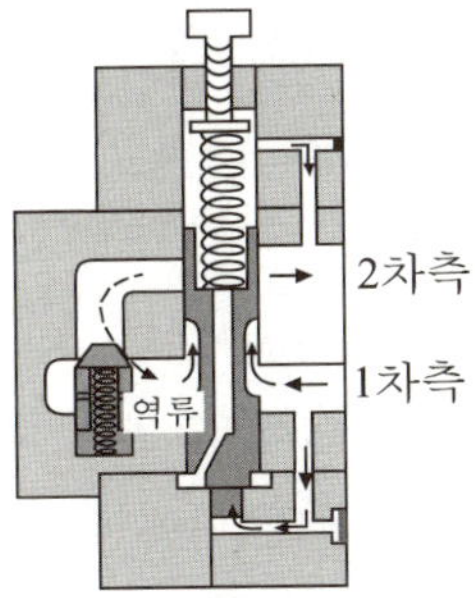	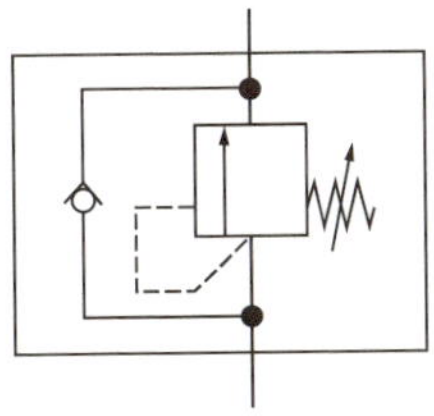
2	체크밸브 내장형 시퀀스 밸브 (내부 파일럿)	내부	외부	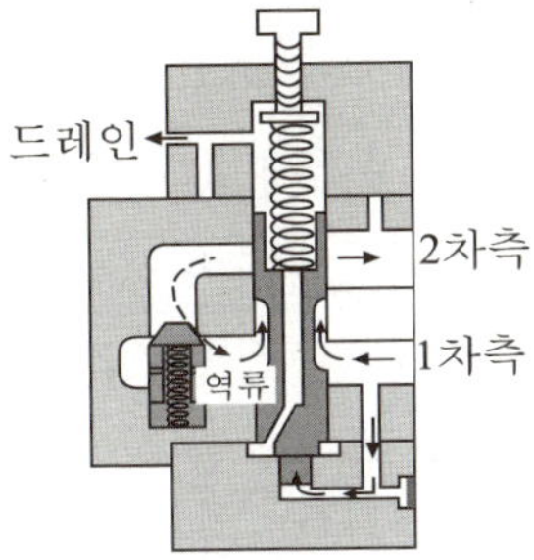	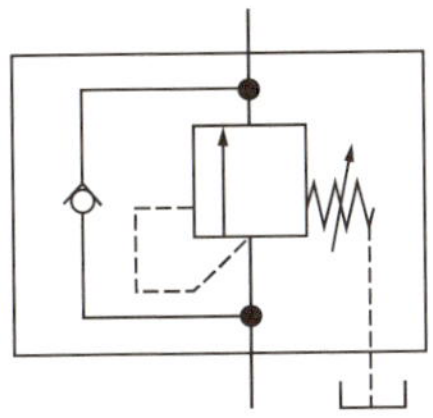
3	체크밸브 내장형 시퀀스 밸브 (외부 파일럿)	외부	외부	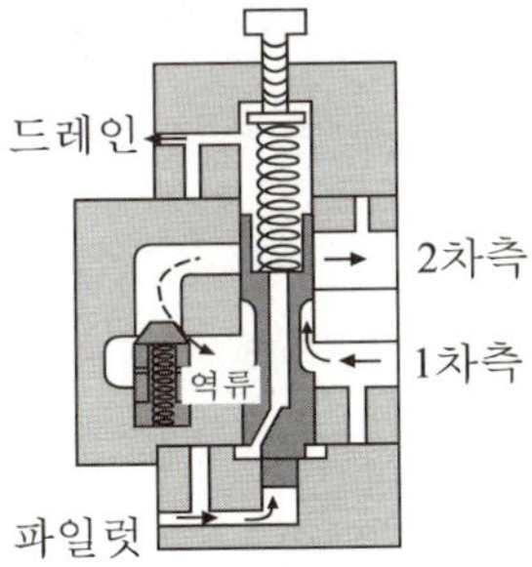	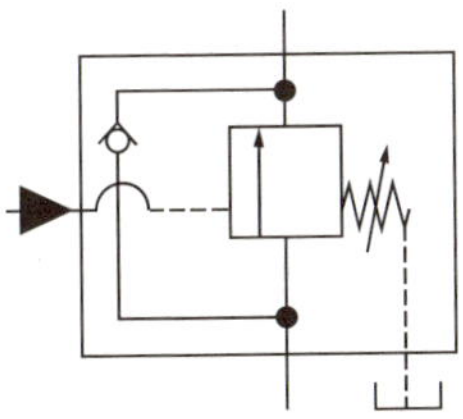
4	카운터 밸런스 밸브	외부	내부	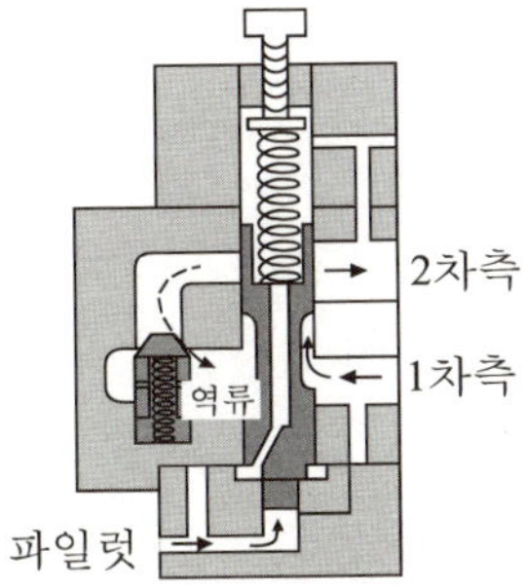	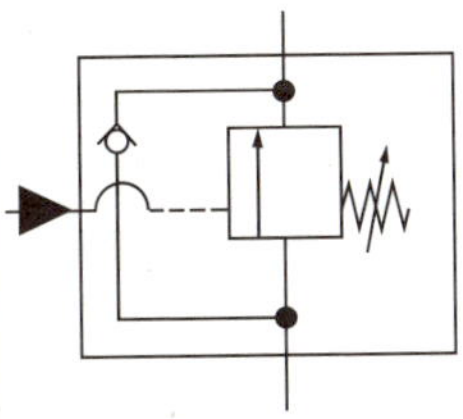

그림 6.25는 체크밸브가 없는 시퀀스밸브, 그림 6.26은 체크밸브 내장형 시퀀스밸브의 구조이다. 체크밸브가 없는 밸브는 1차측에서 2차측으로 고압유가 흐르지만, 역류(2차측에서 1차측으로 흐름)할 수 없다. 체크밸브 내장형 시퀀스밸브는 역류를 허용하기 때문에 실린더를 왕복운동시킬 때 등에 사용한다. 시퀀스밸브는 실린더의 동작을 검출하는 신호로서 작동유의 압력을 이용하고, 이 압력을 파일럿 압력(pilot pressure)이라 한다. 파일럿 압력을 취하는 방법은 내부 파일럿과 외부 파일럿이 있다. 내부 파일럿은 실린더를 제어하는 제어밸브 내부의 고압유를 빼내어 파일럿 압력으로 사용한다.

그림 6.25, 그림 6.26의 파일럿 압력은 내부 파일럿이고, 1차측 압력이 하부커버의 파일럿 압력 유로를 통하여 파일럿 피스톤의 아랫면에 작용한다.

한편 외부 파일럿은 제어밸브 외부에서 압력을 취한다. 그림 6.25와 그림 6.26의 구조도에서 하부커버를 180° 돌려 조립상태를 바꾸어 외부 배관을 연결하면 외부 파일럿이 된다. 이 파일럿 압력이 파일럿 피스톤의 아랫면에 작용하면, 이것과 스풀(주밸브) 위에 있는 스프링 힘의 상태에 따라 밸브가 열리거나 닫힌다.

스프링으로 설정한 압력값보다도 파일럿 압력이 낮으면 스풀은 스프링에 의해 눌려 있기 때문에 1차측과 2차측 사이의 유로는 닫힌 상태이다. 파일럿 압력이 설정값에 도달하면 파일럿 압력에 의한 힘이 스프링 힘보다도 큰 상태를 생각해 보자. 스풀은 파일럿 압력에 의해 파일럿 피스톤을 통과하여 위로 밀려 올라가고 1차측에서 2차측으로 고압유가 흐른다. 즉, 파일럿 압력이 설정값의 도달 여부에 따라 1차측에서 2차측으로 고압유의 흐름을 제어한다.

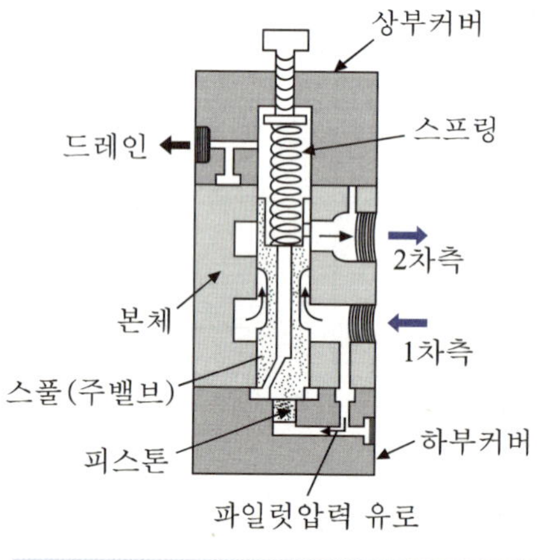

그림 6.25 체크밸브가 없는 시퀀스밸브

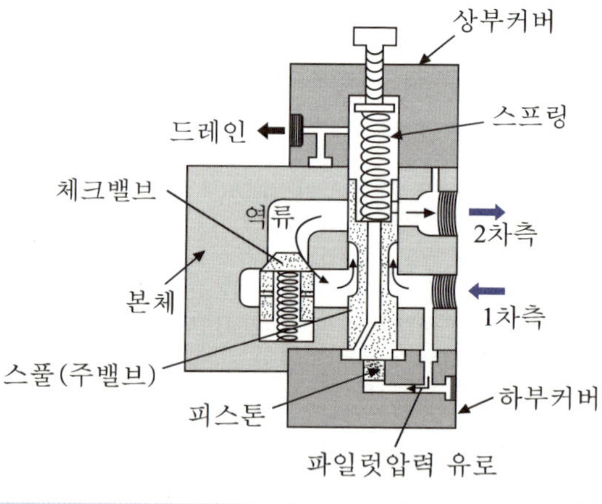

그림 6.26 체크밸브 내장형 시퀀스밸브

(6) 내부 드레인과 외부 드레인의 선택

밸브 내부의 누설량(드레인)을 빼내는 방법은 내부 드레인과 외부 드레인이 있고, 상황에 따라 적절하게 선택해야 한다. 앞에서 설명하였듯이 시퀀스밸브는 스프링이 위에서 스풀을 누르고, 이것에 대항하여 스풀 밑에서 파일럿 압력으로 밀어 올려 스프링과 파일럿 압력의 평형에 의해 스풀이 작동하여 1차측과 2차측의 유로를 개폐한다. 이 때 스풀은 상하로 운동하지만, 스풀과 밸브 본체 사이의 틈새에서 고압유가 스프링 쪽으로 누설되면 스풀의 작동이 불안정하게 되고, 최악의 경우는 스풀이 위로 올라가지 못하고 1차측과 2차측 유로가 닫힌 상태로 된다. 이것을 막기 위해 밸브 내부에서 누설된 고압유를 오일탱크를 빼내야 한다. 이 드레인을 빼내는 방법으로 외부 드레인과 내부 드레인이 있다.

외부 드레인은 드레인 전용 배관을 밸브에 연결하여 확실하게 오일탱크로 빼내는 방법이다. 드레인 양에 대해 배관 지름이 작으면 필요 이상의 배압이 발생하여 드레인을 빼낼 수 없으므로 주의해야 한다.

그림 6.27은 시퀀스밸브 상부커버에 외부 드레인 포트를 통하여 누설된 고압유를 빼내는 구조이다.

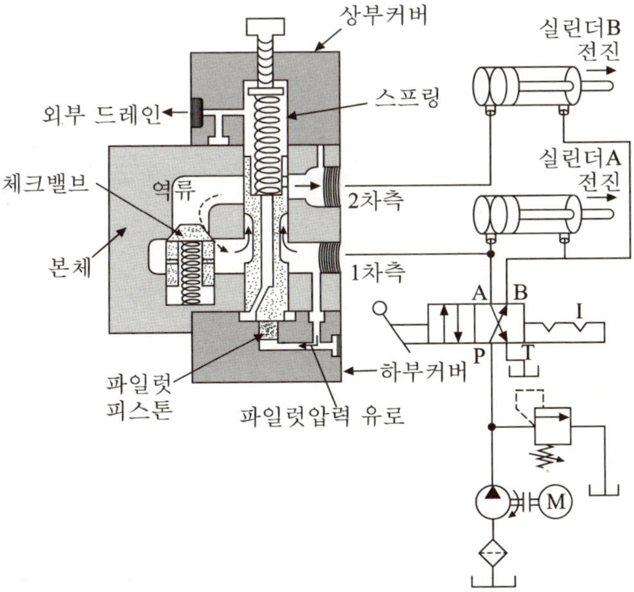

그림 6.27 체크밸브 내장형 시퀀스밸브의 외부 드레인 사용 예시

내부 드레인은 밸브 내부에 오일탱크로 연결된 관이 있는 경우에 드레인을 빼내는 것이다. 이것도 배관이 오일탱크에 연결되어 압력이 걸리지 않는 것이 중요하며, 드레인 양이 많아도 필요 이상의 배압이 발생하지 않도록 한다. 내부 드레인은 외부 드레인과 비교하여 전용 배관이나 배관을 부착하는 공간이 필요 없으므로 경제적이다.

그림 6.25와 그림 6.26은 외부 드레인이지만, 상부커버를 180° 돌려 드레인 라인과 2차측을 연결하면 내부 드레인으로 된다. 단, 2차측이 오일탱크로 연결되어 압력이 상승하지 않을 때 사용할 수 있다. 예를 들면, 그림 6.28은 잘못 설계된 내부 드레인 회로를 나타낸다. 내부 드레인을 2차측(유압실린더 B의 캡측)으로 빼내어 오일탱크로 연결되어 있지 않기 때문에 스프링 쪽으로 누설된 고압유를 빼낼 수 없다. 또 만약 실린더 B가 전진행정 중에 부하 등에 의해 유압실린더 B의 캡측 라인에 높은 압력이 걸리면 고압유가 스프링실로 역류하여 시퀀스밸브의 스풀이 닫힌다.

내부 또는 외부 드레인을 선택하는 것은 시퀀스밸브에만 국한되는 것이 아니라 다른 모든 제어밸브에도 적용된다.

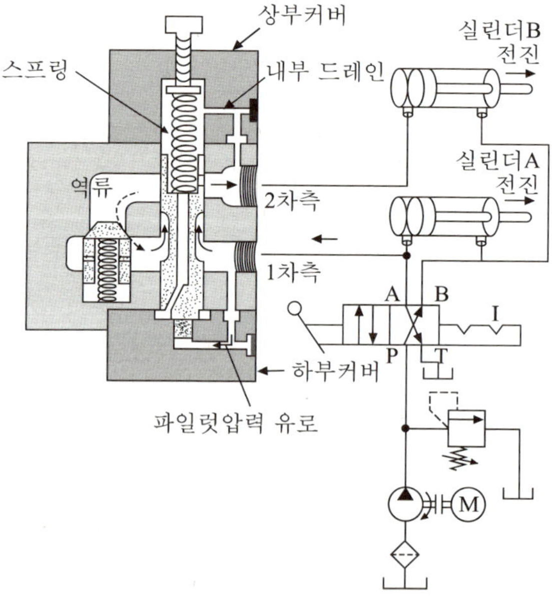

그림 6.28 체크밸브 내장형 시퀀스밸브의 내부 드레인 잘못된 사용 예시

(7) 카운터밸런스밸브

카운터밸런스밸브(counterbalance valve, 배압유지밸브)의 스풀은 스프링에 의해 밸브시트에 밀착되어 포트 A로부터 고압유는 내부 파일럿 유로를 통하여 파일럿 피스톤 밑부분까지 도달해 있다. 이 부분의 압력이 상승하여 스풀 스프링의 힘을 이겨내면 스풀은 위로 밀려 올라가 포트 A와 포트 B는 통하게 되고, 스풀 내부에 있는 누설유는 내부 드레인을 통하여 포트 B로 연결되어 있기 때문에 포트 B는 오일탱크 관로에 접속되어 있을 때 사용한다. 이 밸브는 포트 A(1차측) 압력을 일정하게 유지하면서 고압유를 오일탱크에 복귀시킬 때 사용하며 스풀의 개도는 1차측 압력과 유량에 따라 정해진다. 포트 B에서 포트 A로 고압유를 자유롭게 흐르게 할 때는 그림 6.29와 같이 체크밸브를 사용한다.

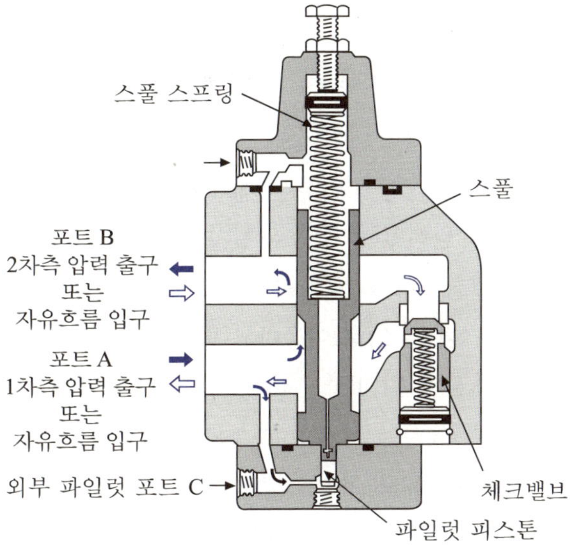

그림 6.29 카운터밸런스밸브

(8) 무부하밸브

무부하밸브(unloading valve)는 대부분 축압기(accumulator)와 같이 사용하며, 회로압력이 설정압력보다 상승하면 밸브가 작동하여 펌프를 무부하 운전(unload)시킨다.

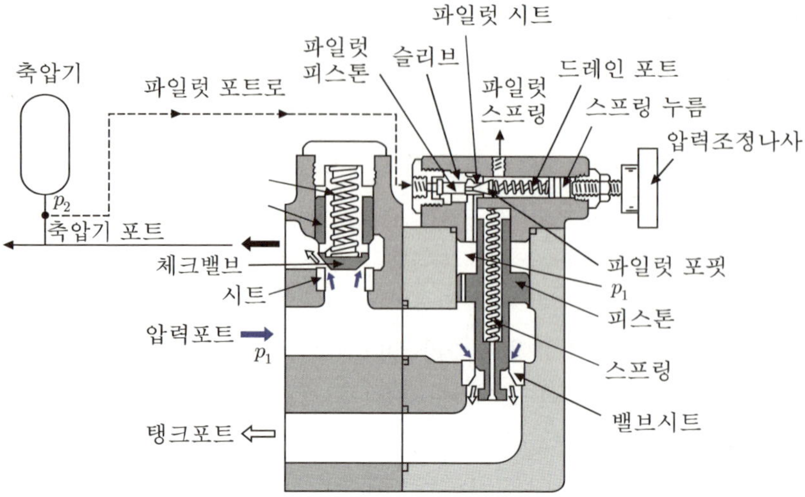

그림 6.30 무부하밸브

그림 6.30에서 유압펌프에서 송출된 고압유는 체크밸브를 통과하여 축압기로 유입되어 압력이 상승한다. 파일럿 포핏이 닫혀있는 동안 파일럿 피스톤은 $p_1 = p_s$, $p_2 < p_1$(p_2는 체크밸브에서 압력손실량 만큼 낮다)이기 때문에 파일럿 포핏에서 떨어져 있지만 p_1이 릴리프밸브 설정압력까지 상승하면 피스톤은 위로 이동하고 밸브시트가 열려 압력포트와 탱크포트가 통하게 된다. 이 때 작동유 흐름이 일어난 순간 p_s 또는 p_1은 압력강하 하며 $p_2 > p_1$ 또는 p_s로 될 때 체크밸브가 닫힘과 동시에 파일럿 피스톤이 파일럿 포핏을 위로 밀어올린다. p_1 또는 p_s의 압력회복이 되지 않은 채로 파일럿 피스톤에 의해 무부하 작용이 일어난다. 회로 압력이 설정압력의 약 80%까지 낮아지면 파일럿 포핏은 닫히고, 펌프는 부하 운전되고, 고압유는 자동적으로 축압기로 보내진다.

[5] 브레이크밸브

브레이크밸브(brake valve)는 관성이 큰 액추에이터의 브레이크 회로에 사용되며, 릴리프밸브와 체크밸브가 각각 2개씩 내장되어 있다. 유압모터가 입구압력 p_1, 출구압력 p_2로 운전될 때 방향제어밸브를 중립위치로 하여 정지시키려고 해도 유압모터는 관성 때문에 계속 회전한다. 따라서 p_2는 정상운전에서는 0에 가까워지지만 급격히 압력이 상승하고 p_1은 순간적으로 진공압력으로 된다. 즉, 모터작용이 펌프작용으로 변하게 된다. 이 때 브레이크밸브를 사용하면 릴리프밸브의 설정압력까지 p_2는 상승하지만, 이 릴리프 설정압력이 유압모터의 브레이크로 작용하고 p_1이 진공압력으로 되면 체크밸브가 열려 p_2측 릴리프밸브의 귀환유 및 오일탱크로부터 작동유를 흡입하여 캐비테이션을 막는다.

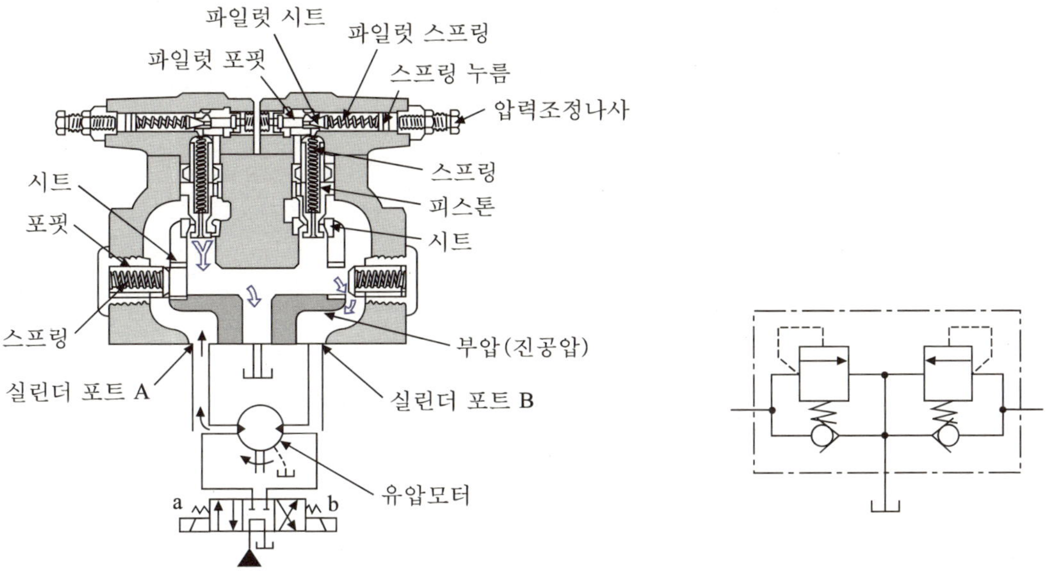

그림 6.31 브레이크밸브

[6] 압력스위치

압력스위치(pressure switch)는 유압회로의 압력에 대응하여 전기회로를 개폐시키는 스위치 역할을 하며, 2개의 마이크로스위치를 내장하여 고압측과 저압측의 설정압력을 각각 독립적으로 설정할 수 있다.

피스톤은 압력포트에서 입구압력을 받아, 압력이 상승하면 피스톤은 스프링 힘에 저항하면서 이동한다. 이 동작은 로드, 플런저를 거쳐 마이크로스위치에서 검출하고 릴레이(relay)와 함께 전자밸브를 작동시켜 펌프를 무부하시키거나 전동기를 기동·정지하는데 이용된다. 압력은 하부의 압력설정용나사를 조정하여 설정한다.

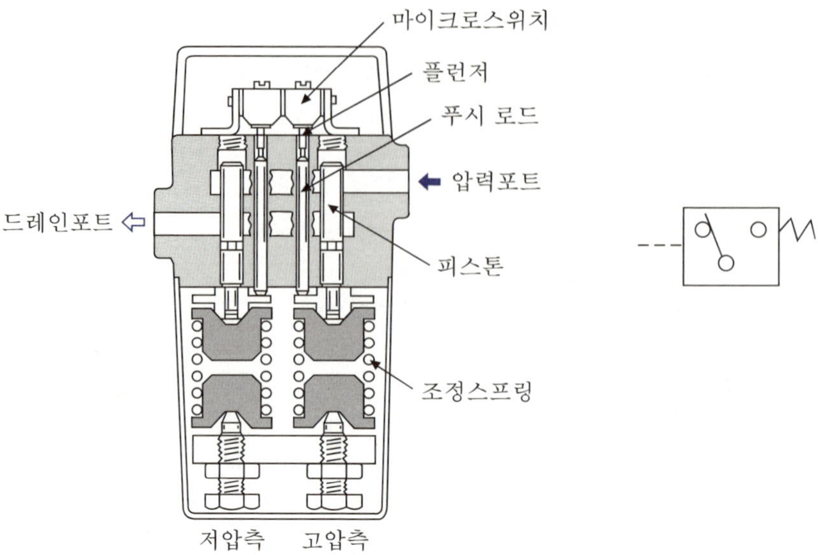

그림 6.32 압력스위치

6.4 유량제어밸브

[1] 유량제어밸브의 분류

유량은 유량제어밸브에서 조정하며, 제어방법에 따라 교축밸브, 유량조정밸브, 감속밸브, 복합유량제어밸브, 파일럿 조작(체크밸브 내장) 유량제어밸브, 동력 절약형(릴리프밸브 내장) 유량제어밸브 등이 있다.

[2] 교축밸브

교축밸브(throttle valve)는 구조가 간단하고 조작이 용이하며, 유량조정 범위가 넓은 장점이 있다. 그러나 1차 압력(입구)과 2차 압력(출구)의 압력차가 변하면 교축부의 개도가 일정하여도 밸브를 통과하는 유량이 변한다(압력보상 기능이 없음). 따라서 압력 변동이 작고, 그다지 정밀도가 요구되지 않는 경우에 사용한다.

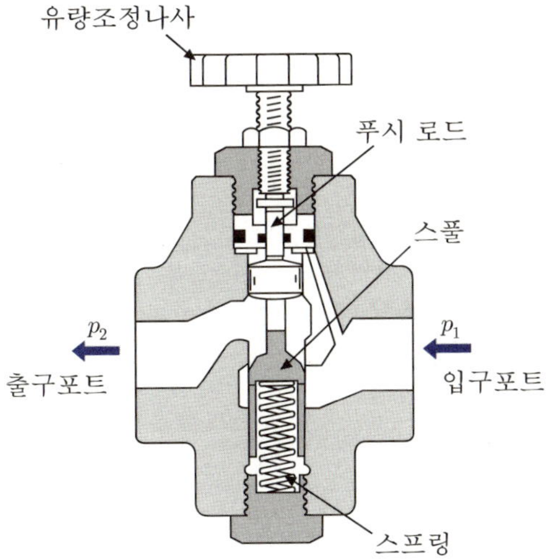

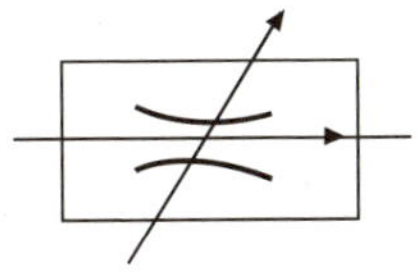

그림 6.33 교축밸브

그림 6.33에서 입구포트 압력 p_1, 출구포트 압력 p_2, 밸브 스풀의 개구면적 $a(x)$ [m²], 유량계수 C_d, 작동유의 밀도 ρ라 하면, 밸브 통과유량 Q [m³/s]는

$$Q = C_d\, a(x) \sqrt{\frac{2}{\rho}(p_1 - p_2)} \tag{6.26}$$

이다. 유량조정나사를 조작하여 스풀의 위치를 변화시켜 유량을 조절한다.

[3] 유량조정밸브

이 밸브는 압력보상 스풀, 오리피스 슬리브와 교축부를 조합함으로써 밸브 1차측 압력(입구)과 2차측 압력(출구)의 압력차 변동이 거의 없고(압력보상 기능), 작동유 온도의 영향도 크게 받지 않는다.

그림 6.34는 체크밸브 내장형 유량조정밸브이다. 유압작동유는 밸브 입구 IN으로 유입되어 압력보상 오리피스와 가변오리피스를 통과하여 밸브 출구 OUT으로 흐른다. 가변오리피스로 들어오기 직전의 압력 p_1은 작은 구멍을 통하여 압력보상 스풀의 A_2와 A_3의 수압면적에 작용한다. 가변오리피스를 통과한 쪽의 압력 p_2는 압력보상 스풀 A_1의 수압면적에 작용한다.

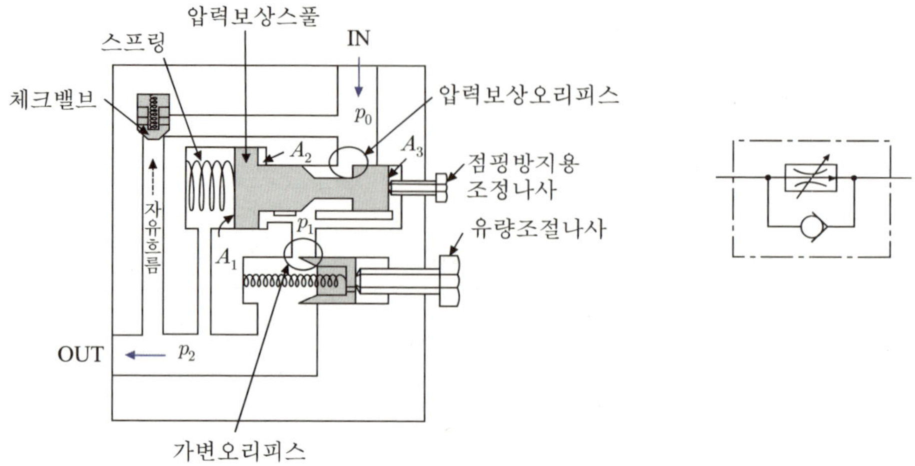

그림 6.34 체크밸브 내장형 유량조정밸브

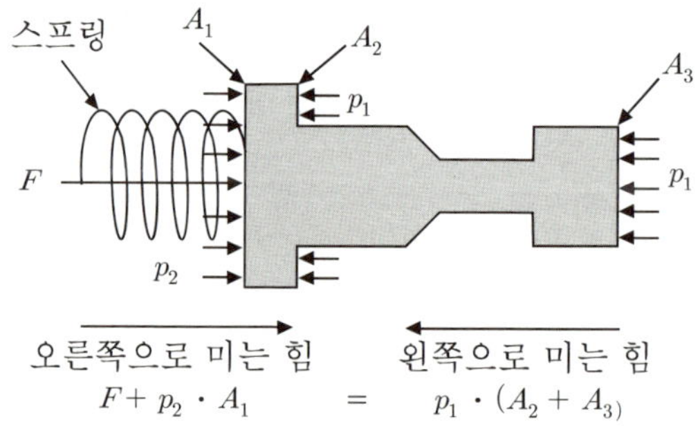

그림 6.35 압력보상 스풀에 작용하는 힘의 평형

여기서 힘의 평형을 고려하면, 그림 6.35와 같이 스풀을 오른쪽으로 미는 힘은 스프링 힘 F와 압력 p_2가 수압면적 A_1에 작용하는 힘으로서 $F+p_2 A_1$이다. 또 스풀을 왼쪽으로 미는 힘은 압력 p_1이 면적 A_2와 A_3에 작용하는 힘이고, $p_1(A_2+A_3)$이다. 압력보상 스풀이 어느 위치에서 평형상태에 있으면 스풀의 오른쪽과 왼쪽에 작용하는 힘이 같으므로

$$F+p_2 A_1 = p_1(A_2+A_3) \tag{6.27}$$

이다. 여기서 $A_1 = A_2+A_3$가 되도록 스풀을 설계하면 $F = A_1(p_1-p_2)$이기 때문에

$$p_1 - p_2 = \frac{F}{A_1} \tag{6.28}$$

이고, 가변오리피스 전후의 압력차 $(p_1 - p_2)$는 F/A_1으로 되어, 스프링 힘 F와 스풀의 면적 A_1만으로 결정되는 일정한 값이 된다.

따라서 압력보상 스풀은 항상 가변오리피스 전후의 압력차가 F/A_1이 되는 위치에서 평형상태를 유지한다. F/A_1의 설정값은 유량조정밸브의 종류에 따라 다르지만, 일반적으로 0.2~1.0 MPa 정도가 되도록 설계한다. 또한 이 밸브를 사용하여 양호한 압력보상 기능을 얻기 위해서는 p_0와 p_2의 압력차가 적어도 1.0 MPa을 초과하도록 한다.

그림 6.34에서 입구측 압력 p_0가 상승하면, p_1도 상승한다. 따라서 $(p_1 - p_2)$가 F/A_1보다 커지면 압력보상 스풀은 왼쪽으로 움직이고, 결과적으로 압력보상 오리피스의 개도가 좁아져 가변오리피스의 유입량이 적어지고, 압력 p_1이 낮아져 $(p_1 - p_2)$가 F/A_1으로 유지되도록 한다.

반대로 이 밸브의 출구측 압력 p_2가 상승하여 $(p_1 - p_2)$가 F/A_1보다 작아지면, 압력보상 스풀이 오른쪽으로 움직이고, 결과적으로 압력보상 오리피스의 개도가 넓어져 가변오리피스의 유입량이 증가하고, 압력 p_1이 높아져 $(p_1 - p_2)$가 F/A_1으로 유지된다.

즉 가변오리피스로 유량 조정이 결정되면, 다음에 입구측 압력 p_0나 출구측 압력 p_2가 변하여도 $(p_1 - p_2)$는 F/A_1가 되도록 밸브 내부에서 자동적으로 압력보상 스풀이 작동하기 때문에 가변오리피스의 압력차는 항상 F/A_1이 되어 유량이 일정하게 제어된다.

그림 6.34의 체크밸브 내장형 유량조정밸브에서 압력보상 오리피스의 오른쪽에 부착된 점핑(jumping) 방지용 조정나사는 초기 유압실린더 등의 갑작스런 돌출을 방지하는 역할을 한다. 예를 들어 클로즈드센터형(closed center) 방향전환밸브의 중립위치에서 작동유가 전혀 흐르지 않는 상태에서는 압력보상 스풀은 스프링 힘만이 작용하여 오른쪽으로 밀려 있다. 이 압력보상 오리피스가 완전히 열린 상태에서 유압이 걸리는 순간에는 압력보상 스풀이 평형이 될 때까지 시간지연의 영향으로 많은 양의 작동유가 흐르게 되어 유압실린더 등이 돌출할 우려가 있어 위험하다. 따라서 사전에 회로에 사용하는 유량에 근접할 때까지 조정나사를 죄어 압력보상 스풀을 왼쪽으로 이동시켜, 압력보상 오리피스 개도를 좁게 해두면 유압실린더 등의 돌출을 방지할 수 있다. 이것을 유량조정밸브의 점핑현상이라 한다.

또 그림 6.34에서는 가변오리피스는 칼날오리피스(sharp-edged orifice)로 하여, 작동유의 온도변화에 따른 점도변화의 영향을 줄이도록 온도보상 기능도 한다.

[4] 감속밸브

그림 6.36 (a)는 상시 개방형(normal open) 감속밸브(deceleration valve)이며, 작동유는 통상 A포트에서 B포트로 자유롭게 흐르지만, 캠이 스풀을 누르기 시작하면 교축효과(개구면적이 좁아지는 현상)가 나타나 유량이 감소하기 때문에 피스톤 등 액추에이터의 속도를 줄일 수 있다.

상시 폐쇄형(normal closed)형은 그림 6.36 (b)와 같이 롤러가 누르지 않을 때는 A에서 B로 작동유가 흐르지 않지만 캠이 스풀을 누르기 시작하면 교축부가 열리기 시작하여 열리는 면적 정도에 따라 유량이 흐르게 된다.

일반적으로 이 밸브는 교축밸브(유량조정밸브)와 체크밸브를 조합하여 사용하며, 스풀의 테이퍼(taper) 부분에서 유량제어를 서서히 하여 급격한 유량변화를 방지하는 역할을 한다.

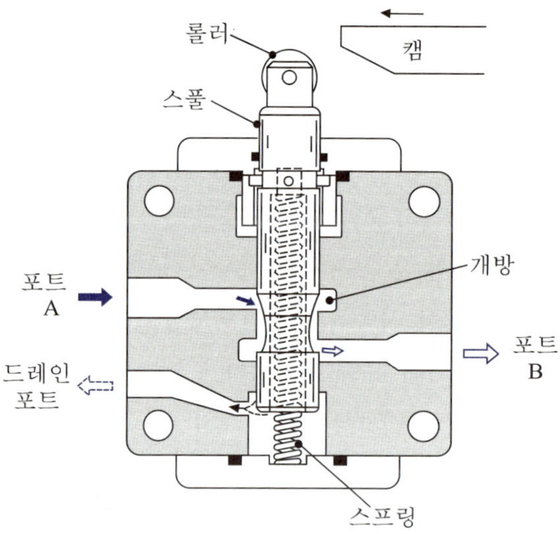

(a) 상시 개방형

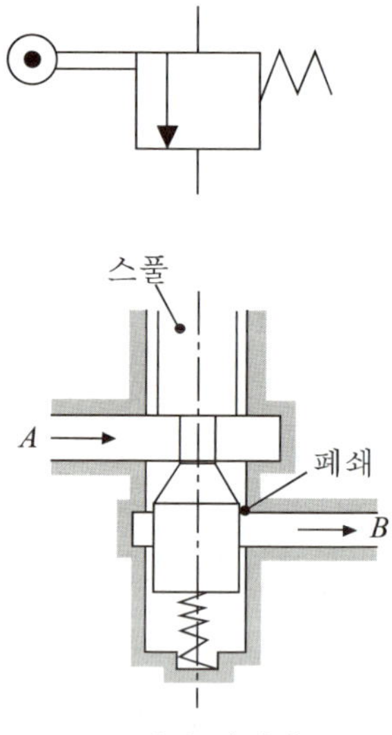

(b) 상시 폐쇄형

그림 6.36 감속밸브

[5] 유량제어의 기본방식

유량제어밸브를 사용하여 액추에이터의 속도를 제어할 때 그림 6.37과 같이 3가지 기본 제어방식이 있다.

(1) 미터인 제어

미터인(meter-in) 제어는 유압액추에이터에 유입되는 작동유의 유량을 유량제어밸브로 직접 제어하며, 제어된 유량만 액추에이터로 보내고 나머지 잉여 유량은 릴리프밸브에서 오일탱크로 복귀시키기 때문에 유량제어밸브 입구는 릴리이프밸브 설정압력과 같다. 미터인 제어는 부하가 공정 작업 중에 항상 양(正)인 경우에 적합하다. 부하가 음(負)인 상태(실린더의 출력방향과 부하의 하중방향이 같은 방향일 때)는 속도제어가 되지 않는 경우도 있다.

(2) 미터아웃 방식

미터아웃(meter-out) 방식은 유압액추에이터에서 배출되는 작동유의 유량을 유량제어밸브로 제어하며, 유압실린더를 수직형으로 사용하거나 실린더에 배압(back pressure)을 유지시킬 필요가 있을 때, 또한 미동 이송 등에 사용한다. 그러나 유량제어밸브 입구압력은 릴리프압력이고 실린더 출구압력(유량제어밸브 입구압력)은 부하가 변하는 경우 부하가 작으면 회로의 릴리프 설정압력보다도 높아지기 때문에 주의가 필요하다.

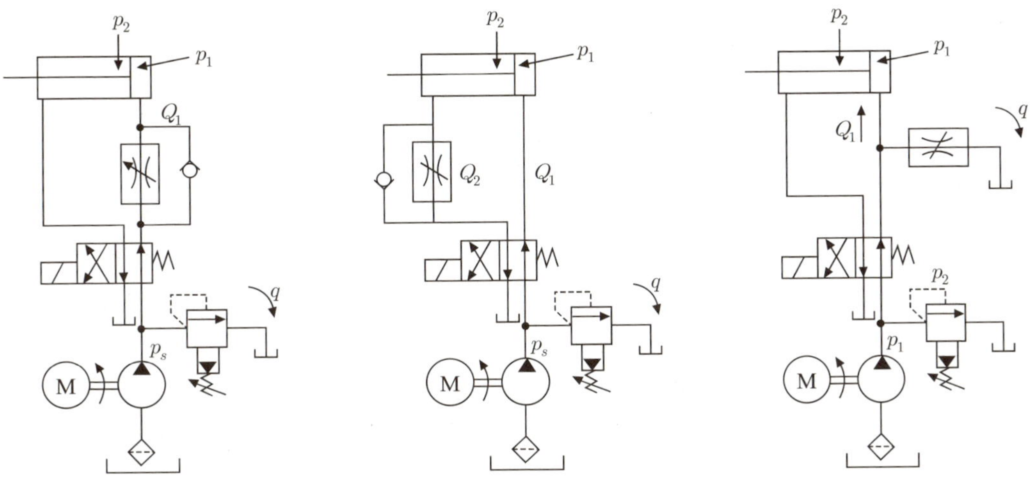

(a) 미터인 제어　　(b) 미터아웃 제어　　(c) 블리드 오프 제어

그림 6.37 속도제어 회로

(3) 블리드 오프 제어

블리드 오프(bleed off) 제어는 주회로에서 파일럿 관로에 유량제어밸브를 부착하고, 오일 탱크로 작동유를 바이패스(by pass)시켜 유량을 조정하여 액추에이터 속도를 제어하며, 펌프 송출압력(주회로 압력)은 부하에 비례한 압력이 된다. 따라서 미터인·미터아웃 제어와 비교하여 소비동력은 작지만 유량을 유압회로에서 빼내어 제어하기 때문에 펌프의 유온 변화에 따른 체적효율의 변화 등이 액추에이터의 속도변화에 직접 영향을 준다.

6.5 방향제어밸브

[1] 방향제어밸브의 종류

방향제어밸브는 액추에이터의 시동·정지·가속·감속·방향전환 등을 수행하기 위해 작동유의 흐름방향을 제어하는 밸브이며, 체크밸브, 방향전환밸브 등이 있다.

[2] 체크밸브

(1) 체크밸브

체크밸브(check valve)는 기본적으로 한 방향은 크래킹 압력(cracking pressure, 밸브가 열려 작동유가 흐르기 시작하는데 필요한 압력)에서 자유롭게 고압유를 통과시키지만 반대방향으로는 흐름을 완전히 차단하는 밸브이다.

그림 6.38 (a)의 인라인(in-line)형은 작동유의 유입·유출구가 일직선으로 되어 있고, (b)의 앵글형은 유입·유출구가 직각으로 되어 있다. 인라인형은 자유흐름이 포핏 내부를 통과해야 하기 때문에 필요한 유량을 확보하기 위해 포핏에 고압유 통과 구멍을 크게 뚫는다. 따라서 포핏의 강도가 앵글형과 비교하여 약해지기 때문에 비교적 저압에서 압력변동이 작을 때 사용한다. 앵글형은 포핏이 열리면 자유흐름이 그대로 통과한다. 포핏에 뚫린 구멍은 역류된 고압유가 포핏을 눌러 밸브시트부를 닫기 위해 필요한 것이기 때문에 작아도 된다. 앵글(angular)형으로 주로 고압회로에 사용한다. 또 인라인형과 비교하여 채터링 현상도 적게 발생한다. 체크밸브는 단독으로도 회로에 많이 사용하지만 다른 제어밸브, 예를 들면 시퀀스밸브, 감압밸브, 유량조정밸브 등과 같이 사용하며, 밸브 본체에 내장되어 있다.

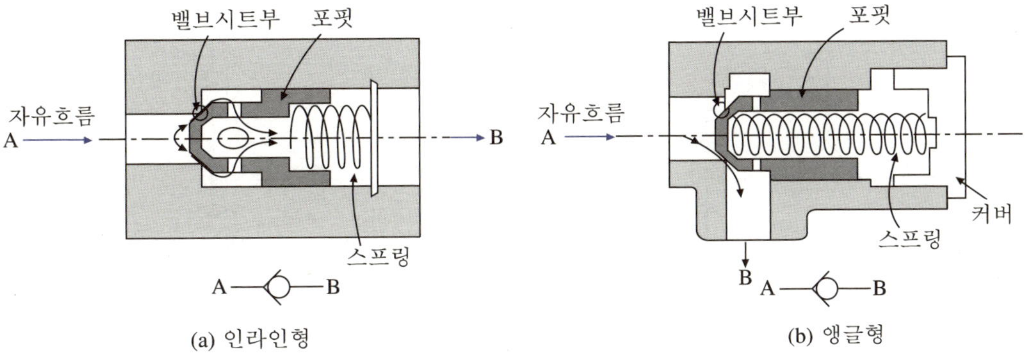

그림 6.38 체크밸브

방향 A에서 B로 작동유가 흐르는 자유흐름(free flow)일 때 체크밸브의 작동을 살펴보자. 포핏은 스프링이 누르고 있기 때문에 A측의 고압유가 미는 힘이 스프링 힘 이상으로 되면 포핏이 열리기 시작하고, 작동유는 체크밸브를 통과한다. 이 때 압력을 크래킹 압력이라 한다. 체크밸브의 크래킹 압력은 제조회사의 제품에 따라 다르고, 보통 저압은 0.004 MPa에서 고압은 1 MPa 정도까지 있기 때문에 사용목적에 맞도록 선정하면 된다.

(2) 체크밸브를 이용한 안전회로

보통 역류방지용으로 사용하는 체크밸브는 크래킹 압력이 0.035~0.05 MPa 정도이다. 크래킹 압력이 극단적으로 작은 것(0.004~0.02 MPa 정도)은 작동유를 A측에서 B측으로 빨아들이는 역할을 하는 자흡밸브(self-suction valve) 용도로 사용한다. 또 크래킹 압력이 극단적으로 높은 것(0.35~1 MPa)은 그 압력을 전환밸브 작동용 파일럿 압력 등으로 사용한다.

크래킹 압력이 높은 체크밸브는 그림 6.39와 같이 복귀관로에 삽입된 복귀관로 필터(return line filter)와 병렬로 접속하여 필터가 막혔을 때에 통과저항이 높아져 필터가 파손되는 것을 방지하는 바이패스 밸브로서 필터 보호회로에도 사용한다.

그림 6.38에서 체크밸브는 방향 B에서 A로는 작동유가 흐르지 않기 때문에 B측의 압력은 전달되지 않고 유지한다. 이 특성을 활용하여 그림 6.40과 같이 체크밸브를 유압펌프 보호용으로도 사용한다. 또 유압회로에서 발생하는 서지압력이나 액추에이터가 외부에서 받는 비정상적인 힘에서 발생하는 압력이 펌프 송출압력보다 높은 경우에는, 역류하여 유압펌프를 역회전시키려는 힘이 작용하여 유압펌프나 유압모터가 파손될 우려가 있다. 체크밸브는 이외에도 실린더 위치유지나 클램핑 실린더(clamping cylinder)의 클램핑 압력유지 등에도 응용한다.

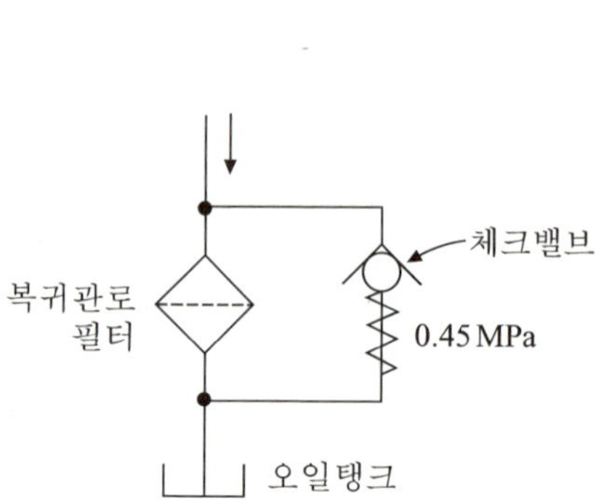

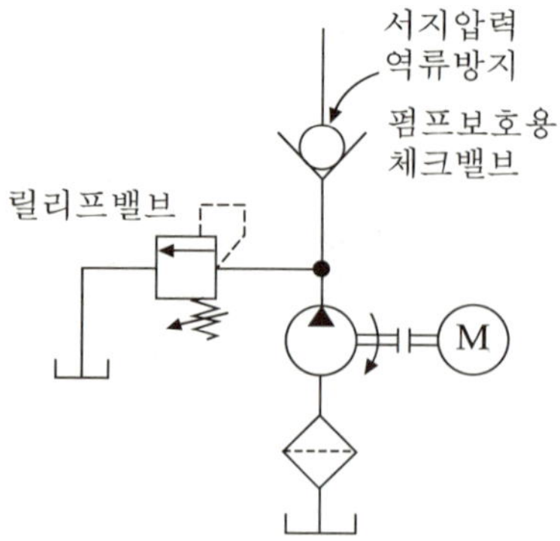

그림 6.39 체크밸브를 사용한 필터 보호회로

그림 6.40 체크밸브를 사용한 유압펌프 보호회로

(3) 파일럿 조작형 체크밸브

파일럿 조작형 체크밸브(pilot-operated check valve)는 체크밸브에 외부 파일럿 압력에 따라 역류방향으로 체크밸브를 강제적으로 열 수 있도록 파일럿 스풀이 삽입된 밸브이다. 이 밸브는 유압실린더나 유압모터 등의 출력축의 위치 유지나 클램프기구에 클램프 압력 유지에 사용된다. 실린더의 위치 유지나 클램핑 실린더의 클램프 압력 유지에 파일럿 조작 기능이 없는 체크밸브를 사용하면 위치 유지나 압력 유지는 가능하지만, 다시 실린더를 움직이기 위해 역류를 시킬 필요가 있어도 역류가 되지 않으므로 실린더를 움직일 수 없다. 이러한 용도에는 그림 6.41과 같은 구조를 가진 파일럿 조작형 체크밸브를 사용한다. 그림에서 A에서 B로 고압유가 흐를 때는 체크밸브의 작동과 같지만, B에서 A로 고압유를 역류시킬 때는 파일럿 포트로 외부에서 파일럿 압력이 작용하여 파일럿 스풀이 움직여 포핏을 위로 밀어 올려 시트부(seat)가 열려 고압유를 B에서 A로 역류시킨다. 일반적으로 포핏을 위에서 눌러 시트부를 닫는 압력이 파일럿 압력보다도 높기 때문에 시트부의 수압면적 a 보다 파일럿 스풀의 수압면적 b 를 크게 하여 파일럿 압력이 낮아도 포핏이 밀려 올라가도록 설계한다. 이 수압면적의 비는 $a : b = 1 : 2 \sim 1 : 5$ 정도이다. 파일럿 압력은 시트부를 닫는 압력의 1/2~1/5 정도이고 역류가 가능하도록 한다. 또 그림 6.41에서 드레인 선택 플러그를 제거하고 드레인 포트를 막으면 내부 드레인을 선택할 수 있다. 이 선택 플러그를 장착하여 드레인 포트를 오일탱크에 배관하면 외부 드레인이 된다. 외부 드레인은 전용 배관으로 오일탱크로 작동유를 빼내는 방법이지만 배관 비용을 고려해야 한다. 내부 드레인은 배관 비용은 없지만 선택 플러그를 제거하고 A라인에 고압유를 빼내기 때문에 파일럿 스풀이 작동할 때는 반드시 A라인이 오일탱크로 연결되어 배압이 걸리지 않도록 한다.

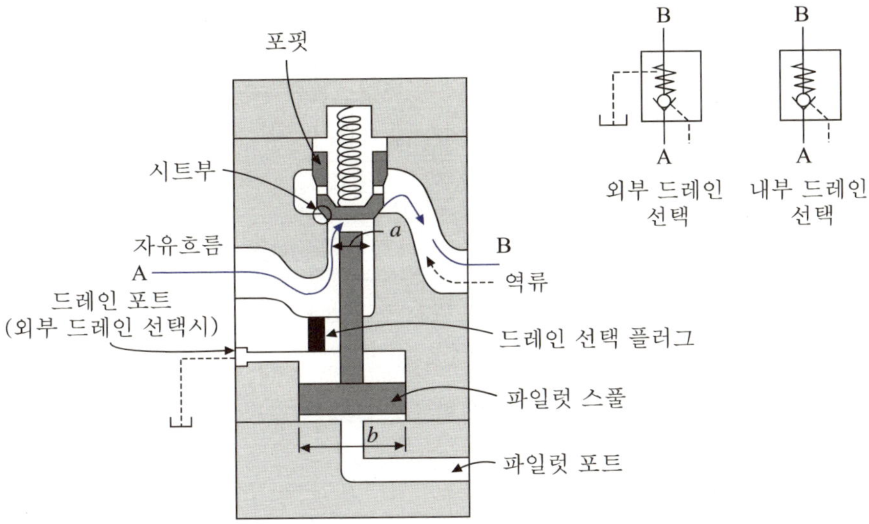

그림 6.41 파일럿 조작형 체크밸브의 구조

[3] 방향전환밸브

(1) 밸브 형상에 따른 분류

방향전환밸브의 기본 형식은 스풀(spool)형, 포핏(poppet)형, 구(ball)형이 있으며, 압력평형을 얻기 쉽고 대용량에 적합한 스풀형을 많이 사용한다.

스풀형은 미끄럼 스풀형(slide spool type)과 회전 스풀형(rotary spool type)이 있다. 그림 6.42와 같이 미끄럼 스풀형은 스풀을 왼쪽 또는 오른쪽으로 이동시켜 P → A, B → R 또는

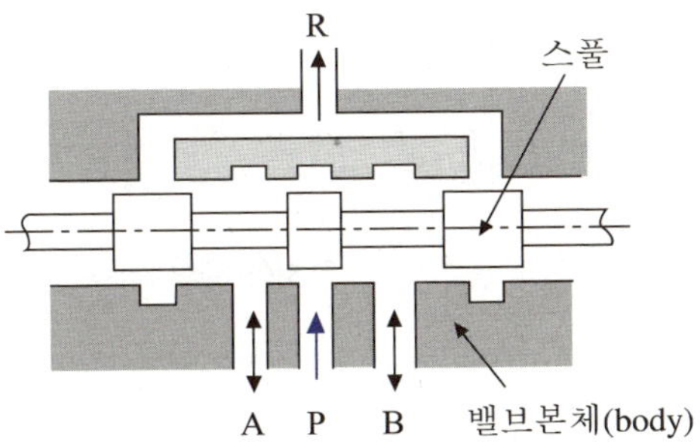

P : 펌프포트 R : 귀환포트 A, B : 액추에이터포트

그림 6.42 미끄럼형 스풀밸브

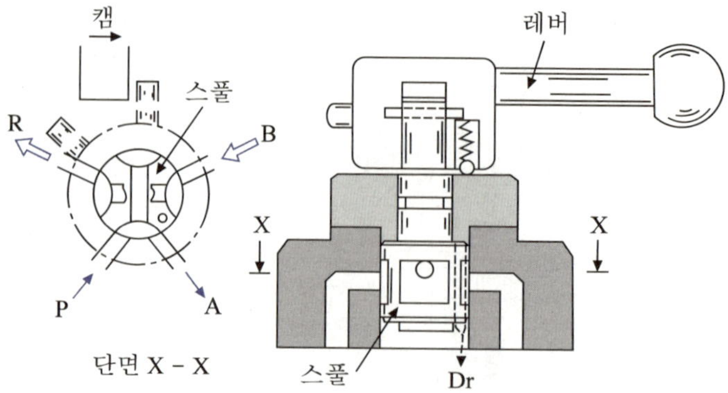

그림 6.43 회전형 스풀밸브

P → B, A → R로 작동유의 흐름방향을 바꾼다.

그림 6.43의 회전 스풀형은 스풀을 회전시켜 작동유의 흐름방향을 바꾸며, 이러한 스풀형 밸브는 밸브 본체(body)와 스풀 사이에 틈새가 있기 때문에 누설이 생긴다.

포핏(poppet)형은 그림 6.44와 같이 포핏으로 작동유 흐름 통로를 개폐하고 포핏을 1개 또는 여러 개로 배열하여 흐름방향을 바꾼다. 포핏형은 포핏과 밸브시트가 밀착되기 때문에 누설이 거의 없다. 포핏 대신에 구(ball)를 사용하는 것도 있다.

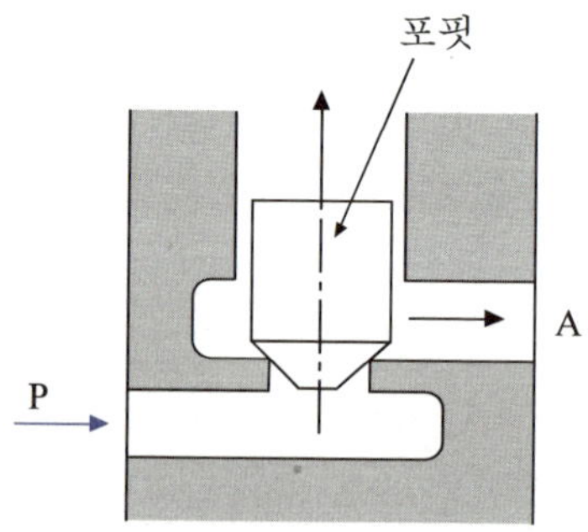

그림 6.44 포핏형 밸브

(2) 미끄럼형 스풀밸브의 분류

① 접속포트 및 변환 위치에 따른 분류

포트 수(number of port)는 밸브에 접속된 주 관로의 수, 위치 수(number of position)는

표 6.3 접속포트 수, 밸브 절환위치 수에 따른 분류

분류		유압기호	기 능
접속포트 수	2포트	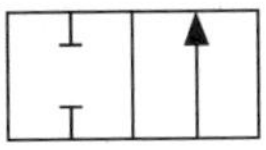	2개의 접속포트를 가진 밸브이며, 유로를 개폐할 때 사용
	3포트	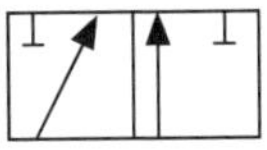	3개의 접속포트를 가진 밸브이며, 펌프포트에서 2방향의 유로전환에만 사용
	4포트	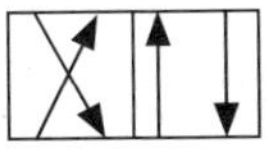	4개의 접속포트를 가진 밸브이며, 액추에이터의 전진, 정지, 후진 등의 목적에 따라 널리 사용
	다포트	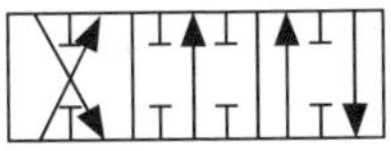	5개 이상의 접속포트를 가진 밸브로 특수 목적에 사용
위치 수	2위치	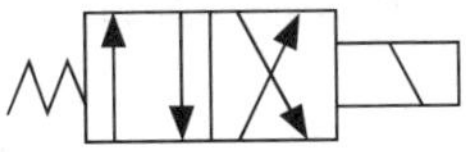	2개의 절환위치를 가진 밸브
위치 수	3위치	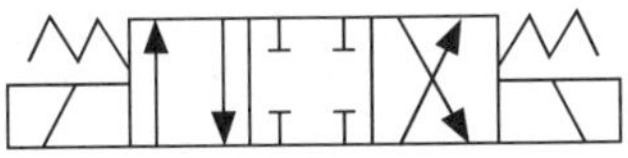	3개의 절환위치를 가진 밸브
	다위치	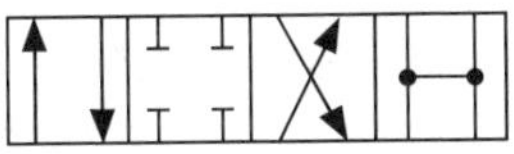	4개 이상의 절환위치를 가진 밸브로 특수 목적에 사용

밸브의 전환 수, 방향 수(number of way)는 작동유의 흐름방향을 나타내며, 표 6.3과 같이 요약할 수 있다.

밸브 절환위치 수는 2위치와 3위치, 포트 수는 4포트를 많이 사용한다.

그림 6.45는 4포트 3위치 4방향 절환밸브에서 작동유의 유로를 나타낸다. 스풀을 중립위치에서 왼쪽 또는 오른쪽으로 이동시켜 포트와의 조합 형태를 바꾸어 실린더를 전진 또는 후진시킨다.

② 중립위치의 유로형태에 따른 분류

표 6.4는 스풀밸브 내부의 중립위치(neutral position)에서 작동유의 유로 형식이며, 유압장치의 사용목적에 적합한 기능을 갖도록 중립위치의 형태를 선정한다.

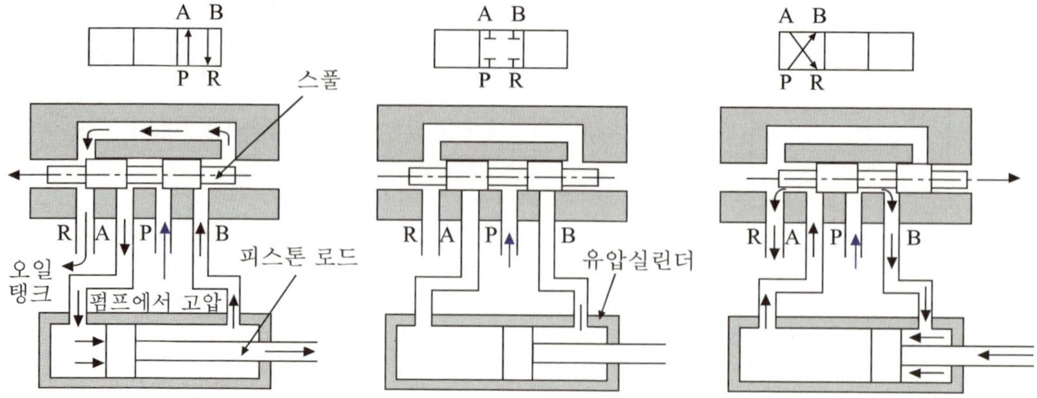

(a) 스풀이 왼쪽으로 이동 (로드 전진)　(b) 스풀이 중립위치 (로드 정지)　(c) 스풀이 오른쪽으로 이동 (로드 후진)

그림 6.45 방향전환밸브(4포트 3위치 4방향)에서 작동유의 흐름

표 6.4 중립위치에서 유로형태에 따른 분류

스풀형식	유압기호	기 능
Closed center	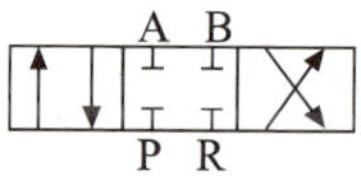	• 중립위치에서 모든 포트가 막혀 있다. • 2위치밸브로 사용할 때 스풀 전환 시 충격압력이 발생한다.
Open center	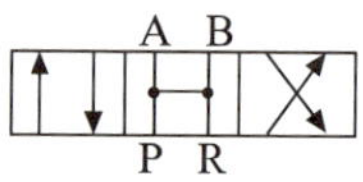	• 중립위치에서 모든 포트가 통하고 열려 있다. • 중립위치에서 펌프를 무부하시키며, 실린더를 플로팅할 때 사용한다.
ABR 접속	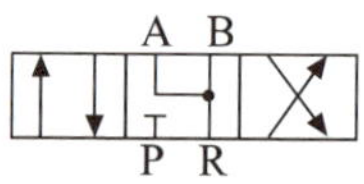	• 중립위치에서 펌프포트만 닫혀 있고, 중립위치에서 실린더를 플로팅할 때 사용한다.
PAR 접속		• 중립위치에서 실린더포트 하나만 닫혀 있고, 나머지 포트는 서로 통한다. • 중립위치에서 펌프 무부하, 실린더 한쪽방향에 압력이 걸리지 않을 때 사용한다.
Tandem center (PR 접속)	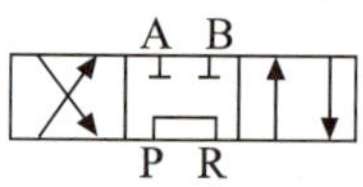	• 중립위치에서 A, B포트만 닫혀 있고, 펌프를 무부하시킨다. • 직렬로 2개 이상 연결하여 사용하는 것도 가능하다.
Semi-open center	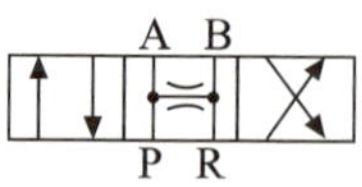	• 중립위치에서 모든 포트가 연결되어 있지만 P포트의 작동유는 약간 압력이 걸려 있다.

표 6.4 (계속)

스풀형식	유압기호	기 능
PAB 접속	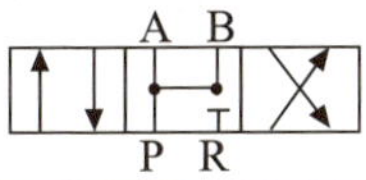	• 중립위치에서 R포트만 닫혀 있고 P포트와 실린더포트는 연결되어 있다.
AR 접속		• 중립위치에서 P포트와 실린더포트의 한쪽만 닫혀 있다.

(주) 플로팅(floating) : 수동으로 자유롭게 실린더의 피스톤 위치를 움직여 위치를 조정하는 것

③ 조작방식과 스프링 형식에 따른 분류

방향전환밸브는 조작방식에 따라 수동조작, 기계조작, 파일럿조작, 전자조작, 전자·유압조작, 공기압 조작 등이 있다.

스프링 부착 형식은 2위치 밸브에서 사용하는 스프링 옵셋(spring offset), 3위치 밸브의 스프링센터(spring center), 또 2위치 밸브와 3위치 밸브에 사용하는 스프링이 없는 밸브가 있다. 스프링이 없는 것 중에는 스풀의 위치를 유지하는 디텐트(detent, 멈춤쇠) 형식도 있다. 이러한 방식에는 전자조작을 가장 많이 사용하며 자동화에 활용하고 있다.

표 6.5 조작방식과 스프링 형식에 따른 분류

분 류		유압기호	기 능
조작방식	수동조작	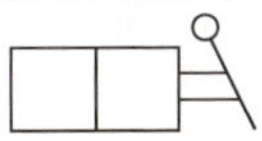	수동조작으로 작동하는 밸브
	기계조작	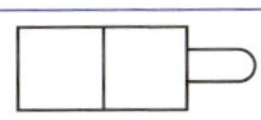	캠, 롤러 등 기계적 방법으로 작동하는 밸브
	파일럿 압력조작	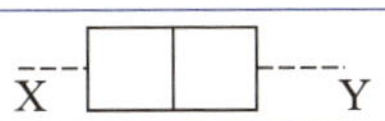	파일럿 유압으로 작동하는 밸브
	전자조작	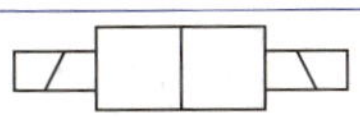	전자력으로 작동하는 밸브
	전자·유압조작	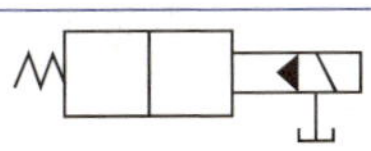	전자력으로 조작으로 형성된 파일럿 유압으로 주 스풀밸브를 작동한다.
스프링 형식	스프링 옵셋	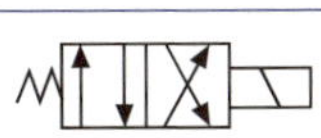	스풀절환은 밸브 조작력으로 하지만, 조작력이 제거되면 스프링 힘으로 복귀하는 밸브
	스프링 센터	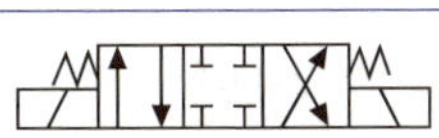	밸브 조작력이 제거되면 스프링 힘으로 스풀이 중립위치로 복귀하는 밸브
	스프링 없음		어느 위치로 절환하여도 그 위치가 유지되는 밸브. 진동 등으로 위치변화가 일어나지 않도록 위치고정방식(detent)도 포함되어 있다.

[4] 수동조작 방향전환밸브

수동으로 스풀의 위치를 전환하여 고압유의 흐름방향을 바꾼다.

(1) 스프링 없는 디텐트형

디텐트식(detent type)은 그림 6.46 (a)와 같이 조작 핸들에서 손을 놓아도 스풀이 그 위치를 유지하도록 스풀 선단에 V홈을 파고, 볼(ball)이 그 홈에 삽입되도록 하여 스풀 위치를 유지시킨다.

(2) 스프링 센터형

그림 6.46 (b)와 같이 조작 핸들에서 손을 놓으면, 스풀은 스프링 힘에 의해 중립위치로 되돌아간다.

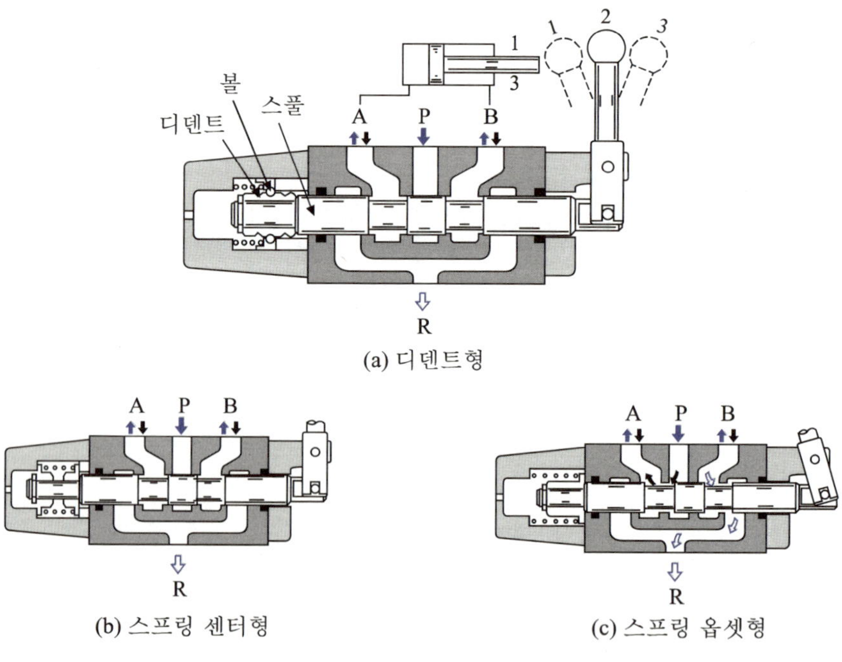

그림 6.46 수동조작 절환밸브

(3) 스프링 옵셋형

그림 6-46 (c)와 같이 2위치 밸브에 사용되며, 스풀은 한 방향에 전환된 위치이다.

[5] 기계조작 방향전환밸브

수동조작 대신에 캠, 롤러, 레버 등 기계적 기구로 스풀 위치를 이동시켜, 고압유의 흐름방향을 바꾸는 것이며, 로터리형(그림 6.43)과 캠·롤러형(그림 6.47) 등이 있다. 캠 동작에 따라 롤러를 통하여 레버가 작동하는 것으로서, 2위치 밸브에 사용된다.

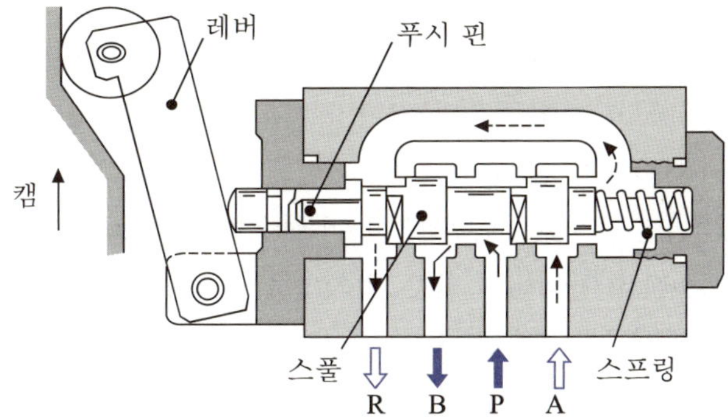

그림 6.47 기계조작 방향전환밸브 (캠·롤러형)

[6] 전자조작 방향전환밸브

(1) 코일에 발생하는 자계

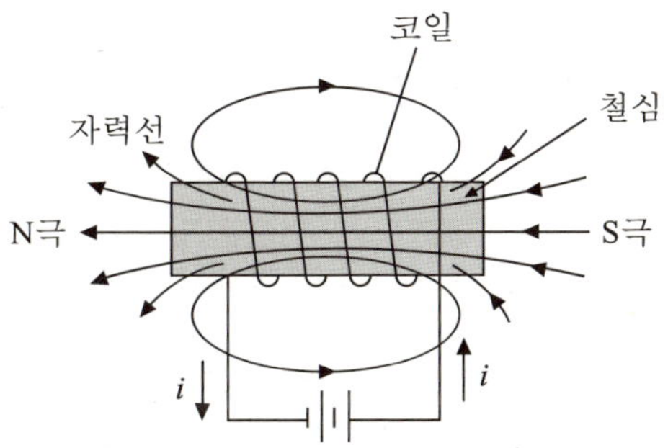

그림 6.48 코일에 발생하는 자계

그림 6.48에서 코일에 흐르는 전류방향이 오른나사가 회전하는 방향일 때, 오른나사 진행 방향이 코일을 통과하는 자속(자력선)의 방향이다. 자속(磁束)이 코일에서 나오는 쪽이 N극, 코일에 들어가는 쪽이 S극이 된다.

다음, 자기(磁氣)가 없는 철심에 코일을 감고 전류를 흘리면, 같은 방법으로 자속이 발생하여 전자석이 된다. 또 철은 공기보다 투과율이 높기 때문에 자력선 수가 많은 강력한 자석이 된다. 이와 같이 전류작용으로 만들어진 자석을 전자석(solenoid)이라 한다.

(2) 전자밸브의 작동원리

그림 6.49는 4포트 3위치 클로즈드센터(closed center) 전자전환밸브이다. 중립위치에서 코일에 전류가 흐르면 고정철심이 전자석 역할을 하여, 가동철심을 끌어당겨 푸시로드를 통하여 스풀을 누른다. 전류가 흐르지 않으면 자력과 흡인력도 같이 없어지므로 스풀은 스프링 힘으로 중립위치로 되돌아간다.

SOL a가 여자(勵磁)되면 스풀은 오른쪽으로 이동하여 P → B, A → R로 되어 피스톤 로드가 후진(복귀), SOL b가 여자되면 스풀은 왼쪽으로 이동하여 P → A, B → R로 되어 로드가 전진한다. 전자전환밸브는 스풀의 한쪽 또는 양쪽에 솔레노이드를 장착하여 상호간에 여자하여 스풀을 움직여 작동유의 흐름방향을 전기신호 ON/OFF에 따라 전환시키므로 솔레노이드 밸브라고도 하며, 다음과 같은 특징이 있다.

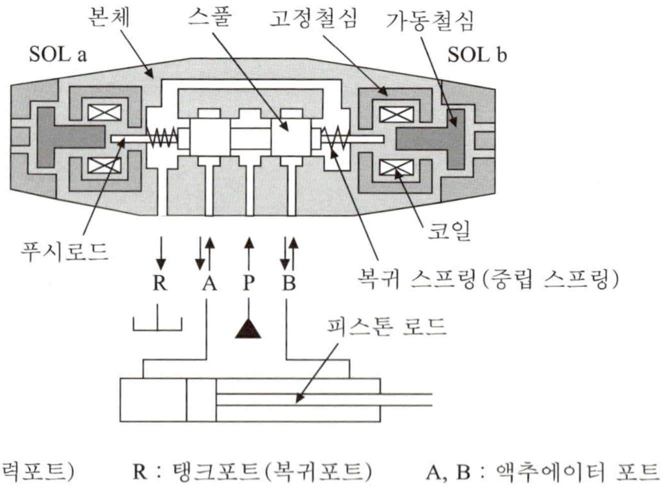

그림 6.49 전자전환밸브 (4포트 3위치)

① 원격, 자동조작이 용이하다.

② 시동이나 정지위치 결정, 시간을 규칙대로 정확하게 할 수 있다.

[7] 전자 파일럿 조작 방향전환밸브

일반적으로 전자전환밸브는 유량이 100 L/min 정도까지는 솔레노이드로 직접 스풀을 전환시킬 수 있지만 그 이상 유량이 증가하여 대유량이 되면 스풀 지름도 커지기 때문에 스풀 전환에 필요한 전자석의 흡인력도 커야 하므로 전자력만으로는 스풀을 조작할 수 없다. 이 경우 스풀을 유압으로 전환하는 전자 파일럿 전환밸브가 사용된다.

그림 6.50과 같이 SOL b에 전류가 흐르면 파일럿 스풀이 왼쪽으로 이동하여 고압유는 주스풀(main spool) 왼쪽 끝단에 수압면적이 큰 공간으로 유입되고, 추력(thrust)을 확대시켜 주스풀을 오른쪽으로 이동시키면 펌프에서 고압유는 P → B를 경유하여 액추에이터(유압실린더)를 전진시킨다. 액추에이터에서 되돌아가는 작동유는 A포트에서 주 스풀의 중공부를 지나 R포트로 연결되어 오일탱크로 되돌아간다. SOL b에 전류가 차단되면 파일럿 스풀은 파일럿 스프링의 힘으로 중립위치로 되돌아가고, 주 스풀 오른쪽 공간에 유입된 고압유는 드레

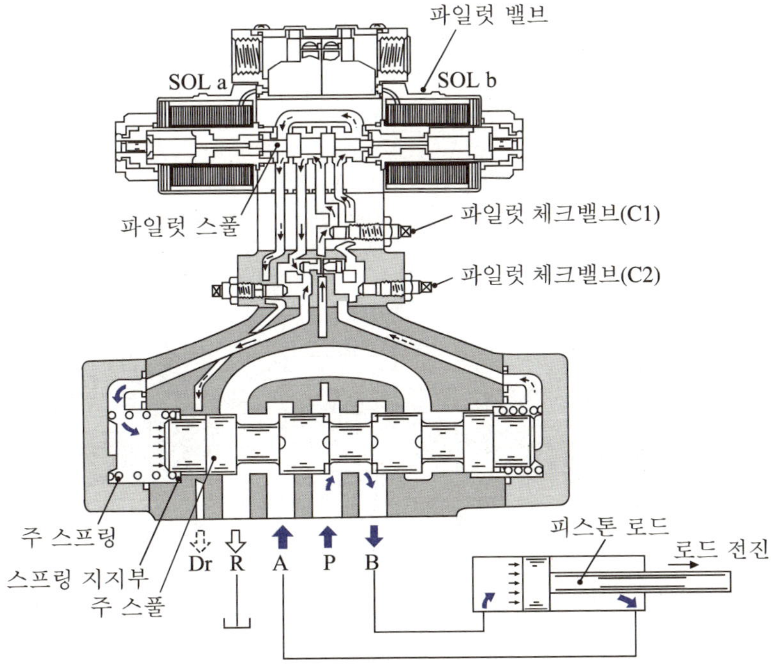

그림 6.50 전자 파일럿 조작 방향전환밸브 (4포트 3위치)

인 포트 Dr을 통하여 오일탱크로 빠진다. 따라서 주 스풀은 주 스프링 힘에 의해 중립위치로 되돌아간다. 파일럿 체크밸브는 파일럿 밸브와 주 스풀 중간에 설치하여 파일럿 유량을 조정하고 주 스풀(액추에이터)의 전환속도를 느리게 하여 스풀 전환 시 충격을 완화시킨다.

[8] 파일럿 조작 방향전환밸브

이 밸브는 유압 파일럿으로 스풀을 전환하며, 파일럿 밸브와 주 스풀을 분리하여 설치하고 싶을 때 사용한다.

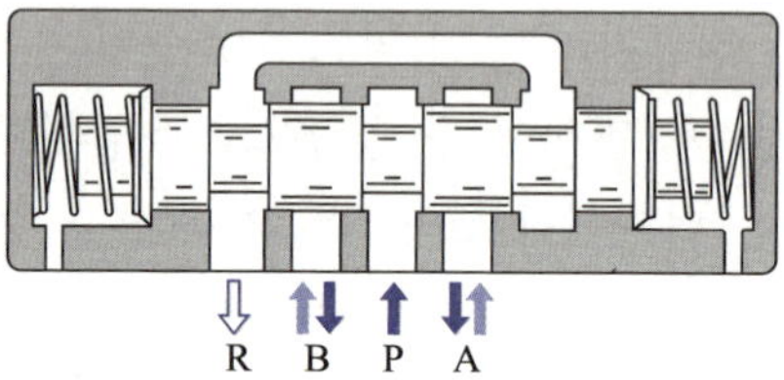

그림 6.51 파일럿 조작 방향전환밸브

[9] 포핏형 전자전환밸브

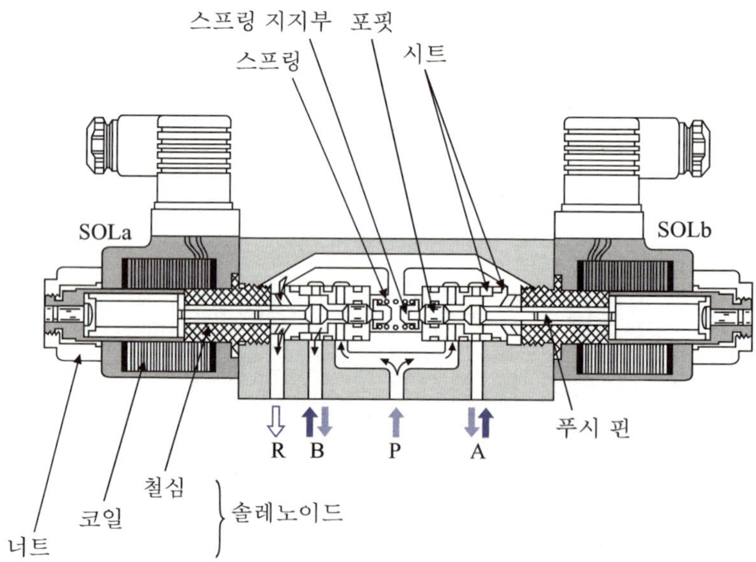

그림 6.52 포핏형 전자전환밸브

포핏밸브는 고압유의 유로를 개폐하는 밸브로서 스풀형과 비교하여 다음과 같은 장점이 있다.

① 밸브 내부에서 작동유 누설이 아주 적기 때문에 위치를 유지하기 위한 파일럿 조작 체크밸브가 필요 없고 점도가 낮은 작동유에도 사용할 수 있다.
② 스풀밸브와 같이 스풀과 본체 사이에 중합(重合, overlap)이 없기 때문에 응답성이 좋다.
③ 유체 고착현상(6.10절 [5] 참조)의 우려가 없다.

6.6 모듈 밸브

유압제어밸브는 압력·유량·방향을 제어하며, 모두 배관이 필요하다. 유압제어밸브를 배관으로 연결하면 각각의 제어밸브를 필요한 곳에 설치할 수 있다는 장점이 있지만, 배관이 복잡해지고 작동유의 누설이 문제가 된다. 따라서 모듈밸브(modular valve)는 복잡한 배관 없이 소형화, 단순화를 목표로 사용한다. 모듈밸브는 압력과 유량조정용 모듈밸브와 체크 모듈밸브가 있다. 그림 6.53과 같이 모듈밸브를 사용하면 각 모듈밸브를 여러 개를 조합하여 유압회로를 구성할 수 있고, 하단부는 크기별로 표준화된 밸브 고정부(base plate), 상단부는 전자전환밸브 등을 설치하여 볼트로 체결한다. 배관은 밸브 고정부와 오일탱크, 펌프, 액추에이터만 연결하면 된다. 각각의 유압제어밸브 사이는 공동 포트로 연결된다.

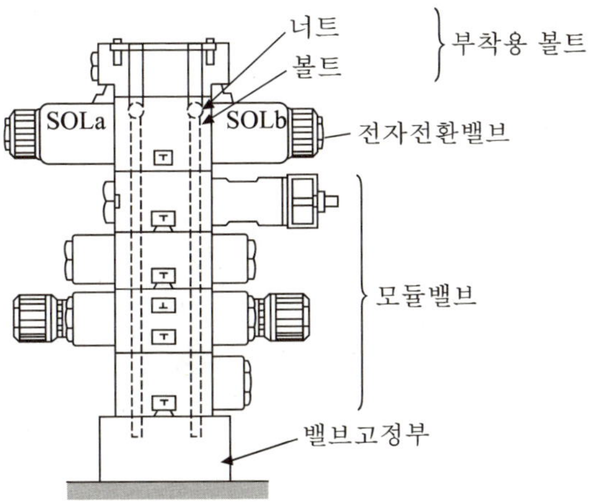

그림 6.53 모듈밸브 조립 예시

모듈밸브의 주요 특징을 요약하면 다음과 같다.

① 조립이 쉽다.
② 유압회로의 추가, 변경이 쉽고, 신속하게 작업할 수 있다.
③ 작동유의 누설, 진동, 소음 등 배관에서 발생하는 문제가 적고, 신뢰성이 높다.
④ 집중 설치가 가능하기 때문에 보수, 점검 등이 쉽다.

6.7 로직밸브

이 밸브는 커버, 스프링, 슬리브, 포핏으로 구성되며, 밸브블록 속에 조립되어 있고, 파일럿 압력을 제어하여 방향·유량·압력을 제어하는 다기능 밸브이다. 그림 6.54 (a)에서 전자전환밸브가 OFF되면 파일럿 압력 P_x는 파일럿 포트 X에 작용하기 때문에 X포트측에 누르는 힘 F_x와 A, B측에 밀어 올리는 힘 F_w 사이에는 $F_x > F_w$로 되고, 포핏이 밸브시트에 밀착하여 밸브가 닫힌 상태이다.

그림 6.54 (b)와 같이 전자전환밸브의 솔레노이드가 ON(여자)되면 파일럿 압력 P_x는

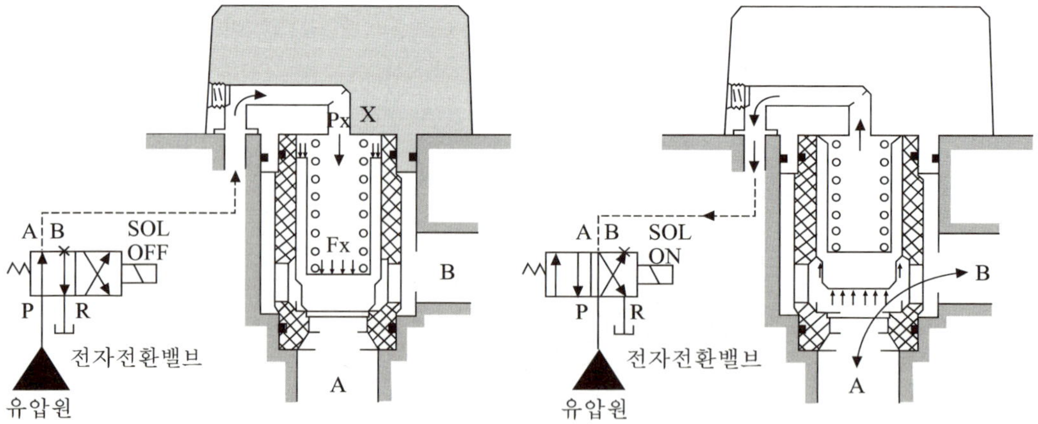

(a) 밸브가 닫힌 상태 (b) 밸브가 열린 상태

그림 6.54 로직밸브

차단되어 파일럿 포트 X의 압력은 거의 영으로 되어 $F_x < F_w$로 되며, 포핏은 시트에서 밀려 올라가 밸브가 열린 상태로 된다. 이와 같이 파일럿 압력 제어로 포핏을 개폐하여 방향·유량·압력을 제어하는 밸브를 로직밸브(logic valve)라 한다.

로직밸브의 주요 특징을 요약하면 다음과 같다.

① 밸브의 응답성이 좋고, 고속 전환이 가능하다.
② 압력손실이 적고, 고압, 대용량 시스템에 적합하다.
③ 작동유의 누설, 진동, 소음 등 배관에서 발생하는 문제가 적고, 신뢰성이 높다.
④ 유압장치의 소형화, 집적화로 밸브 등의 부착 공간이나 설치 공간이 대폭 축소되기 때문에 유압장치의 설치 가격을 낮출 수 있다.

6.8 비례전자식 제어밸브

비례전자식 제어밸브는 전기신호로 유압의 압력이나 유량을 원격제어하거나 무단계 제어를 목적으로 하며, 기능적으로는 전기·유압 서보밸브와 같이 전기·유압 변환 제어밸브이다. 전기·유압 서보밸브와 비교하면, 비례제어밸브는 응답성이 낮고 고정밀도 제어가 어려운 단점이 있지만, 피드백 제어가 필요 없고 개루프(open loop) 제어가 가능하며, 밸브의 구조가 간단하고, 작동유의 오염관리는 일반적인 유압기기 정도의 관리로도 충분한 장점이 있다.

비례제어밸브는 일반적으로 사용하는 수동 설정식 릴리프밸브, 유량조정밸브 등의 조정(제어)부분을 직류 비례 솔레노이드로 대체한 구조이고, 스풀이나 포핏을 구동하는 솔레노이드는 전류제어가 쉽고 흡인력이 큰 직류 비례 솔레노이드를 사용한다.

비례제어밸브의 종류는 파일럿 릴리프밸브, 직동형 릴리프밸브, 파일럿 작동형 릴리프밸브, 릴리프밸브 내장 감압밸브, 유량제어밸브, 릴리프밸브 내장 유량제어밸브, 방향제어밸브 등이 있다.

비례제어밸브는 일반적으로 설정기에서 전압 설정값(예, 직류 0～10V)을 증폭기로 보내고, 증폭기는 이 전압을 전류(예, 전류 0～1,000 mA)로 변환하여 비례 솔레노이드에 공급하는 방식을 채택하지만, 최근에는 증폭기를 소형화하여 비례밸브의 솔레노이드에 내장한 고성능 비례밸브도 시판되고 있다.

[1] 고성능 비례전자식 파일럿 릴리프밸브

그림 6.55는 증폭기 내장형 파일럿 릴리이프밸브의 구조이다. 이 밸브는 주로 비례전자식 압력제어의 파일럿 밸브로서 입력전압에 대해 압력을 비례적으로 제어한다. 특히 피드백 센서 내장형은 직선성, 압력-유량특성(오버라이드 특성), 주파수 특성 및 점도-유량특성 등을 대폭 개선하여 고성능 제어가 가능하다.

그림 6.56은 이 밸브의 입력전압-압력특성을 나타낸다. 그림에서 A, B, C 밸브의 모델 변화에 따른 특성을 나타낸다.

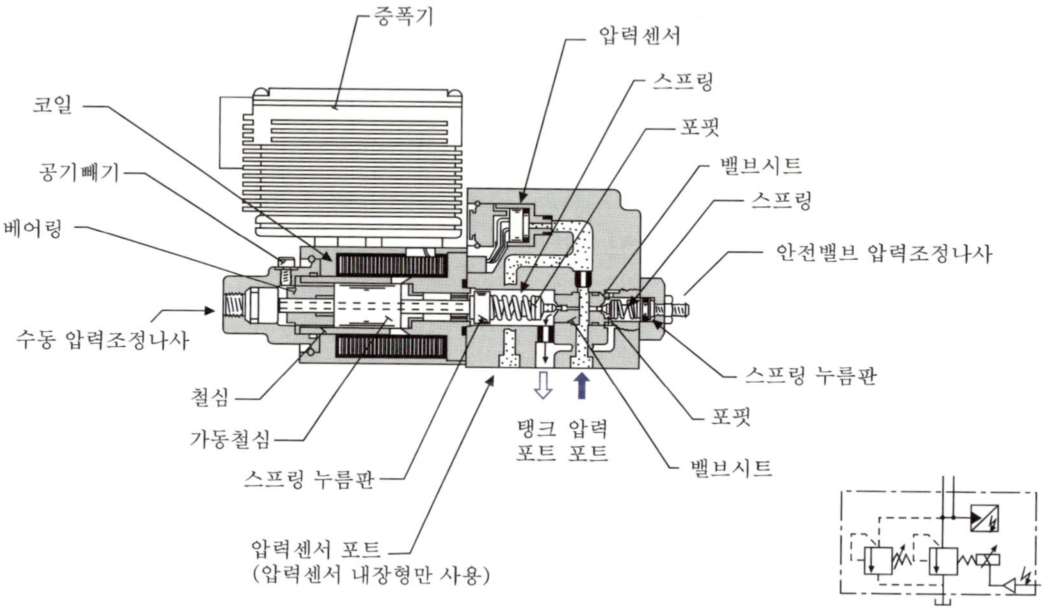

그림 6.55 증폭기 내장형 비례전자식 파일럿 릴리프밸브

[2] 고성능 비례전자식 릴리프밸브

그림 6.57과 같이, 고성능 비례전자식 파일럿 릴리이프밸브와 평형 피스톤형 릴리프밸브를 일체화하여 유압시스템 내부의 압력을 입력전압에 대해 비례적으로 제어할 수 있다. 그림 6.58은 입력신호 전압-압력특성, 그림에서 A, B는 밸브 모델에 따른 특성을 나타낸다.

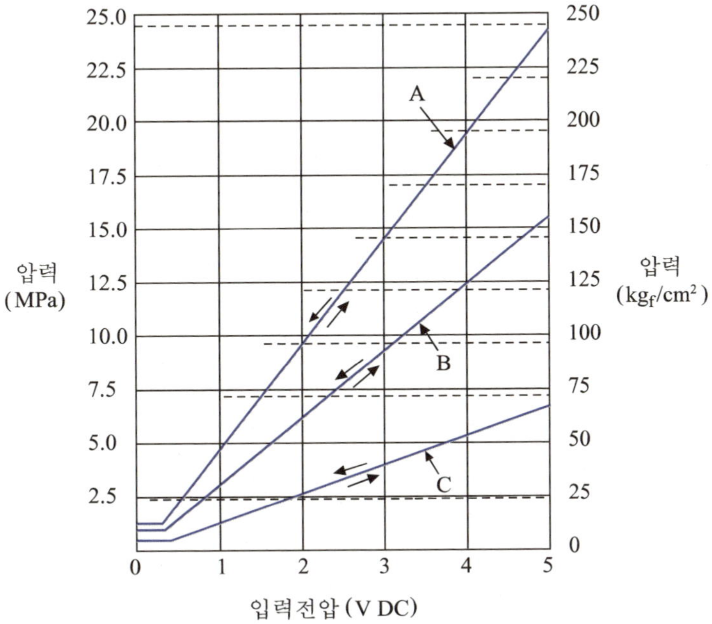

그림 6.56 증폭기 내장형 비례전자식 파일럿 릴리프밸브의 입력전압-압력특성

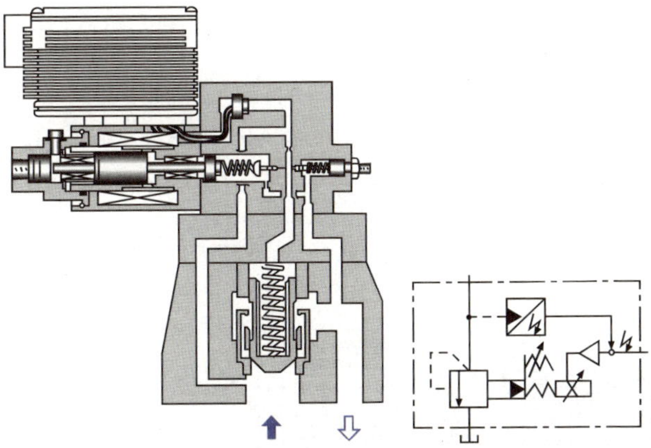

그림 6.57 고성능 비례전자식 릴리프밸브

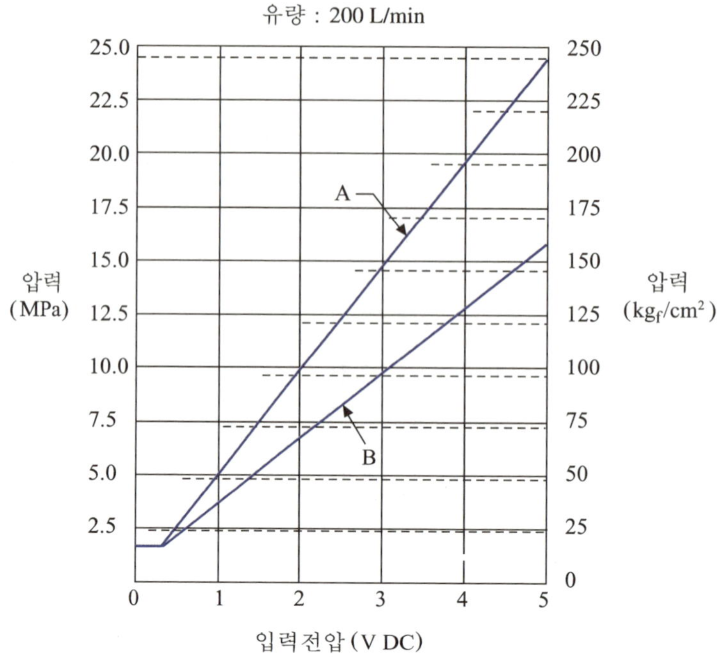

그림 6.58 고성능 비례전자식 릴리프밸브의 입력전압-압력특성

[3] 고성능 비례전자식 유량조정밸브

그림 6.59는 고성능 비례전자식 유량제어밸브이다. 압력제어밸브와 같이 구조는 유압구성부와 직류 솔레노이드부로 구성되고, 입력전압을 제어하여 유압시스템 내의 유량을 임의로 원격 제어할 수 있다. 또 압력·온도 보상기능이 있어 설정유량은 압력(부하)이나 온도(작동유의 점도)의 영향을 받지 않기 때문에 정밀도가 높은 유량제어가 가능하다.

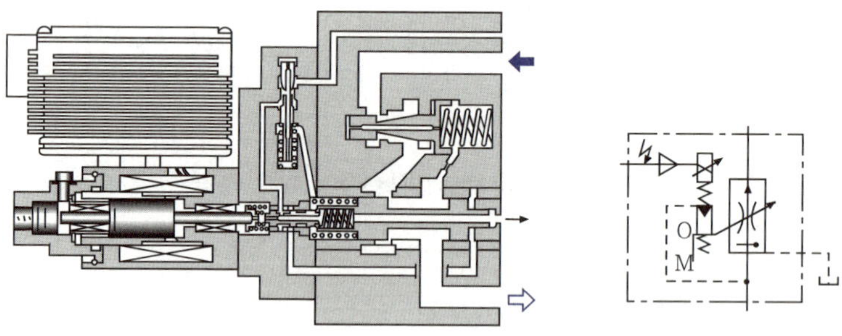

그림 6.59 고성능 비례전자식 유량조정밸브

그림 6.60은 이 밸브의 입력신호 전압-유량특성을 나타낸다.

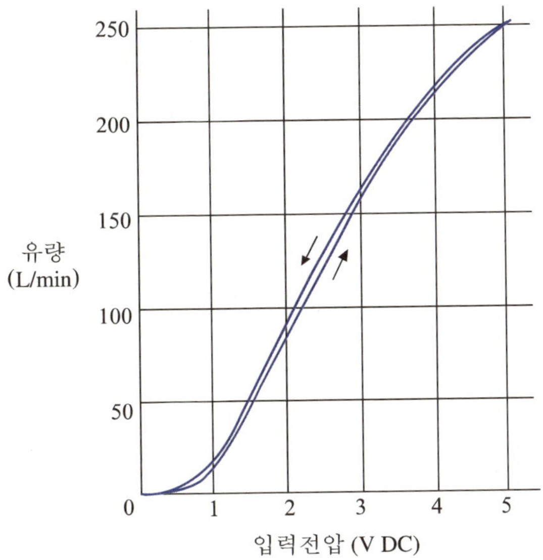

그림 6.60 고성능 비례전자식 유량조정밸브의 입력전압-유량특성

[4] 비례전자식 방향·유량제어밸브

그림 6.61은 비교적 소유량용 직동형 비례전자식 방향·유량제어밸브의 구조이다. 대유량인 경우는 파일럿 작동형을 사용한다. 지금까지 비례전자식 유량제어밸브를 사용하여 액추에이터의 속도제어를 할 때는 방향제어밸브와 조합하여 사용하였다. 이 밸브는 속도제어와 방향제어의 두 가지 기능을 하나로 만들어 유압회로의 간결성을 도모하고, 가격을 낮출 목적으로 개발하였다. 전자전환밸브는 스풀을 왼쪽 또는 오른쪽으로 이동시키는 방식이 ON/OFF 제어이지만, 비례전자식 방향·유량제어밸브는 스풀이 왼쪽 또는 오른쪽으로 선형적으로 움직이고, 직류 솔레노이드의 전자력과 스프링 힘이 평형을 이루는 위치에서 정지하여 스풀의 개도, 즉 유량이 결정된다. 또 스풀의 형상에 따라 미터인(meter in) 제어와 미터아웃(meter out) 제어를 선택할 수 있다. 직류 솔레노이드는 스풀을 오른쪽과 왼쪽으로 이동시키는 2가지가 있기 때문에 방향제어도 가능하다.

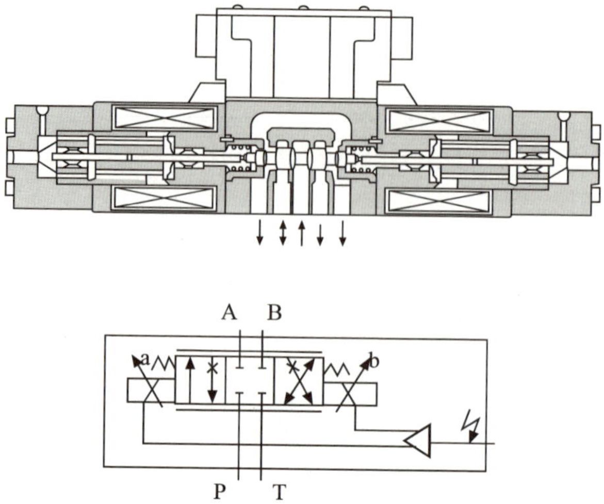

그림 6.61 비례전자식 방향·유량제어밸브

그림 6.62는 이 밸브의 입력신호 전압 - 유량특성을 나타낸다.

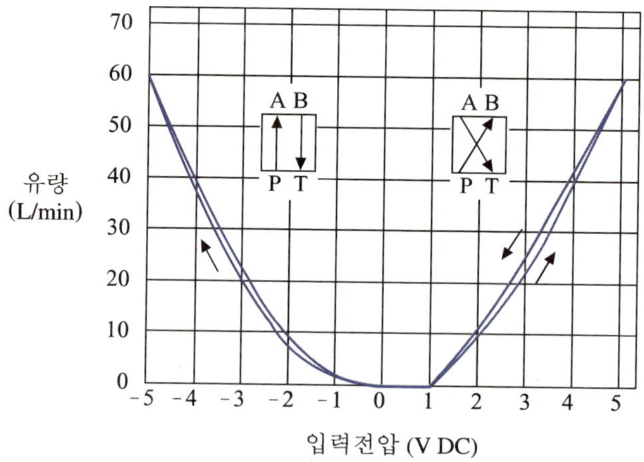

그림 6.62 비례전자식 방향·유량제어밸브의 입력전압 - 유량특성

6.9 전기·유압 서보밸브

서보밸브(servo valve)는 전기나 기타 입력신호에 따라 유량 또는 압력을 제어하는 밸브이고, 기계적 신호로 작동하는 기계식 서보밸브와 전기신호를 입력하여 유체의 유량 또는 압력을 제어하는 전기·유압 서보밸브(electro-hydraulic servo valve, 이하 서보밸브라 함)가 있다. 서보밸브는 그림 6.63과 같은 전기·유압 서보장치에서 핵심적인 구성요소로서, 아주 작은 전기신호로 큰 유압출력을 고속응답으로 제어하며, 파워(power) 증폭률이 높은 전기·유압 변환기이다.

서보기구(servo mechanism)는 물체의 위치, 방위, 자세 등을 제어량으로 하여 목표값의 변화에 추종하도록 구성된 자동제어계로서, 피드백 신호에 따라 제어동작의 결과를 목표값과 비교하여 이것과 일치하도록 항상 수정 동작을 한다. 전기·유압 서보기구는 서보 증폭기, 서보밸브, 액추에이터, 부하, 피드백 검출기 등으로 구성되며, 그림 6.63은 각 구성부품간의 블록선도(block diagram)이다.

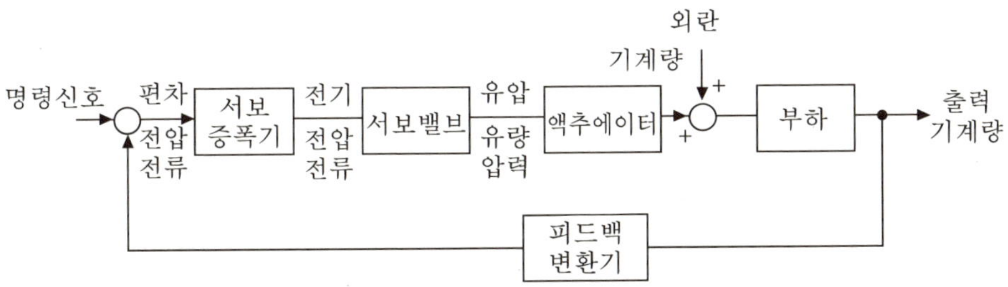

그림 6.63 전기·유압 서보시스템의 블록선도

[1] 전기·유압 서보밸브의 구성과 종류

그림 6.64는 가장 일반적인 전기·유압 서보밸브의 구성을 나타낸다. 서보밸브는 전기적 입력신호를 기계량으로 변환하는 전기·기계 변환부, 기계량을 유압(유량·압력)으로 변환하는 1단 증폭부, 1단 증폭부에서 증폭된 유압으로 구동되는 주 안내밸브부로 구성된다. 서보밸브는 유압 증폭부 및 안내밸브의 수에 따라 1단형 서보밸브, 2단형 서보밸브, 3단형 서보밸브가 있다.

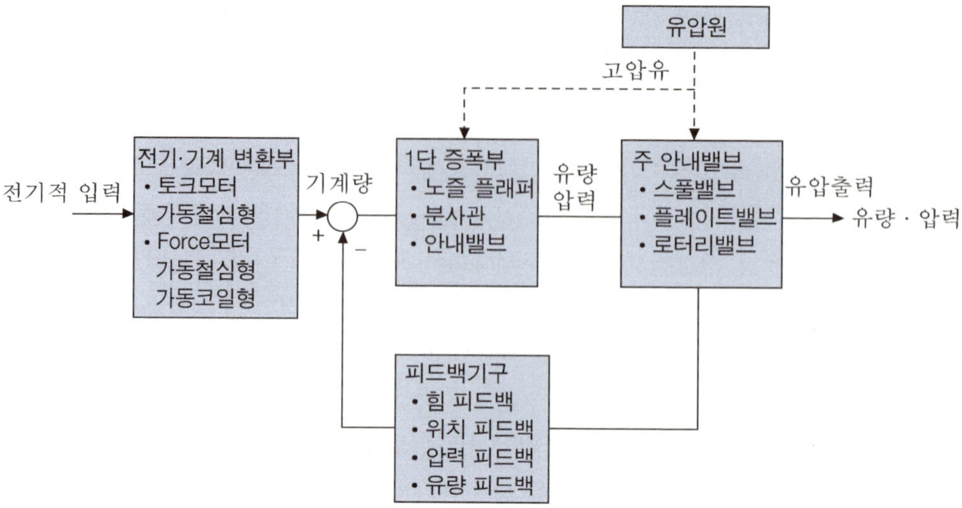

그림 6.64 전기·유압 서보밸브의 구성

[2] 1단형 전기·유압 서보밸브(직동형 서보밸브)

1단형 서보밸브는 전기·기계 변환부와 기계·유압 변환부로 구성된 서보밸브이고, 가동철심형 토크모터와 노즐 플래퍼[그림 6.65 (a)], 가동철심형 토크모터와 스풀밸브[그림 6.65 (b)], 가동코일과 스풀밸브[그림 6.65 (c)]로 구성된다. 최근 철강기계용 제어밸브는 고속

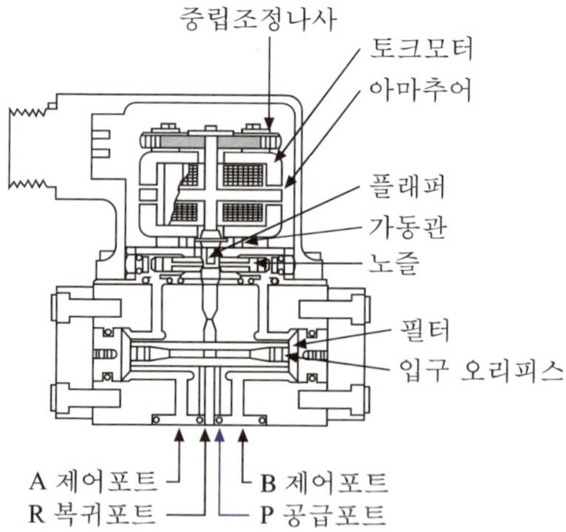

(a) 토크모터와 노즐 플래터 1단 서보밸브

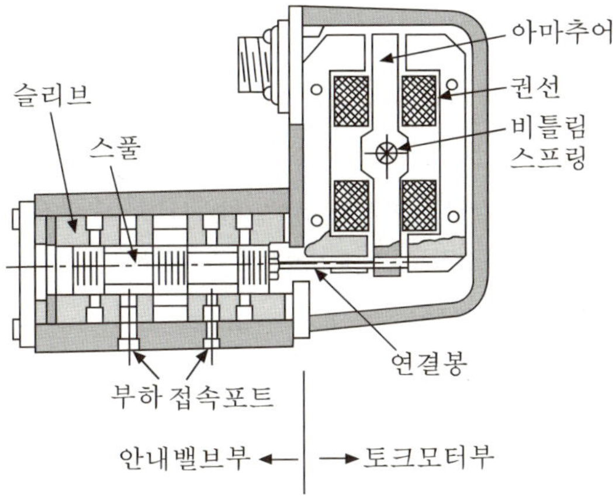

(b) 토크모터와 스풀밸브형 1단 서보밸브

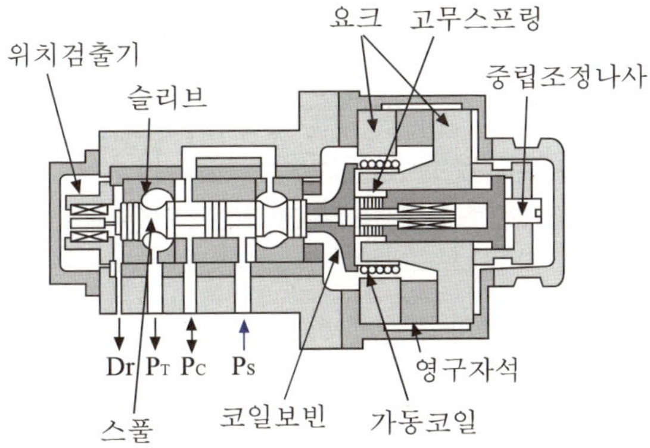

(c) 직동형 서보밸브(가동코일형)

그림 6.65 1단형 서보밸브의 종류

대용량 제어용 서보밸브로써 직동형 밸브가 상용화되어 있다. 그림 6.65 (c)는 3포트형 밸브이고, 영구자석 중에서 작동하는 가동코일과 유체력을 보상한 스풀밸브로 되어 있다. 이 밸브에서 왼쪽은 고정된 고무 스프링으로 스풀을 지지하여, 정격유량 90～100 L/min의 서보밸브에 ±40%의 진폭 입력조건에 대해 90° 위상지연(phase lag)에서 응답성이 200 Hz를 달성하고 있다. 그림에서 P_S는 공급압력, P_C는 제어압력, P_T는 복귀포트 압력, Dr은 드레인을 나타낸다.

[3] 2단형 전기·유압 서보밸브

그림 6.66은 2단형 서보밸브의 구조이고, 1단형과 차이는 주(main) 안내밸브의 전단부에 유압 증폭단이 있다. 이 밸브는 전기·기계 변환부에 가동철심형 토크모터(torque motor), 1단 증폭부에 대향형 노즐 플래퍼(nozzle flapper), 주 안내밸브에 스풀형 4방향 안내밸브 및 스풀의 위치 결정용 피드백 스프링(feedback spring)으로 구성된다.

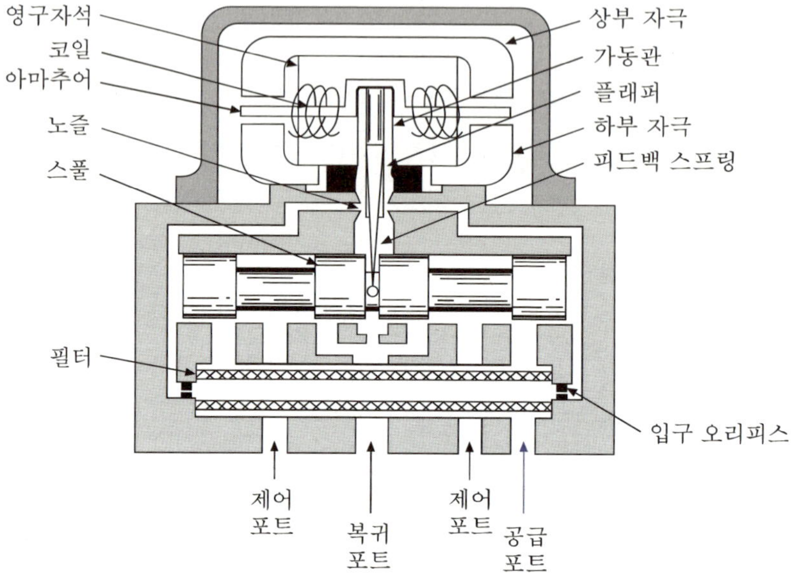

그림 6.66 2단형 전기·유압 서보밸브의 구조

그림 6.67은 2단형 서보밸브의 작동원리이다. 스풀이 중립위치에 있을 때 P, R, A, B의 각 포트는 막혀 있지만, 코일에 전류가 흐르면 아마추어가 기울어지고 이것에 의해 플래퍼는 중립위치에서 왼쪽이나 오른쪽으로 기울어지기 때문에 플래퍼와 노즐 사이의 틈새 x 또는 y가 변한다. 따라서 x의 변화에 따라 노즐 내부압력(배압 p_x)도 변한다. x가 작으면 노즐 배압 p_x는 크게 되고, $x=0$에서 $p_x=p_s$(공급압력)이고, 반대로 x가 크게 되면 p_x는 작아진다. 틈새 y와 사이에는 「$x+y=$ 일정」인 관계가 성립하기 때문에 x가 감소하는 방향으로 움직이면 y는 크게 되고, x가 커지는 방향으로 작용할 때 y는 작아진다. 스풀에 작용하는 압력은 p_x와 y에 대한 압력 p_y(노즐 배압 p_y)에 따라 결정되고, 전류에 비례한 압력차가 발생한다. 스풀 면적을 A, 노즐 내부 배압이 스풀의 좌우에 작용하는 힘 $F=(p_x-p_y)A$로 된

다. 스풀이 움직이면 아마추어, 즉 플래퍼가 되돌아가서 $x = y$의 중립위치에서 $p_x = p_y$로 되고, 스풀 양쪽 끝단의 압력은 평형이 되기 때문에 스풀은 정지한다. 아마추어에 인가되는 전류의 크기에 따른 토크와 피드백 스프링의 이동에 따른 힘이 반대방향으로 작용하고, 피드백 스프링 힘은 스프링의 휨량(deflection), 즉 스풀의 이동량에 비례하기 때문에 스풀의 이동량은 토크의 크기로 결정된다. 스풀의 이동량은 아마추어에 입력된 전류의 크기에 비례하기 때문에 전류에 따라 스풀의 개도가 정해지고 유량이 제어된다. 이와 같이 피드백 스프링의 힘에 따라 입력값(전류)에 대한 출력(스풀 변위)을 제어하는 방식을 힘-피드백 방식 서보밸브(force-feedback type servo valve)라 한다.

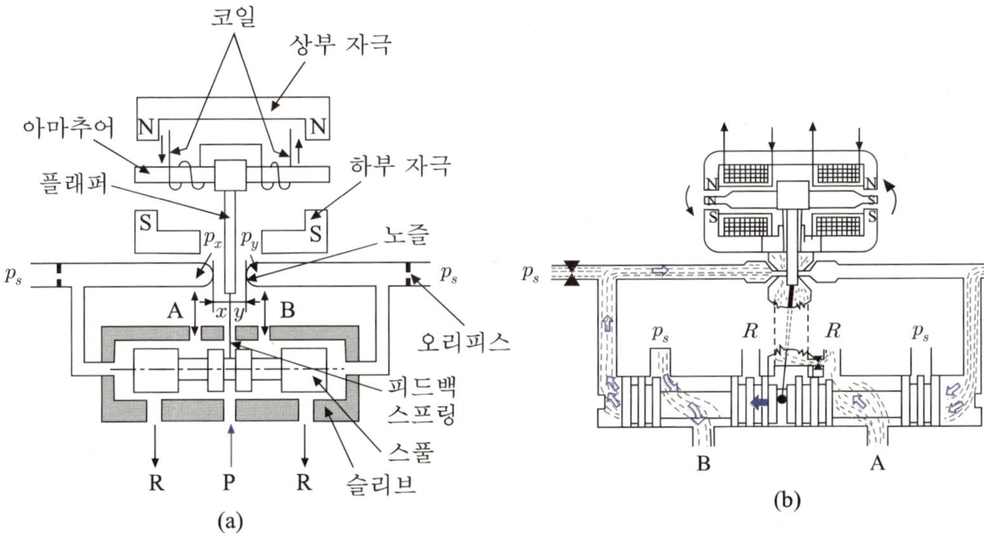

그림 6.67 2단형 전기·유압 서보밸브의 작동원리

그림 6.68은 스풀의 위치 피드백 스프링 대신에 차동변압기(LVDT)로 전기적 위치를 검출하여 이 신호를 입력신호와 비교하고, 그 편차를 내장된 서보 증폭기에서 증폭하여 토크모터의 코일에 인가하여 스풀의 위치를 제어하는 전기 피드백 제어이며, 증폭기에 임의의 보상회로를 추가하여 밸브의 정특성(static characteristics), 동특성(dynamic characteristics) 개선과 더불어 고기능화도 용이하다.

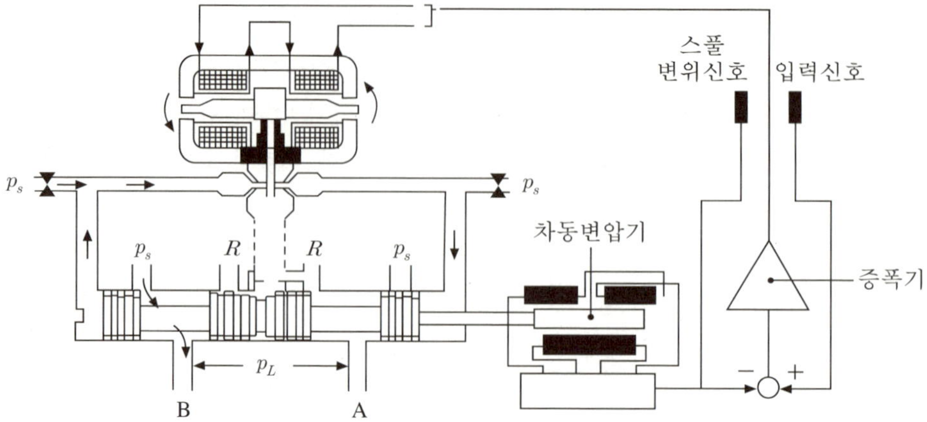

그림 6.68 2단형 서보밸브의 전기 피드백 제어방식

[4] 3단형 전기·유압 서보밸브

그림 6.69는 3단형 서보밸브의 구조이며, 2단형 서보밸브를 파일럿밸브로 하여 주 안내밸브를 구동하는 방식이다. 이 밸브는 대유량이 필요하거나 2단형 서보밸브의 응답특성으로 부족한 경우에 사용한다.

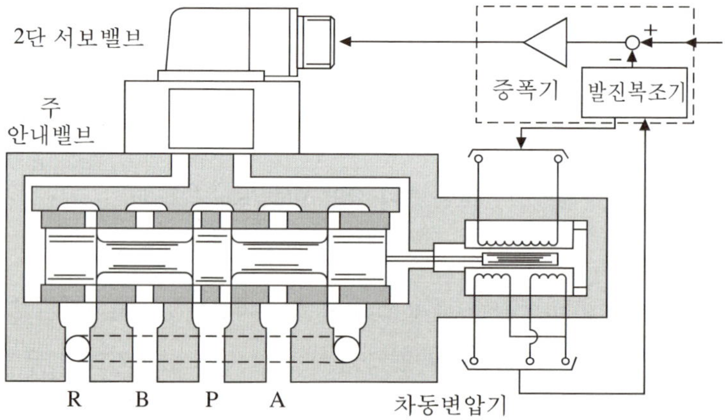

그림 6.69 3단형 서보밸브의 구조

[5] 전기·유압 서보밸브의 정특성

그림 6.66, 그림 6.67의 2단형 서보밸브의 구조와 작동원리에서 주 안내밸브의 개도는 입력신호에 비례하는 것을 설명하였다. 그림 6.66과 같이 4방향 안내밸브를 가진 서보밸브의 정상상태(steady state)에서 밸브에 입력전류 i와 제어유량 Q는 다음 식이 성립한다.

$$Q = K_V \cdot i \cdot \sqrt{\frac{p_V}{\rho}} = K_V \cdot i \cdot \sqrt{\frac{(p_s - p_1) + (p_2 - p_R)}{\rho}} \tag{6.29}$$

식에서 K_V는 서보밸브 상수, p_V는 밸브의 압력강하, p_s는 공급압력, p_1은 고압유 공급포트 압력, p_2는 밸브 배출포트 압력, p_R은 복귀포트 압력, ρ는 작동유의 밀도이다.

또 p_1과 p_2의 압력차 p_L를 부하 압력강하라 하고, 밸브 압력강하 p_V와 p_R, p_s, p_L은 식 (6.29)에서 다음 식이 성립하고, $p_L = 0$일 때 제어유량을 무부하유량이라 한다.

$$p_V = (p_s - p_R) - p_L \tag{6.30}$$

서보밸브의 정격유량은 규정된 밸브 압력강하를 주어 정격전류를 인가하였을 때 얻어지는 제어유량이며, 그림 6.67 (b)와 같이 한쪽의 제어포트를 통과하는 유량은 부하장치를 통해 전 유량이 다른 쪽의 제어포트를 통과하는 것으로 보아, 통상 밸브 압력강하 6.86 MPa(70 kg_f/cm^2)에서 무부하유량으로 규정한다. 밸브 압력강하 6.86 MPa일 때, 일반적인 서보밸브의 제어유량은 노즐 플래퍼나 분사관(jet pipe)을 가진 1단형 서보밸브는 2 L/min 이하, 안내밸브를 가진 1단형 서보밸브는 60 L/min 이하, 2단형 서보밸브는 1~400 L/min, 3단형 서보밸브는 100~4,000 L/min 정도이다.

그림 6.70은 밸브 압력강하 6.86 MPa의 일정한 조건에서 입력전류에 대한 무부하유량특성이다. 이 무부하유량특성에서 직선성(linearity), 히스테리시스(hysteresis), 중립점 바이어스(bias), 및 평균 유량이득(normal flow gain) 등을 구한다.

일반적으로 사용하는 2단형 서보밸브는 직선성이 3~10%, 히스테리시스 2~7%, 중립점 바이어스 2~10%, 평균 유량이득은 0.024~40 L/min/mA 정도이고, 중립점 바이어스는 외부에서 조정할 수 있는 서보밸브가 많다.

부하 압력강하가 존재하는 상태, 즉 부하가 작용할 때 서보밸브 제어유량을 부하유량이라 한다. 그림 6.71은 입력전류를 파라미터로 하여 부하 압력강하에 대한 제어유량을 나타내는 부하유량특성이다.

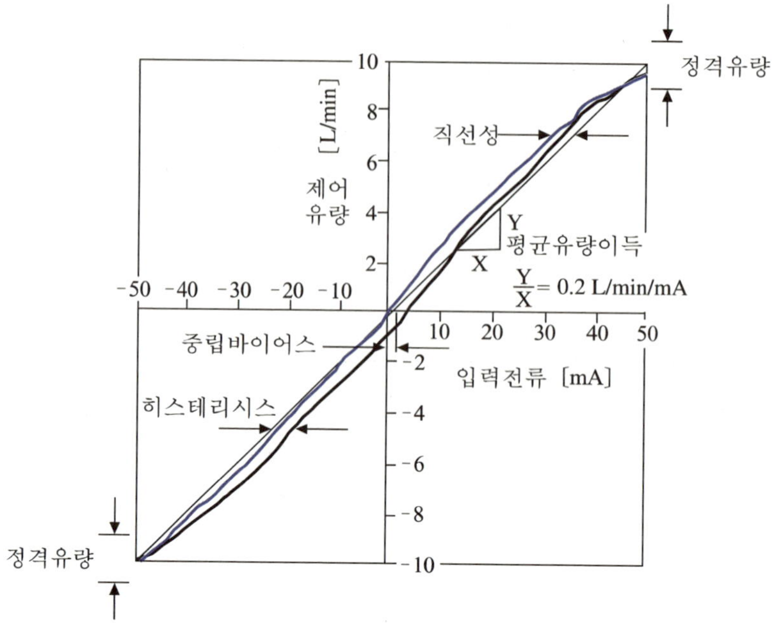

그림 6.70 서보밸브의 무부하유량특성 예시

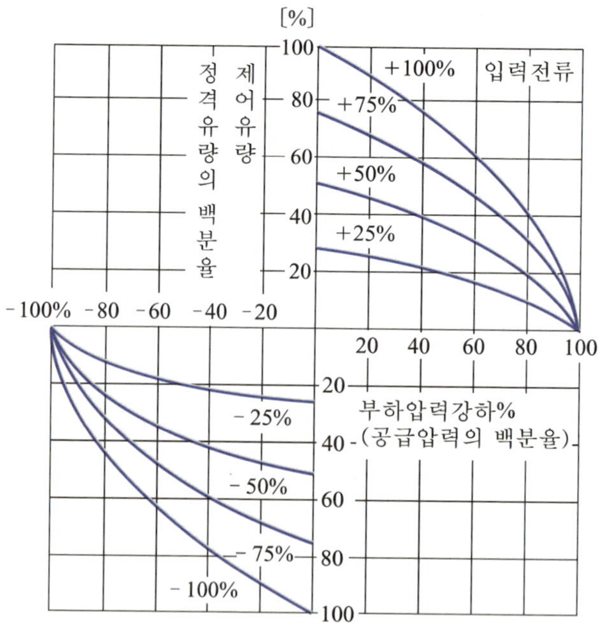

그림 6.71 서보밸브의 부하유량특성 예시

제어유량이 영(zero)인 상태(제어포트를 폐쇄한 경우)에서 단위 입력신호당 부하 압력강하를 압력이득(pressure gain)이라 한다. 그림 6.72는 입력신호와 부하 압력강하의 관계를 나타내는 압력이득 특성을 나타낸다.

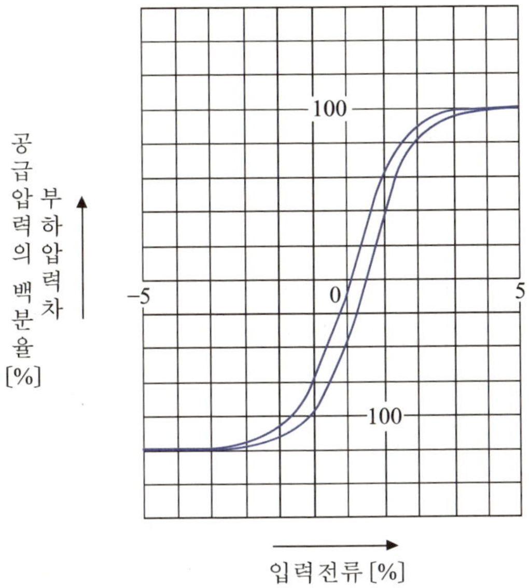

그림 6.72 서보밸브의 압력이득 특성 예시

압력이득은 통상 최대 부하 압력강하에 대해 ±40%의 부하 압력강하 변화 영역 내에서 입력전류에 대한 부하 압력강하의 비로 규정한다. 보통 서보밸브의 압력이득은 아주 높고, 고정밀도 2단형 서보밸브 정격전류의 미소한 1% 입력에 대해 부하 압력강하가 공급압력의 80%에 도달한다. 이 이득의 크기는 보통 전기식 서보모터에 비교하여 수십 배보다도 높기 때문에 서보 메커니즘의 강성을 높이고, 그 결과 고정밀도 제어를 달성하는 데 기여한다.

서보밸브의 제어유량에 변화가 생기도록 하기 위해 필요한 최소입력신호의 변화분을 분해능 또는 스레시홀드(threshold)라 한다. 분해능은 어떤 입력전류의 점에서 전류를 한 방향으로만 변화시킬 때 제어유량에 변화가 있을 때까지 전류의 증가분을 정격전류의 백분율로 표시하고, 스레시홀드는 입력전류를 한 방향으로 변화시켜 임의의 점에서 전류변화의 방향을 반전시켜 반전점에서 제어유량에 변화가 일어나는 점까지의 전류 변화분을 정격전류의 백분율로 표시한 것이다. 보통 고성능 2단형 서보밸브는 분해능이나 스레시홀드는 0.5~1.5% 정도이지만, 이것은 공급압력에 따라 변한다.

또 서보밸브에 아주 작은 진폭으로 비교적 높은 주파수의 교류신호를 입력신호에 중첩하여 분해능이나 스레시홀드를 개선한다. 이 신호를 디더(dither)라 하고, 시스템의 분해능 개선에 사용한다.

서보밸브의 작동조건이나 환경조건 변화에 따른 중립점 바이어스 변화량을 중립점 이동(shift)라 하고, 보통 2단형 서보밸브는 온도 중립점 이동이 상온 부근의 온도변화 56℃에 대해 2～4% 정도, 압력 중립점 이동은 공급압력 변화 80 → 110%에 대해 2～3%, 가속도 중립점 이동은 10 G의 가속도가 작용할 때 약 2% 정도이다.

[6] 전기·유압 서보밸브의 동특성

서보밸브의 주파수 응답특성은 서보밸브에 일정한 진폭을 가진 정현파 신호와 주파수를 변화시켜가면서 입력하고, 제어유량을 측정하여 입력신호에 대한 진폭비와 위상을 구하여 보데선도(Bode diagram)에 나타낸다. 그림 6.73은 2단형 서보밸브의 주파수 응답특성의 예시이다. 서보밸브의 주파수 응답특성은 공급압력의 고저나 입력진폭에 따라 변한다.

서보밸브의 동특성을 정확하게 계산할 때는 서보밸브의 전달함수(transfer function)가 상당히 고차함수로 되고, 단순화하여도 4차나 5차 정도로 되지만, 일반적인 서보시스템에서 서보밸브를 시스템의 하나의 요소로 고려하면, 시스템이 요구하는 주파수 영역에 따라서는 식을 단순화하여 저차의 전달함수로 근사하여도 충분할 때가 많다.

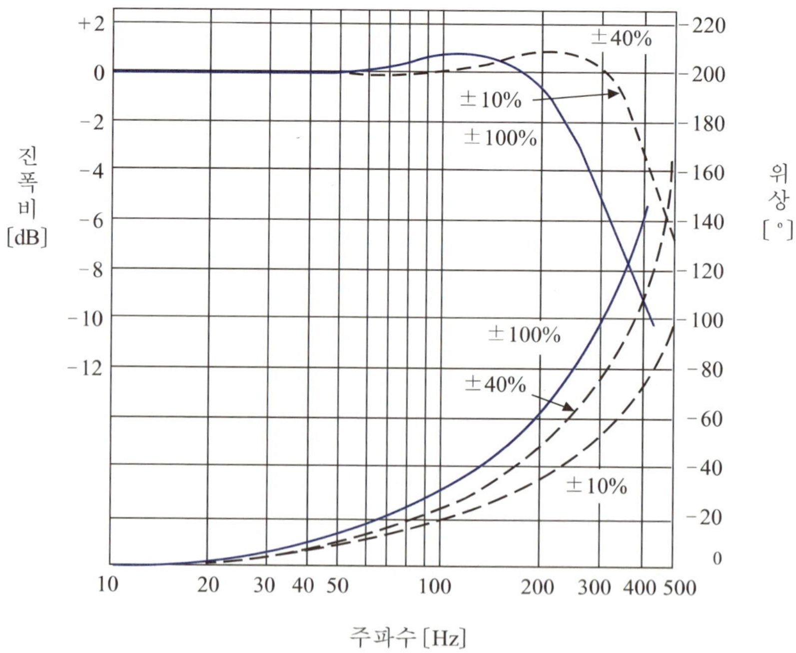

그림 6.73 서보밸브의 주파수 응답특성 예시

[7] 기계식 서보밸브

기계식 서보밸브는 그림 6.74와 같이 스풀의 한쪽 끝을 본체(body) 바깥쪽으로 빼내어 탐침(stylus)이 붙어 있다. 탐침의 반대측은 스프링이 있고 항상 스풀을 탐침 쪽으로 누르고 있다. 탐침에 어떤 힘도 작용하지 않으면, 스풀은 스프링에 의해 밀려 고압유는 P → A, B → R로 흐르고, 피스톤을 오른쪽으로 작동시킨다. 탐침이 템플릿(template, 형판)의 움직임에 따라 왼쪽방향으로 밀면 스풀은 스프링 힘에 대항하여 왼쪽으로 작용하고 모든 포트는 막힌 상태로 된다. 더욱 탐침이 밀려들어가면 P → B, A → R로 고압유가 흐르게 된다.

이와 같이 탐침을 기계적으로 밀어붙여서 고압유의 흐름방향을 바꾸는 밸브가 기계식 서보밸브(mechanical servo valve)이다. 탐침의 기계적 작동이 지령신호가 되지만 탐침의 작용으로 실린더를 추종시키기 때문에 기계식 서보밸브 본체는 실린더 본체 또는 로드에 고정하는 방법을 채택하고, 이 실린더 작동이 피드백 제어계를 구성하도록 되어 있다.

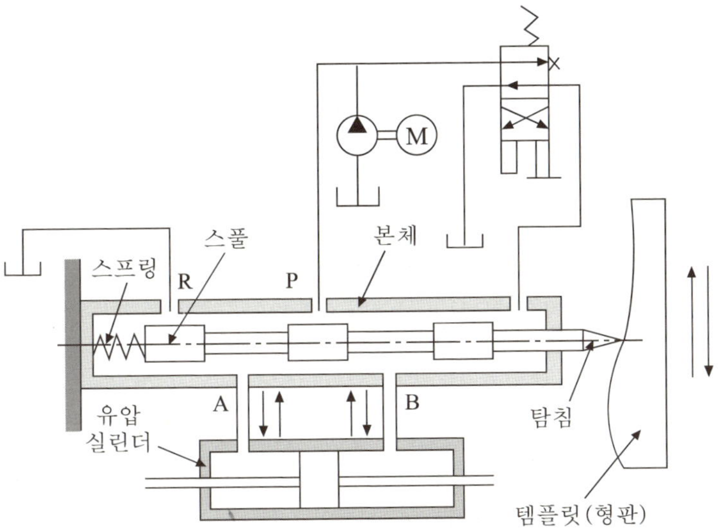

그림 6.74 기계식 서보밸브의 예시

6.10 유압제어밸브에서 발생하는 여러 가지 현상

[1] 캐비테이션

일반적으로 석유계 작동유 속에는 대기 중에서 기름 체적의 6～12%에 해당하는 공기가 녹아있다. 작동유가 흐를 때, 유속이 빨라져 압력이 낮아지면 작동유 속에 녹아있는 공기가 분리되어 기포로 되거나 작동유 자체의 증기(vapor)가 발생하여 기포를 만들어 기포 덩어리(cavity)를 형성한다. 이 현상을 캐비테이션(cavitation; 공동현상)이라 한다. 이러한 기포 덩어리는 작동유 압력이 다시 높아지면 터지면서 급격하게 소멸하며, 이 때 일종의 수격현상(water hammer)과 같이 국부적으로 고압(수 100 bar)이 발생한다. 캐비테이션은 재료의 침식, 기기의 진동과 소음을 발생시켜 유압시스템에 악영향을 준다.

캐비테이션은 다음과 같은 경우에 발생한다.

① 작동유의 흐름 방향이 급하게 변하거나 방해물이 있어 국부적으로 유속이 빨라져 압력이 낮아질 때
② 펌프 흡입관이나 스트레이너(strainer)가 막혀 흡입측 압력이 낮아질 때
③ 작동유의 점도가 높아 유동저항이 크게 되어 흡입측 압력이 낮아질 때

이 밖에 펌프의 흡입관에 공기가 유입되면 캐비테이션과 비슷한 현상이 발생한다.

[2] 서지압력

유체 흐름이 제어밸브 등의 조작으로 급격하게 변할 때, 유체의 운동에너지가 압력에너지로 변하여 급격한 압력변동이 일어난다. 이러한 압력변동은 유체 속에서 음속(sonic velocity)으로 전달된다. 이와 같이 유압회로에서 발생되는 이상 압력변동의 최댓값을 서지압력(surge pressure)이라 한다.

유압회로에서는 릴리프밸브(relief valve)의 작동 지연이나 전자전환밸브의 조작 등에 따라 작동유의 흐름이 급격하게 변할 때 서지압력이 발생하고, 유압회로의 고장의 원인이 되기도 한다.

작동유의 체적탄성계수 K [Pa], 관 지름 D [m], 관 두께 δ [m], 관 재료의 탄성계수 E [Pa], 작동유의 밀도 ρ [kg/m^3], 작동유의 평균속도 v [m/s]라 하면 서지압력의 전파속도 a [m/s]는 다음과 같다.

$$a = \sqrt{\frac{K}{\rho\left(1 + \dfrac{KD}{E\delta}\right)}} \tag{6.31}$$

또 밸브를 순간적으로 닫아 밸브를 닫는 시간이 압력파의 왕복시간(1주기)보다 작을 때, 관 내부에서 발생하는 최대 서지압력 $\Delta p\,[\mathrm{Pa}]$은 다음과 같다.

$$\Delta p = \rho\, a\, v \quad [\mathrm{Pa}] \tag{6.32}$$

물의 체적탄성계수 값은 2.06 GPa, 석유계 작동유는 1.67 GPa, 관 재료의 탄성계수는 206 GPa 정도이다.

[3] 유격현상

유압회로를 흐르는 작동유가 방향전환밸브 등의 조작으로 순간적으로 막히게 되면 압력 상승이 급격하게 일어난다. 이것은 흐르는 작동유의 운동에너지가 압력에너지로 변환되기 때문에 나타나는 현상이다. 이렇게 발생된 충격 압력은 압력파(pressure wave)를 형성하여 관로 속에 전파된다. 이와 같이 급격한 작동유의 흐름 변화 때문에 발생되는 급격한 압력변동 현상을 수격현상(水擊; water hammer)과 같은 의미로 유압에서는 유격(油擊; oil hammer)이라 한다.

[4] 채터링

포핏밸브(poppet valve) 등과 같이 스프링 힘으로 압력을 설정하는 밸브에서 발생하기 쉬운 현상이며, 압력이 높아지거나 낮아짐에 따라 밸브 포핏이 밸브시트(valve seat)를 치는 일종의 자려진동(self-excited vibration)이다.

그림 6.75에서 A부분 압력이 밸브 설정압력에 근접하면, 포핏은 약간 위로 올라가고 밸브시트와 포핏 사이에 작은 틈새 B가 생긴다. 이 틈새를 통하여 작동유가 고속으로 분출되면 압력이 급격하게 낮아진다. 압력이 낮아지면 스프링에서 밸브시트로 미는 힘이 작용하고 이 힘에 의해 포핏은 밸브시트를 심하게 치면서 부딪친다. 그 순간 A부분의 압력이 상승하여 포핏은 다시 상승한다. 이와 같은 동작이 반복되면서 소음이 발생하는 현상을 채터링(chattering)이라 한다.

[5] 유체 고착현상

스풀밸브(spool valve) 등을 방치해 두었다가 시간이 지난 후에 작동시키려 하여도 작동되지 않는 경우가 있다. 이것은 밸브 본체와 스풀 사이의 내부 틈새에 유체흐름이 균일하지 않아 스풀 상·하면에 압력분포가 불평형 상태로 되어 스풀이 밸브 본체에 강하게 밀착되어 고착되기 때문에 작동 불능 상태로 된다. 이러한 고착현상(hydraulic locking)을 방지하기 위해 스풀 랜드(land)의 원주상에 몇 개의 홈을 가공하여 스풀이 압력평형을 유지하도록 하여 유막 파괴를 방지하는 것도 유효한 하나의 방법이다.

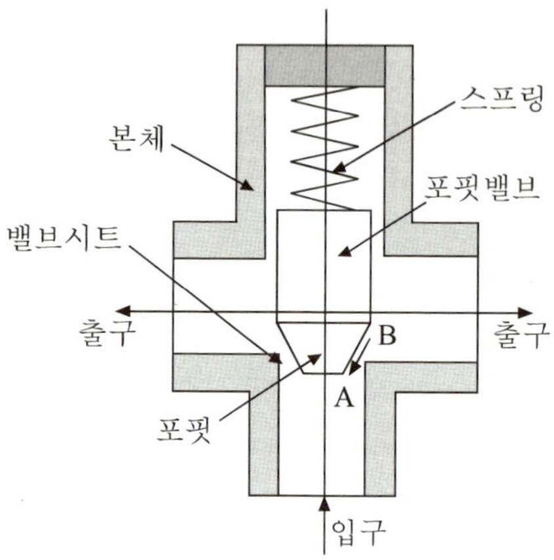

그림 6.75 채터링

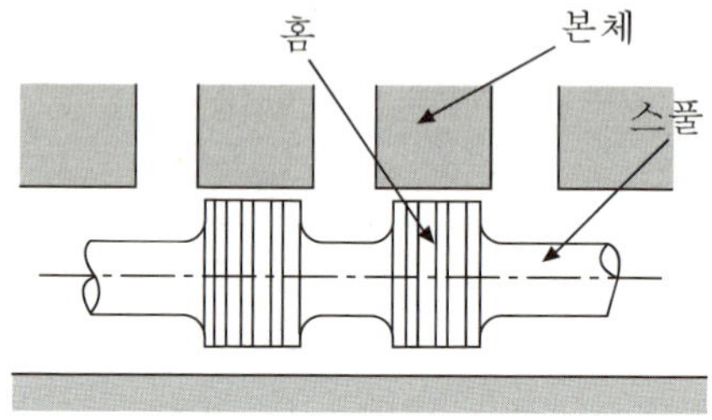

그림 6.76 유체 고착현상

[6] 유체력

방향전환밸브는 유체 고착현상뿐만 아니라 유체의 흐름 방향에 따라 운동량 변화 때문에 힘이 발생한다. 이 힘을 유체력(flow force)이라 하며, 그림 6.77과 같이 분류(jet)에 의해 발생하며, 스풀의 축방향으로 작용한다.

스풀밸브를 전환하였을 때, 스풀과 밸브 본체에서 교축된 고압유는 분류가 되어 흐른다. 베르누이 방정식에서 유속이 커지면 압력이 감소하기 때문에 스풀에 작용하는 유체력은 밸브 개구부를 닫는 방향으로 작용한다.

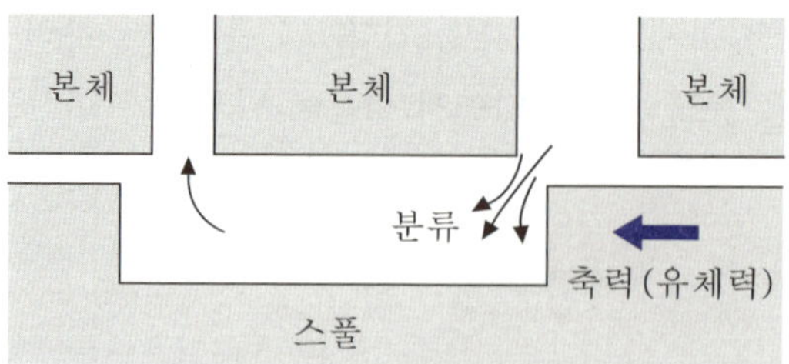

그림 6.77 유체력

연습문제

6.1 지름 16 mm인 스풀밸브에서 밸브 개도가 0.8 mm, 압력차 21 MPa일 때, 분류(jet)의 속도, 유량을 구하라. 단, 작동유의 밀도는 860 kg/m^3, 유량계수는 0.72이다.

[답] 381 L/min

6.2 문제 6.1에서 스풀밸브에 작용하는 유체력은 얼마인가?

[답] 436 N

6.3 압력차 14 MPa에서 유량 50 L/min를 제어하는 밸브의 지름을 결정하라. 단, 작동유의 밀도는 860 kg/m^3, 유량계수는 0.72이다.

[답] 2.85 mm

6.4 안지름 33 mm, 두께 5 mm인 강관에서 속도 3 m/s로 흐르는 작동유를 순간적으로 차단하였을 때 발생하는 서지압력의 전파속도와 최대 서지압력을 구하라. 단, 작동유의 비중은 0.88, 체적탄성계수 1.67 GPa, 관의 탄성계수는 206 GPa이다.

[답] 1,342 m/s, 3.54 MPa

6.5 직동형 릴리프밸브에서 밸브시트 지름 1 cm, 스프링 상수 300 N/cm, 스프링의 초기 길이 2 cm인 밸브에서 밸브 변위(lift)가 0.8 cm일 때, 다음을 구하라. 단, 포핏 원추각의 반각(1/2) 30°, 작동유의 밀도 880 kg/m^3, 유량계수는 0.72로 한다.

(1) 크래킹 압력 (2) 유량 (3) 분류의 속도

[답] (1) 7.64 MPa, (2) 714 L/min, (3) 131.8 m/s

6.6 문제 6.5에서 작동유가 관로에서 밸브 포핏 선단으로 흐를 때 유체력은 얼마인가?

[답] 1195 N

6.7 릴리프밸브의 설정압력이 140 bar이다. 만약 이 밸브가 펌프 송출유량 100 L/min를 전부 오일탱크로 복귀시킨다면, 밸브를 통과할 때 손실동력은 몇 kW 인가?

[답] 23.3 kW

6.8 그림 6.8 (a)와 같은 스풀밸브에서 압력차 14 MPa, 스풀 지름 14.5 mm, 밸브 개도 0.2 mm, 유량계수 0.65일 때 다음을 구하라. 단, 분류의 유출각은 69°, 작동유의 비중은 0.86이다.

(1) 분류 속도 (2) 밸브 통과유량 (3) 유체력

[답] (1) 180.4 m/s (2) 64.2 L/min (3) −59.5 N

제 7 장

부속기기

| 학습목표 |

1. 축압기의 주요 기능을 설명할 수 있다.
2. 기체 압축식 축압기의 용량을 결정할 수 있다.
3. 유압필터의 역할을 설명할 수 있다.
4. 오일탱크의 기능을 설명할 수 있다.
5. 관과 관이음 방식의 특징을 이해한다.
6. 유압시스템의 배관을 설계할 수 있다.

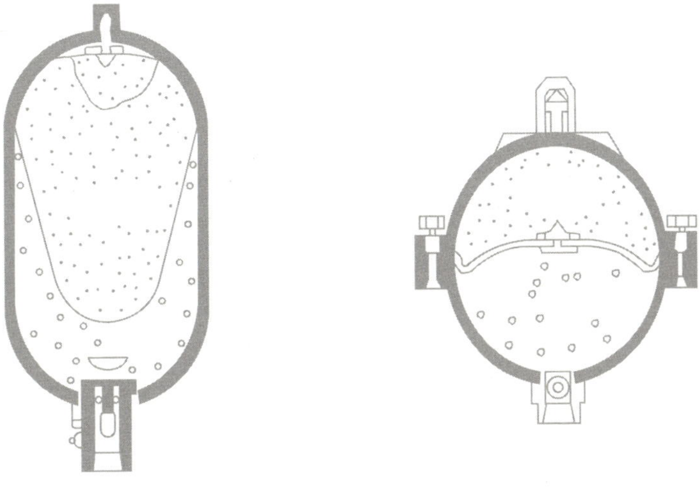

7.1 축압기

축압기(accumulator)는 유압작동유를 가압상태에서 축적하여 저장하는 압력용기이고, 다음과 같은 용도로 사용된다.

(1) 유압에너지의 축적(축압기능, 보조 유압원)

유압펌프의 용량을 줄여 동력절약을 목적으로 한 것이며, 일반적으로 유압펌프의 송출 유량 부족량을 보충하여 공급하는 역할을 한다.

(2) 압력유지

유압액추에이터의 조작에 따른 유압회로의 작동유 누설을 보충하고 압력을 유지시키거나 온도상승에 따른 작동유의 열팽창을 흡수한다.

(3) 충격완화

유압제어밸브가 작동할 때 발생하는 서지압력(surge pressure)을 흡수한다.

(4) 맥동흡수

유압펌프의 맥동을 흡수하거나 유압기기에서 발생하는 진동과 충격을 흡수한다.

[1] 축압기의 종류와 구조

표 7.1은 축압기의 종류이고, 그 중에서 기체(gas) 압축식을 많이 사용한다. 기체는 안정성과 경제성을 고려하여 질소(N_2)를 사용한다.

표 7.1 축압기 종류

- 축압기
  - 중추식
  - 스프링식
  - 기체압축식
    - 직접식
    - 분리식
      - 블래더형
      - 다이어프램형
      - 피스톤형
      - 인라인형

그림 7.1 (a)~(d)는 축압기의 구조이다. 모두 분리기(separator)가 있어 기체와 작동유를 분리하며, 블래더형(bladder type), 다이어프램형(diaphragm type), 인라인형(inline type)은 고무를 사용하고, 피스톤형은 금속제 피스톤을 사용한다. 기체실에는 기체를 공급하는 급기밸브, 고압유실에는 고압유의 출입구인 오일포트가 있다.

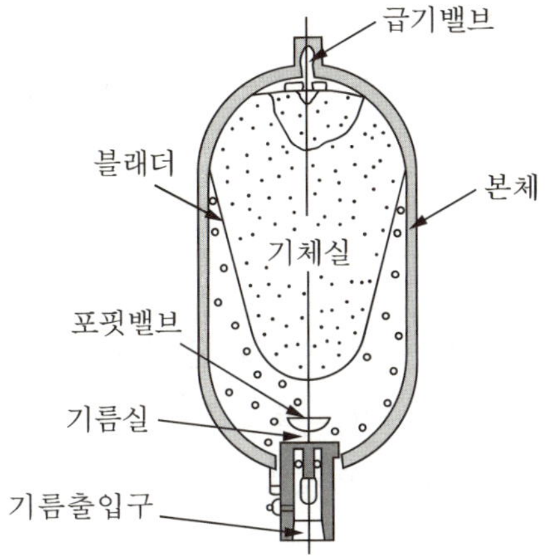

(a) 블래더형

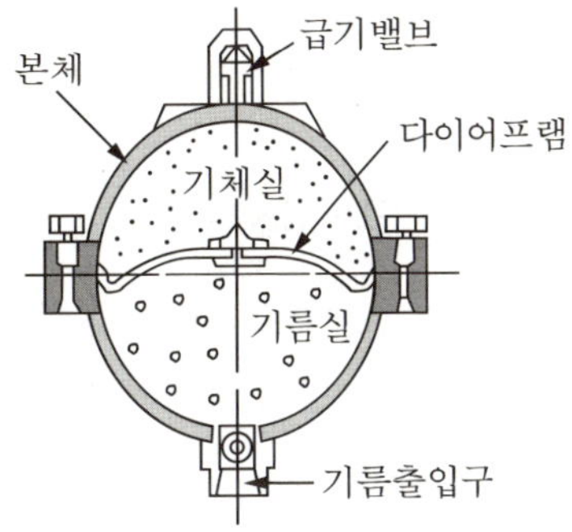

(b) 다이어프램형

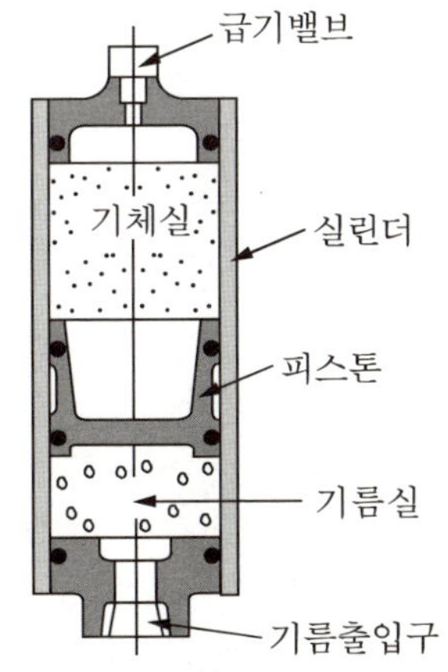

(c) 피스톤형

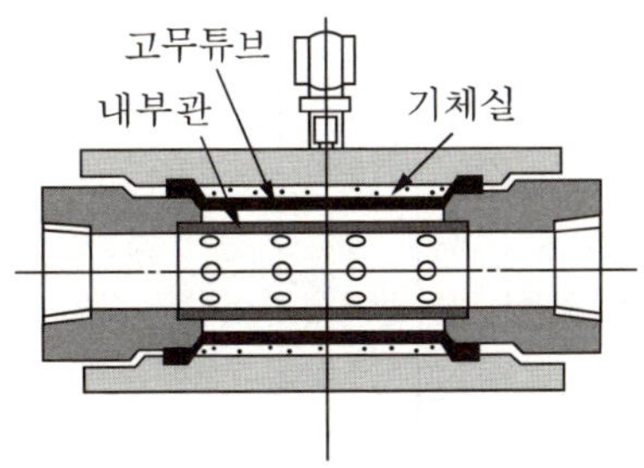

(d) 인라인형

그림 7.1 축압기의 종류

블래더형은 합성고무로 만든 블래더 속에 채워진 고압의 기체가 팽창할 때 고압유가 출입구에서 밀려나가지 않도록 포핏밸브가 있어 블래더가 팽창할 때 이 포핏밸브가 출입구를 막는다. 블래더형은 압력변화에 대하여 응답성이 좋고 일반적으로 가장 많이 사용하지만, 블래더(고무자루)가 파손되면 순간적으로 사용 불능상태가 된다는 결점이 있다.

피스톤형은 블래더형과 비교하여 압력변화에 대한 응답성은 낮지만 파손에 따른 사용불능이 되는 것은 없어 신뢰성이 높다.

다이어프램형은 소용량이 많고, 인라인형은 배관 도중에 삽입하여 맥동 제거용으로도 사용한다.

[2] 축압기의 작용

그림 7.2 (a)는 급기밸브 A를 통해 N_2 기체를 압력 p_1으로 봉입하여 압력용기 속에 가득 채운다. 즉, 압력 p_1상태에서 체적 V_1인 기체가 봉입되어 있다. 지금 유압펌프에서 기름 출입구 B를 통하여 고압유 압력 p가 $p > p_1$이면 고압유는 피스톤을 위로 밀어 올려 기체가 압축되고, 고압유실로 들어가 기름의 압력과 기체압력이 평형상태로 된다. 이 압축된 고압유의 에너지를 유압액추에이터 작동에 이용한다. 그림 7.2 (b)는 고압유의 압력이 p_2로 되었을 때 압력용기로 유입된 고압유의 체적 $V_2{}'$와 기체 압력이 p_1에서 p_2로 변할 때의 기체 체적 V_2인 상태를 나타낸다.

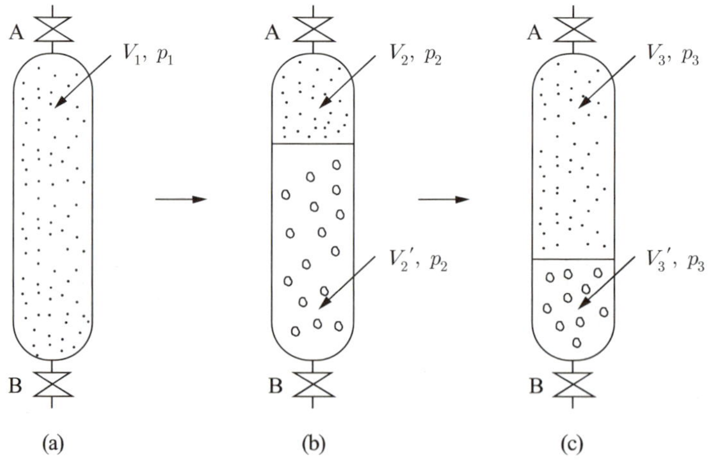

그림 7.2 축압기(피스톤형)의 동작

다음, 압력용기에서 고압유가 방출되면 방출량만큼 압력용기의 고압유 체적이 감소하기 때문에 기체 체적은 방출량만큼 팽창하여 압력은 p_3까지 낮아진다. 여기서 기체 압력과 체적 관계를 고려하면, 그림 7.2 (c)는 고압유가 방출되었을 때 고압유의 압력 p_3, 체적 V_3', 기체 압력 p_3, 체적 V_3인 상태를 나타낸다.

기체의 상태가 서서히 변할 때는 등온과정으로 간주하여, 압력과 체적 관계는 다음 식과 같다.

$$\begin{aligned} p_1 V_1 &= p_2 V_2 = p_3 V_3 \\ p_1 V_1 &= p_2(V_1 - V_2') = p_3(V_1 - V_3') \end{aligned} \tag{7.1}$$

기체의 상태가 급격하게 변할 때는 폴리트로프 과정(polytropic process)으로 간주하여,

$$p_1 V_1^n = p_2 V_2^n = p_3 V_3^n \tag{7.2}$$

이고, 폴리트로프 지수 n은 대략 1.3으로 한다.

[3] 축압기 용량

에너지 축적용(축압용) 축압기의 용량 결정을 살펴보자. 일정한 압력을 가진 고압유를 축압한 다음에 필요에 따라 고압유를 액추에이터에 보내어 유압펌프 대신에 사용한다. 액추에이터로 보내는 작동유의 유량은 그림 7.2 (b)에서 (c)상태로 변하기 때문에 $V_2' - V_3'$의 작동유 체적은 압력 p_2에서 p_3범위에서 사용할 수 있다.

이때 축압기에서 방출유량 V는 등온변화의 경우

$$\begin{aligned} V &= V_2' - V_3' = (V_1 - V_2) - (V_1 - V_3) = V_3 - V_2 \\ &= p_1 V_1 \left(\frac{1}{p_3} - \frac{1}{p_2} \right) = p_1 V_1 \frac{(p_2 - p_3)}{p_2 p_3} \end{aligned} \tag{7.3}$$

이고, 폴리트로프 변화인 경우는

$$\begin{aligned} V &= V_2' - V_3' = (V_1 - V_2) - (V_1 - V_3) = V_3 - V_2 \\ &= p_1^{\frac{1}{n}} V_1 \left\{ \left(\frac{1}{p_3} \right)^{\frac{1}{n}} - \left(\frac{1}{p_2} \right)^{\frac{1}{n}} \right\} \\ &= \left(\frac{p_1}{p_2} \right)^{\frac{1}{n}} V_1 \left\{ \left(\frac{p_2}{p_3} \right)^{\frac{1}{n}} - 1 \right\} \end{aligned} \tag{7.4}$$

이다. p_1은 초기 기체 봉입압력(예압), p_2는 최고 작동압력(회로 최대압력인 릴리이프 설정압력), p_3는 최저 작동압력(액추에이터가 작동 가능한 최저 필요압력), V_1은 축압기의 전용량[L], V_2는 p_2에서 기체용량, V_3는 p_3에서 기체용량, V는 액추에이터에서 필요한 송출유량이다.

블래더형과 피스톤형을 에너지 축적용으로 사용할 때, 축압기 용량은 작업속도에 따라 봉입 기체를 단열변화로 취급하여야 하지만 통상 등온변화로 고려하여도 좋다.

피스톤형의 장점은 초기 기체 봉입 압력을 최저 작동압력에 가깝게 할 수 있지만, 일반적으로 $p_1 = (0.85 \sim 0.95) \times p_3$ 정도이다. 블래더형은 $p_1 = (0.60 \sim 0.85) \times p_3$ 정도이다. 유압용 블래더형 축압기는 최고 사용압력 105 kg_f/cm^2(10.3 MPa)과 210 kg_f/cm^2 (20.6 MPa)에서 축압기의 호칭 용량[L]을 다음과 같이 정하고 있다.

0.1, 0.3, 0.5, 1, 3, 5, 10, 20, 40, 60

[예제 7.1] 다이케스팅기에서 피스톤형 축압기의 필요 송출유량을 20 L, 최고 작동압력 21 MPa, 최저 작동압력 13 MPa로 할 때 다음을 구하라. 단, 폴리트로프 지수는 1.3이다.

(1) 축압기의 초기 기체 봉입 압력

(2) 축압기 용량

[풀이] (1) $p_1 = 0.9 p_3$로 하면, $p_1 = 0.9 \times 13 = 11.7$ MPa

(2) 등온변화의 경우, 식 (7.3)에서

$$V_1 = V \frac{p_2 p_3}{p_1 (p_2 - p_3)} = \frac{20 \times 21 \times 13}{11.7 \times (21 - 13)} = 58.3 \text{ L}$$

폴리트로프 변화의 경우, 식 (7.4)에서

$$V_1 = V \frac{1}{\left\{ \left(\frac{p_2}{p_3} \right)^{\frac{1}{n}} - 1 \right\}} \left(\frac{p_2}{p_1} \right)^{\frac{1}{n}} = \frac{20}{\left\{ \left(\frac{21}{13} \right)^{\frac{1}{1.3}} - 1 \right\}} \times \left(\frac{21}{11.7} \right)^{\frac{1}{1.3}} = 70.3 \text{ L}$$

따라서 40 L용 2개가 필요하다.

7.2 필터

유압시스템은 항상 청결하여야 한다. 사용시간이 경과함에 따라 각각의 작동부분에서 마찰에 따른 금속 조각, 찌꺼기, 외부에서 침입한 먼지, 미세한 모래 등으로 작동유가 오염되는데 이것은 펌프, 제어밸브, 액추에이터 등을 마모나 손상시킨다. 이러한 오염물질을 제거하는 부품이 필터(filter)이며, 오일 탱크용과 관로용이 있고 각각 흡입관로, 압력관로, 복귀관로에 설치한다.

[1] 오일탱크용 필터

(1) 케이스 없는 스트레이너 필터

그림 7.3 (a)와 같이 필터를 오일탱크 속에 넣어 사용하며, 경합금제의 코어(core) 주위에 알루미늄이나 스테인리스 노치 와이어를 감은 여과기이다. 통상 여과 정밀도는 105 μm(150 메시)이다. 정격유량이 흐를 때 필터에서 생기는 저항이 50 mmHg 이하가 되도록 여과면적을 가지도록 한다. 노치 와이어 대신에 황동제의 금속망을 사용하기도 한다.

(2) 케이스 부착형 필터

그림 7.3 (b)와 같이 필터 엘리먼트(element)를 케이스 속에 삽입한 것으로서, 엘리먼트에 먼지 등에 의한 눈막힘 등을 점검하는 것이 용이하다. 엘리먼트의 눈막힘 정도를 외부에서 확인할 수 있도록 지시기(indicator)를 부착한 것도 있다.

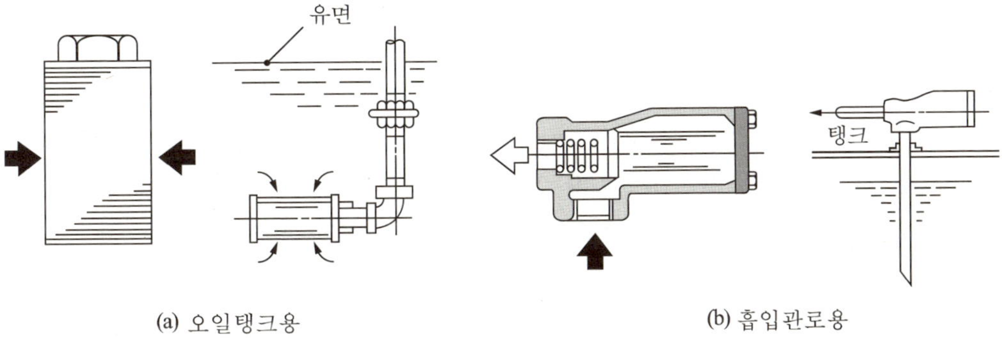

그림 7.3 탱크용 필터

[2] 관로용 필터

오일탱크용 필터는 유압펌프의 흡입저항 등을 고려하여 여과 정밀도를 조밀하게 할 수 없다. 이것을 보완한 것이 관로용 필터(line filter)이다. 관로용 필터는 배관 속의 작동유에 포함된 먼지 등을 제거하여 청정한 작동유를 유지할 목적으로 사용한다.

엘리먼트는 노치 와이어, 금속망, 소결 금속, 종이 등을 사용하며, 일반 산업용 유압장치에서 전기·유압 서보시스템까지 사용조건에 따라 설정한다.

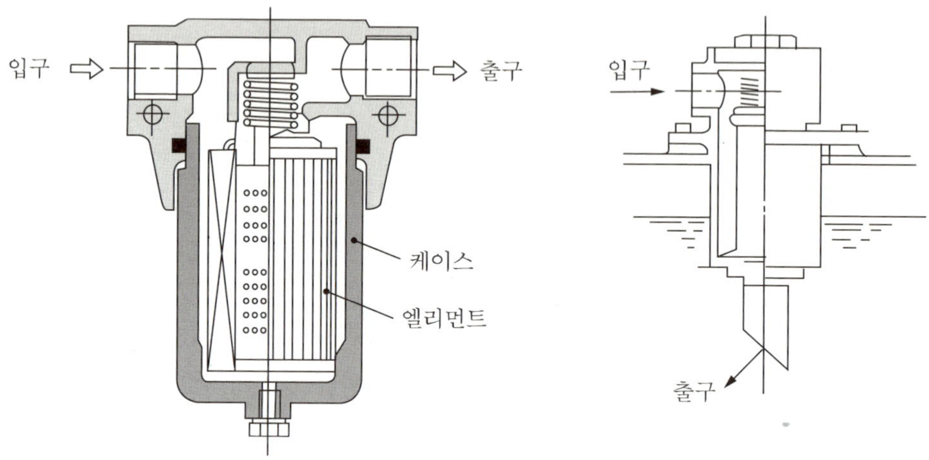

(a) 압력관로용 (b) 복귀관로용

그림 7.4 관로용 필터

[3] 엘리먼트의 여과재

엘리먼트 여과재는 여과지, 노치 와이어, 금속망, 소결금속 등이 있다. 표 7.2, 표 7.3은 이러한 여과재, 여과 정밀도, 메시, 공간율을 나타낸다.

메시(mesh)는 가로 × 세로 1인치(2.54 cm)의 길이 사이에 포함된 망 눈의 수를 표시한 것으로써 연마재나 주물사의 입도를 나타내는데 사용한다. 100메시는 가로 × 세로 1인치 길이 속에 100개 망의 눈이 있으며, 선 지름 0.111 mm를 사용하면 공간은 25.4 − 0.111 × 100 = 14.3 mm이다. 따라서 선과 선 사이의 간극은 14.3/100 = 0.143 mm로 된다.

표 7.2 여과재와 여과 정밀도

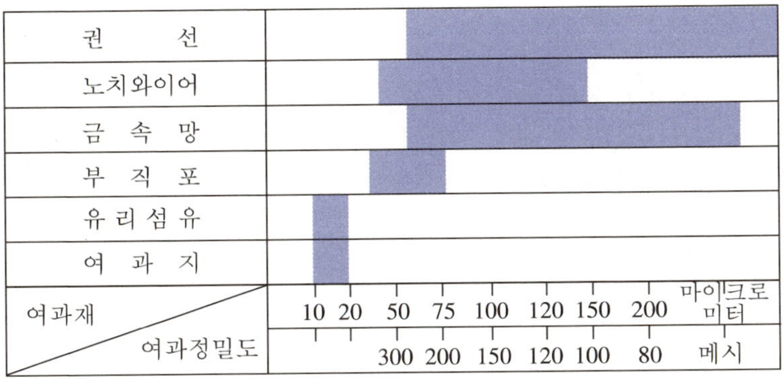

표 7.3 메시와 공간율

메시 번호	선 번호 SWG	선 지름 [mm]	간극 [mm]	공간율 [%]
40	35	0.213	0.421	44.1
50	36	0.193	0.315	38.4
60	37	0.172	0.250	35.3
70	38	0.152	0.210	33.8
80	39	0.132	0.185	34.1
90	40	0.121	0.160	32.1
100	41	0.111	0.143	31.4
110	42	0.101	0.129	31.5
120	43	0.091	0.120	31.8
130	44	0.081	0.114	34.2
140	45	0.071	0.110	36.2
150	45.5	0.066	0.103	37.2
160	46	0.061	0.097	37.0
180	47	0.050	0.090	42.0
200	47	0.050	0.076	36.0
250	48	0.040	0.061	36.0

(주) SWG 기준의 메시는 금속망에 많이 사용되는 것을 나타낸다.

7.3 유냉각기

작동유의 운전온도는 다음과 같은 온도범위 값을 척도로 하기 때문에 오일탱크 속에 작동유 온도가 55℃를 넘으면 일반적으로 유냉각기(oil cooler)를 사용한다.

- 위험 최저 온도 0～15℃
- 통상 시동 온도 15～30℃
- 통상 작업 온도 30～70℃ (최적온도 35～55℃)
- 한계 작업 온도 70～80℃
- 위험 최고 온도 80～120℃

작동유의 온도가 55℃ 이상이 되면 시간 경과에 따라 작동유가 열화(산화)될 뿐만 아니라 패킹류(packing)의 노화와 유압펌프, 유압모터의 마모에 따른 수명저하를 초래한다.

이와 같이 작동유가 가진 열을 교환하여 적정한 온도범위를 가지도록 한 부속기기가 열교환기(heat exchanger)이지만, 일반적으로 유냉각기(oil cooler)를 사용한다.

유냉각기는 수냉식과 공랭식이 있다. 그림 7.5의 수냉식은 본체 내부에 전열관(냉각관)이 있고, 그 주위를 작동유가 순환하여 열을 흡수하며, 전열관에 휜 튜브(fin tube)를 사용하여 열전달률을 향상시킨 것이 있다.

그림 7.6의 공냉식은 냉각수 공급이 어려운 경우나 공작기계 등과 같이 물을 사용하는 것이 곤란한 경우에 사용한다.

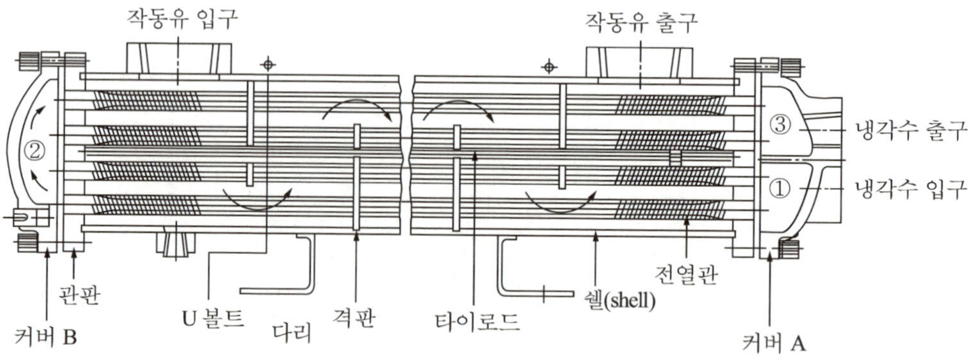

그림 7.5 수냉식 유냉각기

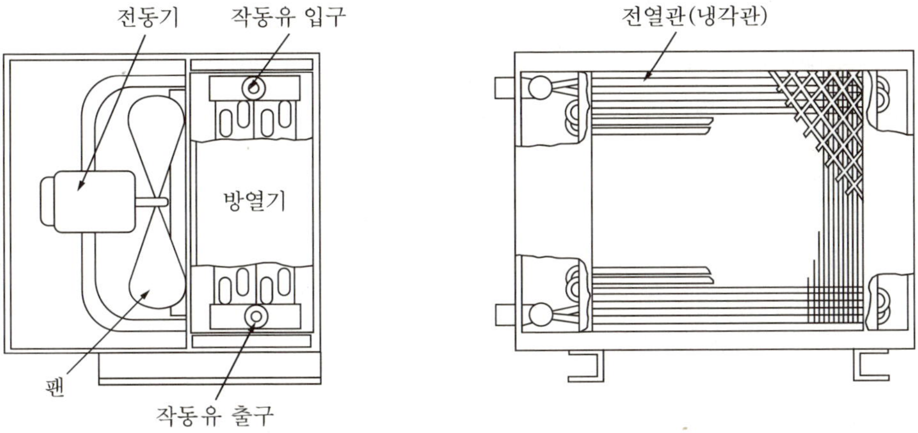

그림 7.6 공냉식 유냉각기

7.4 오일탱크

오일탱크의 목적은 유압장치(유압유닛)를 움직이는데 필요한 작동유를 저장한다.

[1] 오일탱크의 종류

(1) 대기 개방형

오일탱크 속의 공기가 통기구(air breather)를 통하여 대기에 통하는 것이며, 유면의 진동에도 탱크 속의 압력은 대기와 거의 같다. 오일탱크로 가장 많이 사용한다.

(2) 밀폐형

먼지, 수분, 모래 등 작동유의 오염물질 혼입을 막을 목적으로 외기와는 완전히 차단되어 있다. 항공기, 제철소, 건설차량 등 특수한 환경에서 사용한다.

[2] 오일탱크의 구조

그림 7.7의 오일탱크 상판에는 전동기, 유압펌프, 릴리프밸브 등을 설치하여 유압 파워유

닛(power unit)으로 사용한다. 오일탱크는 외부의 오염으로부터 작동유를 보호하거나 복귀되는 작동유를 자연 방열시켜 작동유의 온도를 조절하는 기능도 한다. 일반적으로 오일탱크에 저장하는 작동유 양은 펌프 1분당 송출량의 3~5배 이상으로 한다.

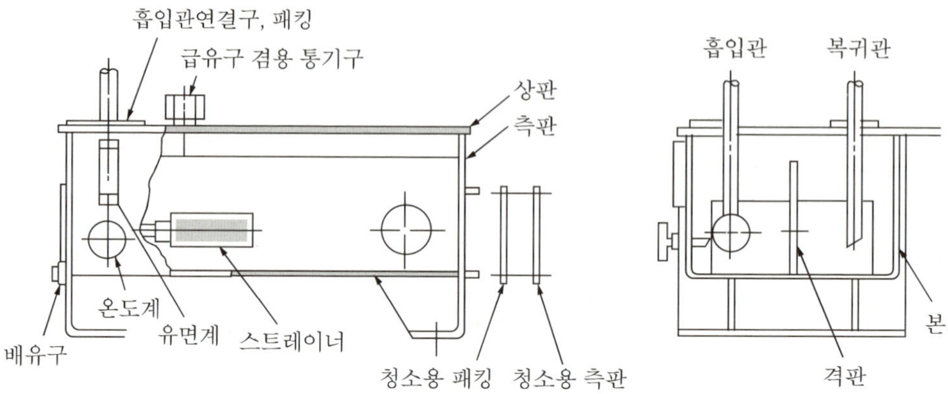

그림 7.7 오일탱크

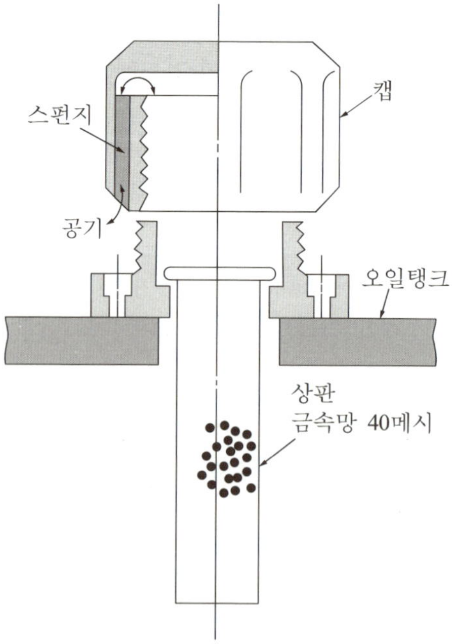

그림 7.8 필터부착형 급유구 겸용 통기구

오일탱크의 구비조건은 다음과 같다.

① 작동유 속에 이물질 침전을 촉진시킬 수 있도록 격판(baffle plate)을 길이방향 중앙에 설치하여 흡입관과 복귀관을 분리시키고 관 끝부분은 유면 밑에 잠기도록 한다.
② 오일탱크 속의 공기압을 대기압으로 유지하도록 탱크 상판에 통기구(air breather)를 설치하고, 또 내부로 먼지 등이 들어가지 않도록 통기구, 급유구에 필터를 설치한다.
③ 유면을 점검할 수 있도록 유면계와 작동유의 온도 점검을 위한 온도계를 부착한다.
④ 오일탱크 내부 표면에 녹이나 물방울이 생기지 않도록 표면을 도장하고, 필터 교환이나 내부청소를 하기 쉬운 구조로 하며, 드레인(수분)을 할 수 있도록 한다.
⑤ 상판은 유압유닛의 설치대로 사용하는 경우가 많기 때문에 강도나 진동대책 등을 고려한다.

7.5 관, 관이음

유압에서 관과 관이음은 인간의 혈관과 같은 역할을 하며, 유압장치의 성능을 충분히 만족하도록 설계하여야 한다.

[1] 탄소강 강관

일반적으로 다음과 같은 탄소강 강관 재료를 사용하지만, 배관용 탄소강(KS D 3507, JIS G3452, SGP)은 기계적 강도 측면에서 저압측, 흡입측에는 그다지 사용하지 않는다.

- 압력 배관용 탄소강 강관(KS D 3562, JIS G 3454, STPG370) : Sch 40용, Sch 80용
- 고압 배관용 탄소강 강관(KS D 3564, JIS G 3455, STS 370) : Sch 160용
- 유압용 25 MPa 끼움식(flareless joint) 관이음용 정밀 탄소강 강관(JIS B 2351) : 끼움식 관이음용
- 유압배관용 정밀 탄소강 강관(JOHS－102, OST2) : 끼움식 관이음용
  주) JOHS : 일본 유공압공업회 유압규격

관(pipe)은 강관 이외에 동관(KS D 5301, JIS H 3300, C 1020T), 배관용 스테인리스강, 강관(KS D 3576, JIS G 3549, SUS 304) 등이 있다. 동관은 파일럿 관로, 드레인 관로 등의 저

압관로에 적합하지만, 석유계 작동유에는 작동유의 산화를 촉진시키므로 사용하지 않는다.

표 7.4와 표 7.5는 이러한 강관의 치수를 나타낸다.

표 7.4 SPP, SPPS, SPPH의 치수

관 종류			SPP	SPPS 380, SPPH 380											
호칭압력 [MPa]			1.6	4.0		6.3		10.0		16.0		25.0		35.5	
안전율			8 이상					6 이상		5 이상		4 이상			
호칭지름 A	호칭지름 B	바깥지름 [mm]	두께 (mm)	두께 (mm)	Sch No	두께 (mm)	Sch No	두께 (mm)	Sch No	두께 (mm)	Sch No	두께 (mm)	Sch No	두께 (mm)	Sch No
8	1/4	13.8												3.0	80
10	3/8	17.3												3.2	80
15	1/2	21.7	2.8			2.8	40					3.7	80	4.7	160
20	3/4	27.2	2.8			2.9	40					3.9	80	5.5	160
25	1	34.0	3.2			3.4	40	4.5	80					6.4	160
32	$1\frac{1}{4}$	42.7	3.5			3.6	40	4.9	80			6.4	160	8.0	※
40	$1\frac{1}{2}$	48.6	3.5			3.7	40	5.1	80			7.1	160	9.0	※
50	2	60.5	3.8	3.9	40			5.5	80			8.7	160	11.2	※
65	$2\frac{1}{2}$	76.3	4.2	5.2	40			7.0	80	9.5	160			14.2	※
80	3	89.1	4.2	5.5	40			7.6	80	11.1	160			16.5	※
90	$3\frac{1}{2}$	101.6	4.2	5.7	40					12.7	160			20.0	※
100	4	114.3	4.5	6.0	40					13.5	160			20.0	※
125	5	139.8	4.5	9.5	80			15.9	160						
130	6	165.2	5.0	11.0	80			18.2	160						

주) ※표시는 특수 두께 강관을 나타낸다.

표 7.5 끼움식 관이음용 정밀 탄소강 강관의 두께

호칭압력 [MPa]	10.0	16.0	25.0	35.5
안전율 / 바깥지름 [mm]	6 이상		4 이상	
6				1.5
10			1.5	2.0
12			2.0	2.5
16	2.0		3.0	
20	2.0	2.5	3.0	
25	2.5		4.0	

[2] 고무호스

고무호스는 내유성, 내압성, 유연성이 있어 많이 사용한다. 굴곡이 자유롭기 때문에 강관으로 고정 배관이 곤란한 장소나 유압유닛을 이동하는 경우에 적합하다.

고무호스는 저압, 중압, 고압용이 있다. 저압용은 단지 고무호스만으로 된 것과 고무관 외부를 피복으로 보강한 것이 있다. 고압용은 내유성과 내열성에 뛰어난 합성고무의 내부관, 강선을 감아 만든 보강층 및 내유성을 가진 외부 합성 고무층으로 되어 있다.

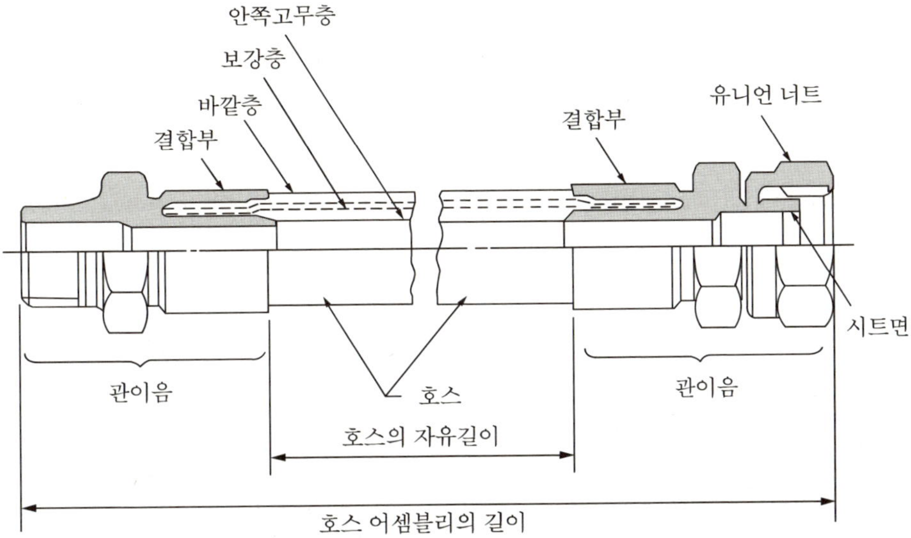

그림 7.9 고무호스

[3] 관 접속 방식

(1) 나사 이음식 배관

강관에 관용 테이퍼 나사를 내어 결합하는 방식이며, 보통 나사 호칭지름 $1\frac{1}{4}$B(32A) 정도까지 중간압력 정도의 배관에 사용한다.

(2) 용접 이음식 배관

호칭지름 1B(25A) 이상의 비교적 고압에서 진동, 충격압이 발생하기 쉬운 경우에 사용한다. 작동유의 누설 측면에서는 가장 좋지만 보수 관리 측면에서는 분리하기가 곤란하다.

(3) 용접 플랜지식 배관

유압장치가 대형화됨에 따라 배관 지름도 커지기 때문에 관 끝에 플랜지(flange)를 용접하여 볼트, 너트로 고정하는 것으로 관의 탈착이 용이하다.

(4) 끼움식 배관

이것은 플레어리스 이음(flareless joint)라고도 하며, 그림 7.11과 같이 슬리브(sleeve)를 끼운 관을 관이음 본체에 밀어 넣고 유니언 너트를 조이면, 슬리브가 본체의 테이퍼 면에 압착되어 관의 바깥지름에 따라 먹혀 들어가면서 슬리브 중앙부분은 굽어져 강력한 스프링 작용을 하게 된다. 관의 고착성과 유밀성이 좋고 진동이나 충격에도 강하다.

(5) 플레어식 배관

관 끝부분을 플레어(flare)가공하여 이 플레어부의 각도에 적합한 이음쇠로 실(seal)한다.

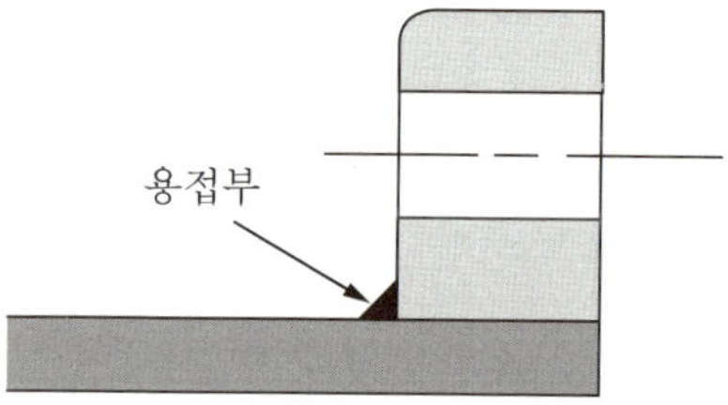

(a) 용접식

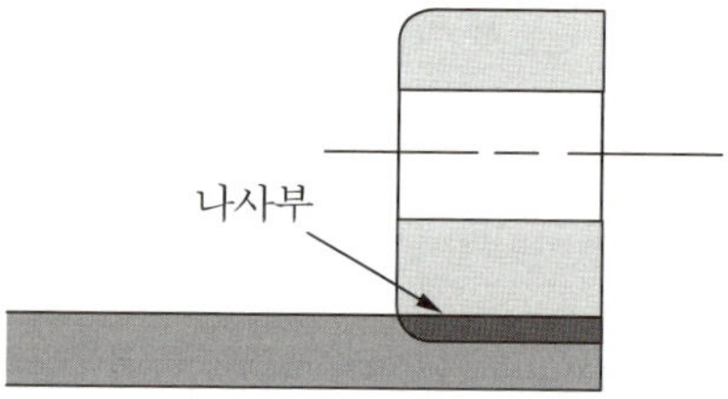

(b) 나사이음식

그림 7.10 플랜지식 배관

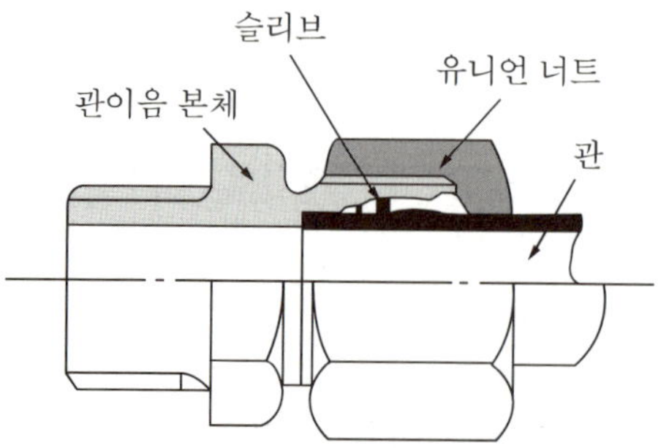

그림 7.11 끼움식 배관

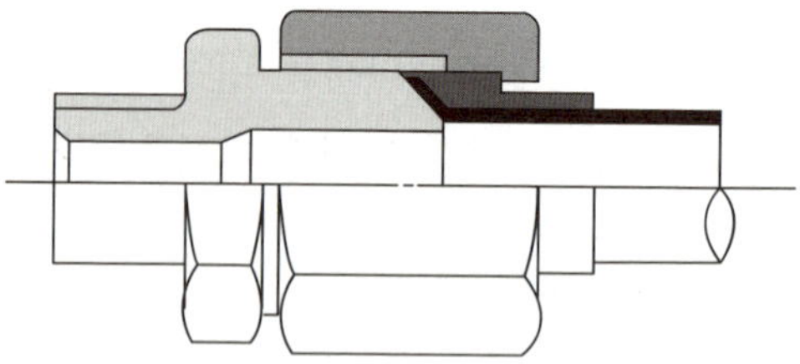

그림 7.12 플레어식 배관

[4] 관이음

(1) 나사식 관이음

스케줄(Sch) 관 용도로는 14~21 MPa용의 단조강 제품이 시판되고 있다. 일반적으로 32A $(1\frac{1}{4}B)$는 21 MPa, 40A$(1\frac{1}{2}B)$ 이상은 14 MPa에 사용된다. 엘보(elbow), T, 크로스(cross), 유니언(union), 니플(nipple), 부시(bush), 플러그(plug) 등이 있다.

(2) 용접식 관이음

맞대기형과 끼워 맞춤형이 있으며, 유압용은 Sch 번호를 대상으로 한다. 관 플랜지형 이음은 KS B 1503 (JIS B 2291)에 규정되어 있고, 내압력은 21 MPa이다. 실은 O링 등으로 4개의 볼트로 체결한다.

(3) 끼움식 관이음

대표적인 것은 슬리브 형상에 따라 선단을 끼워 넣는 것(Ermeto식)과 슬리브 전체에 톱날 치형의 동심원 홈을 판 형식이 있다.

(4) 플레어식 관이음

유압용은 각도 30°인 것을 가장 많이 사용한다.

T, 엘보, 크로스 등이 있다.

(5) 스위블 관이음(swivel joint)

이것은 회전하거나 요동하는 배관계의 관이음이며, 100 MPa과 같이 초고압을 견디는 것도 있다. 회전을 필요로 하는 배관계, 2차원, 3차원 운동을 필요로 하는 배관계에 사용한다.

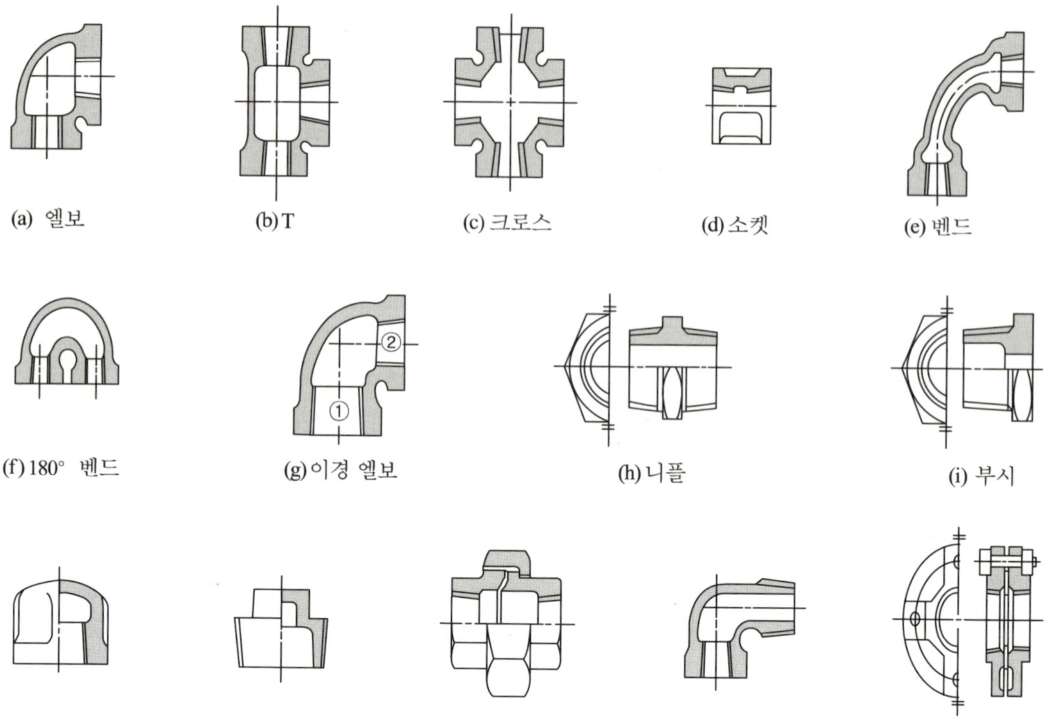

(a) 엘보 (b) T (c) 크로스 (d) 소켓 (e) 벤드
(f) 180° 벤드 (g) 이경 엘보 (h) 니플 (i) 부시
(j) 캡 (k) 플러그 (l) 유니언 (m) 암수 엘보 (n) 조립 플랜지

그림 7.13 나사 이음식 가단주철제 관이음

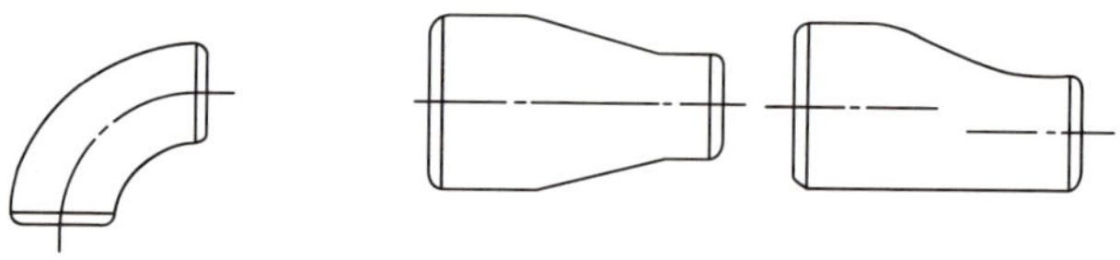

(a) 90° 엘보 (b) 리듀서(동심, 편심)

그림 7.14 맞대기 용접식 강관제 관이음

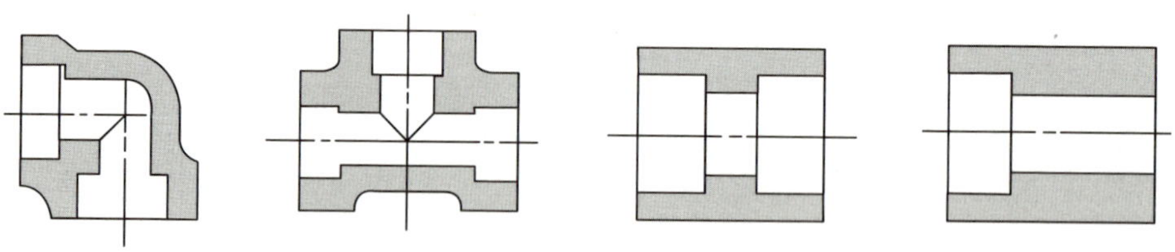

(a) 엘보 (b) T (c) 완전 커플링 (d) 반 커플링

그림 7.15 끼워 맞춤 용접식 관이음

[5] 배관의 선정

관 속을 흐르는 작동유의 속도분포는 그림 2.9와 같이 관 중앙부에서는 속도가 빠르고 벽면 쪽으로 갈수록 점성마찰 때문에 늦어진다. 이 때문에 관 안지름은 평균속도를 기준으로 하여 다음 식으로 계산한다. 평균유속(이하 유속이라 한다)은 석유계 작동유의 경우, 추천된 점도범위에서 다음 범위를 척도로 한다.

- 흡입 배관 0.6～1.3 m/s
- 압력 배관 2～4.5 m/s
- 복귀 배관 1.5～4 m/s

관 속을 흐르는 작동유의 유량은 연속방정식 $Q = A \cdot V$에서

$$d = 8.16\sqrt{\frac{Q}{\pi v}} \tag{7.5}$$

이고, d는 관 안지름[mm], Q는 유량[L/min], v는 평균유속[m/s]이다.

관 두께는 밸브를 전환할 때와 같이 서지압력(surge pressure)이 발생하여 2～4배의 순간적인 충격압력이 일어나기도 한다. 또 열팽창이나 포트의 탄성 처짐, 취급 부주의에 따른 기계적 응력도 발생한다. 이러한 것을 고려하여 배관의 안전율은

- 재료의 인장강도에 대해 : 5～8
- 재료의 항복점에 대해 : 3～5

의 값을 사용한다.

관 두께는 보통 Barlow의 식을 사용하여 구한다.

$$t = \frac{pd}{2\sigma_a} \tag{7.6}$$

$$\sigma_a = \frac{\sigma_B}{S}$$

식에서 t는 관 두께[mm], p는 사용압력[MPa], σ_a는 허용 인장응력[MPa], σ_B는 극한강도(인장강도)[MPa], S는 안전율이다.

관이 SPPS, SPP일 때는 다음 식에서 스케줄 번호(Schedule number : Sch No.)를 구하여

표 7.4에서 관의 호칭두께를 결정한다.

$$\text{Sch No.} = \frac{p}{\sigma_a} \times 1000 \tag{7.7}$$

식에서 σ_a는 허용인장응력 또는 항복점의 60% 응력[MPa]을 나타낸다.

표 7.6은 배관용 탄소강 강관, 압력 배관용 탄소강 강관의 기계적 성질을 나타낸다.

표 7.6 SPP, SPPS의 기계적 성질

관 종류	재료기호	인장강도 [MPa]	항복점 [MPa]	허용인장응력 [MPa]
배관용 탄소강 강관	SPP	290 이상		
압력배관용 탄소강 강관	SPPS 380	370 이상	215 이상	130
	SPPS 420	410 이상	245 이상	147

그림 7.16은 유압용 배관에서 많이 사용하는 스케줄번호 40, 80, 160에 대한 관 두께의 상대적인 변화를 나타내며, 관 호칭 치수에서 바깥지름은 변하지 않는다. 따라서 주어진 호칭 치수에서 스케줄 번호가 클수록 관 두께가 두꺼워진다.

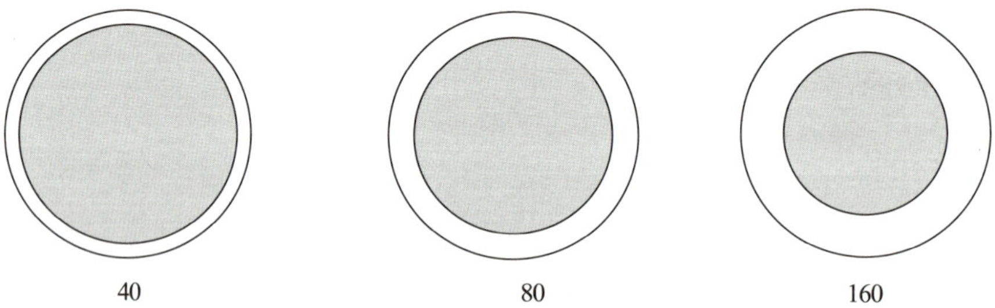

그림 7.16 스케줄 번호가 40, 80, 160인 관의 두께 변화

[예제 7.2] 압력 10 MPa, 유량 0.0022 m^3/s로 작동유를 공급하는 압력용 배관의 크기를 구하라. 관은 SPPS 380의 강관이고, 유속은 3 m/s이다.

[풀이] $p = 10$ MPa, $Q = 0.0022\times1000\times60 = 132$ L/min, $v = 3$ m/s이므로,

관 안지름 d는 식 (7.5)에서

$$d = 8.16\sqrt{\frac{Q}{\pi V}} = 8.16\sqrt{\frac{132}{\pi\times3}} = 30.54\ \mathrm{mm}$$

표 7.6에서 $\sigma_a = 130$ MPa로 하면, 식 (7.7)에서

$$\text{Sch No.} = \frac{p}{\sigma_a}\times1000 = \frac{10}{130}\times1000 = 76.9 \rightarrow 80$$

안지름 30.5 mm, Sch No. 80에 적합한 관은 32A($1\frac{1}{4}$B)로 선정하면

$$d = D-2t = 42.7-2\times4.9 = 32.9\ \mathrm{mm} > 30.5\ \mathrm{mm}$$

로 되므로 관 호칭지름은 $1\frac{1}{4}$B, Sch No. 80으로 한다.

연습문제

7.1 최저 작동압력 4 MPa, 최고 작동압력 7 MPa, 블래더형 축압기의 용량 10 L에서 방출 부피를 구하라. 초기 기체 봉입압력을 최저 작동압력 75%, 폴리트로프 지수 $n = 1.3$으로 한다.

[답] 등온변화 3.2 L, 폴리트로프 변화 2.8 L

7.2 축압기 용량 20 L, 초기 기체 봉입압력 3.5 MPa, 최고 작동 기체압력 21 MPa, 최저 작동 기체압력 7 MPa일 때 방출 부피를 등온변화와 폴리트로프 변화 $(n = 1.3)$에서 구하라.

[답] 등온변화 6.67 L, 폴리트로프 변화 6.69 L

7.3 축압기 용량 10 L를 서서히 축압하고, 급속하게 방출할 때 방출 부피를 구하라. 단, 작동조건에서 초기 기체 봉입압력을 최저 작동 기체압력의 80%로 하고, 최고 작동 기체압력 11 MPa, 최저 작동 기체압력 7.35 MPa, 폴리트로프 지수 $n = 1.3$이다. $p_1 = 0.8p_3$

[답] 등온변화 2.65 L, 폴리트로프 변화 2.25 L

7.4 압력 4 MPa, 유량 100 L/min, 유속 3 m/s로 작동유를 이송하는 압력용 배관을 선정하라. 관 재료는 압력배관용 탄소강 강관 SPPS 380, 허용 인장응력 130 MPa이다.

[답] 호칭지름 25A, Sch No. 40

7.5 압력 5 MPa, 유량 120 L/min, 유속 3m/s로 작동유를 수송하는 배관을 선정하고, 안전성을 검토하라. 관 재료는 압력배관용 탄소강 강관 SPPS 380, 허용 인장응력 130 MPa이다.

[답] 호칭지름 32A$\left(1\frac{1}{4}\right)$B, Sch 40, $p = 26.4$ MPa > 5 MPa이므로 안전

제 8 장

유압회로 구성과 설계

▎학습목표 ▎

1. 유압부품의 그림기호를 이해하고, 유압회로도를 설명할 수 있다.
2. 릴리프밸브를 이용한 압력제어회로를 구성할 수 있다.
3. 유량제어밸브를 이용하여 액추에이터의 속도제어회로를 구성할 수 있다.
4. 유압제어밸브를 적절히 선정하여 부하의 정지 위치 유지회로를 구성할 수 있다.
5. 유압제어밸브의 특성을 활용하여 중량물 자중낙하 방지회로를 구성할 수 있다.
6. 대용량 부하의 급발진, 급정지에서 완충회로를 구성할 수 있다.
7. 리프트제어, 증압회로, 증속회로를 구성할 수 있다.
8. 감압회로, 액추에이터 작동순서 제어를 구성할 수 있다.
9. 비례제어밸브를 활용한 유압회로를 구성할 수 있다.
10. 유압회로에 요구되는 설계사양을 이해하여, 유압부품 선정 및 유압회로를 설계할 수 있다.

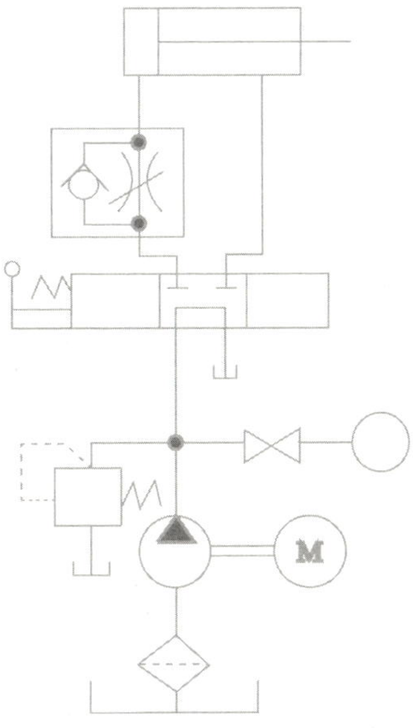

유압장치는 다양한 기계의 동력전달장치로 사용한다. 기계의 용도가 다르면 그것에 사용하는 유압회로도 당연히 달라진다. 따라서 실제 산업현장에서 응용되는 유압회로는 사용목적에 따라 다양하다. 그러나 많은 응용 유압회로에도 회로 구성에서 공통적인 부분이 상당히 많다. 이러한 공통이 되는 기본적인 회로를 기본 유압회로라 한다.

기본 유압회로를 이해하는 것은 응용 유압회로를 이해하고, 또 유압회로를 계획하고 설계하는 데 중요하다. 이 장에서는 기본 유압회로를 제어기능에 기초하여 분류하고, 각각의 대표적인 회로를 설명한다. 끝으로 평면 연삭기 유압회로의 설계에 대해 설명한다.

8.1 유압용 그림기호와 기본 유압회로

유압기기와 유압시스템을 나타내는 그림기호는 유압 및 공기압용 그림기호(KS B 0054)에 규정되어 있다. 유압용(공기압용) 그림기호는 누가 보아도 같은 내용으로 이해하는 공통의 유압(공기압) 언어이다. 또 유압 및 공기압 용어는 KS B 0120 - 1996에 규정되어 있다. 유압회로도는 여러 가지 유압기기를 조합한 유압시스템의 작동과 구조를 그림기호로 표시한 것이다.

표 8.1~8.3은 KS 규격의 일부를 나타낸다.

표 8.1 유압 및 공기압용 그림기호 : KS B 0054 - 1987, JIS B 0125 - 1984에서 발췌

명 칭		기 호	명 칭		기 호
관로	주관로		압력제어밸브	릴리프밸브 (직동형 또는 일반기호)	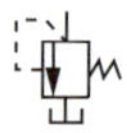
	파일럿 조작관로			감압밸브 (직동형 또는 일반기호)	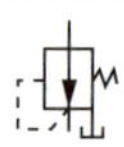
	드레인관로			파일럿 조작형 릴리프밸브 (간략 기호)	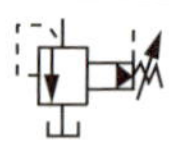
	접속			파일럿 조작형 감압밸브	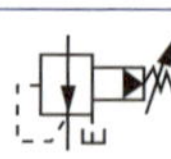
	교차	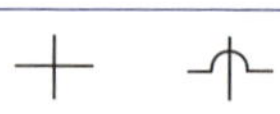		비례전자식 릴리프밸브 (파일럿 조작형)	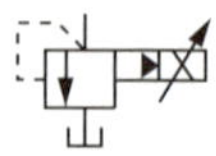
	휨관				
	흐름방향				

표 8.1 (계속)

명 칭		기 호
탱크	관 끝단을 액체 안에 넣지 않은 경우	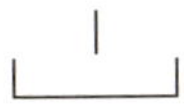
탱크	관 끝단을 액체 중에 넣는 경우	
유압펌프·유압모터	정 용량형 펌프 (1방향 회전형)	
유압펌프·유압모터	가변 용량형 펌프 (1방향 회전형)	
유압펌프·유압모터	정 용량형 펌프 모터 (1방향 회전형)	
유압펌프·유압모터	가변 용량형 펌프 모터 (입력조작 2방향 회전)	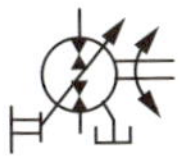
유압펌프·유압모터	요동형 액추에이터 (2방향 회전형)	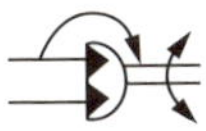
유압실린더	단동실린더 (편로드형, 압출형)	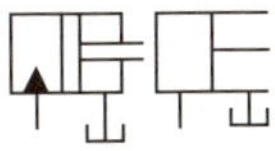
유압실린더	복동실린더 (1) 편로드형 (2) 양로드형	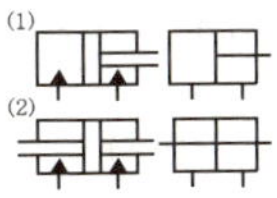
유압실린더	복동실린더(완충장치부착형, 피스톤 면적비 2 : 1)	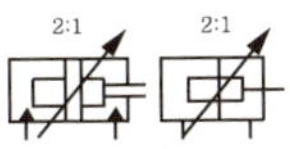
유압실린더	복동텔레스코프형 실린더	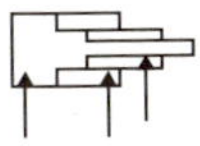

명 칭		기 호
압력제어밸브	비례전자식릴리프감압밸브 (파일럿 조작형)	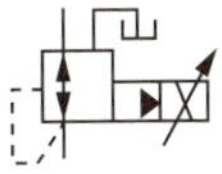
압력제어밸브	시퀀스밸브 (직동형 또는 일반기호)	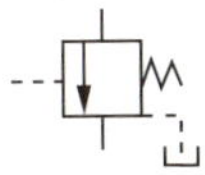
압력제어밸브	파일럿 조작형 시퀀스밸브	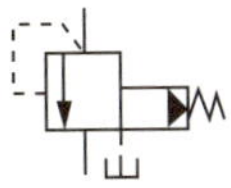
압력제어밸브	무부하밸브	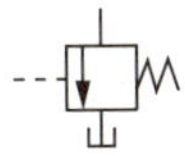
압력제어밸브	카운터밸런스밸브	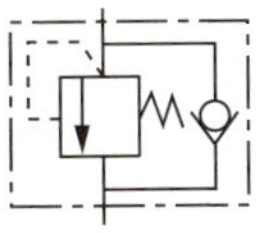
유량제어밸브	고정조리개	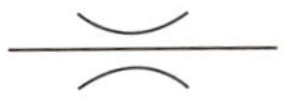
유량제어밸브	가변교축밸브	
유량제어밸브	스톱밸브	
유량제어밸브	감속밸브	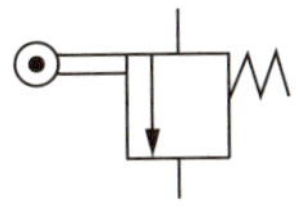

표 8.2 유압 및 공기압용 그림기호 : KS B 0054-1987, JIS B 0125-1984에서 발췌

	명 칭	기 호
유량제어밸브	유량조정밸브	
	유량조정밸브 (온도보상형)	
	체크밸브 부착 유량조정밸브	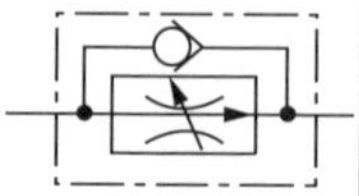
	분류밸브	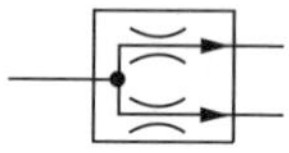
	집류밸브	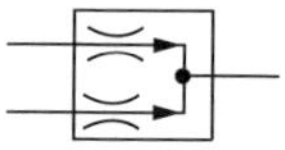
체크밸브·셔틀밸브	체크밸브 (1) 스프링 없음 (2) 스프링 있음	(1) (2) 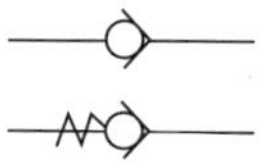
	파일럿 조작형 체크밸브 (1) 스프링 없음 (2) 스프링 있음	(1) (2) 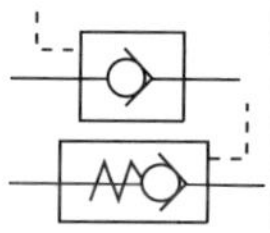
	고압우선형 셔틀밸브	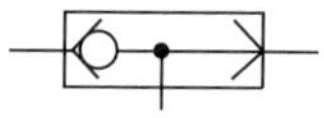
	저압우선형 셔틀밸브	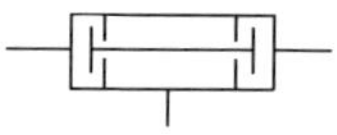
방향전환밸브	2포트 수동2전환밸브 2위치 폐쇄밸브	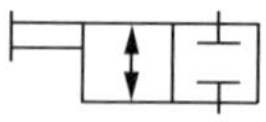
	3포트 전자전환밸브 2위치 1과도위치 전자조작스프링 복귀	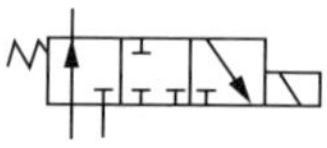
	5포트 파일럿전환밸브 2위치, 2방향파일럿 조작	
	4포트 전자 파일럿 전환 밸브 3위치 전자조작(양쪽 솔레노이드)	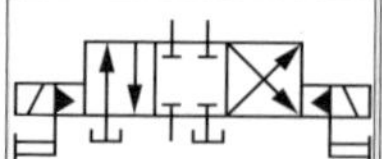
	서보밸브	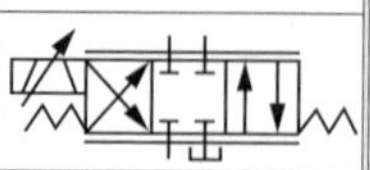
방향전환밸브	4포트 조리개 전환밸브 (1) 중립위치 : 부중합 (2) 중립위치 : 과중합 3위치 스프링센터 무단계 중간위치	(1) (2) 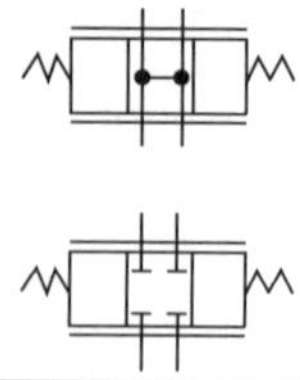
조작기구	로드 2방향 조작	
	회전축 2방향 조작	
	멈춤쇠(detent) 2방향 조작	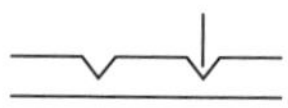
수동조작방식	수동조작 일반기호	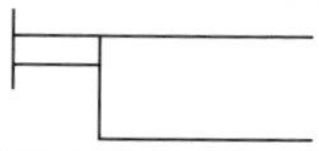
	누름버튼 1방향 조작	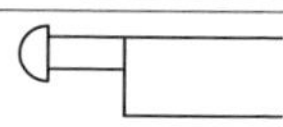
	당김버튼 1방향 조작	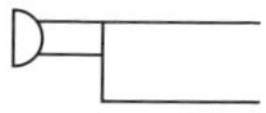
	누름당김버튼 2방향 조작	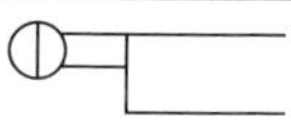
	레버 2방향 조작 (회전운동 포함)	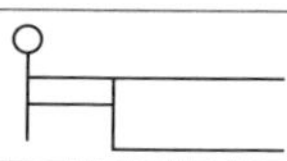
	페달 1방향 조작 (회전운동 포함)	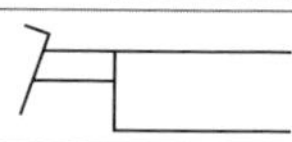
	양방향 페달 2방향 조작 (회전운동 포함)	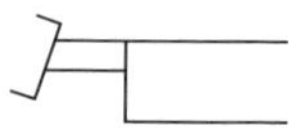
기계조작방식	플런저 1방향 조작	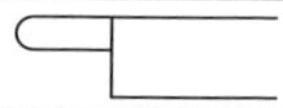
	가변행정제한기 2방향 조작	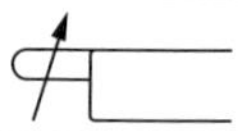
	스프링 1방향 조작	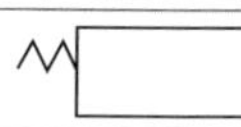
	롤러 2방향 조작	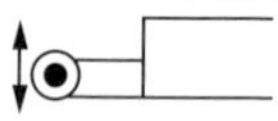
	한쪽 자동 롤러 1방향 조작	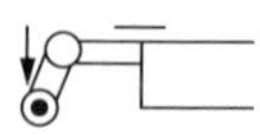

표 8.3 유압 및 공기압용 그림기호 : KS B 0054-1987, JIS B 0125-1984에서 발췌

명 칭		기 호
전기조작방식	직동형 전기액추에이터 단동솔레노이드(1방향 조작)	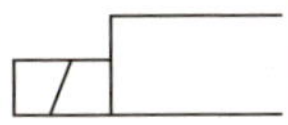
	복동솔레노이드 (2방향 조작)	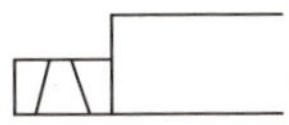
	단동가변식전자액추에이터, 비례솔레노이드, force 모터 등	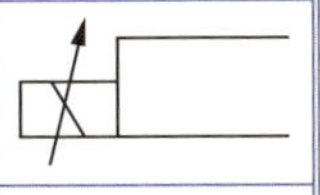
	복동가변식전자액추에이터, 토크모터 등	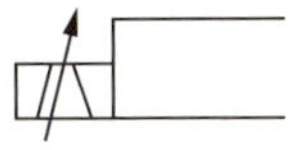
	회전형전기액추에이터 2방향조작전동기	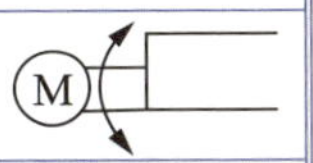
직접파일럿조작방식	파일럿조작 직접파일럿조작	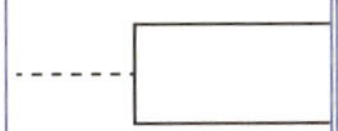
	파일럿조작 내부 파일럿	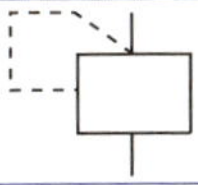
	파일럿조작 외부 파일럿	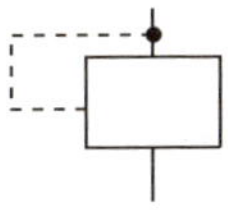
간접파일럿조작방식	압력을 가하여 조작 유압 파일럿	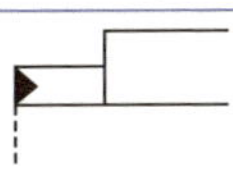
	압력을 가하여 조작 전자·유압파일럿	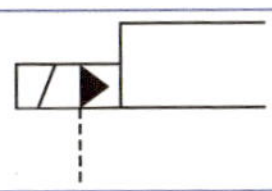
	압력을 빼내어 조작 유압파일럿	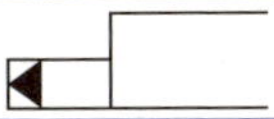
	전자·유압 파일럿	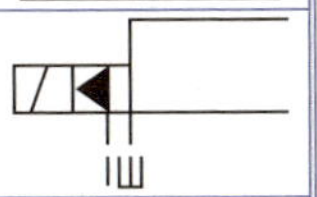
	파일럿 작동형 압력 제어밸브	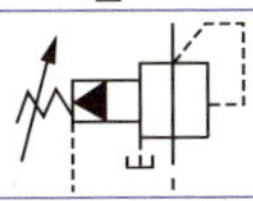
	파일럿 작동형 비례전자식압력제어밸브	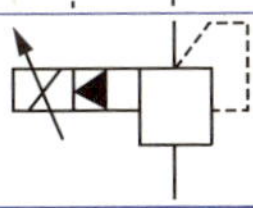

명 칭		기 호
부속기기	오일탱크(통기식) (1) 관 끝단을 액체 중에 넣지 않는 경우 (2) 관 끝단을 액체 중에 넣고, 통기용 필터가 있는 경우 (3) 관 끝단을 밑에 접속한 경우 (4) 국소 표시기호	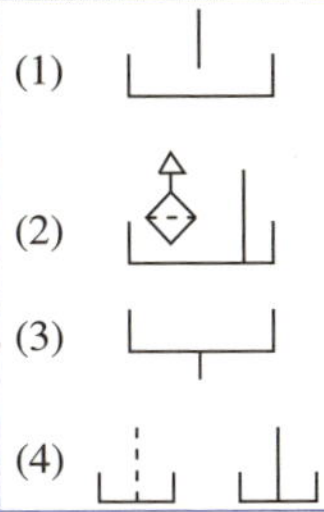
	필터 일반기호	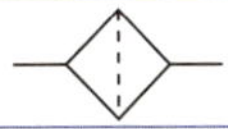
	드레인배출기 수동조작	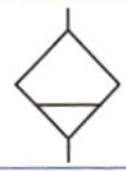
	유냉각기	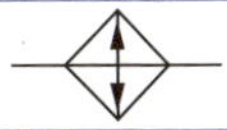
	유가열기	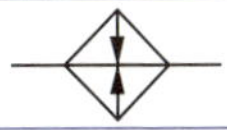
	온도조절기 가열 및 냉각	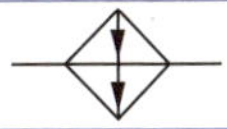
	축압기 (1) 일반기호 (2) 기체식	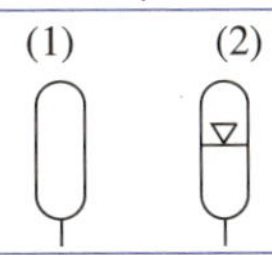
	압력계	
	압력스위치	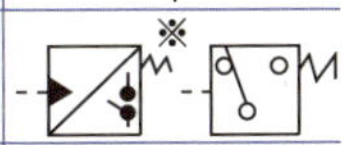
	리밋스위치	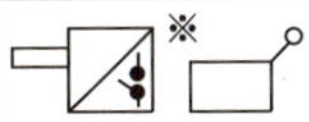
동력원·기타	유압(동력)원	
	공기압(동력)원	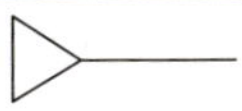
	전동기	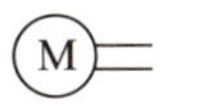
	원동기(전동기 제외)	
	증압기 단동형 압력비 1 : 2 2종 유체용	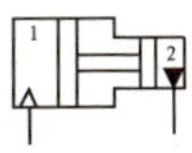

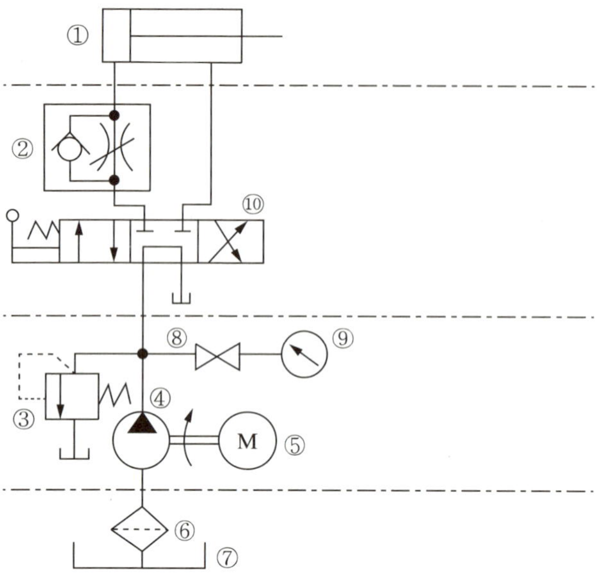

번호	명칭
①	유압실린더
②	유량제어밸브(교축밸브)
③	압력제어밸브(릴리프밸브)
④	유압펌프
⑤	전동기
⑥	유압필터
⑦	오일탱크
⑧	스톱밸브
⑨	압력계
⑩	방향전환밸브

그림 8.1 유압회로도 예시 및 기본 구성

그림 8.1은 수동조작 방향전환밸브(4포트, 3위치)로 작동유의 흐름방향을 바꾸어 유압실린더를 전진과 후진하는 유압회로도이며, 크게 네 부분으로 구성되어 있다.

① 액추에이터 : 유압실린더
② 액추에이터 제어회로 : 유량제어밸브, 방향전환밸브 등
③ 동력발생회로 : 유압펌프, 릴리프밸브(압력설정), 전동기 등
④ 작동유 제어회로 : 오일탱크, 유압필터 등

또 유압을 이용하는 방법에 따라 구분하면 다음과 같다.

① 정적인 힘을 이용 : 힘의 전달을 주목적으로 하는 경우이며, 파스칼의 원리를 이용한 유압잭 등
② 동적인 힘을 이용 : 동력 전달을 주목적으로 하는 경우이며, 유압실린더, 유압펌프, 각종 제어밸브 등을 사용한 유압장치

이와 같이 유압장치는 동력전달에 사용되고, 사용목적에 따라 시스템 구성도 다양하다. 이러한 유압응용회로에는 회로 구성상 공통부분이 있으며, 이것을 기본 유압회로라 한다. 여기서는 몇 가지 기본 유압회로를 다룬다.

8.2 릴리프밸브를 이용한 압력제어 회로

[1] 릴리프밸브를 이용한 최대 압력제어

일정 용량형 유압펌프는 작동유의 송출측이 차단되어도 일정량의 유량을 계속 송출하기 때문에 유압회로의 압력이 상승하여 위험하게 된다. 이 때 일정한 압력 이상으로 높아지지 않도록 안전회로를 둘 필요가 있다.

그림 8.2의 유압회로에서 유압펌프는 일정 용량형을 사용하고, 솔레노이드 SOL－a에 전류가 흐르면 유압실린더는 전진하고, 솔레노이드 SOL－b로 전류가 흐르면 후진한다. 솔레노이드에 전류가 흐르지 않을 때는 중립위치에서 정지하고, 유압회로는 차단된다. 그림에서 ①과 같이 실린더가 전진할 때나 후진할 때는 펌프에서 유압회로로 작동유가 흐르고, 송출압력 p_o는 실린더를 움직이는 데 필요한 압력(작동압력)과 실린더까지 고압유 유동에 따른 배관저항의 압력손실을 더한 압력으로 작동한다. 실린더가 움직일 때는 작동유가 흐르기 때문에 회로압력은 낮은 상태에서 작동한다.

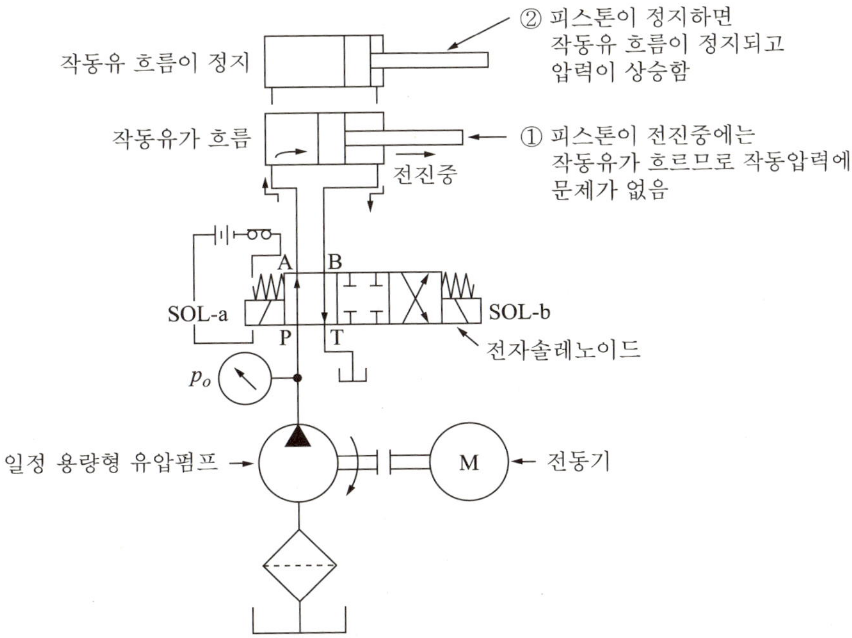

그림 8.2 일정 용량형 펌프의 잘못된 유압회로 예시

그러나 그림에서 ②와 같이 실린더의 전진과 후진의 끝단에서 정지할 때나 그림 8.3과 같이 방향전환밸브의 중립위치에서 펌프포트가 막혀 실린더가 정지한 상태에서는 펌프에서 송출된 작동유가 회로 속을 흐르지 못한다. 한편 일정 용량형 펌프는 압력이 높아져도 일정 유량을 계속 송출하기 때문에 펌프가 정지하지 않는 이상 펌프 송출압력 p_o는 계속 상승하여, 배관이나 회로 구성 부품의 취약한 부분에서 작동유가 세거나 파손된다. 이와 같이 유압회로에서 비정상적으로 압력이 높아지는 것을 방지하는 하기 위해 릴리프밸브를 사용한다. 일반적으로 일정 용량형 펌프에서는 작동유의 흐름이 막혀 정지되거나, 작동유의 흐름이 정지되지 않는 회로에서도 유압시스템 전체의 안전을 고려하여 릴리프밸브를 설치한다.

그림 8.4는 그림 8.3의 유압회로를 개선한 것이다. 일정 용량형 유압펌프의 송출측에 직동형 릴리프밸브를 부착하여 압력이 설정압력 이상으로 높아지면 여분의 작동유를 오일탱크로 복귀시킨다. 그림에서 P포트에 걸리는 압력이 직동형 릴리프밸브의 설정압력이 되면 여분의 작동유가 릴리프밸브에서 오일탱크로 흐른다. 이와 같이 릴리프밸브는 유압회로 중에서 작동유를 빼내야 할 때 설치한다. 릴리프밸브는 직동형과 파일럿 작동형이 있고, 파일럿 작동형은 펌프 송출량을 100% 유효하게 사용하는 압력범위가 직동형보다 넓기 때문에 일반적인 유압회로에 압력설정용으로 많이 사용한다.

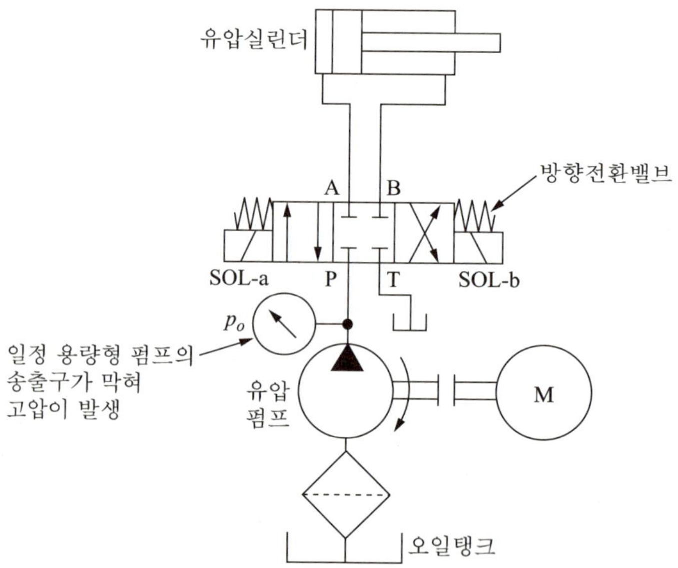

그림 8.3 방향제어밸브의 중립위치에서 작동유의 흐름이 차단된 경우

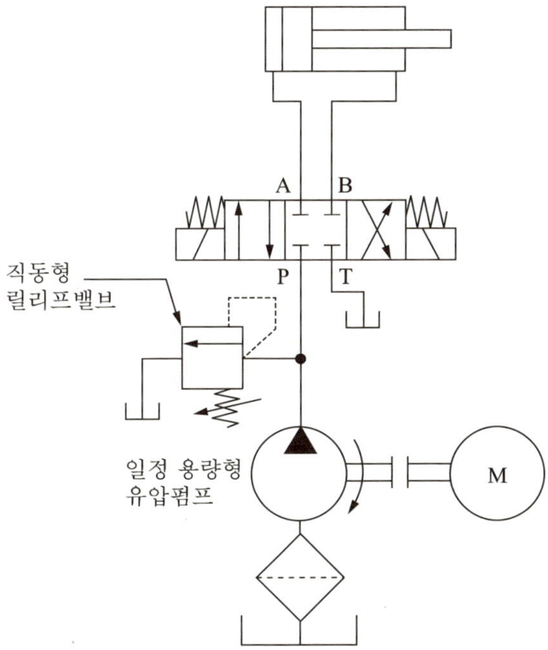

그림 8.4 직동형 릴리프밸브를 사용한 안전회로

[2] 릴리프밸브를 이용한 원격제어

파일럿 작동형 릴리프밸브의 벤트포트를 이용하여 원격제어, 무부하 제어, 압력 다단제어를 할 수 있다.

유압프레스와 같이 회로압력이 빈번하게 변하는 장치에서는 일반적으로 유압회로에 파일럿 작동형 릴리프밸브의 압력조정나사를 조작하여 그 때마다 설정압력을 변경해야만 한다. 이러한 경우는 원격제어밸브를 사용하면 원격으로 압력제어가 가능하다.

그림 8.5와 같이 파일럿 조작형 릴리프밸브의 벤트포트(vent port)에 배관하여 작업자가 있는 조작패널까지 파일럿 압력을 유도하여 소형 직동형 릴리프밸브에 연결한다. 이 직동형 릴리프밸브에서 회로압력을 원격제어 한다. 이와 같이 배관한 소형 직동형 릴리프밸브를 원격제어밸브(remote control valve)라 한다. 이 때 파일럿 작동형 릴리프밸브의 파일럿밸브(압력제어부)의 역할을 원격제어밸브(직동형 릴리프밸브)에서 한다.

그림 8.6과 같이 파일럿 작동형 릴리프밸브의 설정압력 p_1을 10 MPa로 설정하면 원격제어밸브에서는 0～10 MPa 범위에서 원격제어 할 수 있다. 원격제어를 하지 않을 때는 주회로

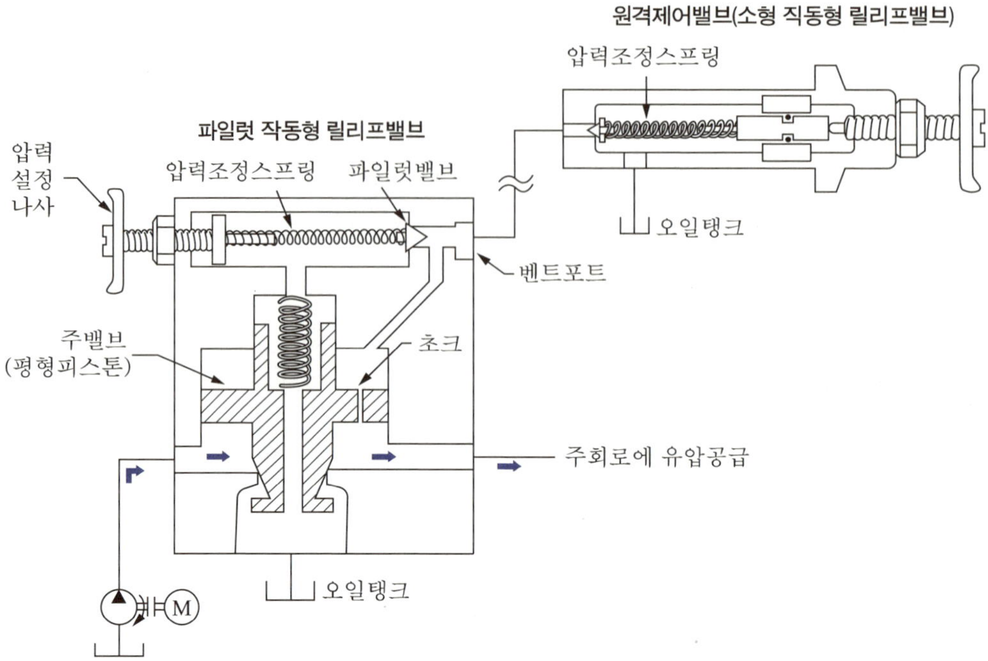

그림 8.5 파일럿 작동형 릴리프밸브를 사용한 원격제어

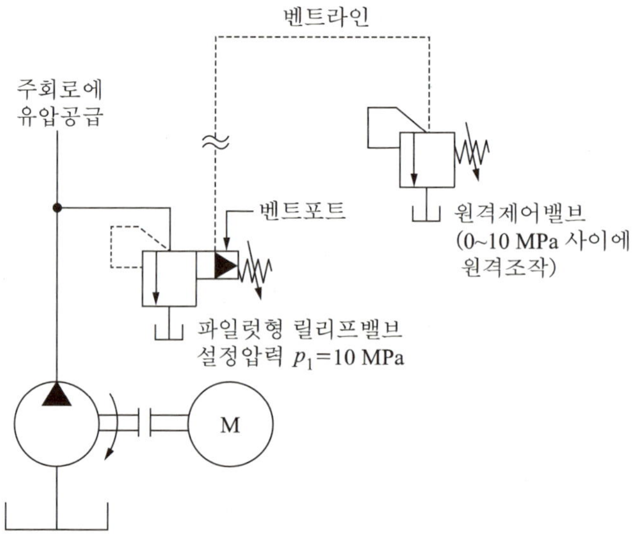

그림 8.6 릴리프밸브를 사용한 원격제어의 유압기호 표시

압력이 상승하여 설정압력 p_1에 근접하면 파일럿 작동형 릴리프밸브의 파일럿밸브가 열려 고압유를 오일탱크로 보낸다. 원격제어 할 때는 이 파일럿밸브 대신에 원격제어밸브가 먼저 열려 고압유를 배출시켜 주회로의 압력을 조정한다. 원격제어밸브의 압력설정을 파일럿 작동형 릴리프밸브의 설정압력 p_1보다 높게 하면, 파일럿 작동형 릴리프밸브의 파일럿밸브가 먼저 열려 원격제어밸브는 회로 압력제어 역할을 하지 않는다.

원격제어밸브에서 주회로압력을 원격제어 할 때도 원격제어밸브가 열려 오일탱크로 배출되는 고압유는 초크를 통과한 아주 적은 양이고, 그림 8.5의 주밸브(평형 피스톤)의 위에 걸리는 압력을 작게 하는 역할을 한다. 주밸브의 윗면과 아랫면의 압력이 평형을 이루지 못하여 주밸브가 위로 이동하고 릴리프유량이 파일럿 작동형 릴리프밸브의 주밸브에서 오일탱크로 배출된다.

[3] 파일럿 작동형 릴리프밸브를 이용한 벤트 – 무부하 제어

파일럿 작동형 릴리프밸브의 벤트포트를 이용하여 펌프의 무부하 제어나 운전이 가능하다. 보통 일정 용량형 펌프와 릴리프밸브를 조합하여, 주회로에 펌프의 송출압력이 필요 없는 무부하 운전에서는 대부분의 펌프 송출량을 릴리프밸브를 통하여 직접 오일탱크로 배출한다. 이 때 릴리프밸브는 설정압력에 도달한 높은 압력상태에서 주밸브를 열어 고압유를 오일탱크로 배출하기 때문에 동력손실이 커진다.

따라서 그림 8.7과 같이 파일럿 작동형 릴리프밸브를 설치하고, 벤트포트를 이용하여 무부하에서만 릴리프밸브의 설정압력 p_1에 관계없이 낮은 압력의 작동유를 오일탱크로 배출하면 동력손실을 최소한으로 낮출 수 있다. 이것을 벤트 - 무부하 제어(vent-unload control)라 하고, 주회로의 압력도 낮아지기 때문에 오일탱크의 작동유 온도 상승도 방지한다.

그림에서 벤트 - 무부하 제어는 무부하시에 벤트회로의 전자조작밸브 SOL - a를 OFF로 하여, 파일럿 작동형 릴리프밸브의 벤트포트에서 오일탱크로 소량의 고압유를 빼내면(무부하한다), 파일럿 작동형 릴리프밸브의 주밸브 상하면의 압력평형이 붕괴되어 주밸브가 열리고 유량이 오일탱크로 배출된다. 이 때 릴리프밸브의 주밸브가 열리는 압력은 설정압력 p_1에 관계없이 거의 0 MPa에 가까운 압력이 된다.

또 주회로에 펌프 압력이 필요한 경우(부하운전)는 벤트회로의 전자조작밸브의 SOL - a를 ON으로 하면, 벤트포트에서 오일탱크로 빠지는 고압유를 차단하기 때문에 파일럿 작동형 릴리프밸브와 같이 작동한다. 즉, 주회로에 고압유를 공급하고 회로압력이 설정압력 p_1까지 상승할 때 보통 릴리프밸브의 작동으로 오일탱크로 고압유를 배출한다.

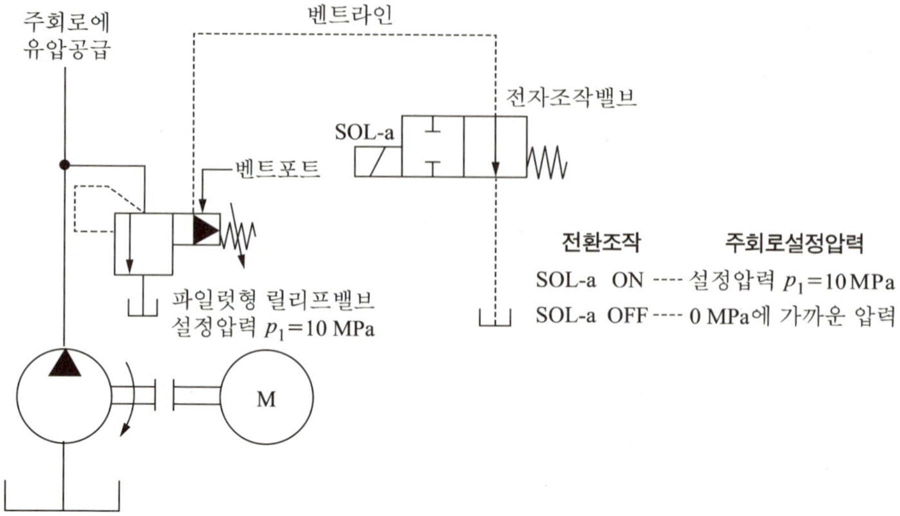

그림 8.7 파일럿 작동형 릴리프밸브를 사용한 무부하 제어

무부하 직전에 회로압력이 고압인 경우, 벤트-무부하 제어로 벤트회로의 전자밸브를 OFF로 하여 벤트포트의 압력을 급격하게 낮추면 충격이 발생한다. 이 때 벤트회로에 가변오리피스를 삽입하여 벤트포트의 압력이 낮아지는 시간을 길게 하면 충격을 줄일 수 있다. 단 오리피스에서 개구면적을 너무 좁게 하면 벤트회로의 배압이 높아져 무부하해도 회로압력이 0 MPa에 근접하지 못하고 높은 압력으로 유지되기 때문에 주의해야 한다.

[4] 파일럿 작동형 릴리프밸브를 이용한 3단계 압력제어

유압프레스 등에서 유압실린더와 같은 액추에이터의 출력을 단계적으로 변화시킬 때, 파일럿 작동형 릴리프밸브의 벤트포트를 이용하여 압력을 다단계로 제어할 수 있다.

그림 8.8은 주회로의 설정압력을 3단계로 제어하는 구조이다. 파일럿 작동형 릴리프밸브의 설정압력 p_1을 가장 높은 압력으로 설정하고, 벤트회로에 소형 직동형 릴리프밸브의 설정압력 p_2는 중간 압력, p_3는 저압으로 각각 설정하면, 벤트회로의 전자밸브를 조작하여 주회로 설정압력을 p_1, p_2, p_3로 제어할 수 있다. 또 그림에서는 설정압력을 3단계로 바꿀 수 있지만, 벤트회로에 전자밸브를 추가한 분기회로에 소형 릴리프밸브를 접속하면 설정압력을 4단, 5단 … 으로 바꿀 수 있다.

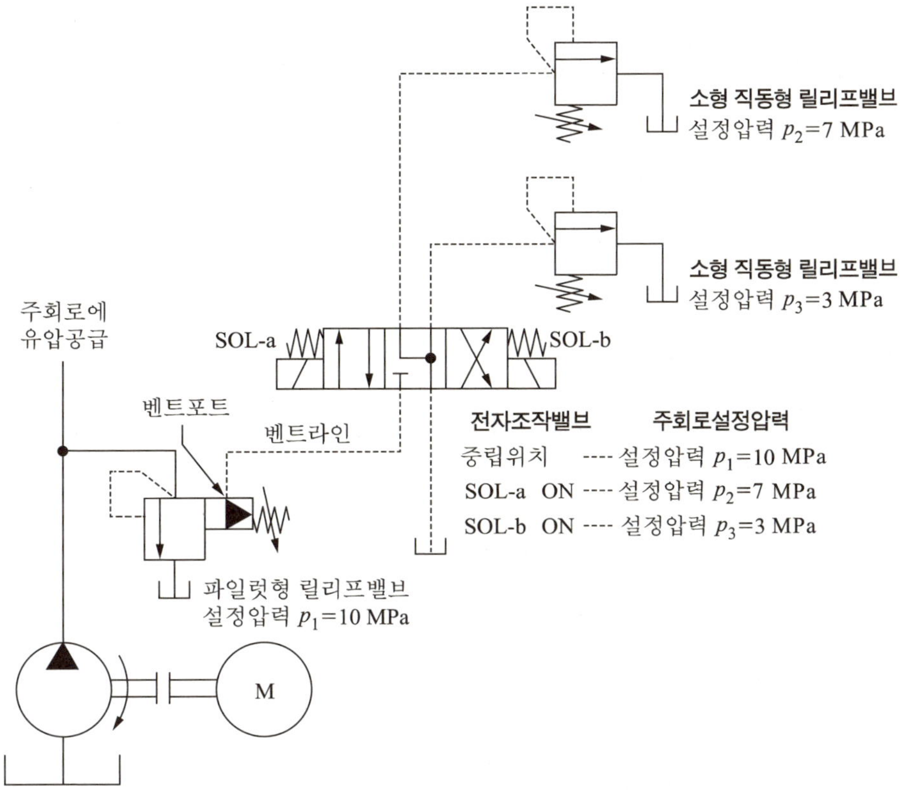

그림 8.8 파일럿 작동형 릴리프밸브를 사용한 압력 다단제어

지금까지 설명한 파일럿 작동형 릴리프밸브의 벤트포트를 원격제어, 벤트-무부하 제어, 압력다단회로에 이용하는 어떤 경우도 벤트포트에 접속하는 기기(제어밸브나 배관 등)는 최대한 모두 작아야 한다.

앞에서 설명하였듯이 파일럿 작동형 릴리프밸브는 압력제어(파일럿부)와 유량제어 부분(주밸브)으로 나누어져 있고, 벤트포트의 이용은 압력제어부의 제어이고, 이 부분의 압력변화를 신속하게 유량제어부로 전달해야 한다. 이것은 벤트포트에 접속되는 기기의 체적이 커질수록 전달속도가 늦어져 응답성을 나쁘게 하기 때문이다.

8.3 유량제어밸브를 이용한 속도제어 회로

유량제어밸브는 교축밸브와 압력보상기능을 가진 유량조정밸브가 있다. 유량제어밸브로 액추에이터의 속도를 제어하는 방식은 미터인(meter-in), 미터아웃(meter-out), 블리드 오프(bleed off) 회로가 있다.

[1] 미터인 속도제어 회로

그림 8.9의 미터인 속도제어 회로는 유량조정밸브를 유압실린더(액추에이터) 입구측에 설

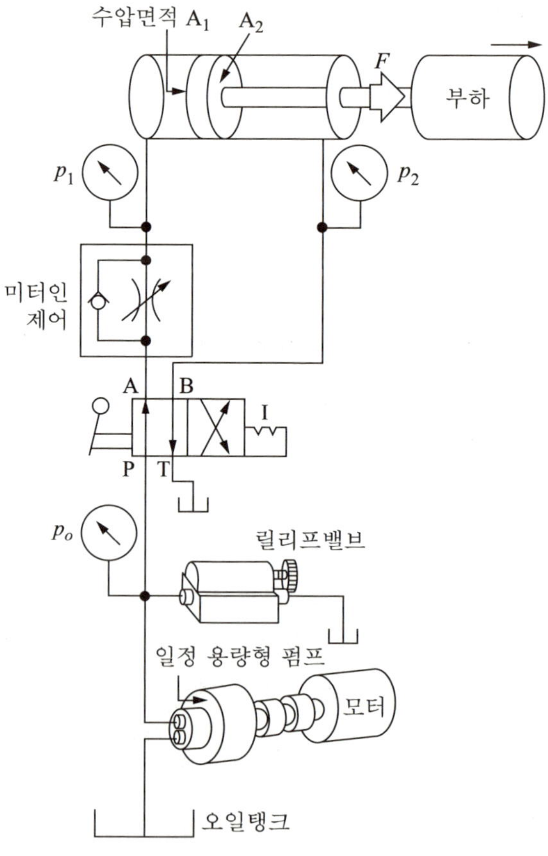

그림 8.9 미터인 속도제어 회로

치하여 실린더에 공급되는 유량을 조절하여 속도를 제어한다. 이 회로는 유압실린더에 공급되는 유량을 제어하기 때문에 펌프에서 송출된 유량의 일부가 실린더로 유입되지 못하고 여분의 유량은 릴리프밸브를 통하여 오일탱크로 배출된다. 이 때 펌프의 송출압력 p_o는 그림 8.10의 파일럿 작동형 릴리프밸브의 압력-릴리프유량 곡선에서 주밸브의 크래킹압력에서 릴리프밸브 설정압력까지의 압력(압력 오버라이드)으로 된다.

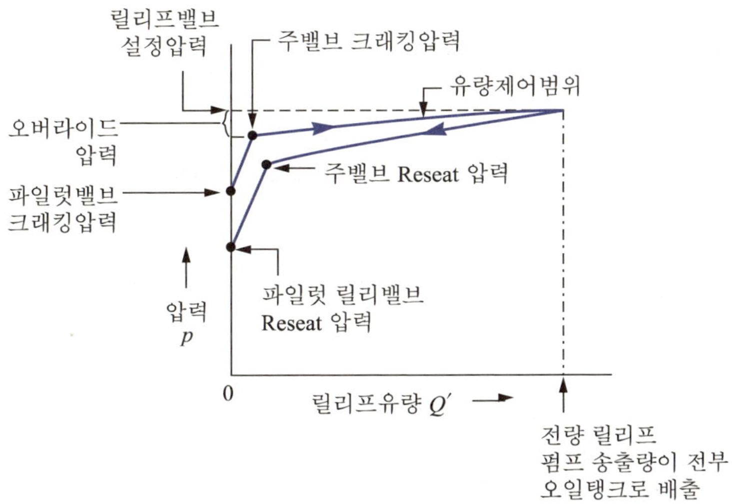

그림 8.10 파일럿 작동형 릴리프밸브의 압력-릴리프밸브 유량특성

가변 용량형 펌프를 사용한 유압회로는 그림 8.11의 가변 용량형 펌프의 압력-유량특성에서 펌프 송출압력 p_o는 차단점(cut-off)에서 펌프 설정압력 사이까지 거의 펌프 설정압력으로 된다. 또 유량조정밸브를 통과한 후 실린더 유입측 압력 p_1은 펌프 송출압력 p_o에 관계없이 부하를 움직이는 데 필요한 힘 F에 균형을 맞추는 압력이 발생한다. 실린더 캡측 수압면적 A_1, 헤드측 수압면적 A_2라 하고, 작동유의 흐름에 따른 동력손실을 무시하고, 압력 p_2는 오일탱크로 연결되어 있기 때문에 대기압으로 간주하면 압력 $p_1 = F/A_1$이 된다.

미터인 제어에서는 피스톤 로드를 잡아당기는 음(−)의 부하가 작용하면 실린더의 유출측이 오일탱크로 연결되어 배압(back pressure)이 발생하지 않기 때문에 피스톤 로드가 돌출하는 자주(自走)현상이나 자중낙하가 발생하기 때문에 위험하다.

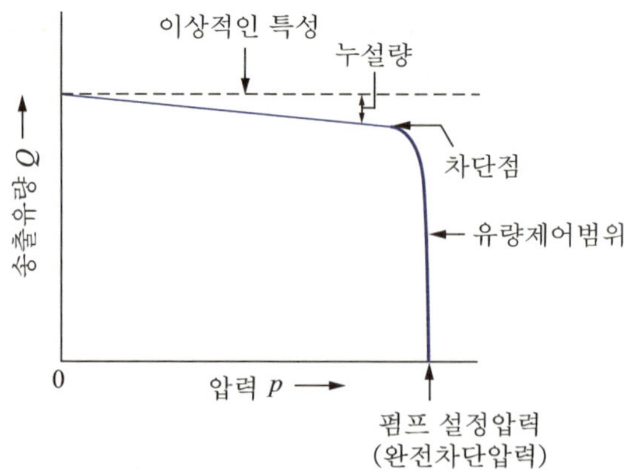

그림 8.11 가변 용량형 펌프의 압력 – 유량특성

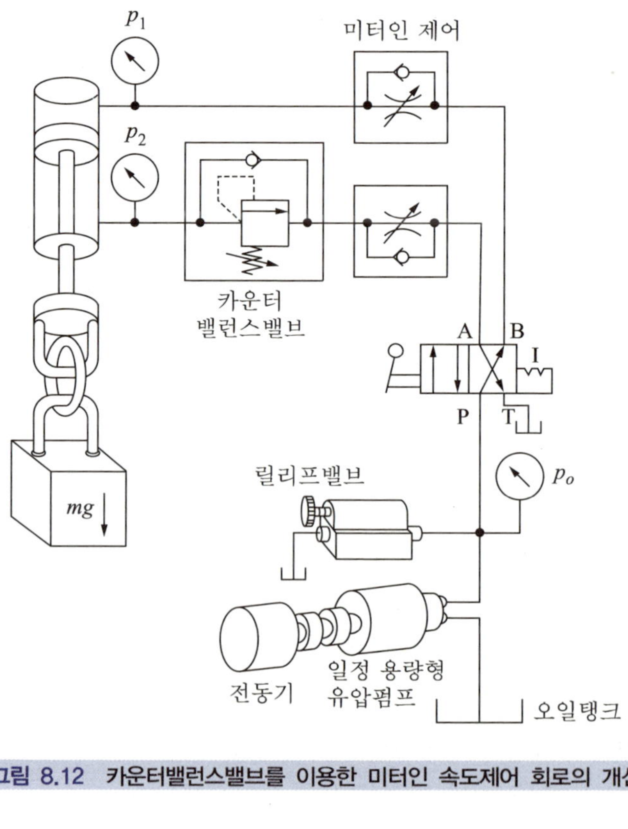

그림 8.12 카운터밸런스밸브를 이용한 미터인 속도제어 회로의 개선

미터인 제어에서 음의 부하를 제어할 때는 실린더 유출측에 배압을 발생시키는 카운터밸런스밸브(배압유지밸브)를 겸용한다. 프레스기계 등에서는 무거운 금형이 부착되어 있기 때문에 피스톤 로드에서 좌굴(buckling)이 일어나지 않도록 실린더를 아래방향으로 설치하며, 가공할 때는 동력을 전부 사용하고 싶기 때문에 그림 8.12와 같이 미터인 제어와 카운터밸런스밸브를 겸용한 회로를 많이 사용한다.

[2] 미터아웃 속도제어 회로

그림 8.13과 같이 미터아웃 제어는 유량조정밸브를 유압실린더(액추에이터) 유출측에 설치하여 실린더에서 배출되는 유량을 조절하여 속도를 제어한다. 이 회로에서는 펌프 송출유량이 교축되면 여분의 작동유는 릴리프밸브를 통하여 오일탱크로 배출되기 때문에 펌프 송출압력 p_o는 거의 펌프 설정압력으로 된다. 작동유의 흐름에 의한 압력손실을 무시하면, 실린더의 유입측 압력 p_1은 펌프 송출압력 p_o와 같고, 대략 릴리프밸브의 설정압력으로 된다. 부하를 움직이는 데 필요한 힘 F, 실린더 캡측 수압면적 A_1, 헤드측 수압면적 A_2, 유출측 압력을 p_2라 하면, 힘의 평형을 고려하여,

$$p_1 A_1 = F + p_2 A_2, \quad p_{2(\max)} = \frac{p_1 A_1 - F}{A_2}, \quad p_1 = p_o \tag{8.1}$$

이고,

$$p_{2(\max)} = \frac{p_o A_1 - F}{A_2} \tag{8.2}$$

이다. 따라서 유출측 압력 p_2(배압)은 부하가 커지면 작아지고, 부하가 작아지면 커진다. 또 실린더 수압면적 비 A_1/A_2가 커지면 배압 p_2는 커진다.

이와 같이 유입측에 릴리프밸브 설정압력 p_o, 유출측에 배압 p_2가 발생하기 때문에 양(+)의 부하, 음(−)의 부하, 양에서 음으로 반전하는 부하, 부하변동이 격심한 경우에도 안정된 속도제어가 가능하다. 단 수압면적비 A_1/A_2가 커지거나 실린더가 외부 부하에 따라 잡아당겨질 때와 같이 음의 방향으로 부하가 작용하면 배압 p_2가 예상 외로 크게 될 때가 있으므로 주의해야 한다.

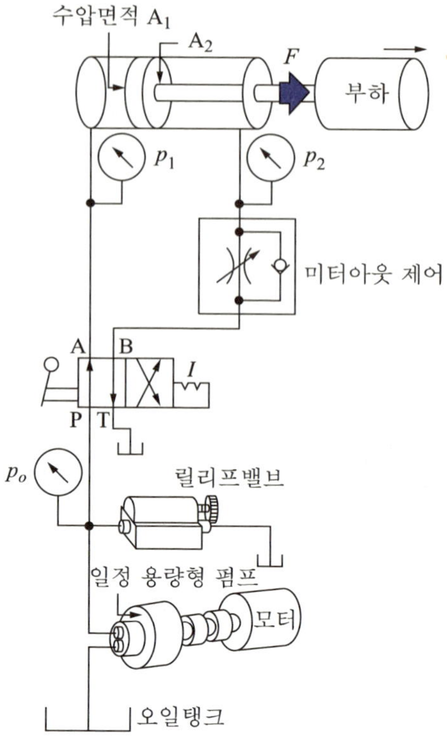

그림 8.13 미터아웃 속도제어 회로

위에서 설명하였듯이 음의 방향 부하나 편로드 실린더의 수압면적비가 큰 경우와 같이 사용조건에 따라서는 실린더의 배압이 릴리프밸브의 설정압력보다 높은 압력증가(증압)을 일으키기 때문에 실린더나 배관의 내압에 주의해야 한다.

특히 실린더가 수직으로 설치되어 무거운 부하를 상하로 움직일 때 하강측에서 증압이 발생하기 쉽다. 그림 8.14는 실린더가 윗 방향과 아래 방향으로 운동할 때 실린더에서 발생하는 배압 p_2를 나타낸다. 부하질량 m, 중력가속도 g, 실린더 캡측 수압면적 A_1, 헤드측 수압면적 A_2라 하면, 힘의 평형에서 배압 p_2는 다음과 같이 구한다.

①의 경우

$$mg + p_1 A_2 = p_2 A_1 \tag{8.3}$$

$$p_{2(\max)} = \frac{mg}{A_1} + p_1 \frac{A_2}{A_1}$$

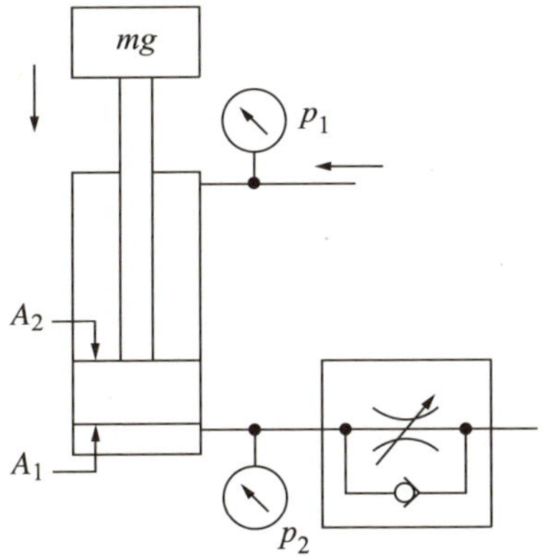

① 실린더를 위 방향으로 사용

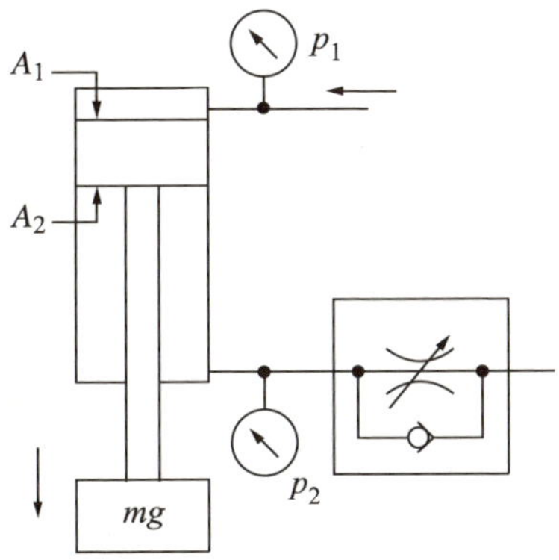

② 실린더를 아래방향으로 사용

그림 8.14 유압실린더를 수직으로 설치한 경우 증압 발생

②의 경우

$$mg + p_1 A_1 = p_2 A_2 \tag{8.4}$$

$$p_{2(\max)} = \frac{mg}{A_2} + p_1 \frac{A_1}{A_2}$$

수압면적 $A_1 > A_2$이기 때문에 부하질량이나 실린더 지름이 같으면, 배압 p_2는 그림 8.14 ②의 경우가 ①의 경우보다 크고, ②의 경우가 증압되기 쉽다.

배압 p_2가 실린더나 배관의 정격압력이나 내압을 초과하여 증압되는 것을 방지하기 위해, 그림 8.15 (a)와 같이 실린더 유입측에 저압 설정의 릴리프밸브를 부착하여 p_1이 저압이 되도록 한다. 만약 p_1 관로의 압력을 다른 계통에서 사용하여 릴리프밸브에 의해 회로 전체 압력이 낮아져 곤란한 경우는 그림 8.15 (b)와 같이 실린더 유입측에 감압밸브를 부착하여 압력 p_1을 일정한 압력으로 낮추어 배압 p_2를 조정한다.

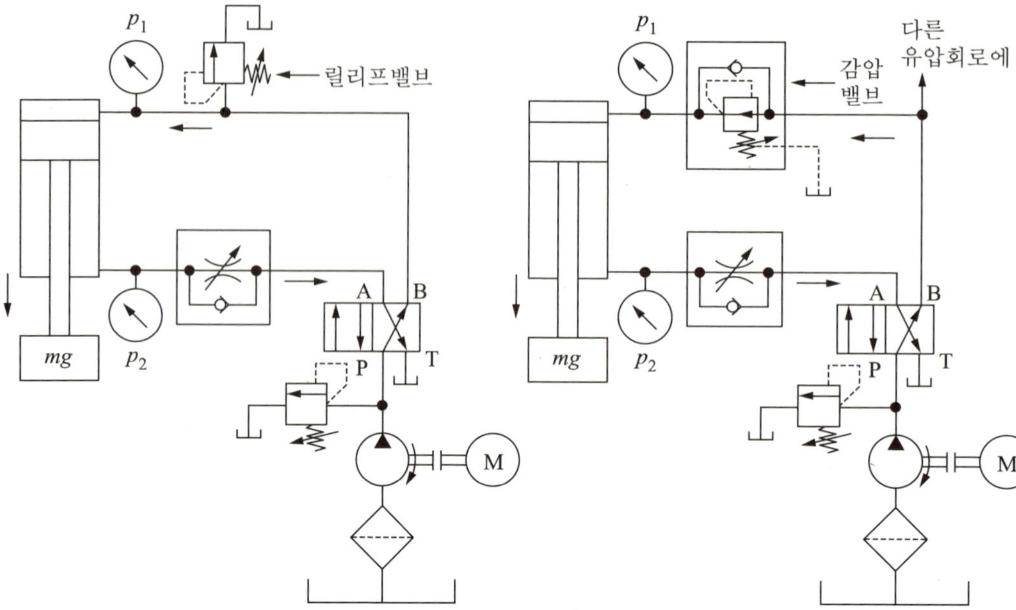

(a) 릴리프밸브 사용　　(b) 감압밸브 사용

그림 8.15 미터아웃 제어의 증압 방지 회로

[3] 블리드 오프 속도제어 회로

블리드 오프(bleed off) 제어는 유량조정밸브를 이용한 액추에이터의 속도제어 회로에서 동력손실을 개선한 회로이다.

그림 8.16과 같이 블리드 오프 제어는 유압실린더에 유입되는 작동유의 일부를 유량조정밸브에서 오일탱크로 바이패스(by pass)시키는 양을 조절하여 액추에이터의 속도를 제어한다. 이 회로에서 펌프 송출압력 p_o는 실린더 유입측 압력 p_1과 같고, 부하를 움직이는 데 필요한 힘 F에 균형을 이루는 만큼의 압력으로 되어 미터인 제어나 미터아웃 제어와 같이 p_o가 릴리프밸브 설정압력까지 높아지지 않아 동력손실이 적고 효율적이다. 실린더의 유출측은 오일탱크에 연결되어 있기 때문에 압력 p_2는 대기압과 같고, 미터인 제어와 같이 양(+)의 방향 부하에만 제어가 가능하기 때문에 음(−)의 방향에 대한 부하를 제어할 때는 배압 p_2를 발생시키기 위해 카운터밸런스밸브가 필요하다.

블리드 오프 제어는 펌프 송출압력 p_o이 부하에 따라 결정되기 때문에 부하가 변동하면 펌프의 송출압력도 변한다. 일정 용량형 펌프의 압력-유량특성(그림 4.6 참조)에서 알 수 있듯이 송출압력 p_o가 높아지면 펌프 내부누설이 증가하여 송출유량이 감소한다. 이것이 유량제어에 직접 영향을 주기 때문에 정확한 유량제어가 어렵고, 특히 부하변동이 격심하거나 실린더의 유입량이 적을 때는 영향을 많이 받는다.

또 유량조정밸브 등에서 압력보상 기능을 가진 밸브를 사용하여 유량제어를 하면, 부하에 따라 발생하는 펌프 송출압력 p_o가 밸브의 최저 작동압력차 이상으로 되지 않으면 압력보상이 되지 않기 때문에 이때는 블리드 오프 제어는 사용할 수 없다.

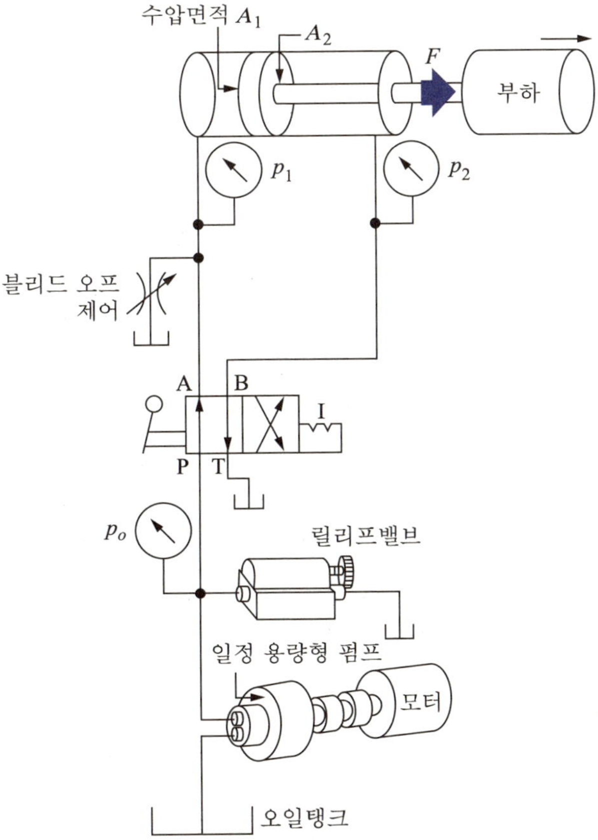

그림 8.16 블리드 오프 속도제어 회로

8.4 부하의 정지 위치 유지회로

유압의 특징적인 제어로써 유압실린더의 중간 정지회로(locking circuit)를 많이 이용하지만, 제어밸브의 특징을 잘 이해하지 못하면 부품 선정이나 회로설계에서 오류가 발생한다. 여기서는 유압회로 설계에서 많이 생기는 오류를 소개하고, 그 방지대책을 설명한다.

[1] 이동 중인 유압실린더의 중간 정지회로

그림 8.17은 편로드 실린더를 스풀형 솔레노이드밸브로 왕복운동시키는 회로이다. 왕복운동 도중에 정확하게 정지시키기 위해 중립위치가 모두 닫힘형(closed center)인 방향전환밸브를 사용한다. 솔레노이드 1에 전류가 흐르면 A포트에서 고압유가 실린더 캡측으로 공급되어 실린더가 오른쪽으로 전진한다. 솔레노이드 2에 전류가 흐르면 B포트에 고압유가 공급되어 실린더는 왼쪽으로 후진한다. 전류가 흐르지 않으면 스프링 힘에 의해 밸브의 스풀은 중립위치로 되돌아가기 때문에 A포트나 B포트의 양쪽이 모두 막히고, 작동유는 압축성이 거의 없으므로 실린더는 그 위치에서 정지한다. 외부에서 힘이 작용하여도 실린더나 밸브에서 작동유의 누설이 없는 한 그 위치에서 정지한다.

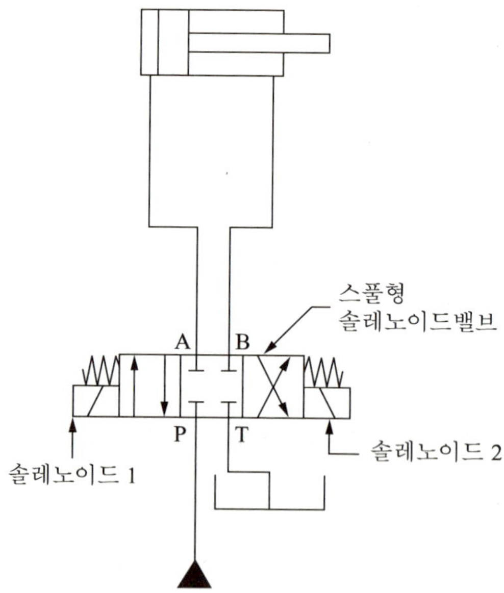

그림 8.17 유압실린더의 중간 정지회로

짧은 시간에 정지시키는 경우는 이것으로도 가능하지만, 펌프를 구동시킨 채로 장시간 정지시켜 두면 밸브 내부의 작동유 누설 때문에 천천히 조금씩 정지 위치가 이동하여 변하게 된다.

스풀밸브에서 스풀과 밸브 본체 사이는 약 5~30 μm 정도로 아주 좁은 틈새가 있고, 스풀밸브 내부의 압력차에 따라 P포트에서 A·B포트로, A·B포트에서 T포트로 작동유의 누설이 생긴다. 이것을 내부누설(internal leakage)이라 한다.

그 결과, P포트에 압력이 걸린 상태로 장시간 경과하면, 그림 8.18과 같이 P포트에서 압력이 고압(10 MPa)이라 하면 A·B포트는 이것보다 낮게 변한다(P포트와 T포트의 중간에 있으므로 5 MPa 정도). 이렇게 되어 A, B포트는 둘 다 거의 같은 압력으로 변하기 때문에 편로드 실린더에서는 수압면적이 다르기 때문에 피스톤을 실린더 캡측에서 누르는 힘이 커지고 미소한 작동유의 누설로 인하여 천천히 조금씩 실린더가 전진하여 확실하게 실린더가 정지 위치를 유지하지 못하게 된다.

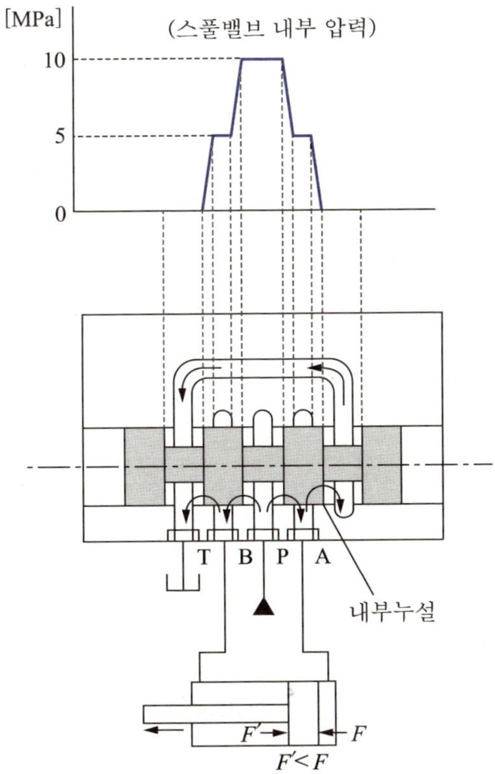

그림 8.18 클로즈드센터형 스풀밸브의 내부누설

[2] 스풀밸브의 내부누설을 고려한 중간 정지회로의 개선

유압실린더의 중간 정지에 스풀밸브의 중립위치 닫힘형(closed center) 방향전환밸브를 사용하여 장시간 정지시킬 때는 작동유의 누설로 정지 위치가 변한다. 이러한 문제를 해결하기 위해 체크밸브를 사용해 보자.

지금 유압실린더의 입출구의 작동유는 실린더의 전진과 후진에서 흐름방향이 반대로 되기 때문에 파일럿 조작형 체크밸브를 사용한다. 그림 8.19와 같이 실린더의 정지 위치 유지는 파일럿 조작형 체크밸브로 확실하게 실린더 배관의 작동유를 막는다. 방향전환밸브는 중립위치(정지상태)에서 파일럿 압력이 남아 있지 않도록 ABT접속이 모두 오일탱크로 연결되어 열려있다. 또 ABT 접속은 P포트가 막혀 있지만, P포트에서 누설되어도 A, B, T가 모두 연결되어 있어 그대로 오일탱크로 배출되기 때문에 실린더 쪽에는 영향이 없다.

중립위치 열림형(open center) 스풀밸브는 원래 P, A, B, T의 4포트가 모두 연결되어 있어, 작동유는 전부 오일탱크로 되돌아가기 때문에 같은 역할을 하여 실린더 쪽에는 영향을 주지 않는다.

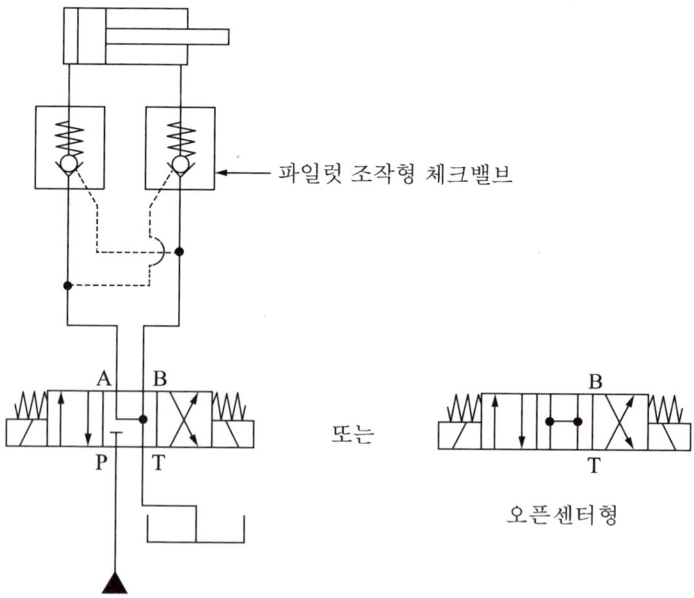

그림 8.19 중간 정지회로의 개선 예시

[3] 중력 부하의 중간 정지회로

파일럿 조작형 체크밸브는 자유흐름(free flow)과 역류의 양방향 흐름에 대응하기 때문에 실린더의 위치 유지나 클램프 실린더(clamp cylinder)의 압력유지에 많이 사용한다.

그림 8.20은 내부 드레인형 파일럿 조작 체크밸브를 사용한 수직방향 실린더의 위치 유지 회로이다. 방향전환밸브는 3위치 밸브로서 중립위치의 포트가 모두 닫힘형을 사용하여 중간 정지위치를 유지하도록 한다.

실린더가 상승 중에 방향전환밸브를 중립상태로 하여 작동유의 흐름을 차단하면 부하의 자중 때문에 압력이 발생한다. 이 압력으로 역류하려는 고압유는 파일럿 체크밸브의 포핏을 닫는 방향으로 작용하기 때문에 포핏이 완전히 닫혀 실린더의 정지 위치를 유지한다. 그런데 실린더가 하강할 때 파일럿 배관에는 펌프 압력이 걸려 있기 때문에 중간 정지하려고 방향전환밸브를 중립위치로 전환하여 포트가 모두 닫히면 펌프 압력이 남아 있는 채로 포트가 막혀 체크밸브의 포핏이 열린 상태로 된다.

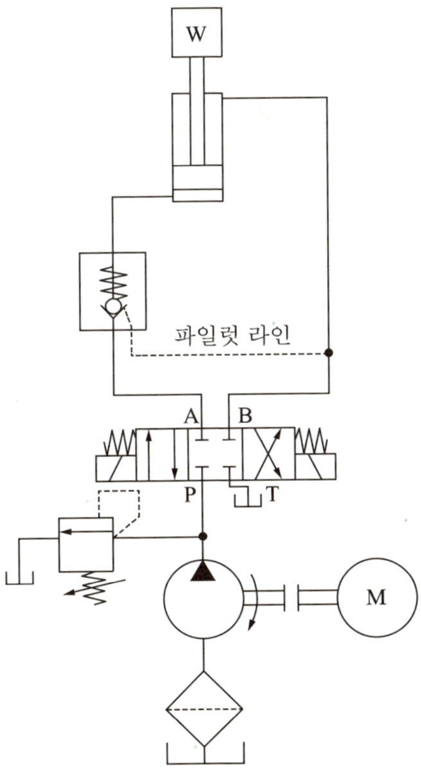

그림 8.20 중력 부하의 잘못된 중간 정지회로 예시

방향전환밸브는 중립위치의 포트가 모두 닫힘형이지만, 스풀과 밸브 본체 사이의 틈새에서 파일럿 체크밸브를 통과한 고압유가 조금씩 오일탱크로 빠져 실린더는 천천히 조금씩 하강한다. 더구나 방향전환밸브의 스풀 틈새에서 고압유가 누설되면 서서히 파일럿 압력도 감소한다. 파일럿 스풀이 포핏을 눌러 올릴 수 없을 때까지 파일럿 압력이 감소하면 포핏이 닫혀 실린더의 하강도 멈춘다.

이와 같이 사용하는 것은 유압회로에 오류는 없지만, 하강 중에 중간정지에서는 밸브가 중립위치가 된 뒤에도 잔류압력과 스풀에서 작동유의 누설 때문에 잠시 동안 서서히 실린더가 하강하게 된다. 엄밀한 정지조건에서는 이와 같은 것이 문제가 되므로 주의해야 한다.

[4] 중력 부하의 하강행정에서 중간 정지 정밀도 개선

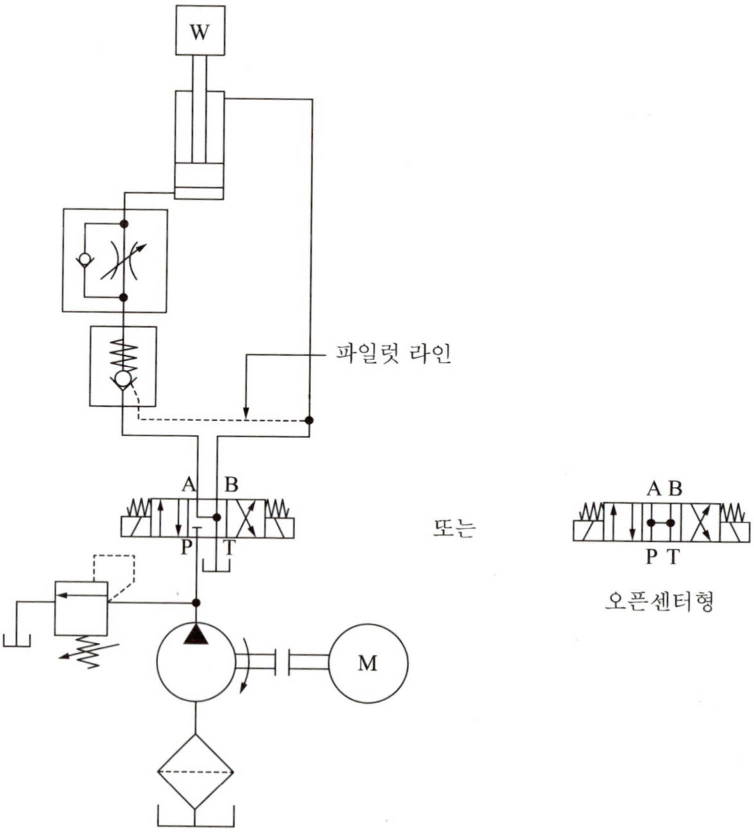

그림 8.21 중력 부하의 하강행정에서 중간 정지회로 개선

중력 부하의 중간 정지회로[3]에서 방향전환밸브의 중립위치가 모두 닫힘형을 사용하였기 때문에 실린더 하강 시에 중립위치로 전환시키기 직전의 파일럿 압력이 그대로 남아 있었다. 이 회로에서는 하강 도중에 정지 동작을 시키면 불합리한 점이 생기므로 방향전환밸브를 중립상태로 전환할 때 파일럿 체크밸브의 파일럿 배관에 압력이 생기지 않도록 해본다. 이러한 회로 개선에서는 중립위치가 모두 닫힘형의 방향전환밸브 대신에 압력포트 닫힘형(ABT 접속)이나 모두 열림형의 밸브를 사용한다.

그림 8.21은 방향전환밸브를 압력포트 닫힘형(ABT 접속)으로 바꾼 것이다. 이 밸브는 중립위치에서 실린더 포트(A, B)와 탱크포트 T가 연결되어 있기 때문에 실린더 하강 시에 중간 정지 시킬 때는 외부 파일럿 압력이 대기압과 같아지고 파일럿 압력은 발생하지 않기 때문에 밸브가 전환될 때 실린더 위치를 유지할 수 있다. 그림의 오른쪽에 제시한 중립위치에서 모든 포트(P, A, B, T)가 열려 있는 열림형을 사용하여도 양호한 결과를 얻는다.

8.5 중량물 낙하방지회로

[1] 미터아웃 제어를 사용한 중량물 하강행정에서 노킹현상 개선

유압실린더로 부하를 상승·하강할 때, 특히 부하의 중량물이 무거운 경우 실린더의 하강 행정에서 노킹현상이 일어나 작동이 불안정하게 된다.

그림 8.22의 회로에는 실린더가 중간 정지위치를 유지하도록 파일럿 조작형 체크밸브가 하강행정 쪽에 부착되어 있다. 솔레노이드 2에 전류가 흘러 B포트에서 실린더 헤드측으로 고압유가 공급되면, 파일럿 압력이 걸려 파일럿 조작형 체크밸브의 포핏이 열린다. 체크밸브가 열리면 실린더 캡측 배관(오일탱크 배관)은 배압이 거의 걸리지 않기 때문에 자중낙하 상태가 되고, 부하 중량이 누르면서 급강하한다. 그러면 실린더 헤드측 배관(펌프 압력배관)의 작동유는 실린더 피스톤에 잡아끌려 진공압(부압)이 되고, 파일럿 압력이 발생하지 않기 때문에 파일럿 체크밸브가 순간적으로 닫혀 실린더 하강이 정지된다. 그러면 또다시 실린더 헤드측 배관의 압력이 상승하고, 파일럿 압력도 상승하여 파일럿 조작 체크밸브의 포핏이 열려 실린더가 급강하하는 현상이 반복된다. 이와 같이 실린더가 순간적으로 정지·급강하를 반복하면서 충격과 진동이 발생하는 현상을 노킹(knocking)이라 한다.

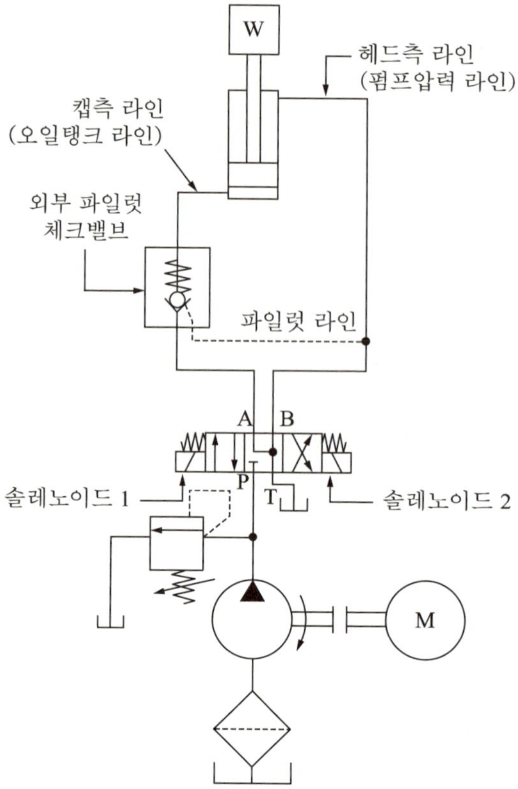

그림 8.22 노킹현상이 일어나는 회로

유압실린더로 무거운 중량물을 하강할 때 실린더에서 발생하는 노킹 방지책으로서 그림 8.23과 같이 실린더와 내부 드레인형 파일럿 체크밸브 사이에 미터아웃의 유량제어밸브(또는 카운터밸런스밸브)를 삽입한다. 이와 같이 유압회로를 변경하면 실린더의 오일탱크로 연결되는 배관에 배압이 발생하고, 파일럿 체크밸브는 정상적으로 작동한다.

또 유량제어밸브로 미터아웃 제어를 사용하면, 실린더를 사용하는 방향이나 하중의 중량에 따라 배압이 실린더나 배관의 내압을 초과하여 증압(압력상승)될 수도 있기 때문에 주의해야 한다.

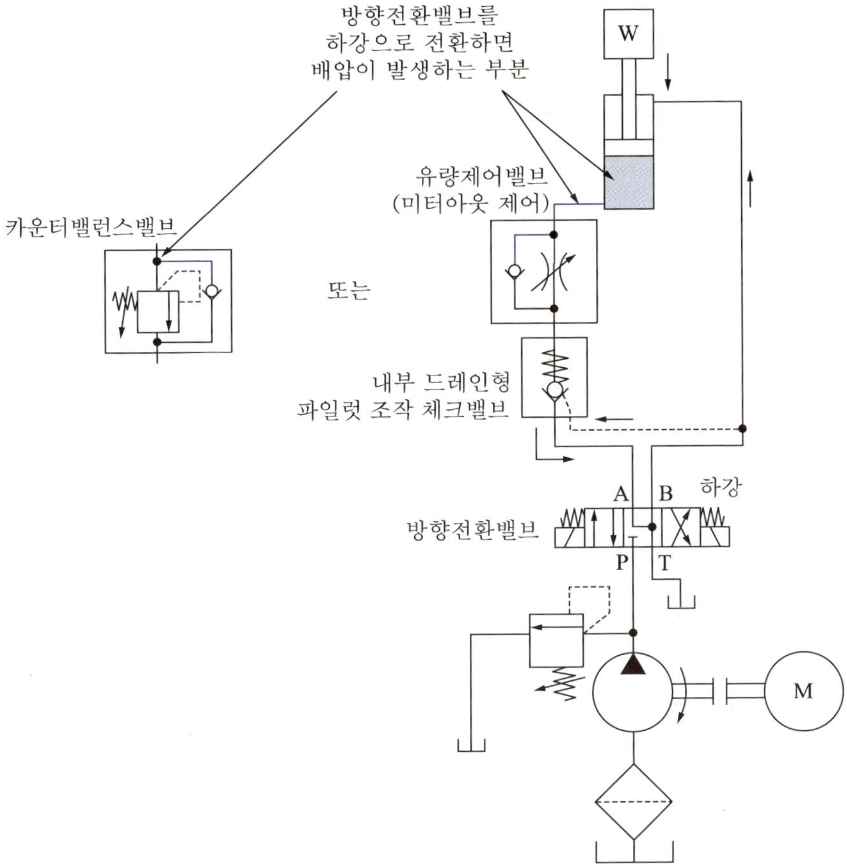

그림 8.23 노킹현상 방지회로의 예시

[2] 외부 드레인형 파일럿 체크밸브로 중량물 하강행정에서 노킹과 증압현상 개선

그림 8.24는 중량물의 자중낙하방지를 위해, 그림 8.23과는 반대로 파일럿 체크밸브와 방향제어밸브 사이에 미터아웃 제어용 유량제어밸브를 삽입하였다. 이 경우도 실린더가 하강할 때 실린더에서 노킹이 일어나 작동이 불안정할 때가 있다. 이 유량제어밸브 대신에 카운터밸런스밸브를 사용하여도 같은 작동을 한다.

방향전환밸브를 전환하여 실린더를 하강시킬 때, 파일럿 압력이 파일럿 체크밸브의 파일럿 스풀에 작용하여 포핏이 파일럿 스풀에 눌려져 열리고 실린더가 하강하기 시작한다. 그러면 자중낙하방지를 위해 삽입한 유량제어밸브(또는 카운터밸런스밸브)와 실린더 사이에

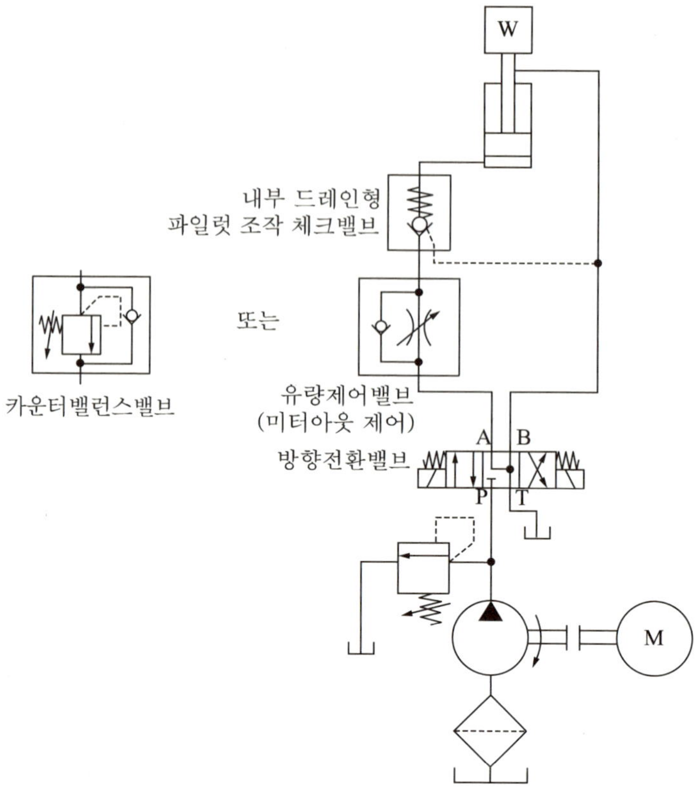

그림 8.24 중량물 자중낙하방지회로의 잘못된 회로설계 예시

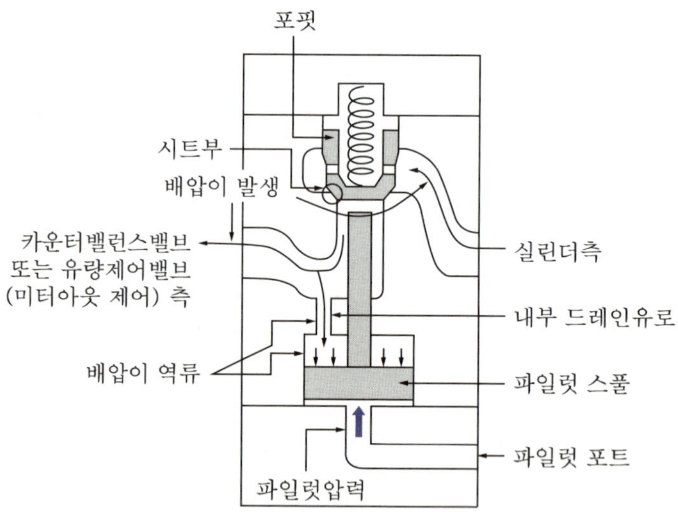

그림 8.25 배압의 영향을 받는 내부 드레인형 파일럿 체크밸브

배압이 발생한다. 그리고 그림 8.25와 같이 내부 드레인형 파일럿 체크밸브는 내부 드레인 유로를 배압이 역류하여 파일럿 스풀을 눌러 되돌리기 때문에 포핏의 열림이 불안정하게 되어 실린더에서 노킹현상이 일어난다.

유압실린더와 미터아웃의 유량제어밸브(또는 카운터밸런스밸브) 사이에 어떻게라도 파일럿 체크밸브를 삽입하려면, 그림 8.26과 같이 외부 드레인형 파일럿 체크밸브를 사용한다. 외부 드레인형 파일럿 체크밸브는 배압의 영향을 전혀 받지 않고 작동하기 때문에 유압실린더와 유량제어밸브(또는 카운터밸런스밸브) 사이에 삽입할 수 있다. 당연히 외부 드레인형 파일럿 체크밸브는 미터아웃용 유량제어밸브(또는 카운터밸런스밸브)와 방향제어밸브 사이에 삽입해서 사용해도 무방하다.

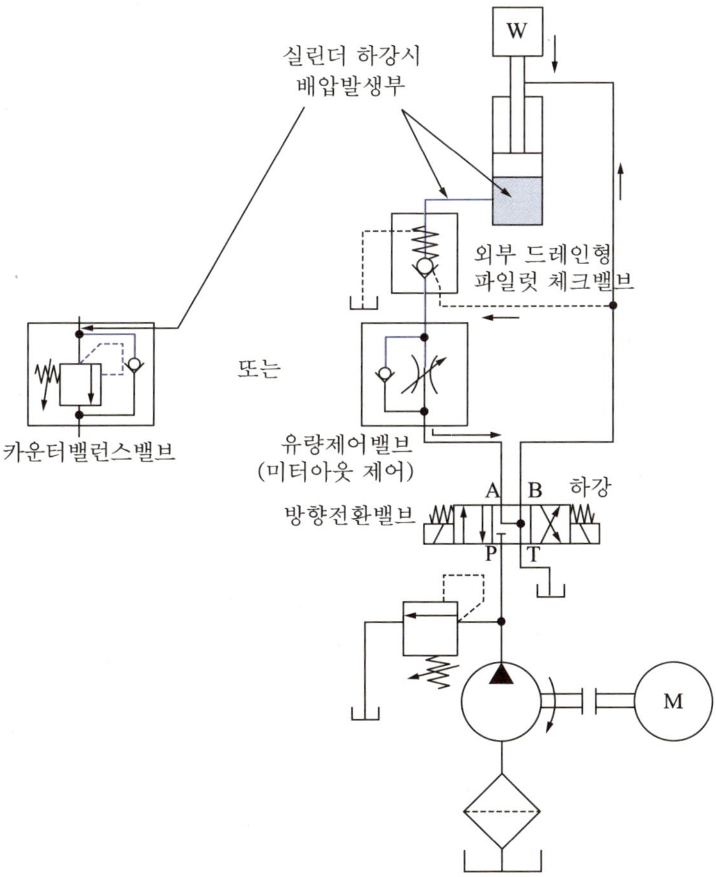

그림 8.26 중량물 자중낙하방지회로의 개선

8.6 대용량 부하의 급발진, 급정지에서 완충회로

[1] 방향전환밸브의 작동시간 조정으로 급발진, 급정지의 충격완화회로

유압실린더로 구동하는 부하가 커지면 작동압력과 실린더 지름이 커지기 때문에 압력과 유량도 많아진다. 또 부하를 움직일 때 관성도 커지므로 무시할 수 없다. 이와 같이 관성에너지를 가진 대유량의 작동유 흐름을 순간적으로 전환하면 서지압력(surge pressure)과 더불어 충격이 발생한다. 일반적으로 많이 사용하는 전자밸브의 스위칭 시간(switching time)은 100분의 수 초정도로 빠른 편이기 때문에 부하가 커지면 서지압력이나 충격이 발생하게 된다. 이것을 줄이기 위해서는 밸브 스위칭 시간을 조정하여 서서히 스위칭하는 방법과 함께 유압회로도 가속·감속을 고려해야 한다.

또 작동유는 비압축성 유체로 고려하지만 실제로 고압상태로 되면 압축성 효과를 무시할 수 없다. 대용량의 유압실린더를 가압상태에서 순간적으로 대기에 개방하면 압축된 고압유가 급격하게 원래 상태로 되돌아가 충격이 발생한다. 유압기기의 유지관리와 안전을 위해, 작동유가 가압상태에서 급격하게 대기로 개방되는 것을 피해야 한다.

이와 같이 전자전환밸브의 스위칭시간이 너무 빨라 서지압력이나 충격이 발생하는 경우는 전자 파일럿 방향전환밸브를 사용하는 방법도 있다.

그림 8.27은 전자 파일럿 방향전환밸브의 구조이다. 파일럿 밸브가 전자밸브이고, 파일럿 밸브에서 제어된 고압유로 주밸브의 주 스풀을 전환한다. 따라서 주 스풀의 스위칭시간이 길어진다. 또 직접 전자밸브의 솔레노이드로 절환할 때보다도 큰 절환력을 얻는다.

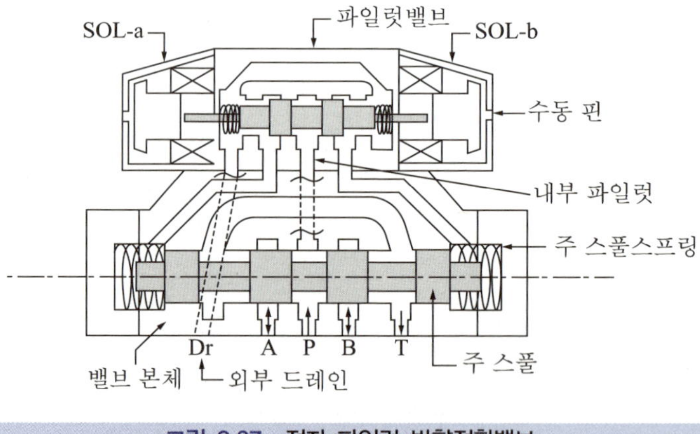

그림 8.27 전자 파일럿 방향전환밸브

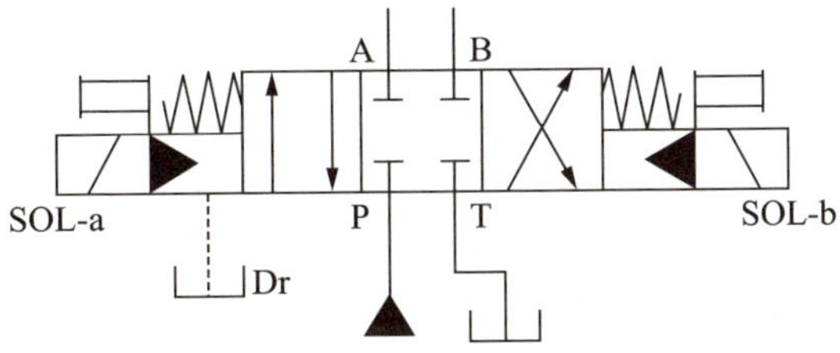

KS 기호

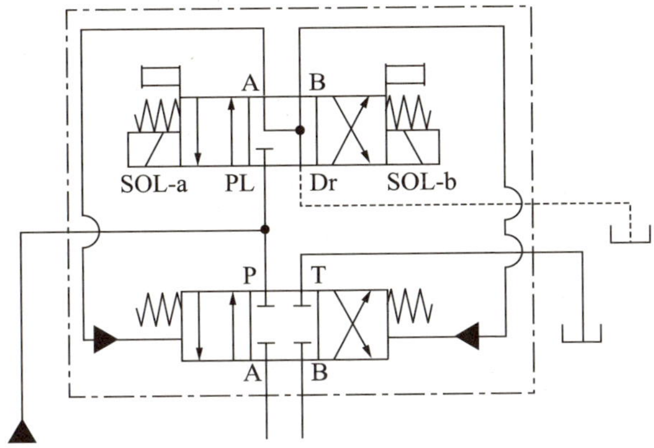

상세 기호

그림 8.28 전자 파일럿 방향전환밸브의 유압 기호

그림 8.28은 전자 파일럿밸브의 KS 기호와 상세기호이다. 전자밸브의 스위칭 시간은 100분의 수 초이지만, 전자 파일럿밸브를 사용하면 10분의 수 초 정도로 늦어진다. 부하에 따라서는 이것으로 서지압력을 낮추거나 충격을 경감시킬 수 있지만, 부하가 증가하면 대응하기 어렵다.

그 대책으로서 그림 8.29와 같이 파일럿밸브와 주밸브 사이에 A, B 포트 교축밸브와 P 포트 감압밸브를 넣어 스위칭 시간을 더욱 지연시킬 수 있다. A, B 포트 교축밸브는 주밸브에서 빠지는 쪽의 파일럿을 교축(주 스풀에서 보면 미터아웃 제어에 상당함)하여 주 스풀의 스위칭 시간을 조정한다. P 포트 감압밸브는 A, B 포트 교축밸브의 스위칭 시간 조정을 보다 효과적으로 하기 위해 삽입한다.

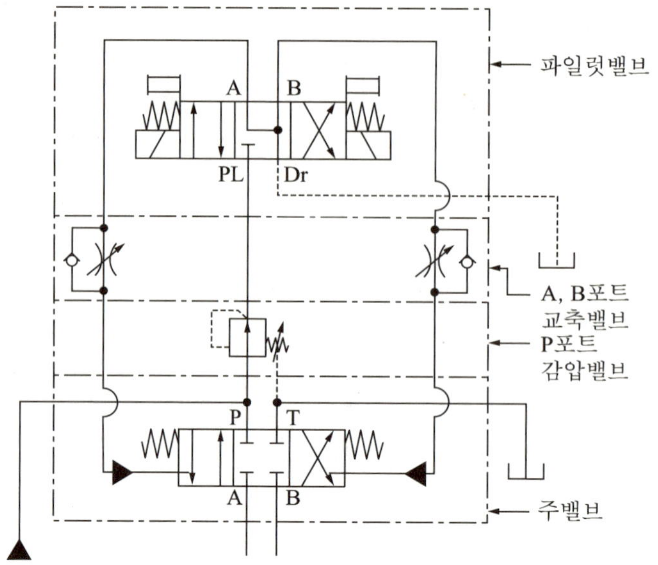

그림 8.29 전자 파일럿 방향전환밸브의 작동시간 조정 회로

[2] 급발진, 급정지의 충격을 완화하는 2 속도 제어회로

부하가 큰 경우, 급발진이나 급정지는 서지압력이나 충격을 발생시키는 원인이 되므로 회로설계 단계에서 고려하여야 한다. 그림 8.30은 2 속도 제어회로이고, 소용량측에서 밸브를 열어 실린더에 고압유를 공급하여 어느 정도 피스톤이 전진하면 대용량측 밸브가 열려 가속시킨다. 정지할 때는 반대로 대용량측 밸브를 닫아 감속시켜 소용량측 밸브를 닫아 정지시킨다.

실린더가 전진할 때 동작순서는 표 8.4와 같다. 가감속의 정도와 타이밍(timing)은 각각 교축밸브의 개구면적과 각각의 리밋스위치(LS)의 거리를 조정하여 전기적인 시퀀스 제어를 한다. 이와 같이 일반적인 전자전환밸브나 전자 파일럿밸브를 사용하는 경우는 여러 개의 방향전환밸브를 사용하여 저속, 고속이나 저속·중속·고속으로 발진하고, 정지는 반대로 고속·중속·저속으로 정지한다. 이와 같이 단계적으로 가속이나 감속하여 서지압력이나 충격을 완화시키는 방법을 사용한다. 이렇게 단계적으로 제어하여도 충격 등을 완전히 제거할 수 없고, 연속적으로 매끈하게 가·감속 제어를 수행할 때는 전환 시에 스풀 등의 개구면적의 정도(과도상태의 위치)나 그 타이밍을 제어하는 전자비례밸브나 전기·유압 서보밸브를 사용한 제어 등이 있다.

표 8.4 2 속도 제어회로의 실린더 전진 때의 작동순서

1.	LS1	ON	→	SOL - a	ON	저속전진
2.	LS2	ON	→	SOL - c	ON	고속전진
3.	LS3	ON	→	SOL - c	OFF	저속전진
4.	LS4	ON	→	SOL - a	OFF	정지

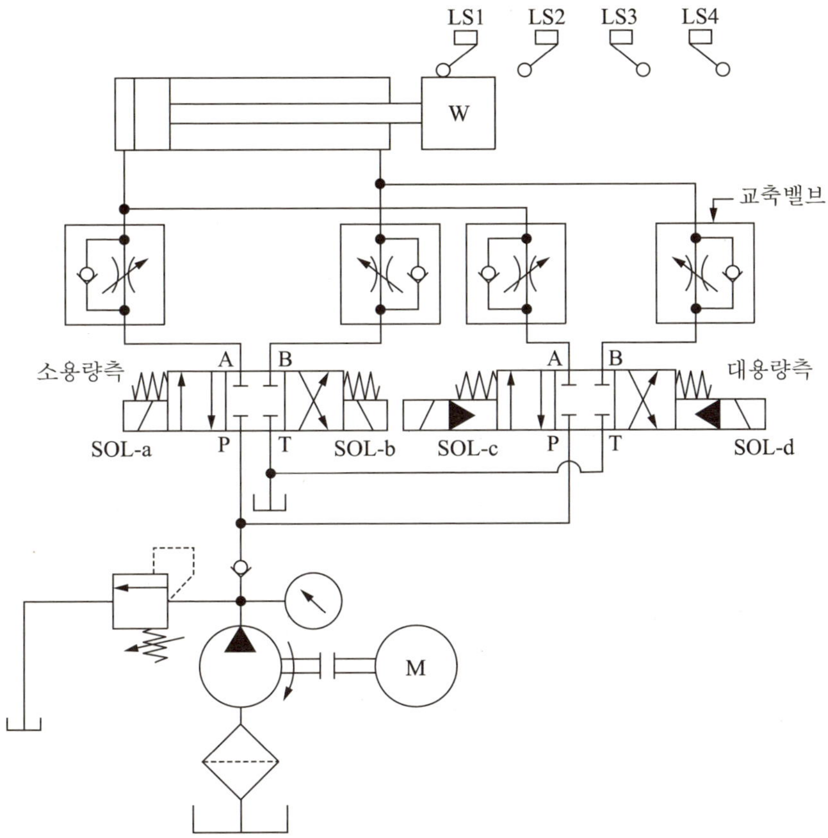

그림 8.30 2 속도 제어회로

[3] 압력배출회로를 사용한 고압유 급속 개방에 따른 충격완화회로

그림 8.31은 유압프레스용 실린더에서 고압인 가공압력을 발생하는 쪽에 압력배출회로를 추가한 것이다. 주 방향전환밸브의 SOL - a가 ON되면, 실린더가 하강하여 프레스 가공이 시

작되고 회로압력이 상승한다. 회로압력이 압력스위치의 고압측(Hi측)에 설정값에 도달하면 그 신호로 방향전환밸브의 SOL－a를 OFF하여 중립위치로 되돌리면서 압력배출용 전환밸브의 SOL－c를 ON하여 밸브를 연다. 압력배출용 전환밸브에는 압력배출(decompression)용 교축밸브가 사전에 조정되어 있기 때문에 서서히 압력이 빠진다.

압력스위치의 저압측(Lo측)에 설정된 값까지 회로압력이 낮아지면 그 신호로 방향전환밸브의 SOL－b를 ON하여 실린더를 충격없이 상승시킨다. 이 회로는 유압프레스의 예시이지만, 프레스와 같이 가공할 때 고압이 걸리는 경우는 작동유의 압축성을 고려하여 충격이 발생하지 않도록 압력배출회로 등을 사용하여 가공 후에 고압유의 급속한 개방을 방지해야 한다.

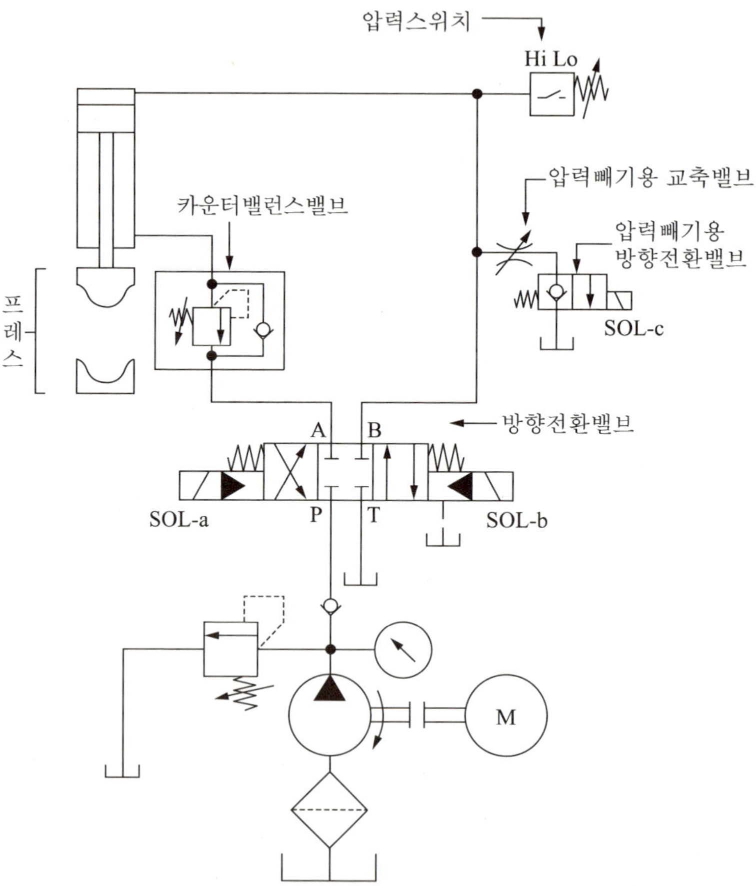

그림 8.31 압력배출회로

8.7 리프트 제어

[1] 중부하 리프트의 속도제어 회로

그림 8.32와 같이 사람이나 물건을 위로 운반하는 승강(lift) 기구를 제어하는 모델에서 교축밸브를 사용하여 실린더의 상승속도를 제어하는 회로를 생각해 보자. 단순화하기 위해 기구나 실린더의 마찰 및 승강기 본체의 중량은 무시하고, 사람이나 물체의 중량만이 실린더에 작용하는 것으로 하여 실린더가 상승할 때의 특성을 살펴본다. 실제는 이 회로를 그대로 사용하면 실린더 하강행정에서 자중 낙하가 일어나기 때문에 카운터밸런스밸브 등으로 배압을 발생시켜야 한다.

지금 승강기에 한 사람(61.2 kg으로 가정)이 타고 상승할 때, 승강기를 밀어 올리는 데 필요한 힘은 600 N, 일정 용량형 펌프의 송출량 $Q_p = 20$ L/min, 릴리프밸브의 설정압력 10 MPa,

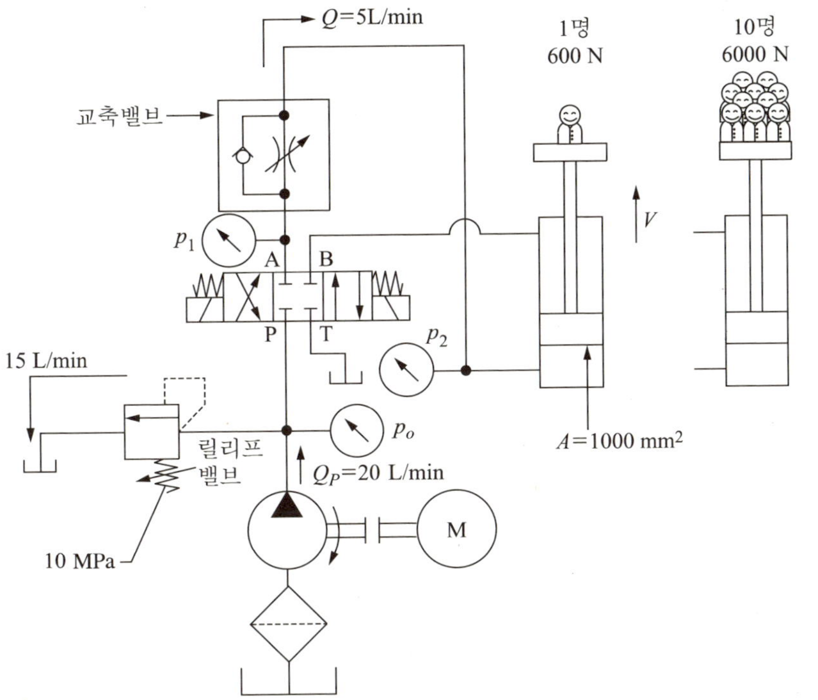

그림 8.32 교축밸브를 사용한 속도제어 회로

실린더 수압면적 $A = 1{,}000\ \mathrm{mm}^2$라 하고, 교축밸브를 조정하여 실린더에 공급되는 유량 $Q = 5\ \mathrm{L/min}$로 설정하였다고 가정한다. 이 상태에서 승강기에 타는 사람 수가 변하여 부하가 크게 변하면 어떻게 될까?

그림 8.33과 같이 오리피스 입구와 출구의 압력을 각각 p_1, p_2 [MPa], 오리피스를 통과하는 유량 Q [cm³/s]는

$$Q = C A_v \sqrt{\frac{2(p_1 - p_2)}{\rho}} \tag{8.5}$$

이고, 오리피스의 유량계수 C와 작동유의 밀도 ρ [kg/cm³]는 일정한 값을 가진다. 교축밸브의 오리피스의 개구면적 A_v [cm²]도 일정하다. 밸브정수 $K = C A_v \sqrt{2/\rho}$로 두고, 식 (8.5)를 다시 쓰면,

$$Q = K\sqrt{(p_1 - p_2)} \tag{8.6}$$

이다.

일정 용량형 펌프의 송출량은 20 L/min이지만, 실린더 유입량은 교축밸브에서 5 L/min로 조정되기 때문에 나머지 15 L/min은 릴리프밸브를 통해 오일탱크로 빠진다. 릴리프밸브가 작동한다는 것은 펌프 송출압력 p_o가 릴리프밸브의 설정압력 10 MPa에 근접해 있는 것을 의미한다.

교축밸브의 1차측 압력 p_1은 승강기 상승 중에 p_o와 배관 등의 압력손실을 더한 것이지만, 압력손실은 그다지 커지 않기 때문에 p_1은 p_o와 거의 같다. 교축밸브의 2차측 압력 p_2는 실린더 작동압력이 되기 때문에 실린더를 밀어 올리는 힘을 F라 하면 $p_2 = F/A$이다. 실린더의 마찰이나 승강기 자체 무게를 무시하고 사람의 무게만 고려하면, 한 사람의 질량 61.2 kg에서 힘은 600 N이 된다.

실린더 수압면적 $A = 1{,}000\ \mathrm{mm}^2$에서, p_2는 다음과 같다.

$$p_2 = \frac{F}{A} = \frac{600}{1000} = 0.6\ \mathrm{MPa}$$

실린더 유입유량 Q는 식 (8.6)에서 $p_1 = 10\ \mathrm{MPa}$, $p_2 = 0.6\ \mathrm{MPa}$을 대입하면,

$$Q = K\sqrt{9.4} \fallingdotseq 5\ \mathrm{L/min}$$

이다.

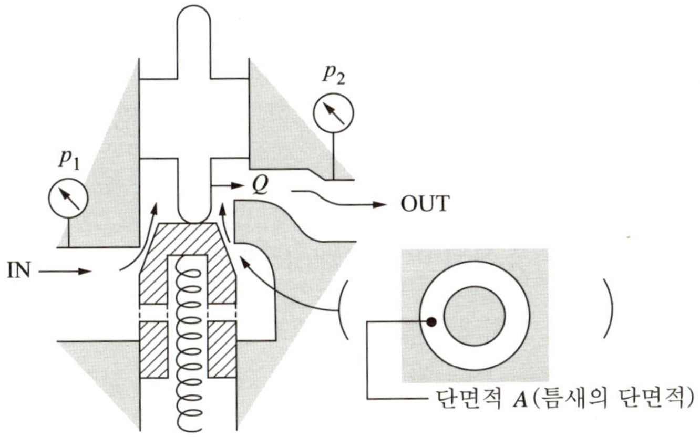

그림 8.33 오리피스 구조

표 8.5 교축밸브의 속도제어 리프트회로에서 유량변화

사람 수	힘 F[N]	p_o [MPa]	p_1 [MPa]	p_2 [MPa]	Q[L/min]
1명	600	10	10	0.6	$K\sqrt{9.4} \fallingdotseq$ 5 L/min
10명	6,000	10	10	6.0	$K\sqrt{4} \fallingdotseq$ 3.26 L/min
15명	9,000	10	10	9.0	$K\sqrt{1} \fallingdotseq$ 1.63 L/min

승강기에 타는 사람 수가 1명에서 10명, 15명으로 부하가 변동할 때를 고려하면, 표 8.5와 같다.

표 8.5에서 보듯이 압력보상 기능이 없는 교축밸브로 유량을 제어하면, 부하의 크기에 따라 오리피스 전후의 압력차($p_1 - p_2$)가 변하기 때문에 오리피스의 개구면적을 고정하였을 때 밸브를 통과하는 유량 Q는 $\sqrt{(p_1 - p_2)}$에 비례하여 변동한다.

또 실린더의 상승속도 $V = Q/A$이므로 이 승강기로 2계단을 가는 데 한 사람이 타면 60초가 걸리고, 10명이 타면 1분 30초 정도, 15명이 타면 3분 10초 정도가 걸린다. 이와 같이 부하에 따라 속도가 변하는 것은 승강기에서 뿐만 아니라 여러 가지 문제가 된다. 예를 들면, 절삭가공기의 절삭 이송 실린더에 이 밸브를 사용하여 제어하면 가공물에 커터(cutter)가 닿는 순간 절삭력이 증가하여 이송속도가 늦어진다. 더구나 절삭 중에도 절삭저항이 커지면 이송속도가 늦어지고, 절삭저항이 작아지면 속도가 빨라져 가공물의 절삭면의 조도나 정밀도에 영향을 준다.

이와 같이 교축밸브로 유량을 제어하면 부하가 변동하면 제어유량도 변하기 때문에 실린더의 속도가 중요한 경우는 사용하지 않는다. 이러한 경우는 다음에 설명하는 유량조정밸브를 사용하는 것이 좋다.

[2] 유량조정밸브로 중부하 승강기의 속도제어 개선

앞에서 설명한 승강 기구를 그림 8.34와 같이 체크밸브 내장형 유량조정밸브를 사용한 회로로 변경하여 제어해 보자. 조건 등은 앞에서 설명한 것과 전부 같고, 리프트에 타는 인원도 한 명, 10명, 15명으로 변화시킬 때, 표 8.6과 같다.

이것은 6.4의 유량제어밸브에서 설명하였듯이 유량조정밸브는 부하가 변해도 압력보상 스풀이 작동하여 오리피스 전후의 압력차($p_1 - p_2$)를 일정(F/A_1)하게 하기 때문에 밸브를 통과하는 유량 Q는 항상 일정하다.

표 8.6과 같이 체크밸브 내장형 유량조정밸브로 유량을 제어하면 부하의 크기가 변해도 오리피스를 통과하는 유량 Q는 일정하게 유지되기 때문에 실린더의 상승속도도 부하변동에 관계없이 일정하다. 이 유량조정밸브를 앞에서 설명한 절삭가공기의 절삭이송 실린더 등에 적용하면, 절삭저항이 변해도 실린더의 이송속도는 일정하게 유지되기 때문에 절삭면의 조도나 정밀도가 향상되고, 커터의 수명도 길어진다.

표 8.6 교축밸브의 속도제어 승강기회로에서 유량변화

사람 수	힘 F[N]	p_o [MPa]	p_1 [MPa]	p_2 [MPa]	Q[L/min]
1명	600	10	$0.6+F/A_1$	0.6	$K\sqrt{F/A_1}=5$ L/min
10명	6,000	10	$6.0+F/A_1$	6.0	$K\sqrt{F/A_1}=5$ L/min
15명	9,000	10	$9.0+F/A_1$	9.0	$K\sqrt{F/A_1}=5$ L/min

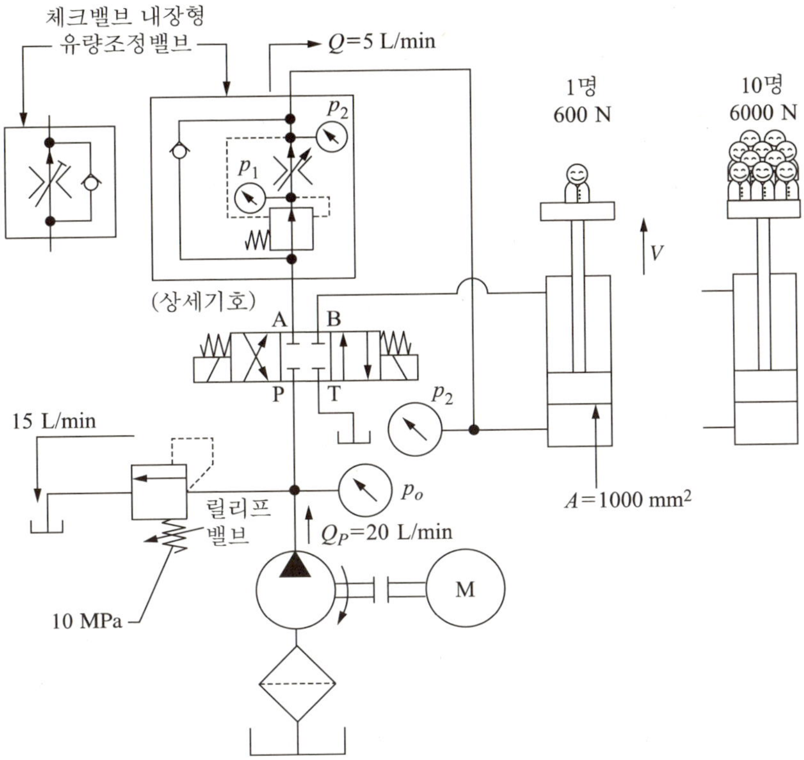

그림 8.34 체크밸브 내장형 유량조정밸브 사용한 리프트 제어회로

8.8 증압회로

거대한 유압실린더의 출력이 요구될 때는 특별히 제작된 대형 유압실린더를 사용하거나 고압용 유압펌프를 사용해야 하므로 장치가 대형화되고 비용도 증가한다. 이 때 증압회로(pressure intensifier circuit)를 사용하면 고압용 펌프를 사용하지 않고 장치도 소형으로 할 수 있다.

[1] 증압회로의 구성

유압실린더가 대출력 F을 내기 위해서는 $F = p \times A$에서 수압면적 A가 큰 유압실린더를 사용하든가 압력 p을 높이기 위해 고압용 펌프를 사용해야 한다.

여기서는 증압기(pressure intensifier)를 이용하여, 고압용 펌프를 사용하지 않고 실린더에 고압이 작용하도록 해보자. 이 회로는 고출력의 프레스기계 등에 많이 사용한다.

그림 8.35는 증압기의 원리를 나타낸다. 증압기는 1차측에 지름이 큰 피스톤, 2차측은 지름이 작은 피스톤으로 연결된다. 1차측 피스톤의 수압면적 A_1, 압력 p_1, 2차측 피스톤의 수압면적 A_2, 압력 p_2라 하고, 1차측에서 피스톤을 누르는 힘 F_1과 2차측에서 피스톤을 누르는 힘 F_2가 평형상태에 있으면, $p_2 = p_1 \times A_1/A_2$로 된다. 따라서 증압기의 피스톤 면적비(A_1/A_2)가 2차측에 나타나는 증압능력을 나타낸다.

그림 8.36은 증압기를 사용하여 실린더의 출력을 증가시킨 회로이다. 전자전환밸브의 SOL-a를 ON하면 고압유는 시퀀스밸브 A의 체크밸브를 통과하여 파일럿 체크밸브를 통해 주 실린더의 캡측에 유입되어 주 실린더가 하강한다. 주 실린더의 헤드측에 카운터밸런스밸브가 삽입되어 있으므로 주 실린더의 자중낙하를 방지한다. 주 실린더가 가공물에 닿아 회로압력이 상승하여 7 MPa이 되면, 시퀀스밸브 B가 열려 고압유는 감압밸브를 경유하여 증압기로 흘러들어간다. 감압밸브에서 감압되는 압력을 10 MPa로 제한되어 있기 때문에 증압기에 유입된 고압유는 최대 10 MPa로 제한된다. 증압기의 수압면적비가 1 : 6이므로 앞에서 언급한 증압기의 원리에서, 주 실린더측의 압력은 6배로 증폭되어 60 MPa이 발생한다. 또 시퀀스밸브 A측에 역류하지 않도록 파일럿 체크밸브가 작용한다.

그림 8.36의 증압회로에서, 주 실린더의 캡측 수압면적 A_1 = 2,000 mm^{2}로 하면 주 실린더

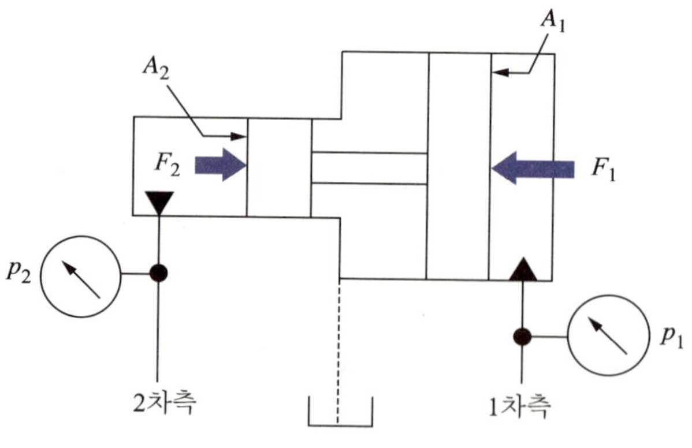

그림 8.35 증압기의 원리

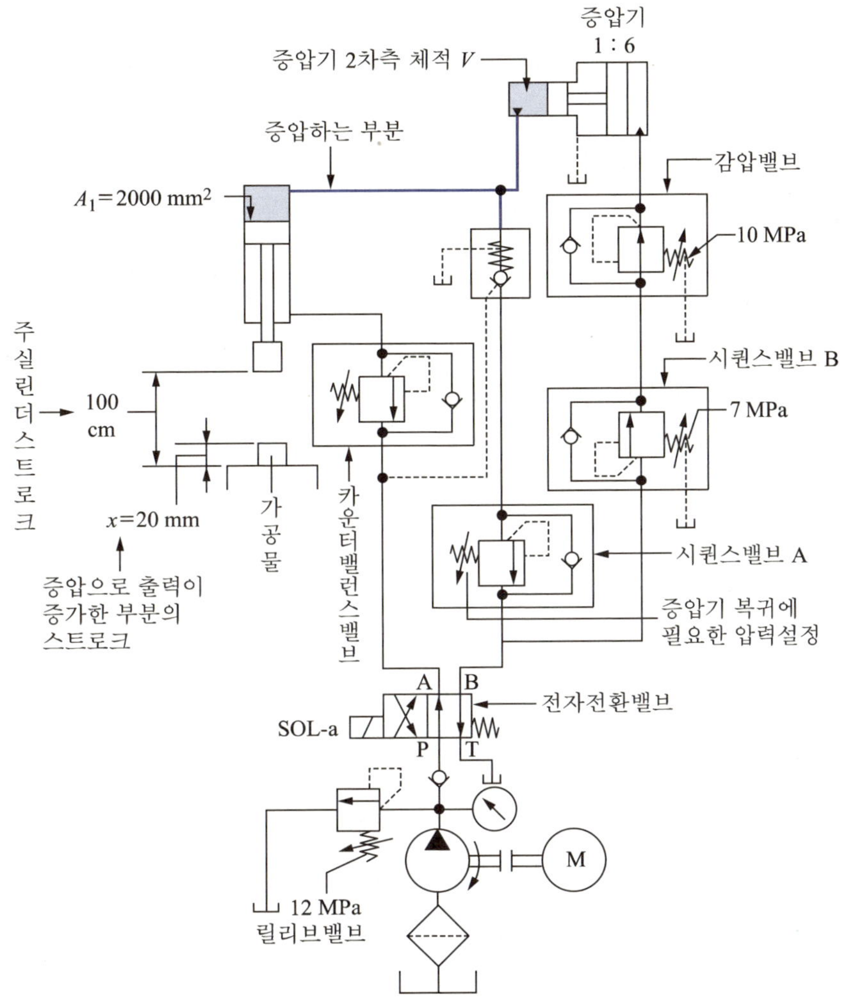

그림 8.36 증압회로를 사용한 실린더의 출력 증가

에서 발생하는 출력 $F = 60\,\text{MPa} \times 2{,}000\,\text{mm}^2 = 120{,}000\,\text{N}$이다. 여기서 감압밸브에서 설정된 감압 값을 바꾸면, 주 실린더의 출력은 쉽게 바꿀 수 있다. 감압밸브에서 감압 값의 조정 범위는 0~12 MPa(릴리프밸브 설정값)이기 때문에 주 실린더의 최대 출력 $F_{\max} = 72\,\text{MPa} \times 2{,}000\,\text{mm}^2 = 144{,}000\,\text{N}$이다.

만약 증압기가 없으면, 주 실린더에 작용하는 최대압력은 릴리프밸브의 설정압력이 12 MPa이기 때문에 주 실린더의 출력 $F' = 12\,\text{MPa} \times 2{,}000\,\text{mm}^2 = 24{,}000\,\text{N}$이 된다. 따라서 $F_{\max}/F' = 144{,}000/24{,}000 = 6/1$이고, 증압기의 수압면적비와 같다.

다음에 전자전환밸브의 SOL-a를 OFF하고, 파일럿 체크밸브에 파일럿 압력을 가하여 체크밸브를 강제적으로 열고 역류되도록 하여 주 실린더를 상승시킨다. 그 때 시퀀스밸브 A에서 복귀관로에 어느 정도 압력을 가지고 증압기를 되돌아온 후에 시퀀스밸브 A가 열린다. 시퀀스밸브 A는 증압기의 피스톤을 후진시키는 작용을 한다.

이 증압회로에서 주의사항은 그림 8.36의 음영부분이 증압되기 때문에 이 부분의 유압기기(주 실린더, 증압기, 파일럿 체크밸브), 배관, 관이음 등은 증압되는 압력 이상의 내압강도를 가지도록 한다(이 경우는 내압강도 72 MPa 이상).

다음에 가장 많이 실수하는 것이 증압기의 2차측 체적 결정이다. 그림 8.36에서 증압기의 2차측 체적 V는 주 실린더의 스트로크(stroke)에서 증압하여 큰 출력을 내는 부분의 스트로크 X이기 때문에 간단하게 생각하면,

$$V = X \times A_1 \tag{8.7}$$

로 계산한다. 그러나 이것만으로는 잘못된 설계이고, 이렇게 결정하면 소정의 설계 압력까지 증압되지 않는다. 이 경우는 작동유의 압축성을 고려하여 작동유가 압축되는 양을 고려하여야 한다. 본래 작동유는 액체이고, 저압에서는 거의 압축되지 않기 때문에 비압축성으로 간주하지만, 증압기를 이용하여 고압으로 작동할 때는 작동유의 압축성 효과를 반드시 고려하여야 한다.

그림 8.37과 같이, 작동유의 압축전의 체적 V에 가압력 Δp가 작용하여 체적감소량을 ΔV, 작동유의 압축률 β라 하면, 식 (3.13)은 다음과 같이 쓸 수 있다.

$$\Delta V = \beta \cdot \Delta p \cdot V \tag{8.8}$$

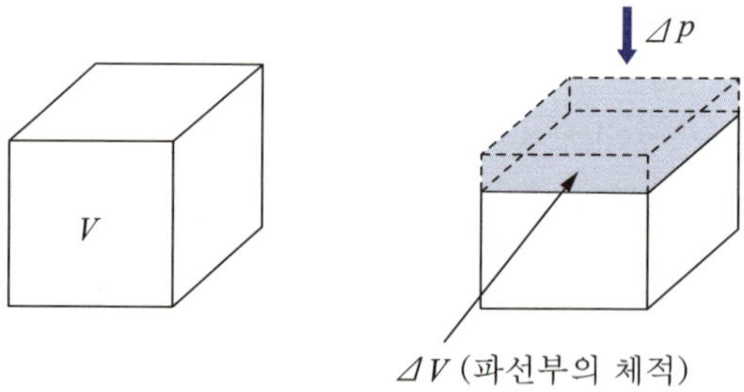

그림 8.37 작동유의 압축성 영향

압축률 β는 광유계 작동유에서 약 $6 \times 10^{-4}\,\mathrm{MPa}^{-1}$이지만, 실제는 배관 등을 시공할 때 약간의 공기가 혼입되기 때문에 대략 약 $1 \times 10^{-3}\,\mathrm{MPa}^{-1}$ 정도로 간주한다. 따라서 증압기 2차측 체적 V는 식 (8.7)에서 구한 것과 식 (8.8)에서 구한 체적을 더해야 한다.

증압되는 부분의 체적은 최대한 작게 하는 것이 증압에 따른 작동유의 압축량도 작아지고, 증압기 2차측 체적 V를 줄일 수 있으므로 가격이나 안전 측면에서도 좋다. 따라서 증압기 주변의 배관을 최대한 짧게 하고, 그 체적도 작게 하며, 밸브나 실린더는 누설이 없는 것을 선정할 필요가 있다.

실제 그림 8.36의 증압회로에서 식 (8.8)의 ΔV를 계산해 보자. 먼저 증압되는 부분의 전체 체적을 구한다. 주 실린더의 스트로크 100 mm, 증압되어 큰 출력을 내는 부분의 스트로크 X를 20 mm, 증압되는 부분의 배관 체적 1000 cm^3, $\beta = 1 \times 10^{-3}\,\mathrm{MPa}^{-1}$이라 하면, 증압되어 큰 출력을 내는 부분의 스트로크에 필요한 체적 V'는

$$V' = 2\,\mathrm{cm} \times 20\,\mathrm{cm}^2 = 40\,\mathrm{cm}^3$$

이지만, 이것을 증압기 2차측 체적 V로 하면 오류가 발생한다. 증압되는 부분 전체 체적 V''는 실린더와 배관 체적이므로 다음과 같다.

$$V'' = 10\,\mathrm{cm} \times 20\,\mathrm{cm}^2 + 1{,}000\,\mathrm{cm}^3 = 1{,}200\,\mathrm{cm}^3$$

증압되는 최대압력은 72 MPa이므로 식 (8.8)에서 작동유의 압축에 따른 체적변화 ΔV는 다음과 같다.

$$\Delta V = 1 \times 10^{-3}\,\mathrm{MPa}^{-1} \times 72\,\mathrm{MPa} \times 1{,}200\,\mathrm{cm}^3 = 86.4\,\mathrm{cm}^3$$

따라서 증압기 2차측 체적 V는 다음과 같다.

$$V = V' + \Delta V = 40\,\mathrm{cm}^3 + 86.4\,\mathrm{cm}^3 = 126.4\,\mathrm{cm}^3$$

실제는 증압에 따른 배관의 팽창 등을 고려하여, 이 값보다도 높게 산정할 필요가 있다.

8.9 증속회로

유압실린더 등의 액추에이터를 고속으로 작동시키려면 대용량 유압펌프가 필요하다. 대유량을 송출하는 펌프는 장치가 대형이고 가격도 비싸다. 여기서는 대용량 펌프를 사용하지 않고 액추에이터의 속도를 증가시키는 차동회로, 축압기를 이용한 회로 등을 다룬다.

[1] 차동회로

유압실린더(유압액추에이터)의 수압면적 A, 공급유량 Q에서 실린더의 속도 V는 연속방정식 (2.17)에서 다음과 같다.

$$V = Q/A \tag{8.9}$$

식 (8.9)에서 알 수 있듯이 고속으로 작동하려면 유량 Q가 증가시키거나 수압면적 A를 줄이면 된다. A가 작아지면 실린더가 소형으로 되고, 실린더의 출력도 작아지는 것이 적당하지 않으면 비용이 들어도 대유량 펌프를 사용한다.

차동회로(regenerative circuit)는 대유량 펌프를 사용하지 않고 편로드 복동실린더를 이용

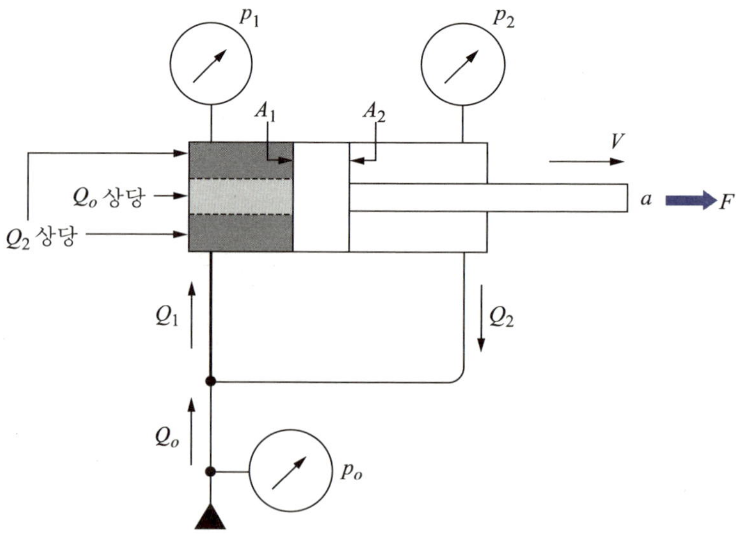

그림 8.38 차동회로의 원리

하여 실린더의 증속회로를 구성한다. 차동회로는 프레스기계의 주 실린더나 공작기계의 이송 실린더 등에 급속이송, 급속복귀에 많이 이용한다.

그림 8.38은 차동회로의 원리를 나타낸다. 편로드 복동실린더의 캡측과 헤드측에 관로를 연결하고, 캡측과 헤드측 양방향에 펌프에서 고압유를 보낸다.

실린더 캡측 피스톤의 수압면적 A_1, 헤드측 피스톤의 수압면적 A_2, 피스톤 로드 면적 a, 펌프 송출압력 p_o, 캡측 압력 p_1, 헤드측 압력 p_2, 펌프 송출유량 Q_o, 캡측 공급유량 Q_1, 헤드측 배출유량 Q_2, 피스톤의 전진속도 V, 출력 F라 한다. 실린더의 캡측과 헤드측 양방향에 펌프에서 고압유가 공급되기 때문에 고압유가 걸리는 순간에는 $p_o = p_1 = p_2$로 되고, 피스톤의 양쪽 면에 걸리는 힘은 캡측이 $p_o \times A_1$, 헤드측은 $p_o \times A_2$가 된다. 즉 피스톤 양쪽 면에 걸리는 힘은 수압면적에 비례하고, $A_1 > A_2$이기 때문에 힘은 $p_o \times A_1 > p_o \times A_2$로 되고, 캡측에 힘이 크기 때문에 이 힘의 차이로 피스톤이 전진한다.

그러면 실린더 헤드측에서 배출되는 고압유는 펌프측으로 되돌아 갈 수 없어 실린더 캡측으로 흐르기 때문에 실린더 캡측으로 유입되는 고압유는 펌프에서 송출된 고압유와 헤드측에서 배출된 고압유가 합쳐지기 때문에

$$Q_1 = Q_o + Q_2 \tag{8.10}$$

로 된다. 실린더 속도 $V = Q_1/A_1$이므로 다음 식이 성립한다.

$$\begin{aligned} Q_1 &= A_1 \times V \\ Q_2 &= A_2 \times V \end{aligned} \tag{8.11}$$

식 (8.10), (8.11)에서,

$$\begin{aligned} A_1 \times V &= Q_o + A_2 \times V, \quad & Q_0 &= V \times (A_1 - A_2) \\ V &= Q_o / (A_1 - A_2), & A_1 - A_2 &= a \end{aligned} \tag{8.12}$$

이므로

$$V = Q_o / a \tag{8.13}$$

로 된다.

만약 차동회로가 아닌 통상의 유압회로에서 피스톤 속도 V'는 실린더 캡측으로 유입되는 유량은 펌프의 송출유량 Q_o이기 때문에 다음 식과 같다.

$$V' = Q_o / A_1 \tag{8.14}$$

식 (8.13), (8.14)에서, $a < A_1$이므로 $V > V'$이다.

결국 펌프 송출량 Q_o는 캡측 수압면적 A_1의 피스톤 로드 면적에 상당하는 a에 작용하고, 나머지 부분(헤드측 수압면적 A_2에 상당, $A_2 = A_1 - a$)은 헤드측에서 배출유량 Q_2가 작용한다. 따라서 차동회로의 피스톤 속도 V는 통상 유압회로의 피스톤 속도 V'보다 빠르게 된다.

차동회로에서는 피스톤 출력은 작아진다. 실린더의 캡측과 헤드측은 배관으로 연결되어 있기 때문에 $p_1 = p_2$이다. 피스톤은 양쪽 면에 걸리는 힘의 차이로 전진하기 때문에 다음과 같다.

$$F = p_1 \times a \tag{8.15}$$

이와 같이 차동회로는 피스톤 속도를 빠르게 하기 위해 사용하며, 프레스기계나 공작기계 등의 급속이송, 급속복귀와 같이 출력보다도 고속 이송이 필요한 경우에 많이 사용한다.

그림 8.39는 차동회로의 예시이다. 이 회로는 전자 파일럿 방향전환밸브의 중립위치에서 PAB 접속을 사용하여 차동회로를 구성한다. SOL－a, b가 OFF일 때 차동회로로 증속 전진, SOL－a가 ON일 때 통상적인 전진, SOL－b가 ON일 때 후진한다.

단, 이 회로에서 방향전환밸브가 중립위치(SOL－a, b가 OFF)일 때 전동기가 펌프를 회전시키면 실린더가 증속 전진하기 때문에 위험하다. 따라서 전기제어로 전동기에 전원을 넣을 때, 동시에 방향전환밸브의 SOL－b가 ON되어 실린더가 돌출되지 않도록 해야 한다. 이 차동회로에서 주의사항은 회로를 흐르는 고압유의 유량이 펌프의 송출유량 보다 많기 때문에 유량이 흐르는 배관을 굵게 해야 한다. 그림에서 관 지름이 큰 부분(진하고 굵은 선 부분)은 유량이 많이 흐른다.

그림 8.38에서 설명하면, 차동회로이므로 피스톤 로드가 보통 유압회로와 비교하여 빠른 속도로 전진하기 때문에 헤드측의 유량 Q_2는 보통 유압회로 보다 많아지고, 피스톤 로드의 굵기에 관계도 있지만 대체로 펌프 송출유량 Q_o보다 많다. 또 Q_1은 Q_2와 Q_o가 합쳐서 흐르기 때문에 꽤 많은 유량이 된다. 차동회로에서 진하고 굵은 선 부분은 각각의 배관을 흐르는 유량이 흐르도록 가능한 지름이 크게 배관한다. 그림 8.39에서 방향전환밸브를 대유량이 흐르도록 전자 파일럿 방향제어밸브로 한 이유도 이 때문이다.

만약 각각의 배관에서 하나라도 지름이 작은 배관을 하여 회로를 흐르는 유량을 만족시키지 못하면 흐름을 교축시키는 조리개 역할을 하기 때문에 펌프 압력이 릴리프밸브의 설정압력이 되어 릴리프밸브가 열려 펌프 송출유량의 일부가 오일탱크로 배출된다. 가변 용량형

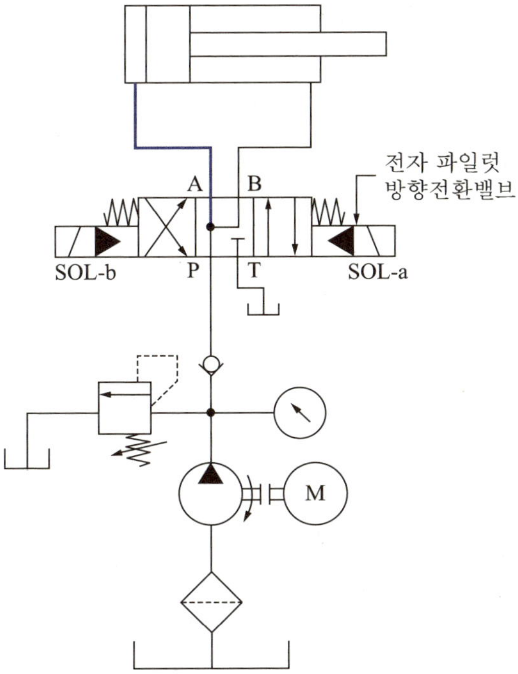

그림 8.39 차동회로

펌프에서는 펌프 압력이 최고 사용압력에 가까워질 때까지 올라가고, 펌프가 차단(cut-off)상태가 되어 펌프 송출 유량이 줄어든다. 따라서 차동회로 본래의 속도가 나오지 않는다. 이것이 차동회로 설계에서 실패 사례로 가장 많으므로 주의해야 한다.

[2] 보조 실린더와 프리필밸브를 이용한 증속회로

그림 8.40은 프레스기계에 보조 실린더와 프리필밸브(prefill valve)를 사용한 증속회로의 예시이다.

전자 파일럿 방향전환밸브의 SOL-b를 ON하면, 보조 실린더 캡측으로 펌프에서 고압유가 흘러들어가 보조 실린더가 하강한다. 그러면 보조 실린더의 로드와 주 실린더(단동 램형)의 램(ram)은 프레스 판(plate)에 결합되어 있기 때문에 보조 실린더의 로드에 주 실린더의 램을 잡아당겨 하강한다. 주 실린더의 램이 하강하면 주 실린더 내부에 진공압(부압)이 걸리기 때문에 이 진공압력으로 프리필밸브가 열려 상부 탱크에서 주 실린더 내부로 작동유를 공급한다.

프레스 판이 가공물에 닿아 회로압력(펌프압력)이 상승하고, 시퀀스밸브의 설정압력(그림에서 5 MPa)이 되면, 시퀀스밸브가 닫혀 주 실린더에 펌프에서 송출된 고압유가 들어간다. 이와 동시에 프리필밸브가 닫혀 주 실린더는 펌프 송출압력(그림에서 릴리프밸브의 최고 설정압력 10 MPa)으로 가공물을 가압한다.

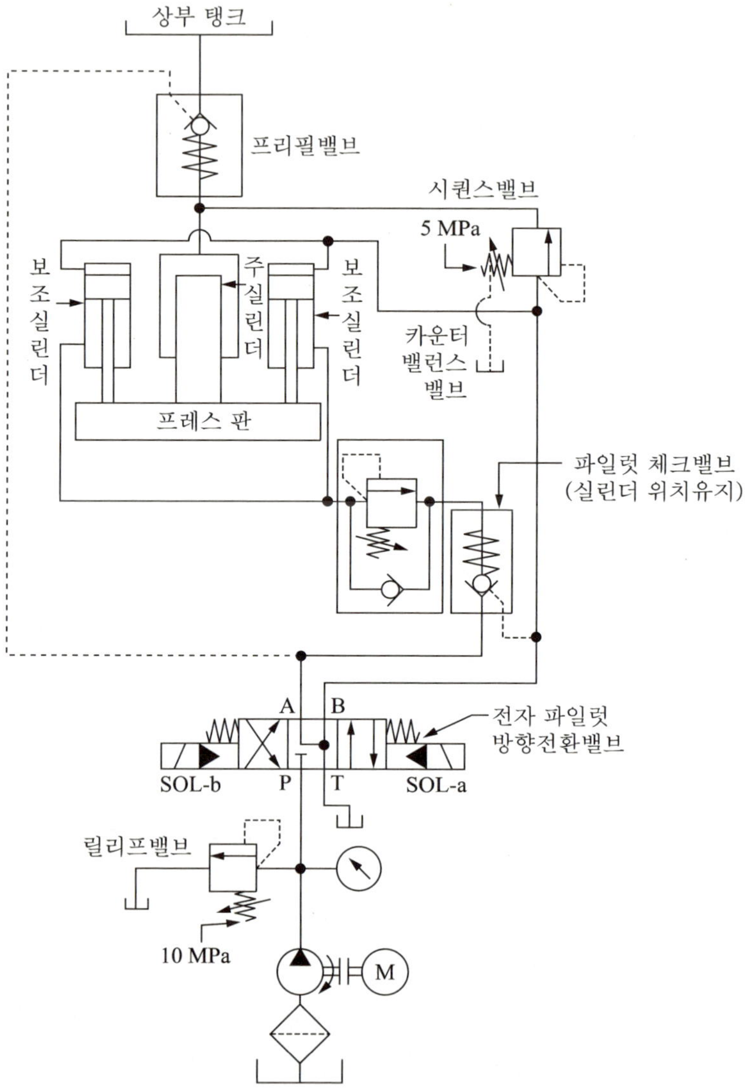

그림 8.40 프레스에 보조 실린더와 프리필밸브를 이용한 증속회로

다음에 가공(가압)이 끝나서 전자 파일럿 밸브의 SOL－b를 OFF에, SOL－a를 ON으로 하면 보조 실린더의 헤드측에 펌프에서 고압유가 유입되어 상승한다. 동시에 프리필밸브의 파일럿 압력에도 펌프의 고압유가 흘러들어가기 때문에 프리필밸브는 닫히고, 주 실린더 내부의 작동유는 상부 탱크로 되돌아간다.

이와 같이 프레스 판이 하강할 때에 주 실린더로 유입하고, 상승할 때 유출하는 대유량의 작동유는 프리필밸브를 경유하여 상부 탱크에서 직접 흘러들어가기 때문에 펌프 송출량은 보조 실린더의 하강, 상승에만 사용한다. 그리고 가압할 때만 펌프에서 송출된 고압유를 주 실린더로 보내어 가압한다.

항상 주 실린더에 사용하는 작동유 분량도 유압펌프의 송출유량으로 공급하는 유압회로와 비교하면, 그림 8.40의 회로가 프레스 판을 고속으로 작동시키는 것을 알 수 있다. 또는 프레스 판의 속도가 일정하면, 펌프를 보다 소형화 할 수 있다.

이 증속회로에는 그림 8.41과 같은 프리필밸브를 사용하고, 이것은 파일럿 조작형 체크밸브와 구조가 유사하다. 이 밸브는 (상부)탱크와 주 실린더 사이에서 작동유를 주고받는 흡입밸브, 배출밸브로서 사용되고, 수백～수천 L/min의 대유량의 작동유를 흐르게 할 수 있다.

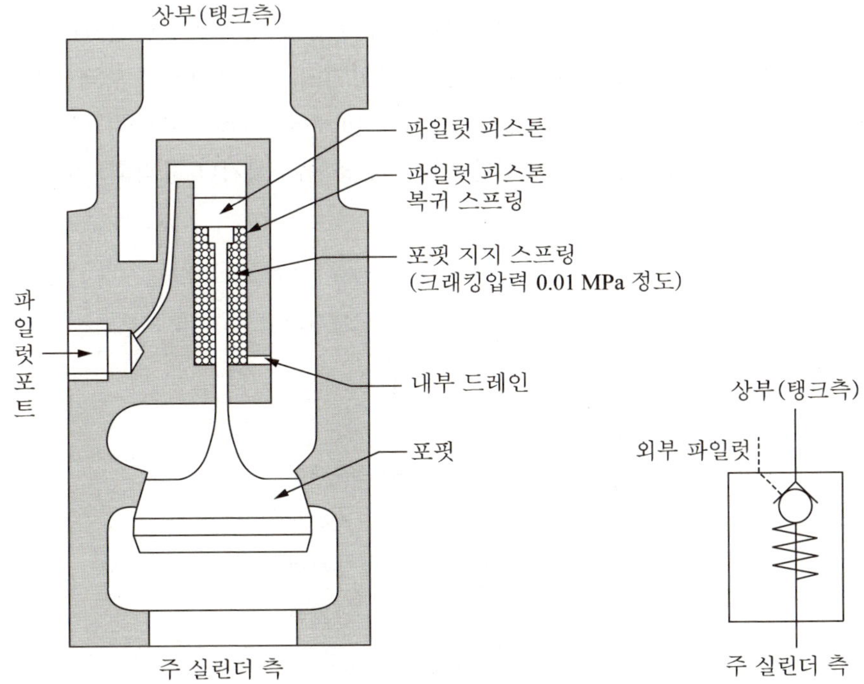

그림 8.41 프리필밸브의 구조

[3] 축압기를 이용한 증속회로

유압은 액체를 사용하기 때문에 펌프에서 압력을 가할 때 작동유는 거의 압축되지 않는다. 이것은 펌프가 회전하여 작동유를 고압으로 가압하여도 펌프가 정지하면 회로압력이 즉시 대기압으로 되어 유압에너지를 축적할 수 없는 것을 나타낸다.

한편 공기압은 기체를 사용하기 때문에 압축기에서 가압할 때 압축되기 때문에 압력용기에 저장해 두면, 압축기가 정지해도 공기압이 대기압으로 낮아질 때까지는 압축공기를 사용할 수 있다. 즉, 공기압 에너지는 축적할 수 있다.

일반적으로 유압에서는 유압에너지를 축적할 수 없지만, 축압기(accumulator)를 사용하면 에너지를 축적할 수 있다(7.1 축압기 참조). 축압기는 구조에 따라 중추식, 스프링식, 기체압축식이 있다. 보통 기체 압축식을 많이 사용하며, 그림 8.42는 가장 많이 사용하는 블래더형 축압기이다. 이것은 블래더(bladder, 고무자루) 상부에 급기밸브에서 기체를 주입한다. 하부의 압력포트는 유압회로와 연결되고, 유압회로의 압력이 상승하면 작동유가 압력용기로 유입되어 블래더 내부의 기체가 압축되고, 작동유를 축압하여 필요할 때 작동유를 방출한다. 블래더형은 관성이 작고, 응답성이 좋은 특징이 있다. 블래더에 주입하는 기체는 안전성과 경제성을 고려하여 질소(N_2)를 사용한다. 포핏밸브는 블래더가 팽창하여 작동유가 외부로 밀려나가는 것을 방지하고, 블래더가 작동유를 방출하여 축압기 내부에서 안전하게 팽창하면 블래더에 눌려져 고압유 포트를 닫는다. 이와 같이 축압기에 유압에너지를 축적하여, 정전이나 고장으로 유압펌프가 정지될 때의 긴급시의 유압원(power source)이나 펌프보조, 압력유지 기능 등에 사용한다. 또 유압펌프에서 발생하는 맥동을 흡수하거나 유압회로의 충격이나 서지압력 흡수용으로도 사용한다.

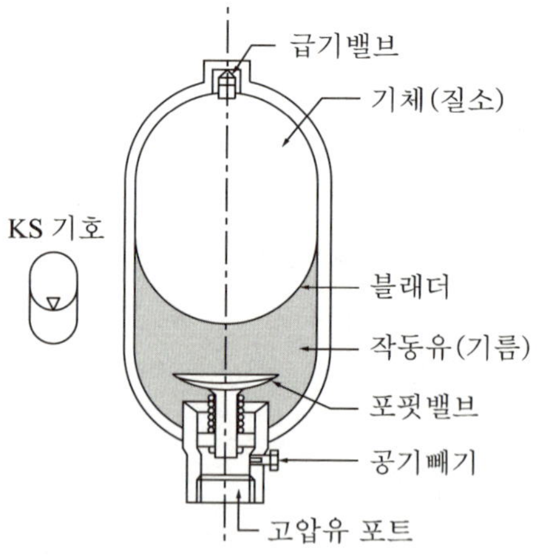

그림 8.42 블래더형 축압기 구조

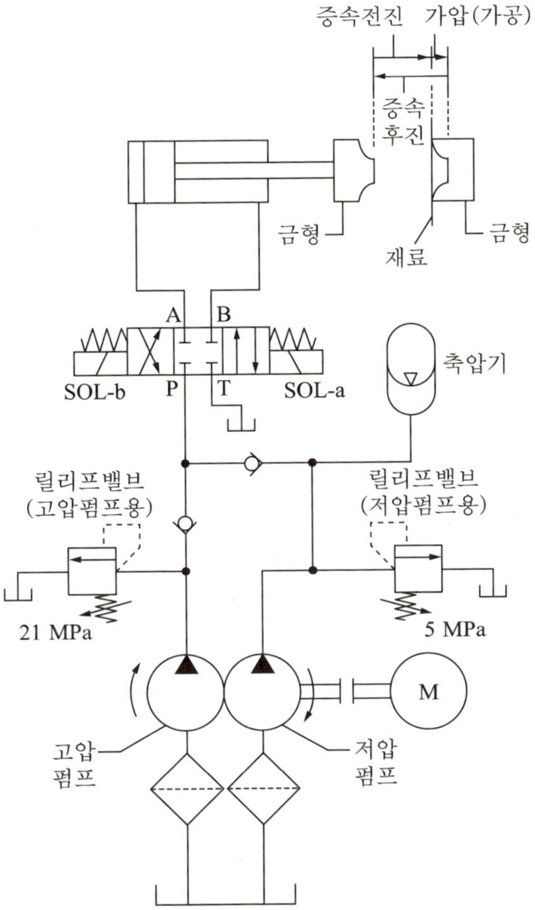

그림 8.43 축압기를 이용한 증속회로

그림 8.43은 축압기를 이용한 증속회로이다. 이 회로는 고압, 저압 2연펌프를 사용한 프레스기계의 예시이고, 전동기로 펌프를 회전시키면, 우선 저압펌프에서 축압기에 고압유를 보내 유압에너지를 축적한다. 이 회로에서 저압펌프용 릴리프밸브의 설정압력 5 MPa까지 고압유는 축압된다. 그리고 SOL－a를 ON 하면, 고저압펌프의 송출량과 축압기에 축적된 고압유가 동시에 실린더 캡측으로 유입되어 피스톤은 속도가 증가하여 전진한다. 금형이 재료에 닿으면 회로압력이 상승하여 고압펌프만으로 가압(가공)한다. 이 회로에서는 고압펌프용 최대 릴리프밸브 설정압력 21 MPa까지 가압할 수 있다. 이 때 저압용 펌프는 축압기에 고압유를 보내 유압에너지를 축적하기 때문에 가압(가공)이 종료하여 SOL－a를 OFF 하고, SOL－b를 ON 하면 고저압펌프의 송출량과 축압기에 축압된 고압유가 실린더 헤드측으로 유입되어 피

스톤 로드가 후진하고, 이 때 속도가 증가한다.

이와 같이 축압기를 사용하면 펌프의 송출량 이상의 유량을 실린더에 공급할 수 있기 때문에 속도가 증가한다.

8.10 감압회로

[1] 감압밸브를 이용한 부분 압력제어

감압밸브는 유압회로 일부에 압력을 낮추어 안정하게 압력을 제어할 때 사용한다. 그림 8.44는 릴리프밸브의 설정압력이 7 MPa, 감압밸브의 설정압력이 3 MPa일 때, 실린더 A가 전진·후진할 때 1차측의 최대압력은 7 MPa까지 작용한다. 한편 압력공급 배관에 감압밸브가 있는 실린더 B는 1차측 압력이 7 MPa까지 변동하여도 감압밸브에서 압력이 제어되어 전진·후진에서 최대 3 MPa로 제한된다.

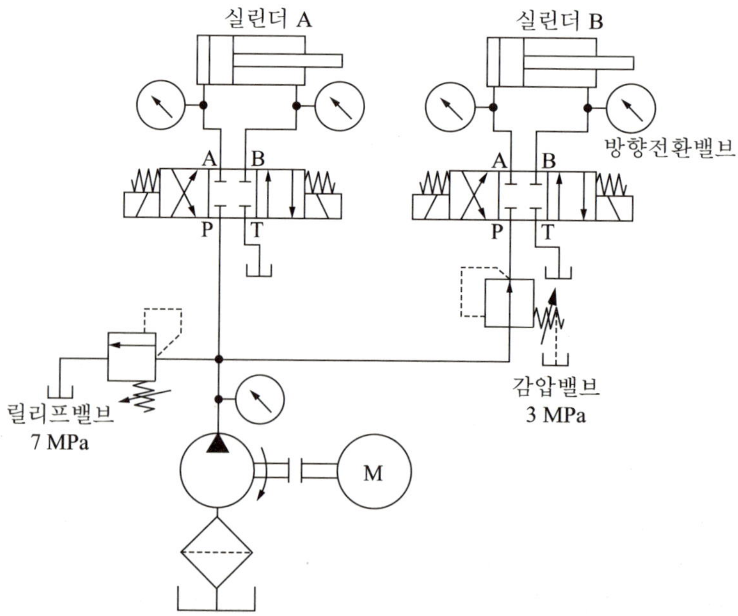

그림 8.44 감압밸브 회로

[2] 체크밸브 내장형 감압밸브를 이용한 압력제어

체크밸브 내장형 감압밸브는 역류할 수 있기 때문에 그림 8.45와 같이 실린더와 방향전환 밸브 사이에 설치하여 사용한다. 이 때 실린더 A는 그림 8.44와 같이 전진·후진에서 최대 7 MPa의 압력이 작용한다. 실린더 B는 전진행정에서는 최대 3 MPa로 제한되지만, 후진행정에서는 1차측 압력이 그대로 작용하기 때문에 감압밸브의 영향을 받지 않고 릴리프밸브의 설정압력인 최대 7 MPa까지 작용한다, 실린더 B의 캡측에서 배출되는 작동유는 체크밸브를 통하여 오일탱크로 복귀한다.

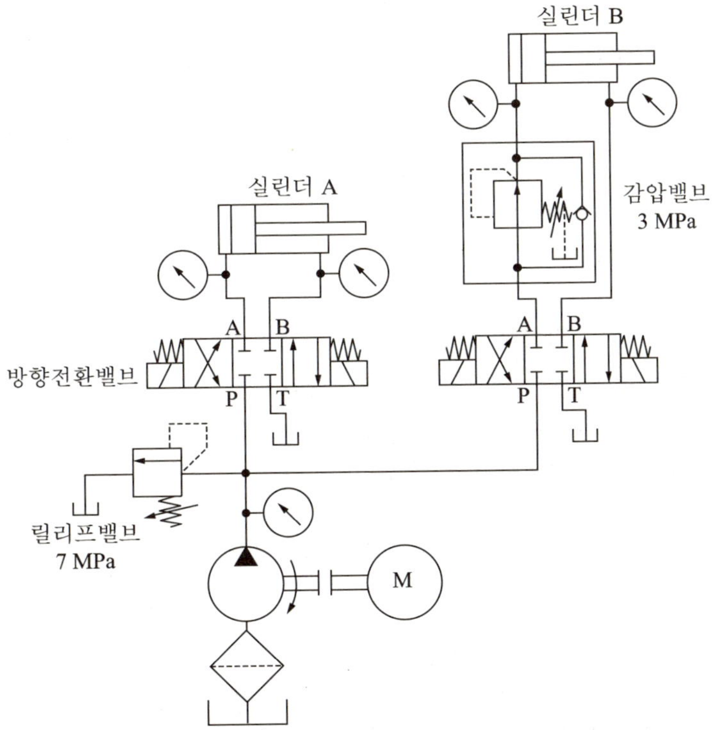

그림 8.45 체크밸브 내장형 감압밸브 회로

8.11 여러 개의 실린더 제어

액추에이터 작동에서 압력유지가 필요한 경우, 각각의 분기회로에서 여러 개의 액추에이터를 동시에 작동시키면 압력유지가 잘 되지 않을 때가 있다. 이것은 하나의 유압펌프에서 송출된 고압유를 여러 개의 회로에 분기하여 사용할 때 발생한다. 여기서는 압력유지회로의 불량 원인과 그 대책을 공작기계에서 많이 사용되는 클램프 회로(clamp circuit)를 사용하여 설명한다.

[1] 여러 개의 실린더 압력유지회로

공작기계에서는 가공물의 클램프(clamp) 등에 유압회로를 많이 사용한다. 하나의 예시로써 가공물을 드릴로 구멍을 뚫는 공정을 고려해 보자. 클램프 실린더의 가공물 클램프 압력은 릴리프밸브의 설정압력 5 MPa로 한다.

작동순서는 다음과 같다.

① 클램프 실린더 하강, 가공물 클램프
② 가공용 이송 실린더 전진, 가공물에 드릴 작업
③ 구멍 가공 종료 후 가공용 이송 실린더 후진
④ 클램프 실린더 상승, 가공물 클램프 해지

이 시스템을 제어하는 데 그림 8.46과 같이 유압회로를 구성하고, 이 회로가 정확하게 작동하는지 검토해 보자.

먼저 SOL - b를 ON 하면 클램프 실린더가 하강①하여 가공물을 고정·지지한다. 클램프 압력은 릴리프밸브 설정압력 5 MPa까지 상승한다. 다음에 SOL - c를 ON할 때 가공용 이송 실린더에 고압유가 펌프에서 공급되어 가공용 이송 실린더를 전진②시킨다. 그러면 클램프 실린더의 압력라인과 가공용 이송 실린더의 압력라인이 연결되어, 가공용 이송 실린더에 펌프에서 고압유가 공급되는 순간 지금까지 릴리프밸브의 설정압력 5 MPa의 압력을 유지한 클램프 실린더의 클램프 압력이 순식간에 낮아진다. 이 때 클램프에 걸리는 힘은 가공용 이송 실린더가 실린더 앞부분에 부착된 드릴 헤드를 눌러 미는 힘에 필요한 압력만 걸리고, 이 압력은 아주 낮다.

만약 이 상태로 가공용 이송 실린더가 전진하여 가공물에 드릴이 닿으면 드릴의 절삭저항이

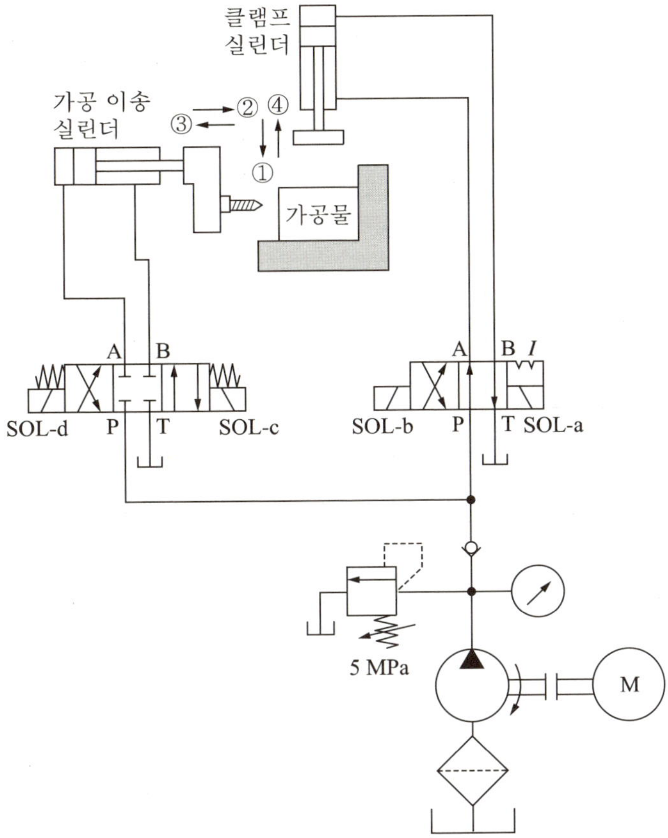

그림 8.46 압력유지회로의 잘못된 회로 예시

클램프 힘보다도 커지면 가공물이 클램프에서 분리되어 사고의 우려가 있기 때문에 이 회로는 아주 위험하여 사용할 수 없다.

작업순서에서 ①의 클램프하는 것까지는 좋다. 다음 작업 ②의 가공용 이송 실린더가 전진하는 순간에 클램프 실린더의 클램프 압력이 빠지지 않도록 회로를 개선해야 한다. 클램프 압력이 빠지지 않도록 하는 것은 클램프 실린더의 캡측 고압유가 빠지지 않으면 되므로 누설이 없는 포핏형 체크밸브를 사용하면 좋다. 스풀형식의 밸브는 누설 때문에 사용할 수 없다.

한편 클램프 실린더는 하강·상승을 반복하기 때문에 실린더 라인의 작동유는 쌍방향으로 흘러야 하고, 파일럿 조작형 체크밸브를 사용하면 그림 8.47과 같다.

이 회로는 동작 ①의 클램프 실린더가 하강하여 가공물을 고정·지지하여 클램프 압력이 릴리프밸브의 설정압력 5 MPa까지 상승한 다음, 동작 ②의 가공용 이송 실린더가 전진하여도

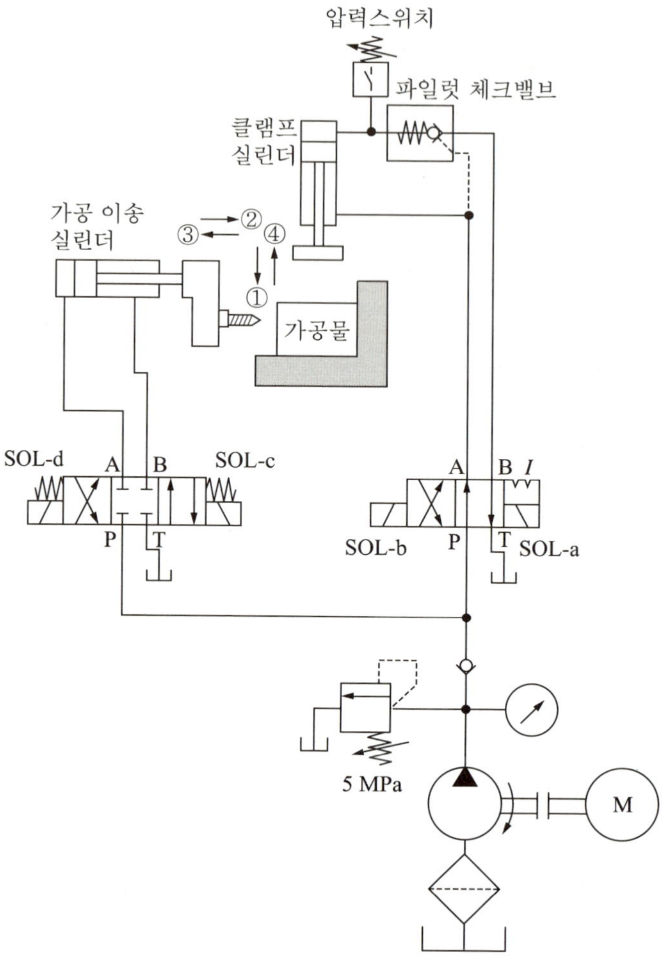

그림 8.47 압력유지회로의 개선

클램프 실린더의 캡측의 고압유가 파일럿 체크밸브에 의해 압력이 빠지지 않기 때문에 클램프 압력은 5 MPa로 유지된다. 따라서 동작 ①, ②, ③, ④가 원활하게 되고, 가공물의 드릴공정을 완료할 수 있다. 클램프 실린더의 캡측과 파일럿 체크밸브 사이에 접속된 압력스위치는 가공물의 클램프 중에 클램프 압력을 감시하며, 클램프 압력이 5 MPa이 되면 압력스위치가 ON 하도록 설정해 둔다. 그리고 압력스위치가 ON 되지 않으면 가공용 이송 실린더의 전진용 SOL－c가 ON 되지 않도록 제어기에서 설정해 두면, 어떤 원인으로 클램프 압력이 낮아져도 회로의 오작동을 방지할 수 있다.

8.12 액추에이터의 작동순서 제어

액추에이터 작동순서 제어는 PLC(programmable logic controller)를 이용한 전자밸브의 순서제어, 압력제어밸브인 시퀀스밸브(sequence valve)를 이용한 방법이 있다.

[1] PLC를 이용한 유압실린더의 작동순서 제어

여러 개의 유압실린더를 어떤 정해진 순서나 절차에 따라 작동시키는 방법을 생각해 보자. 그림 8.48은 전자 방향전환밸브 2개와 2개의 유압실린더로 구성된 회로이다. 실린더 이동 끝단에는 리밋스위치가 붙어 있어 스트로크 끝단에 도달하면 전기신호가 발생되도록 한다.

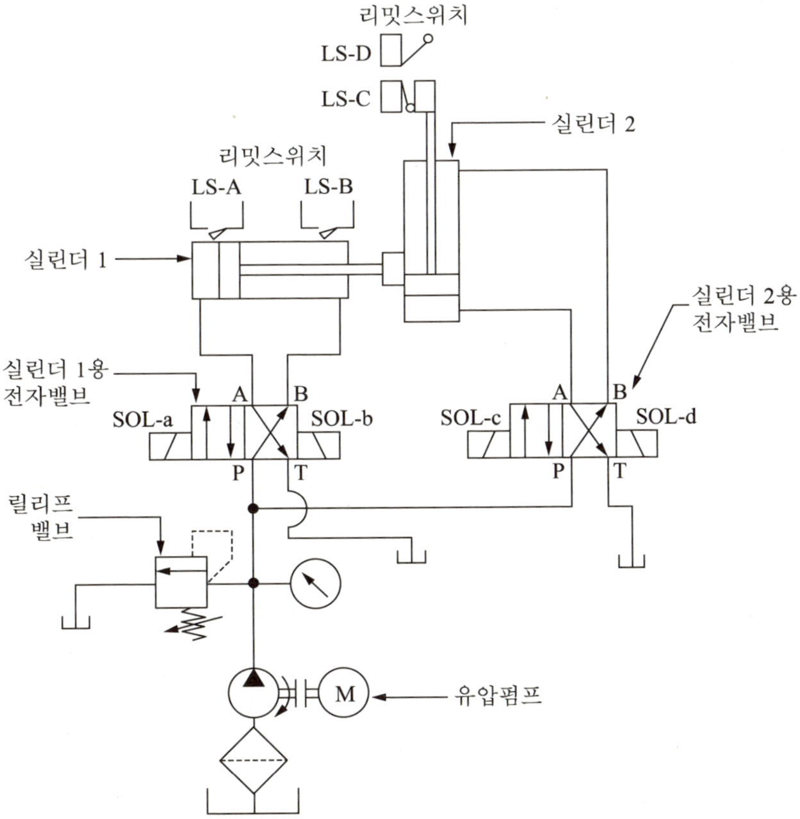

그림 8.48 전자전환밸브를 사용한 회로

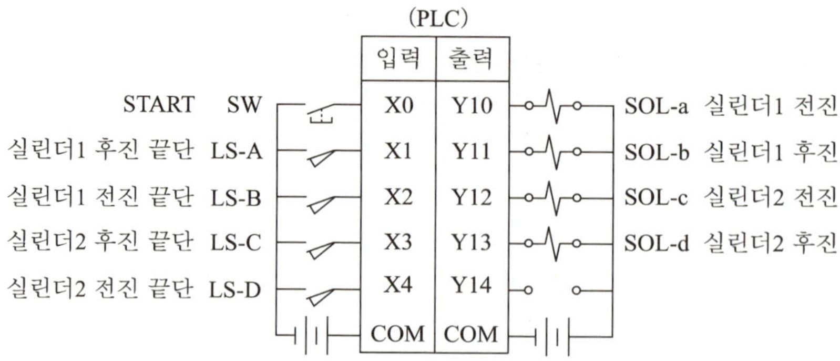

그림 8.49 PLC의 입출력 유닛과 배선도

제어기는 PLC를 이용하여 PLC와 전자 방향전환밸브, 리밋스위치를 그림 8.49와 같이 접속한다. PLC는 제어프로그램에 따라 입력신호가 입력되고, 출력신호를 자유롭게 ON/OFF 할 수 있는 제어기이다. 실린더의 위치를 검출하는 리밋스위치의 입력신호 상태에 따라 PLC에서 전자 방향전환밸브의 솔레노이드에 전류를 흘려 실린더를 제어하도록 프로그램을 만든다.

2개의 실린더의 작동순서는 다음과 같다. 먼저 전원을 넣으면 SOL－a에 전류가 흘러 실린더 1이 전진하고, 실린더 1의 전진 끝단에 있는 LS－B가 ON된다. LS－B가 ON되는 지점에서 SOL－c에 전류가 흘러 실린더 2가 전진한다. 실린더 2의 전진 끝단에 리밋스위치 LS－D가 ON 되면, SOL－c의 전류는 끊어지고 SOL－d에 전류가 흘러 실린더 2가 후진된다. 실린더 2의 후진 끝단 LS－C가 ON하면 SOL－a의 전류가 끊어지고 SOL－b에 전류가 흘러 실린더 1이 후진한다.

그림 8.50은 위의 작동순서이고, 그림 8.51은 2개의 실린더가 순서대로 작동하도록 작성한 PLC 프로그램의 예시이다.

이 예시와 같이, 전기신호를 사용하여 2개의 실린더를 제어하면 전자밸브나 리밋스위치의 전기회로, PLC의 배선, PLC의 제어프로그램 등의 다소 많은 작업이 필요하다. 그러나 한 번 제어시스템을 구축해 두면 프로그램 변경이나 작동순서를 쉽게 바꿀 수 있고, 정지시간(타이머) 등 다른 기능들을 자유롭게 추가할 수 있는 장점이 있다. 전기적인 제어를 사용하지 않고 유압으로만 순서를 제어할 때는 시퀀스밸브 등을 사용한다.

[2] 시퀀스밸브를 사용한 작동순서 제어 1

전기제어를 사용하지 않고, 체크밸브가 없는 시퀀스밸브(sequence valve)를 이용하여 2개의

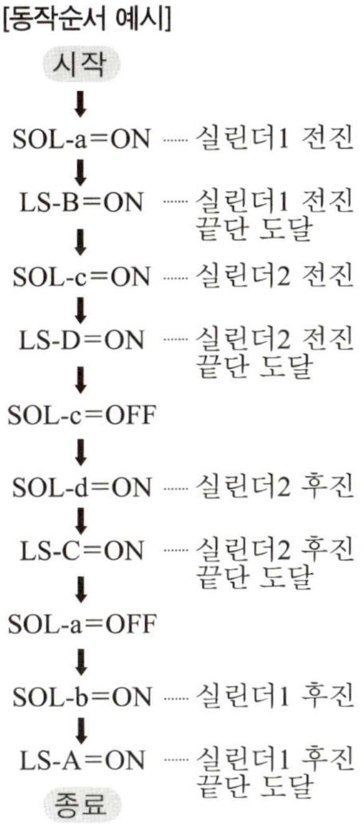

그림 8.50 작동순서

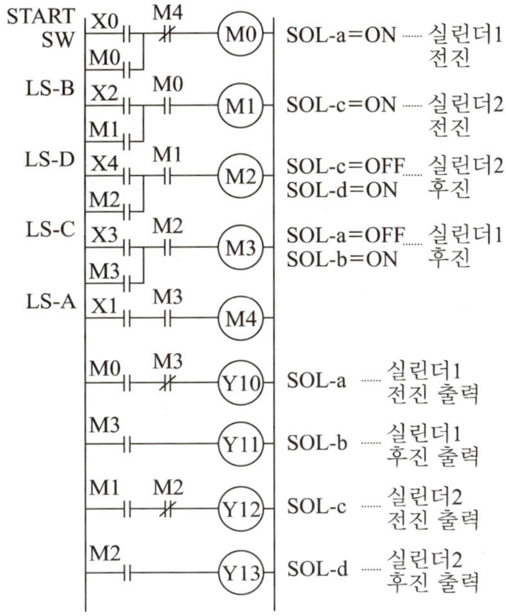

그림 8.51 PLC 프로그램 예시

액추에이터를 순서대로 작동시키는 유압회로를 구성해 본다. 체크밸브가 없는 시퀀스밸브는 1차측에서 2차측으로는 고압유를 보내지만, 2차측에서 1차측으로 역류는 허용되지 않는 점을 고려해야 한다.

그림 8.52와 같이 유압모터로 나사를 죄는 장치의 회로를 설계한다. 유압실린더로 누르면서 유압모터는 회전하는 시스템에 대해 그림 8.53과 같이 체크밸브가 없는 시퀀스밸브, 유압실린더, 유압모터를 사용하여 유압회로를 구성하고, 액추에이터의 작동순서를 어떻게 제어하는지 살펴보자.

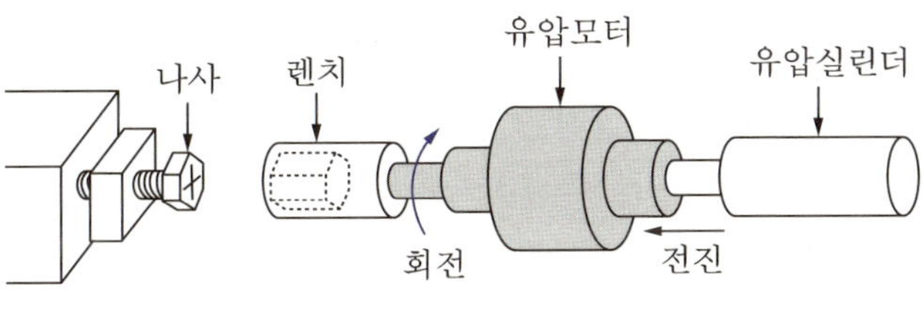

그림 8.52 유압실린더로 누른 다음 유압모터 회전

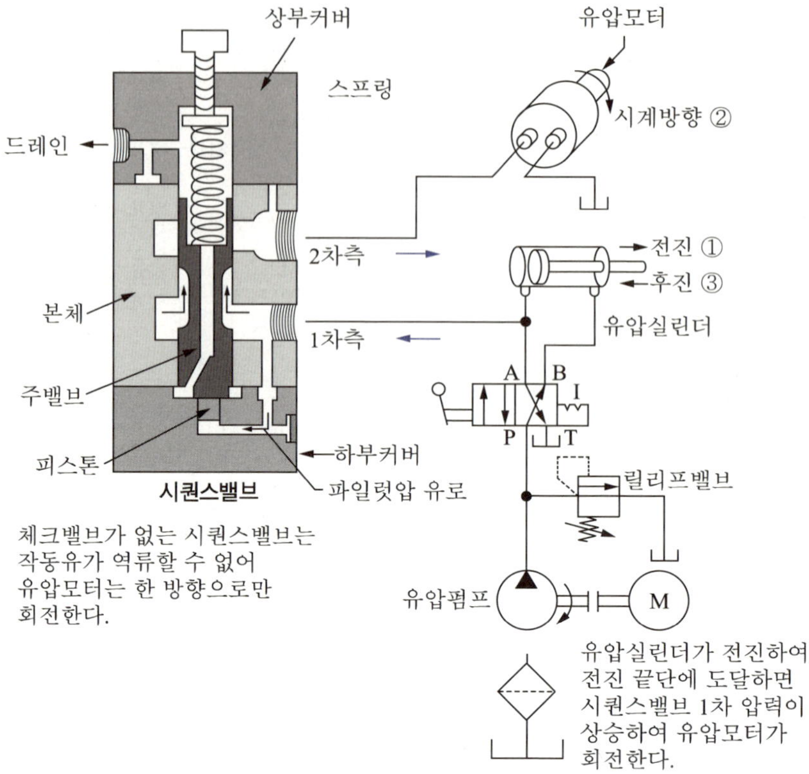

그림 8.53 체크밸브가 없는 시퀀스밸브를 이용한 작동순서 제어

먼저 수동 방향전환밸브를 전환하여 스풀을 그림의 왼쪽으로 이동시켜 유압실린더의 캡측으로 고압유를 공급하면, 유압실린더는 전진 ①의 동작을 한다. 시퀀스밸브의 1차측에도 동시에 고압유가 공급되어 파일럿 압력으로 작은 피스톤을 아래에서 위로 밀어 올리지만 스프링이 위에서 아래에 주밸브를 누르고 있기 때문에 1차측 압력(파일럿 압력)에 따라 작은 피스톤의 밀어 올리는 힘이 스프링 힘 이상으로 되지 않으면 주밸브는 상승하지 않는다(1차측과 2차측은 연결되지 않는다).

유압실린더가 전진할 때에 실린더를 누르는 압력은 정지상태와 비교하여 아주 낮은 압력으로 작동한다. 따라서 시퀀스밸브의 1차측 압력(파일럿 압력)에 걸리는 압력은 낮기 때문에 주밸브는 위로 올라가지 못하여 1차측과 2차측은 닫힌 상태이기 때문에 유압모터로 고압유가 흐르지 않아 회전하지 않는다.

유압실린더가 전진 끝단에 도달하면 고압유의 흐름이 정지되고, 1차측 압력이 릴리프밸브의 설정압력까지 상승한다. 1차측 압력이 높아져 작은 피스톤의 힘이 시퀀스밸브의 스프링 힘보다 커면 주밸브가 위로 올라가 1차측과 2차측이 연결되어 고압유가 유압모터로 흘러 회전한다(동작 ②).

다음에 수동 방향전환밸브로 스풀을 그림의 오른쪽으로 이동시키면, 유압실린더의 헤드측으로 고압유가 공급된다. 한편 유압실린더의 캡측과 시퀀스밸브의 1차측은 오일탱크로 연결되어 있기 때문에 유압실린더는 즉시 후진 ③ 동작을 한다. 이 때 시퀀스밸브의 1차측 압력(파일럿 압력)은 대기압에 가까워질 때까지 낮아지고, 시퀀스밸브의 주밸브는 스프링에 눌려 밑으로 내려가기 때문에 후진과 동시에 1차측과 2차측이 차단되어 유압모터는 정지한다.

만약 이 동작을 2개의 수동전환밸브로 하면, 작업자가 실린더 전진 끝단에 도달한 것을 확인한 후에 유압모터 운전으로 전환시켜야 한다. 만약 오동작이 일어나면 먼저 유압모터가 회전하거나 전진 끝단에 도달하기 전에 회전하여 가공 대상물을 파손하는 원인이 된다.

또는 실린더의 전진 끝단에 리밋스위치 등으로 검출하여 유압모터를 구동시키는 방법이 있다. 그런데 이 검출스위치는 실린더의 피스톤 위치만을 검출하기 때문에 완전히 전진 끝단에 도달하기 직전에 스위치가 전환되어, 이 상태에서는 실린더에서 누르는 힘이 충분하지 않은 상태에서 유압모터가 회전하게 된다. 이러한 점을 고려하여 시퀀스밸브를 사용하면 실린더에서 누르는 압력이 올라간 후에 유압모터가 회전하기 때문에 정확한 동작을 얻는다.

[3] 시퀀스밸브를 사용한 작동순서 제어 2

체크밸브 내장형 시퀀스밸브를 이용하여 한 개의 방향전환밸브만으로 2개의 실린더를 순차적으로 제어하는 유압회로를 구성해 보자. 체크밸브 내장형 시퀀스밸브는 체크밸브를 통하여 역류를 허용하기 때문에 더 복잡한 순서제어도 가능하다.

그림 8.54와 같이 수평방향 실린더 A가 공작물을 이동시키고, 수직방향 실린더 B가 위에서 공작물에 어떤 부품을 끼우는 장치를 생각해 보자. 2개의 실린더 동작은 먼저 실린더 A가 전진한 후에 실린더 B가 전진하고, 후진행정은 동시에 일어나도록 구성한다.

이 유압제어 회로는 체크밸브 내장형 시퀀스밸브를 사용하여 그림 8.55와 같이 설계한다.

먼저 수동 방향전환밸브의 스풀을 그림과 같이 오른쪽으로 이동하면 유압실린더 캡측으로 고압유가 공급된다. 유압실린더 A는 직접 캡측에 고압유가 흘러들어가기 때문에 즉시 전진 ① 동작을 한다. 유압실린더 B는 캡측 포트의 직전에 시퀀스밸브가 있어 즉시 전진하지 못한다.

유압실린더 A가 전진 끝단에 도달하면, 시퀀스밸브의 1차측 압력이 상승하고 1차측 압력에 의한 힘이 스프링 힘보다 커지면 주밸브가 위로 움직여 1차측과 2차측이 연결되고, 실린더 B의 캡측 포트에 고압유가 공급되어 유압실린더 B의 전진 ② 동작을 한다.

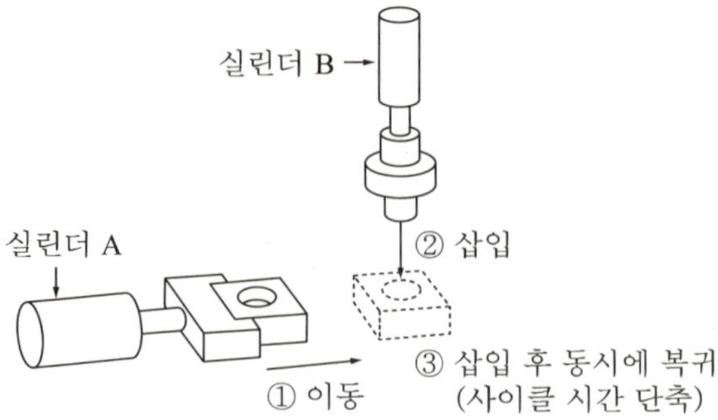

그림 8.54 2개 실린더는 순서대로 전진하고, 후진은 동시에 하는 제어

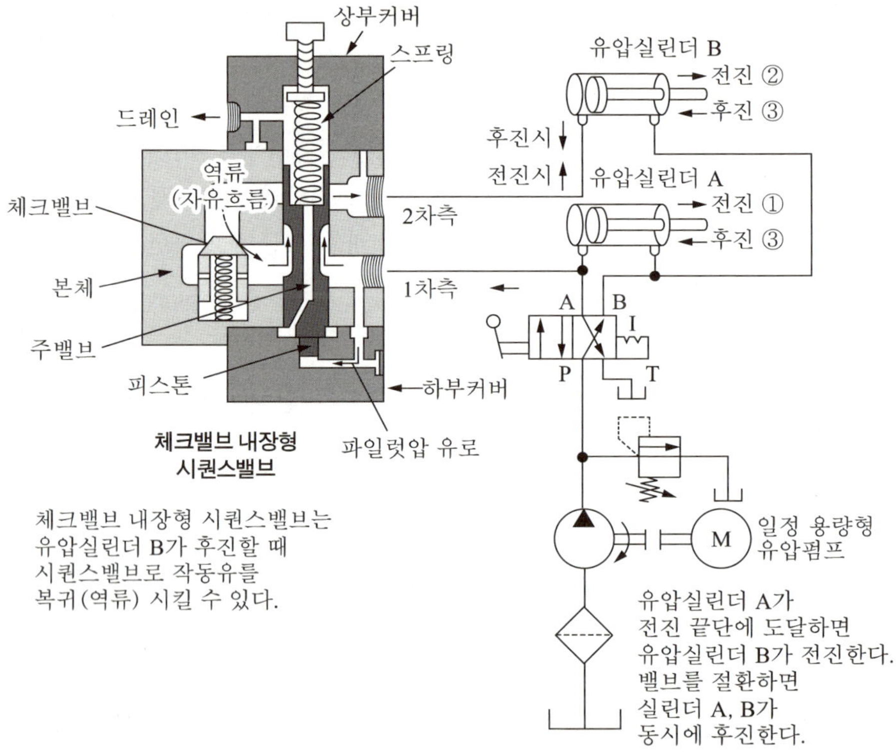

그림 8.55 체크밸브 내장형 시퀀스밸브를 이용한 작동순서 제어

여기까지는 그림 8.53의 체크밸브가 없는 시퀀스밸브의 작동과 같지만, 수동 방향전환밸브를 원래 위치인 왼쪽으로 되돌리면 고압유가 실린더 A, B의 헤드측으로 흐른다. 유압실린더

A의 캡측과 시퀀스밸브의 1차측은 오일탱크로 연결되어 대기압에 가깝다. 그 결과 시퀀스밸브의 스프링 힘이 1차측 압력보다 크기 때문에 주밸브는 아래로 밀리고, 1차측과 2차측이 차단되지만 체크밸브가 있기 때문에 2차측에서 1차측으로 역류(자유흐름)가 가능하다. 따라서 유압실린더 A가 후진 ③ 동작을 하면서 동시에 실린더 B도 후진 ③ 동작을 한다.

[4] 시퀀스밸브를 사용한 작동순서 제어 3

그림 8.56은 컨베이어(conveyer) 위의 공작물에 유압실린더로 가공하는 시스템을 나타낸다. 실린더 A가 전진 끝단에 있을 때 실린더 B가 상하운동하여 가공하고, 가공이 완료되면 실린더 A가 후진한다.

그림 8.57은 공작물을 이동하여 압축하는 장치이다. 공작물 이동은 실린더 A, 공작물을 치공구에 압착시키는 사이에 실린더 B가 상하운동으로 공작물을 압축한다.

그림 8.56과 그림 8.57은 같은 작업 공정이다. 이 동작을 실현하기 위해 그림 8.58과 같이 내부 파일럿 체크밸브 내장형 시퀀스밸브를 사용한 유압회로를 구성해 보자.

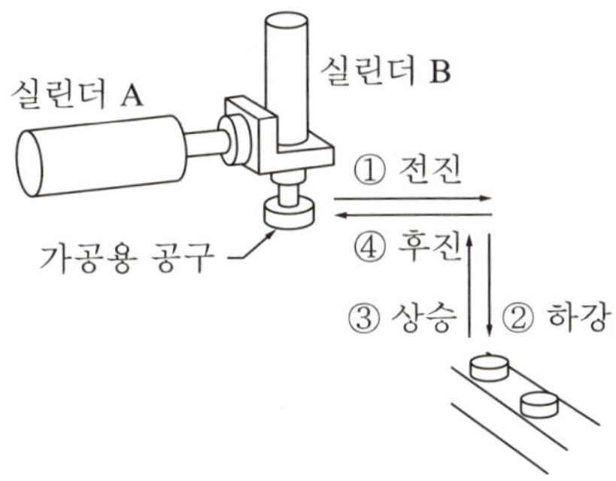

그림 8.56 컨베이어 위의 공작물 가공

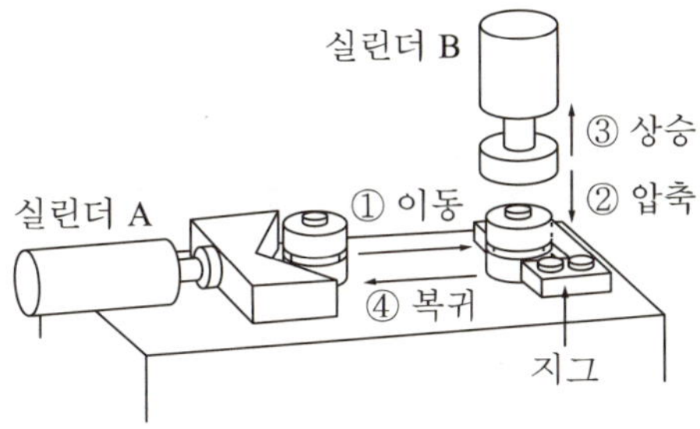

그림 8.57 공작물 이송 후 프레스 작업하는 장치

그림 8.58에서 SOL-a를 ON 하면 실린더 A가 전진 끝단까지 이동하여 정지하고, 다음에 실린더 B가 전진하여 끝단에서 정지한다. 이 상태를 유지하지만, SOL-a를 OFF 하고 SOL-b를 ON 하면 실린더 B가 후진하여 정지하고, 이어서 실린더 A가 후진한다.

왜 이렇게 되는지 살펴보면, SOL-a가 ON에 방향전환밸브가 전진방향으로 절환되면 고압유가 실린더 A의 캡측으로 공급되어 전진하기 시작한다. 동시에 시퀀스밸브 B의 1차측에도 압력이 걸리지만, 아직 파일럿 압력이 스프링 설정 값보다도 낮기 때문에 2차측으로는

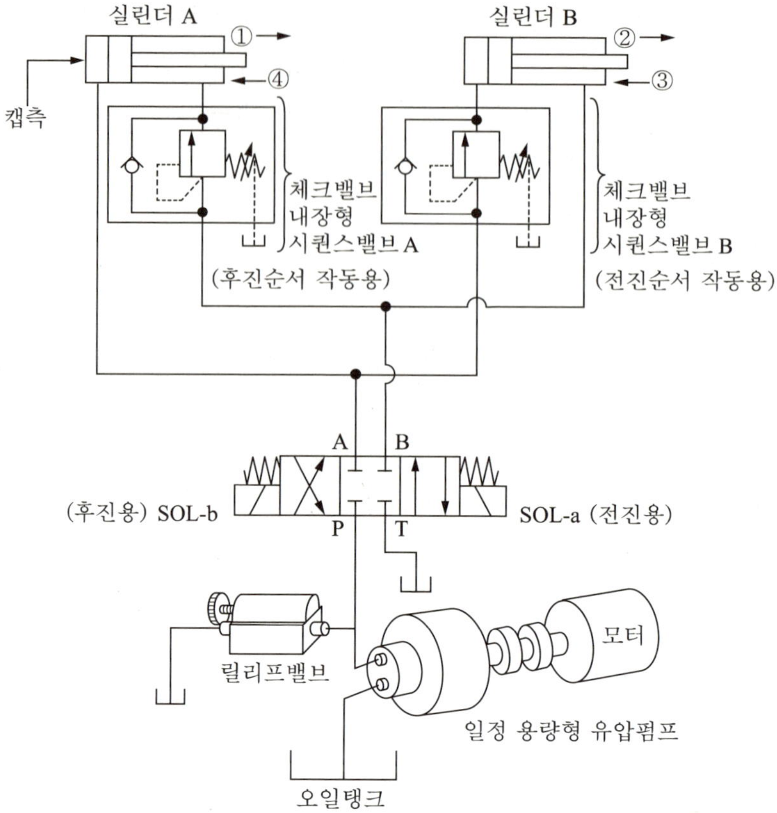

그림 8.58 내부 파일럿 체크밸브 내장형 시퀀스밸브로 유압실린더 작동순서 제어

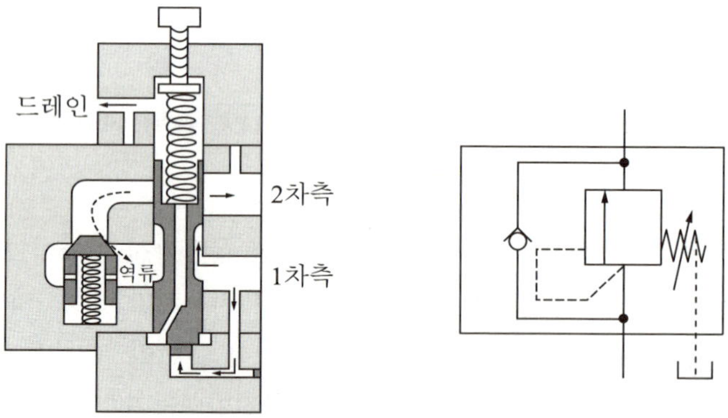

그림 8.59 내부 파일럿 체크밸브 내장형 시퀀스밸브 구조

고압유가 흐리지 못하고 실린더 B는 움직이지 않는다. 실린더 A가 전진 끝단에 도달하면 공급라인의 압력이 상승하여 시퀀스밸브가 열리고 실린더 B가 전진하기 시작한다. 실린더 B가 전진 끝단에 도달한 후에 방향전환밸브를 후진으로 절환하면 실린더의 헤드측에 고압유가 흘러 실린더가 후진하고, 실린더 B에서 오일탱크로 빠지는 작동유는 시퀀스밸브의 체크밸브를 통과한다. 실린더 B가 후진 끝단에 도달하면 실린더 A가 후진하기 시작한다. 결과적으로 2개의 실린더는 그림에서 ① → ② → ③ → ④ 순서로 작동한다.

그림 8.59는 내부 파일럿 체크밸브 내장형 시퀀스밸브의 구조이다.

[5] 시퀀스밸브를 사용한 작동순서 제어의 오작동 개선

(1) 유량제어밸브 영향으로 순서제어의 오작동

그림 8.60은 그림 8.58에서 실린더 A의 전진속도를 제어하기 위해 캡측에 교축밸브(유량

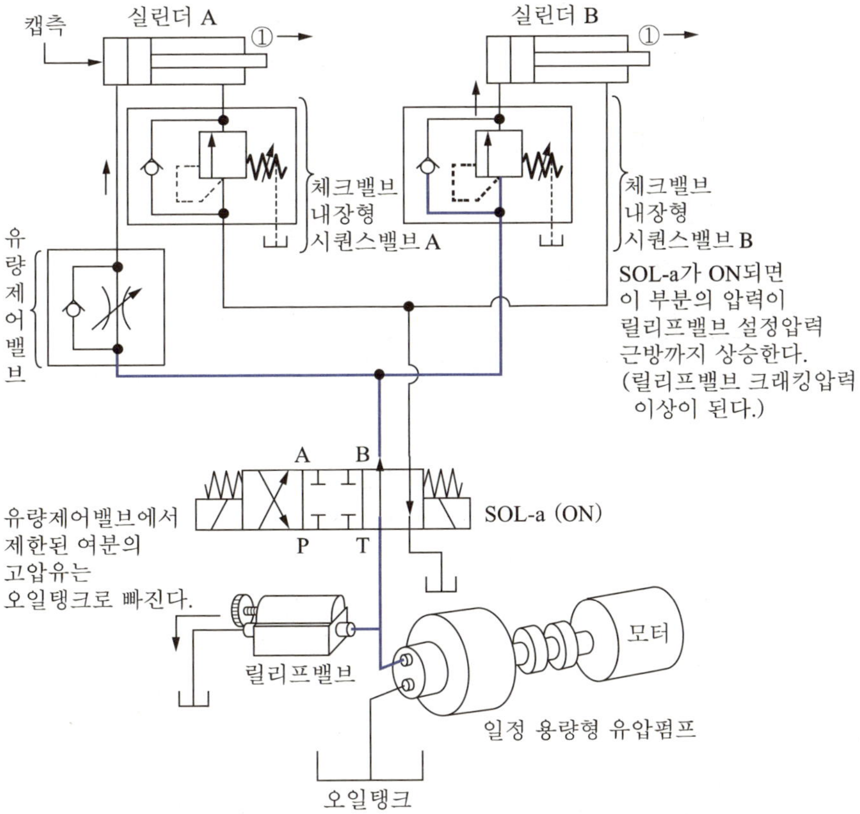

그림 8.60 유량제어밸브의 영향으로 유압실린더 순서제어의 오작동 예시

제어밸브)를 추가한 것이다. 이 회로에서 그림 8.58과 같이 실린더의 동작순서가 정확하게 작동할까?

방향전환밸브를 전진쪽으로 절환하면 실린더 A의 캡측으로 흐르는 작동유는 유량제어밸브에서 교축되어 제어된다. 한편 펌프에서 송출유량은 일정하므로 유량제어밸브에서 제어된 여분의 고압유는 릴리프밸브를 열어 오일탱크로 배출되어야 한다. 따라서 실린더 A가 전진할 때는 릴리프밸브가 열려 크래킹 압력까지 압력이 상승한다. 실린더 B에 연결된 시퀀스밸브 B는 그 압력이 높은 부분에서 파일럿 압력을 취하기 때문에 실린더 A가 전진하는 도중에 시퀀스밸브가 열려 실린더 B도 동시에 움직인다.

유량제어밸브를 삽입한 이 회로는 실린더의 작동순서가 초기 설계 사양대로 정확하게 되지 않는다.

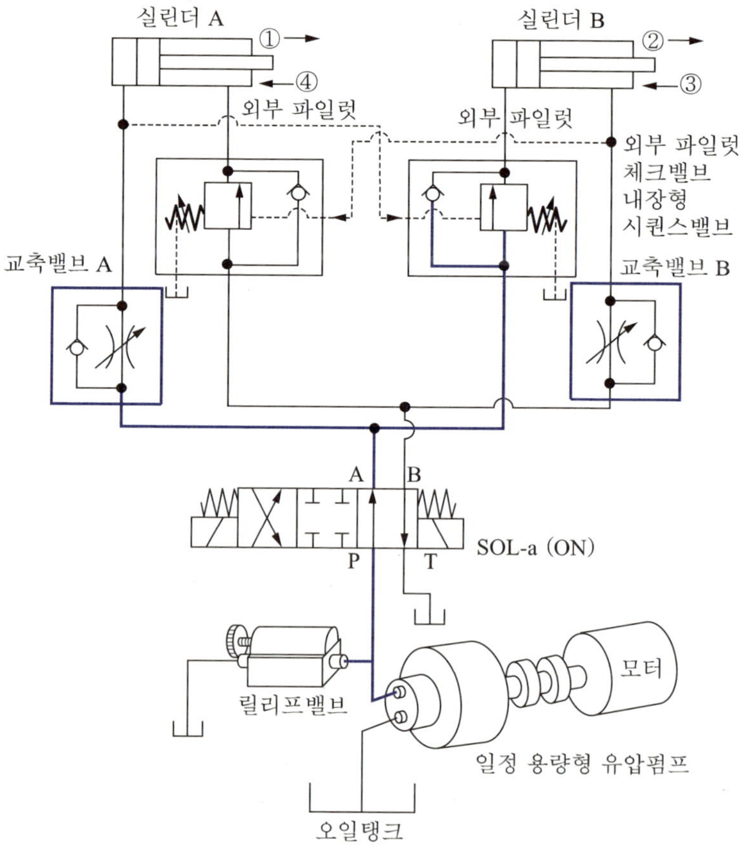

그림 8.61 외부 파일럿으로 시퀀스밸브의 순서제어 개선

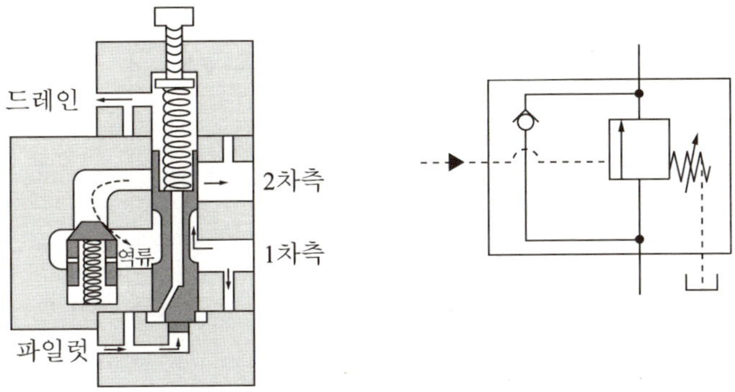

그림 8.62 외부 파일럿-외부 드레인 체크밸브 내장형 시퀀스밸브 구조

(2) 외부 파일럿에 의한 오작동의 개선

그림 8.60에서 유량제어밸브의 영향으로 실린더 순서제어의 오작동을 개선하기 위해, 외부 파일럿 체크밸브 내장형 시퀀스밸브를 사용하여 그림 8.61과 같이 실린더 A의 유량제어밸브를 통과한 후의 고압유를 외부 파일럿으로 하여 시퀀스밸브에 유도되도록 개선한다. 이렇게 하여 실린더 A가 전진 끝단에 도달하면 파일럿 압력이 상승하여 실린더 B가 전진하여 초기 설계 사양대로 실린더가 순서대로 작동한다.

이 실린더의 순서동작에 사용한 체크밸브 내장형 시퀀스밸브는 2차측에도 압력이 걸리기 때문에 오작동을 방지하기 위해서는 반드시 외부 드레인으로 하여 주밸브의 운동부에서 누설된 작동유를 별도 배관으로 하여 오일탱크로 빠지도록 한다.

그림 8.62는 외부 파일럿-외부 드레인 체크밸브 내장형 시퀀스밸브의 구조이다.

8.13 카운터밸런스밸브를 이용한 자중낙하 방지 회로

[1] 카운터밸런스밸브에서 배압발생으로 중부하의 하강속도 제어

그림 8.63에서 카운터밸런스밸브(counterbalance valve)의 작동 원리를 설명한다. 그림과 같이 수직으로 설치된 유압실린더에서 부하 W를 상하로 움직이는 장치를 생각해 보자. 이 장치에서 특히 부하 W가 무거울 때 방향전환밸브를 하강으로 전환하였을 때 부하는 자중 때문에 빠른 속도로 낙하한다. 낙하 속도는 펌프 송출유량에 의한 속도 이상으로 되어 속도

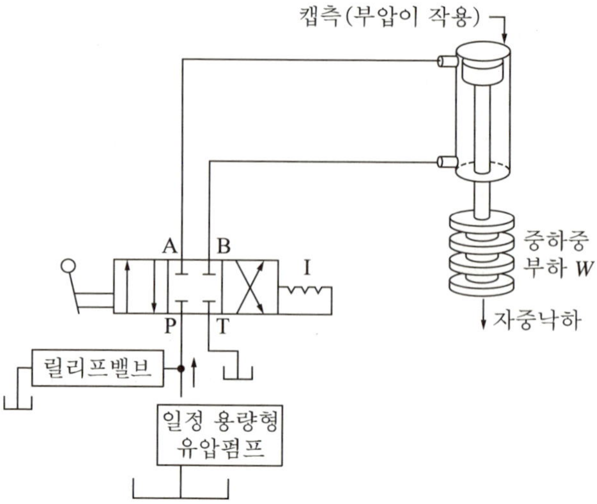

그림 8.63 수직으로 설치된 유압실린더의 잘못된 회로 예시

제어가 불가능하게 된다. 또 실린더 캡측은 진공압력 상태로 된다. 이러한 현상을 자주(自走) 현상이라 한다. 이러한 자주현상의 대책으로서 실린더에서 작동유가 배출되는 헤드측에 배압(back pressure)을 걸어 피스톤의 자주현상을 방지한다. 실린더 헤드측에 배압이 작용하면, 작동유가 실린더에서 오일탱크로 빠지는 것을 제한하는 것이다. 이러한 역할을 하는 것이 카운터밸런스밸브(배압유지밸브)이다.

그림 8.64는 내부 파일럿형 카운터밸런스밸브로 부하 W를 하강하는 회로이다. 부하를 하강할 때는 실린더 헤드측에서 발생하는 압력은 다음과 같다.

실린더 헤드측 압력 = 펌프의 송출압력 + 부하의 자중에 의한 압력

카운터밸런스밸브의 압력 설정값을 실린더 헤드측에서 발생하는 압력(배압)과 평형이 되도록 주밸브의 스프링 힘을 조정해 둔다. 이 상태에서 방향전환밸브를 실린더의 하강쪽으로 절환한 직후에는 실린더에 대해 펌프의 송출압력은 아직 상승하지 않았기 때문에 내부 파일럿 압력에 부하 W의 자중에 의해 실린더 헤드측에 발생하는 압력만이 걸리고, 이 압력은 카운터밸런스밸브의 설정값보다 낮기 때문에 밸브는 닫힌 상태이고 실린더는 하강하지 못한다. 그 다음에 펌프 송출압력이 서서히 증가하여 파일럿 압력이 카운터밸런스밸브의 설정값에 도달하면 밸브가 열려 하강하기 시작한다. 중부하에서 순간적으로 많은 작동유가 오일탱크로 빠지면 파일럿 압력이 낮아져 카운터밸런스밸브가 닫히는 방향으로 작용하기 때문에

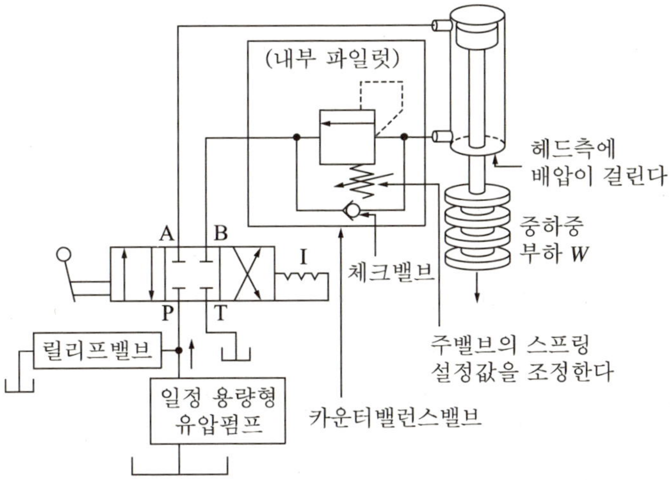

그림 8.64 **내부 파일럿형 카운터밸런스밸브의 구조**

부하의 낙하를 방지한다. 이와 같이 카운터밸런스밸브의 설정값과 파일럿 압력의 평형으로 안정된 피스톤 하강속도를 얻는다. 실린더가 상승할 때는 체크밸브를 통하여 고압유가 흐른다.

그림 8.65는 카운터밸런스밸브의 구조이다. 카운터밸런스밸브 대신에 체크밸브 내장형 유량조정밸브(미터아웃 제어)를 삽입하여도 피스톤이 하강할 때 유량을 제어할 수 있다. 무거운 부하를 이동시키는 실린더가 상승행정 끝단에서 정지할 때는 카운터밸런스밸브도 스풀밸브형의 방향전환밸브와 같이 주밸브가 미끄럼 운동을 하는 부분이 있기 때문에 아주 작은 양이지만 작동유의 누설이 생겨 천천히 하강한다. 피스톤의 위치를 정확하게 유지할 경우는 포핏형 파일럿 조작 체크밸브를 반드시 사용해야 한다.

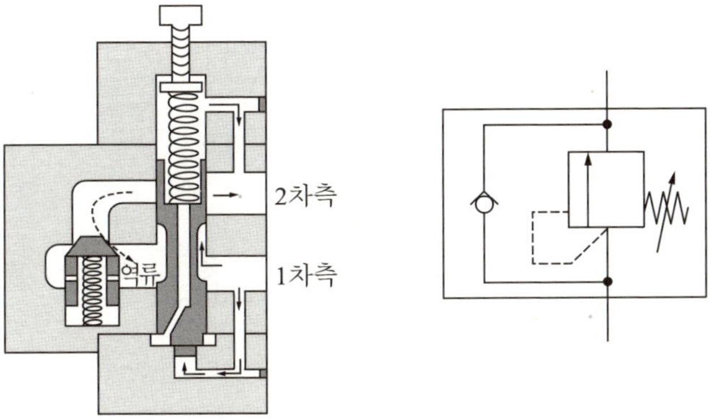

그림 8.65 **내부 파일럿형 카운터밸런스밸브의 구조**

[2] 카운터밸런스밸브로 부하변동에도 안정된 피스톤의 하강속도 제어

내부 파일럿형 카운터밸런스밸브는 중부하의 부하변동에 대해 피스톤의 하강속도가 안정되지 않는다. 여기서는 부하가 크게 변하여도 안정된 피스톤의 하강속도를 얻는 방법에 대해 살펴본다.

그림 8.64에서 부하가 크게 변하는 경우를 생각해 보자. 부하 W가 변하여 가볍게 되면, 부하의 자중에 의해 실린더 헤드측에 발생하는 압력이 작아지기 때문에 펌프 송출압력이 그 만큼 높지 않으면 카운터밸런스밸브의 설정값까지 도달하지 못해 실린더는 작동하지 않는다. 만약 무거운 부하일 때 동작에 맞추어 릴리프밸브의 설정을 낮추면 가벼운 부하에서는 펌프 송출압력이 카운터밸런스밸브의 설정압력에 도달하기 전에 릴리프밸브가 열려 전혀 피스톤이 하강하지 못할 때도 있다.

더구나 부하 W가 무거우면 부하의 자중에 의해 실린더 헤드측에서 발생하는 압력만으로 카운터밸런스밸브가 열리기 때문에 펌프 송출압력에 관계없이 방향전환밸브를 하강으로 전환하는 순간부터 실린더가 하강하기 시작하여 실린더 동작이 불안정하게 된다. 이것은 내부 파일럿형 카운터밸런스밸브를 사용할 때 발생하는 부적합한 작동으로 실린더의 하강속도를 안정화시키기 위해 부하가 변동할 때마다 카운터밸런스밸브의 압력 설정값을 조정해야 한다. 피스톤의 하강속도를 안정화시키기 위해서는 부하 W의 하중이 변해도 파일럿 압력이 변하지

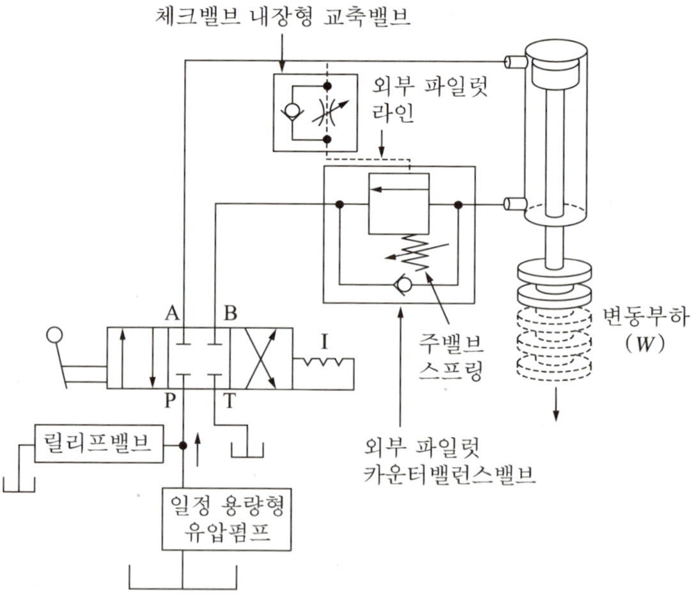

그림 8.66 외부 파일럿형 카운터밸런스밸브로 부하변동의 대응

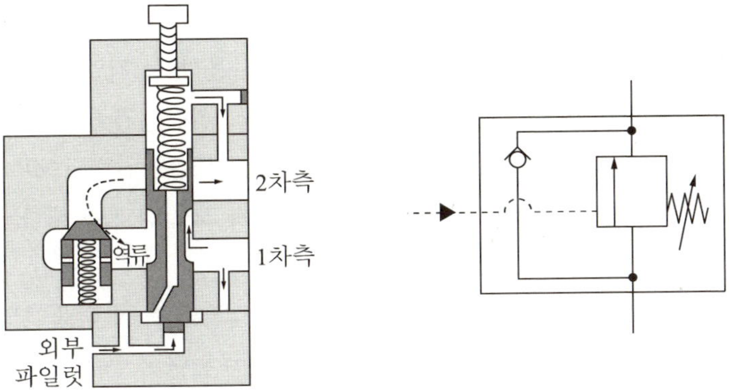

그림 8.67 외부 파일럿형 카운터밸런스밸브의 구조

않도록 외부 파일럿형을 사용해 보자.

그림 8.66은 외부 파일럿형 카운터밸런스밸브를 사용하여 펌프 송출압력(공급측 압력)을 외부 파일럿으로 사용한 회로이다. 외부 파일럿으로 하면 부하가 작동조건에 따라 변하여 배압이 변해도 이 밸브를 개폐하는 압력에 영향을 주지 않는다. 즉, 외부 파일럿에 의한 압력이 설정값(스프링 조정값)에 도달하지 않는 한 이 밸브는 열리지 않는다. 또 이 구조로 하면 효율이나 열발생 측면에서 내부 파일럿보다 유리하다.

그림 8.67은 외부 파일럿형 카운터밸런스밸브의 구조이다. 단, 방향전환밸브의 전환 시에 진동이 일어날 수 있으므로 진동을 방지하도록 그림 8.66과 같이 파일럿라인에 체크밸브 내장형 교축밸브를 많이 사용한다.

카운터밸런스밸브에서 드레인은 내부 드레인이다. 이것은 피스톤이 하강할 때 카운터밸런스밸브의 2차측은 반드시 오일탱크 라인에 접속되어 압력이 걸리지 않기 때문에 거기에 드레인을 빼내어도 무방하므로 처음부터 내부 드레인으로 되어 있다.

8.14 무부하밸브로 액추에이터의 증속 및 동력절약회로 구성

무부하밸브(unload valve)는 유압회로에서 동력절약이나 열 발생을 방지할 목적으로 고압유를 오일탱크로 배출하여 펌프를 무부하 운전시키는 역할을 하고, 이 밸브는 외부 파일럿 압력으로 주밸브가 작동한다.

그림 8.68은 대표적인 무부하 회로이고, 프레스 가공기계에 무부하밸브를 적용한 회로이다. 이 회로는 저압 대용량 펌프와 고압 소용량 펌프를 사용하고, 저압에서는 두 대의 펌프에서 송출된 작동유가 공급되어 실린더를 급속 이송시킨다. 실린더가 공작물에 닿으면 회로압력이 상승하고, 고압펌프 라인에서 무부하밸브로 통하는 파일럿 압력(3 MPa)이 작용하여 무부하밸브의 주밸브가 열려 저압펌프에서 송출된 작동유가 오일탱크로 배출되어 무부하 운전을 한다. 그 결과 실린더가 공작물을 가공할 때는 고압펌프의 송출유량만 공급한다. 고압펌프 라인의 압력이 릴리프밸브의 설정압력 10 MPa까지 상승하여 릴리프밸브가 열려 오일탱크로 고압유가 흐르기 시작하면 프레스 가공 공정이 완료된다.

이와 같이 공작물에 닿지 않은 가벼운 부하에서는 실린더를 급속 이송시키고, 가공할 때는 저속으로 고압이 되도록 전환시키는 것이 가능하다.

그림 8.68의 회로와 같이 무부하밸브를 사용하면, 급속이송과 같이 저압으로 대유량이 필요할 때는 저압 대용량펌프와 고압 소용량 펌프가 동시에 작동하여 대유량을 공급하고, 가공 공정과 같이 대유량은 그다지 필요 없고 높은 압력이 필요할 때는 고압 소용량 펌프만 사용하여 고압력을 얻는다. 이와 같이 고압 대용량 펌프 1대만 사용할 때와 비교하면 가격이나 효율 측면에서 유리하다. 이 방법은 프레스 기계뿐만 아니라 공작기계의 급속이송이나 절삭 이송기구에 많이 사용한다.

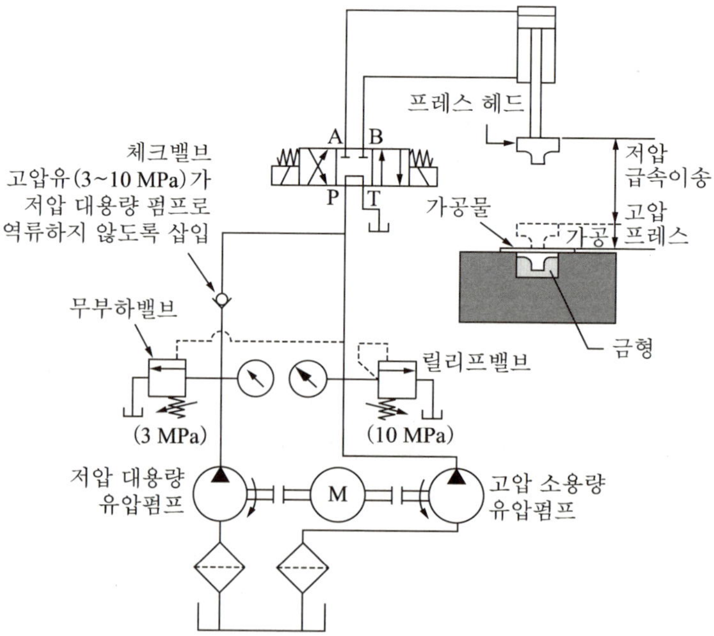

그림 8.68 무부하밸브를 프레스 가공기계에 응용한 회로

8.15 비례제어밸브를 이용한 유압회로 구성

비례제어밸브는 압력이나 유량을 필요에 따라 연속적으로 변화시키는 경우에 사용하지만, 일반적인 유압회로와 비교하면서 비례제어밸브를 이용한 유압회로의 특징과 사용법을 설명한다.

압력을 여러 단계로(예를 들면 3단계 압력제어)변화시킬 때 보통 유압회로는 그림 8.69와 같다. 이 유압회로에서 전자전환밸브 ①로 압력을 제어하며,

- 전자전환밸브 ①로 SOL－a ON으로 릴리프밸브 ②의 설정압력(회로에서 3 MPa)
- 전자전환밸브 ①로 SOL－b ON으로 릴리프밸브 ③의 설정압력(회로에서 5 MPa)
- 전자전환밸브 ①로 SOL OFF로 하여, 릴리프밸브 ④의 설정압력(회로에서 7 MPa)

의 3단계 압력제어가 가능하고, 압력은 계단모양으로 제어된다. 이와 같이 압력을 여러 단계로 연속적으로 제어할 때에 비례제어밸브를 사용하면 편리하다.

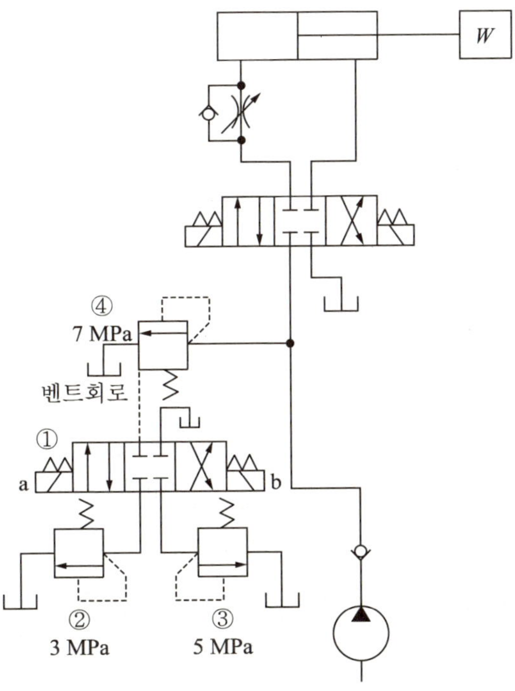

그림 8.69 일반적인 3단계 압력제어 회로

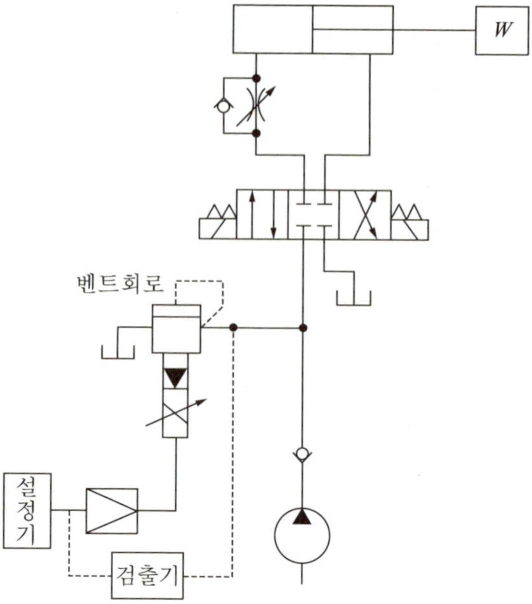

그림 8.70 비례제어밸브의 3단계 압력제어 회로

그림 8.70은 비례전자식 릴리프밸브를 사용한 다단 압력제어의 유압회로이다. 이 경우에 설정기에서 출력되는 제어신호에 따라 압력은 연속적으로 제어된다. 전기제어의 요소가 들어가지만 유압회로는 단순화된다.

압력변화의 형태는 설정기의 조정으로 자유롭게 바꿀 수 있다. 그림 8.70의 유압회로에서 압력을 그림 8.71 (a)와 같이 변화시킬 때,

- 시간 t_1에서 압력은 $p_1 \rightarrow p_2$
- 시간 t_2에서 압력은 $p_2 \rightarrow p_1$

로 변화시키는 것이다. 비례전자식 릴리프밸브의 압력과 전류 특성은 그림 8.71 (b)와 같고, $p_1 \sim p_2$의 압력변화에서 전류는 $A_1 \sim A_2$ [mA]이다. 비례전자식 릴리프밸브의 기종이 선정되면, 전류 $A_1 \sim A_2$의 구체적인 수치 값이 구해진다.

그림 8.71 (b) 제어압력과 전류 특성에서, 제어압력 $p_1 = 2$ MPa, $p_2 = 17.5$ MPa에서 $A_1 = 100$ mA, $A_2 = 600$ mA이기 때문에, 전류는 100~600 mA를 솔레노이드에 공급하도록 설정기에서 설정해 둔다.

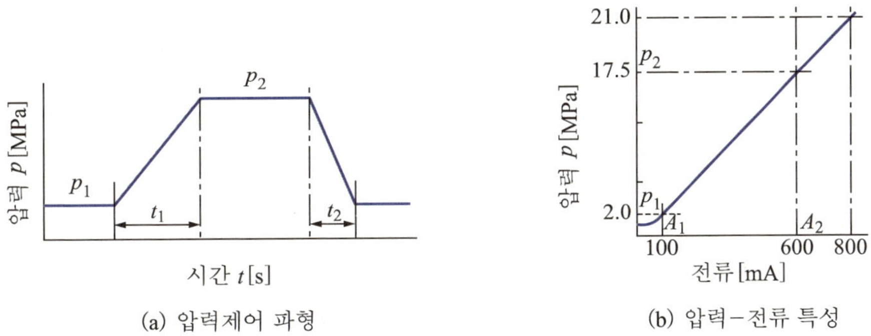

그림 8.71 압력제어 파형과 압력-전류 특성

설정기와 전류는 설정기의 입력신호는 0～10 V이므로 그림 8.72와 같이

- $E = 0$ V에서 $A_1 = 100$ mA
- $E = 10$ V에서 $A_2 = 600$ mA

가 되도록 조정한다.

$E = 0$ V에서 $A_1 = 100$ mA로 설정하는 것을 영점(NULL) 조정이라 한다. 이 영점 조정으로 설정기는 전압 0～10 V 입력에서 전류 100～600 mA로 출력되기 때문에 (600 − 100) mA/(10 − 0) V, 즉 10 V의 입력 변화에 대해 500 mA의 출력 변화를 주는 것이고, 단위 입력[V]당 출력[mA]이 작을수록 좋고 그 만큼 제어 정밀도가 높아진다.

입력전압과 제어된 압력 관계는 그림 8.73과 같이 구해지고, 설정기의 조작으로 압력이 제어된다. 그림에서 A, B는 밸브 제조회사의 비례제어밸브 기종을 나타낸다.

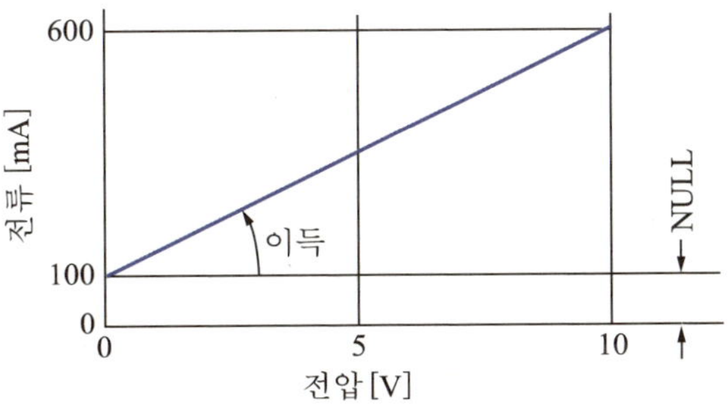

그림 8.72 설정기의 전압과 출력전류 특성

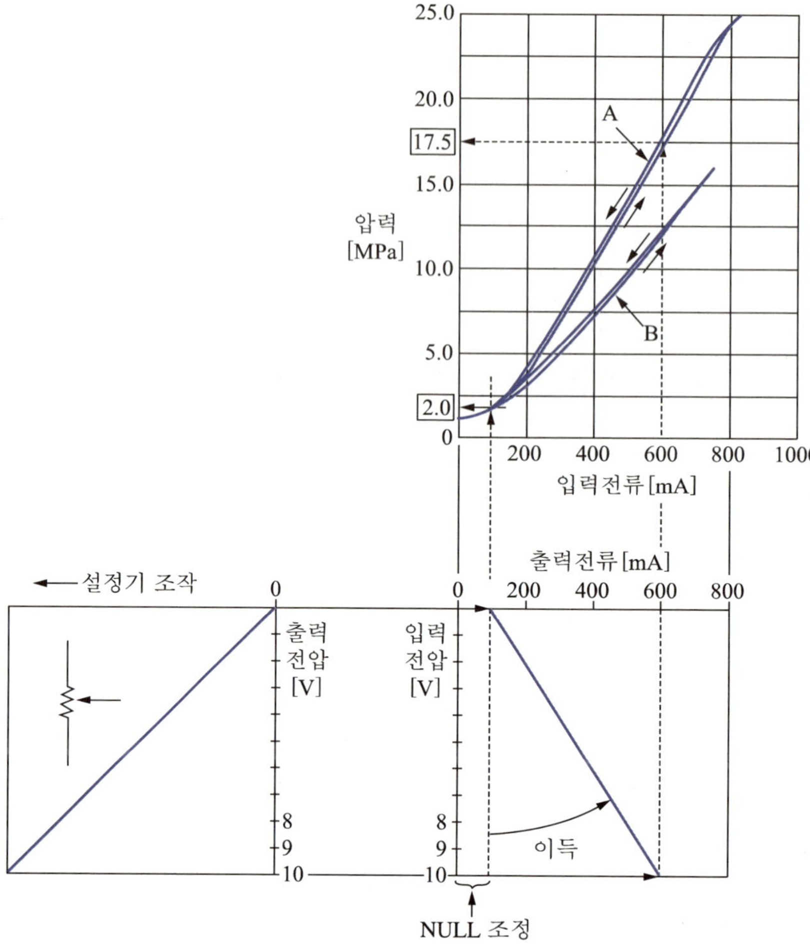

그림 8.73 설정기의 전압 – 압력 특성

전자식 배례제어밸브의 유압회로는 기본적으로는 일반 유압회로의 압력제어밸브나 유량제어밸브를 전자식 비례제어밸브로 대체시켜 복잡한 제어가 필요한 회로도 아주 단순화되지만, 전기적인 지식이 필요하다.

8.16 전기·유압 서보밸브를 이용한 유압회로 구성

전기·유압 서보밸브(이하 서보밸브)를 사용한 유압회로는 일정압력을 공급하는 회로로 구성한다. 그림 8.74는 서보밸브로 유압실린더의 속도를 제어하는 회로이고, 속도와 유량은 비례 관계이므로 유량제어로 생각해도 좋다.

이 유압회로는 실린더로 부하를 왕복운동시키는 회로이지만, 부하의 속도를 정밀하게 제어하기 위해 서보밸브를 사용하며, 서보밸브에 입력신호에 대해 부하의 속도는 속도센서로 검출하고, 속도를 피드백(feedback)하는 회로이다.

지금 부하를 움직이는 데 필요한 실린더의 추력 F [N], 속도 V [cm/s], 실린더의 수압면적 A [cm^2]로 하여, 전기·유압 서보밸브를 선정해 보자.

실린더 부하압력 p_L과 실린더에 공급되는 유량 Q_L (부하유량이라 함)은 다음과 같다.

$$p_L = p_1 - p_2 = \frac{F}{A} \tag{8.16}$$

$$Q_L = A \cdot V \tag{8.17}$$

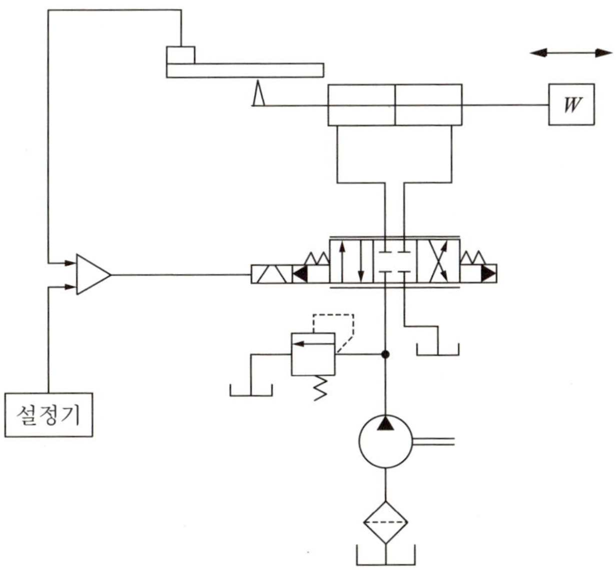

그림 8.74 전기·유압 서보밸브의 속도제어 회로

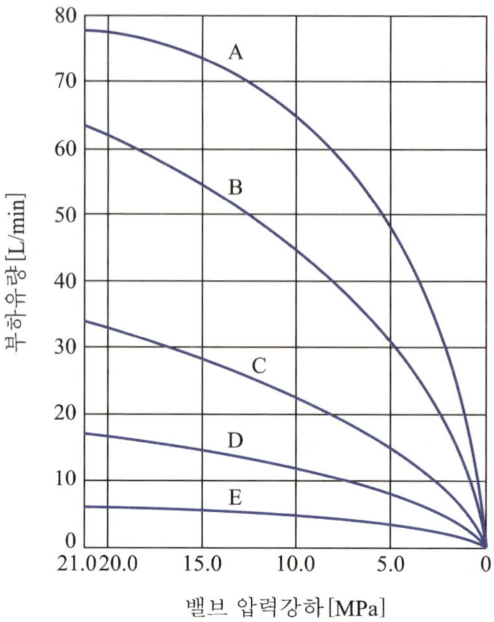

그림 8.75 전기·유압 서보밸브의 부하유량특성

서보밸브의 선정에서, 부하유량과 서보밸브의 정격유량을 비교해 보아야 한다. 서보밸브의 정격유량은 서보밸브에서 작동유가 펌프포트 P에서 액추에이터 포트 A로, 액추에이터 포트 B에서 탱크 포트 T로 흐를 때 생기는 압력강하가 7 MPa일 때 제어유량(부하유량)을 나타내기 때문에 압력강하 값이 변하면 제어유량도 변한다. 제어하는 부하유량과 압력강하 특성은 그림 8.75에 나타낸다(밸브 제조회사의 기종 A~E에 따라 다름).

서보밸브의 공급압력 p_S(배관에서 압력손실을 무시하면 펌프 송출압력과 같다), 서보밸브의 개구면적 a [cm^2], 유량계수 C라 하면, 정격유량 Q_R과 부하유량 Q_L은 다음과 같다.

$$Q_R = Ca\sqrt{\frac{2}{\rho} \times 7} \tag{8.18}$$

$$Q_L = Ca\sqrt{\frac{2}{\rho}(p_S - p_L)} \tag{8.19}$$

에서

$$Q_R = \sqrt{\frac{7}{(p_S - p_L)}} \times Q_L \tag{8.20}$$

이다.

또 서보밸브의 기종의 차이를 고려하여 보정계수를 $\alpha(\alpha < 1$이고), Q_L/α를 보정부하유량이라 하고, 일반적으로 $p_S = 1.5p_L$이므로 식 (8.20)은

$$Q_R = \frac{Q_L}{\alpha \times \sqrt{\frac{0.5p_L}{7}}} \tag{8.21}$$

이 된다. 식 (8.21)에서 서보밸브의 유량을 선정하면 되지만, 필요한 정격유량과 일치하는 서보밸브의 기종이 반드시 있다고는 보장할 수 없기 때문에 식 (8.21)에서 Q_R보다 크고 최대한 근접한 정격유량의 서보밸브를 선정한다.

실제 구입한 기종의 서보밸브 정격유량을 Q_{RS}라 하고, 서보밸브의 압력강하가 $p_S - p_L$에서는 부하유량이 필요유량보다 많기 때문에 $p_S - p_L$을 수정할 필요가 있다. p_L은 부하압력에서 정해지고 공급압력 p_S를 수정한다. 수정된 공급압력을 p_{SS}라 하면,

$$Q_{RS} = \frac{Q_L}{\alpha \times \sqrt{\frac{p_{SS} - p_L}{7}}} \tag{8.22}$$

에서

$$p_{SS} - p_L = \left(\frac{Q_L}{\alpha\, Q_{RS}}\right)^2 \times 7 \quad \text{또는} \quad p_{SS} = \left(\frac{Q_L}{\alpha\, Q_{RS}}\right)^2 \times 7 + p_L \tag{8.23}$$

이 된다(그림 8.76 참조).

정격유량 Q_{RS}의 서보밸브를 사용하여 공급압력을 p_{SS}로 설정하면, 설계 사양을 만족하는 유압제어 시스템을 구성할 수 있다.

구체적인 예를 들어 설명하면 다음과 같다. 실린더의 출력 $F = 10{,}000\,\text{N}$, 속도 $V = 25\,\text{cm/s}$, 실린더 안지름 $d_1 = 40\,\text{mm}$, 피스톤 로드 지름 $d_2 = 22\,\text{mm}$로 하면, 피스톤의 유효면적 $A = 8.8\,\text{cm}^2$이므로

$$\text{부하압력 } p_L = \frac{F}{A} = \frac{10{,}000}{8.8} = 11.4\,\text{MPa} \tag{8.24}$$

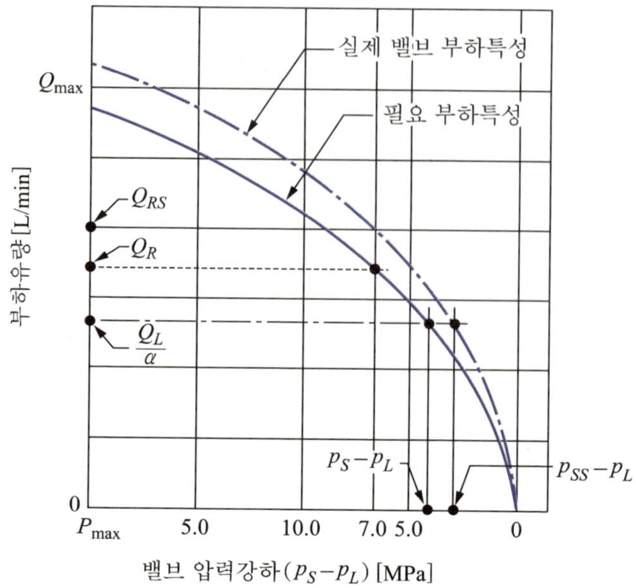

그림 8.76 실제 회로에서 부하유량특성

$$\text{부하유량} \ \ Q = A\,V = 8.8\ \text{cm}^2 \times 25\ \text{cm/s} \times \frac{60}{10^3} = 13.2\ \text{L/min} \tag{8.25}$$

정격압력 $p_S = 1.5 \times p_L$로 하여,

$$p_S = 1.5 \times 11.4 = 17.1\ \text{MPa} \tag{8.26}$$

$$\text{정격유량} \ \ Q_R = \frac{13.2}{0.9 \times \sqrt{\dfrac{17.1 - 11.4}{7}}} = 16\ \text{L/min} \tag{8.27}$$

가 된다. 서보밸브의 정격유량이 16 L/min가 없으면, 서보밸브 카탈로그에서 20 L/min로 선정한다. 여기서 공급압력 p_S를 수정하여 p_{SS}를 구하면

$$p_{SS} = \left(\frac{13.2}{0.9 \times 20}\right)^2 \times 7 + 11.4 = 15.1\ \text{MPa} \tag{8.28}$$

이고, 정격유량 20 L/min의 서보밸브를 사용하여 공급압력을 15.1 MPa로 설정하여 그림 8.77과 같이 서보밸브의 압력강하(공급압력 - 부하압력)을 3.7 MPa로 사용하면 설계사양을 만족한다.

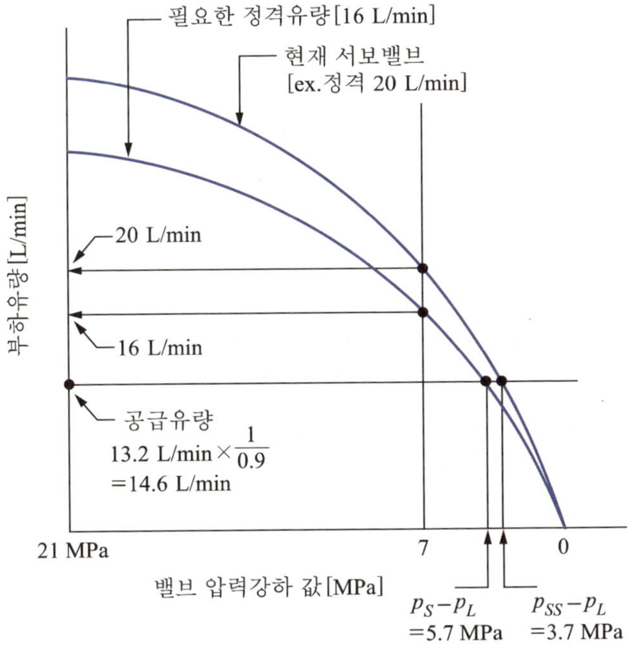

그림 8.77 실제 사용한 서보밸브의 부하유량특성

8.17 유압회로 설계 예시

다음의 표 8.7과 같은 설계사양을 가진 소형 평면연삭기 테이블 좌우 이송장치의 유압회로(그림 8.78)를 설계한다.

표 8.7 평면연삭기의 설계사양

가공물의 중량	$W_1 = 200$ N	피스톤의 감속·가속시간	$t = 0.5$ s
테이블 중량	$W_2 = 800$ N	실린더 배압	$p_1 = 2$ MPa, $p_2 = 0.5$ MPa
테이블 스트로크	$s_{max} = 705$ mm	테이블 운동면의 정마찰계수	$\mu_s = 0.2$
테이블 이송속도	$v = 0.3 \sim 18$ m/min	테이블 운동면의 동마찰계수	$\mu_D = 0.05$
절삭저항	$F_{G,max} = 500$ N		

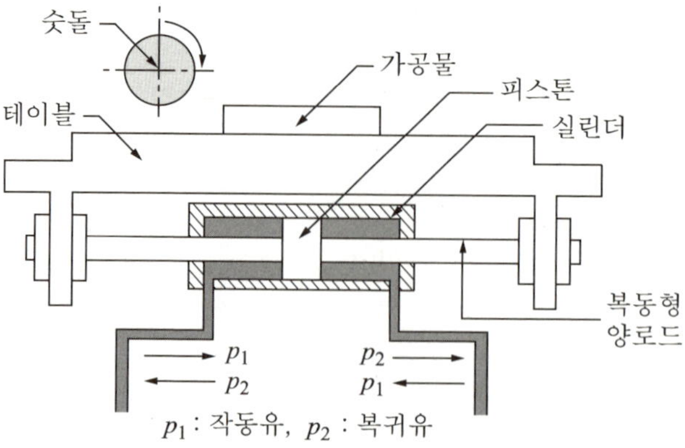

그림 8.78 평면연삭기 테이블 이송장치의 유압구동 예시

[1] 부하의 종류와 특성

(1) 사이클 선도와 부하 사이클 선도

평면연삭기의 부하 해석에서 실린더 운동과 작동상태를 명확하게 하기 위해 실린더 스트로크와 시간을 그래프로 그려 사이클 선도를 만든다. 그러나 이것만으로는 부하 상태를 알 수 없기 때문에 그림 8.79와 같이 사이클 선도에 어느 시점에서 어떤 부하가 작용하는가를 중첩시켜 부하 사이클 선도를 그린다.

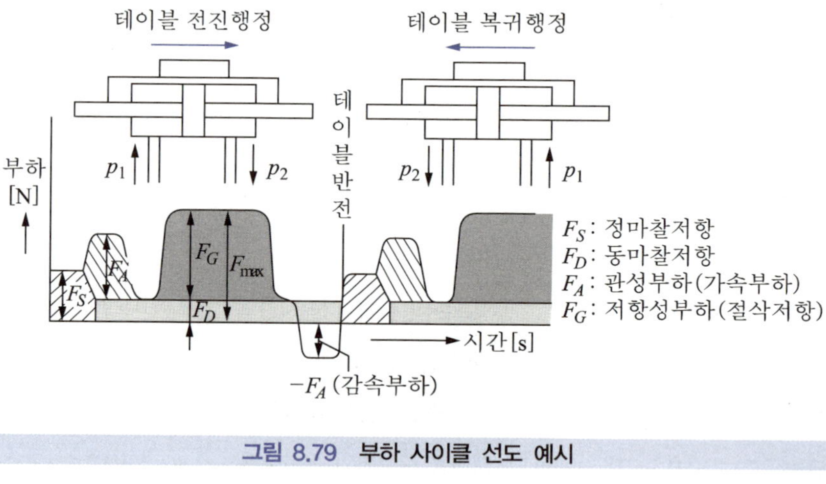

그림 8.79 부하 사이클 선도 예시

(2) 부하의 종류

① 테이블의 정마찰저항과 동마찰저항

테이블이 이동하는 순간에 추력은 테이블 운동면과 베드(bed)와의 정마찰저항을 이겨내야 한다. 처음 이동할 때는 큰 부하가 걸리지만, 테이블이 움직이면 정마찰에서 동마찰로 변하여 동마찰저항이 되고 마찰저항은 작아진다.

정마찰저항 F_s [N], 동마찰저항 F_D [N], 가공물 중량 W_1 [N], 테이블 중량 W_2 [N], 정마찰계수 μ_S, 동마찰계수 μ_D라 하면, 다음 식이 성립한다.

$$F_S \leq (W_1 + W_2) \times \mu_S \tag{8.29}$$

$$F_D \leq (W_1 + W_2) \times \mu_D \tag{8.30}$$

설계사양에서 $W_1 = 200\text{ N}$, $W_2 = 800\text{ N}$, $\mu_S = 0.2$, $\mu_D = 0.05$를 식 (8.29), (8.30)에 대입하면,

$$F_S \leq (W_1 + W_2) \times \mu_S \leq (200 + 800) \times 0.2 = 200\text{ N}$$
$$F_D \leq (W_1 + W_2) \times \mu_D \leq (200 + 800) \times 0.05 = 50\text{ N}$$

이다.

② 관성부하(가속부하)

테이블과 가공물 중량을 더한 중량의 물체를 이동시키기 때문에 뉴턴의 운동방정식은 식 (8.31)과 같다. 부하는 테이블이 안정속도에 도달하기까지 가속구간 사이에 작용한다. 일정 가속도 a [m/s^2], 질량 m [kg], 중력가속도 g [m/s^2]이면,

$$F_A = ma = \frac{W_1 + W_2}{g} \times a \tag{8.31}$$

이고, F_A가 가속일 때 실린더에 양(+)의 부하로 작용하고, 정지할 때는 음(−)의 부하로 작용한다. 설계사양에서 피스톤의 가속・감속시간 $t = 0.5\text{ s}$, 테이블의 이송속도의 최댓값 $v = 18\text{ m/min}$이므로

$$a = \frac{v}{t} = \frac{18}{0.5 \times 60} = 0.6 \text{ m/s}$$

이다. 또 식 (8.31)에서

$$F_A = ma = \frac{W_1 + W_2}{g} \times a = \frac{200 + 800}{9.8} \times 0.6 = 61.2 \text{ N}$$

이다.

③ 저항성 부하(절삭저항)

가공물이 이동하여 숫돌에 닿으면 저항이 생긴다. 이 때 숫돌의 회전방향과 테이블 이송방향이 반대로 되는 상향 연삭(up grinding)인 경우는 피스톤 로드가 전진하면 반대측으로 되돌리려는 저항이므로 양(+)의 부하이고, 이것을 저항성 부하라 한다. 연삭기의 경우는 연삭저항 F_G라 하고, 설계사양에서 500 N이다.

④ 자주성 부하

숫돌의 회전방향과 테이블 이송방향이 같은 하향 연삭(down grinding)인 경우는 숫돌이 가공물을 연삭할 때 작용하는 힘이 테이블 이송방향과 같은 방향으로 작용한다. 따라서 피스톤 로드는 인장과 같은 상태이다. 연삭저항에 따라 이송력이 더욱 증가하고, 역으로 연삭저항이 음(−)의 부하로 작용한다. 이것을 자주성(自走性) 부하 또는 음의 부하라 한다.

⑤ 감속부하

연삭이 종료하여 테이블을 정지시킬 때는 테이블을 감속시켜 정지시켜야 되므로 가속부하와는 반대로 감속부하가 피스톤 로드를 잡아당기는 방향으로 작용한다. 이 부하의 방향은 음(−)이기 때문에 자주성 부하로 작용하게 된다.

⑥ 부하의 최댓값

위에서 계산하였듯이 $F_S = 200$ N, $F_D = 50$ N, $F_A = 61.2$ N, $F_G = 500$ N(설계사양에 따라 다름)이다. 따라서 그림 8.79에서 부하의 최댓값 $F_{max} = F_D + F_G = 50 + 500 = 550$ N이다.

(3) 유압실린더의 선정

$F_{\max} = 550$ N이지만, 실린더의 소요 추력 $F_{\max}$ 이상이 되도록 유압구동 회로를 설계하면 좋다. 실린더 캡측 압력과 수압면적 p_1 [MPa], A_1 [mm^2], 실린더 헤드측 압력과 수압면적 p_2 [MPa], A_2 [mm^2], 부하율(하중압력계수) η 라 하면,

$$A_1 p_1 - A_2 p_2 > \frac{F_{\max}}{\eta} \quad [\mathrm{N}] \tag{8.32}$$

테이블의 왕복속도가 같도록 양로드형 복동실린더를 사용한다. $A_1 = A_2 = A$로 두면 식 (8.32)는

$$(p_1 - p_2)A > \frac{F_{\max}}{\eta} \quad [\mathrm{N}] \tag{8.33}$$

이다. 여기서 $p_1 = 2$ MPa, $p_2 = 0.5$ MPa로 가정하고, $F_{\max} = 550$ N, $\eta = 90\%$로 하면 식 (8.33)에서,

$$A > \frac{F_{\max}}{(p_1 - p_2)\eta} = \frac{550}{(2-0.5)\times 0.9} = 407.4\ \mathrm{mm}^2$$

이다. 실린더 안지름 D [mm], 로드 지름 d [mm]라 하면, $A = \frac{\pi}{4}(D^2 - d^2)$ 이므로

$$D = \sqrt{\frac{4A}{\pi} + d^2} \quad [\mathrm{mm}] \tag{8.34}$$

이다. 여기서 피스톤 로드 지름 $d = 18$ mm로 하면,

$$D = \sqrt{\frac{4\times 407.4}{\pi} + 18^2} = 29\ \mathrm{mm} \rightarrow 34\ \mathrm{mm}$$

로 한다.

이 설계에서는 연삭기에 사용하는 특수성을 고려하여, 표준형 실린더를 사용하지 않는다. 실린더 안지름은 34 mm로 한다. 앞에서 가정한 실린더 캡측 압력 p_1 [MPa]을 실제 작용하는 압력으로 환산하면,

$$A = \frac{\pi}{4}(D^2 - d^2) = \frac{\pi}{4}(34^2 - 18^2) = 653.1\ \mathrm{mm}^2$$

$$\therefore\ p_1 = \frac{F_{\max}}{A\eta} + p_2 = \frac{550}{653.1 \times 0.9} + 0.5 = 1.44\ \mathrm{MPa}$$

(4) 유압펌프의 송출압력

유압펌프 송출측에서 실린더로 유입되기까지 압력강하 $p_o - p_1 = \Delta p$가 생긴다. 이 압력손실 Δp을 더하여, 유압펌프의 송출압력이 결정된다. 압력강하 $\Delta p = 1$ MPa로 하면, 펌프 송출압력 $p_o = p_1 + \Delta p = 2 + 1 = 3$ MPa이 된다.

(5) 유압회로도 구성

유압회로는 그림 8.80에 나타낸다.

[2] 유압회로에서 압력손실

그림 8.80의 유압회로도에서 배관과 밸브의 설계조건은 다음과 같다.

- 관(pipe) : 압력관로의 총 길이 $l_1 = 4$ m, 압력관로의 안지름 $d_1 = 10.9$ mm(압력관로의 재료 SPPS 380, 호칭지름 10A = 3/8B, 스케줄번호 Sch 80), 압력관로 곡관부 $z_1 = 4$, 압력관로 이음부 $z_2 = 3$, 복귀관로 총 길이 $l_1 = 4$ m, 복귀관로 유효 안지름 $d_2 = 10.9$ mm(재료 SPPS 380, 10A = 3/8B, Sch 80), 복귀관로 곡관부 $z_3 = 4$, 복귀관로 이음부 $z_4 = 3$
- 밸브 : 체크밸브 수 $z_5 = 1$, 유량조정밸브 수 $z_6 = 1$, 시퀀스밸브 수 $z_7 = 1$, 파일럿 조작 방향전환밸브 $z_8 = 1$, 전자전환밸브 $z_9 = 1$

(1) 관 압력손실

① 압력관로의 압력손실

압력관로의 단면적은

$$a = \frac{\pi}{4} d_1^2 = \frac{\pi}{4}(10.9 \times 10^{-3})^2 = 9.32 \times 10^{-5}\ \mathrm{m}^2$$

이고, 테이블 이송속도 $v = 18$ m/min, 실린더 수압면적 $A = 653.1 \times 10^{-6}\ \mathrm{m}^2$이므로 유압펌프에서 송출유량 Q [L/min]은

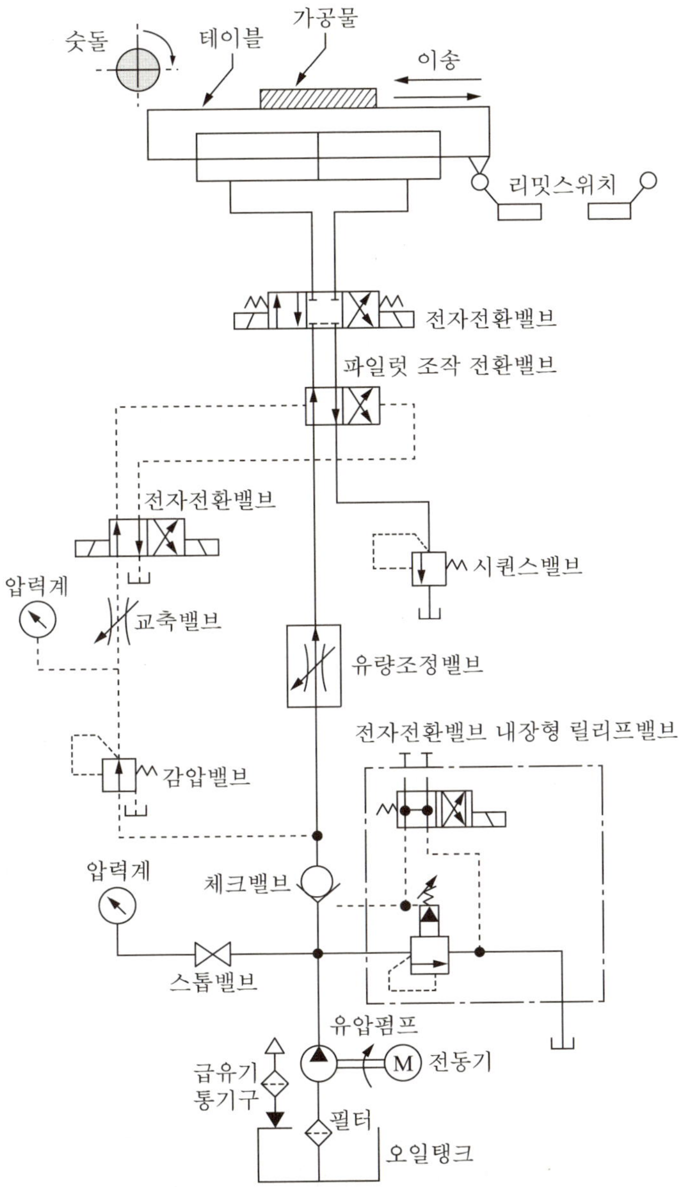

그림 8.80 평면연삭기의 유압회로도 예시

$$Q = A \cdot v = 653.1 \times 10^{-6} \times \frac{18}{60} = 1.96 \times 10^{-4}\,\mathrm{m^3/s} = 11.8\,\mathrm{L/min}$$

압력관로에서 유량 $Q_1 = Q$라 하면 유속 v_1은

$$v_1 = \frac{Q}{a} = \frac{1.96 \times 10^{-4}}{9.32 \times 10^{-5}} = 2.1\ \mathrm{m/s}$$

이고, 유속 $v_1 = 2.1$ m/s는 압력관로의 유속으로 적절하다.

유압작동유의 비중 $S = 0.88$이면, 밀도 $\rho = S \times \rho_w = 0.88 \times 1000 = 880\,\mathrm{kg/m^3}$, 작동유의 동점도 $\nu = 33.8\,\mathrm{cSt} = 33.8 \times 10^{-6}\,\mathrm{m^2/s}$로 하여, 레이놀즈수를 구하면

$$\mathrm{Re} = \frac{v_1 \cdot d_1}{\nu} = \frac{2.1 \times 10.9 \times 10^{-3}}{33.8 \times 10^{-6}} = 677.2 < 2320\ (\text{층류})$$

이고, 관 마찰계수는 식 (2.33)에서 다음과 같다.

$$\lambda = \frac{64}{\mathrm{Re}} = \frac{64}{677.2} = 0.0945$$

압력관로의 압력손실 Δp_1는 식 (2.26)에서

$$\begin{aligned} \Delta p_1 &= \lambda_1 \frac{l_1}{d_1} \frac{\rho v_1^2}{2} = 0.0945 \times \frac{4}{10.9 \times 10^{-4}} \times \frac{880 \times 2.1^2}{2} \\ &= 67{,}291\ \mathrm{Pa} = 0.0673\ \mathrm{MPa} \end{aligned}$$

② 복귀관로의 압력손실

복귀관로의 단면적 $a_2 = a_1 = 9.32 \times 10^{-5}\,\mathrm{m^2}$, 복귀관로에서 누설이 없으면 복귀관로의 유량 $Q_2 = Q_1 = 1.96 \times 10^{-4}\,\mathrm{m^3/s}$, 단면적 $a_2 = a_1$이므로 속도 $v_2 = 2.1$ m/s, 따라서 레이놀즈수 Re = 677.2(층류), 관 마찰계수 $\lambda_2 = 0.0945$이다. 또 관 길이 $l_2 = l_1$이므로 복귀관로에서 압력손실 $\Delta p_2 = \Delta p_1 = 0.0673$ MPa이다.

③ 곡관부, 관 이음부의 압력손실

압력관로의 90° 곡관부(엘보, 벤드 등) $z_1 = 4$, 곡관부의 손실계수는 표 2.3을 참조하여

$\zeta_1 = 0.14$, 관 이음 수 $z_2 = 3$, 관 이음부 손실계수 $\zeta_2 = 1.12$라 하면 압력관로의 총 손실계수 ζ_D는

$$\zeta_D = \zeta_1 \times z_1 + \zeta_2 \times z_2 = 0.14 \times 4 + 1.12 \times 3 = 3.92$$

따라서 압력관로측의 부차적 압력손실 ΔP_{D1}은 식 (2.36)에서

$$\Delta p_{D1} = \zeta_D \frac{\rho v_1^2}{2} = 3.92 \times \frac{880 \times 2.1^2}{2} = 7606.4\,\mathrm{Pa} = 0.00761\,\mathrm{MPa}$$

이다.

복귀관로도 같은 방법으로 계산하면 $\Delta p_{D2} = \Delta p_{D1} = 0.00761$ MPa이다.

[3] 밸브의 압력손실

압력관로측에서는 체크밸브 $z_5 = 1$, 유량조정밸브 $z_6 = 1$, 파일럿 조작 방향전환밸브 $z_8 = 1$, 전자전환밸브 $z_9 = 1$에서 압력손실이 발생한다. 밸브의 정격유량 20 L/min에서 압력손실을 제조회사의 카탈로그에서 0.3 MPa(동점도 $\nu = 33.8$ cSt)이라 하면, 유압펌프의 송출유량 $Q = 11.8$ L/min일 때 압력손실은 z_5, z_8, z_9에 대해

$$\Delta p_{V1} = 0.3\left(\frac{11.8}{20}\right)^2 \times 3 = 0.313\,\mathrm{MPa}$$

유량조정밸브는 밸브의 입구와 출구에서 압력차를 일정하게 유지하는 압력보상 스풀이 있다. 밸브 제조회사의 자료에서 밸브 통과유량을 일정하게 유지하기 위한 최저압력을 $\Delta p_{V2} = 0.35$ MPa로 한다.

한편 복귀관로측에는 전자전환밸브 $z_9 = 1$, 파일럿 조작 방향전환밸브 $z_8 = 1$과 실린더에 배압을 부여하는 시퀀스밸브 $z_7 = 1$에서 압력손실이 발생한다. z_9와 z_8에 대해

$$\Delta p_{V3} = 0.3\left(\frac{11.8}{20}\right)^2 \times 2 = 0.209\,\mathrm{MPa}$$

이다.

시퀀스밸브 $z_7 = 1$은 배압 $p_2 = 0.5$ MPa이 작용하지만 (3) 유압실린더의 계산에서 다루었으므로 생략한다.

따라서 압력관로측 압력손실 Δp_{p1}은

$$\begin{aligned}\Delta p_{p1} &= \Delta p_1 + \Delta p_{D1} + \Delta p_{V1} + \Delta p_{V2} = 0.0673 + 0.00761 + 0.313 + 0.35 \\ &= 0.738\ \mathrm{MPa}\end{aligned}$$

한편 복귀관로의 압력손실 Δp_{R2}은

$$\Delta p_{R2} = \Delta p_2 + \Delta p_{D2} + \Delta p_{V3} = 0.0673 + 0.00761 + 0.209 = 0.284\ \mathrm{MPa}$$

이상의 계산결과에서 유압회로 전체의 압력손실 Δp는

$$\Delta p = \Delta p_{p1} + \Delta p_{R2} = 0.738 + 0.284 = 1.022\ \mathrm{MPa}$$

이고, (4) 유압펌프 송출압력에서 가정한 압력손실 $\Delta p = 1\ \mathrm{MPa}$과 거의 일치한다.

[4] 유압펌프의 용량

압력손실 Δp를 고려할 때, 펌프의 송출압력 p_o는

$$p_o \geq p_1 + \Delta p \quad [\mathrm{MPa}] \tag{8.35}$$

이다. 식 (8.35)에서 실제 작용하는 압력 $p_1 = 1.44$ MPa, $\Delta p = 1.022$ MPa을 대입하면,

$$p_o \geq 1.44 + 1.022 \geq 2.46\ \mathrm{MPa}$$

이다. 또 시퀀스밸브는 실린더 배압을 부여하기 때문에 오버라이드 압력 0.5 MPa로 간주하면, 최종적으로 펌프에서 송출압력 p는

$$p = p_o + 0.5 = 2.46 + 0.5 = 2.96 \rightarrow 3.0\ \mathrm{MPa}$$

이다.

이 설계에서 유압펌프는 일정 용량형 피스톤펌프로 선정하고, 송출압력 3 MPa, 송출유량 11.8 L/min를 만족하는 형식을 펌프 제조회사의 자료에서 선정하면 된다.

[5] 구동 전동기 선정

유압펌프의 송출압력 p_o [MPa], 송출유량 Q_a [L/min], 펌프 전효율 η라 하면, 펌프 입력동력(축동력)은 식 (4.15)와 (4.16)에서

$$L_s = \frac{p_o Q_a}{60\eta} \quad [\mathrm{kW}] \tag{8.36}$$

이다.

유압회로 설계 계산에서 $p_o = 3$ MPa, 송출유량 $Q_a = 11.8$ L/min, $\eta = 75\%$로 하여, 식 (8.36)에 대입하면,

$$L_s = \frac{3 \times 11.8}{60 \times 0.75} = 0.79 \rightarrow 1.5 \text{ kW}$$

이다. 따라서 유압펌프를 구동시키는 전동기는 1.5 kW로 결정한다.

[6] 오일탱크 용량 결정

오일탱크는 순환하는 작동유의 냉각과 누설에 따른 작동유를 보충하는 역할을 하며, 일반적으로 펌프 송출량의 3~5배로 결정한다.

따라서 오일탱크 용량 $V_o = (3 \sim 5)Q = (3 \sim 5) \times 11.8 = 35.4 \sim 59$ L/min 범위에서 선정하면 된다. 또 유압작동유의 최저 보유량으로써 운전 중에는 스트레이너(strainer)가 유면에 나오지 않도록 설계하는 것이 중요하며, 가능하면 운전 중에 유면의 높이가 변하지 않고 일정하게 유지되도록 용량을 선정한다.

[7] 유압실린더의 강도

(1) 실린더 튜브의 응력

응력을 계산할 때, 두께 t [mm]와 안지름 D [mm]의 비 $t/D < 1/10$일 때는 얇은 원통, $t/D > 1/10$에서는 두꺼운 원통에 관한 응력식을 이용한다. 이 설계에서는 $D = 34$ mm에서 $t = 5$ mm로 가정하면, $t/D = 5/34 = 1/68 > 1/10$이기 때문에 두꺼운 원통이다. 실린더 안지름 D_1 [mm], 바깥지름 D_2 [mm], 실린더 내부압력(내압) p_i [MPa], 안쪽 벽면 $D_1/2$에서 접선응력 σ_t는

$$\sigma_t = \frac{D_2^2 + D_1^2}{D_2^2 - D_1^2} \times p_i \tag{8.37}$$

이고, 테이블의 좌우 운동방향을 바꿀 때, 로드는 순간적으로 2배의 압력이 작용한다고 가정한다.

$D_1 = 34$ mm, $D_2 = 34 + 2 \times 5 = 44$ mm, $p_i = 2p_1 = 2 \times 1.44 = 2.88$ MPa을 식 (8.37)에

대입하면,

$$\sigma_t = \frac{D_2^2 + D_1^2}{D_2^2 - D_1^2} \times p_i = \frac{44^2 + 34^2}{44^2 - 34^2} \times 2.88 = 11.4 \text{ N/mm}^2$$

실린더 튜브의 재료는 SPPS(압력배관용 탄소강 강관) 380을 사용하고 안전율을 8로 하면 허용응력 $\sigma_a = 370/8 = 46.2 \text{ N/mm}^2 > 11.4 \text{ N/mm}^2$으로 충분하다.

또 실린더 튜브 두께 t [mm]는 다음 식에서 구한다.

$$t = \frac{p_i D_1}{2\sigma x \eta_j - 1.2 p_i} + \alpha \tag{8.38}$$

식에서 σ는 인장강도의 최저값, x는 안전율, η_j는 실린더 튜브의 이음 효율(강관은 1), α는 부식여유이다.

식 (8.38)에서 $\alpha = 1$, $\eta_j = 1$로 하면,

$$t = \frac{2.88 \times 34}{2 \times 370 \times \frac{1}{8} \times 1 - 1.2 \times 2.88} + 1 = 2.1 \text{ mm} < 5 \text{ mm}$$

이므로 충분하다.

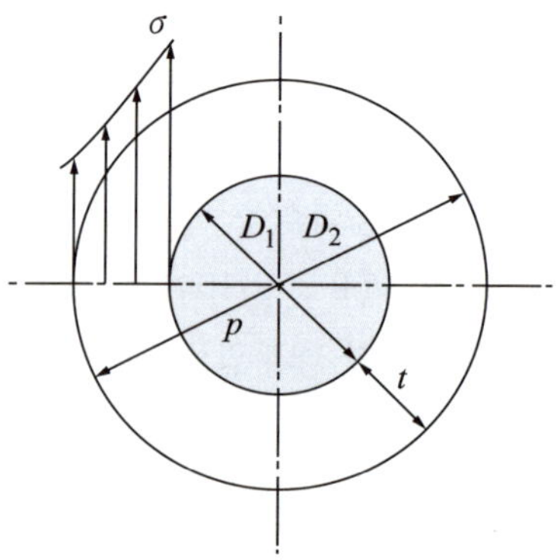

그림 8.81 두꺼운 원통에서 응력

(2) 피스톤 로드의 좌굴

Euler 식을 이용하여 피스톤 로드의 좌굴 강도를 구한다. 피스톤 로드의 오른쪽은 로드 브래킷(bracket)으로 회전지지, 왼쪽은 양측에서 부착되어 있으므로 고정지지로 고려한다. 그림 5.24의 피스톤 로드 지지방법과 단말계수에서 $n = 2$이고, $E = 2.06 \times 10^5$ N/mm², $I = (\pi/64)d^4 = (\pi/64) \times 18^4 = 5{,}150.4$ mm⁴, 로드의 재료는 S45C(기계구조용 탄소강), 로드가 완전히 들어간 상태에서 길이 $l_0 = 80$ mm, 스트로크 $s = 705$ mm(설계 조건)이므로 최대 부착 길이는 $l = l_0 + s = 80 + 705 = 785$ mm이다.

따라서 좌굴하중 W [N]는 식 (5.21)에서

$$W = \frac{n\,\pi^2\,EI}{l^2} = \frac{2\pi^2 \times 2.06 \times 10^5 \times 5{,}150.4}{785^2} = 33{,}951.4\ \mathrm{N} = 33.9\ \mathrm{kN}$$

테이블의 운동방향을 바꿀 때는 2배의 부하가 작용한다고 하면 안전율 S는

$$S = \frac{W}{2F_{\max}} = \frac{33{,}951.4}{2 \times 550} = 30.8$$

이 때 응력 $\sigma_{\max}$는

$$\sigma_{\max} = \frac{2F_{\max}}{\frac{\pi}{4}d^2} = \frac{2 \times 550}{\frac{\pi}{4}18^2} = 4.32\ \mathrm{N/mm^2}$$

피스톤 로드의 재료 S45C의 최저 인장강도를 580 N/mm², 안전율을 8로 하면 허용응력은 $580/8 = 72.5$ N/mm² > 4.32 N/mm²이 된다.

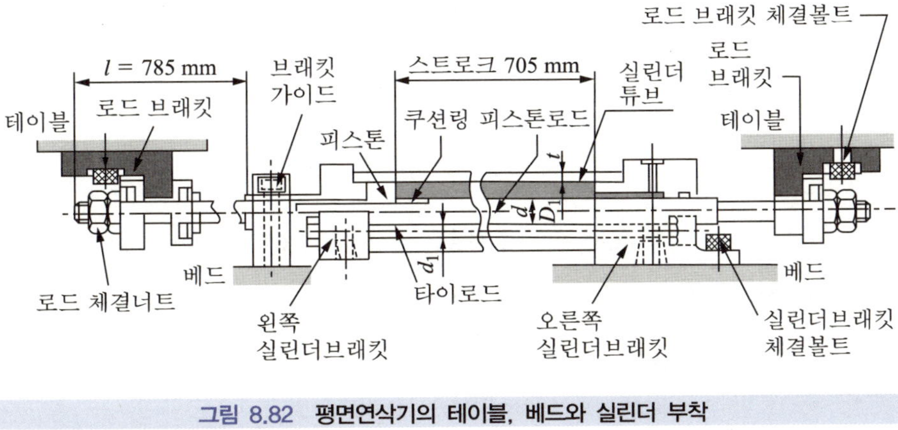

그림 8.82 평면연삭기의 테이블, 베드와 실린더 부착

(3) 타이로드의 인장력

테이블의 운동방향을 바꿀 때는 2배의 압력이 작용한다고 가정한다. 실린더 내부압력 $p=$ 2.88 MPa, 피스톤 수압면적 $A=\frac{\pi}{4}(D_1^2-d^2)=\frac{\pi}{4}(34^2-18^2)=653.12\ \text{mm}^2$이고, 헤드커버와 로드커버에는 인장응력과 비틀림 응력이 작용한다고 가정하여 계수 $k=4/3$으로 한다. 총 하중 W는

$$W = kAp = \frac{4}{3}\times 653.12\times 2.88 = 2{,}508\ \text{N}$$

타이로드(tie rod)의 수 $n=4$로 하면, 타이로드 하나에 작용하는 하중 W_1은

$$W_1 = \frac{W}{n} = \frac{2508}{4} = 627\ \text{N}$$

볼트 재료는 S25C－D로 하고 항복점을 250 N/mm^2, 안전율을 5로 하면, 허용인장응력은 250/5 = 50 N/mm^{2}이 된다. 사용하는 볼트의 골지름 d_1 [mm]은

$$d_1 = \sqrt{\frac{4W_1}{\pi\sigma_t}} = \sqrt{\frac{4\times 627}{\pi\times 50}} = 4\ \text{mm}$$

이 설계에서는 미터 보통나사 M 8(피치 1.25 mm)을 사용한다.

(4) 타이로드 체결너트

타이로드의 축방향 하중 W_1 [N], 접촉 나사부의 높이 H [mm], 나사 피치 p [mm], 나사의 허용접촉면 압력 q [N/mm^2], 나사가 조이는 길이 H_1 [mm], 나사의 유효지름 d_2 [mm], 물림부 나사산 수를 n이라 하면,

$$H = \frac{W_1 p}{\pi d_2 H_1 q} \tag{8.39}$$

이다. $W_1=627$ N, $p=1.25$ mm, $d_1=7.188$ mm, $H_1=0.677$ mm 너트 재료는 S 20C－D로 하고, $q=15$ N/mm^{2}으로 하면, 식 (8.39)에서

$$H = \frac{W_1 p}{\pi d_2 H_1 q} = \frac{627\times 1.25}{\pi\times 7.188\times 0.677\times 15} = 3.4\ \text{mm}$$

KS 규격에서 M 8 너트의 높이는 기준치수가 6.5 mm이므로 충분하다.

(5) 피스톤 로드의 체결너트

이 경우도 테이블이 운동방향을 바꿀 때 2배의 하중인 2,508 N이 피스톤 로드에 작용한다. 로드와 로드 브래킷 체결나사는 미터 보통나사 M 12(피치 1.75 mm)를 사용하면 KS 규격에서 $d_2 = 10.863$ mm, $H_1 = 0.947$ mm이다. 재료는 S 20C-D이고, $q = 15\ \text{N/mm}^2$로 하면 식 (8.39)에서,

$$H = \frac{W_1 p}{\pi d_2 H_1 q} = \frac{2508 \times 1.75}{\pi \times 10.863 \times 0.947 \times 15} = 9.1\ \text{mm}$$

KS 규격에서 M 12 너트의 높이는 기준치수가 10 mm이므로 충분하지만 풀림 방지를 위해 안전성을 고려하여 2중너트로 한다.

(6) 로드 브래킷의 체결너트

로드 브래킷 체결너트는 테이블이 운동방향을 바꿀 때 순간적으로 2,508 N의 전단력이 발생한다. 그림 8.82의 체결나사로 미터 보통나사 M 10 (피치 1.5 mm, $d_1 = 8.376$ mm) 2개를 사용하면 나사의 전단면적 $A_s = \frac{\pi}{4} d_2^2 = \frac{\pi}{4} \times 8.376^2 = 55.1\ \text{mm}^2$, 나사 한 개당 전단력 $W_s =$ 2,508/2 = 1,254 N이므로 전단응력 τ_s [N/mm²]은

$$\tau_s = \frac{W_s}{A_s} = \frac{1,254}{55.1} = 22.7\ \text{N/mm}^2$$

이다. 나사의 재료 S25C-D의 허용 전단응력을 30 N/mm²로 하면, 허용값 이내이다.

제 9 장

전기 · 유압 시퀀스 제어

▌학습목표 ▌

1. 전기·유압 시퀀스 제어에 사용되는 제어기기의 역할과 기호를 설명할 수 있다.
2. 시퀀스선도와 시간도표를 설명할 수 있다.
3. 시퀀스 제어의 논리곱, 논리합, 논리부정 회로를 설명할 수 있다.
4. 자기유지회로, 타이머회로, 플리커회로를 설명할 수 있다.
5. 인터로크 회로를 이해하고, 유압시스템에 응용할 수 있다.
6. 전기·유압 시퀀스 제어에서 시퀀스선도, 시간도표를 작성할 수 있다.
7. 전기·유압 시퀀스 제어계를 설계할 수 있다.

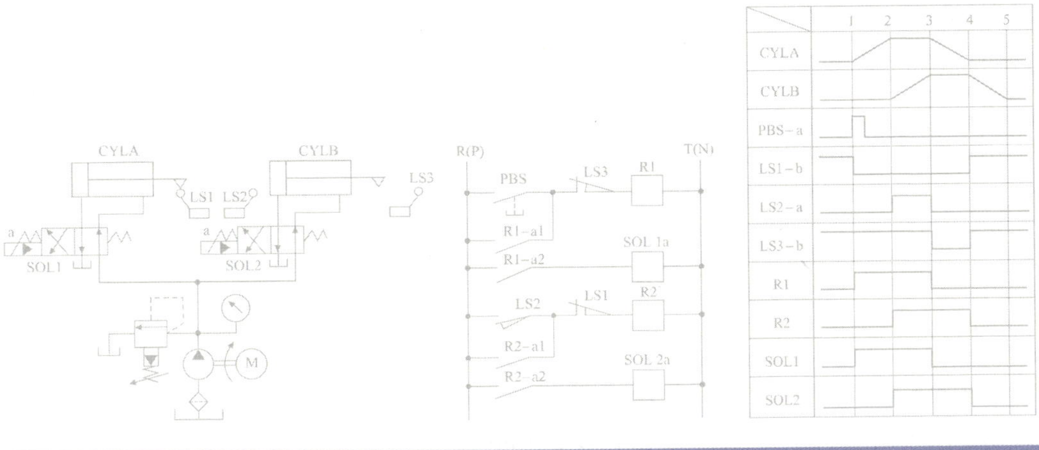

기계가 자동화됨에 따라 유압장치와 전기·전자 제어기기를 조합한 유압·전기 제어방식을 많이 사용한다. 이 장에서는 유압구동에 필요한 전기·전자 제어기기와 시퀀스 제어의 기본 사항을 다룬다.

또 전기기기의 기호와 전기용 그림기호(KS C 0102, JIC C 0301－1990)와 문자기호는 시퀀스 제어용 문자기호(KS C 0103, JIS C 0401－1982)에서 발췌하였다.

9.1 주요 전기 제어기기

[1] 스위치

제어에 사용하는 스위치(switch)는 손이나 발로 조작하는 수동조작용과 물체에 접촉 등으로 작동하는 검출용이 있다.

(1) 누름버튼스위치

누름버튼(push button)을 누르면 접점이 개폐되는 스위치이며, 자동 복귀식은 손을 떼면 원상태로 되돌아가는 것이 있다. 제어용은 COM(common : 공통), NO(normally open : 상시 열림), NC(normally closed : 상시 닫힘)의 각 단자가 있다. a접점(NO접점, 메이크 접점)은 버튼을 누를 때 회로가 닫히는(전류가 통한다) 접점이고, 반대로 누를 때 회로가 열리는(전류가 차단된다) 접점을 b접점(NC접점, 브레이크 접점)이라 한다.

(2) 마이크로스위치

마이크로스위치(micro switch)는 기계장치에서 구동부의 위치 검출용으로 사용한다. 그림 9.2와 같은 구조이며, 물체가 접촉하면 접점이 개폐된다. 소형 플라스틱 케이스(case)에 스위치 구조를 조립한 비봉입형(기본형) 마이크로스위치와 이것을 견고한 다이케스팅 케이스에 봉입하여 기름이나 먼지 등이 들어가지 않도록 한 봉입형 리밋스위치(limit switch)가 있다.

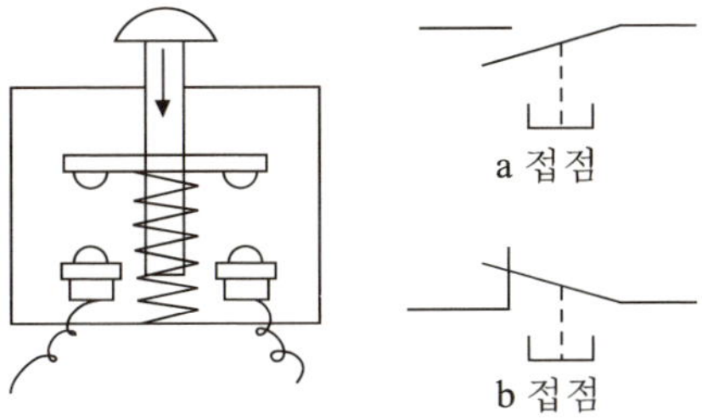

(a) 구조 (b) 기호

그림 9.1 누름버튼스위치

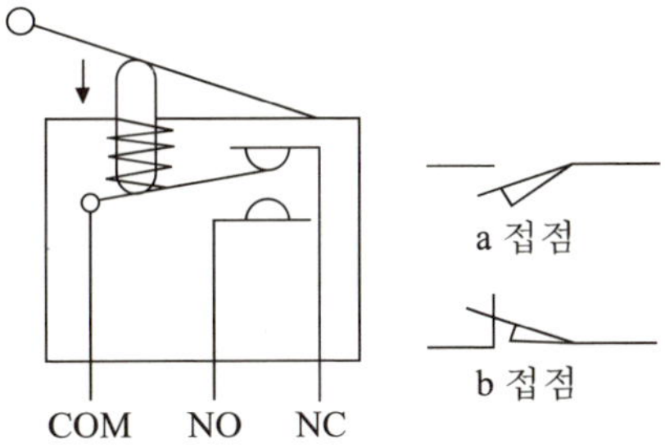

(a) 구조 (b) 기호

그림 9.2 리밋스위치

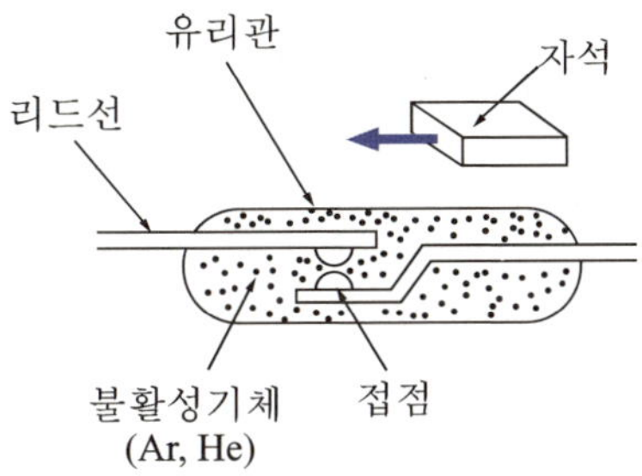

그림 9.3 리드스위치

(3) 근접스위치

근접스위치(proximity switch)는 발진회로와 브리지회로를 내장하여 금속 물체나 자성체가 근접할 때 전계(電界)나 자계(磁界)변화를 전기신호로 바꾸어 접점을 개폐하는 무접점, 비접촉 센서이다.

(4) 광전스위치

빛(光)을 매체로 한 스위치이며, 투광기(投光器)에서 나온 빛을 수광기(受光器)에서 받아, 수광기에 내장된 광전변환소자에서 빛의 양 변화를 전기신호로 바꾸어 접점을 개폐한다.

(5) 리드스위치

불활성 기체(아르곤, 헬륨)를 봉입한 유리관 속에 자성체의 리드선에 외부에서 자기(磁氣)를 가진 금속(자석)이 접근하면 접점이 ON한다.

[2] 릴레이(계전기)

릴레이(relay)는 기계적 접점을 가진 유(有) 접점식 릴레이와 반도체 스위치 소자를 이용한 전기적 접점을 가진 무(無) 접점식 릴레이가 있다.

(1) 전자 릴레이

전자 릴레이는 입력신호가 입력되는 즉시 전자코일이 여자되어 전자력에 따라 가동철심을 끌어당겨 접점을 개폐한다.

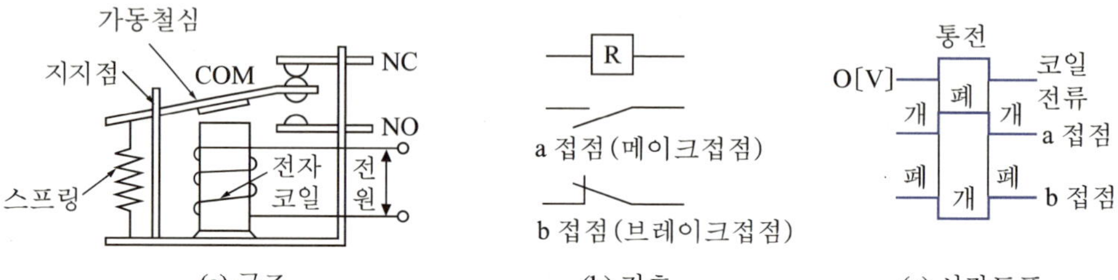

(a) 구조 (b) 기호 (c) 시간도표

그림 9.4 전자 릴레이

(2) 타이머

타이머(timer)는 한시 릴레이라고도 하며, 코일에 전류가 흐르면(입력신호) 일정한 시간이 경과된 후 접점이 개폐되는 릴레이이다. 이 경우 타이머에 입력신호가 들어와 일정시간 t만큼 지연되어 접점이 개폐하는 한시 복귀형이 있다.

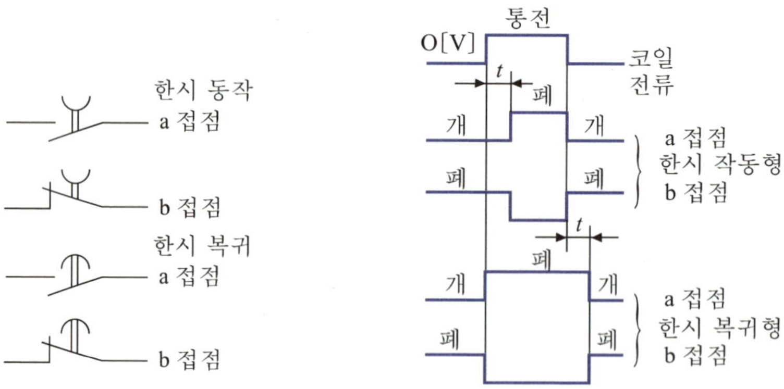

(a) 기호 (b) 시간도표

그림 9.5 한시 릴레이 (타이머)

[3] 전자전환밸브 코일(솔레노이드 코일)

전자코일에 전류가 흘러 전자석을 만들고, 그 흡인력으로 가동철심을 움직여 직선운동을 하는 솔레노이드는 한쪽 솔레노이드 코일과 양쪽 솔레노이드 코일이 있다. 양쪽 솔레노이드는 왼쪽이 a코일이고, 오른쪽이 b코일이다.

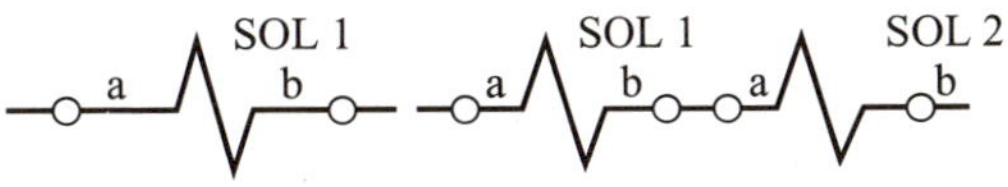

그림 9.6 전자전환밸브 코일

[4] 전자밸브(솔레노이드 밸브)

전자석의 흡인력을 이용하여 밸브를 개폐시켜 공기나 작동유 등의 유체를 제어하며, 솔레노이드 밸브라고도 한다. 기호는 솔레노이드 코일과 같으며, 문자 기호는 SV로 표기한다.

그림 9.7 전자밸브

[5] 표시램프

표시램프는 전자 접촉기, 배전용 차단기, 스위치 등의 개폐상태나 전원표시, 기기의 운전·정지의 상태를 표시하는데 사용한다. 최근 소형 표시램프는 네온램프, 발화 다이오드를 많이 사용한다.

표시램프의 색깔은 용도에 따라 다음과 같다.

- 적색 : 작업자의 신속한 처리를 필요로 하는 이상 상태
- 적황 또는 황색 : 주의 또는 경고
- 녹색 : 기계의 준비
- 흰색 : 정상운전 상태
- 청색 : 위의 색으로 규정되지 않은 다른 것을 표시

그림 9.8 표시램프

표 9.1과 표 9.2는 주요 전기 제어기기의 그림기호와 문자기호이다.

표 9.1 전기용 그림기호(KS C 0102)의 발췌

명 칭		그림기호	명 칭		그림기호
전지, 또는 직류전원			한시 복귀 접점	a접점	
교류전원				b접점	
발전기			리밋 스위치	a접점	
전동기				b접점	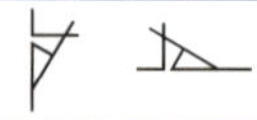
3상 유도전동기			누름 버튼 스위치	a접점	
열전대				b접점	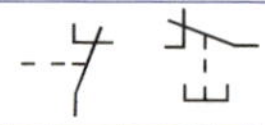
램프			플로트 스위치	a접점	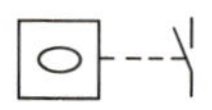
접점	a접점	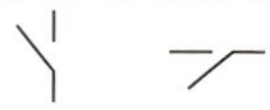		b접점	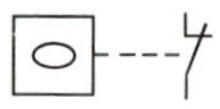
	b접점		당김 버튼 스위치	a접점	
한시 작동 접점	a접점	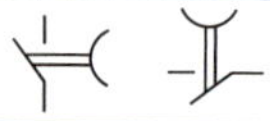		b접점	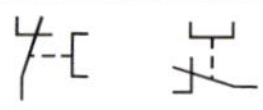
	b접점		근접스위치		

표 9.2 시퀀스 제어용 문자기호(KS C 0103)

문자기호	용 어	문자기호	용 어
BS	버튼스위치	MC	전자 접촉기
CB	차단기	PRS	압력스위치
COS	전환스위치	RS	회전형 스위치
CS	제어스위치	S	스위치, 개폐기
F	퓨즈	CTR	제어기
FLTS	플로트스위치	STT	시동기
LS	리밋스위치	R	전자 릴레이
LVS	레벨스위치	TLR	한시 릴레이
THC	열전대	SV	전자밸브
BZ	버저	SL	표시등

9.2 시퀀스 제어의 기본

시퀀스 제어(sequential control)는 「미리 정해진 순서나 논리에 따라 제어의 각 단계를 순차적으로 진행해 가는 제어」이다. 자동 전기세탁기, 자동판매기, 교통 신호기, 승강기, 자동 운반장치, 자동창고, 산업용 로봇 등은 시퀀스 제어를 응용한 것이다.

[1] 시퀀스선도와 시간도표

접점을 가진 제어용 기기를 사용한 시퀀스 제어는 시퀀스선도(전개 접속도)를 사용하여 표시한다. 시퀀스선도는 제어용 기기를 작동순서에 따라 배열하고 작동내용을 이해하기 쉽도록 한다.

그림 9.9와 같이 제어모선을 상하에 둔 것을 가로쓰기 시퀀스선도, 좌우에 둔 것을 세로쓰기 시퀀스선도라 한다.

가로쓰기 시퀀스선도는 제어기기가 왼쪽에서 오른쪽으로, 세로쓰기 시퀀스선도는 위에서 아래로 동작하도록 배열한다. 제어모선은 단상교류인 경우는 R, S, 3상 교류는 R, S, T, 직류는 P, N으로 구별한다.

일반적으로 시퀀스선도는 다음과 같은 상태를 표시한다.

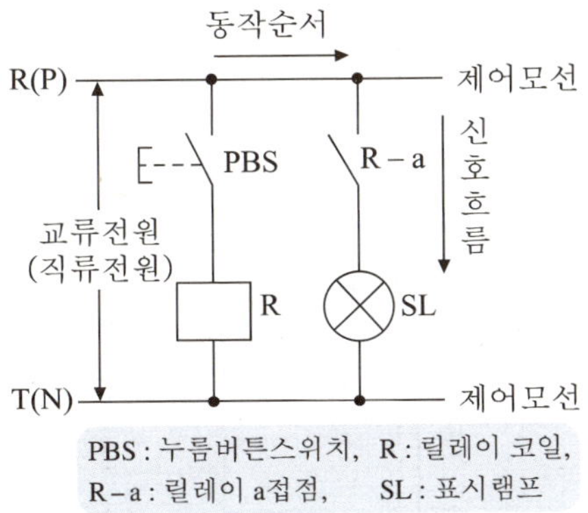

(a) 가로쓰기 시퀀스선도

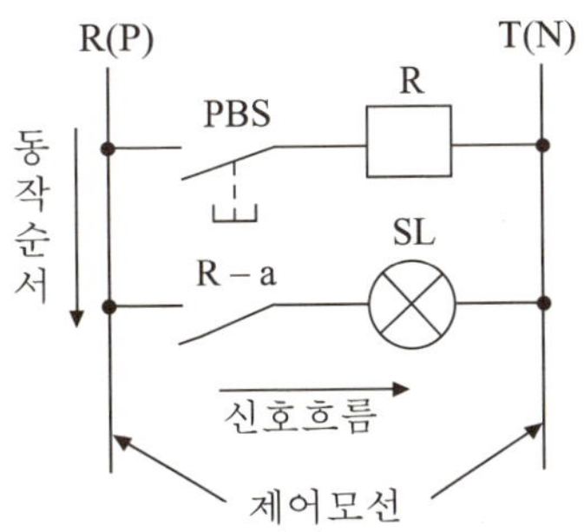

(b) 세로쓰기 시퀀스선도

그림 9.9 시퀀스선도

① 전원은 모두 차단된 상태
② 수동조작인 것은 손을 놓은 상태
③ 제어하는 기기나 전기회로는 정지상태
④ 복귀될 릴레이 접점은 복귀한 상태

또 시퀀스회로는 전원에 대해 릴레이는 반드시 스위치 뒤에 둔다. 가로축은 시간, 세로축은 제어기기의 작동상태를 나타내며, 작동순서나 시간적 변화를 이해하기 쉽도록 나타낸 것을 시간도표(time chart)라 한다.

[2] 시퀀스 제어의 기본회로

시퀀스 제어는 기본적으로 논리곱(AND)회로, 논리합(OR)회로, 논리부정(NOT)회로를 조합한 논리회로에 따라 수행된다. 그러나 실제 제어에서는 일정한 시간만큼 지연시킨 신호를 변화시키는 회로(타이머회로)나 신호를 기억하는 회로도 필요하다. 또한 보호·안전을 위한 회로가 필요한 경우도 있다. 지금부터 접점이 있는 릴레이를 사용한 기본회로에 대하여 설명한다.

(1) 논리곱(AND)회로

그림 9.10과 같이 누름버튼스위치 PBS1과 PBS2를 직렬로 결합한 경우, PBS1과 PBS2 스위치가 모두 누름상태에 있을 때만 릴레이 코일 R에 전류가 흘러 릴레이 a접점 R－a가 닫혀 램프 SL이 점등하는 회로이다.

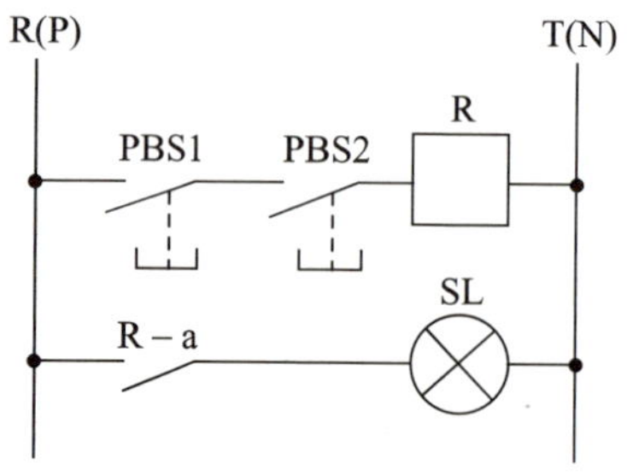

(a) 시퀀스선도

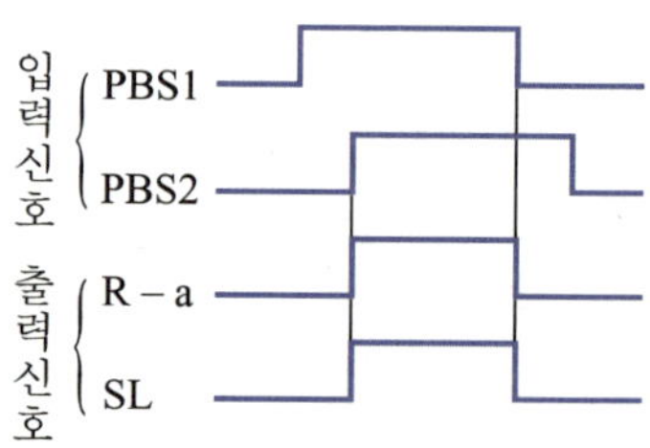

(b) 시간도표

그림 9.10 논리곱(AND)회로

(2) 논리합(OR)회로

그림 9.11과 같이 누름버튼스위치 PBS1과 PBS2를 병렬 접속한 경우, PBS1과 PBS2 둘 중에서 어느 한쪽 또는 둘 다 누름상태에 있을 때 R－a가 닫히는 회로이다.

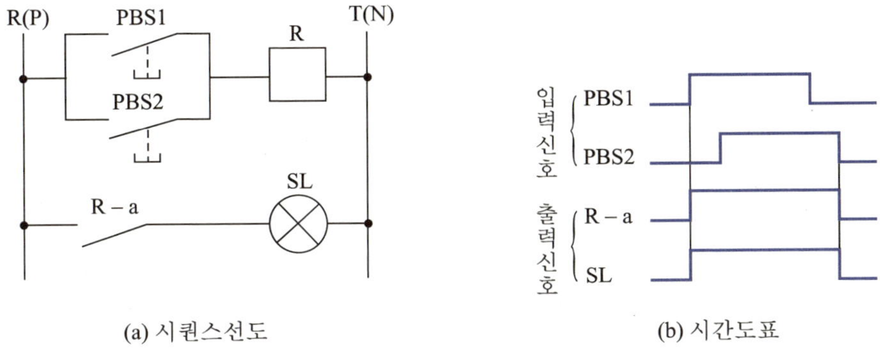

그림 9.11 논리합(OR)회로

(3) 논리부정(NOT)회로

그림 9.12와 같이 b접점 릴레이 R－b를 사용한 회로에서 누름버튼스위치 PBS가 눌려지면 릴레이코일 R에 전류가 차단되기 때문에 R－b가 열려 램프 SL이 소등된다. 스위치를 누르면 점등되는 회로이다.

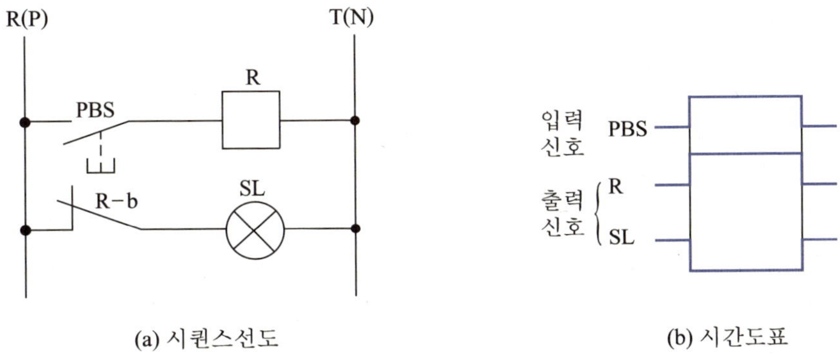

그림 9.12 논리부정(NOT)회로

(4) 자기유지회로

자기유지회로(self-hold circuit)는 그림 9.13과 같이 누름버튼스위치 PBS1과 릴레이 a접점 R-a를 병렬로 접속한다. PBS1을 누르는 순간에 릴레이 코일 R이 여자되고 릴레이가 가진 자기유지접점 R-a_1과 출력접점 R-a_2를 동시에 닫는다.

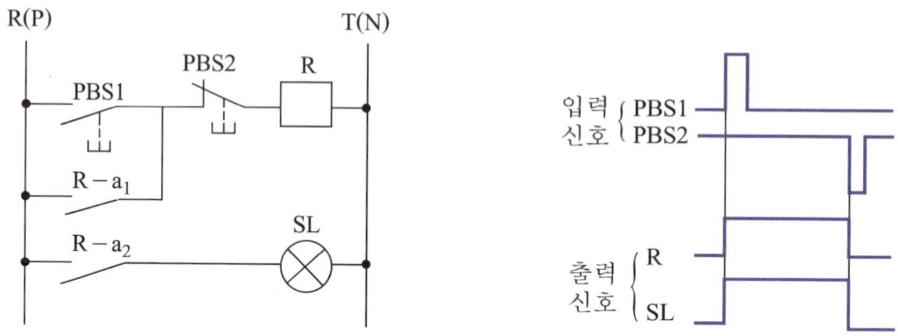

(a) 시퀀스선도 (b) 시간도표

그림 9.13 자기유지회로

다음, PBS1이 열려도 접점 R-a_1에 따라 R-a_1을 통하는 회로가 형성되기 때문에 R은 여자를 계속하기 하기 위해 R-a_2는 닫힌 상태에서 램프 SL은 점등된 채로 있다. 이 상태를 자기유지가 되었다고 한다. 자기유지회로는 스위치를 누르고 떼는 일시적 조작에 따라 릴레이 접점상태를 스스로 유지하게 된다. 즉, 리밋스위치 PBS2를 누르면 자기유지가 해제되어 원래 상태로 복귀한다.

(5) 한시동작(타이머)회로

그림 9.14에서 한시 계전기(타이머) TLR을 사용한 타이머회로와 시간선도를 나타낸다. 타이머회로는 타이머 a접점 TLR-a와 표시등 SL을 직렬로 접속한다. 누름버튼스위치 PBS1을 누르면 R이 자기유지접점 R-a_1과 출력접점 R-a_2가 동시에 닫히고, 또 TLR이 작동하여 PBS1이 열려도 자기유지 된다. 따라서 이전에 설정된 일정시간 t 후에 TLR-a가 닫혀 표시램프 SL이 점등한다.

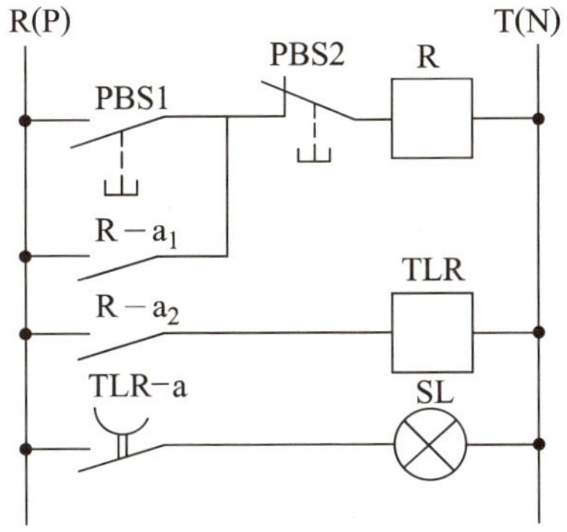

(a) 시퀀스선도

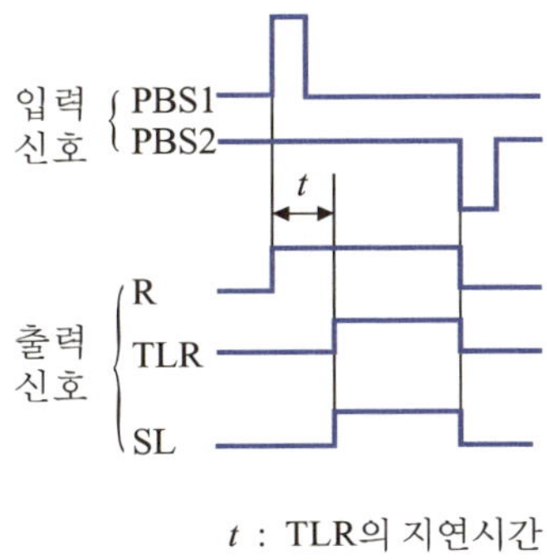

(b) 시간도표

그림 9.14 한시동작(타이머)회로

(6) 인터로크회로

기계 각 부분의 작동이 정상적으로 작동하는 조건이 만족되지 못하는 경우에 기계적, 유압·공기압으로 자동적으로 그 기계를 작동할 수 없도록 하는 기구를 인터로크라 하며, 안전 측면에서는 기계의 위험부분에 설치하는 안전커버 등이 개방되면 그 기계를 기동할 수 없게 하거나, 안전장치 등이 정상으로 사용되지 못하면 기계를 작동할 수 없다. 또한 안전장치 등이 작동하면 기계가 급정지하는 등 작업자에 대한 위험 유해방지를 위해 여러 가지 인터로크의 기구가 이용되고 있다.

그림 9.15에서, 누름버튼스위치 PBS1을 누르면 릴레이 R1이 여자되어 접점 R1－a_1, R1－a_2가 동시에 닫혀 R1이 자기유지 되어 표시램프 SL1이 점등한다. 이 상태에서 별도의 누름버튼스위치 PBS2를 눌러도 R1의 b접점 R1－b가 열리기 때문에 릴레이 R2는 작동하지 않는다. 즉, 표시램프 SL2를 이 경우 인터로크(interlock) 되었다고 한다. 다음, SL2를 점등시키기 위해서는 누름 버튼스위치 PBS3을 눌러 R1의 자기유지를 해제시킨 후, PBS2를 눌러 R2를 여자시켜 R2－a_1, R2－a_2가 동시에 닫혀 R2를 자기유지 시킨다. 이 경우 SL2는 점등하지만 SL1은 점등하지 않는다. 이것은 R1에 인터로크가 걸려있기 때문이다.

이와 같이 어떤 조건이 만족되면 동작이 저지되는 회로를 인터로크회로라 하고, R1, R2의 접점 R1－b, R2－b를 인터로크 접점이라 한다.

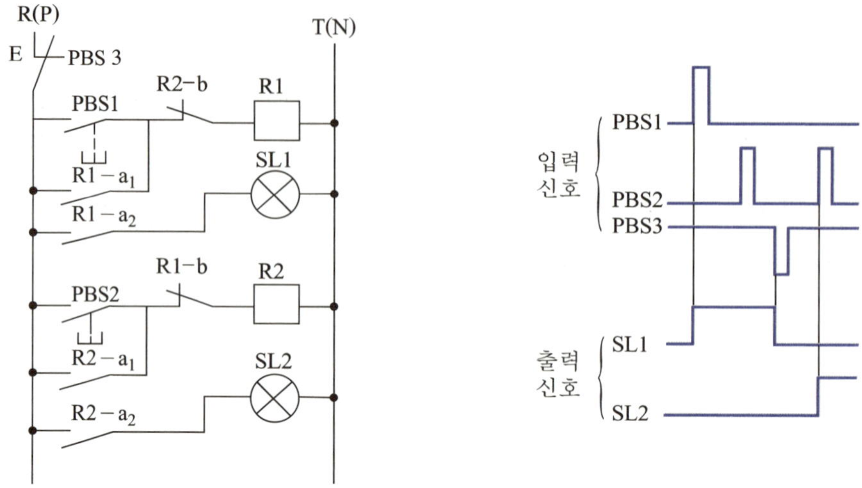

(a) 시퀀스선도 (b) 시간도표

그림 9.15 인터로크회로

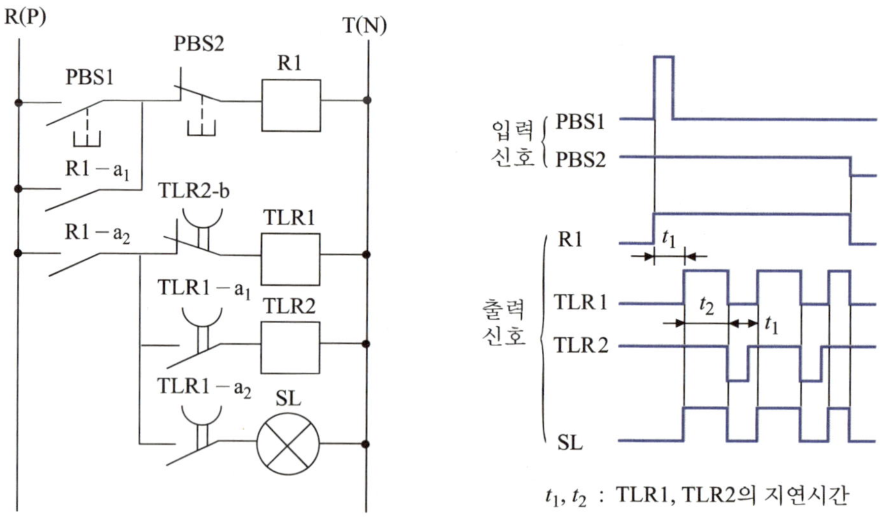

(a) 시퀀스선도 (b) 시간도표

그림 9.16 플리커회로

(7) 플리커회로

플리커회로(flicker circuit)는 제어회로에 어떤 이상이 있을 때 표시램프를 점멸시키는 회로이다. 그림 9.16은 타이머를 사용한 플리커회로이며, 누름버튼스위치 PBS1을 누르면 릴레이 R1이 작동하여 타이머 TLR1이 작동한다. 그러면 일정한 시간 t_1 후에 2개의 한시접점 TLR1－a_1, TLR1－a_2가 닫혀 표시램프 SL이 점등하고 동시에 타이머 TLR2가 작동한다. 그러면 일정한 시간 t_2 후에 이번에는 TLR2의 b접점 TLR2－b가 열리기 때문에 한시접점 TLR1－a_2도 열려 SL은 소등되지만, 동시에 TLR2도 작동하지 않기 때문에 한시접점 TLR2－b가 닫히고 다시 TLR1이 작동한다. 그 이후는 PBS2를 누를 때까지 같은 동작을 반복하며 표시램프 SL은 점멸을 계속한다.

[3] 전기·유압 시퀀스 제어의 기본회로

전기·유압 제어는 전기기기를 사용한 입·출력신호를 사용하므로 신호처리와 전달이 빠르고 정확한 위치결정이나 속도조정과 조작력(추력)이 큰 특징이 있다. 따라서 전기·유압 시퀀스 제어는 산업기계, 공작기계 등의 제조업에 널리 이용된다.

여기서는 2개의 실린더(A, B)를 사용한 간단한 시퀀스회로를 설명한다.

(1) A+B+A−B− 제어회로

그림 9.17은 유압회로, 그림 9.18은 시퀀스선도, 그림 9.19는 시간선도이다.

실린더 전진을 ＋, 후진을 －로 표시하면 기기의 작동은

① PBS를 누르면 R1이 자기유지되어, SOL1a가 여자되면서 작동유의 유로가 전환되어 CYL A가 전진한다.

② CYL A의 전진 끝단에서 LS2－a가 작동하고, R2가 자기유지되어 SOL2a가 여자됨과 동시에 유로가 전환되어 CYL B가 전진한다.

③ CYL B의 전진 끝단에서 LS3－a가 작동하고 R1의 자기유지가 해제되고, SOL1a가 여자가 해제됨과 동시에 유로가 전환되어 CYL A가 후진한다.

④ 후진단에서 LS1－b가 작동하고 R2의 자기유지가 해제되어 SOL2a의 여자가 해제되면서 유로가 절환되기 때문에 CYL B는 후진된다.

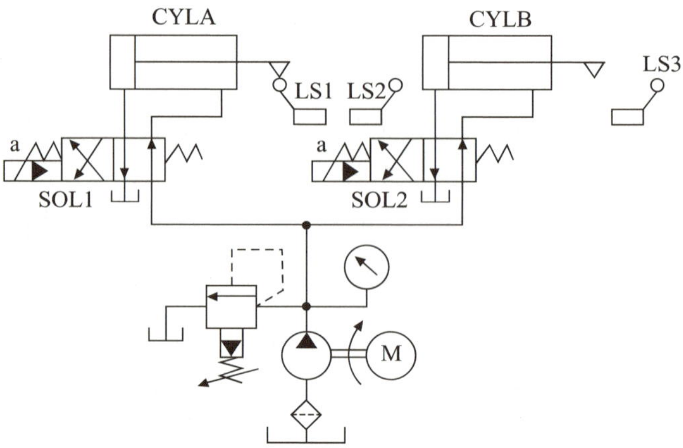

그림 9.17 A+B+A−B− 유압회로도

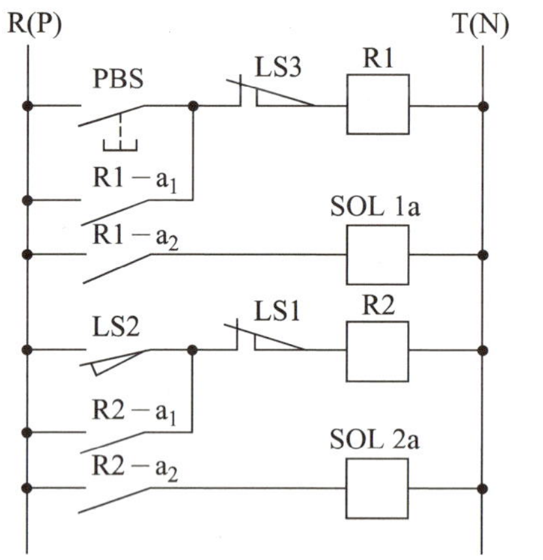

그림 9.18 A+B+A−B− 시퀀스선도

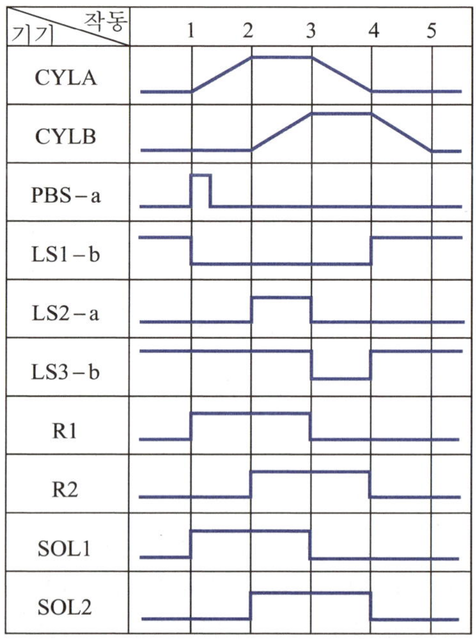

그림 9.19 A+B+A−B− 시간선도

(2) A+B+B−A− 제어회로

그림 9.20은 유압회로도, 그림 9.21은 시퀀스선도, 그림 9.22는 시간선도를 나타낸다.

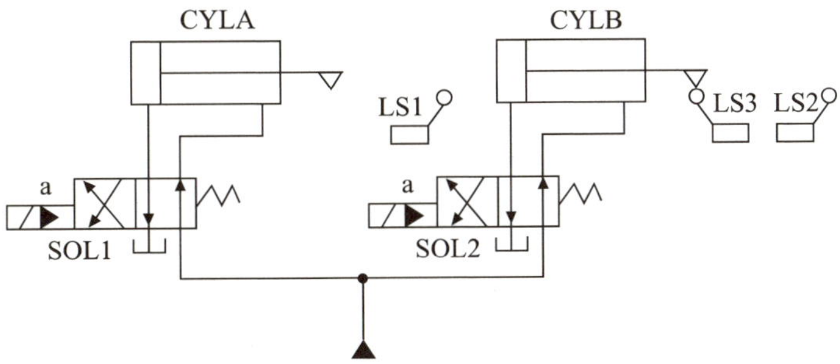

그림 9.20 A+B+B−A− 유압회로

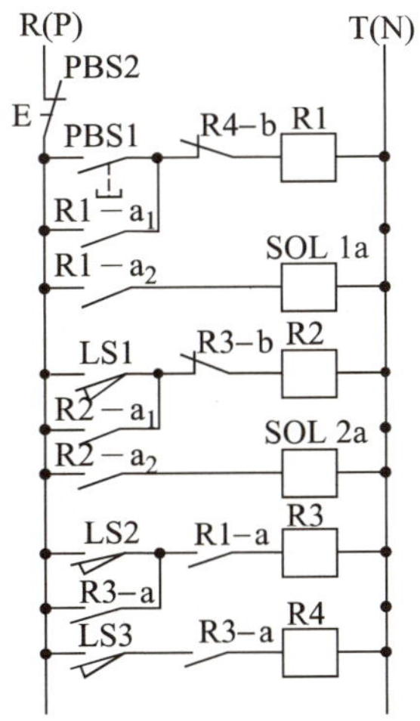

그림 9.21 A+B+B−A− 시퀀스선도

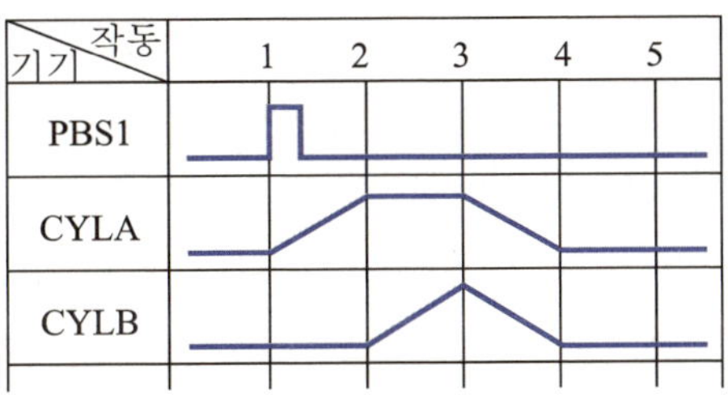

그림 9.22 A+B+B−A− 시간선도

제 10 장

유압시스템의 응용

▎학습목표 ▎

1. 공작기계에 유압시스템의 응용 예를 조사하고, 유압회로도를 이해한다.
2. 유압프레스의 유압회로도를 이해한다.
3. 유압용 플라스틱 사출성형기의 유압회로도를 이해한다.
4. 자동차에 유압이 응용되는 사례를 조사하고, 유압회로도를 이해한다.
5. 유체전동장치의 원리와 그 특징을 이해한다.
6. 건설기계에서 유압의 응용분야를 조사하고, 유압회로도를 이해한다.
7. 산업용 특수차량에 유압의 응용분야를 조사하고, 유압회로도를 이해한다.
8. 농업기계에 유압의 응용분야를 조사하고, 유압회로도를 이해한다.
9. 산업용 로봇에 유압의 응용분야를 조사하고, 유압회로도를 이해한다.
10. 공장 자동화 시스템에 유압의 응용분야를 조사하고, 유압회로도를 이해한다.

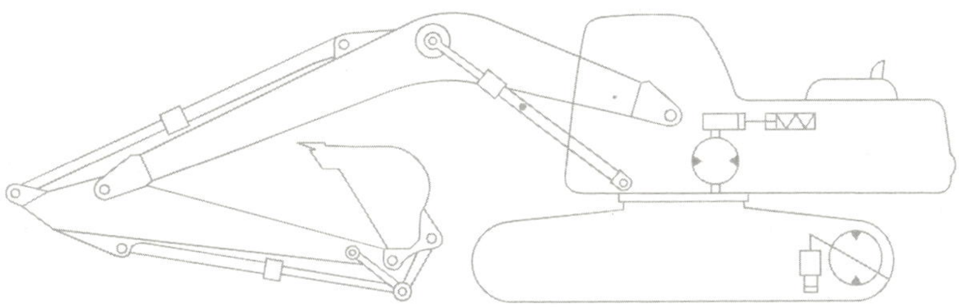

유압시스템은 제조업에서 유통업에 이르기까지 산업분야에 다방면에 응용되고 있다. 여기서는 각 분야에서 2, 3가지의 응용 예시에 대하여 설명한다.

10.1 공작기계

[1] 선반용 모방제어

그림 10.1은 일반적인 모방제어용 안내밸브로 사용되는 5포트 방향전환밸브이며, 클로즈드센터형(closed center)과 오픈센터형(open center)이 있다. 펌프에서 공급된 유량을 조절할 때 스풀 피스톤부의 랜드(land)가 중립위치에 있을 때는 고압유 입구 또는 출구를 막는 상태가 되고, 고압유는 서보실린더(조작실린더)로 공급되지 않는다. 따라서 입력 변위가 약간 변하여도 출력유량에 큰 변화를 주기 때문에 선반의 단치기 작업과 같은 절삭은 수 밀리의 정중합(positive overlap)을 가진 클로즈드센터형을 사용한다. 오픈센터형은 중립위치에서 A, B포트가 약간 열려 있기 때문에 서보실린더로 작동유의 출입구에 미소한 압력에서 대부분의 공급압력까지 부가하는 것이 가능하다. 이 때문에 선반의 곡면절삭이나 테이퍼 절삭에서는 평활한 정밀도가 요구되므로 수 밀리 정도의 부중합(underlap)을 가진 오픈센터형을 사용한다.

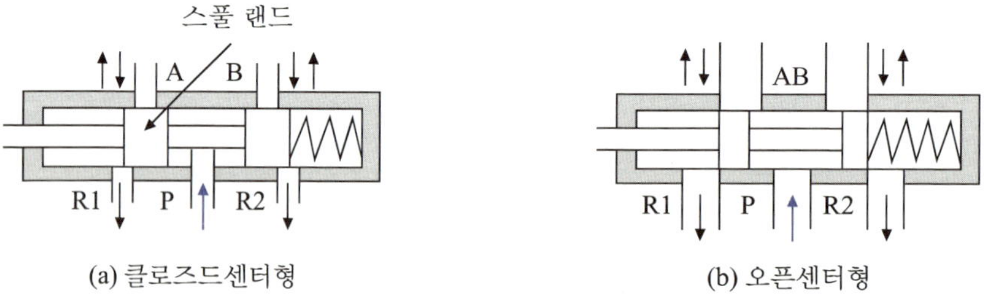

그림 10.1 5포트 방향전환밸브의 스풀형식

그림 10.2는 선반용 모방제어장치이며, 가로·세로방향의 2방향 이송이 가능하다. 안내밸브의 스풀이 중립위치에 있을 때 펌프에서 공급된 고압유는 P포트가 닫혀있기 때문에 서보실린더에 공급되지 않는다. 형판(templet)의 형상에 따라 눌러진 트레이서(tracer)의 힘이 스프링보다 크면 스풀은 오른쪽 아래로 움직여 안내밸브의 유로는 P포트에서 A, B포트와 R_1포

트로 연결되어 펌프의 고압유가 A관을 화살표 방향으로 흘러 서보실린더의 왼쪽 아래 A실로 들어간다. 서보실린더의 피스톤은 이송대에 고정되어 있기 때문에 서보실린더 자신이 오른쪽 아래로 움직인다. 그러면 서보실린더 오른쪽 위 B실의 체적이 작아진다. 그러나 B포트와 R_1포트는 연결되어 있기 때문에 작동유는 B관을 화살표방향으로 흘러 오일탱크로 되돌아간다. 다음에 트레이서가 왼쪽 위로 움직이면 P포트와 B, A포트와 R_2포트가 연결되기 때문에 고압유는 B관을 경유하여 서보실린더 B실로 들어가고 공구는 트레이서를 따라서 왼쪽 위로 움직인다. 또 A실의 고압유는 A관을 거쳐 오일탱크로 되돌아온다.

이와 같이 트레이서가 형판(template)을 따라 접촉하면서 움직이면 공구는 이 이송에 따라 작동하고 형판과 같은 형상을 가공하게 된다.

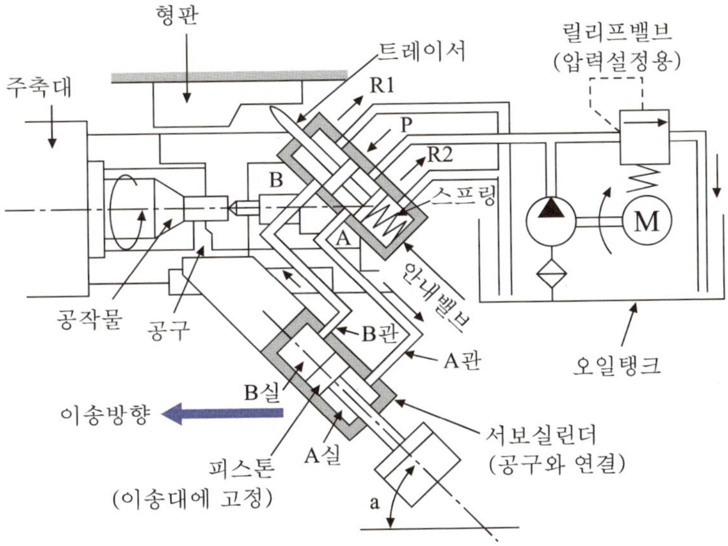

그림 10.2 선반용 모방제어

[2] 평면 연삭기의 테이블 구동

평면 연삭기는 상자형 헤드, 직선·왕복운동을 하는 테이블, 공작물을 가공용 숫돌, 공작물을 고정하는 체크(전자체크) 등으로 구성되어 있다. 그 외에 열이 많이 발생하기 때문에 열을 냉각하는 연삭유 공급장치가 필요하다.

직선·왕복운동을 하는 테이블은 그림 10.3과 같이 유압이송기구로 되어 있다. 좌우 실린더 추력을 같게 하기 위해 양로드 복동형 실린더를 사용한다. 그림 10.4는 평면 연삭기용 유압회로 예시이다.

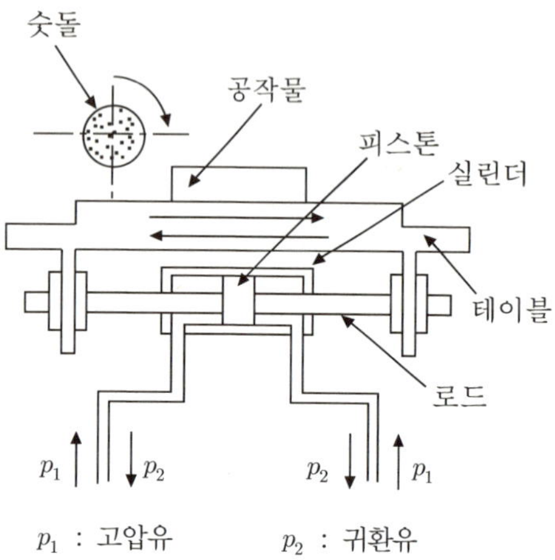

그림 10.3 평면 연삭기의 테이블 구동장치

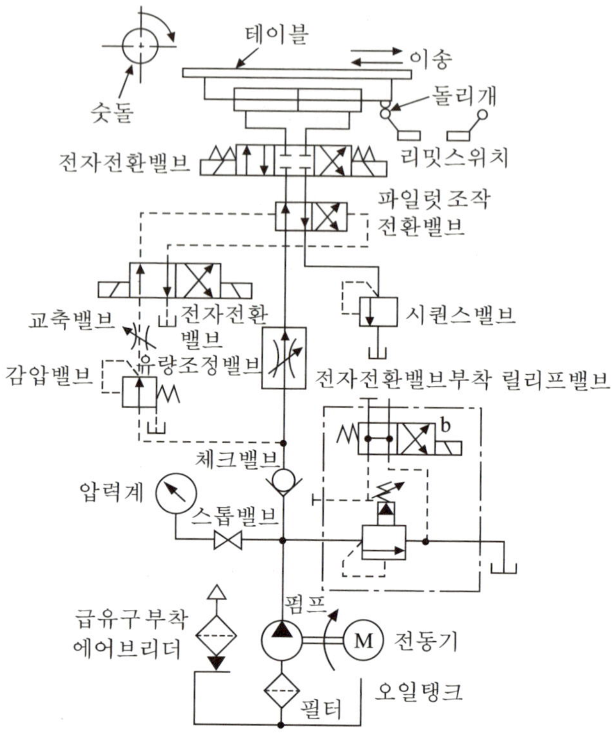

그림 10.4 평면 연삭기의 유압회로도

10.2 유압프레스

[1] 유압프레스의 장점

프레스가 유압구동에 적합한 사항을 고려해 보면,

- 큰 가압력이 필요하고, 작업속도가 늦어지는 경우에도 기계적 감속기구가 필요 없기 때문에 구조가 간단하다.

- 긴 행정(stroke)에 걸쳐 균일한 가압력을 유지할 수 있다.
- 작업에 따라 재료의 압입, 취출 등 보조적인 관련 작업을 조합하여 자동화가 쉽다.
- 속도가 아주 낮은 작동이나 미동(inching)이 가능하기 때문에 금형의 교환이나 부착이 쉽다.

[2] 유압프레스의 분류

유압프레스는 용도, 능력, 구조, 조작법에 따라 다음과 같이 분류한다.

(1) 분말 성형 프레스

원료(분체)를 금형에 넣고 상하 또는 한 방향에서 하중(1,000~3,000 kN)을 가해 성형하며, 대량 생산을 위해 원료 공급의 계량과 제품의 취출을 포함한 고속 자동작업이 요구된다.

(2) 고무 프레스

고무 금형 속에 세라믹, 분말야금 등의 분체(粉體) 또는 예비 성형한 압분체를 충진하고, 그 바깥 외주에서 고압력(100~700 MPa)을 가하여 균일한 성형품을 만든다. 이 성형법은 고무 금형을 직접 액체 속에 넣어 가압하는 습식법과 다이어프램으로 고무금형에 압력을 가하는 건식법이 있다.

(3) 판금 성형 프레스

가장 일반적인 프레스이며 전단가공(shearing work), 압인(coining)가공, 구멍내기에서 오리피스 가공, 굽힘(bending) 가공, 디프드로잉(deep drawing), 부조(embossing) 가공까지 광범위한 작업에 사용된다.

(4) 열간가공 프레스

단조 프레스로 사용하여 가압속도, 가압능력이 우수하기 때문에 대용량의 유압장치가 필요하다. 이러한 프레스 기계는 대부분 대형이지만, 박판의 펀칭(punching), 구멍뚫기, 굽힘 등 비교적 가벼운 작업에는 소형 탁상용 유압프레스가 사용된다.

[3] 유압회로 예시

그림 10.5는 램(ram) 실린더와 보조실린더가 2개씩 누름판에 연결된 유압프레스의 회로 예시이다. 수동조작 방향전환밸브를 중립위치에서 ①쪽으로 움직이면 펌프에서 보내진 고압유는 2개의 보조실린더의 위 방향에서 유입하여 피스톤을 고속으로 작동시키면서 이 피스톤과 연결된 누름판을 통하여 램 실린더의 램을 작동시켜 실린더를 진공상태에 가깝게 한다. 이 때문에 상부에 있는 프리필밸브(prefill valve : 용량이 큰 파일럿 조작 체크밸브)의 입구측에서 출구측으로 오일탱크에서 작동유가 흘러 램 실린더의 작동과 더불어 그 양이 크게 되고 실린더 공간부를 채운다. 누름판이 가공물에 닿으면 회로내의 압력이 높아지고, 오일탱크에서 램형 실린더로 작동유의 보충은 없고, 펌프에서 고압유도 시퀀스밸브의 스프링 힘을 이겨내어 실린더에 유입하기 때문에 고압유는 증대하여 프레스 작업을 한다.

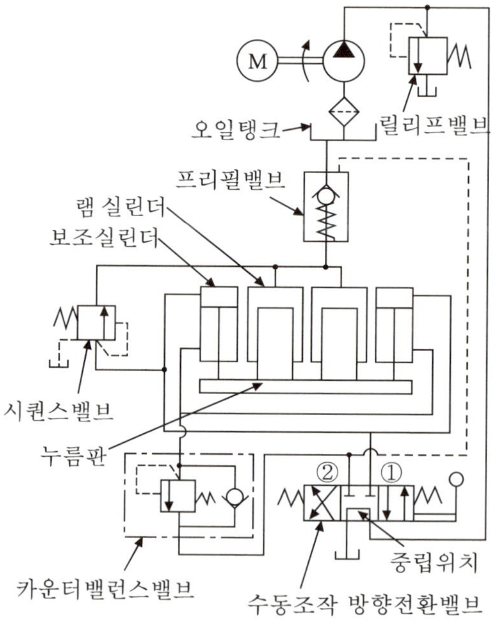

그림 10.5 대형 유압프레스의 유압회로도

수동조작밸브를 ②위치로 이동하면, 2개의 보조실린더가 위로 되돌아가면서 프리필밸브의 파일럿 압입구에서 작동유가 들어와 프리필밸브의 피스톤을 밀어 올리고, 또한 포핏을 밀어 올리기 때문에 유출구쪽에서 유입구쪽으로 작동유가 역류하여 램 실린더에서 복귀유는 오일탱크로 되돌아간다.

수동조작 방향전환밸브를 중립위치로 하면 펌프에서 공급된 작동유는 수동조작밸브를 통하여 무부하 상태로 오일탱크로 되돌아간다. 유압펌프는 일정한 유량을 송출하고, 릴리프밸브는 회로압력을 제한하는 역할을, 카운터밸런스밸브는 램의 중량을 지지한다.

10.3 플라스틱 사출성형기

플라스틱 성형법은 사출성형, 중공성형, 압축성형법 등이 있고, 재료(원료)에서 제품까지 1대의 기계에서 전자동으로 성형하며 경제성이 뛰어나다.

[1] 사출성형법

플라스틱 원료의 사출성형법은 플라스틱 원료를 가열·용융하여 제품 부분이 중공인 기금형(基金型) 속에 고압(140～240 MPa)으로 주입하여, 냉각·고형화(固型化)하는 성형법으로 가장 경제적인 양산방식이며, 다음과 같은 장점이 있다.

① 거의 후가공이 필요 없는 완성품을 얻을 수 있다.
② 원료의 손실이 거의 없다.
③ 완전한 자동 성형이 가능하다.
④ 성형까지의 시간이 짧다.

[2] 사출성형기의 구성

그림 10.6은 일반적인 유압 구동식 사출성형기이다.

(1) 사출장치

① 호퍼 : 가열실린더에 공급하는 플라스틱 원료의 저장 용기
② 원료공급장치 : 매 회 사출에 필요한 원료를 계량하여 가열실린더로 보내주는 장치
③ 가열실린더 : 플라스틱 원료를 용융·사출하는 부분
④ 노즐 : 가열실린더의 선단에 결합하여 사출 시에는 금형의 노즐 부시에 밀착하여 용융

수지의 유로를 형성하는 부분

⑤ 사출실린더 : 스크루 또는 플런저를 전진시켜 이것에 사출압력과 사출속도를 부여하는 유압실린더

⑥ 스크루 : 중공 원통형 내부에 원료를 회전시키면서 수송한다.

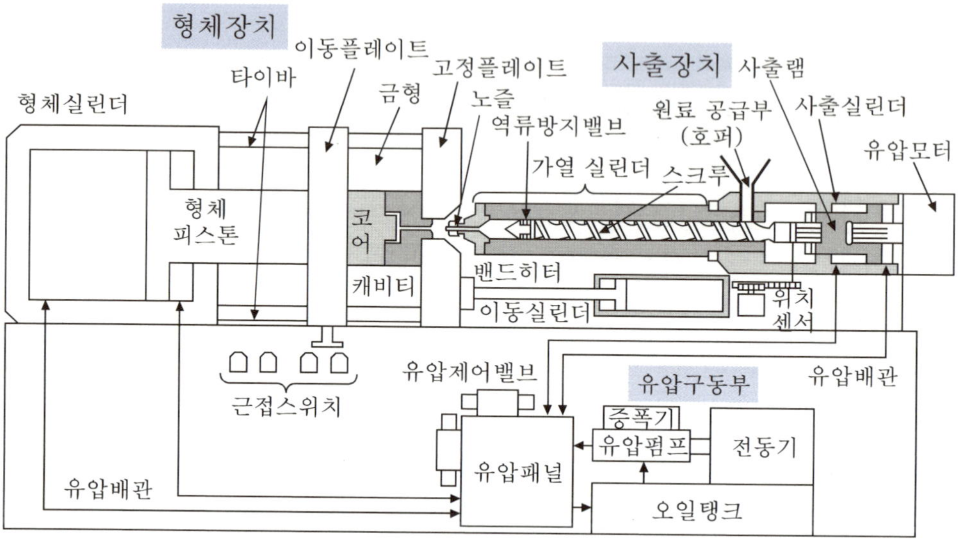

그림 10.6 유압식 사출성형기의 구성

(2) 형체장치

사출 시에는 금형이 열리지 않도록 강력한 형체력으로 닫고, 사출된 수지가 고형화되면 열어 성형품을 끄집어낸다.

① 형판 : 금형을 부착한 판(plate)으로 노즐측의 고정 형판과 금형의 개폐작용을 하는 이동 형판이 있다.

② 타이바(tie bar) : 형판을 지지하여 금형의 개폐동작을 원활하게 하여 형체결된 사이에는 형체결력을 받는다.

③ 형체 실린더 : 이동 형판에 금형의 개폐동작을 시켜 형체력을 발생하는 유압실린더이며, 직압식에서는 램을 직접 형판에 결합하고, 토글식은 이 사이에 링크기구를 삽입하여 힘을 확대한다.

④ 취출장치 : 형개(型開) 행정의 종료 시에 성형품을 금형에서 끄집어내는 것이다.

⑤ 안전문 : 작업자가 금형에 접촉하지 않도록 보호하는 문이며, 이것이 열려 있으면 형체결이 되지 않는다.

(3) 프레임

사출장치, 형체장치, 유압구동부 등을 조립한 기계 프레임이다. 유압 구동식은 이 부분이 오일탱크를 겸하고 있는 것도 있다. 기계 각 부분에서 발생하는 힘을 받고 진동에 견디며, 장기간 정밀도를 유지하도록 충분한 강성과 내성을 가질 필요가 있다.

(4) 유압 구동부

사출장치나 형체장치를 움직이는 유압실린더에 고압유를 공급하는 전동기, 유압펌프 등의 동력원과 작동유의 압력, 유량, 방향을 제어하는 제어밸브, 오일탱크, 유압배관, 각종 스위치·센서류 등으로 구성된다.

(5) 전기제어부

사출장치, 형체장치의 동작과 가열실린더나 노즐의 온도를 제어한다.

[3] 사출성형의 기본공정

사출성형의 기본공정은 그림 10.7과 같이 크게 4가지로 분류하며, 모두 유압으로 완전 자동화되어 있다.

(1) 형체결

금형(제품부)를 닫아 원료 공급부(호퍼)에서 공급된 원료는 가열실린더와 스크루 홈과의 공간을 스크루가 우회전하면 용융되면서 금형방향(스크루 전진방향)으로 이송된다. 스크루 선단에 용융된 원료(가소화된 원료)가 쌓이고 그 양이 증가함에 따라 스크루는 금형과는 반대방향(스크루 후진방향)으로 이동하여 그 양이 제품형을 만드는 양이 될 때까지 스크루를 회전(계량)한다.

(2) 사출

사출 램을 스크루 전진방향으로 움직여 계량된 원료를 금형 속에 급속하게 충진(사출)한다. 이때 원료는 스크루 선단에 있는 역류방지밸브에 의해 계량 시에는 분출방향으로 이동하지만 사출 시에는 스크루 후진방향으로 역류하지 않기 때문에 사출 램에 가해진 힘은 스크루 선단에서 원료 및 금형 속에 충진된 원료에 전달된다(압력 보존).

(3) 냉각·고형화

원료가 금형 속에서 용융상태에서 점차 냉각하여 고형화될 때까지 일정시간을 둔다.

(4) 제품 취출

사출 램과 스크루를 후진시켜 고형화된 제품을 금형 속에서 끄집어낸다. 이것은 금형을 열고 금형을 코어측과 캐비티측을 분리하여 각각을 이동 형판, 고정 형판에 고정한다. 그리고 금형을 여는 방향으로 형체 피스톤을 이동시키면 이동 형판은 타이바에 안내되어 이동하기 때문에 코어측 금형과 캐비티측 금형이 분리된다. 금형 속의 제품은 형 열림에 따라 코어측 금형에 고형화된 제품이 붙어 있는 상태에서 캐비티측 금형에서 형 분리한 후 제품을 취출한다.

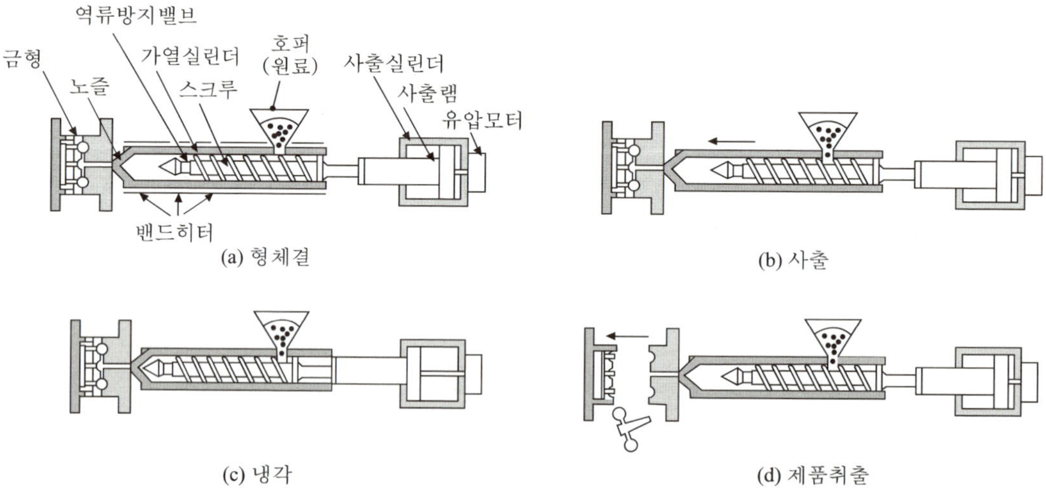

(a) 형체결

(b) 사출

(c) 냉각

(d) 제품취출

그림 10.7 사출성형의 기본공정

10.4 자동차 · 차량 · 교량 구조물

[1] 완충장치

(1) 완충장치의 목적

차체와 타이어 사이를 스프링으로 결합한 차는 노면에서 충격을 받으면 스프링이 휘어 충격을 완화하지만 스프링이 원래 위치 상태로 되돌아 갈 때까지 진동을 계속하려는 성질이 있다. 이 진동을 조금이라도 빨리 감쇠하기 위해 완충장치(shock absorber)를 사용한다.

(2) 완충장치의 원리

기름이 충만된 금속제 실린더 속에 작은 구멍(오리피스)을 가진 피스톤을 삽입하여, 피스톤 로드의 위 방향은 프레임에, 실린더 아래쪽은 섀시 스프링의 아래 부분에 부착되어 있다. 피스톤의 상측에 밸브를 설치하고 밸브 하측은 오리피스가 된다.

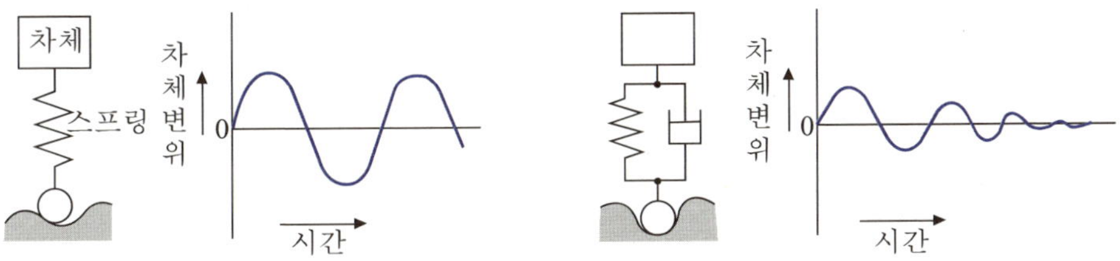

(a) 완충장치가 없을 때 (b) 완충장치가 있을 때

그림 10.8 차체 진동

차륜이 장애물에 걸려 올라가게 되면 섀시 스프링 수축과 함께 실린더도 밀려올라 가기 때문에 그림 10.9 (a)와 같이 피스톤 아래 부분의 작동유는 오리피스를 거쳐 밸브를 밀어 올려 상단부로 들어간다. 이 경우 피스톤은 거의 저항을 받지 않고 작동한다.

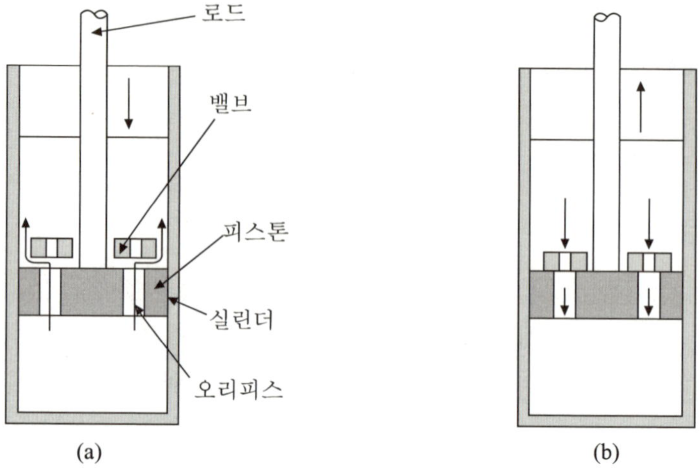

그림 10.9 완충장치의 원리

다음, 섀시 스프링이 늘어나는 방향으로 하중이 작용하면, 그림 10.9 (b)와 같이 피스톤이 상승함과 더불어 밸브가 오리피스를 막아 상단부의 작동유가 오리피스를 거쳐 피스톤 하단부로 들어오게 된다. 이때 큰 저항력이 발생하고 스프링의 반발력을 흡수하여 진동을 신속하게 감쇠시킨다.

(3) 완충장치의 종류와 구조

완충장치는 마찰을 이용한 것과 위에서 설명한 기름을 이용하는 것이 있으며, 기름을 이용한 것은 표 10.1과 같이 분류된다.

그림 10.10은 원통형 단동식 완충장치의 구조이다. 작동원리는 위에서 설명한 바와 같이 피스톤이 상승할 때 피스톤 상단부의 작동유는 피스톤 아래측의 주밸브를 열어 아래쪽으로 이동하여 감쇠력을 얻는다.

표 10.1 완충장치의 분류

- 원통형 완충장치
  - 단동식 완충장치
  - 복동식 완충장치
- 레버형 완충장치
  - 단동식 완충장치
  - 복동식 완충장치

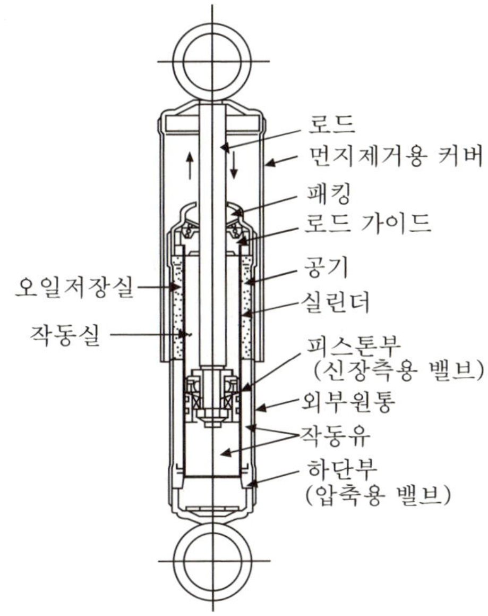

그림 10.10 원통형 완충장치

그림 10.11은 레버용 완충장치의 구조이다. 실린더 속에 기름이 차있고 화살표방향으로 레버가 움직이면 고정레버(anchor lever)에 의해 피스톤은 왼쪽으로 밀려 피스톤 속의 작동유는 압축되어 입구밸브에 있는 일정 면적 오리피스를 통하여 우선 빠져나가고 유압이 어떤 크기에 도달하면 릴리프밸브를 밀어 올려 오일저장소 쪽으로 빠져나가기 때문에 이때 작동유의 유동저항에 따라 감쇠작용이 일어난다.

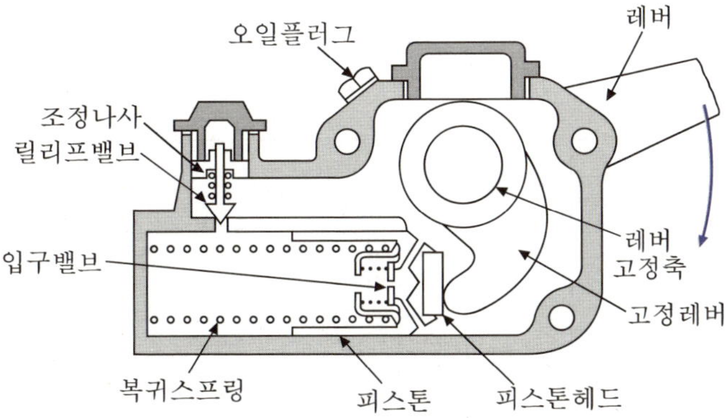

그림 10.11 레버형 완충장치

다음, 새시 스프링이 휘어져 레버가 위로 움직이면 피스톤은 복귀스프링으로 오른쪽으로 밀리며 동시에 피스톤의 입구밸브가 열려 오일저장소에서 피스톤 속으로 기름이 유입된다.

[2] 오일댐퍼

움직이는 물체는 운동에너지 $mv^2/2$을 가지고 있고, 그 크기는 속도의 제곱에 비례한다. 물체가 정지할 때는 그 에너지를 전부 방출하기 때문에 큰 충격력이 발생한다. 오일댐퍼(oil damper)는 이 운동에너지를 효율이 좋게 흡수하여 급격한 속도변화를 방지하여 물체를 안전하고 정확하게 정지시킬 수 있다. 그림 10.13은 스프링, 고무, 오일댐퍼와의 충격력을 비교한 것이다. 오일댐퍼는 다른 것에 비교하여 충격력을 $\frac{1}{2} \sim \frac{1}{3}$ 정도 경감시킨다.

그림 10.14~10.17은 오일댐퍼를 사용한 예이다.

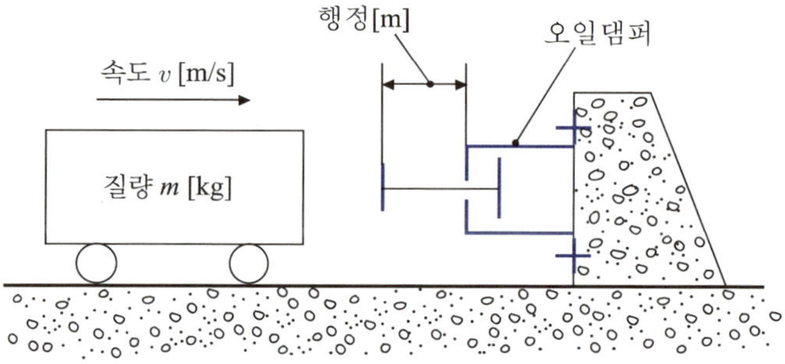

그림 10.12 오일댐퍼의 원리

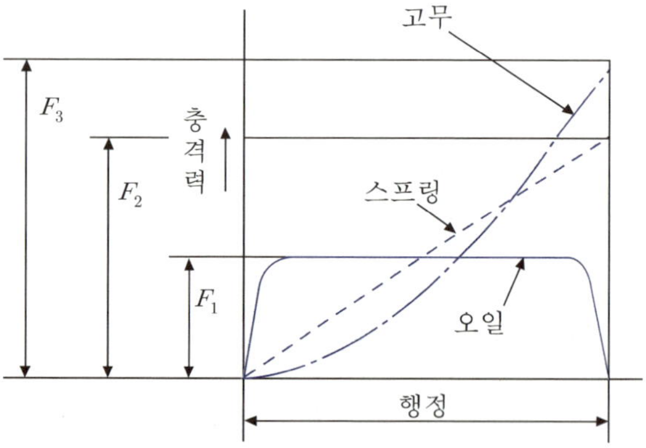

그림 10.13 충격력 비교

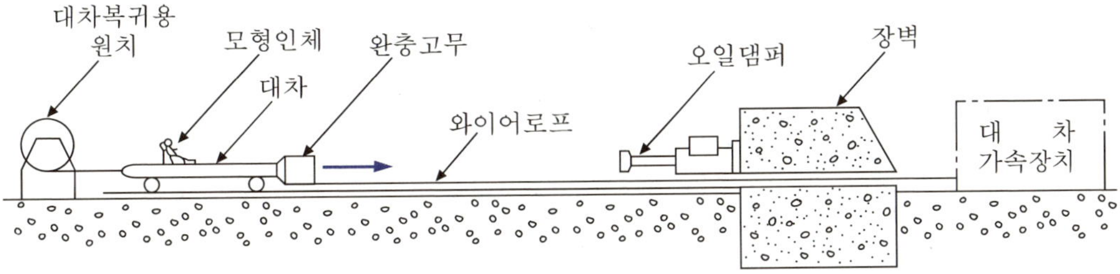

그림 10.14 자동차 충돌시험장치 예시

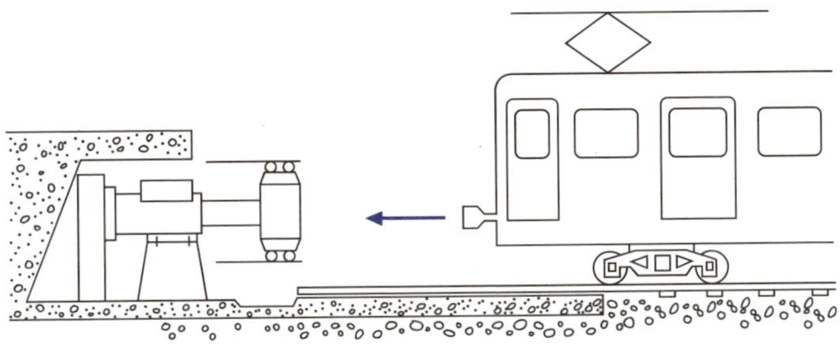

그림 10.15 철도차량 정지용 예시

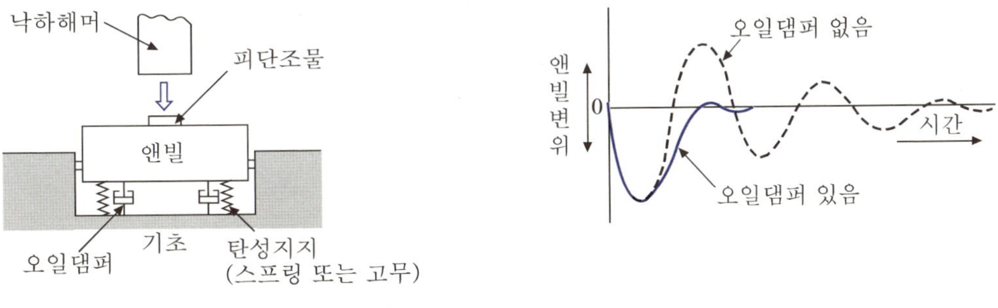

그림 10.16 단조기계 기계진동 방지 예시

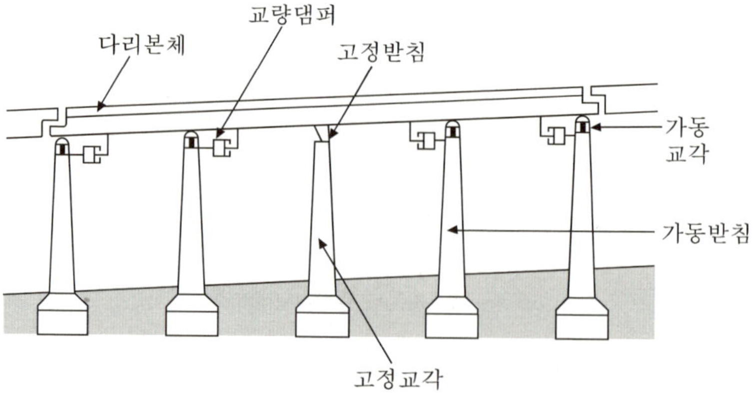

그림 10.17 구조물 내진용 예시

[3] 브레이크 장치

유압브레이크는 운전자가 브레이크 페달을 밟는 힘을 마스터 실린더(master cylinder)에서 유압으로 바꾸어 관(브레이크 튜브, 브레이크 호스)을 거쳐 각각의 휠(wheel) 실린더에 동시에 균일하게 전달하는 기구이며, 파스칼의 원리(2.2절 참조)를 응용한 장치이다.

그림 10.18에서 브레이크 페달의 밟는 힘을 500 N으로 하면 마스터 실린더 A의 피스톤을 누르는 힘(추력)은 $500 \times 48/8 = 3{,}000$ N이고, A의 단면적을 10 cm^2으로 하면 유압력은 $3{,}000/10 = 300$ N/cm^2 $= 3$ MPa이 된다. 이 유압이 관을 거쳐 B, C, D, E의 휠 실린더에 같이 전달된다. 따라서 각 B, C, D, E의 단면적을 10 cm^2으로 하면 외부에서 누르는 힘은 각각 $300 \times 10 = 3{,}000$ N이다.

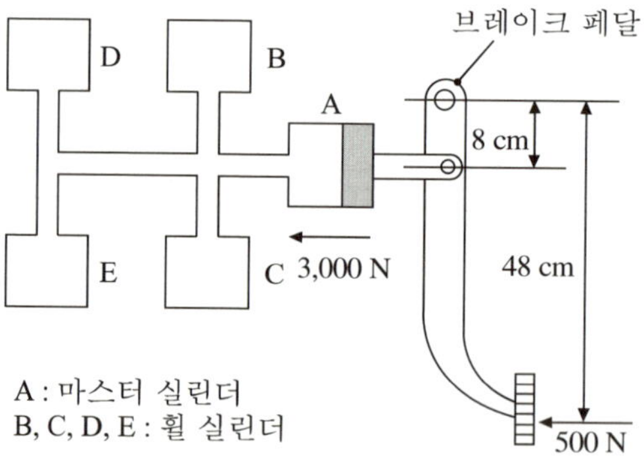

그림 10.18 유압브레이크의 원리

휠 실린더에서 바깥쪽으로 미는 힘은 마스터 실린더와 휠 실린더의 면적비(이 경우는 10 cm^2 / 10 cm^2 = 1)와 브레이크 페달의 지렛대 비(이 경우는 48 cm / 8 cm = 6)에 따라 결정되며, 이 2가지 비율이 너무 크면 브레이크 힘은 증가하지만 행정이 크게 되어 제동할 때에 시간지연이 생긴다. 그림 10.19는 드럼식 유압브레이크 장치의 구성 예시이다.

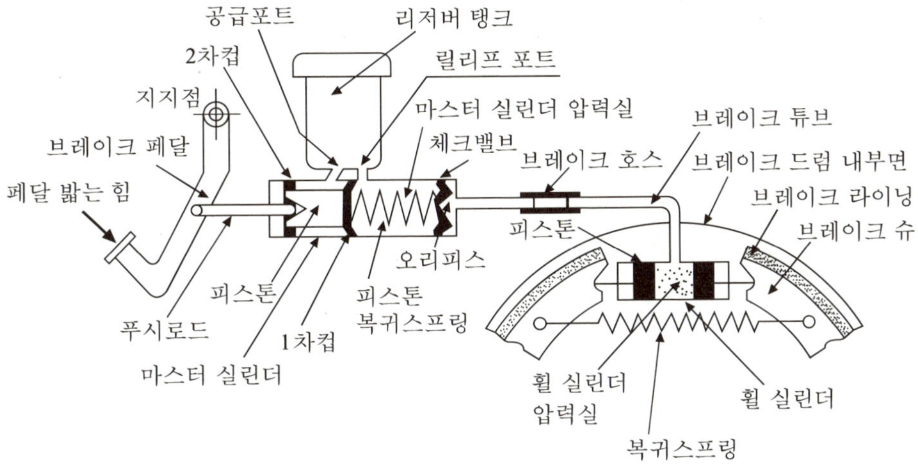

그림 10.19 드럼식 유압브레이크 장치의 예시

브레이크 페달을 밟으면 마스터 실린더의 피스톤은 푸시로드의 스트로크를 받아 마스터 실린더 압력실 속의 기름을 압축한다. 피스톤이 약간 움직이면 피스톤 선단의 1차컵(primary cup)이 피스톤 복귀스프링을 압축하면서 리저버 탱크(reservoir)와 통하는 릴리프 포트를 막는다. 이것에 의해 압력실 속의 기름은 체크밸브의 오리피스를 통하여 브레이크 호스, 브레이크 튜브로 흘러 휠 실린더로 흘러 들어간다. 마스터 실린더에서 공급된 기름에 의해 휠 실린더의 압력실은 팽창하고 양쪽의 피스톤을 바깥쪽으로 밀려 나간다. 그리고 피스톤과 연결된 브레이크 슈(shoe)를 밀어 드럼 안쪽 면에 접촉한다. 브레이크 슈가 드럼에 접촉하여 피스톤의 움직임이 정지되면 장치 내의 압력은 급격하게 상승하고 동시에 휠에는 브레이크 힘이 발생한다. 여기서 압력은 페달을 밟는 힘에 비례하여 상승한다. 그러나 라이너가 드럼에 접촉할 때까지 동안에 슈 복귀스프링이 저항하기 때문에 장치 내에서 미소한 압력이 발생한다. 이 브레이크 장치에서는 마스터 실린더가 펌프와 제어밸브 역할, 휠 실린더가 액추에이터 역할을 한다.

브레이크 페달에서 발을 떼면 장치 내의 압력은 급격하게 낮아진다. 휠 실린더의 피스톤은 슈 복귀스프링이, 마스터 실린더의 피스톤은 압력실 속의 피스톤 복귀스프링이 각각 원래 위치로 되돌아가도록 한다. 브레이크 페달에도 복귀스프링이 있기 때문에 페달을 단시간에 원래 위치로 되돌아간다. 그러나 각각의 복귀스프링은 완전히 더구나 동시에 원래 위치로 되돌아가지 않는다.

예를 들면, 휠의 슈 복귀스프링의 복귀가 늦어지면 마스터 실린더의 압력실은 부압으로 되어 외부에서 공기가 흡입된다. 이 때문에 마스터 실린더의 1차컵과 2차컵 사이의 공간 속에 리저버와 통하는 공급포트를 연결하여 여기에 저장된 기름이 1차컵의 외주를 거쳐 기름이 부족한 압력실로 흘러 들어가도록 한다. 1차컵은 압력실에 압력이 가해질 경우는 2차컵쪽에 기름을 흐르지 않도록 체크밸브의 역할을 겸하고 있다.

휠 실린더의 브레이크액이 마스터 실린더의 압력실로 늦게 되돌아가면 마스터 실린더의 출입구부의 체크밸브를 열어 오리피스를 통하여 압력실로 되돌아가도록 되어 있다.

[4] 유체전동장치

(1) 유체클러치

유체클러치는 그림 10.20과 같이 구동축과 종동축 사이에 기름 등의 유체를 넣어 유체 흐름을 이용하여 토크를 전달한다. 엔진의 크랭크축(입력축)에 직결된 펌프 회전차(impeller)에 상대하여 종동축에 터빈 회전차(runner)가 있고, 터빈축(출력축)에 스플라인으로 결합되어 있다. 크랭크축에 의해 펌프 회전차가 회전하면 그 중간에 채워진 기름은 원심력 때문에 화살표 방향으로 밀려나간다. 밀려나간 기름은 운동에너지를 터빈 회전차에 전달하고 터빈축(출력축)을 회전시켜 클러치 역할을 하지만 토크를 증대시킬 수는 없다.

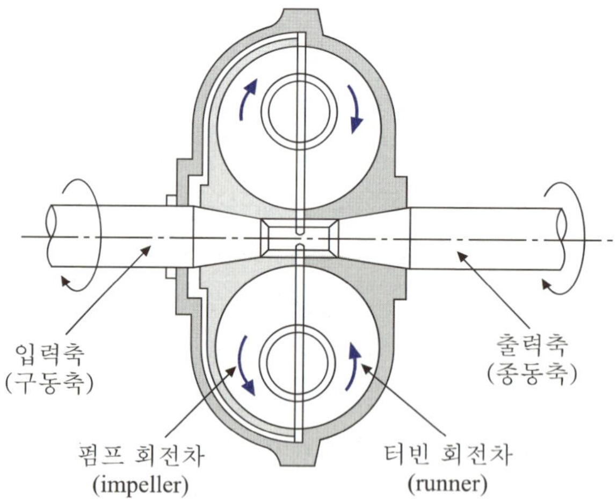

그림 10.20 유체클러치의 원리

이와 같이 유체클러치는 엔진의 회전속도에 따라 자동차에 원활하게 동력을 단속할 수 있기 때문에 일종의 자동클러치라 한다.

(2) 토크 컨버터

펌프 회전차와 터빈 회전차 사이에 스테이터(stator) 회전차(reactor)를 넣어 토크를 변경(증대)시킨다. 그림 10.21 (a)와 같이, 평판에 노즐에서 유체를 분사하면 충격력 F가 작용하여 휠이 회전한다. 그림 10.21 (b)는 반원형 용기로 바꾸어 흐름 방향을 180° 변환하도록 하면 충격력 F와 크기가 같은 반력 R이 발생하여 $2\times F$의 힘이 작용하여 휠을 회전시킨다.

그림 10.21 (c)와 같이 반원형판에 대하여 스테이터(리액터)를 두면 흐름은 다시 만곡면으로 되돌려 스테이터가 받는 힘과 같은 크기의 힘을 터빈이 받게 되어 토크는 증대된다.

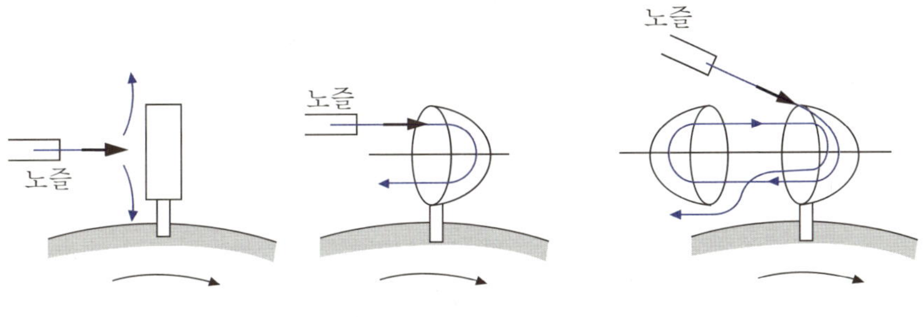

그림 10.21 토크 컨버터의 원리 (1)

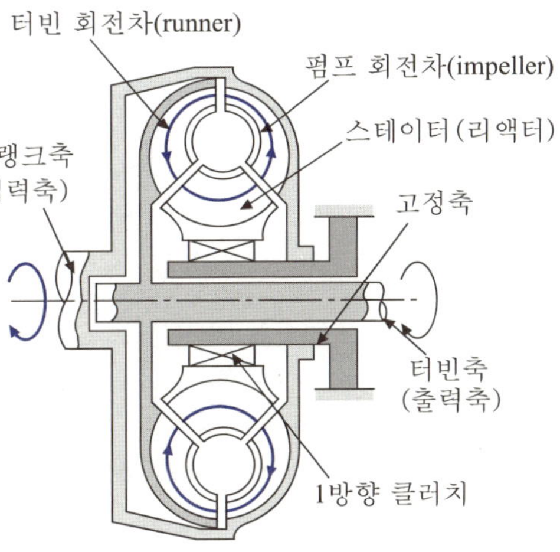

그림 10.22 토크 컨버터의 원리 (2)

이와 같이 주어진 에너지가 소비되지 않고 몇 번이고 작용하여 휠의 토크를 증대시킨다. 이것이 토크변환의 원리이고, 이 흐름을 반전시키는 역할을 하는 것이 토크 컨버터의 스테이터이다(그림 10.22).

펌프가 회전하면 토크 컨버터 속의 기름은 그림 10.23과 같이 펌프 회전방향으로 회전 흐름이 생기고, 이 때문에 원심력에 의해 펌프와 터빈 사이를 순환하는 소용돌이 흐름이 형성된다. 이 흐름은 그림 10.24 (a)와 같이 스테이터가 없는 경우는 터빈을 나온 기름이 펌프에

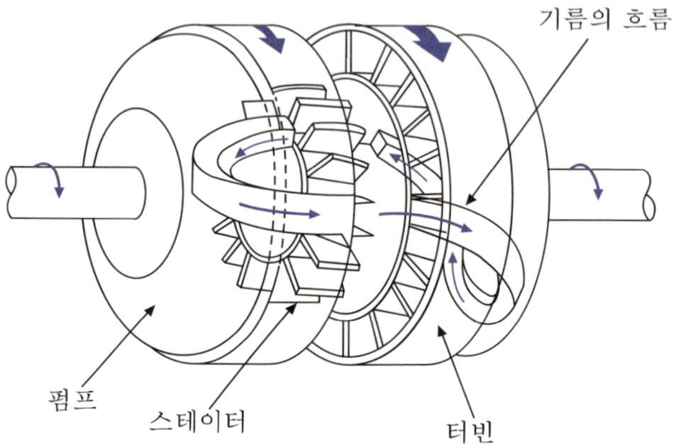

그림 10.23 기름의 순환운동

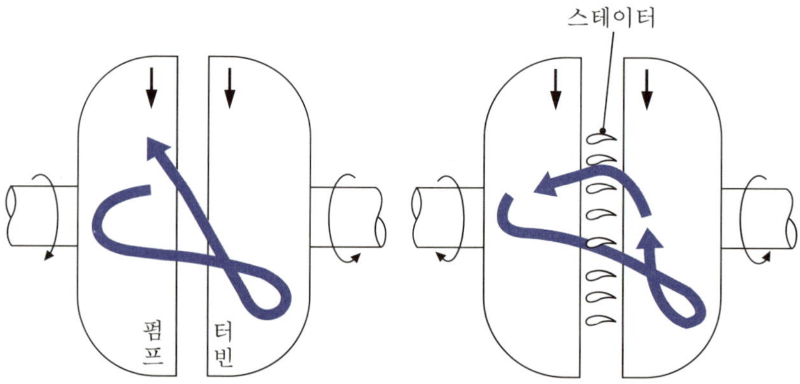

(a) 스테이터가 없을 때 기름의 흐름방향 (b) 스테이터가 있을 때 기름의 흐름방향

그림 10.24 스테이터의 역할

들어갈 때 펌프의 회전방향과 반대로 되고 펌프회전을 방해한다. 이 흐름방향을 바꾸기 위해 그림 10.24 (b)와 같이 스테이터를 설치하면 순환하는 기름이 속도가 떨어지지 않고 펌프에 유입되어 펌프회전을 돕는 역할을 하기 때문에 토크가 증가하게 된다.

10.5 건설차량, 산업차량

[1] 크레인 차량

중량물(10～30 kN)을 들어 올리거나, 쌓고, 운반하는 등 일련의 작업을 수행하는 특수장비 차량이다. 그 외에 특수하게 장착하여 다음과 같은 목적으로 사용된다.

- 레커(wrecker) 차 : 주행능력이 없는 차량의 예인
- 덤프 트럭(dump truck) : 토사나 폐기물의 운반
- 리어(rear)장착 : 트럭 후단에 크레인을 장착하여 중량물의 하역 등에 유리
- 쓰레기 수집차 : 청결한 환경을 만드는데 필요한 쓰레기 수집
- 지게차(forklift) : 공장내의 하역운반

크레인 차로써 유압장치가 사용되는 것은

- 붐(boom) 신축장치 : 복동실린더 직압식

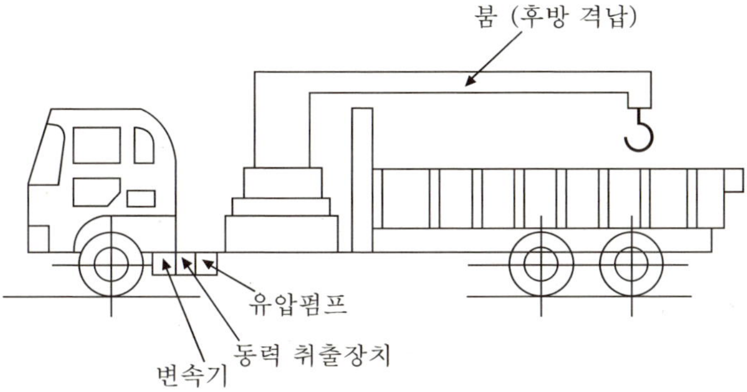

그림 10.25 크레인 차

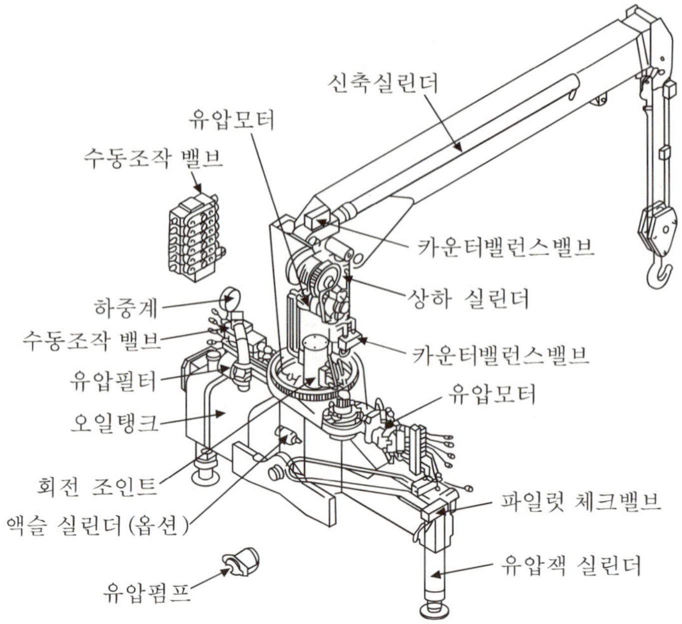

그림 10.26 크레인 차의 유압구동부

- 권상(卷上)장치 : 유압모터 구동 평기어 감속식
- 붐 상하 구동장치 : 복동실린더 압상식
- 360° 연속 선회장치 : 유압모터 구동 웜(worm)·평기어 감속식
- 유압펌프 : 기어펌프

[2] 유압굴착기

유압굴착기(excavator)는 원래 굴착과 흙 쌓기를 목적으로 사용하지만 땅 고르기, 구멍 뚫기, 수직면 마무리, 모래 뿌리기 등 토목 전반의 작업이 가능하다.

엔진으로부터 기계동력은 유압펌프에서 유압동력으로 변환된다. 이 유압동력은 조작밸브에서 각 용도로 배분되어 유압모터나 작업 유압실린더에 따라 다시 기계적 동력으로 변환되어 주행, 선회, 작업기의 작용을 한다.

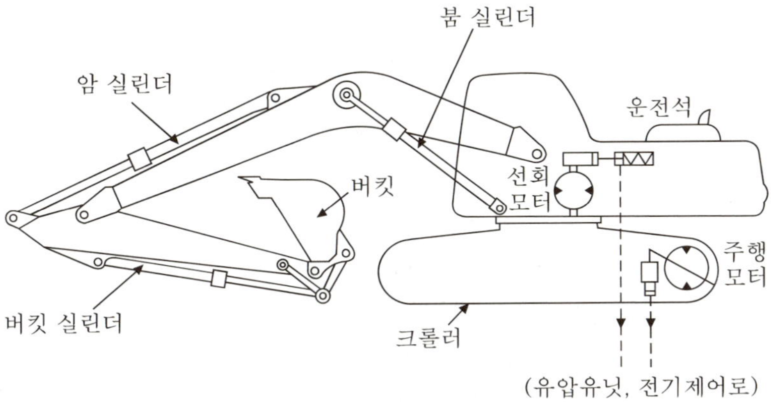

그림 10.27 유압굴착기의 구성

10.6 농업기계

인력이나 소·말을 대신하는 농기계는 경운기, 트랙터(tractor), 콤바인(combine), 이양기 등이 있다. 그림 10.28의 트랙터를 예로 들어 설명한다.

트랙터는 암 선단의 부속장치(attachment)를 교환하여 다음과 같은 작업이 가능하다.

- 가축물의 분뇨처리와 제설작업 등
- 토사의 채집과 운반, 굴착작업 등
- 퇴비 잘라 뒤엎기, 쌓기 및 운반작업 등
- 목초, 벼 짚 채집과 운반작업 등
- 중량물 들어올리기, 운반 등 간이 크레인 작업 등
- 경량물의 토목작업 등
- 목초의 이동과 운반작업 등

유압계통은 유압펌프에서 고압유가 제어밸브로 공급된다. 운전석에 있는 수동조작 레버를 조작하여 유로를 전환하여 암의 상하와 선단의 부착장치의 작동을 제어한다.

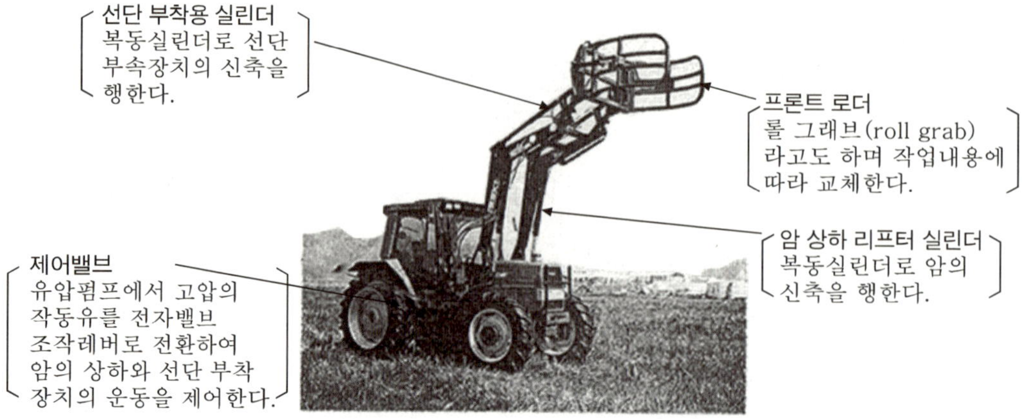

그림 10.28 트랙터

10.7 기타

[1] 유압식 자동문

병원, 은행 또는 관청 등의 출입구에 들어서면 자동적으로 문이 열리고, 지나가면 문이 닫히는 것은 누구나 경험하였지만, 이것이 유압이나 공기압을 이용하여 개폐하는 것은 잘 알려져 있지 않다.

자동문을 구동방식에 따라 나누면 유압식, 공기압식, 전기식이 있다. 그림 10.29는 자동문의 구성이며, 그 중에서 유압식에 대한 구성을 표 10.2에 요약하였다.

통행인이 문 입구에 접근하면 검출장치가 검출하여 제어장치에 전기신호를 보낸다. 그러면 제어장치는 구동장치에 문을 여는 동작지령을 보내고, 자동문이 열린다. 통행이 완료되어 검출장치가 닫힘 작동지령을 내면 문은 일정한 시간 후 자동적으로 닫힌다. 이와 같이 문의 이동속도는 그림 10.30과 같이 제어되어 통행인에 불편함을 주지 않도록 개폐하는 것이 중요하다.

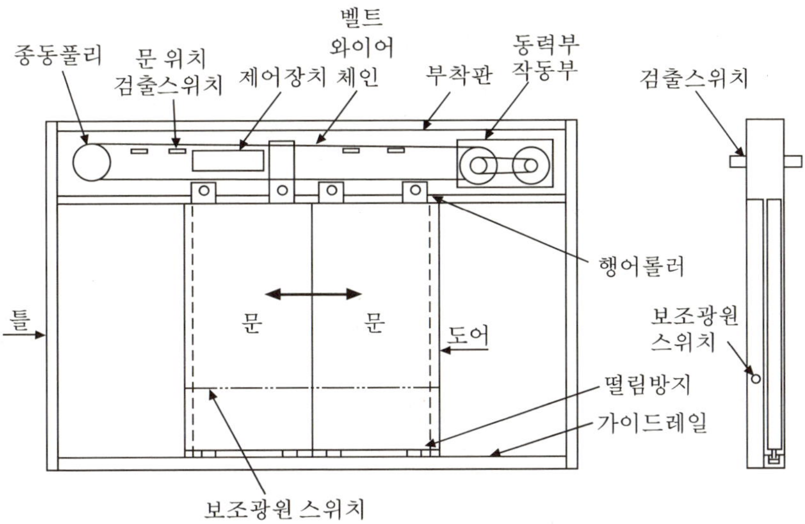

그림 10.29 자동문의 구성

표 10.2 유압식 자동문의 구성

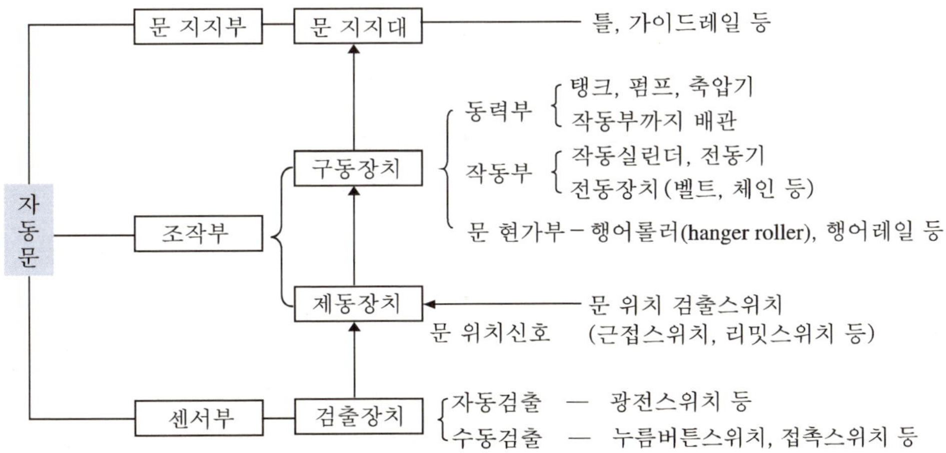

그림 10.31은 일반 건축용 자동문의 예시이며, 정·역전 운전 펌프 직동으로 작동실린더를 구동하여 랙과 체인 스프로킷에서 회전력으로 변환한다.

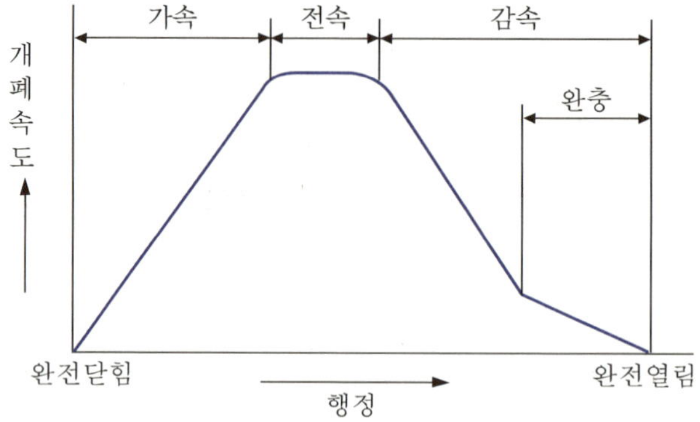

그림 10.30 자동문의 개폐속도

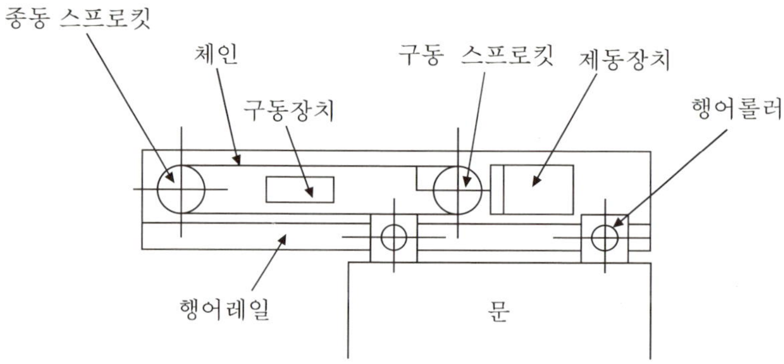

그림 10.31 유압식 자동문의 작동

그림 10.32의 유압회로에서 펌프는 전동기 직결의 정·역전 펌프를 사용하고, 폐회로 구성으로 각각의 포트가 작동하여 실린더 양단에 접속되어 복동이 가능하다. 피스톤은 그 자체에 랙(rack)을 가공하여 기어(피니언)이 맞물려 있기 때문에 로드가 없다. 따라서 출력축은 회전운동을 하여 문을 구동하기 때문에 스프로킷과 체인에서 직선운동으로 변환한다. 작동유의 외부 누설을 방지하기 위해 누설 방지 기구(실 류)가 있고, 직선왕복운동부의 피스톤 실은 링에 의해 약간 내부누설을 허용하는 반면, 왕복운동으로 마모를 해소하고 완충을 위해 구조도 피스톤 링의 사용과 사이드 포트에 의해 완충기구를 형성하고 있다.

속도제어는 미터아웃 방식으로 속도조정, 완충조정도 좋다. 그 외에 배출밸브는 정·역전 펌프 때문에 양쪽 포트에 설치하고 있다. 또 흡입 불량 방지를 위해 체크밸브를 설치하고, 릴리프 될 때 캐비테이션이 생기지 않도록 한다.

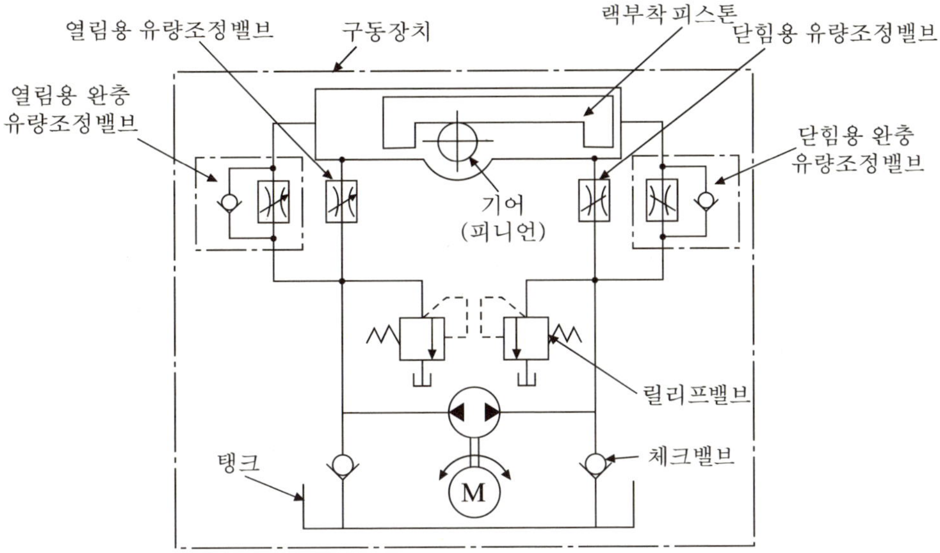

그림 10.32 유압식 자동문의 유압회로

유압식은 방사선 차단용 문에도 사용된다. 공장, 병원 등 방사선을 이용한 장소가 많지만, 방사선의 조사량에 따라 두께가 1 m 이상인 콘크리트(예를 들면, 원자력 발전소) 또는 납으로 된 문이며, 출입구를 폐쇄하여 방사선이 외부로 누출되지 않도록 한다. 이 경우 유압실린더는 수백 톤의 문을 개폐하여 방사선 누설을 방지하면서 문이 열린 후 통행인이나 차량의 통로 확보를 위해 비트 뚜껑을 문과 동시에 실린더로 작동시킨다.

[2] 유압식 승강기

일반적으로 승강기는 로프식(와이어 식)을 생각하지만 최근 유압식 승강기가 아주 각광을 받고 있고, 국내의 설치 대수의 약 25%가 유압식이다. 지금까지 유압식을 설치한 건물은 대부분 창고 등에 사용하는 중량물 운반용이 많다.

(1) 유압식 승강기의 장점

① 옥상에 기계실이 필요 없으므로 높이 제한이 없고, 일조권 확보에 유리하며, 건물 외관이 좋다.

② 하중이 건물에 작용하지 않으므로 경량 철골 건물에도 설치 가능하다.
③ 직접 구동식은 로프를 사용하지 않으므로 구조가 간단하다.
④ 승강 시 흔들림이 거의 없고, 착상이 정확하여 항상 일정하다.
⑤ 평형추가 없으므로 승강용 공간이 작아도 되며, 화물용 상자의 여러 면에 문을 달 수 있다.

(2) 유압식 승강기의 단점

① 로프식과 같이 평형추를 사용하지 않으므로 전동기 출력이 로프식의 약 2배 정도 필요하지만 승강할 때만 전동기를 사용하고, 하강할 때는 카(car : 사람이나 물건을 싣는 공간)의 자중으로 내려오므로 전동기는 사용하지 않는다. 따라서 전동기 운전에 필요한 비용은 로프식과 같은 정도이다.
② 유압구동이므로 승강속도에 제한이 있다. 현 단계에서는 60 m/min까지이며, 고층 건물에는 설치가 불가능하다. 최대 승강 행정은 약 30 m 정도까지(간접 구동식)이다.

(3) 유압식 승강기의 이용

① 사무실 빌딩용 : 사람의 이동, 화물 운반
② 공공용 빌딩용 : 불특정 다수의 사람이 보이는 공공장소
③ 극장, 식장용 : 무대, 연단, 오케스트라 박스 등의 모든 오르내리는 장치의 승강용
④ 병원용 : 침대차를 수용하는 세로 길이가 길고 깊은 상자와 발진·정지 시에 정숙함이 요구되는 곳
⑤ 주택용 : 집합 주택, 가정용 승강기
⑥ 물류센터 : 지게차, 트럭 등 차량의 승강기
⑦ 공장·창고용 : 공장의 화물 운반용으로 최적
⑧ 냉동·냉장고용 : 한 번에 대량으로 냉동, 냉장식품을 창고 속으로 운반할 때
⑨ 주차장 : 다층 주차장의 자동차용 승강기

(4) 유압식 승강기의 구동방식

기계실에 설치된 유압유닛에 저장된 작동유를 전동기, 유압펌프로 압력을 가하여 실린더 속의 플런저를 상승시켜 승강기용 카도 상승시킨다. 하강은 자중으로 내려온다(그림 10.33).

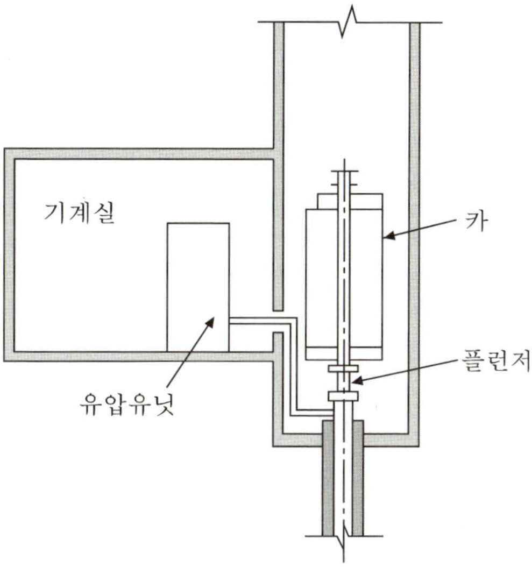

그림 10.33 유압식 승강기의 구성

① 직접 구동방식

그림 10.34와 같이 플런저로 승강기용 카를 위에서 밀어 올리는 방식이며, 이 경우 승강기의 승강 행정량 만큼 실린더를 땅속에 매설하기 때문에 보호용 강관이 필요하고, 무거운 하중을 운반하는데 유리하며, 유압식 승강기의 기본방식이다.

상승은 펌프에서 작동유를 실린더 속으로 유도하여 상용압력(2.5～3 MPa)에서 하중을 들어올리고, 하강할 때는 승강기 자중으로 하강한다.

② 간접 구동방식

실린더를 승강기용 카의 측면이나 뒷부분에 배치하고 플런저 상부의 도르래에 로프를 감아 플런저의 작동과 로프를 겸용하여 간접적으로 카를 상승시키는 방식이다. 이 방식은 지반 등과 관계없이 보호용 강관의 매설이 어려울 때 사용하며, 하중이 가볍고 승강 행정이 큰 건물에 사용된다. 그림 10.35에서 카의 작동은 플런저 움직임이 2배(예를 들면, 플런저의 1 m 이동에 대해 카의 이동이 2 m)로 된다.

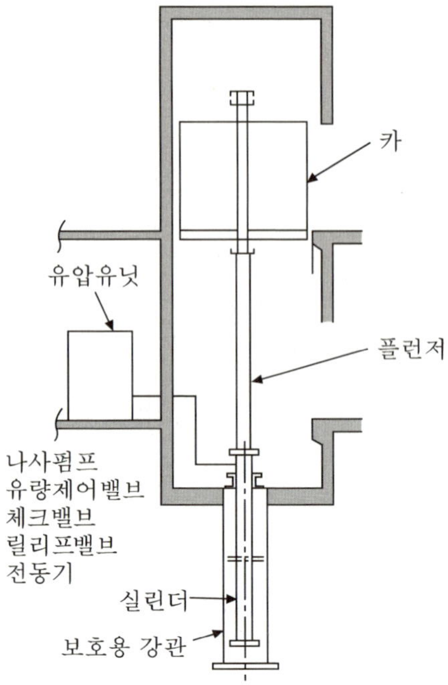

그림 10.34 유압식 승강기의 직접 구동방식

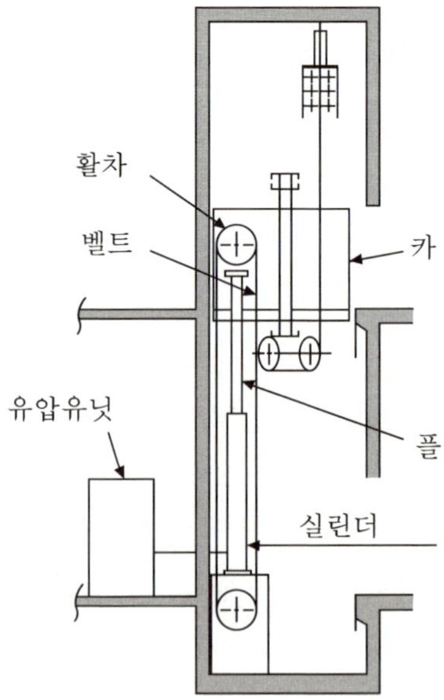

그림 10.35 유압식 승강기의 간접 구동방식

제 11 장

공기압시스템의 기초

학습목표

1. 공기압의 특징을 유압과 비교하여 설명할 수 있다.
2. 공기압의 응용분야를 조사하고, 자동화에 많이 활용되는 이유를 설명할 수 있다.
3. 습공기의 성질을 설명할 수 있다.
4. 공기의 상태방정식을 활용하여 문제를 풀 수 있다.
5. 공기의 상태변화에 관련된 수식을 이해하고 문제를 풀 수 있다.
6. 유효 단면적, C_v, K_v 값을 설명할 수 있다.

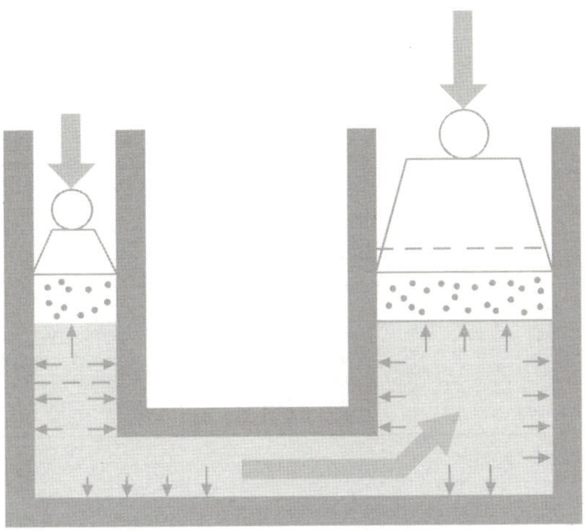

11.1 공기압과 자동화

공기압(pneumatics)은 옛날부터 일상생활에 응용해 왔다. 공기압을 처음으로 이용한 도구는 입으로 부는 수렵용 화살일 것이다. 사람의 허파가 압축기 역할을 하고, 사냥감을 목표로 발사된 화살은 당시 중요한 공기압 기기였다. 또 고대 이집트 사람은 불을 피우는데 풀무(bellows)를 이용하여 압축공기를 만들었다. 풀무는 실린더, 피스톤, 밸브를 내장하여 공기를 흡입하여 압축공기를 내보내는 것이고, 현재의 공기 압축기와 같은 역할을 하였다. 현재는 공기압을 사용하지 않는 공장이 없을 정도로 모든 산업에서 공기압 기기를 활용한다. 이것은 공기압 기기가 저렴하고, 자동화로 인력을 절감하거나 고속화가 가능하고, 경제적 효과가 크기 때문이다. 최근에는 대규모 로봇화나 공장 자동화를 추진하면서 공기압 기술도 소형·경량화뿐만 아니라 요소 기기의 무급유화 및 전기·공기압 제어를 이용한 자동화 시스템으로 많이 활용한다.

1920년대 이후 중요한 공기압 이용의 역사를 정리해 보면 표 11.1과 같다. 또 공기압은 친환경적이고 항상 청결을 유지함으로써 전자기기, 식료품 가공기계, 의료기기 등에도 그 용도를 확대하고 있다.

표 11.1 주요 공기압 이용의 역사

연 대	내 용
1920~1930	• (미국) 포드사가 승용차의 대중화를 위해, 벨트 컨베이어의 주변기기에 도입 • (일본) 국철차량의 공기압 브레이크, 자동문의 개폐 장치에 채용
– 제2차 세계대전 –	
1960	• 기간산업의 자동화 반자동화에 이용 시작 • (일본) 토요타 자동차가 대중차의 조립라인에 도입
1970	• 제2차 산업으로 공기압 이용의 확대 자동화 + 인력절감 → 인건비 억제
1980~현재	• 제조업뿐만 아니라 제3차 산업에 이용 확대 자동화 → 자동 조립화 → 인력절감, 에너지 절약 • 공기압 기기의 무급유화, 경박단소(輕薄短小), 전기·공기압 제어화, 인력절감, 에너지 절약 확대

11.2 공기압의 이용

공기압의 응용분야를 개략적으로 나타내면 다음과 같다.

① 공작기계 분야 : 테이블 구동, 가공물 클램핑(clamping), 공기 인덱스에 의한 분할 등
② 반송라인 분야 : 컨베이어 라인의 리프트 상하 구동, 공기 호이스터(hoist), 부품공급 장치 등
③ 화학 플랜트 분야 : 자동조절을 위한 밸브 개폐, 증류, 건조 등의 진공제어, 원심분리장치, 수처리 장치 등
④ 계장 개폐분야 : 레벨제어, 온도 제어, 공기 마이크로미터 등
⑤ 기타 : 포장기계, 섬유기계, 식품기계, 인쇄기계, 의료기계 등

11.3 공기압의 특징

[1] 공기압의 장점

① 실린더의 속도제어가 쉽다.
속도제어밸브로 배기 또는 급기를 교축하여 피스톤 로드의 속도를 변화시키는 것이 쉽다.

② 출력 조정이 간단하다.
감압밸브(regulator)로 공기압을 조정하여 실린더 출력을 변화시킨다.

③ 고속작동이 가능하다.
공기는 점성이 작기 때문에 배관에서 압력강하가 작고, 유속이 빠르기 때문에 피스톤 로드가 고속으로 작동한다.

④ 폭발이나 인화(引火)의 우려가 없다.
공기압은 폭발이나 인화의 우려가 없고, 습도의 영향도 작다. 공기압 그 자체는 온도의 영향이 작지만 공기압 기기를 구성하는 재료가 영향을 받기 때문에 일반적으로 사용온도 범위가 정해져 있다.

⑤ 충격력을 흡수할 수 있기 때문에 과부하에서도 안전하다.
공기는 압축성 유체이므로 충격적인 부하가 작용하여도 실린더 속의 공기가 압축되어 충격력을 흡수한다.

⑥ 에너지 축척이 가능하다.
공기압 에너지 축척은 공기탱크를 설치하면 된다. 소형 압축기도 장시간 운전하면 많은 압축공기를 얻을 수 있고, 짧은 시간에 큰 일을 할 수 있다.

⑦ 작동유체인 공기를 어디에서나 쉽게 얻을 수 있다.

[2] 공기압의 단점

① 정밀한 속도제어가 곤란하다.
공기는 압축되고 팽창하는 성질이 있기 때문에 피스톤 로드의 속도가 일정하지 않아 정밀한 속도제어가 곤란하다.

② 배기 소음이 발생한다.
공기가 배출될 때 소음이 발생한다. 보통 방향제어밸브(전자밸브)에 소음기를 부착한다.

③ 윤활유가 필요하다.
공기는 윤활성이 거의 없기 때문에 윤활유를 공급할 필요가 있다.

④ 드레인(drain)이 발생한다.
공기가 압축되면 수분(drain)이 발생하고, 이것을 처리하지 않으면 녹이 발생하거나 작동이 원활하지 못하게 된다.

⑤ 전기, 기계 등의 동력전달장치와 비교하여 동력전달 효율이 낮다.

⑥ 위치제어 정밀도가 나쁘다.
액추에이터(실린더, 모터 등)의 행정 도중에 정지 등 정밀한 위치제어가 곤란하다.

11.4 각종 자동화 방식의 비교

자동화를 위한 구동방식은 공기압 방식, 유압식, 기계식, 전기식, 전자식 등이 있고, 각각 장점과 단점이 있다. 공기압시스템은 다른 구동방식의 장점을 활용하고 결점을 보완하여 목적하는 작업공정을 요구하는 각종 특성, 비용 등의 조건에 따라 최적으로 조합하여 선택해야 한다. 여러 가지 자동화 방식에 대하여 요약하면 다음과 같다.

[1] 공기압 방식

사용압력은 보통 0.5～0.7 MPaG 정도이다. 보통 공기탱크를 사용하며, 압력은 감압밸브에서 자유롭게 설정한다. 공기압이 필요한 장소마다 필요한 압력을 제어하여 사용하면 유압과 같이 라인마다 사용압력 단계에 따라 공기압 유닛을 설치할 필요가 없다. 공기는 압축성이 있기 때문에 공기탱크에 에너지를 저장하기는 쉽지만, 그 압축성 때문에 제어가 부정확하게 되는 상반된 특징이 있다. 이와 같은 공기의 서로 다른 특징을 잘 활용하는 것이 무엇보다 중요하다. 일반적으로 공기압은 다음과 같은 특징을 가진다.

① 압력이 0.5～0.7 MPaG로 낮기 때문에 9.8 kN 전후의 비교적 가벼운 부하의 작업에 적합하다.
② 실린더의 구동속도는 보통 50～500 mm/s이고, 유압이나 전기에 비교하여 빠르게 작동한다.
③ 압축성 때문에 정확한 속도제어가 어렵고, 경우에 따라 공기압·유압체크(air-hydraulic checker)를 겸용하면 정확한 속도를 얻을 수 있다.
④ 압축성에 의한 완충효과를 이용할 수 있다
⑤ 대용량 실린더도 작업 빈도가 간헐적인 경우는 공기탱크를 설치하여 설비의 소형화가 가능하다.
⑥ 일반적으로 작업기기에서 발생하는 열은 공기가 냉각하므로 유압보다도 고온인 장소에서도 사용할 수 있다.
⑦ 공기압은 배기를 대기 중에 방출하기 때문에 유압과 같이 복귀관로가 필요 없고 배관 작업이 간단하다.
⑧ 공기 그 자체는 기름과 비교하여 윤활성이 없으므로 보통 배관 속에 기름을 분무하여 윤활하며, 최근에는 급유가 필요 없는 공기압 기기를 많이 활용한다.
⑨ 압축기에서 공기는 사용한 후 대기로 방출되므로 먼지의 순환은 고려하지 않는다.
⑩ 폭발성이 있는 기체를 사용하는 환경이나 세정기와 같이 물을 사용하는 장치는 전기를 전혀 사용하지 않고 완전 공기압 회로의 제어가 가능하다.

[2] 유압방식

유체에너지를 이용하는 관점에서 공기압 방식과 비교해 보면, 유압은 공기압보다 압력이 10~100배 정도 높고 에너지 밀도가 높기 때문에 장치를 소형화할 수 있다. 제어측면은 비압축성 유체이기 때문에 공기압과 비교할 수 없을 정도로 양호하다. 이러한 장점을 살려서 유압은 건설기계, 하역기계, 선박, 대형공작기계, 항공기 등에 이용된다. 유압은 오일탱크를 설치하여 작동유가 순환하는 방식이고, 유압작동유 누설로 오염과 인화의 위험성이 있다. 또 축압기를 이용하여 에너지 축적은 가능하지만, 공기압과 같이 많은 양을 축적하는 것이 어렵다. 유압펌프는 운전에서 열이 많이 발생하기 때문에 방열과 냉각이 필요하다. 일반적으로 유압작동유는 온도에 따른 열화는 60℃를 넘으면 급격하게 진행된다. 유압기기의 작동은 대부분 금속간의 미끄럼 운동이므로 유압작동유 속에 먼지나 이물질 혼입에 따른 영향도 매우 크다.

[3] 기계방식

축, 캠, 레버, 기어, 풀리, 벨트 등으로 동력을 전달한다. 옛날 공장에서는 공장 내부에 전동축이 몇 개 있고, 풀리나 벨트를 사용하며 공작기계나 다른 장치를 구동하였지만, 최근에는 거의 찾아 볼 수 없다.

[4] 전기방식

대부분 전자력을 이용하며, 직접 전력을 이용하는 관점에서 에너지 효율은 가장 높다. 직선운동은 전자석(solenoid), 회전운동은 전동기(electric motor)가 기본이고, 이러한 것을 조합한 것이나 다른 기구와 조합한 브레이크 부착 전동기, 브레이크-클러치 부착 전동기, 로터리 솔레노이드, 또는 볼-스크루와 조합하여 회전운동을 직선운동으로 변환한 전동실린더, 기어와 조합한 감속기 부착 전동기 등이 있다. 이러한 기기의 제어에는 릴레이, 타이머, 리밋스위치, 반도체 등을 사용한다.

[5] 전자방식

반도체, IC 등을 주체로 한 제어방식이며, 신호의 전달과 제어가 주목적이다. 디지털 제어와 아날로그 제어가 있고, 최근에는 마이크로컴퓨터의 비약적인 발전에 따라 디지털 제어가 주류이다. 이 방식은 역사는 짧지만 신뢰성, 수명 등이 급격하게 향상되고 있다.

11.5 공기의 성질

[1] 대기와 공기압

지구 주위는 기체로 덮여 있고, 이 기체의 층을 대기(atmospheric air)라 한다. 대기는 지구 표면에 가까울수록 농도가 진하고, 상층부로 올라갈수록 희박하다. 지표 11 km 부근의 대류권에는 그림 11.1과 같이 거의 일정한 조성을 가진다. 실제 대기는 비나 증발로 수증기를 포함한 습공기(moist air)이다. 공기압 기기를 사용할 때, 공기 속의 수증기는 온도나 기후에 따라 그 양이 변하며, 기기의 작동에 영향을 줄 때도 있다.

공기는 1 m^3당 질량으로 약 1.22 kg의 무게를 가진다. 이것이 지구표면에 일정한 두께로 존재하기 때문에 대기의 무게에 따라 해수면 부근에서는 높이 760 mm의 수은주(760 mmHg) 또는 10.33 m의 수주(10.332 mH_2O = 10.33 mAq)의 밑면에 작용하는 힘과 같은 힘이 작용하고 있다(그림 11.2). 이것을 대기압(atmospheric pressure)이라 하며, 해수면에서 고도가 높아짐에 따라 낮아져 5 km 고도에서는 약 1/2로 된다.

공기는 대기압 상태로는 에너지로 사용할 수 없고, 공기 압축기에서 압축하여 압력을 높여 여러 가지 용도로 사용한다. 이와 같이 압력이 대기압보다 높은 경우를 공기압이라 한다. 0.68 MPaG의 공기압은 대기를 1/8 체적까지 압축기에서 압축하여 얻는다.

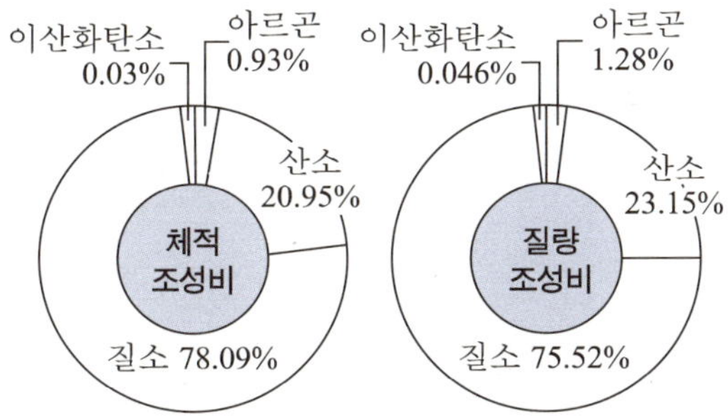

그림 11.1 대기의 조성비

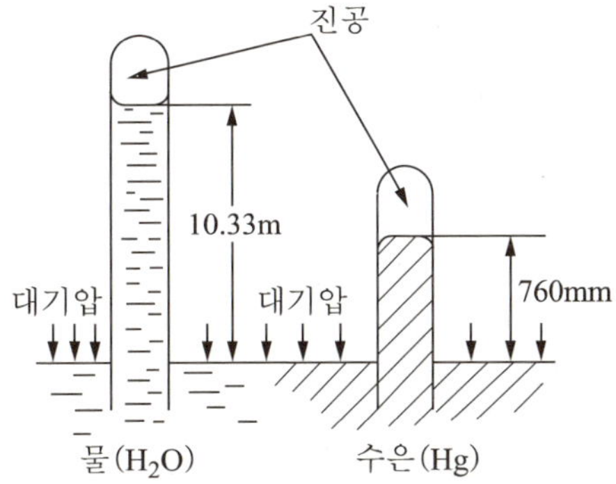

그림 11.2 토리첼리의 수은주

[2] 공기의 압력

기체(gas)는 고체(solid)나 액체(liquid)보다 분자간의 거리가 멀고, 분자운동이 자유롭다. 따라서 분자 상호간에 작용하는 힘이 약하고, 체적이 변하기 쉽다. 또 압력이나 온도가 변하면 공기의 체적도 변한다. 그림 11.3과 같은 밀폐용기 속에 공기를 넣고, 용기의 한 벽면을 생각해 보자. 용기 속의 공기 분자는 자유롭게 운동하기 때문에 그 분자가 벽에 충돌하면 벽면에 힘이 작용한다. 1개 분자의 충돌로 벽면이 받는 힘은 그 방향과 크기도 가지각색이고, 더구나 아주 미소한 충돌 시간만 고려하면 불연속적이지만 실제로 많은 분자가 벽면에 충돌하기 때문에 벽면은 연속적으로 일정한 힘을 받는다. 이 벽면이 받는 단위면적당 힘을 압력(pressure)이라 한다.

일정한 용기 속에 들어있는 공기의 온도가 상승하면 압력이 높아진다. 이것은 공기 분자의 운동이 활발하게 되어 벽면에 충돌이 급격하게 되기 때문이다. 또 공기의 체적을 피스톤 등으로 압축하면 압력이 상승하는 것은 단위체적당 분자 수가 증가하기 때문에 분자의 충돌 횟수가 많아지기 때문이다.

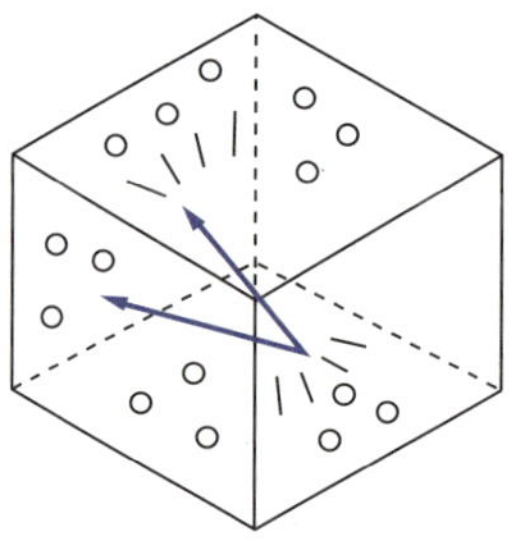

그림 11.3 기체의 분자운동

[3] 공기의 밀도

공기도 무게가 있다. 공기의 무게는 분자의 무게이기 때문에 온도나 압력에 따라 변한다. 기준상태(0℃, 101.3 kPa abs)에서 건조공기의 밀도, 즉 단위체적당 질량은 중력가속도가 9.80065 m/s^2일 때, 1.293 kg/m^3이다.

임의의 온도 t, 압력 p에서 건조공기의 밀도 ρ는 다음과 같다.

$$\rho = 1.293 \times \frac{273}{273+t} \times \frac{p}{101300} \qquad (11.1)$$

ρ : 공기의 밀도[kg/m^3]
t : 공기의 온도[℃]
p : 공기의 압력[Pa abs]

또한 습공기의 밀도는 상대습도를 ϕ로 하면 다음 식으로 나타낼 수 있다.

$$\rho = 1.293 \times \frac{273}{273+t} \times \frac{p-0.378\phi p_s}{101300} \tag{11.2}$$

p_s : t ℃에서 수증기의 포화압력[Pa abs]

[예제 11.1] 절대압력 0.686 MPa abs에서 온도 40℃인 건조공기의 밀도를 구하라.

[풀이] 식 (11.1)에서 $t = 40$℃, $p = 0.686$ MPa $= 0.686 \times 10^6$ Pa을 대입하면

$$\rho = 1.293 \times \frac{273}{273+t} \times \frac{p}{101300} = 1.293 \times \frac{273}{273+40} \times \frac{0.686 \times 10^6}{101300} = 7.64\ \text{kg/m}^3$$

[4] 공기의 점성

공기는 유압작동유와는 다르게 점성이 없다고 생각하지만, 아주 작지만 점성을 가지고 있다. 이것은 공기가 움직일 때 그 공기에 접촉되어 있는 공기가 움직이는 것에서도 알 수 있다.

유압작동유나 물은 온도가 올라가면 점성이 급격하게 작아지지만, 공기는 반대로 약간 증가한다. 공기의 점도는 고압이 아니면 압력에는 관계가 없고, 온도와의 관계는 다음의 Sutherland 식으로 주어진다.

$$\mu = \mu_0 \left(\frac{273+c}{273+t+c} \right) \times \left(\frac{273+t}{273} \right)^{\frac{3}{2}} \tag{11.3}$$

μ : 온도 t [K]에서 점도[Pa · s]
t : 온도[℃]
μ_0: 온도 0℃에서 점도 $= 17.23 \times 10^{-6}$ Pa · s
c : 실험정수[$= 123.6(0 \sim 400$℃$)$]

[예제 11.2] 온도 20℃에서 공기의 점도와 동점도를 구하라.

[풀이] $c = 123.6,\ t = 20℃,\ \mu_0 = 17.23 \times 10^{-6}$ Pa·s를 식 (11.3)에 대입하면

$$\mu = \mu_0 \left(\frac{273+c}{273+t+c} \right) \times \left(\frac{273+t}{273} \right)^{\frac{3}{2}} = 17.23 \times 10^{-6} \times \left(\frac{273+123.6}{273+20+123.6} \right) \times \left(\frac{273+20}{273} \right)^{\frac{3}{2}}$$

$$= 18.24 \times 10^{-6}\ \text{Pa·s}$$

또 $\rho = 1.2\ \text{kg/m}^3$으로 하면, 동점도 ν는

$$\nu = \frac{\mu}{\rho} = \frac{18.24 \times 10^{-6}}{1.2} = 15.2 \times 10^{-6}\ \text{m}^2/\text{s} = 15.2\ \text{mm}^2/\text{s}$$

[5] 공기 중의 수분

공기 중에는 수분이 수증기 형태로 포함되어 있다. 따라서 어떤 일정량 이상이 되면 과잉분은 물방울로 분리된다. 일정량은 공기의 온도에 따라 변하기 때문에, 예를 들면 압축기에서 나온 뜨거운 공기를 후방 냉각기(after-coller)에서 40℃ 정도로 냉각하여 드레인(drain)을 분리시켜도 배관 도중에서 온도가 낮아지면 다시 드레인이 생긴다.

따라서 드레인 배출이 곤란할 때는 건조기(dryer) 등을 사용하여 공기를 건조상태로 한다. 드레인은 산소와 결합하여 배관을 녹슬게 하거나 공기 중의 먼지와 더불어 기기 작동 불량의 원인이 된다. 또한 공기 분무식건 (air gun)으로 도료를 분무하는 경우는 도장면에 얼룩이 생겨 도장 불량이 생긴다. 수분이 전혀 없는 공기를 건조공기(dry air)라 하고, 건조공기와 수분의 혼합기체를 습공기(moist air)라 한다. 우리가 일상적으로 호흡하는 것은 습공기이다.

① 전압력 p_t [MPa abs]

수분과 건조공기의 혼합 기체가 나타내는 압력이다.

② 수증기 분압 p_w [MPa abs]

습공기 속에 수증기가 나타내는 분압(partial pressure)이며, 건조공기의 분압 p_a [MPa abs]는 전압력에서 수증기 분압을 뺀 값이다.

$$p_a = p_t - p_w \tag{11.4}$$

포화 습공기의 수증기 분압은 그 온도의 포화 증기압 p_s [MPa abs]와 같다.

③ 절대습도 x [kg/kg′]

습공기 중에 포함된 건조공기 1 kg에 대한 수분의 양이다. 습공기의 여러 가지 상태량은

x kg의 수분과 1 kg의 건조공기와 혼합된 습공기 $(1+x)$ kg으로 많이 나타내기 때문에 이 경우 건조공기의 단위를 구별하여 kg′로 표시한다.

④ 상대습도 ϕ [%]

어떤 습공기의 수증기 분압 p_w와 그 온도와 같은 온도에서 포화공기의 수증기 분압 p_s와의 비율을 나타내며, %로 표시한다.

$$\phi = \frac{p_w}{p_s} \times 100\ \% \tag{11.5}$$

보통 습도 몇 %라고 하는 것은 상대습도이다.

⑤ 노점온도

노점온도(dew point temperature)는 어떤 습공기의 수증기 분압에 대한 증기의 포화 온도이다. 즉, 이것과 같은 수증기 분압을 가진 포화공기의 온도이다. 어떤 습공기에 그 노점 온도 이하의 온도인 물체가 접촉하면 그 물체 표면에 이슬이 생긴다.

일반적으로 습공기의 수분량, 즉 절대습도는 다음 식으로 표시된다.

$$x = \frac{0.622\, p_w}{p_t - p_w} \quad [\mathrm{kg/kg'}] \tag{11.6}$$

그런데 상대습도 $\phi = \dfrac{p_w}{p_s} \times 100\ \%$이므로 ϕ를 사용하면 식 (11.7)과 같다.

$$x = \frac{0.622\phi p_s}{100p_t - \phi p_s} \quad [\mathrm{kg/kg'}] \tag{11.7}$$

어떤 습공기의 온도, 압력, 상대습도를 알면 이 식들과 표 11.2에서 공기 중의 수분량을 계산할 수 있다.

[예제 11.3] 온도 30℃, 상대습도 80%인 대기(압력 0.1013 MPa abs) 중의 수분량을 구하라.

[풀이] 표 11.2에서, $t = 30$ ℃일 때, p_s는 4.2415×10^{-3} MPa이다.

$p_t = 0.1013$ MPa, $\phi = 80\%$를 식(11.7)을 대입하면,

$$x = \frac{0.622\phi p_s}{100p_t - \phi p_s} = \frac{0.622 \times 80 \times 4.2415 \times 10^{-3}}{100 \times 0.1013 - (80 \times 4.2415 \times 10^{-3})} = 0.0216\ \mathrm{kg/kg'}$$

표 11.2 포화 습공기 표

t	p_s	x_x	h_s	v_s	t	p_s	x_x	h_s	v_s
[℃]	[kPa]	[kg/kg']	[kJ/kg']	[m³/kg']	[℃]	[kPa]	[kg/kg']	[kJ/kg']	[m³/kg']
−20	0.103 17	0.000 634 0	−18.53	0.717 9	40	7.375 0	0.048 82	166.0	0.956 8
−18	0.124 80	0.000 767 0	−16.19	0.723 7	42	8.198 5	0.054 75	183.4	0.971 4
−16	0.150 50	0.000 925 2	−13.79	0.729 6	44	9.100 1	0.061 37	202.8	0.987 1
−14	0.181 1	0.001 114	−11.31	0.735 5	46	10.086 0	0.068 75	224.1	1.004
−12	0.217 2	0.001 336	− 8.745	0.741 4	48	11.162 0	0.077 00	247.1	1.022
−10	0.259 7	0.001 598	− 6.079	0.747 4	50	12.335 0	0.086 22	273.9	1.042
−8	0.309 7	0.001 907	− 3.296	0.753 5	52	13.613 0	0.096 54	303.0	1.064
−6	0.368 5	0.002 270	− 0.375	0.759 6	54	15.002 0	0.108 1	335.5	1.088
−4	0.437 2	0.002 695	2.074	0.765 8	56	16.511 0	0.121 1	371.8	1.114
−2	0.517 3	0.003 192	5.963	0.772 1	58	18.147 0	0.135 7	412.3	1.143
0	0.610 8	0.003 772	9.437	0.778 5	60	19.920 0	0.152 2	458.0	1.175
2	0.705 5	0.004 361	12.94	0.785 0	62	21.838 0	0.170 9	509.4	1.210
4	0.812 9	0.005 030	16.64	0.791 5	64	23.912 0	0.192 1	567.7	1.250
6	0.945 5	0.005 790	20.58	0.798 2	66	26.150 0	0.216 4	634.1	1.295
8	1.072 0	0.006 651	24.78	0.805 0	68	28.563 0	0.244 2	709.9	1.346
10	1.227 0	0.007 624	29.26	0.812 0	70	31.162 0	0.276 3	797.3	1.404
12	1.401 4	0.008 723	34.07	0.819 2	72	33.958 0	0.313 5	898.5	1.471
14	1.597 3	0.009 962	39.25	0.826 5	74	36.964 0	0.357 2	1 017	1.548
16	1.816 8	0.011 36	44.82	0.834 1	76	40.191 0	0.408 9	1 157	1.639
18	2.062 4	0.012 92	50.85	0.842 0	78	43.652 0	0.470 8	1 324	1.748
20	2.336 6	0.014 68	57.37	0.850 1	80	47.360 0	0.545 9	1 527	1.878
22	2.642 2	0.016 65	64.45	0.858 5	82	51.329 0	0.638 6	1 777	2.039
24	2.982 1	0.018 86	72.14	0.867 3	84	55.573 0	0.755 5	2 092	2.241
26	3.359 7	0.021 33	80.52	0.876 5	86	60.108 0	0.907 1	2 500	2.501
28	3.778 2	0.024 09	89.65	0.886 2	88	64.948 0	1.111	3 048	2.850
30	4.241 5	0.027 18	99.64	0.896 3	90	70.109 0	1.397	3 819	3.339
32	4.753 4	0.030 62	110.56	0.907 0	92	75.607 0	1.829	4 979	4.076
34	5.318 0	0.034 45	122.52	0.978 3	94	81.461 0	2.551	6 920	5.306
36	5.940 0	0.038 73	135.66	0.930 4	96	87.686 0	3.999	10 812	7.769
38	6.624 0	0.043 51	150.08	0.943 1	98	94.301 0	8.351	22 506	15.17

※ 표준기압 101.32 kPa, 0℃ 이하는 얼음과 접하는 포화공기

[예제 11.4] 공기 송출량 800 L/min인 공기압축기에서 온도 30℃, 상대습도 80%인 대기를 흡입하여 0.686 MPaG까지 압축한 후 후방 냉각기에서 35℃로 냉각하였다. 후방 냉각기에서 매분당 발생하는 드레인 양은 얼마인가? 단 공기 1 L당 질량은 0.0012 kg으로 한다.

[풀이] 압축기에 흡입된 공기의 수분량은 [예제 11.3]에서 $x_1 = 0.0216\ \mathrm{kg/kg'}$이다. 압축, 냉각 후에 포함될 수 있는 수분량은 $t_1 = 34℃$에서 포화증기압 $p_s = 5.3180\ \mathrm{kPa}$, $t_1 = 36℃$에서 $p_s = 5.9400\ \mathrm{kPa}$이므로 비례계산에 따라 $t_1 = 35℃$에서는 $p_s = (5.318 + 5.94)/2 = 5.629\ \mathrm{kPa}$이다. 이때 상대 습도는 100%로 계산하면 되므로 식 (11.7)에서

$$x_2 = \frac{0.622\phi p_s}{100p_t - \phi p_s} = \frac{0.622 \times 100 \times 5.629 \times 10^{-3}}{100 \times (0.686 + 0.1013) - 100 \times 5.629 \times 10^{-3}} = 0.004488\ \mathrm{kg/kg'}$$

흡입 전과 후방 냉각기 냉각 후 수분 감소량은

$$x_1 - x_2 = 0.0216 - 0.00448 = 0.01712\ \mathrm{kg/kg'}$$

따라서 매 분당 발생하는 드레인 양은

$$\dot{W}_{water} = (x_1 - x_2)(\rho Q)_{air} = 0.01712 \times 800 \times 0.0012 = 0.0164\ \mathrm{kg/min} = 16.4\ \mathrm{cm^3/min}$$

[6] 공기의 상태 표시와 상태방정식

대기는 여러 가지 상태로 변하기 때문에 표준 공기상태를 표시할 필요가 있고, 표준상태와 기준상태의 두 가지를 정해 두고 있다.

표준상태(standard state)는 온도 20℃(293 K), 대기압 0.1013 MPa abs, 상대습도 65%인 공기를 나타낸다. 공기압 기기에서 공기 유량을 나타낼 때 표준상태로 환산한 수치를 많이 사용하고, 이때 단위 기호의 뒤에 (ANR : Atmosphere Normalisee de Reference(프랑스어))로 표시한다[예를 들면, 750 L/min(ANR)].

기준상태(reference state)는 온도 0℃(273 K), 대기압 0.1013 MPa abs (760 mmHg), 상대습도 0%인 건조공기의 상태를 나타낸다. 표 11.3은 표준상태와 기준상태를 비교하여 정리한 것이다.

표 11.3 공기의 상태표시

항 목	표준상태	기준상태
대기압	0.1013 MPa abs(760 mmHg)	0.1013 MPa abs(760 mmHg)
온 도	20℃	0℃
상태습도	65%	0%
밀 도	1.20 kg/m^3	1.293 kg/m^3

공기의 압력, 체적, 온도 사이에는 일정한 관계가 있고, 이 중에서 두 개의 상태량이 정해지면 나머지 하나는 필연적으로 결정된다. 이러한 세 가지 상태량을 나타내는 식을 상태방정식(equation of state)이라 하고, 이러한 변화를 상태변화라 한다.

(1) 압력과 체적과의 관계

영국의 R Boyle(1627~1691)이 발견한 법칙으로서, 압력 p_1, 체적 V_1인 일정량의 공기가 온도를 일정하게 유지하면서 압축 또는 팽창시켜 압력 p_2, 체적 V_2로 변화시킬 때 다음 관계식이 성립한다.

$$p_1 \cdot V_1 = p_2 \cdot V_2 = p \cdot V = \text{일정} \tag{11.8}$$

즉, 기체의 온도가 일정할 때 기체의 압력은 체적에 반비례한다. 이것을 Boyle의 법칙이라 한다.

(2) 체적과 온도와의 관계

체적 V_1, 절대온도 T_1인 일정량의 공기가 압력을 일정하게 유지하면서 가열되거나 냉각되면 체적 V_2, 온도 T_2 사이에는 다음 관계식이 성립한다.

$$\frac{V_1}{T_1} = \frac{V_2}{T_2} = \frac{V}{T} = \text{일정} \tag{11.9}$$

즉, 압력이 일정하면 기체의 체적은 절대온도에 비례한다. 이것을 J. Charles의 법칙이라 한다.

(3) 압력 · 체적 · 온도와의 관계

일정량의 기체 압력이나 온도가 변하면 체적이 변한다. 이 현상은 Boyle과 Charles의 법칙에서 알 수 있다. 그러나 압력, 온도, 체적 3가지 상태량이 함께 변할 때는 식 (11.8)과 식 (11.9)에서 다음 관계식이 성립한다.

$$\frac{p_1 V_1}{T_1} = \frac{p_2 V_2}{T_2} = \frac{p V}{T} = \text{일정} \tag{11.10}$$

즉, 일정량의 기체 체적은 압력에 반비례하고 절대온도에 비례한다. 이 관계식을 Boyle-Charles의 법칙이라 한다. 또 식 (11.10)은 식 (11.11)로 나타낼 수 있다.

$$pV = mRT \tag{11.11}$$

식에서 m은 기체의 질량[kg], R은 기체상수(gas constant)이고, 공기의 기체상수 $R = 287.03$ J/kg·K이다. 이 관계식이 성립하는 기체를 이상기체(ideal gas)라 하며, 식 (11.11)을 이상기체 상태방정식이라 한다.

[예제 11.5] 온도 20℃, 체적 2 m^{3}인 공기를 1/5로 압축하면 압력은 얼마인가? 단, 압축 후 온도는 35℃이다.

[풀이] $p_1 = 0.1013$ MPa abs, $V_1 = 2\ \text{m}^3$, $T_1 = 273 + 20 = 293$ K, $V_2 = 2 \times 1/5 = 0.4\ \text{m}^3$, $T_2 = 273 + 35 = 308$ K이므로 식 (11.10)에 대입하면,

$$p_2 = \frac{P_1 V_1}{V_2} \times \frac{T_2}{T_1} = \frac{0.1013 \times 2}{0.4} \times \frac{308}{293} = 0.532\ \text{MPa abs} = 0.431\ \text{MPaG}$$

[예제 11.6] 온도 20℃, 압력 981 Pa에서 공기의 질량 10 kg일 때, 체적을 구하라.

[풀이] $p = 981$ Pa, $T = 273 + 20 = 293$ K, $m = 10$ kg이므로 식 (11.11)에서

$$V = \frac{mRT}{p} = \frac{10 \times 287.03 \times 293}{981} = 857.3\ \text{m}^3$$

11.6 공기의 상태변화

상태변화는 기체가 어떤 상태에서 다른 상태로 변했을 때 계나 주위에 아무른 영향을 주지 않고 원래 상태로 되돌릴 수 있는 가역변화(reversible process)와 그렇지 못한 비가역변화(irreversible process)가 있다. 원래 상태로 완전히 되돌리는 것은 상태변화를 수행한 후 모든 상태량(property)이 원래 상태와 같아지는 것을 의미한다. 예를 들면, 공기를 등온압축과정을 생각해 보자. 공기를 압축하기 위해 외부에서 일이 공급되어야 하고, 압축된 공기를 원래 압력으로 되돌릴 때는 체적이 팽창하여 외부로 일을 하며, 압축될 때 외부에서 공급된 일을 다

시 외부로 되돌려 주기 때문에 상태량이 모두 압축 전과 같은 상태로 된다면 가역변화라 할 수 있다. 그러나 교축부나 밸브를 통하여 압축공기를 대기로 방출될 때는 압축공기가 가진 에너지가 대기로 방출되어 결과적으로 열로 변하기 때문에 이것을 원래의 에너지로 되돌리는 것은 불가능하다. 따라서 이러한 상태변화 과정은 비가역변화이다.

다음은 공기의 상태변화에 대하여 설명한다.

[1] 등적변화

기체의 체적이 일정할 때, 온도가 T_1에서 T_2로 변하여 압력이 p_1에서 p_2로 되면,

$$\frac{p_1}{T_1} = \frac{p_2}{T_2}, \quad \frac{p_1}{p_2} = \frac{T_1}{T_2}, \quad \frac{p}{T} = \text{일정} \tag{11.12}$$

이고, 압력은 절대온도에 비례한다. 등적변화는 압력이 변하여도 체적이 변하지 않기 때문에 일이 없으므로 $W = 0$이다. 또 공기 m [kg]을 온도 T_1에서 T_2로 상승시키는데 필요한 열량을 Q_v라 하면,

$$Q_v = mC_v(T_2 - T_1) \tag{11.13}$$

이다. C_v [kJ/kg·K]는 질량 1 kg의 공기를 체적을 일정하게 유지하면서 온도를 1 K 상승시키는데 필요한 열량이며, 정적비열이라 한다.

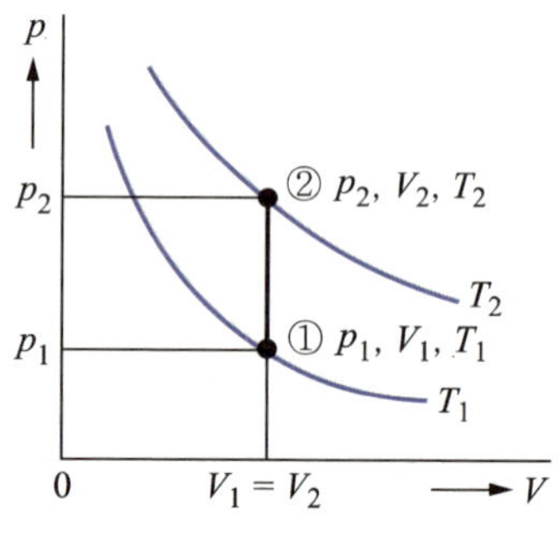

그림 11.4 등적변화

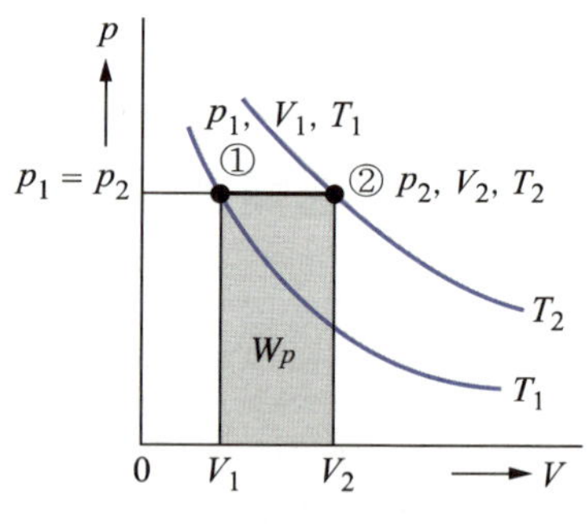

그림 11.5 등압변화

[2] 등압변화

기체의 압력이 일정할 때, 온도가 T_1에서 T_2로 변하여 체적이 V_1에서 V_2로 변한 경우,

$$\frac{V_1}{T_1} = \frac{V_2}{T_2}, \quad \frac{V_1}{V_2} = \frac{T_1}{T_2}, \quad \frac{V}{T} = \text{일정} \tag{11.14}$$

이고, 체적은 절대온도에 비례한다. 또 그림 11.5에서 음영 부분의 면적에 상당하는 일을 해야 한다. 이것을 W_p라 하면,

$$W_p = p(V_2 - V_1) \tag{11.15}$$

이다. 또 압력이 일정할 때, 기체 m [kg]을 T_1에서 T_2로 온도를 상승시키는데 필요한 열량을 Q_p라 하면 다음 식이 성립한다.

$$Q_p = mC_p(T_2 - T_1) \tag{11.16}$$

C_p [kJ/kg·K]는 질량 1 kg인 공기를 압력을 일정하게 유지하면서 온도를 1 K 상승시키는데 필요할 열량이며, 정압비열이라 한다. 정압비열과 정적비열의 비를 비열비 κ라 하며, 다음 관계식이 성립한다.

$$\begin{aligned} C_p &= \frac{\kappa R}{\kappa - 1} \\ C_v &= \frac{R}{\kappa - 1} \\ \kappa &= \frac{C_p}{C_v} > 1 \end{aligned} \tag{11.17}$$

공기의 비열비 κ는 1.4이다.

[3] 등온변화

기체의 온도가 일정할 때의 상태변화를 등온변화라 한다. 이것은 Boyle–Charles법칙에서, $p_1 V_1 = p_2 V_2 = \cdots = mRT$이므로

$$\therefore \ \frac{p_1}{p_2} = \frac{V_2}{V_1} \tag{11.18}$$

등온변화에서 기체의 압력은 체적에 반비례한다. 공기가 팽창하면서 외부에 하는 일 W_t와 외부에서 받은 열량 Q_t는 같고, 다음 식과 같다.

$$W_t = Q_t = m\,R\,T \ln\frac{V_2}{V_1} = m\,R\,T\,\ln\frac{p_1}{p_2} \tag{11.19}$$

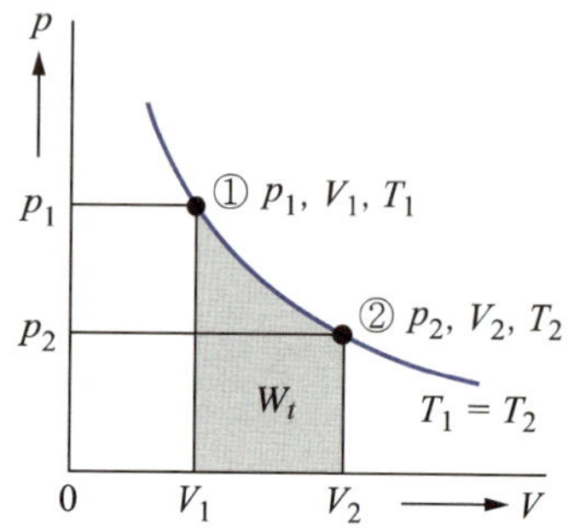

그림 11.6 등온변화

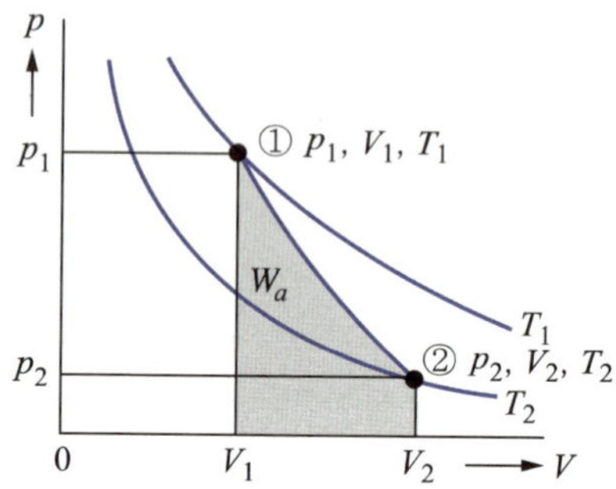

그림 11.7 단열변화

[4] 단열변화

단열변화는 외부와 열전달이 전혀 없이 공기의 압력이나 체적을 변화시키는 과정이며, 단열압축과 단열팽창이 있다. 일정량의 공기를 상태변화 시킬 수 있도록 피스톤이 삽입된 실린더 속에서 공기를 단열압축하면, 외부에서 가해진 일은 열로 변하여 기체의 온도는 상승한다. 또 공기를 단열팽창 시키면 외부로 일 W_a을 하기 위해 열을 빼앗겨 온도가 내려간다. 단열변화에서는 다음 관계식이 성립한다.

$$p_1 V_1^{\kappa} = p_2 V_2^{\kappa} = p\,V^{\kappa} = \text{일정}$$

$$\frac{T_2}{T_1} = \left(\frac{p_2}{p_1}\right)^{\frac{\kappa-1}{\kappa}} = \left(\frac{V_1}{V_2}\right)^{\kappa-1} \tag{11.20}$$

$$\begin{aligned} W_a &= \frac{1}{\kappa-1}(p_1 V_1 - p_2 V_2) = \frac{mR}{\kappa-1}(T_1 - T_2) \\ &= \frac{mRT_1}{\kappa-1}\left(1-\frac{T_2}{T_1}\right) = \frac{p_1 V_1}{\kappa-1}\left\{1-\left(\frac{p_2}{p_1}\right)^{\frac{\kappa-1}{\kappa}}\right\} \\ &= \frac{p_1 V_1}{\kappa-1}\left\{1-\left(\frac{V_1}{V_2}\right)^{\kappa-1}\right\} \end{aligned} \tag{11.21}$$

단열변화이므로 $Q_a = 0$이다. 보통 공기압 실린더나 공기탱크 등에서 급격하게 압축이나 팽창이 일어날 때는 근사적으로 단열변화로 볼 수 있다. 이때 κ는 단열지수라 하며, 이상기체에서는 비열비와 같은 값이다.

[5] 폴리트로프 변화

실제 공기의 상태변화는 위에서 설명한 네 가지 과정과는 완전히 일치하지 않기 때문에 이러한 과정을 포함한 복잡한 상태변화가 일어난다. 그때 압력-온도-체적 사이의 관계식은 다음과 같이 표현할 수 있다.

$$p_1 V_1^n = p_2 V_2^n = p V^n = \text{일정} \tag{11.22}$$

$$\frac{T_2}{T_1} = \left(\frac{p_2}{p_1}\right)^{\frac{n-1}{n}} = \left(\frac{V_1}{V_2}\right)^{n-1} = \text{일정}$$

$$\begin{aligned} W_a &= \frac{1}{n-1}(p_1 V_1 - p_2 V_2) = \frac{mR}{n-1}(T_1 - T_2) \\ &= \frac{mRT_1}{n-1}\left(1 - \frac{T_2}{T_1}\right) = \frac{p_1 V_1}{n-1}\left\{1 - \left(\frac{p_2}{p_1}\right)^{\frac{n-1}{n}}\right\} \\ &= \frac{p_1 V_1}{n-1}\left\{1 - \left(\frac{V_1}{V_2}\right)^{n-1}\right\} \end{aligned} \tag{11.23}$$

이와 같은 상태변화 과정을 폴리트로프 변화(polytropic change), n은 폴리트로프 지수라 하며 $\kappa > n > 1$이다. 지금까지 4가지 상태변화는 폴리트로프 변화의 특별한 경우에 해당되며, 그 내용을 정리하면 다음과 같다.

- $n = 0$일 때 $p =$ 일정 : 등압 변화
- $n = 1$일 때 $pV =$ 일정 : 등온변화
- $n = \kappa$일 때 $pV^\kappa =$ 일정 : 단열변화
- $n = \pm\infty$일 때 $V =$ 일정 : 등적변화

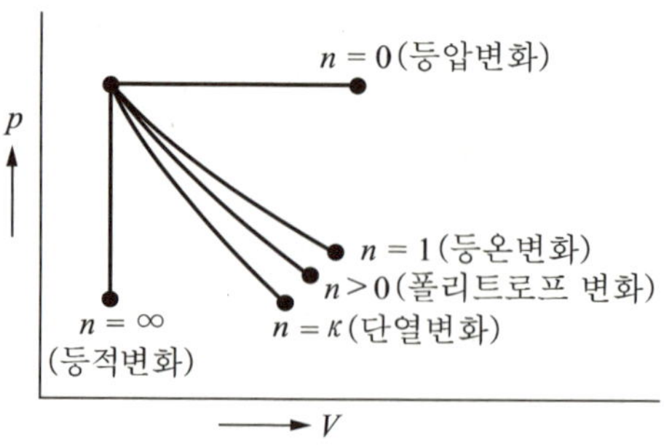

그림 11.8 폴리트로프 변화

[예제 11.7] 체적이 일정한 용기 안에 있는 공기 2 kg을 표준상태에서 100℃까지 가열하였다. 가열 후의 압력과 가열량을 구하라. 단, 정적비열은 0.716 kJ/kg · K이다.

[풀이] 초기상태가 표준상태이므로

$T_1 = 273 + t_1 = 273 + 20 = 293$ K

$T_2 = 273 + t_2 = 273 + 100 = 373$ K

$p_1 = 0.1013$ MPa abs를 식 (11.12)에 대입하면

$$p_2 = \frac{T_2}{T_1} \times p_1 = \frac{373}{293} \times 0.1013 = 0.129 \text{ MPa abs}$$

$C_v = 0.716$ kJ/kg · K, $m = 2$ kg을 식 (11.13)에 대입하면

$Q_v = m C_v (T_2 - T_1) = 2 \times 0.716(373 - 293) = 114.56$ kJ

[예제 11.8] 공기 3 kg을 일정한 압력 0.49 MPa에서 10℃에서 50℃까지 가열할 때 가열량과 일을 구하라. 단, 공기의 기체상수는 287.03 J/kg · K, 정압비열은 1.005 kJ/kg · K이다.

[풀이] 식 (11.16)에서

$Q_p = m C_p (T_2 - T_1) = 3 \times 1.005 \times (50 - 10) = 120.6$ kJ

가열 전의 체적 V_1은 식 (11.11)에서

$$V_1 = \frac{mRT_1}{p_1} = \frac{3 \times 287.03 \times (273 + 10)}{0.49 \times 10^6} = 0.497 \text{ m}^3$$

가열 후의 체적은

$$V_2 = \frac{mRT_2}{p_2} = \frac{3 \times 287.03 \times (273 + 50)}{0.49 \times 10^6} = 0.567 \text{ m}^3$$

따라서 식 (11.15)에서

$$W_p = p\,(V_2 - V_1) = 0.49 \times 10^6 \times (0.567 - 0.497) = 34300\text{ J} = 34.3\text{ kJ}$$

[예제 11.9] 공기 1 kg을 실린더 속에서 압력 1.17 MPa에서 0.196 MPa까지 등온팽창시켜 180 kJ의 일을 한다. 다음 값을 구하라. 단, 공기의 기체상수는 287.03 J/kg · K이다.

① 초기온도, ② 초기체적, ③ 최종체적, ④ 가열량

[풀이] ① 식 (11.19)에서

$$T_1 = \frac{W_t}{m\,R\ln\dfrac{p_1}{p_2}} = \frac{180 \times 10^3}{1 \times 287.03 \times \ln\dfrac{1.17 \times 10^6}{0.196 \times 10^6}} = 359.9\text{ K} = 77.9\ ℃$$

② $p_1 V_1 = mRT_1$에서

$$V_1 = \frac{mRT_1}{p_1} = \frac{1 \times 287.03 \times 350.9}{1.17 \times 10^6} = 0.086\text{ m}^3$$

③ $p_2 V_2 = mRT_2$에서

$$V_2 = \frac{mRT_2}{p_2} = \frac{1 \times 287.03 \times 350.9}{0.196 \times 10^6} = 0.51\text{ m}^3$$

④ $Q_t = W_t = 180\text{ kJ}$

[예제 11.10] 온도 20℃인 대기(0.1013 MPa abs)을 체적 1/10까지 단열압축 하였을 때 온도, 압력을 구하라. 단, 단열지수는 1.4이다.

[풀이] 식 (11.20)에서

$$T_2 = T_1 \times \left(\frac{V_1}{V_2}\right)^{\kappa - 1} = (273 + 20) \times \left(\frac{10}{1}\right)^{1.4-1} = 736\text{ K} = 463℃$$

$$p_2 = p_1 \times \left(\frac{V_1}{V_2}\right)^{\kappa} = 0.1013 \times \left(\frac{10}{1}\right)^{1.4} = 2.54\text{ MPa abs} = 2.44\text{ MPaG}$$

[예제 11.11] 압력 490.5 kPa, 온도 30℃인 공기를 대기압까지 단열팽창시키면 공기의 온도는 얼마인가? 단, 단열지수는 1.4이다.

[풀이] 식 (11.20)에서

$$T_2 = T_1 \times \left(\frac{p_2}{p_1}\right)^{\frac{\kappa-1}{\kappa}} = (273 + 30) \times \left(\frac{101.3}{490.5 + 101.3}\right)^{\frac{1.4-1}{1.4}} = 183\text{ K} = -90℃$$

11.7 유효 단면적, C_v 및 K_v 값

[1] 유효 단면적

공기가 흐르는 관로에는 밸브나 관이음 등으로 흐름 단면이 축소되는 부분이 있고, 그림 11.9와 같이 조리개를 통과하면 흐름상태가 흩뜨려지고 때로는 소용돌이도 발생하여 압력손실이 생긴다. 또 그림 11.10과 같이 날카로운 모서리를 가진 조리개나 오리피스는 조리개 자체의 최소단면적 A_1보다도 하류측 흐름 단면적 A_2가 최소로 되고 유속은 빨라진다. 이것을 축류(縮流, Vena Contractor)라 하며, A_2/A_1을 수축계수 또는 축류율이라 한다. 밸브와 같이 형상이 복잡하면 축류율을 구하기가 어렵기 때문에 역으로 유량을 측정하여 축류가 없는 조리개의 최소 단면적에 상당하는 면적을 산출하여 표시한다. 이것을 유효 단면적(effective sectional area)이라 한다.

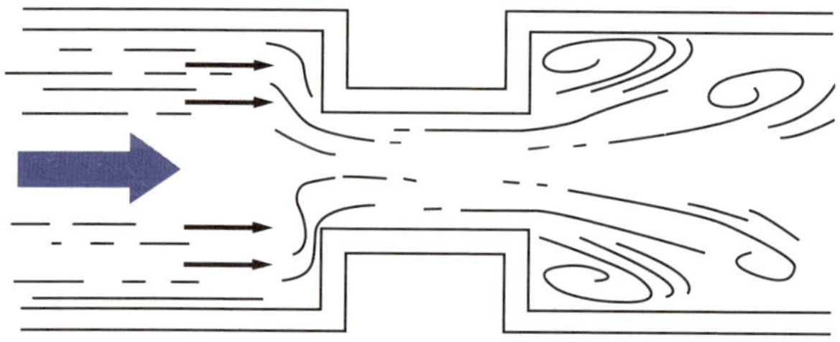

그림 11.9 조리개 흐름

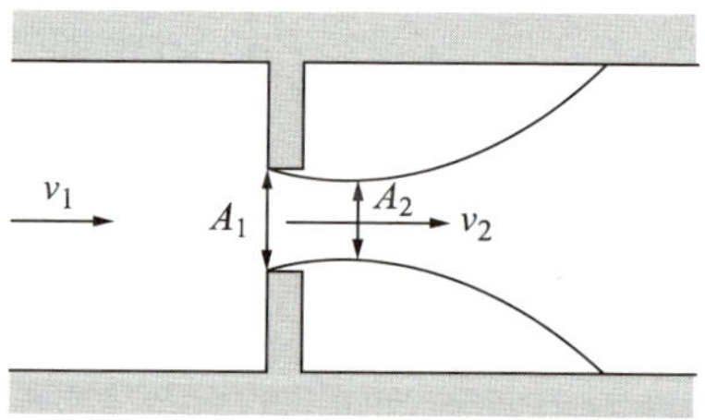

그림 11.10 Vena Contractor

압력이 높은 탱크 A와 낮은 탱크 B를 밸브로 연결하고, 이 밸브를 열어 공기 흐름이 어떻게 되는지 생각해 보자. 양쪽 탱크의 압력차가 클수록 공기는 밸브를 통하여 탱크 B로 흘러들어가며, 속도는 공기 중에서 음속(상온의 대기 중에서는 약 340 m/s)에 도달하면 그 이상은 증가하지 않는다. 이때 압력의 비율은 1 : 0.53이다. 즉 A, B 탱크 사이에 밸브를 열면 그림 11.11과 같이 밸브를 여는 정도에 따라 결정되는 일정한 비율로 탱크 A에서 B로 공기가 유입되고, B 탱크의 압력이 A 탱크 압력의 53%에 도달하면 그 이후는 유입량은 감소된다. 이와 같이 조리개를 통과하는 흐름속도가 음속에 도달하였을 때 압력비를 임계압력비(critical pressure ratio)라고 한다.

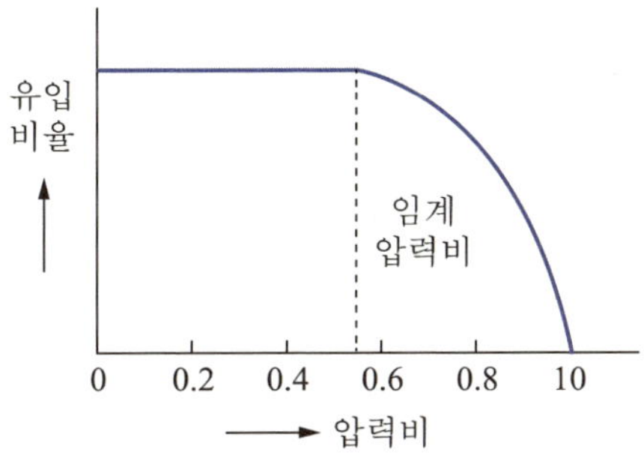

그림 11.11 탱크의 압력비와 유입 비율

유효 단면적을 A_s, 공기의 온도를 t라 하면, 공기유량 Q는 다음과 같다.

- $\dfrac{p_2}{p_1} > 0.53$ $(p_1 < 1.89p_2)$인 경우

$$Q = 226A_s\sqrt{p_2(p_1 - p_2)} \times \sqrt{\frac{273}{273 + t}} \tag{11.24}$$

- $\dfrac{p_2}{p_1} < 0.53$ $(p_1 \geqq 1.89p_2)$인 경우

$$Q = 113A_s p_1\sqrt{\frac{273}{273 + t}} \tag{11.25}$$

식에서 Q는 공기유량[L/min(ANR)], p_1은 1차측 압력[MPa abs], p_2는 2차측 압력[MPa abs], A_s는 유효 단면적[mm^2], t는 공기의 온도[℃]이다.

유효 단면적 A_{s1}, A_{s2}, A_{s3}, ⋯, A_{sn}이 직렬결합일 때, 합성 유효 단면적 A_s는

$$\frac{1}{A_s^2} = \frac{1}{A_{s1}^2} + \frac{1}{A_{s2}^2} + \cdots + \frac{1}{A_{sn}^2} \tag{11.26}$$

이고, 병렬결합에서 합성 유효 단면적 S는

$$A_s = A_{s1} + A_{s2} + A_{s3} + \cdots + A_{sn} \tag{11.27}$$

이다.

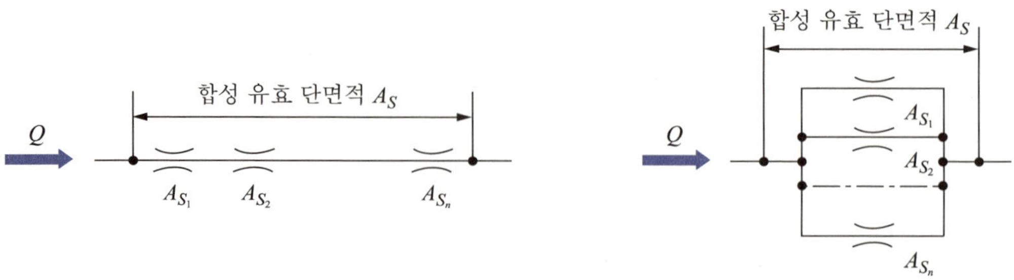

(a) 직렬결합　　　　(b) 병렬결합

그림 11.12 유효 단면적

[2] C_v 와 K_v 값

C_v 값은 유량제어밸브를 열어 0.00686 MPa의 압력강하에서 밸브를 흐르는 15.5℃ 물의 유량을 gal/min(3.785 L/min)로 계측한 수치값을 나타낸다. C_v 값으로 공기유량을 산출할 때는 다음 식을 이용한다.

- $\dfrac{p_2}{p_1} > 0.53\ (p_1 < 1.89p_2)$일 때

$$Q = 4044\,C_v\sqrt{p_2(p_1 - p_2)} \times \sqrt{\frac{273}{273 + t}} \tag{11.28}$$

- $\dfrac{p_2}{p_1} \leqq 0.53\ (p_1 \geqq 0.89p_2)$일 때

$$Q = 2023\,C_v\,p_1 \times \sqrt{\frac{273}{273 + t}} \tag{11.29}$$

K_v 값은 유량제어밸브를 열어 0.0981 MPa의 압력강하에서 밸브를 흐르는 5~30℃ 물의 유량을 m^3/min로 계측한 수치값을 나타낸다. C_v 값과 K_v 값은 다음 관계식이 성립한다.

$$1 \cdot K_v = 0.0699 \cdot C_v \tag{11.30}$$

C_v 값과 K_v 값에서 유효 단면적 A_s의 환산식은 다음과 같다.

$$A_s = 170 \cdot C_v$$
$$A_s = 19.8 \cdot K_v \tag{11.31}$$

[예제 11.12] 공기압 실린더의 배출구가 대기에 개방되어 있다. 실린더 입구에서 압력 0.687 MPaG, 유량 100 L/min (ANR)가 필요하다. 유효 단면적은 얼마인가?

[풀이] 입구압력 $p_1 = 0.687 + 0.1013 = 0.7883$ MPa abs

출구압력 $p_2 = 0.1013$ MPa abs

여기에서 압력비를 구하면,

$$\frac{p_2}{p_1} = \frac{0.1013}{0.7883} = 0.1285 < 0.53$$

이고, 식 (11.25)에서 대기온도를 0℃로 하면,

$$A_s = \frac{Q}{113p_1} = \frac{100}{113 \times 0.7883} = 1.12\ \mathrm{mm}^2$$

이다.

[예제 11.13] 압력 0.5886 MPaG의 공기를 유효 단면적 12 mm^2인 오리피스에서 대기로 방출된 때 공기유량을 구하라. 단 공기 온도는 20℃이다.

[풀이] $p_1 = 0.5886 + 0.1013 = 0.6899$ MPa abs

대기로 방출하므로 $p_2 = 0 + 0.1013 = 0.1013$ MPa abs

압력비는 $\dfrac{p_2}{p_1} = \dfrac{0.1013}{0.6899} = 0.147 < 0.53$

식 (11.25)에서

$$Q = 113 A_s p_1 \sqrt{\frac{273}{273+t}} = 113 \times 12 \times 0.6899 \times \sqrt{\frac{273}{273+20}}$$

$$= 903\ \mathrm{L/min(ANR)} = 15\ \mathrm{L/s(ANR)}$$

연습문제

11.1 표준상태(온도 20℃, 압력 0.1013 MPa abs, 상대습도 65%)인 공기의 밀도는 얼마인가? 단, 온도 20℃에서 포화 습공기의 압력은 2.3366 kPa이다.

[답] 1.2 kg/m^3

11.2 대기를 등온 과정으로 압축하여 0.68 MPaG로 될 때, 압축공기의 밀도, 비체적(단위질량당 체적)을 구하라. 단, 압축 이전의 공기 온도는 20℃이다.

[답] 9.29 kg/m^3, 0.108 m^3/kg

11.3 압력 0.736 MPa abs, 온도 18℃일 때, 공기 5 kg의 체적은 얼마인가?

[답] 0.567 m^3

11.4 체적 40.8 L인 산소 용기에 산소를 충진 하였을 때 온도 35℃, 압력 15.2 MPa이다. 산소 충진량은 몇 kg, 몇 L인가? 단, 산소의 기체 상수는 259.833 J/kg · K이다.

[답] 7.7 kg, 5845 L

11.5 온도 20℃, 질량 1.5 kg인 공기를 0.196 MPa에서 0.981 MPa까지 단열압축 하였을 때, 압축 후의 온도, 체적을 구하라. 단, 단열지수는 1.4, 공기의 기체상수는 287.03 J/kg · K이다.

[답] 191.2℃, 0.204 m^3

11.6 질량 2 kg, 온도 20℃인 공기를 압력 0.196 MPa에서 0.981 MPa까지 폴리트로프 압축을 하였을 때 압축후의 온도와 압축일을 구하라. 단, 폴리트로프 지수는 1.3, 공기의 기체상수는 287.03 J/kg · K이다.

[답] 151.8℃, 252.3 kJ

11.7 유효 단면적 6 mm^{2}인 기기와 9 mm^{2}인 기기를 직렬결합, 병렬결합 하였을 때 합성 유효 단면적을 구하라.

[답] 5 mm^2, 15 mm^2

제 12 장

공기압시스템의 구성

학습목표

1. 공기압시스템의 기본구성과 구성요소의 역할을 설명할 수 있다.
2. 공기압시스템의 장치 사양 결정시 고려사항을 설명할 수 있다.
3. 공기압 구동시스템의 액추에이터를 선정할 수 있다.
4. 공기압 회로의 회로압력 결정조건과 압력결정 관련사항을 설명할 수 있다.
5. 공기압시스템의 사이클시간을 결정할 때 필요한 사항을 설명할 수 있다.
6. 공기압시스템의 제어방식을 논의할 수 있다.

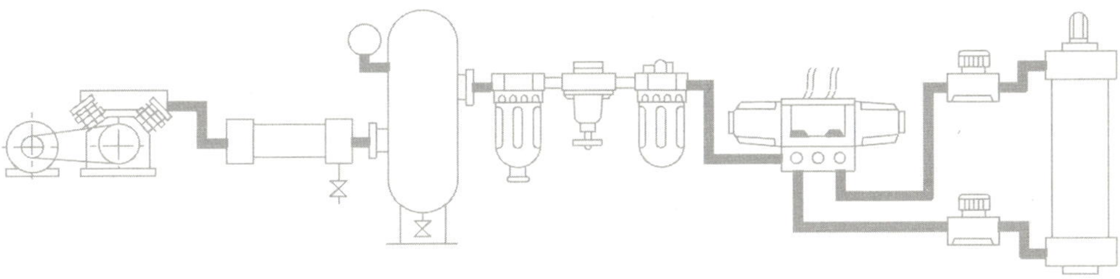

12.1 공기압의 구성요소

공기압시스템은 압축기(compressor)에서 공기를 고압으로 압축하여 얻어진 에너지를 이용하며, 실제 공기압시스템을 구성하는 구성요소는 동력원, 공기압 발생원, 공기압 청정기, 제어기기, 구동기기로 대별할 수 있다. 그림 12.1은 공기압시스템 전체 구성을 나타낸다.

표 12.1은 공기압시스템의 구성과 설계 순서, 표 12.2는 시스템 구성에 필요한 공기압 기기의 분류이다.

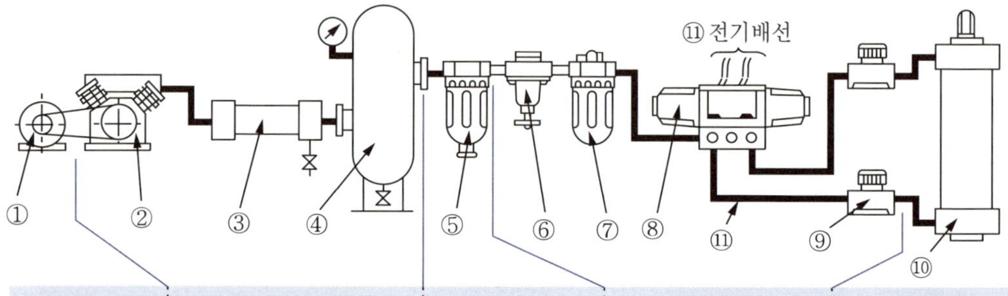

동력원	공기압 발생원	청정기기	제어기기	액추에이터
① 전동기	② 압축기 ③ 후방냉각기 ④ 탱크	⑤ 필터	⑥ 압력제어밸브 ⑦ 윤활기 ⑧ 방향제어밸브 ⑨ 유량제어밸브 ⑪ 배관	⑩ 공기압실린더, 공기압모터, 요동모터

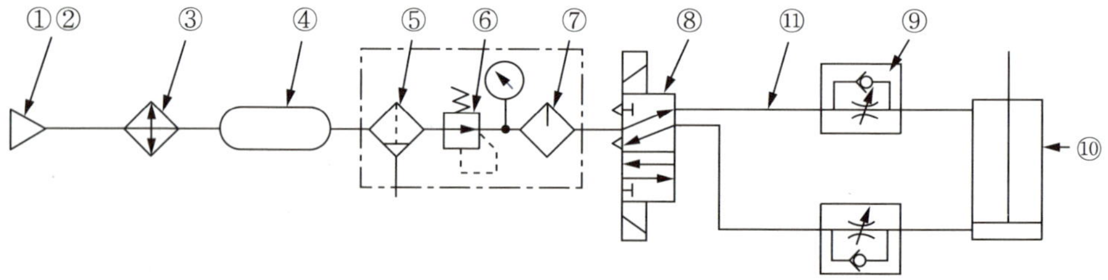

그림 12.1 공기압시스템의 구성과 회로

표 12.1 공기압시스템의 구성 절차

항 목	주요 내용	
1. 장치 사양	• 용도, 사용목적	
	• 기능	
	• 구조	• 피구동부 기구, • 공기압 구동부와 접합 조건 • 설치에 절약 조건
	• 구동방식	• 구동원의 종류, 공기량, 공급 압력
	• 제어방식	
	• 사이클 시간	• 각각의 액추에이터 작동순서, 작동시간과 상관관계 등
2. 액추에이터	• 종류의 선정	• 운동경로 • 출력기능 • 복합기능 • 속도 • 설치공간 • 설치환경
	• 설치방법 선정	
	• 급유방식 선정	
	• 사용상의 제한조건 확인	
3. 회로압력 결정	• 결정조건 ① 공장라인의 공급 압력 지정 ② 선정 가능한 압축기의 송출 압력 범위 ③ 액추에이터의 필요 압력	• 결정 관련 사항 ① 회로압력과 공기압 기기의 크기와 관계 ② 운전비용과 압력 단계의 관계 ③ 압축기의 압력 단계의 관계 ④ 공기압 발생원과 회로압력의 관계
4. 사이클 시간 결정	• 반복작업의 기계장치는 공정의 시간 비율을 시퀀스선도 등으로 표시한다. 문제가 발생하기 쉬운 지연요소를 다음에 나타낸다.	
	• 작업지연 장소	• 지연원인
	• 액추에이터	• 부하의 관성에 의한 지연 • 정지 감속 지연 • 장치가 유연한 구조인 경우 정지 진동의 감쇠 • 기다림 지연
	• 공기압 제어기기	• 제어 배관속의 공기의 유입, 유출지연 • 밸브의 응답지연(전자밸브는 10~100 ms)

표 12.1 (계속)

항 목	주요 내용	
	• 전기제어기기	• 스위치/릴레이 지연 (무접점식 수 ms, 유접점식 수 10 ms · pc의 입력, 연산 지연, 접점수에 따라 수 10 ms)
5. 기기 및 배관 결정	• 출력기기의 종류, 회로 입력, 사이클 시간이 결정되면 배관 크기가 결정된다.	• 필요 유효 단면적 결정
6. 제어방식의 결정	• 공기압시스템은 공기압 기기를 동력라인의 제어와 전체 제어를 위한 신호를 보내는 제어 라인에 의해 구성된다.	• 전기 시퀀스 제어 • 프로그램 제어 • 연속제어 • 전체 공기압 제어
7. 공기압 회로 설계	• 공기압 회로 기기와 배관으로 구성된다.	• 공기압 발생회로 • 액추에이터 제어 회로 • 공기압 청정화 회로 • 에너지 절약, 안전회로 등 부가기능회로

표 12.2 공기압 기기의 분류

항 목	구성부품
공기압 발생기기	용적형 압축기, 터보형 압축기
액추에이터	공기압 실린더, 공기압 모터, 공기압 요동 모터
방향제어기기	방향전환밸브, 셔틀밸브, 체크밸브
유량제어기기	교축밸브, 속도제어밸브, 급속배기밸브
압력제어기기	감압밸브, 릴리프밸브, 시퀀스밸브, 카운터밸런스밸브
급유기기	오일러, 강제식 급유 장치
청정기기	필터, 건조기, 오일 · 먼지 분리기, 드레인 분리기
변환기기	하이드로 체커, 증압기, 공 - 유변환기, 압력스위치
제어용기기	순유체 소자(Fluidics), 가동형 소자, 검출기기, 주변기기 등
소음기기	배기 소음기, 흡입 소음기
배관 관계기기	관 종류, 관이음, 공기탱크, 압력계 등

12.2 공기압 발생장치

[1] 공기압 발생장치의 개요

공기압 발생장치는 공기압축기, 공기압-공기압 증압기 및 봄베(bombe) 등의 압력원을 사용하지만, 어느 것이나 원래는 압축기에서 압축된 공기를 사용한다. 공기압축기(air compressor)는 기계적 에너지를 공기압 에너지(= 압력 × 유량)로 변환하는 공기기계이다. 공기압 발생원을 설치할 때, 표 12.3과 같은 설계 절차에 따라 공기압 발생원의 전체를 결정한다. 또 기존 공기압 발생원에서 분기하여 공급할 때는 가동률에서 공급능력의 여유를 조사하여 필요한 경우에는 증설하여야 한다.

표 12.3 공기압 발생장치의 설계

결정항목	내 용
공기 소비량 작성	시퀀스선도, 회로압력, 액추에이터, 배관 크기에서 공기소비량을 작성하고, 여기서 최대 공기소비량, 평균 공기소비량 등을 구한다.
공기탱크 결정	단기간에 집중적으로 공기를 소비할 때는 공기탱크 설치 유무를 검토한다. 공기탱크는 가능한 공기소비 위치에 근접하게 설치한다.
압축기 용량 결정	공기탱크에서 차단된 부분을 제외한 최대공기 소비량의 1.3~1.5배를 압축기의 송출 공기량으로 한다.
압축기 압력 결정	표 12.4를 참고하여 회로압력에서 압축기의 정격 송출압력을 결정한다.
압축기 대수의 결정	공기압 발생원의 규모가 클 때는 안전장치 및 보수점검 등을 고려하여 압축기 수를 몇 개로 분할한다.
주변기기의 결정	공기탱크, 후방냉각기 및 건조기 등의 크기를 결정한다.

[2] 회로압력의 결정

회로압력은 액추에이터, 밸브, 배관 등의 치수와 관계가 있으므로 먼저 결정하여야 한다. 회로압력은 다음과 같은 조건에 따라 결정된다.

- 공장라인의 공급압력 결정
- 선정 가능한 압축기의 송출압력 범위
- 액추에이터에서 필요한 압력

실제로는 이러한 몇 가지 조건과 다음사항을 같이 고려하여 결정한다.

(1) 회로압력과 공기압 기기의 크기와 관계

액추에이터에서 정적(靜的) 출력은 압력 × 수압면적이고, 필요한 출력에서 회로압력을 크게 하면 액추에이터를 작게 할 수 있다. 또 배관이나 밸브의 유효 단면적도 거의 반비례하여 작게 할 수 있기 때문에 전체 공간이나 초기 투자비용 측면에서 유리하다. 단, 일반적인 공기압시스템보다 고압으로 설정할 때는 구조적인 충격강도나 배관의 내압한도 등에도 적합하도록 설계해야 한다.

(2) 운전비용과 회로압력과의 관계

압축기의 송출 공기량은 압력이 높을수록 감소하고, 같은 일의 실린더에서 비교하면 회로압력 0.5 MPa과 비교하여 1 MPa에서는 전력요금이 10%정도 높게 된다. 따라서 비용으로 회로압력을 결정할 경우, 내구사용 연도 안에 전체 비용도 고려해야 한다. 또 효율이 좋은 압축기를 고효율 상태에서 운전하는 것이 중요하며, 회로압력과 비용 문제는 상세하게 검토해야 한다.

(3) 압축기의 압력 단계

현재 시판되는 압축기의 압력 단계는 표 12.4와 같고, 회로압력을 결정할 때 이러한 선정상의 범위를 고려한다.

표 12.4 공기 압축기의 압력 단계

압력 단계	압력범위 [MPa]
일반 범용 압축기의 정격	0.7～0.8
왕복식 1단 압축기의 상한	1.0
범용 압축기의 상한	1.4～1.5
왕복식 2단 압축기의 상한	2.0～3.0
고압가스 체결법의 대상	5.0 이상

(4) 공기압 발생장치 회로압력의 관계

공기압 발생원의 압력과 회로압력과의 차이는 표 12.5와 같이 압력변동과 압력강하를 고려하여 설정한다.

표 12.5 공기압 발생장치와 회로압력의 관계

변동원인	회로압력의 결정
압축기 송출압력	운전방식에 따라 송출압력 변동의 하한을 유효 송출압력으로 한다.
배관의 압력강하	배관의 압력강하(유압편 참조)
공기소비에 따른 변동	공장 배관의 소비쪽에 압력은 계속 변하기 때문 그 최소값을 단말 공급압력으로 한다.
감압밸브의 특성	유량특성에 영향이 없는 크기로 한다. 특히 1차 압력과 2차 압력의 차이가 작은 경우 및 압력설정 영역의 하한값 근처에서 사용할 경우는 변동이 크다.

(5) 공기압 발생원과 회로압력의 일반적인 설계 예시

일반적으로 공기압시스템의 회로압력 설계는 앞에서 언급한 사항을 고려하여, 초기 검토 단계에서는 표 12.6과 같이 압축기의 송출압력과 회로압력과의 관계를 사용하면 편리하다.

표 12.6 공기압 발생원과 회로압력과의 설계 예시

공칭 송출압력 [MPa]	회로압력 [MPa]	공칭 송출압력 [MPa]	회로압력 [MPa]
0.55	0.3～0.4	1.0	0.55～0.75
0.77	0.4～0.55	1.4	0.75～1.0

[3] 압축기 선정

공기 압축기는 여러 가지 구조와 사양이 있으며, 기본적인 검토사항은 다음과 같다.

- 송출공기량과 송출효율
- 송출압력
- 송출온도
- 급유, 무급유에 따른 윤활유 혼입
- 후방냉각기, 건조기 등의 유무
- 소음, 진동
- 운전방식과 자동 운전능력

이러한 요소와 계획된 공기압 발생원 사양에서 최적인 압축기를 선정한다. 그림 12.2는 압축기의 분류를, 그림 12.3은 공기량-송출압력의 적용범위를 나타낸다.

명칭			송풍기		압축기
			팬	송풍기	
			0.1 bar(G) 미만	0.1 bar~1 bar(G) 미만	1 bar(G) 이상
터보형	축류식	축류식	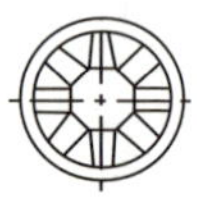	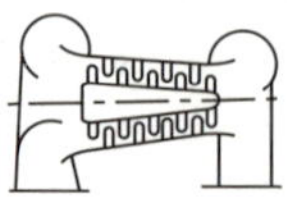	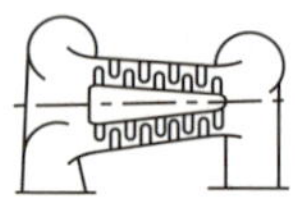
터보형	원심식	다익	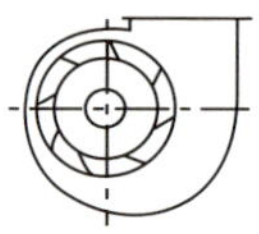		
터보형	원심식	레이디얼	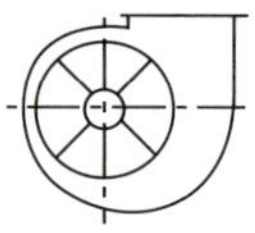	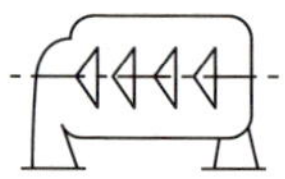	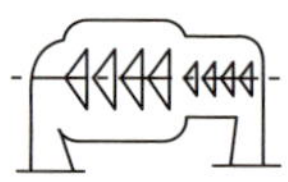
터보형	원심식	터보	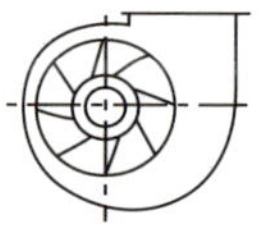	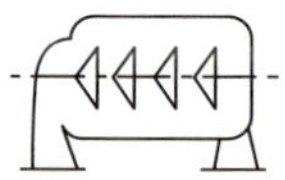	
용적형	회전식	루쯔		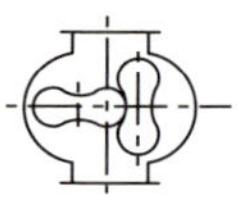	
용적형	회전식	가동익			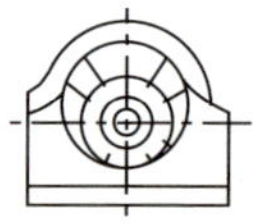
용적형	회전식	나사			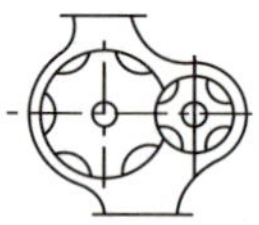
용적형	왕복식	피스톤			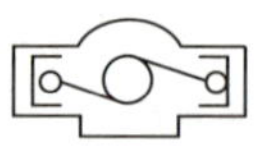

그림 12.2 압축기·송풍기의 분류

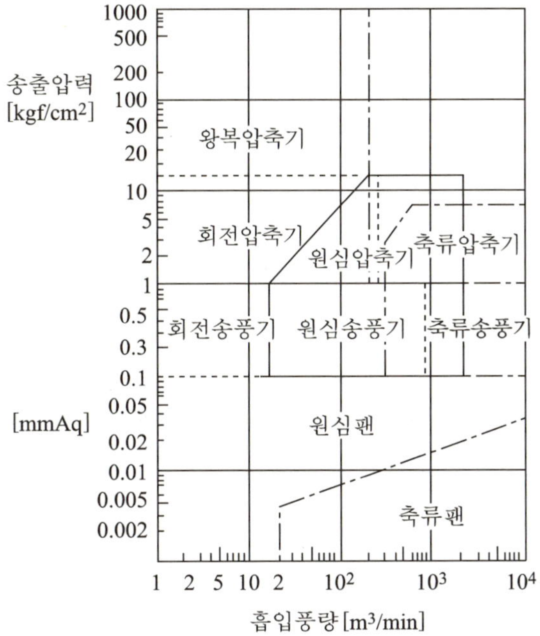

그림 12.3 압축기·송풍기의 적용 범위

[4] 공기탱크 선정

공기탱크는 공기의 압축성을 충분히 살리고, 또 탱크 표면에서 열을 방출하여 냉각을 돕는 역할을 한다. 공기탱크의 기본적인 역할은 압축공기의 저장과 맥동을 완화시키는 것이다. 따라서 공기탱크는 사용목적에 따라 용량 선정도 다르다. 공기탱크로 맥동을 줄이기 위한 탱크 용량은 다음 식으로 구할 수 있다.

$$V_r = \frac{200\,V_s}{r} \tag{12.1}$$

식에서, V_r은 공기탱크의 내부 체적[m^3], V_s는 압축기 최종단에서 피스톤의 배제체적[m^3], r은 최종단의 압력비이다.

또 단시간에 집중적으로 압축공기를 공급할 목적으로 공기탱크를 사용할 때는

$$V_r = \frac{(Q - Q_c \times t)}{10 \times \Delta p} \tag{12.2}$$

이고, V_r은 공기탱크 용량[L], Q는 집중 공기 소비량[L(ANR)], Δp는 집중 소비 중의 공기탱크 압력강하[MPa], Q_c는 압축기 송출량 또는 공기탱크의 공급 배관의 유량[L/s(ANR)]이다.

[5] 후방냉각기

왕복식 압축기는 송출온도가 150～190℃, 오일 냉각 로터리 압축기는 180℃정도이기 때문에 이것을 실온 또는 냉각수 온도로 낮추는 것이 후방냉각기(after cooler)이다. 보통 후방냉각기는 냉각 후 온도를 38℃로 가정하지만, 공냉식의 경우는 주위온도, 수냉식의 경우는 물의 온도에 따라 변한다. 보통 주위온도 또는 냉각수 온도의 +10℃ 정도를 정격으로 한다. 또 냉각방식은 보통 압축기 또는 공기 건조기 냉각방식과 결합되어 있다.

[6] 진공발생장치

공기압을 이용한 자동화는 진공으로 흡인력을 이용할 때가 많다. 진공발생장치는 압축기의 입구를 흡입구로 한 구조의 진공펌프나 진공도가 높은 경우는 그림 12.4와 같이 주입된 기름으로 진공도를 확보하는 기름·회전형 진공펌프를 사용한다. 또 단시간에 간헐적인 진공발생에는 그림 12.5와 같이 공기 제트(jet)의 저압 흐름부분을 이용하여 외부에서 공기를 흡입하는 간단한 구조의 이젝터(ejector)를 사용한다. 어느 것이나 진공도에 따라 배기량이 변하기 때문에 배기특성에 따라 성능을 확인한다.

그림 12.6은 이젝터의 흡입특성 예시이며, 흡입 시 누설이나 흡입 일을 하는 경우는 (부압)×(배기량)의 큰 범위에서 사용할 필요가 있다.

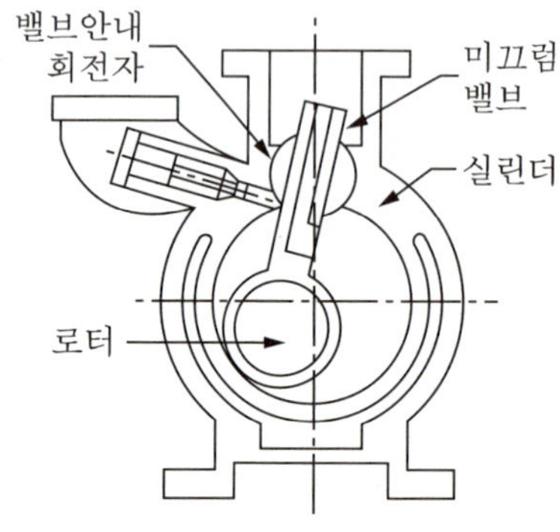

그림 12.4 기름·회전 진공펌프

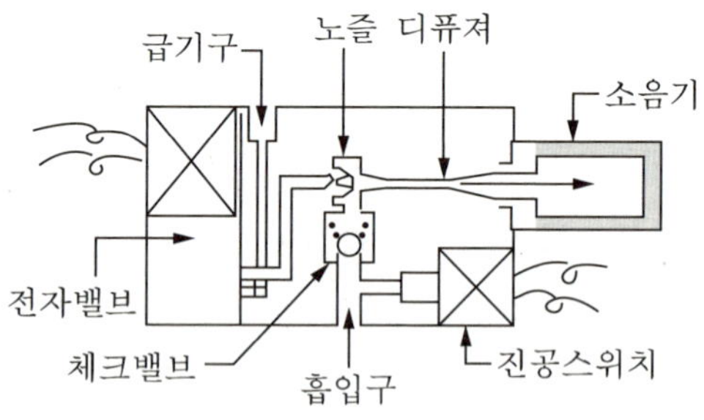

그림 12.5 이젝터 구조

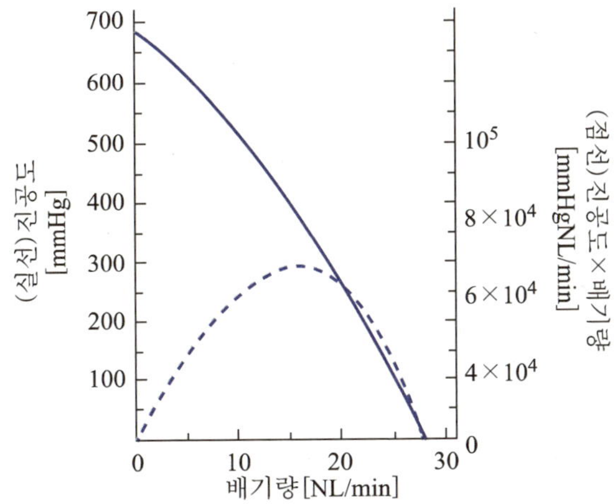

그림 12.6 이젝터의 유량특성

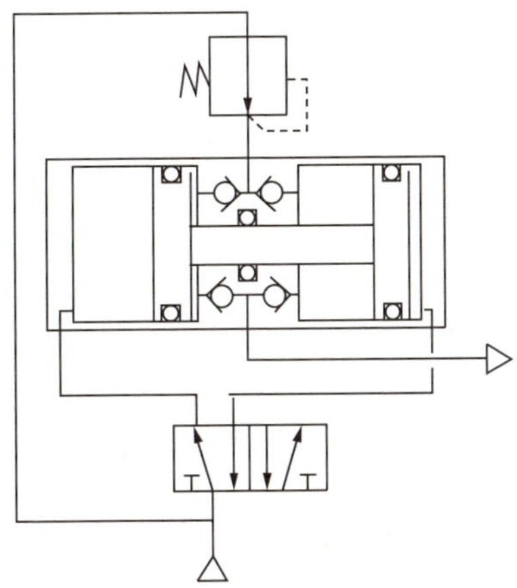

그림 12.7 2 : 1 공기－공기 증압기

[7] 증압기

공기압시스템 내부에서 국부적으로 고압 공기를 사용할 경우는 별도로 고압용 압축기를 사용하기보다도 공기－공기 증압기(pressure booster)를 사용하면 편리하다. 그림 12.7은 그 구조이며, 공기를 소비하지 않을 때는 자연적으로 압력을 가진 채로 작동이 정지되기 때문에 이러한 장점을 살려 클램프 장치부 등에 사용한다.

[8] 봄베

봄베(bombe)에 저장된 압축공기는 운반용 공기압 발생장치가 필요할 때나 시험 등과 같이 약간의 압축공기가 필요한 경우 또는 독립된 긴급용 공기압 발생원으로서 이용한다. 보통 질소(N_2) 기체를 손쉽게 얻을 수 있기 때문에 많이 사용한다.

12.3 공기압 청정기기와 조정 유닛

[1] 공기압 청정화 개요

압축공기를 최적상태로 유지하기 위해서는 표 12.7과 같이 압축공기가 각종 기기를 통과할 때 압력, 온도 및 습도를 조정하고, 또 미립자를 제거한 후에 필요에 따라 윤활유를 분무하여 작동기기 회로에 압축공기를 공급한다. 이러한 공기압 청정화는 그 목적에 따라 사용하는 기기의 종류가 결정되며, 압축공기의 처리능력에 따라 손실이 많기 때문에 표 12.7에 제시한 각 항목에 대해 적합성을 고려해야 한다. 특히 유량은 기기에 따라 표시방법이 다양하기 때문에 선정할 때 주의해야 한다. 가장 명확하게 전체를 비교하기 위해서는 감압밸브를 제외한 기기 및 배관에 대해 유효 단면적을 사용한 유량 계산식을 사용하며, 전체를 유효 단면적으로 표시하는 것이 좋다. 이렇게 하면 유효 단면적과 기기 비용을 비교해가면서 유량에 대해 거의 최적상태로 선정할 수 있다.

[2] 공기압 조정 유닛

공기압 발생장치에서 발생된 압축공기를 각각의 사용목적에 따라 조절하기 위해서는 필터, 감압밸브 및 윤활기 순서로 접속하여 사용한다. 그림 12.8은 이것을 조합한 것으로서, FRL유닛(filter - regulator - lubricator unit)이라 한다.

표 12.7 공기압 청정화 조정 유닛의 검토사항

기 기	공기량	압 력	온 도	기 타
후방냉각기	처리유량	최고사용압력	냉각특성 주위온도	냉각방법
공기건조기	〃	〃	최대 흡입 온도 주위 온도 노점 온도	전압 소비전력
주 라인필터	유량 특성 유효 단면적	〃		여과 입자 직경
필터	〃	〃		여과 입자 직경 눈막힘 유량
감압밸브	유량특성 릴리프 특성	최고 사용 압력 최저 사용 압력 압력특성		
윤활유	유량특성 유효 단면적 최소 적하 유량	최고 사용 압력		유량(油量) 급유 방식

※ 일반적으로 오일·먼지 필터는 일정량의 공기를 처리하면 엘리먼트를 교환한다.

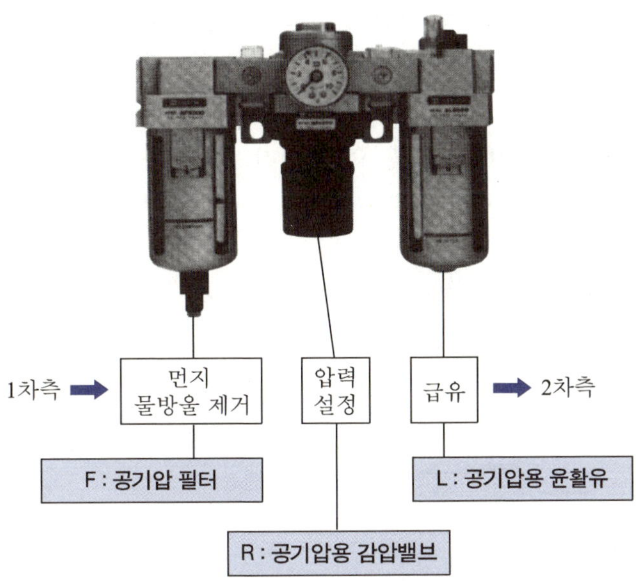

그림 12.8 FRL 유닛

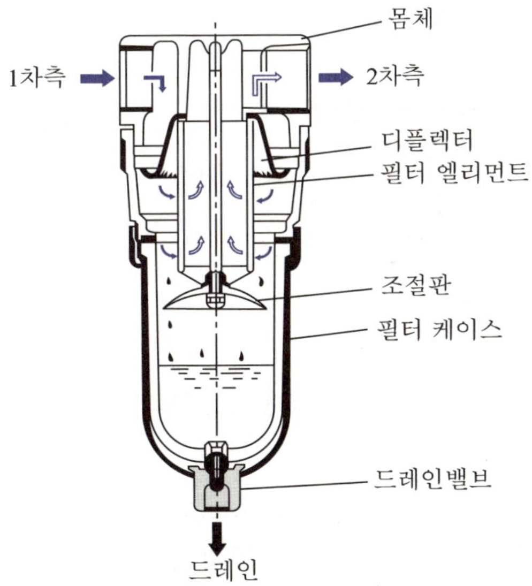

그림 12.9 공기압 필터

그림 12.9는 필터 구조이며, 여과재에 의한 여과와 물방울의 원심분리가 일어난다. 여과입자의 크기는 장치 내의 기기의 종류에 따라 5~40 μm를 사용하지만, 막히기 쉬운 모세관이

나 틈새가 있는 기기를 사용할 때는 하류에 별도로 오일·먼지 필터(분리기)를 설치한다. 오일·먼지 분리기의 여과입자 크기는 0.1～1 μm이고, 보통 필터에서 제거되지 않는 부유성 입자를 대부분 제거한다. 즉 의료, 식품 등에서 바이러스와 눈에 보이지 않는 분무상태의 기름을 제거할 필요가 있을 때는 0.01 μm의 오일·먼지 분리기를 사용한다.

그림 12.10은 직동형 감압밸브이며, 입구압력과 유량이 변하여도 출구에서 일정한 압력을 유지하는 역할을 한다. 감압밸브의 특성은 그림 12.11의 압력 특성과 그림 12.12의 유량특성을 검토한다. 또 감압밸브는 보통 장치 내 공기를 배출하기 위한 릴리프기구를 내장하고 있지만, 아주 많은 유량이 흐르지 않기 때문에 필요에 따라 별도로 배출밸브를 설치해 두면 신속하게 공기압 회로에서 공기를 빼낼 수 있다.

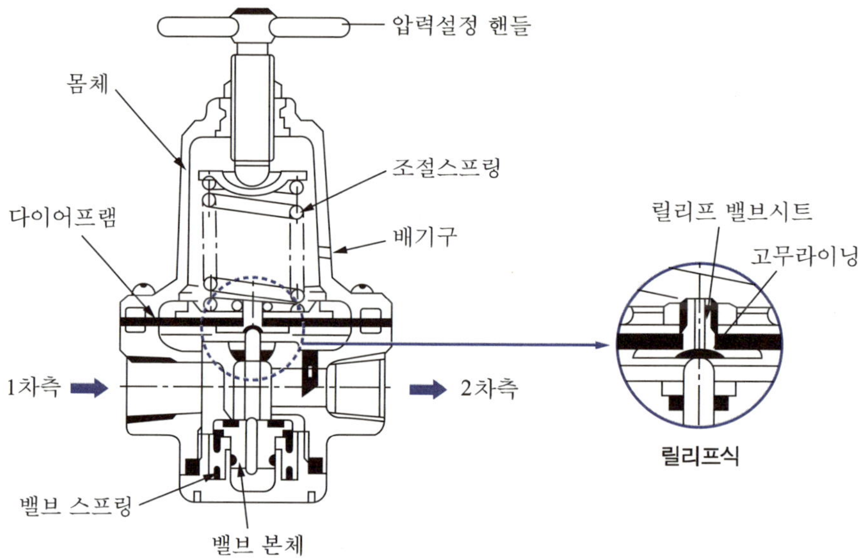

그림 12.10 직동형 감압밸브의 구조

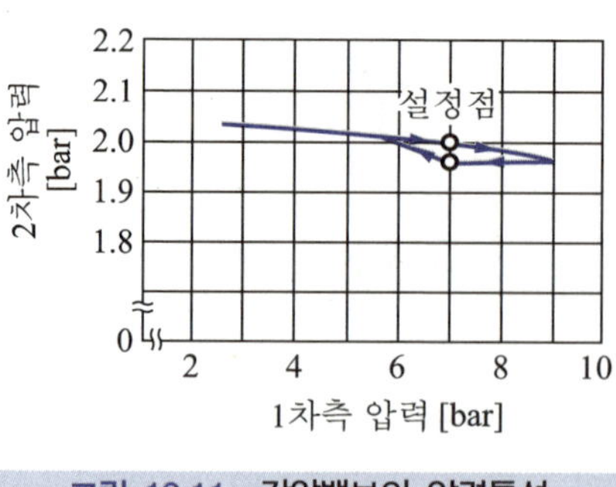

그림 12.11 감압밸브의 압력특성

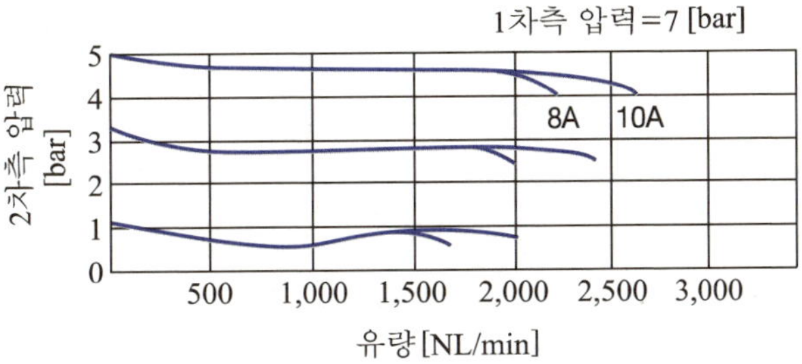

그림 12.12 감압밸브의 유량특성

윤활기(lubricator)는 주유기 또는 급유기라고도 하며, 그림 12.13과 같이 공기의 흐름단면을 교축하고 유속을 빠르게 하여 저장된 윤활유를 분무시켜 불어내는 이젝트(ejector)와 같은 원리로 흡입, 분무한다. 최근 무급유 사양의 기기도 많이 사용하지만, 작업환경이 열악하여 윤활막이 오염되거나 높은 내구성이 필요할 때는 윤활기로 급유할 필요가 있다. 또 윤활기에 저장된 기름을 전부 사용하여 없어도 실린더 등에는 어느 정도 윤활막이 남아 있기 때문에 그 사이에 기름을 보충하면 되지만, 장기간 보급하지 않으면 마모가 급격하게 증가한다. 이러한 문제점과 고장을 방지하기 위해 대용량 강제 분무식 윤활기도 사용하며, 외부에서 별도로 분무압력을 공급하여 항상 안정되게 기름을 여러 장소에 분기 급유하는 것도 있다. 이때 기름의 남은 양을 한 곳에서 감시하거나 유량센서를 사용하기도 한다.

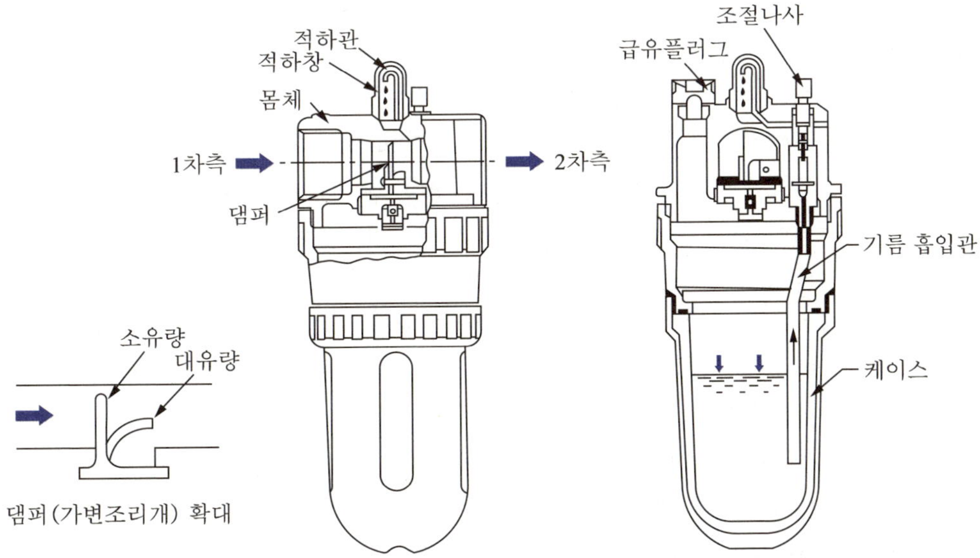

그림 12.13 윤활기의 구조

[3] 공기압 필터

집중식 공기압 발생장치에서 분기하여 압축공기를 사용할 경우, 공기압 발생장치에서 방출된 드레인이나 부유 입자를 제거하기 위해 공기압 발생장치 출구에 여과입자 지름 40 μm 정도의 주 라인 필터(main line filter)를 설치한다. 또 주 라인 오일·먼지 제거용 필터를 설치하여, 라인필터에서 제거할 수 없는 유동성 기름이나 기름 증기 등의 오염입자를 제거한다. 부유성의 아주 미세한 기름이나 기름 증기 등의 오염입자는 후방 냉각기나 건조기에서 수증기가 응축될 때, 대부분이 응축 핵으로 되어 수분과 함께 드레인 상태로 배출되기 때문에 냉각에 의한 제습은 간접적으로 부유성 입자를 제거하는 것이 된다.

[4] 공기 건조기

공기 건조기(air dryer)는 공기압 장치 속에 수분의 응축과 액화를 방지하고, 감압부의 저온·고속 분류(jet)에서 수분의 결빙을 방지하기 위해 제습하는 역할을 한다. 보통 그림 12.14와 같이 전원을 공급하여 작동되는 냉동식 공기건조기를 사용한다. 냉동기 건조기의 제습 원리는 공기가 냉각되면 포화 수증기량이 감소하고 공기 중에 대부분의 수분이 과포화 응축되어 분무(mist)되는 것을 이용하며, 분무는 자연 침강 또는 사이클론 등으로 분리하여 외부로 드레인을 배출한다. 즉, 공기의 냉각온도는 수분이 내부에서 결빙되지 않도록 6～10℃로 조절한다. 보통 여름철에 압축기는 최대 150 g/m^{3}의 수분을 흡입하지만 압축하여 후방냉각기를 통과하면 약 40 g/m^3 ANR 정도로 되고, 냉동식 건조기를 통과시키면 1.5 g/m^3 ANR 정도까지 제습된다. 또 냉각 제습된 공기는 열교환기에서 가열하여 습도를 50% 이하로 유지하기 때문에 공기압 장치 내부에서 물방울 발생을 방지한다.

또 한냉지에서는 이렇게 하여도 과포화되지만, 수분의 절대량이 적기 때문에 공기압 장치 내부의 윤활이 충분하면 대부분 작동에는 영향이 없다. 단, 낮과 밤의 온도차가 크고, 건조기 이후의 배관망의 길이가 아주 긴 경우는 회로 내의 시간, 장소에 따라 습도 차이가 생기기 때문에 조건이 나쁜 장소에서는 물방울이 생기기도 한다. 이러한 경우는 그림 12.15와 같이 건조도가 높은 흡착식 건조기를 사용하면 수분의 영향을 제거할 수 있다. 그리고 공기가 너무 건조되면 공기압 장치 내부의 미끄럼 마찰(특히 윤활이 부족한 경우)이 증가하여 작동에 영향을 주기 때문에 주의해야 한다.

냉동식 건조기의 처리 공기량은 흡입온도, 주위온도, 공기압력에 따라 변하기 때문에 조건에 따라 보정할 필요가 있다. 냉동에 필요한 전력은 압축기 구동전력의 3% 정도이다. 또 물의 응축 잠열은 2500 J/kg 정도이지만, 공기와 비교하여 절대량이 작기 때문에 입구에서 습도의 많고 적음이 있어도 건조기 특성에는 큰 영향이 없다. 건조기를 통과한 공기를 장치 속에서 압력을 낮추면 수증기 밀도가 낮아져 습도가 낮아진다.

그림 12.16은 감압에 따른 습도 저하를 노점온도 변화에 대하여 나타낸 것이며, 회로 내의 압력과 습도의 관계를 구할 수 있다.

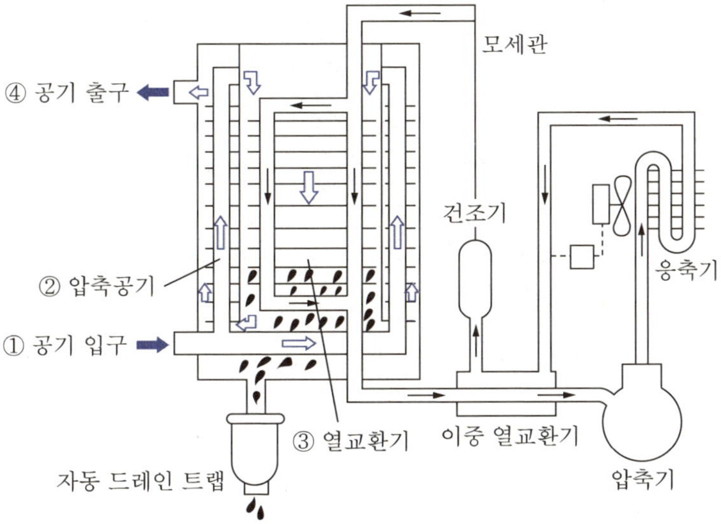

그림 12.14 냉동식 건조기의 구조

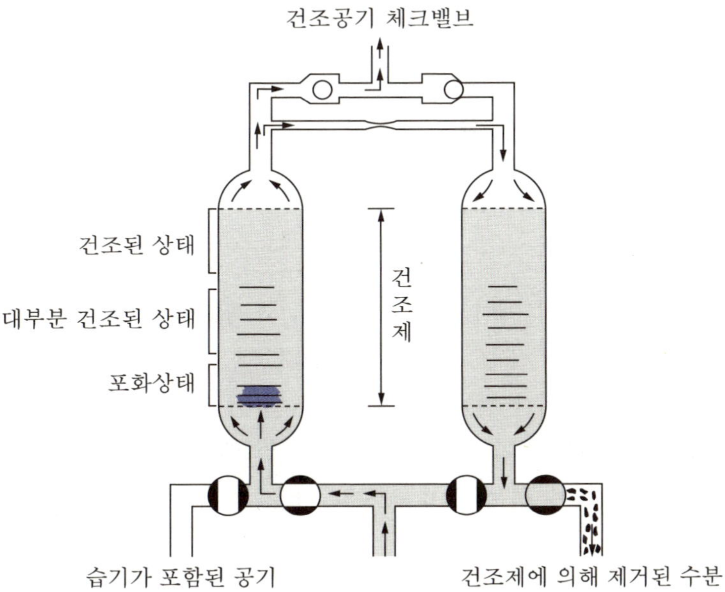

그림 12.15 흡착식 건조기의 구조

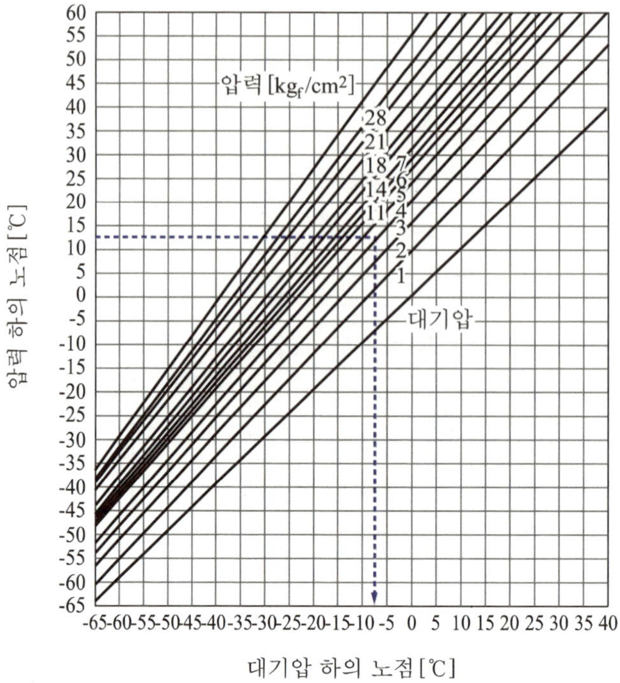

그림 12.16 감압에 따른 노점 감소

12.4 공기압 액추에이터

[1] 공기압 액추에이터 개요

공기압 액추에이터는 공기압 에너지를 기계적 일, 즉 힘, 속도 및 방향에 따라 목적한 일로 변환하는 것이며, 작동기기 또는 조작단이라 한다.

표 12.8은 기계적인 일을 시간 변동을 고려하여 분류한 것이며, 표 12.9는 이것을 구체적인 용도와 장치명으로 표시한 것이다. 이와 같이 공기압 액추에이터는 구동에 필요한 기기와 조합하여 실제 가동이 되도록 하는 것이 공기압 기술의 중요한 부분이다.

표 12.8 기계적 일의 분류

기 능	물리량
부하의 종류	추력, 관성
작동특성	시간, 속도, 가속도, 진동수, 운동량
운동거리, 경로	직선, 회전, 요동, 진동, 복합
마찰력	정마찰, 동마찰, 점성마찰
정밀도	압력, 속도, 출력, 토크, 정지위치

표 12.9 공기압 액추에이터의 용도 및 작동 목적

용도 및 작동목적	실제 장치 예
부하 가동 등의 기계적 일	공기압 액추에이터
일정한 출력 발생	평형장치
충격 발생	착암기, 진동발생기, 너트 러너
지지	공기압 스프링 댐퍼
흡착, 흡인	진공발생 및 진공 시스템
분류(jet)의 이용	도장, 급유, 집진기
공기 반송	공기압 컨베이어, 공급기(feeder)
공기막	공기베어링, 공기부상, 공기 슬라이드
센싱과 계측	근접센서, 공기 마이크로미터
냉각, 가열	와류관(vortex tube)
혼합층	기포펌프, 교반

표 12.9의 공기압 액추에이터는 다른 기계요소와 같이 여러 가지 제품이 시판되고 있고, 사용목적과 용도에 적합한 것을 선정하여 사용한다. 공기압 자체의 특성 때문에 사용하는 액추에이터는 대부분 직선·왕복운동을 하는 공기압 실린더와 회전·왕복운동을 하는 요동 액추에이터가 주류이다. 연속·회전운동을 하는 공기압 모터는 경량이기 때문에 손으로 작업하는 공구류와 고온, 방폭 환경 등에서 많이 사용하고 있지만, 공기 소비가 많기 때문에 사용할 때 신중하게 선정해야 한다.

[2] 공기압 실린더

(1) 표준형

그림 12.17은 표준형 공기압 실린더의 구조이다. 공기압을 받아 이동하는 피스톤에 접속된 피스톤 로드가 외부로 힘을 전달한다. 피스톤 행정 양끝에는 공기 배출량을 조절하여 피스톤을 감속시키기 위한 공기 쿠션장치(air cushion)가 있다. 이때 피스톤의 속도 제어는 쿠션 니들밸브(needle valve)로 조정한다. 이와 같이 공기압 실린더는 단순한 구조이지만, 로드와 피스톤 패킹의 저마찰성, 내마모성, 쿠션 패킹의 내압성(耐壓性) 등에 대해 충분한 신뢰성을 가져야 한다.

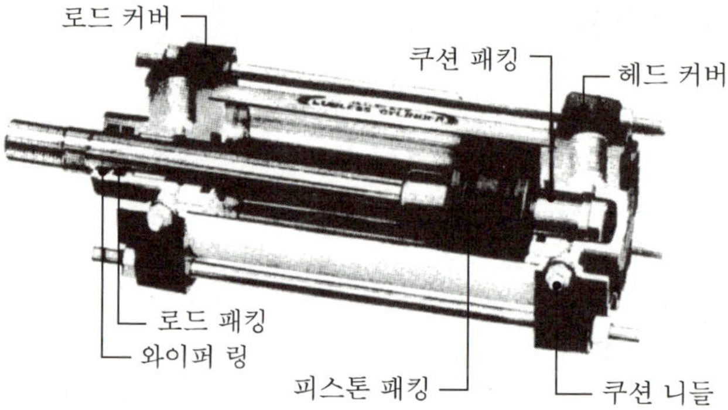

그림 12.17 표준형 공기압 실린더의 구조

(2) 설치와 접속

그림 12.18은 표준형 공기압 실린더의 설치방식, 로드 핀 접속방식 및 방진 커버 형상을 나타낸다. 그림에서 LB, FA, FB는 실린더를 고정하는 방식이고, CA, CB, TC는 실린더가 요동 가능한 설치 방식이지만, 요동하지 않는 경우도 사용한다.

TC는 설치 길이를 짧게 하고 싶을 때, 그리고 길이가 긴 실린더에서 중심(重心) 부근을 지지하지 않으면 자중 때문에 굽힘 모멘트나 요동할 때 관성 모멘트가 과대한 경우에 사용한다.

(3) 가변 행정형

가변 행정형은 행정(stroke) 조정형 스토퍼(stopper)를 실린더로 한 것이며, 그림 12.19와 같이 두 개의 피스톤 행정을 조합하여 기계적으로 3점의 정지위치를 얻는다. 행정의 조합은 행정 더하기 형식과 후진행정 빼기형식 및 전·후진 행정 빼기형식의 3종류가 있다. 더하기 형식은 구조가 간단하지만, 실린더 자체가 행정방향으로 움직인다. 빼기형식은 스토퍼인 실린더의 출력을 크게 하지 않으면 중간위치에서 정지상태의 지지력 얻을 수 없기 때문에 실린더를 크게 하거나 고압을 공급해야 한다.

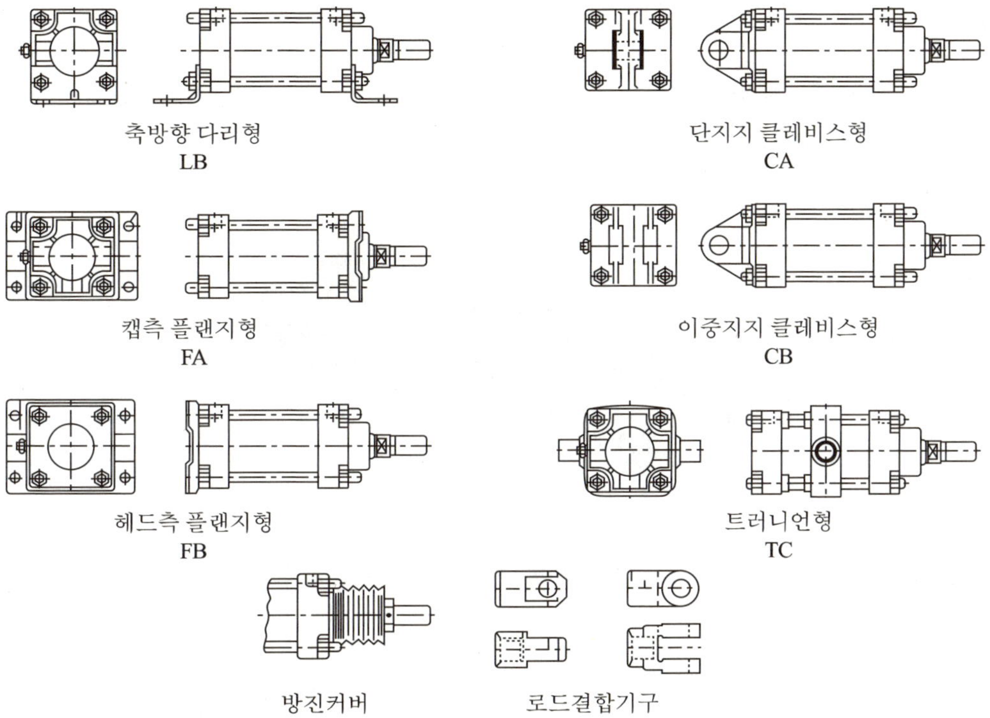

그림 12.18 공기압 실린더의 설치와 접속방식

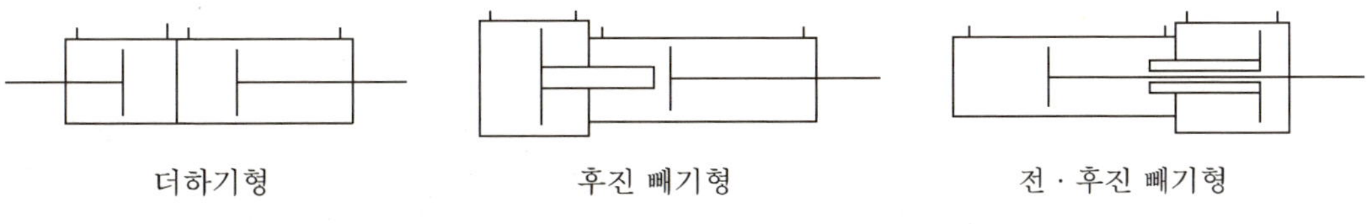

그림 12.19 가변 행정형

(4) 로드리스 실린더

로드리스 실린더(rodless cylinder)는 피스톤 로드에서 힘을 외부로 전달하지 않는 실린더이며, 실린더의 길이방향 측면에 출력부를 두어 설치와 작동공간을 단축시킬 수 있는 장점이 있기 때문에 공간을 차지하는 비교적 긴 행정인 경우에 적합하다.

① 안내홈 튜브형

안내홈 튜브형(slit tube type)은 실린더튜브 길이방향으로 홈을 파고, 피스톤에서 직접 출력 암(arm)을 실린더 측면으로 도출시킨 것이다. 암이 나와 있지 않은 행정 부분은 안내홈에서 이탈 가능한 실 밴드(seal band)로 밀봉되기 때문에 누설 없이 압력을 유지할 수 있다. 이것은 실린더 바깥면을 안내홈으로 하며 출력부를 직선적으로 안내하기 때문에 조건에 따라 실린더에 직선 부하를 얻는 것이 가능하다.

그림 12.20 안내홈 튜브형 로드리스 실린더

② 케이블형

그림 12.21의 케이블형 실린더는 피스톤 로드 대신에 유연성이 풍부한 와이어 로프(wire rope)를 사용한 것이며, 풀리를 걸어 부하를 원격 구동하거나 그림의 아래 부분과 같이 풀리를 이용하여 디스크 브레이크 등의 구조와 결합하기 쉬운 특징이 있다.

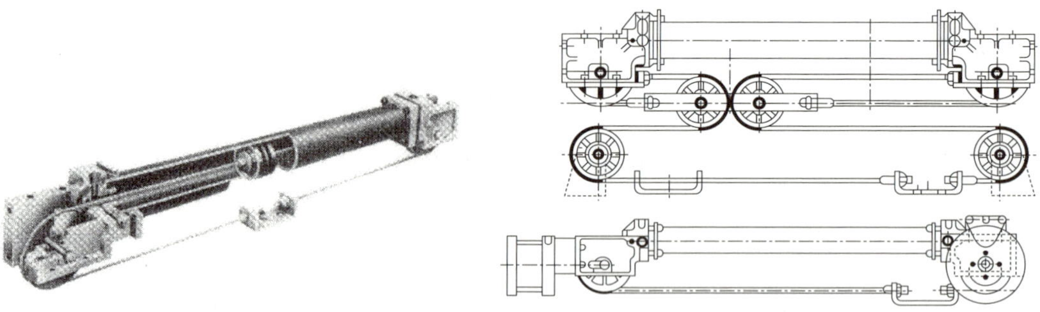

그림 12.21 케이블형 실린더

③ 자석형

밀폐된 전동기에서 자기결합(磁氣結合)으로 회전력을 얻는 방식은 그림 12.22와 같이 실린더의 직선운동을 실린더 내 바깥지름 방향으로 설치된 영구자석의 자기결합으로 외부에 전달하는 방식의 로드리스 실린더이다. 외부와는 완전 밀폐되어 있기 때문에 공기 누설의 영향을 무시할 수 있다. 공기압 실린더는 일반적으로 부하의 안내를 고려하지 않지만, 로드리스 실린더는 안내(guide)를 부가한 것이 많고, 장치측에 설치한 안내를 생략할 수 있다.

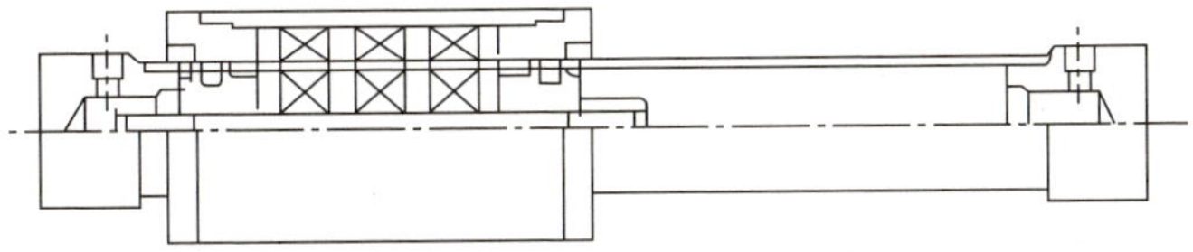

그림 12.22 자석식 로드리스 실린더

[3] 요동 액추에이터

요동 액추에이터는 출력측이 회전축이고, 일정한 각도 내에서 왕복·회전운동을 하는 것이며, 로터리 액추에이터(rotary actuator)라고도 한다. 이것은 부하 이동과 함께 방향전환이 필요한 경우나 체인 등을 감아올리는 기구 등과 조합하여 많이 사용한다.

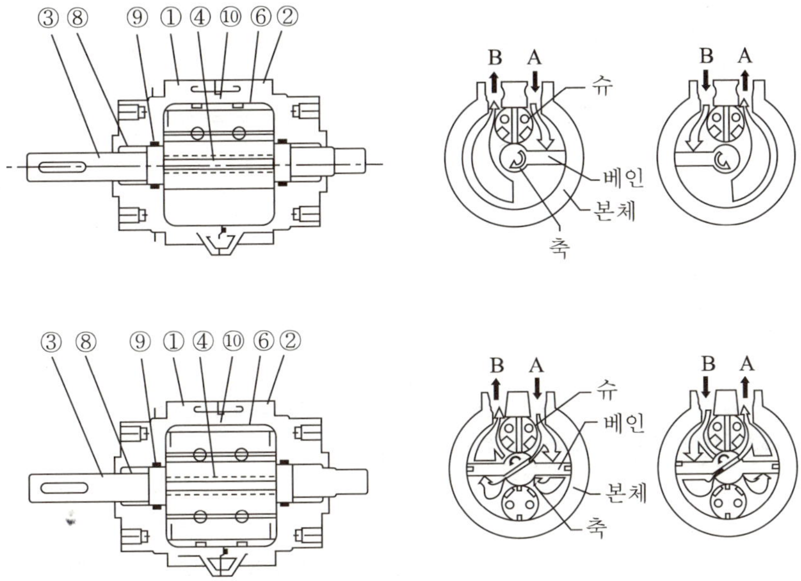

그림 12.23 베인형

보통 공기압 실린더를 링크기구와 결합하여 회전운동을 하는 것도 가능하지만, 요동 액추에이터를 사용하면 장치를 소형화할 수 있다. 요동 액추에이터는 그림 12.23과 같이 압력을 받는 판(베인)을 직접 회전축에 부착한 베인형, 그림 12.24의 피스톤형, 그림 12.25의 나사형, 그림 12.26의 크랭크형 등이 있고, 피스톤형은 변환기구에 따라 일정 토크형도 있다.

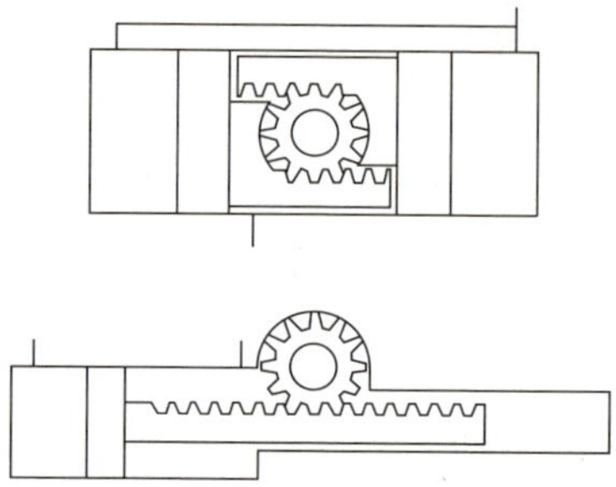

그림 12.24 랙-피니언형

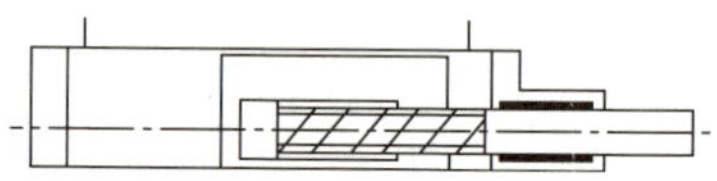

그림 12.25 나사형

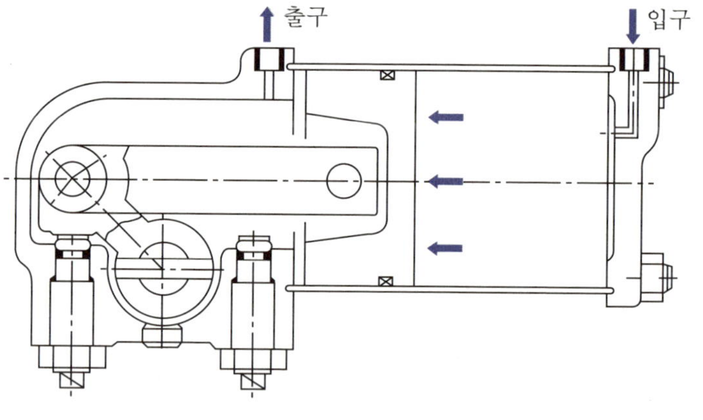

그림 12.26 크랭크형

12.5 공기압 액추에이터의 제어

일반적인 공기압 액추에이터의 제어방식은 방향제어밸브를 사용하여 액추에이터에 압축공기를 공급, 배출만을 제어한다. 방향제어밸브의 조작은 수동, 파일럿 공기압 및 전기입력의 전자식이 있다. 자동화 장치는 전자식을 많이 사용하며, 이 밸브를 전자밸브라 한다. 또한 공기압은 방향제어 뿐만 아니라 압력과 유량을 밸브로 연속적으로 제어하는 비례밸브 등을 사용한 제어도 가능하다.

그림 12.27은 공기압을 이용한 자동화에서 액추에이터와 제어기기의 관계를 나타낸 것이다.

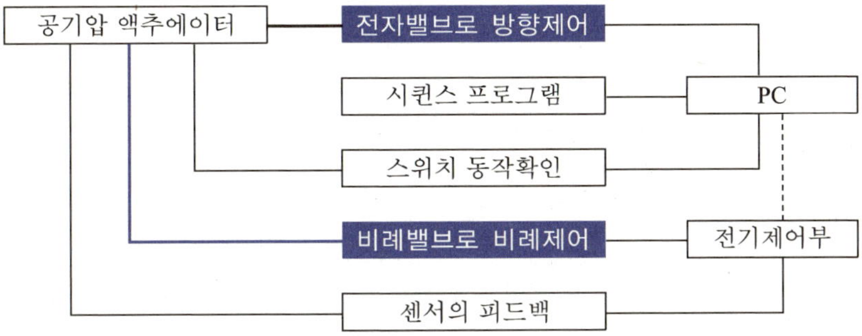

그림 12.27 공기압 액추에이터의 제어

[1] 액추에이터의 방향제어

방향제어용 전자밸브의 기본기능은 액추에이터 구동에 필요한 변환위치를 가지는 것이며, 그림 12.28은 주요 밸브의 종류와 KS의 그림기호를 나타낸 것이다.

(1) 2포트 밸브

이 밸브는 공기흐름의 통로를 개폐하는 역할을 하며, 그림 12.29와 같이 한 방향 회전용 공기압 모터나 공기를 흡입하는 이젝터(ejector) 등의 기동과 정지에 사용한다.

(2) 3포트 밸브

액추에이터에 한 곳만 압력실이 있고, 스프링이나 부하 중량으로 복귀되는 단동실린더 구동에 사용한다. 3위치 밸브는 급기, 배기 위치를 부가하여 폐쇄위치를 가진다. 그림 12.29는 3포트 밸브를 사용한 실린더의 방향제어회로를 나타낸다.

(3) 4포트 밸브

공기압 실린더가 왕복운동을 하기 위해 2개의 압력실을 가진 복동실린더 구동에 사용하며, 3위치 밸브는 급기와 배기위치를 부가하여 중립위치로서 다음과 같은 위치를 가진다.

포트 수	위치 수	기호
2포트	2위치	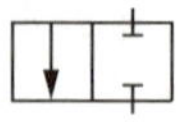
		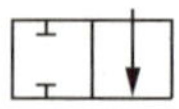
3포트	2위치	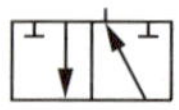

	3위치	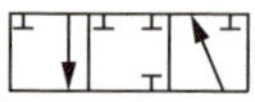

포트 수	위치 수	기호
4포트	2위치	
	3위치	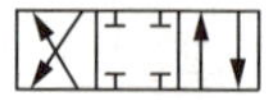

5포트	2위치	
	3위치	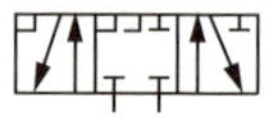
		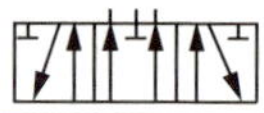
		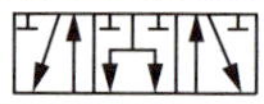

그림 12.28 주요 밸브의 종류와 그림기호

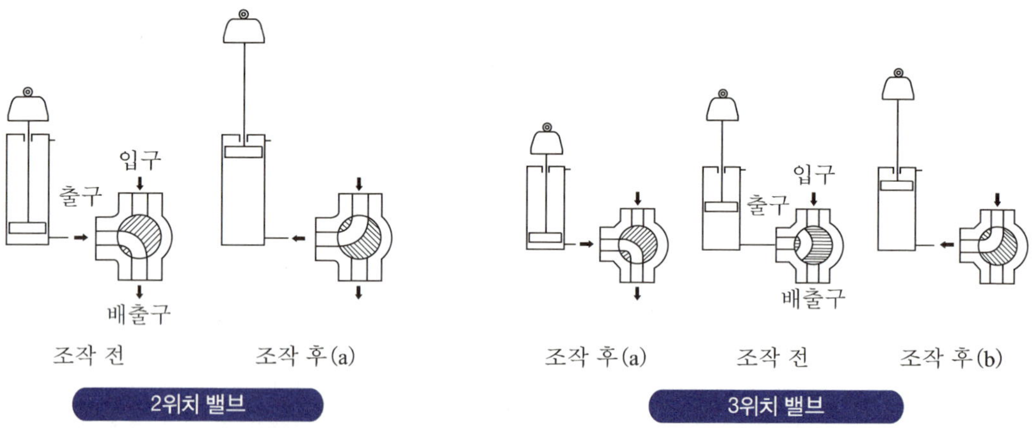

그림 12.29 3포트 밸브의 실린더 제어

① 압력센터

압력센터(pressure center)는 두개의 실린더 포트에 동시에 급기하는 것이며, 그림 12.30과 같이 한쪽을 감압하여 왕복운동의 출력을 변화시키는 경우 등에 사용한다.

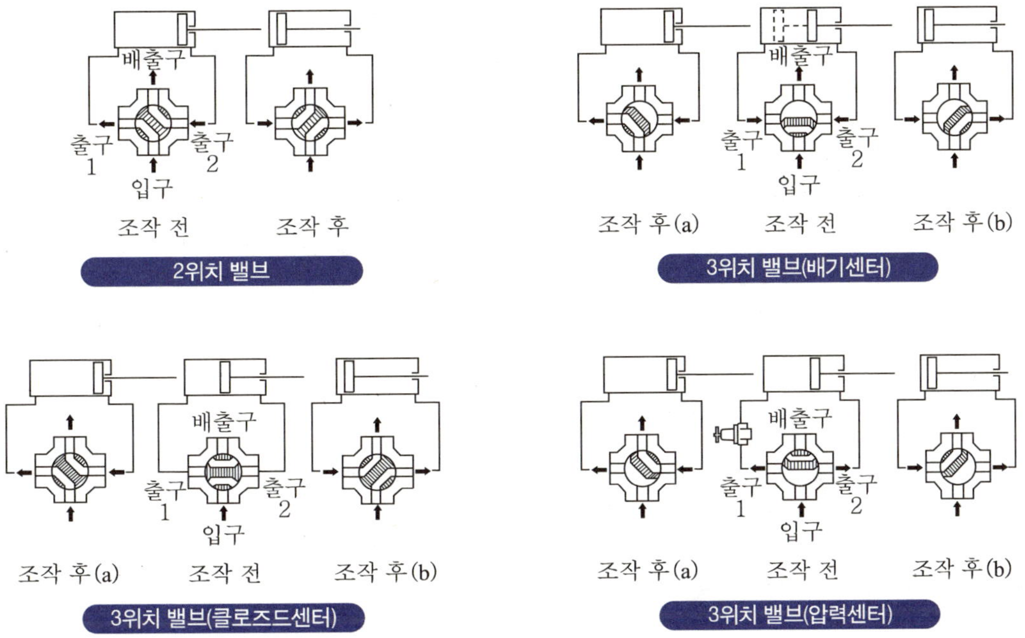

그림 12.30 4포트 밸브의 실린더 제어

② 배기센터(exhaust center)

두 개의 실린더 포트를 동시에 배기한 것이며, 피스톤은 공기압에 구속받지 않고 자유롭게 움직일 수 있다.

③ 클로즈드센터(closed center)

중립위치에서 모든 포트가 막혀 공기압으로 실린더 위치를 유지한다.

(4) 5포트 밸브

4포트 밸브의 배기구를 각각 별도로 한 것이며, 배기구를 교축하여 실린더의 속도를 조절하는 경우나 배기구와 급기구를 역으로 하여 두 종류의 급기압력을 얻을 수 있다. 그 밖의 가능은 4포트 밸브와 같다. 그림 12.31은 5포트 밸브의 실린더 제어 예시를 나타낸다.

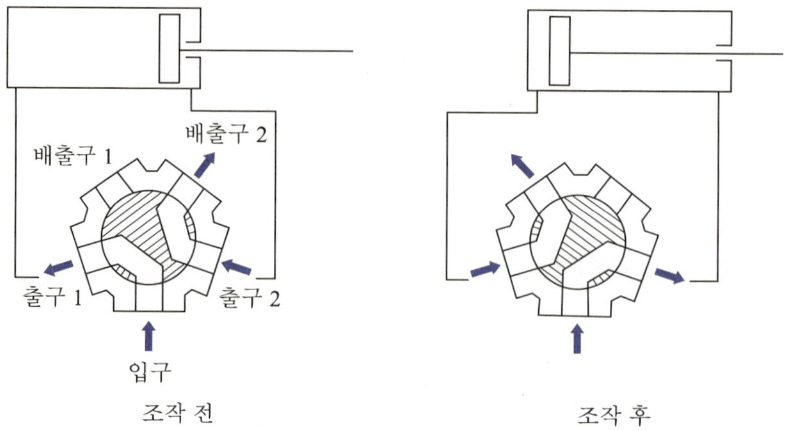

그림 12.31 5포트 밸브의 실린더 제어

[2] 공기압 액추에이터의 출력제어

액추에이터 출력(힘)은 실린더가 선정되면 공급압력의 크기에 따라 결정되므로 기본적으로는 급기압력을 감압밸브로 조절하면 된다. 단, 동작이 급격하게 변하는 경우는 액추에이터 내부 압력이 변동하기 때문에 엄밀한 의미에서 힘의 제어는 곤란하다. 여기서는 극단적으로 속도가 변하지 않고, 부하의 관성력이 현저하게 크지 않는 일반적인 경우에 대해 출력제어 방법을 살펴본다. 작업 대상에 액추에이터가 미치는 힘의 제어는 그 형태에 따라 다음과 같이 분류할 수 있다.

(1) 정적 출력제어

클램핑 장치 등에서 작동 위치에서 미세하게 작동하는 경우와 같이, 실린더의 정적 출력제어(static power control)는 실린더 자체의 마찰을 줄이거나 공급압력을 정밀하게 조절하는 것이다. 이 방법은 간편하고 정밀도도 좋기 때문에 많이 사용한다.

① 마찰력이 작은 실린더

그림 12.32와 같이 피스톤의 행정이 짧을 때는 다이어프램형, 긴 경우는 벨로우즈형 및 피스톤에 마찰이 작은 패킹, 베어링을 조합한 것을 사용한다. 또 패킹방식에서 가능한 실린더에 고압을 공급하여 실린더 크기를 작게 하면 내부마찰을 줄일 수 있다.

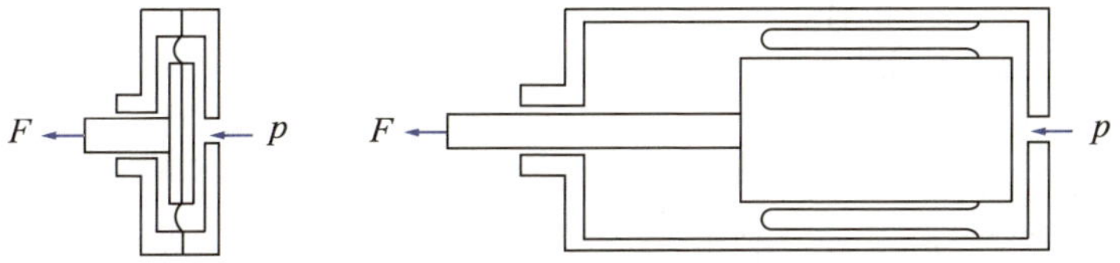

그림 12.32 다이어프램형(왼쪽)과 벨로즈형(오른쪽) 실린더

② 고정밀 감압밸브

히스테리시스나 드리프트(drift)가 작고, 또 공기압 발생장치측의 압력변화에 대해 출력 변화가 작은 고정밀도 감압밸브를 사용한다. 여기서는 그림 12.33과 같은 노즐 플래퍼(nozzle flapper)로 파일럿 압력을 발생시키고, 플래퍼에 피드백을 부가하여 조절하는 고정밀도 감압밸브를 사용한다. 이와 같이 조합하면 출력변동은 출력 절댓값의 0.5% 정도까지 조절할 수 있다. 또 출력을 단계적으로나 연속적으로 설정할 경우는 그림 12.34와 같이 여러 개의 감압밸브를 사용한 회로나 전기·공기압 변환기로 체적 증압기(volume booster)를 구동하는 방법을 사용한다.

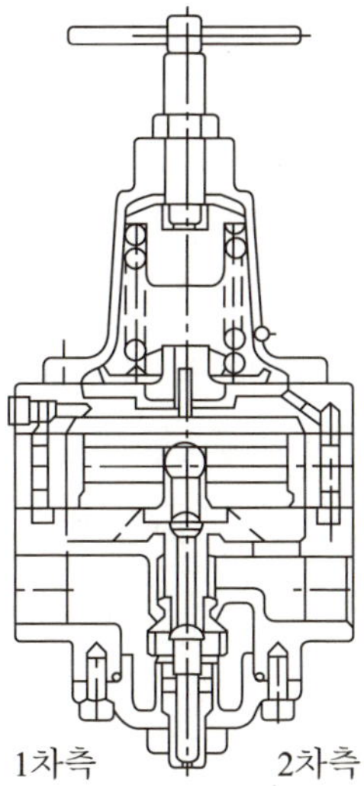

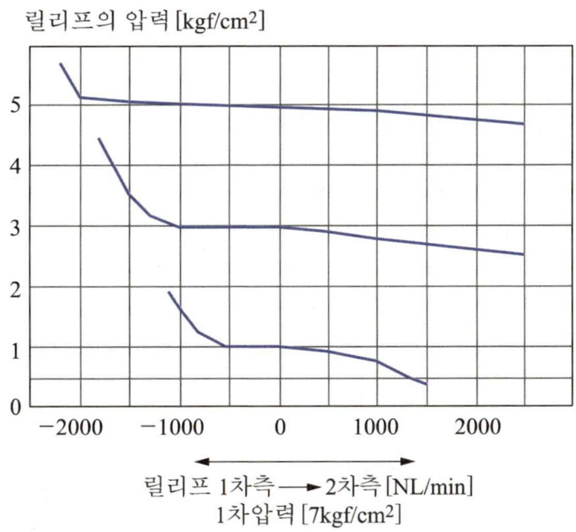

그림 12.33 노즐 플래퍼를 사용한 정밀 감압밸브

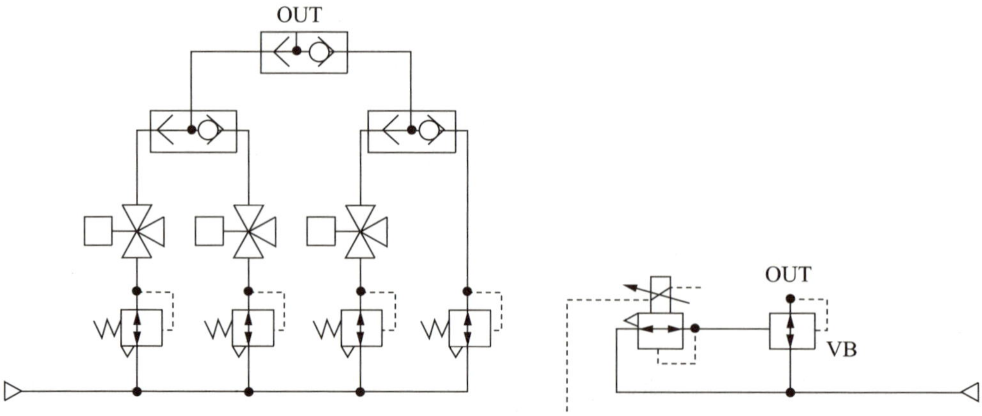

셔틀밸브 + 전자밸브 + 감압밸브 방식　　　　체적증압기 + 전기 · 공기압 변환기 방식

그림 12.34 압력 다단계 제어방식의 예시

(2) 동적 출력제어

평형추(counter weight)와 같은 승강 중량물에서 힘의 평형을 제어할 경우 또는 권취 롤러(take-up roller)나 회전 세정 브러시(brush)와 같이 일정하게 누르는 힘이 요구되고 동시에 힘의 작용점이 크게 이동하는 경우의 출력제어 형태는 실린더가 피 작업물의 움직임에 따라 이동하여도 일정한 출력을 유지하는 제어이고, 정적 출력제어에 필요한 특성에 부가하여 다음과 같은 특성이 필요하다.

① 급·배기 특성

실린더가 이동 중에도 피스톤에 작용하는 압력(압력차)을 일정하게 유지하기 위해 감압 밸브와 체적 증압기는 급기 및 릴리프의 양쪽 방향의 유량이 필요한 작동 속도에 대하여 충분한 것을 사용한다. 일반적으로 릴리프 유량이 적기 때문에 실린더의 양방향의 성능이 필요한 경우는 릴리프 유량에서 밸브의 크기를 결정한다.

② 응답지연 대책

운동의 가감속도가 빠르게 되면 압력조정밸브의 응답지연이 현저하게 된다. 이 경우는 밸브와 실린더 사이에 적당한 공기탱크를 설치하여 응답지연을 보상해야 한다.

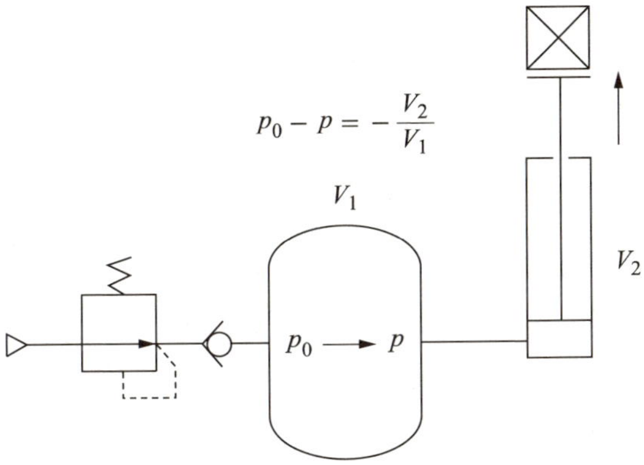

그림 12.35 공기탱크에 의한 의사 정압화

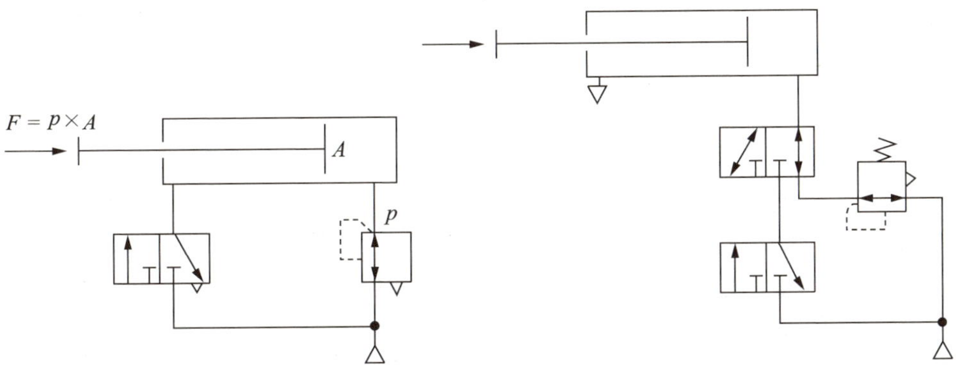

그림 12.36 일정출력/복귀 전환 회로 예시

③ 의사 정압화(疑似 定壓化)

설치 공간이 있고, 작동 빈도가 많은 경우는 그림 12.35와 같이 실린더 체적의 수십 배에 상당하는 공기탱크를 설치하여, 실린더의 피스톤이 이동하여도 전체 압력변동을 미소하게 하여 출력이 거의 일정하도록 한다. 이 방법은 공기를 소비하지 않고, 동시에 에너지 절약도 가능하다. 그뿐 아니라 앞에서 실린더가 출력제어 위치에서 대피하기 위해 왕복운동을 할 때는 그림 12.36과 같이 회로를 전환하거나 가압되지 않는 측에 미소한 압력을 가하여 왕복운동을 한다.

[3] 액추에이터의 속도제어

부하의 관성이 극단적으로 클 때 액추에이터의 속도는 유량, 즉 유량제어밸브의 개도(opening area)에 따라 변한다. 그러나 이것도 출력제어에서와 같은 이유로 엄밀한 의미에서 속도제어는 곤란하다. 비례제어밸브를 사용하면 속도변화가 완만한 경우는 지연(delay) 없이 제어가 가능하지만 급속하게 기동, 정지하면 부하의 관성에 따라 동작이 원활하지 못하다. 보통 시퀀스 제어에서는 정지위치 사이의 이동시간을 문제로 하여 이것을 속도의 의미로 사용할 때가 많다. 여기서는 이러한 이동시간 제어에 대하여 설명한다.

① 속도제어밸브

속도제어밸브는 그림 12.37과 같은 구조와 특성을 가지며, 흐름의 한쪽 방향에 대해 니들밸브로 유량을 조절한다.

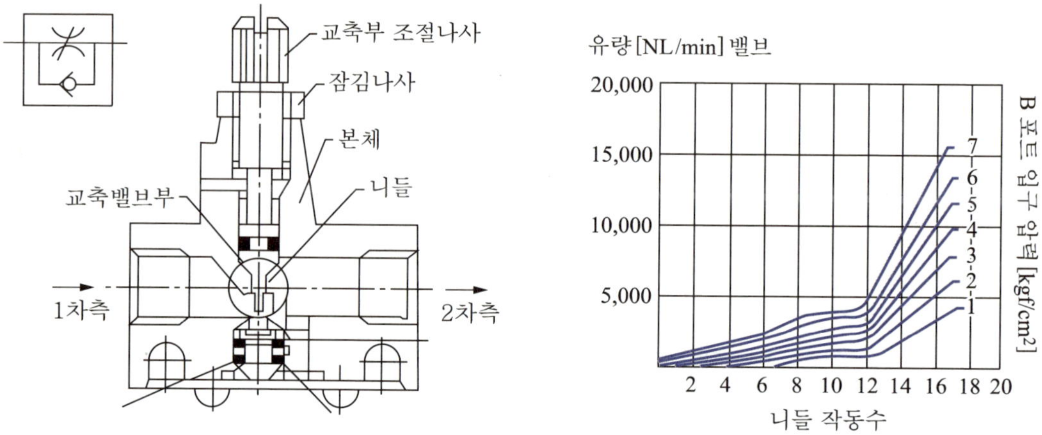

그림 12.37 유량제어밸브 구조와 특성

② 단동실린더의 속도제어

단동실린더의 기본 제어회로는 그림 12.38과 같은 회로를 사용하여 니들밸브를 조작하여 속도를 조정한다. 가속후의 정상속도 V [m/s]는 감압밸브의 설정압력 p [Pa abs]와 부하의 힘과 평형을 이루는 실린더 압력 p_c [Pa abs]와의 비, 급기·배기 유량제어밸브의 유효 단면적 A_{S1}, A_{S2} [m^2] 및 피스톤 단면적 A [m^2]으로 결정되며, 일반적인 공급압력에 대해서는 다음 식으로 구할 수 있다.

• 상승

$$V = 192 \times (A_{S1}/A) \times 2 \times \sqrt{\frac{p}{p_c} - 1} \tag{12.3}$$

• 하강

$$V = 192 \times (A_{S2}/A) \tag{12.4}$$

피스톤이 상승할 때는 부하 관성이 크면 관성에 의한 가속 지연이 더해지기 때문에 평균속도는 정상속도 보다 낮아지고, 하강할 때는 배기 개시 후 압력이 p_c에 도달할 때까지 배기 지연으로 속도가 저하된다. 그림 12.38에서 감압밸브의 설정압력을 높이면 피스톤의 상승은 빨라지고 하강은 늦어지며, 설정압력을 낮추면 반대의 경향을 나타낸다. 그러나 왕복작동 합의 작동시간을 단축하기 위해서 설정압력 p를 p_c의 1.2~1.3배 정도로 하는 것이 좋다.

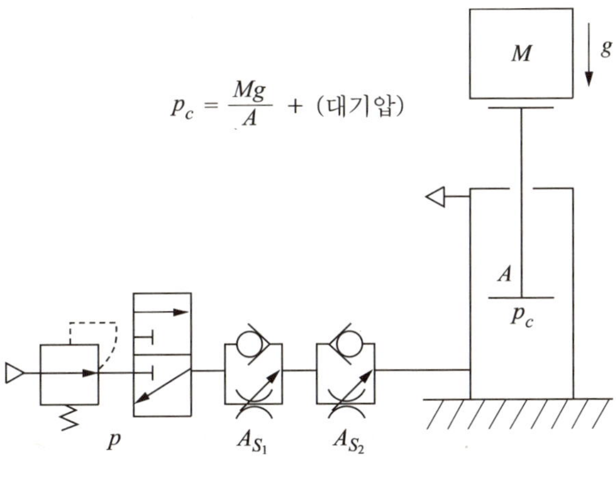

그림 12.38 단동실린더의 속도제어회로

③ 복동실린더의 속도제어

복동실린더의 기본 제어회로는 그림 12.39와 같은 회로를 사용하며, 유량제어밸브의 설치위치에 따라 그림 12.39 (a)의 미터인(meter-in) 제어, 그림 12.39 (b)의 미터아웃(meter-out) 제어방식이 있다. 표 12.10은 속도제어방식을 비교한 것이며, 사용조건에 적합한 것을 선택한다. 보통 쿠션특성 등의 문제 때문에 미터아웃 방식을 추천한다.

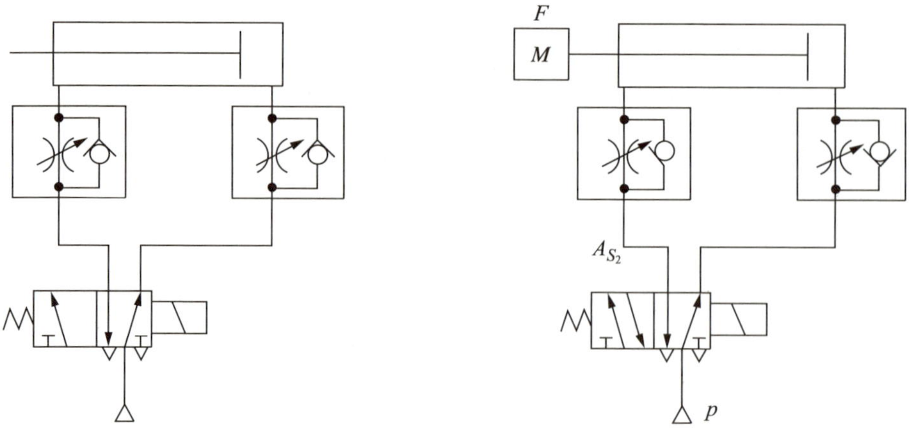

(a) 미터인 제어 (b) 미터아웃 제어

그림 12.39 복통실린더의 속도제어회로

표 12.10 미터인·미터아웃 제어방식의 비교

특성 항목	미터인	미터아웃
밸브개도와 속도	비례하지 않는다	비례한다
이동시간	부하에 따라 변한다	부하에 관계없다
배기 지연	작다	부하에 비례한다
동작 초기 가속도	작다	크다
행정 끝단의 속도	크다	거의 정상값
실린더 내부압력	거의 대기압	높다
쿠션 능력	작다	크다

미터아웃 제어에서 실린더의 작동은 그림 12.40과 같이 기동 지연 후 일정한 속도에 가까워지는 특성을 나타낸다. 이 경우 가속 후의 정상속도 V [m/s]는 배기측의 니들밸브 조정 때의 유효 단면적 A_{S2} [m^2]을 사용하여 식 (12.4)에서 구한다. 이 때 부하의 관성이 크면 관성력에 의한 가속지연이 발생하고, 또 부하의 항력이 크면 항력을 이겨내서 동작할 때까지 배기 지연으로 평균속도가 낮아진다. 이러한 지연을 나타내는 계수 K는 그림 12.41에 제시하였으며, 지연을 나타내는 평균속도 V_m [m/s]는 다음과 같다.

$$V_m = \frac{V}{K} \tag{12.5}$$

그림에서 파라미터 J는 실린더 출력과 부하에서 생기는 관성력의 대푯값 비를 표시하며, 다음과 같다.

$$J = \frac{p \times A}{\dfrac{M \times V^2}{L}} \tag{12.6}$$

식에서 M은 부하 질량[kg], L은 실린더 행정[m]이다.

또 파라미터 G는 부하의 항력 F[N]과 실린더 출력의 비를 나타내며, 다음과 같다.

$$G = \frac{F}{p \times A} \tag{12.7}$$

일반적으로 J 값을 10 이상으로 선택하면, 속도제어밸브의 조절과 비례적으로 속도 조절이 가능하다. 또 부하-피스톤계에서 대략 고유 진동 주기 $T_f(s)$는 다음 식으로 표시되며, 행정중에서 계단상으로 감속되는 경우 속도 감쇠의 소요시간은 T_f의 수 배를 요한다.

$$T_f = 3.14 \times \frac{L}{V} \Big/ \sqrt{J} \tag{12.8}$$

이러한 경향은 비례밸브를 사용하여도 같으며, 속도응답에 대한 J 값의 설정은 중요한 의미를 가진다.

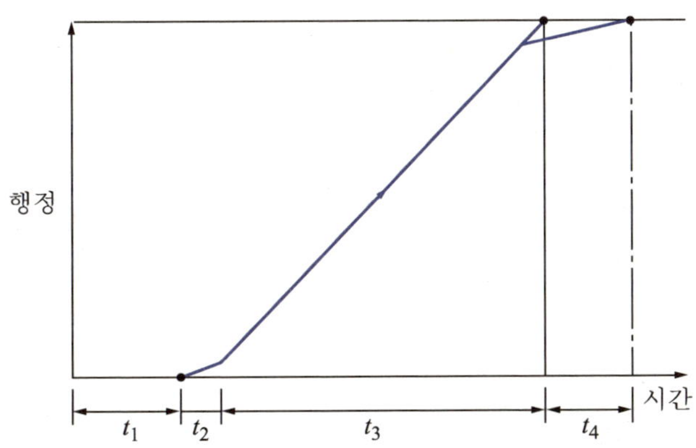

그림 12.40 실린더의 작동특성

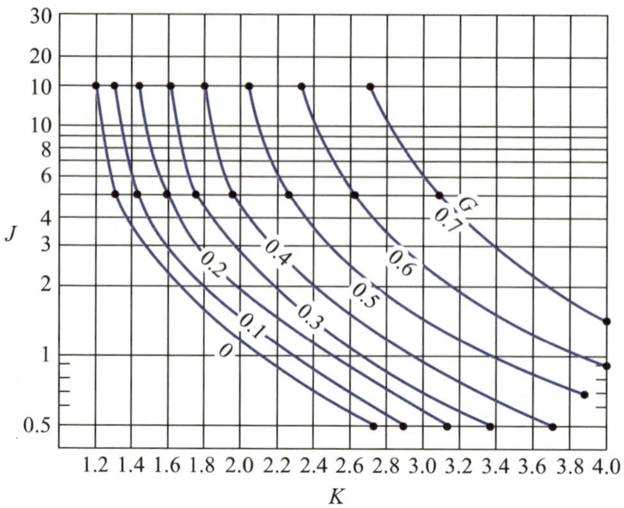

그림 12.41 공기압 실린더의 지연계수

[4] 왕복운동에서 부하가 다른 복동실린더의 속도제어

그림 12.42와 같이 피스톤이 하강할 때 부하 때문에 실린더가 가속되는 경우, 보통 미터아웃 회로에서는 하강할 때 과도한 가속상태가 되고 행정 도중에서 속도가 크게 변동한다. 또 그렇지 않더라도 부하가 작은 쪽에 큰 쪽과 같은 만큼 압력을 공급하면 가동시의 배기 지연이 커진다. 이와 같은 경우도 왕복운동의 작동 속도를 같도록 제어하기 위해서는 그림 12.42와 같이 부하가 작은 쪽의 공급압력을 부하의 차이만큼 감압밸브로 낮추면 과도한 가속이나 배기 지연이 작게 되어 안정된 속도로 작동할 수 있다. 또 보다 간편하게는 그림의 아래와 같이 하강 개시 직후에 급격하게 강하하지 않도록 미터인 회로를 부가한다.

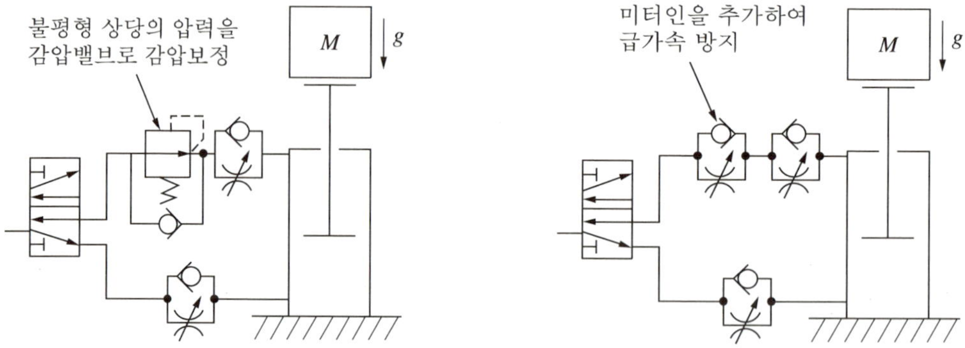

그림 12.42 역부하가 작용하는 경우의 제어

[5] 유량제어밸브의 위치

공기압 실린더와 유량제어밸브 사이의 배관이 길고 그 사이에 여분의 공기가 포함되면, 이 부분의 공기 압축성 때문에 속도변동의 감쇠성이 나빠지고, 경우에 따라서는 일정한 속도가 되지 않는 채로 행정을 종료하며, 고속으로 행정 끝단에 충돌하게 된다. 따라서 유량제어밸브는 실린더에 가능한 가깝게 부착하고, 배관도 불필요하게 굵은 것을 사용하지 않는 것이 속도를 안정시키는데 중요한 역할을 한다.

찾아보기

ㅈ

ㅊ

ㅋ

김 도 태 경일대학교 기계자동차학부

유 영 태 조선대학교 기계시스템공학과

유공압시스템 정가 29,000원

발　행 2021년 3월 10일 2판 1쇄
저　자 김도태 · 유영태
발행인 정우용
발행처 도서출판 **동 화 기 술**
경기도 파주시 광인사길 201(문발동, 파주출판도시)
Tel (031)955-4211~6 donghwapub@nate.com
Fax (031)955-4217 www.donghwapub.co.kr
(등록) 1977년 12월 19일/9-16호

ISBN 978-89-425-9298-2